Customer Experience visualisieren und verstehen

1. Auflage

Customer Experience visualisieren und verstehen

Durch Journeys, Service Blueprints und Diagramme zu einer erfolgreichen Kundenausrichtung

Jim Kalbach

Übersetzung von
Jens Olaf Koch

Jim Kalbach

Übersetzung: Jens Olaf Koch
Lektorat: Ariane Hesse
Fachliche Unterstützung: Katrin Mathis, *www.servicedesign-suedwest.de*
Korrektorat: Sibylle Feldmann, *www.richtiger-text.de*
Satz: Ulrich Borstelmann, *www.borstelmann.de*
Herstellung: Stefanie Weidner
Umschlaggestaltung: Karen Montgomery, Michael Oréal, *www.oreal.de*
Druck und Bindung: mediaprint solutions GmbH, 33100 Paderborn

Bibliografische Information der Deutschen Nationalbibliothek
Die Deutsche Nationalbibliothek verzeichnet diese Publikation in der Deutschen Nationalbibliografie;
detaillierte bibliografische Daten sind im Internet über *http://dnb.d-nb.de* abrufbar.

ISBN:
Print 978-3-96009-173-8
PDF 978-3-96010-612-8
ePub 978-3-96010-613-5
mobi 978-3-96010-614-2

1. Auflage 2022

Wieblinger Weg 17
69123 Heidelberg

Authorized German translation of the English edition of *Mapping Experiences*, 2nd Edition ISBN 978-1-492-07663-6

Hinweis:
Dieses Buch wurde auf PEFC-zertifiziertem Papier aus nachhaltiger Waldwirtschaft gedruckt.

PEFC zertifiziert
Das Papier für dieses Buch stammt aus nachhaltig bewirtschafteten Wäldern und kontrollierten Quellen.
PEFC
PEFC/04-31-0810 www.pefc.de

Schreiben Sie uns:
Falls Sie Anregungen, Wünsche und Kommentare haben, lassen Sie es uns wissen: *kommentar@oreilly.de*.

5 4 3 2 1 0

Für meine Eltern

Inhalt

TEIL 2. Ein allgemeiner Prozess des Mappings

TEIL 3. Primäre Diagrammtypen im Detail

Vorwort zur zweiten Auflage

Meine Reise mit dem Mapping von Erfahrungen begann um 2005, als ich für LexisNexis arbeitete. Damals ging es uns darum, die Arbeitsabläufe von Juristen zu verstehen. Es gab nur vereinzelt Literatur zum Thema Mapping, und ich war gezwungen, verschiedene Ansätze selbst auszuprobieren. In vielerlei Hinsicht war die erste Auflage dieses Buchs die Summe meiner Fehler und Beobachtungen auf diesem Weg.

Im letzten Jahrzehnt hat Mapping sich fest etabliert. Stakeholder fragen jetzt zielgerichtet nach »Customer Journey Maps«, auch wenn sie nicht genau wissen, um was es dabei eigentlich geht. Experience Mapping, das Abbilden von Erfahrungen und die damit verbundenen Bereiche wie Experience Design, Service Design und Customer Experience Management, entwickeln sich schnell weiter, um mit der Nachfrage Schritt zu halten.

Seit dem erstmaligen Erscheinen dieses Buchs im Jahr 2016 sind mir fünf Trends aufgefallen.

Zunächst einmal entwickelt sich Mapping von einer ergebnis- zu einer handlungsorientierten Tätigkeit. Es geht nicht um die *Map* (als Objekt), sondern um das *Mapping* (als Tätigkeit). Der Ersteller einer Map wird zwangsläufig zum *Vermittler* und die Map zum Sprungbrett in eine kollektive Sinnfindung rund um die menschliche Erfahrung. Die Kapitel 8 und 9 wurden neu geschrieben, um diesen Trend besser widerzuspiegeln, und viele der in dieser Auflage enthaltenen Fallstudien zeigen, wie man Mapping praktisch umsetzen kann.

Ein zweiter Trend ist ein verstärkter Fokus auf *Multichannel Experience Design* und *Ecosystem Mapping*. Obwohl ich diese Themen bereits in der ersten Auflage angesprochen habe, ist das Interesse daran stark gestiegen. Ich habe das gesamte Kapitel 14 umgestaltet, um detaillierter auf Mehrfachausrichtungen einzugehen.

Des Weiteren habe ich zunehmend festgestellt, dass Mapping in *nicht kommerziellen* Umgebungen angewendet wird. Die Visualisierung von Erfahrungen findet man in sozialen Kontexten, im Regierungsbereich und auch darüber hinaus. Zum Beispiel fasse ich am Ende von Kapitel 1 meine Beteiligung an einer Abbildung der Erfahrungen ehemaliger gewalttätiger Extremisten zusammen. Aber ich konnte auch beobachten, wie Mapping bei der Bekämpfung von Obdachlosigkeit, bei der Hilfe für Tornado-

Opfer und sogar bei der Bekämpfung häuslicher Gewalt eingesetzt wird. Letztendlich geht es beim Mapping von Erfahrungen nicht bloß um Softwaredesign oder kommerzielle Anwendungen, sondern um ein Verständnis der menschlichen Verfassung.

Viertens wird Mapping zunehmend zu einer *Managementaktivität*. Die Messung von Kundenerfahrungen (*Customer Experience,* CX) ist inzwischen ziemlich ausgereift, und es wird dafür eine Reihe von Werkzeugen angeboten. Einen Überblick über die Fortschritte in diesem Bereich gebe ich in Kapitel 3. Die Art des Mappings, die ich in diesem Buch vertrete, ist eine generative, die mit Team-Alignment und der kreativen Erkundung von Möglichkeiten beginnt. Im Gegensatz dazu konzentriert sich das CX-Management auf die Quantifizierung und das Tracking der Erfahrung im Zeitverlauf.

Außerdem richtet sich der Fokus auch erheblich stärker auf die *Mitarbeitererfahrung* (*Employee Experience,* EX) und ihren starken Einfluss auf die Qualität der Kundenerfahrung. Deshalb habe ich ein komplett neues Kapitel zu diesem Thema geschrieben, einem reichhaltigen Feld mit einer stetig wachsenden Menge an Literatur und Forschung – genug, um damit ein eigenes Buch zu füllen. Dementsprechend beschränkt sich mein Fokus auf einige der Kernkonzepte des EX-Mappings: insbesondere auf das Alignment von EX und CX.

Darüber hinaus hat die Covid-19-Pandemie die Art und Weise verändert, in der wir arbeiten, und damit auch das Experience Mapping. Mapping-Recherchen und -Workshops mussten remote stattfinden. Als langjähriger Verfechter der Remote-Zusammenarbeit hatte ich bereits in der ersten Auflage einige Perspektiven dazu aufgezeigt. In einer postpandemischen Welt werden Online-Mapping und die Nutzung von Remote-Sitzungen Teil der neuen Normalität sein. Die Art und Weise, wie wir bei der Arbeit zusammenarbeiten, wird sich für immer verändern.

Vielleicht noch wichtiger ist, dass die Pandemie Unternehmen dazu gezwungen hat, in vielerlei Hinsicht widerstandsfähiger zu werden – vom Personalmanagement bis zur Suche nach neuen Wegen zum Erfolg. Auch hier kann den Teams Mapping dabei helfen, bestehende Customer Journeys neu zu priorisieren und völlig neue Erfahrungen zu schaffen. Ein Supermarkt könnte Mapping beispielsweise nutzen, um eine neue Journey zum Pick-up von Onlinebestellungen zu planen und zu beschleunigen, oder ein großes Unternehmen könnte neue Büroräume und Mitarbeiterinteraktionen abbilden, um die Mitarbeitererfahrung sicherer zu gestalten.

Diese zweite Auflage wurde erheblich aktualisiert und enthält aktuelle Informationen, die diese Trends widerspiegeln, sowie neue Beispiele und erweiterte Referenzen.

Vorwort zur ersten Auflage

»Und dann fängt das Pingpong an.«

Das erzählte mir ein Kunde über seine Erfahrungen mit dem Abrechnungsprozess einer Firma, die ich beriet. Nachdem ich etwas tiefer gegraben und Gespräche mit weiteren Kunden geführt hatte, wurde mir klar, was er meinte.

Offenbar war die Firma dafür bekannt, falsche Rechnungen zu versenden. Eine Lösung zu finden, erwies sich für die Kunden oft als schwierig. Instinktiv riefen sie zuerst die Support-Hotline an, aber die Mitarbeiter dort waren nicht befugt, Rechnungsprobleme zu beheben. Die Kunden riefen dann ihren Vertriebsmitarbeiter an, der aber ebenfalls nicht für Abrechnungsfragen zuständig war. Relativ schnell gerieten die Kunden auf diese Weise in eine ärgerliche Kommunikationsschleife.

Aber es kam noch dicker.

Die Inkassoabteilung setzte ihre routinemäßigen Mahnungen nicht aus. Und die dortigen Mitarbeiter erfuhren auch nicht, dass ein Kunde möglicherweise eine fehlerhafte Rechnung beanstandet hatte. Während frustrierte Kunden also noch mit dem Problem kämpften, erhielten sie eine Mahnung.

Das machte die ganze Sache nicht bloß schlimmer, sondern verkomplizierte außerdem die Lösung: Nun waren drei oder vier Parteien involviert und der Kunde zwischen ihnen gefangen. Pingpong – in der Tat.

Und das kam gar nicht so selten vor. Durch gerade mal eine Handvoll zusätzlicher Kundeninterviews entdeckte ich eine ganze Reihe ähnlicher Geschichten. Eine Dame, mit der ich sprach, erinnerte sich, wie absolut wütend sie über diesen Ablauf war. Sie war fast so weit gewesen, eine für ihr Geschäft wichtige Dienstleistung allein aus Prinzip zu kündigen.

Als Designer finde ich es entmutigend, solche Geschichten zu hören. Aber es ist nicht überraschend. Ich habe es immer und immer wieder erlebt: In großen Unternehmen weiß die eine Hand nicht, was die andere tut.

Meine Forschungen waren Teil eines größeren Experience-Mapping-Projekts, das ich durchführte. Im Ergebnis veranschaulichten mehrere Diagramme den aktuellen Zustand: eine Map der vollständigen Journey und eine Reihe von Workflow-Diagrammen, die die Kundenerfahrung schrittweise zeigten.

Zum Abschluss des Projekts moderierte ich einen Workshop mit verschiedenen Stakeholdern unterschiedlicher Funktion: Vertriebsmitarbeiterinnen, Marketingspezialisten, Businessmanagerinnen, Designern und Entwicklerinnen. Indem wir uns die Illustrationen nacheinander anschauten, konnten wir die Kundenerfahrung im Detail nachvollziehen.

Ich teilte mich selbst absichtlich der Arbeitsgruppe zu, die den Abrechnungsworkflow untersuchte – nur um zu sehen, was passieren würde. Alles lief gut, bis wir zu dem Punkt kamen, an dem eine fehlerhafte Rechnung und diesbezügliche Mahnungen verschickt wurden. Es kam zu einer kollektiven Empörung: »Wie ist das bloß möglich?«, wurde gefragt. Den Teilnehmern war gar nicht klar gewesen, dass ihr Unternehmen den Kunden so viel Ungemach bereiten konnte.

Ein deutlicher Handlungsauftrag kristallisierte sich heraus: Es bedurfte einer Möglichkeit, Rechnungen, die die Kunden angefochten hatten, zurückzustellen. Das würde verhindern, dass Mahnungen verschickt würden, solange das Problem noch nicht behoben wäre. Der Leiter der Kundenbetreuung entwarf noch am selben Tag einen Vorschlag für ein entsprechendes Verfahren. Zuerst würde dies manuell umgesetzt werden, bevor später eine automatische Sperre greifen sollte.

Natürlich bestand das eigentliche Problem darin, dass überhaupt falsche Rechnungen versendet wurden. Aber selbst wenn das abgestellt sein würde, wäre damit ein umfassenderes, grundlegenderes Problem immer noch nicht gelöst, das in unserer Teamdiskussion an die Oberfläche kam: Das Unternehmen war nicht in der Lage, Kundenbeschwerden und -anfragen abteilungsübergreifend zu bearbeiten.

Abgesehen von diesen speziellen Vorfällen konnte der Vertriebsleiter viele weitere Geschichten über die Behebung nicht verkaufsbezogener Probleme mit Kunden erzählen. Was ihn natürlich von seinen Vertriebsaufgaben abhielt. Und die Vertreterin der Kundenbetreuung schilderte, dass ihr Team Anrufern oft nicht unmittelbar helfen könnte und dafür den geballten Ärger abbekäme.

Indem wir uns zusammensetzten und ein Gespräch über die tatsächliche Kundenerfahrung führten, konnten wir die Performance des Unternehmens als Dienstleister funktions- und abteilungsübergreifend reflektieren. Es wurde offensichtlich: Das Unternehmen stand vor größeren, systemischen Problemen. Diese kamen aber erst zum Vorschein, nachdem wir die Erfahrung aus Sicht des Kunden unter die Lupe genommen hatten.

Ausrichtung auf Wert

Nur wenige Unternehmen wollen ihren Kunden absichtlich unangenehme Erfahrungen bescheren. Und doch kommen Erlebnisse wie die gerade beschriebenen immer wieder vor.

Ich glaube, das grundlegende Problem ist eines der Ausrichtung: Unternehmen wissen nicht, was ihre Kunden tatsächlich erleben.

Fehlausrichtungen wirken sich auf das gesamte Unternehmen aus: Den Teams fehlt ein gemeinsames Ziel, es werden realitätsferne Lösungen entwickelt, der Fokus liegt auf der Technologie und nicht auf der tatsächlichen Nutzererfahrung, und die Strategie ist kurzsichtig.

Sinnvoll ausgerichtete Unternehmen haben ein gemeinsames mentales Modell ihrer Ziele. Sie sind davon getrieben, den Menschen, denen sie dienen, hervorragende Erfahrungen zu bieten.

Immer mehr Menschen wählen Waren und Dienstleistungen auf der Grundlage ihrer Gesamterfahrung aus. Um die Erwartungen des Markts zu erfüllen, ist es zwingend notwendig, sich auf die End-to-End-Erfahrung auszurichten.

Um diese Ausrichtung zu erreichen, müssen Unternehmen meiner Meinung nach drei Imperativen folgen:

1. Betrachten Sie Ihr Angebot outside-in (von außen nach innen) und nicht inside-out (von innen nach außen).

   In meiner Arbeit mit einer Vielzahl von Unternehmen erlebe ich immer wieder Teams, die zwar die besten Absichten haben, sich aber zu sehr auf interne Prozesse fokussieren. Sie sind in eine Art organisatorische Nabelschau verstrickt. Viele Mitarbeiter wissen einfach nicht, was ihre Kunden tatsächlich durchmachen.

   Der Blickwinkel muss geändert werden: von inside-out zu outside-in. Unternehmen müssen die von ihnen geschaffenen Erfahrungen genau verstehen. Das beschränkt sich nicht auf das Personal an vorderster Front. Jeder muss sich in die Menschen einfühlen, denen er dient.

   In diesem Sinne geht es bei *Empathie* nicht nur darum, die Emotionen einer anderen Person nachzuempfinden. Stattdessen kommt es auf die Fähigkeit an, wirklich zu begreifen, was andere erleben – die Fähigkeit, sich in ihre Lage zu versetzen. Empathie für andere entsteht durch die Anerkennung der Tatsache, dass ihre Sichtweise berechtigt ist, auch wenn sie sich von unserer eigenen unterscheidet. Ein *bisschen* Einfühlungsvermögen reicht nicht aus: Teams müssen sich *zutiefst* um ihre Kunden und deren Erfahrungen sorgen.

   Mehr noch, die Beschäftigten eines Unternehmens müssen die Wünsche und Motivationen der Menschen verinnerlichen und sich bei allem, was sie tun, für die Menschen einsetzen, denen sie dienen. Sie müssen in der Lage sein, Empathie in *Mitgefühl* zu verwandeln, indem sie Maßnahmen ergreifen, um eine bessere Gesamterfahrung zu schaffen.

2. Richten Sie interne Funktionen über Teams und Ebenen hinweg aus.

   Organisatorische Silos verhindern Alignment. Ausgerichtete Unternehmen arbeiten stattdessen über Funktionsgrenzen hinweg. Sie konzentrieren sich unermüdlich darauf, sicherzustellen, dass ihre Kunden ausgezeichnete Erfahrungen machen.

   Beim Alignment geht es nicht nur um oberflächliche Verbesserungen. Es geht um das kollektive Handeln der gesamten Gruppe auf allen Ebenen. Die Prozesse hinter den Kulissen einer Organisation haben genauso viel mit der Gesamterfahrung zu tun wie die Stellen, an denen sichtbare Interaktionen mit einzelnen Personen stattfinden.

   In seiner TV-Show rettet Spitzenkoch Gordon Ramsay scheiternde Restaurants, indem er das gesamte Etablissement neu ausrichtet. Normalerweise fängt er damit an, die Küche wieder auf Vordermann zu bringen. Er tadelt das Personal für die unsachgemäße Lagerung von Lebensmitteln oder für eine verschmutzte Dunstabzugshaube über dem Herd. Die Abläufe in der Küche beeinflussen das Erlebnis der Gäste.

   Bei ausgerichteten Unternehmen sind die Küchen in Ordnung. Solche Unternehmen bewegen sich gemeinsam in dieselbe Richtung, arbeiten an derselben Aufgabe: brillante Erfahrungen zu schaffen. Und sie konzentrieren sich nicht auf einzelne Teile der Erfahrung. Sie berücksichtigen die vollständige Interaktion (*end-to-end*). Die Summe lokaler Optimierungen garantiert keine globale Optimierung.

   Beachten Sie, dass die Begriffe *Ausrichtung* und *Alignment* bereits zu festen Bestandteilen des Sprachgebrauchs zur Beschreibung von Geschäftsstrategien geworden sind. Manager sprechen gerne von *Upward Alignment*, bei dem alle Mitglieder eines Unternehmens einer von oben vorgegebenen Strategie folgen. Meine Interpretation des Begriffs konzentriert sich auf die *Ausrichtung an Werten* (*Value Alignment*): Zuerst sollte der Wert bzw. Nutzen betrachtet werden, den ein Unternehmen aus Sicht des Einzelnen schaffen muss, und erst danach werden die Strategie und die Technologie festgelegt, die erforderlich sind, um diesen Wert zu liefern.

3. Erstellen Sie Visualisierungen als gemeinsame Referenzen.

   Beim Alignment besteht die Herausforderung darin, die Abhängigkeiten innerhalb eines Unternehmens zu erkennen. Jede Abteilung mag für sich allein gut funktionieren. Aber aus Sicht der Benutzer ist die Erfahrung ein Flickwerk von Interaktionen, in denen sie sich selbst zurechtfinden müssen.

   Visualisierungen sind ein wichtiges Hilfsmittel, um siloartiges Denken aufzubrechen. Ein Diagramm der individuellen Erfahrung dient als greifbares Modell, an dem sich die Teams gemeinsam orientieren können. Noch wichtiger ist dabei, dass Visualisierungen dem Betrachter erlauben, übergreifende Zusammenhänge auf einen Blick zu erfassen.

   In der Geschichte, mit der dieses Vorwort beginnt, hatten zwar Vertriebsleiter und Kundenbetreuer ihren Vorgesetzten getrennt voneinander von ihren Hindernissen und Ineffizienzen berichtet. Aber erst als die Entscheidungsträger übergreifende Faktoren erkennen konnten, wurden sowohl das Problem als auch die Lösung offensichtlich. Berichte und Präsentationen voller Text und Zahlen haben diesen Effekt eher nicht. Visualisierungen schon.

   Visualisierungen geben aber keine direkten Antworten – sie setzen Gespräche in Gang. Diagramme sind überzeugende Artefakte, die das Interesse und die Aufmerksamkeit anderer im Unternehmen auf sich ziehen. Sie sind ein Mittel, um andere in einen Diskurs zu verwickeln. Visualisierungen weisen auf Chancen hin und dienen als Ausgangspunkt für Innovationen.

In einem umfassenderen Sinne beeinflussen Visualisierungen die Strategie. Sie bieten eine entscheidende Möglichkeit, um den Markt aus der Perspektive des Kunden zu betrachten. Das Mapping von Erfahrungen ist kein Designtool der Rubrik »Nice-to-have«, sondern ein »Must-have«, ein unverzichtbares Werkzeug für die strategische Ausrichtung.

Da sich in Unternehmen vielerorts Lean-Management-Praktiken und damit auch eine schlanke Produktentwicklung durchgesetzt haben, wird Alignment umso wichtiger. Kleine, eigenverantwortliche Teams müssen mit dem Rest der Organisation auf einer Wellenlänge sein. Eine überzeugende Visualisierung bringt alle dazu, sich aus denselben Gründen in dieselbe Richtung zu bewegen. Die Agilität Ihres Unternehmens hängt von einem gemeinsamen Ziel ab.

In diesem Buch geht es um Möglichkeiten. Meine Hoffnung ist, dass das Buch Ihr Denken und Ihre Herangehensweise an das Mapping im Allgemeinen erweitert.

Worum es in diesem Buch geht

In diesem Buch geht es um eine Art Werkzeug, mit dem Unternehmen Einsichten in ihr Produkt- und Serviceökosystem gewinnen können. Ich bezeichne dieses Werkzeug als Ausrichtungsdiagramm (*Alignment Diagram*) – ein Oberbegriff für alle Maps, in denen die Begegnungen von Personen mit einem System und dessen Anbieter aneinander ausgerichtet (*to align*) bzw. miteinander abgeglichen werden. Für die Erstellung von Ausrichtungsdiagrammen gibt es allerdings keine einheitliche Methode oder Vorgehensweise. Stattdessen finden Sie eine Reihe von Optionen, je nachdem, welche Art von Problem Sie lösen wollen. In Kapitel 1 wird dieses Konzept ausführlicher erläutert.

Dieses Buch beschäftigt sich mit vielen verschiedenen Techniken zur Abbildung von Erfahrungen, nicht mit einer einzigen Methode oder Darstellungsform. Der Fokus liegt auf der gesamten *Kategorie* von Diagrammen, die allesamt versuchen, die menschliche Erfahrung zu beschreiben. Daneben werden viele verwandte Techniken berücksichtigt.

Diese Diagramme sind bereits seit Jahrzehnten ein selbstverständlicher Bestandteil der Design- und Kreativdisziplinen. Vielleicht haben Sie Ausrichtungsdiagramme bereits bei Ihrer Arbeit verwendet.

Der Einsatz auch als Werkzeug zur organisatorischen Ausrichtung unterstreicht ihre strategische Relevanz. Ausrichtungsdiagramme helfen, die Perspektive einer Organisation oder eines Unternehmens von inside-out auf outside-in umzustellen, dadurch Empathie zu entwickeln und ein Modell für die Entscheidungsfindung zu liefern, bei dem das menschliche Befinden miteinbezogen wird.

Ausrichtungsdiagramme bieten außerdem eine gemeinsame Vision für alle Bereiche eines Unternehmens. Sie helfen dabei, über

Abteilungsgrenzen hinweg Konsistenz im Denken und Handeln zu schaffen. Diese Art der internen Kohärenz entscheidet über Erfolg und Misserfolg.

Um es klar zu sagen: Ausrichtungsdiagramme sind kein Allheilmittel und nur ein Teil des organisatorischen Alignments. Ich glaube aber, dass die Geschichte, die sie erzählen, einen großen Beitrag zur Ausrichtung leistet, besonders in größeren Unternehmen.

Mapping hilft uns, komplexe Interaktionssysteme zu verstehen, insbesondere wenn wir es mit abstrakten Konzepten wie *Erfahrung* zu tun haben. Das Abbilden von Erfahrungen ist jedoch keine singuläre Aktivität, die sich auf eine bestimmte Art von Diagramm beschränkt. Es existieren viele mögliche Perspektiven und Ansätze.

In diesem Sinne geht es in diesem Buch um *Möglichkeiten*. Ich hoffe, dass das Buch Ihr Denken und Ihre Herangehensweise an das Mapping im Allgemeinen erweitert.

Wir werden viele Arten von Diagrammen mit jeweils unterschiedlichen Namen und Hintergründen behandeln. Hängen Sie nicht zu sehr an diesen Etiketten. Viele der Unterscheidungen sind historisch bedingt und basieren darauf, welcher Begriff zuerst geprägt wurde. Konzentrieren Sie sich stattdessen auf die Wertausrichtung als solche, nicht auf eine bestimmte Technik. Es ist durchaus möglich, neue Arten von Diagrammen zu erfinden, die die bestehenden Ansätze weiterentwickeln. Ich ermutige Sie sogar dazu.

Worum es in diesem Buch *nicht* geht

In diesem Buch geht es nicht um Customer Experience (CX) Management, Service Design oder User Experience (UX) Design. Es geht um Diagramme – konzeptionelle Modelle, die diese Praxisbereiche überspannen. Der Ansatz, den ich hier beschreibe, ist *kein Designprozess*, sondern ein disziplinunabhängiger Prozess des Mappings, der Abbildung von Erfahrungen.

Es ist auch kein umfassendes Buch über formale Techniken in Grafikdesign, Informationsdesign oder Illustration. Es gibt Unmengen an Quellen zu Grafikdesign und Illustration, die viel mehr ins Detail gehen, als es mir hier möglich wäre.

Mir ist klar, dass es einen technischen Unterschied gibt zwischen den Wörtern *Map*, also einer Darstellung, die zeigt, *wo* sich etwas befindet, und *Diagramm*, einer Darstellung, die zeigt, *wie* etwas funktioniert. In diesem Buch wird jedoch nicht zwischen den beiden unterschieden. In der Praxis sind Begriffe wie *Customer Journey Map* und *Experience Map* im Grunde genommen unzutreffende Bezeichnungen. Aber sie sind so weit verbreitet, dass die Unterscheidung zwischen Map und Diagramm irrelevant wird.

Zielgruppe dieses Buchs

Dieses Buch richtet sich an alle, die an der durchgängigen Planung, Gestaltung und Entwicklung von Produkten und Dienstleistungen beteiligt sind. Es ist für Menschen, die einen ganzheitlichen Blick auf das gesamte Ökosystem ihrer Angebote werfen möchten. Dazu gehören Designer, Produktmanagerinnen, Markenmanager, Marketingspezialistinnen, Strategen, Unternehmerinnen und Geschäftsinhaber.

Unabhängig von Ihrem Kenntnisstand in Sachen Mapping ist in diesem Buch etwas für Sie dabei. Die hier skizzierten Schritte und Prozesse sind für Anfänger grundlegend genug, um mit der Erstellung von Diagrammen zu beginnen. Die damit verbundenen Techniken wiederum werden auch Expertinnen neue Erkenntnisse bringen.

Ein Hinweis zu den Diagrammen

Ich habe sorgfältig darauf geachtet, in diesem Buch eine Reihe von Diagrammen bereitzustellen, die verschiedene Ansätze zur Abbildung von Erfahrungen widerspiegeln. Dabei kam es mir darauf an, vollständige Beispiele bereitzustellen, damit Sie sie in ihrer Gesamtheit betrachten können. Obwohl ich der Darstellung und Übersichtlichkeit der einzelnen Diagramme größte Aufmerksamkeit geschenkt habe, sind in einigen Fällen nicht alle Texte lesbar. Bitte beachten Sie die Verweise in den Bildnachweisen und im gesamten Buch, um die Originale online zu finden, sofern verfügbar. Ich ermutige Sie auch, zur Inspiration und Anleitung eigene Beispiele zu suchen und zu sammeln.

Gliederung des Buchs

Die zweite Auflage ist in drei Teile gegliedert.

Teil 1: Werte visualisieren

Teil 1 bietet sowohl einen Überblick als auch Hintergrundinformationen zum Konzept von Ausrichtungsdiagrammen:

- In Kapitel 1 wird der Begriff *Ausrichtungsdiagramm* als Bezeichnung für eine Klasse von Dokumenten eingeführt, die darauf abzielen, die Erfahrungen einer Person visuell mit den Dienstleistungen eines Unternehmens abzugleichen. Dabei geht es vor allem um die Konzepte der Wertausrichtung und des wertorientierten Designs.
- Kapitel 2 befasst sich mit den Schlüsselelementen des *Mappings von Erfahrungen*, wobei diese in einzelne Komponenten zerlegt werden.
- Kapitel 3 führt in das umfassendere Thema *Experience Design* ein mit besonderem Fokus auf die *Mitarbeitererfahrung*.
- Kapitel 4 beschäftigt sich umfassend mit dem Thema *Strategie* im Allgemeinen und der Rolle der Visualisierung bei der Strategiefindung.

Teil 2: Ein allgemeiner Prozess des Mappings

Teil 2 beschreibt einen allgemeinen Prozess zur Erstellung von Ausrichtungsdiagrammen, der in vier Phasen unterteilt ist: Einleiten, Untersuchen, Veranschaulichen und Ausrichten. Nachdem wir die aktuelle Erfahrung verstanden und nachempfunden haben, stellen wir uns vor, wie zukünftige Erfahrungen aussehen könnten:

- Kapitel 5 beschreibt detailliert, wie Sie ein Mapping-Projekt *einleiten* können, einschließlich der wichtigsten Überlegungen zur effektiven Gestaltung des Vorhabens.
- In Kapitel 6 wird erläutert, wie Sie *Untersuchungen und Recherchen durchführen*, bevor Sie ein Diagramm erstellen.
- Kapitel 7 gibt einen Überblick darüber, wie Sie ein Diagramm anschaulich *illustrieren* können.
- Kapitel 8 befasst sich mit der Verwendung von Diagrammen zur *Ausrichtung von Teams* in einem Workshop, um ein vorhandenes Problem zu erforschen und zu verstehen, bevor man damit beginnt, eine Lösung zu entwickeln.
- Kapitel 9 stellt eine Reihe von ergänzenden Techniken vor, die in Verbindung mit Ausrichtungsdiagrammen verwendet werden, um sich *zukünftige Erfahrungen vorzustellen* und das Mapping durch Experimentieren und schließlich durch Design und Entwicklung umsetzbar zu machen.

Teil 3: Diagrammtypen im Detail

Der letzte Teil des Buchs befasst sich detailliert mit einigen spezifischen Diagrammtypen, einschließlich eines jeweiligen kurzen historischen Überblicks:

- Kapitel 10 führt in *Service Blueprints* ein, den ältesten hier behandelten Diagrammtyp.
- Kapitel 11 befasst sich mit *Customer Journey Maps* sowie mit Untersuchungen zur Entscheidungsfindung und zu Konversionstrichtern.
- Kapitel 12 dreht sich um *Experience Maps*, einschließlich einer Diskussion über Job Maps und Workflow-Diagramme.
- Kapitel 13 wirft einen Blick auf *Mentalmodelldiagramme*, bei denen insbesondere Indi Young Pionierarbeit geleistet hat. Es enthält außerdem Diskussionen über Grounded Theory, Informationsarchitektur und verwandte Diagramme.
- Kapitel 14 befasst sich mit *Ecosystem Maps* bzw. Diagrammen, die versuchen, ein breites System von Entitäten und deren Wechselwirkungen zu visualisieren.

Hinweise zur deutschen Übersetzung der Abbildungen

In diesem Buch ist eine Vielzahl von Diagrammen und Maps abgebildet. Die englischsprachigen Maps sind – mit freundlicher Genehmigung – sowohl englischsprachigen Fachbüchern sowie zahlreichen Fallstudien anderer Autorinnen und Autoren entnommen. Bei den gezeigten Maps und Diagrammen geht es nicht um einzelne Details, sondern die Abbildungen sollen illustrieren, wie Mapping-Techniken Informationen effektiv organisieren und aufbereiten können. Weil es sich bei diesen Maps um Arbeitsmittel realer Unternehmen handelt, verzichten wir – auch aus rechtlichen Gründen – darauf, sie zu übersetzen. Informationsgrafiken, die grundlegende Aspekte wie etwa typische Dimensionen, Elemente oder Kategorien solcher Maps darstellen, haben wir ins Deutsche übersetzt.

Über den Autor

Jim Kalbach ist ein bekannter Autor, Speaker und Dozent zu Themenbereichen wie User Experience Design, Informationsarchitektur und Strategieentwicklung. Derzeit ist er Head of Customer Experience bei MURAL, dem führenden Online-Whiteboard. Er war beratend tätig für viele große Unternehmen wie eBay, Audi, Sony, Citrix, Elsevier Science, LexisNexis und viele mehr. Jim besitzt Master-Abschlüsse in Bibliotheks- und Informationswissenschaft sowie in Musiktheorie und Komposition, beide erworben an der Rutgers University, New Jersey.

Nach einem 15-jährigen Aufenthalt in Deutschland kehrte er 2013 in die Vereinigten Staaten zurück. Während seines Auslandsaufenthalts war Jim Mitbegründer und langjähriger Organisator der European Information Architecture Conferences. Außerdem ist er Mitbegründer der IA Konferenz, einer führenden UX-Design-Veranstaltung in Deutschland. Zuvor war Jim stellvertretender Redakteur bei *Boxes and Arrows*, einer bekannten Fachzeitschrift für User Experience. In den Jahren 2005 und 2007 war er zudem Mitglied im Beirat des Information Architecture Institute.

Im Jahr 2007 veröffentlichte Jim sein erstes Buch, »Designing Web Navigation« (O'Reilly). In 2020 folgte sein beliebtes »The Jobs To Be Done Playbook« (Rosenfeld Media). Er bloggt auf *experiencinginformation.com*, twittert als *@JimKalbach* und bietet Workshops und Onlinekurse mit The JTBD Toolkit (*www.jtbdtoolkit.com*) an.

Danksagung für die zweite Auflage

Schreiben ist eine einsame Tätigkeit, ein Buch veröffentlichen ist Teamwork. Es ist erstaunlich, wie viele Menschen daran beteiligt sind. Ich danke Ihnen und euch allen. Hoffentlich vergesse ich niemanden.

Zunächst möchte ich den Menschen bei O'Reilly danken, die dieses Projekt möglich gemacht haben, insbesondere Angela Rufino, Kristen Brown, Ron Bilodeau und Rachel Head.

Allen Reviewern möchte ich meinen Dank für ihr Feedback aussprechen, ganz besonders den erstklassigen technischen Gutachtern:

- Leo Frishberg gab sowohl zur ersten als auch zu dieser zweiten Auflage durchdachtes, kritisches Feedback, das das Buch stark beeinflusst hat.
- Kate Rutters sorgfältige Analyse der zweiten Auflage lieferte neue Perspektiven und Anregungen, die ich gerne ins Buch aufnahm.
- Nathan Lucy gab besonders gründliches, punktgenaues Feedback, das mir viel Stoff zum Nachdenken bot, während ich das Buch für diese zweite Auflage aktualisierte.

Allen vielen Dank für die ausführliche Lektüre!

Auch die vielen anderen Reviewer verhalfen mir zu wichtigen Erkenntnissen. Dank an Andrew Hinton, Victor Lombardi, Ghulam Ali, Saadia Ali, Yuri Vedenin, Torrey Podmajersky, Ellen Chisa, Frances Close und Christian Desjardins.

Die Fallbeispiele wurden in der zweiten Auflage erheblich erweitert und aktualisiert. Ich bin sehr dankbar dafür, dass sich die folgenden talentierten Menschen bereit erklärt hatten, dieses Buch durch ihre Beträge zu bereichern:

- Dank an Matt Sinclair für seine hervorragende Technik des Consumer Intervention Mapping und seine Fallstudie in Kapitel 2.
- Dank an Seema Jain für ihren Beitrag zur Ausrichtung von CX und EX in ihrer Fallstudie in Kapitel 3.
- Dank an meine ehemaligen Kollegen für die Fallstudie in Kapitel 4: Jen Padilla, Elizabeth Thapliyal und Ryan Kasper.
- Vielen Dank an Amber Braden für ihre Fallstudie von Sonos in Kapitel 6.
- Dank an Paul Kahn und Mad*Pow für die hervorragende Fallstudie und die schönen Diagramme in Kapitel 7.
- Ein besonderer Dank geht an Leo Frishberg für seine Beschreibung des Presumptive Design in Kapitel 8.
- Vielen Dank an Christophe Tallec für seine Fallstudie über Journey Games im gleichen Kapitel.
- Danke an Erik Flowers und Megan Miller für den Beitrag über ihre Technik des Practical Service Blueprinting in Kapitel 10.
- Danke an Michael Dennis Moore für die Einführung zu Value Story Mapping in Kapitel 11.
- Besonderer Dank geht an Karen Wood für ihre unglaubliche Geschichte über den Einsatz von Experience Mapping zur Bekämpfung häuslicher Gewalt in Kapitel 12.
- Noch einmal vielen Dank an Indi Young für ihre Beschreibung der Mentalmodelldiagramme in Kapitel 13.
- Vielen Dank, Cornelius Rachieru, für deine Fallstudie in Kapitel 14 über Ökosysteme.

Die Abbildungen und Grafiken machen dieses Buch auf einzigartige Weise zugänglich und fesselnd. Ein großer Dank geht an alle Gestalterinnen und Gestalter, die uns erlaubt haben, ihre Diagramme zu veröffentlichen. Dazu gehören:

- *Teil 1:* Susan Spraragen, Carrie Chan, Chris Risdon, Indi Young, Andy Polaine, Gianluca Burgnoli, Tyler Tate, Gene Smith, Trevor van Gorp, Booking.com, Accelerom AG, Matt Sinclair, UXPressia, Chris McGrath, Rafa Vivas, Martin Ramsin, Sofia Hussain, Claro Partners, Clive Keyte, Michael Ensley, Alexander Osterwalder, Elizabeth Thapliyal, Seema Jain und Emilia Åström.
- *Teil 2:* Jim Tincher, Yuri Vedenin, UXPressia, Chris Risdon, Indi Young, Amber Braden, Eric Berkman, Sofia Hussain, Hennie Farrow, Craig Goebel, Jonathan Podolsky, Ebae Kim, Paul Kahn, Samantha Louras, Jess McMullin, Scott Merrill, Brandon Schauer, Erik Hanson, Jake Knapp, Christophe Tallec, Deb Aoki, Steve Rogalsky und Leo Frishberg.
- *Teil 3:* Brandon Schauer, Erik Flowers, Megan Miller, Susan Spraragen, Carrie Chan, Pete Abilla, Adam Richardson, Effective UI, Marc Stickdorn, Jakob Schneider, Kerry Bodine, Jim Tincher, Michael Dennis Moore, Sarah Brown, Diego Bernardo, Tarun Upaday, Gene Smith, Trevor van Gorp, Stuart Karten, Jamie Thomson, Megan Grocki, Karen Wood, Beth Kyle, Indi Young, Chris Risdon, Patrick Quatelbaum, Andy Polaine, Lavrans Løvlie, Ben Reason, Kim Erwin, Mark Simmons, Aaron Lewis, Wolfram Nagel, Timo Arnall, Paul Kahn, Julie Moissan Egea, Laurent Kling, Jonanthan Kahn und Cornelius Rachieru.

Ein besonderer Dank geht an Hennie Farrow, die das schöne Diagramm in Kapitel 7 beisteuerte und auch den Stil der Illustrationen in den beiden Auflagen dieses Buchs entwickelte. Danke, Hennie!

Abschließend möchte ich mich bei allen bedanken, die Feedback zur ersten Auflage gegeben haben, sei es online oder in meinen Workshops. Es ist eine Ehre, dass mein Buch so positiv aufgenommen wurde und dass diese zweite Auflage überhaupt möglich geworden ist. Vielen Dank!

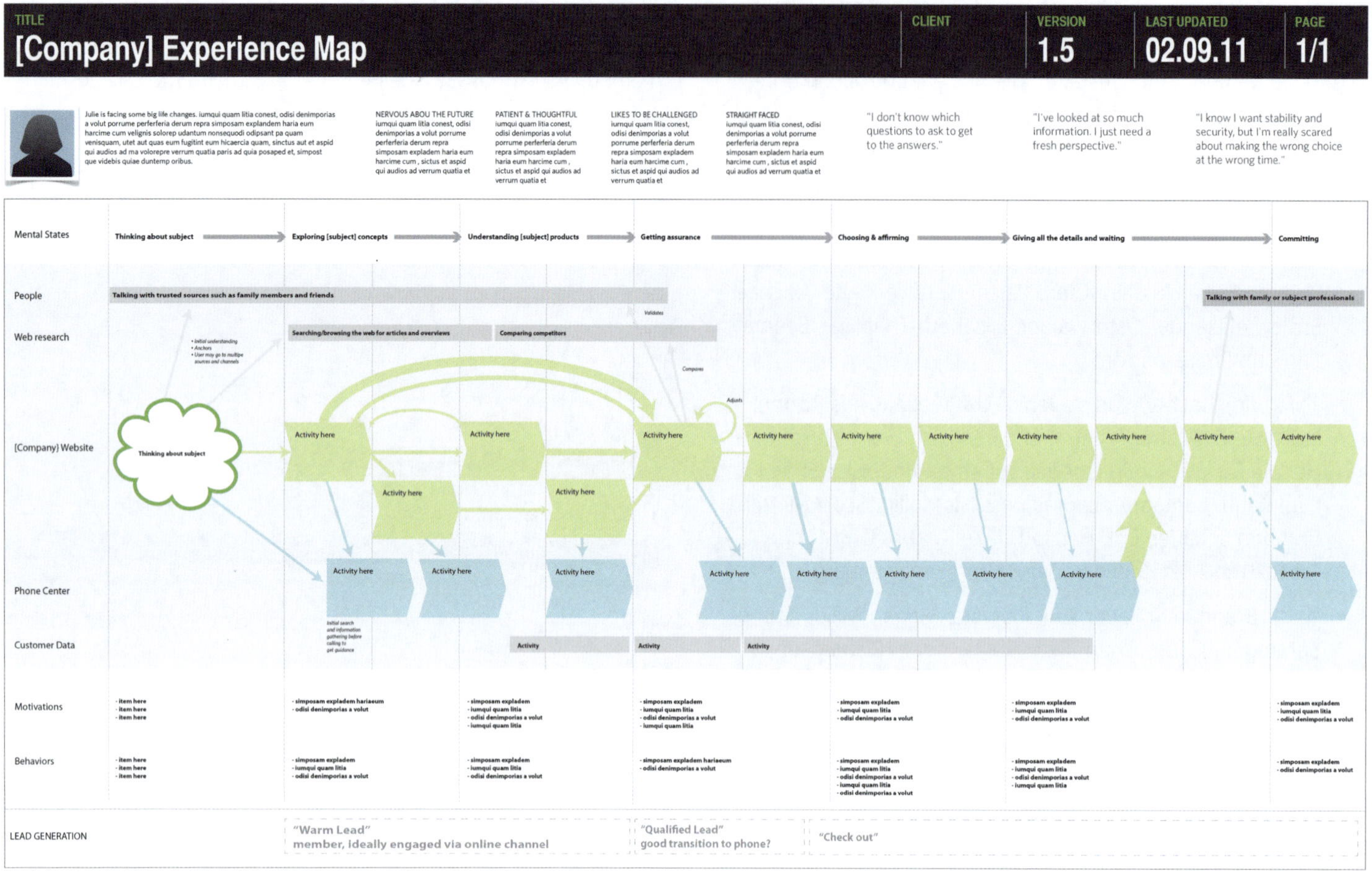

TITLE

[Company] Experience Map

CLIENT

VERSION 1.5

LAST UPDATED 02.09.11

PAGE 1/1

Julie is facing some big life changes. iumqui quam litia conest, odisi denimporias a volut porrume perferferia derum repra simposam explandem haria eum harcime cum velignis solorep udantum nonsequodi odipsant pa quam venisquam, utet aut quas eum fugitint eum hicaercia quam, sinctus aut et aspid qui audios ad ma volorepre verrum quatia paris ad quia posaped et, simpost que videbis quiae duntemp oribus.

NERVOUS ABOU THE FUTURE
iumqui quam litia conest, odisi denimporias a volut porrume perferferia derum repra simposam expladem haria eum harcime cum , sictus et aspid qui audios ad verrum quatia et

PATIENT & THOUGHTFUL
iumqui quam litia conest, odisi denimporias a volut porrume perferferia derum repra simposam expladem haria eum harcime cum , sictus et aspid qui audios ad verrum quatia et

LIKES TO BE CHALLENGED
iumqui quam litia conest, odisi denimporias a volut porrume perferferia derum repra simposam expladem haria eum harcime cum , sictus et aspid qui audios ad verrum quatia et

STRAIGHT FACED
iumqui quam litia conest, odisi denimporias a volut porrume perferferia derum repra simposam expladem haria eum harcime cum , sictus et aspid qui audios ad verrum quatia et

"I don't know which questions to ask to get to the answers."

"I've looked at so much information. I just need a fresh perspective."

"I know I want stability and security, but I'm really scared about making the wrong choice at the wrong time."

Mental States
Thinking about subject → Exploring [subject] concepts → Understanding [subject] products → Getting assurance → Choosing & affirming → Giving all the details and waiting → Committing

People
Talking with trusted sources such as family members and friends
Talking with family or subject professionals

Web research
Searching/browsing the web for articles and overviews
Comparing competitors

[Company] Website
Thinking about subject
Activity here

Phone Center
Activity here

Customer Data
Activity

Motivations
- item here
- item here
- item here

- simposam expladem hariaeum
- odisi denimporias a volut

- simposam expladem
- iumqui quam litia
- odisi denimporias a volut
- iumqui quam litia

- simposam expladem
- iumqui quam litia
- odisi denimporias a volut
- iumqui quam litia

- simposam expladem
- iumqui quam litia
- odisi denimporias a volut

- simposam expladem
- iumqui quam litia
- odisi denimporias a volut

- simposam expladem
- iumqui quam litia
- odisi denimporias a volut

Behaviors
- item here
- item here
- item here

- simposam expladem
- iumqui quam litia
- odisi denimporias a volut

- simposam expladem
- iumqui quam litia
- odisi denimporias a volut

- simposam expladem hariaeum
- odisi denimporias a volut

- simposam expladem
- iumqui quam litia
- odisi denimporias a volut
- iumqui quam litia
- odisi denimporias a volut

- simposam expladem
- iumqui quam litia
- odisi denimporias a volut
- iumqui quam litia

- simposam expladem
- odisi denimporias a volut

LEAD GENERATION
"Warm Lead" member, ideally engaged via online channel
"Qualified Lead" good transition to phone?
"Check out"

Dieses Diagramm ist eine Vorlage für eine Multichannel Experience Map, die von Chris Risdon und dem Team von Adaptive Path erstellt wurde, die zu den führenden Experten in den Techniken des Experience Mapping gehören (mit freundlicher Genehmigung aus »Anatomy of an Experience Map« übernommen).

In diesem Buch werden wir uns anschauen, wie Sie diese und andere Vorlagen nutzen können, um die Ausrichtung – das Alignment – eines Teams von einer Inside-in- zu einer Outside-in-Perspektive zu verschieben.

TEIL 1
Wert visualisieren

Ich erlebe es immer und immer wieder: Unternehmen verstricken sich in ihren eigenen Prozessen und vergessen den Blick auf die Märkte, die sie bedienen. Die betriebliche Effizienz hat Vorrang vor der Kundenzufriedenheit. Viele wissen einfach nicht, was ihre Kunden durchmachen.

Aber wir erleben gerade eine Art kopernikanische Wende.[1] Heutzutage müssen sich Kunden nicht mehr an Unternehmen anpassen, sondern Unternehmen müssen herausfinden, wie sie sich in das Leben ihrer Kunden einfügen. Das erfordert ein Umdenken – ein Umdenken, bei dem Ihnen dieses Buch helfen kann.

Teil 1 behandelt einige der grundlegenden Aspekte des Mapping-Prozesses.

Ausrichtungsdiagramme (oder Alignment-Diagramme), die in Kapitel 1 eingeführt werden, sind eine Diagrammkategorie zur Neuorientierung von Unternehmen und Organisationen. Sie helfen Ihnen, von einer Inside-out-Betrachtung eines Markts zu einer Outside-In-Perspektive zu gelangen.

Kapitel 2 befasst sich mit dem allgemeinen Ansatz zur *Abbildung von Erfahrungen*. Obwohl sich eine »Erfahrung« (Experience) nur schwer in ein Konzept fassen lässt, kann man sie auf systematische Weise in einem Diagramm erfassen.

Um eine überragende Kundenerfahrung zu schaffen, konzentriert man sich am besten intensiv auf die Förderung einer außergewöhnlichen *Mitarbeitererfahrung*. Darum geht es in Kapitel 3, in dem beschrieben wird, wie Sie Mapping-Techniken zur Optimierung und Innovation einsetzen können, damit Ihre Mitarbeiterinnen und Mitarbeiter nicht nur zufrieden sind, sondern auch ein Gefühl der Sinnhaftigkeit entwickeln.

In Kapitel 4 wird untersucht, wie Diagramme neue Chancen aufzeigen und dadurch die unternehmerische *Strategie* beeinflussen. Sie bieten eine neue Sichtweise auf den Markt, Ihr Unternehmen und Ihre Marktposition.

---

1 Vergleichen Sie dazu beispielsweise Steve Denning, »Why Building a Better Mousetrap Doesn't Work Anymore«, *Forbes* (Februar 2014).

»Man muss mit der Kundenerfahrung beginnen und sich von dort aus zurück zur Technologie arbeiten.«

– Steve Jobs

IN DIESEM KAPITEL

- Einführung in Ausrichtungsdiagramme
- Wertorientiertes Design
- Prinzipien und Vorteile des Mappings
- Fallstudie: Bekämpfung von gewalttätigem Extremismus mit Ausrichtungsdiagrammen

KAPITEL 1

Wert visualisieren: Ausrichtung outside-in

Menschen erwarten einen gewissen Nutzen, wenn sie die Produkte und Dienstleistungen eines Unternehmens in Anspruch nehmen. Sie wollen eine Aufgabe erledigen, ein Problem lösen oder eine Emotion erleben. Empfinden sie diesen Nutzen als wertvoll, werden sie im Gegenzug ebenfalls etwas geben: Geld, Zeit oder Aufmerksamkeit.

Um erfolgreich zu sein, müssen Unternehmen mit ihren Angeboten einen gewissen Wert schöpfen. Sie müssen Gewinn erzielen, ihre Reichweite maximieren oder ihr Image verbessern. Wertschöpfung ist ein bidirektionaler Vorgang.

Aber wie lokalisieren wir die Quelle des Werts in einer solchen Beziehung zwischen Mensch und Unternehmen? Einfach ausgedrückt, findet die Wertschöpfung an der Schnittstelle zwischen beiden statt – dort, wo ein Individuum mit dem Anbieter einer Dienstleistung interagiert. An dieser Stelle überschneiden sich die Erfahrungen von Individuen in einem bestimmten Markt mit den Angeboten eines Unternehmens (Abbildung 1-1).

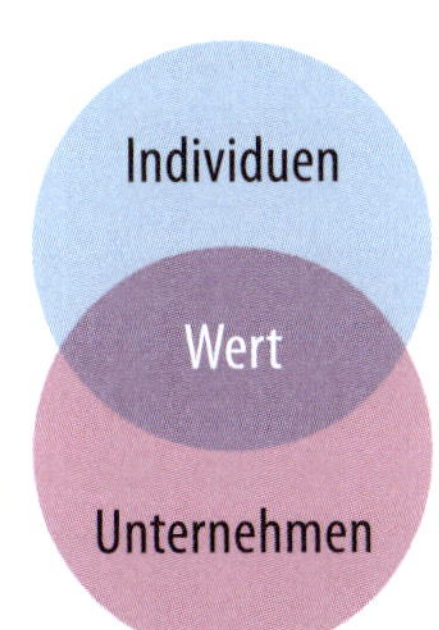

ABBILDUNG 1-1. Wert entsteht in der Schnittmenge von Individuen und dem Angebot eines Unternehmens.

Vor einigen Jahren kämpfte ich bei einem Projekt mit der Entscheidung, welche Art von Diagramm ich einsetzen sollte: eine Customer Journey Map, ein Mentalmodelldiagramm, einen Service Blueprint oder etwas anderes. Beim intensiven Vergleich mehrerer Beispiele ließ sich ein gemeinsames Prinzip erkennen: Diese Diagramme illustrieren alle auf unterschiedliche Weise die Wertschöpfungsgleichung.

Indem ich die Gemeinsamkeiten der verschiedenen Diagramme betrachtete, eröffneten sich neue Möglichkeiten. Ich war nicht mehr auf eine spezielle Methode festgelegt. Ich erkannte, dass der Fokus nicht auf einer bestimmten Technik liegen sollte, sondern stattdessen auf dem allgemeinen Konzept der Ausrichtung.

Noch wichtiger war es, dass ich dadurch bessere Verbindungen zwischen menschenzentriertem Design und Geschäftszielen herstellen konnte. Indem ich mich auf die *Ausrichtung* konzentrierte, konnte ich nun mit Wirtschaftsführern und Stakeholdern darüber sprechen, wie Experience Mapping sie dabei unterstützen könnte, ihre Ziele zu erreichen. Innerhalb kürzester Zeit führte ich Workshops mit Führungskräften durch und präsentierte den CEOs meine Diagramme.

Konzentriert man sich bei Problemlösungen auf die Interaktion zwischen Individuen und Unternehmen, spricht man von *wertorientiertem Design*. In seinem Artikel »Searching for the Center of Design« definiert der Service-Design-Experte Jess McMullin wertorientiertes Design wie folgt:

> *Wertorientiertes Design beginnt mit einer Story über eine ideale Interaktion zwischen einem Individuum und einem Unternehmen und dem Nutzen, den beide aus dieser Interaktion ziehen.*

In diesem Kapitel führe ich das Konzept der *Ausrichtungsdiagramme* ein und beschreibe damit eine Klasse von Diagrammen, die diese Story der Interaktion zwischen Personen und einem Unternehmen visualisieren. Am Ende werden Sie ein ausgeprägtes Verständnis davon haben, wie man die Wertausrichtung modelliert, einige der wesentlichen Gemeinsamkeiten kennen, die den verschiedenen Diagrammtypen zugrunde liegen, und um die Vorteile der Wertausrichtung wissen.

Erfahrungen gestalten

Im Jahr 1997 kehrte Steve Jobs als CEO zu Apple zurück. In einem Town-Hall-Meeting antwortete er auf die Frage eines Apple-Mitarbeiters nach der Technologie des Unternehmens mit den Worten: »Man muss mit der Kundenerfahrung beginnen und sich von dort zurück zur Technologie arbeiten.«[1]

Damit gab er zu verstehen, wie er Apple umkrempeln wollte: indem er die Standardgleichung für die Bereitstellung von Software umkehrte. Anstatt eine Technologie zu entwickeln und sie dann an Kunden zu vermarkten, wollte er damit beginnen, sich eine ideale Erfahrung vorzustellen und die Technologie erst im zweiten Schritt daran anzupassen.

Diese Strategie hat funktioniert, zumindest für Apple. Andere Unternehmen haben diese Denkweise nur zögerlich übernommen, und wiederum andere sind noch damit beschäftigt, sich diese Position zu eigen zu machen. Obwohl das Prinzip als solches einfach ist, tun sich traditionelle Unternehmen schwer damit, eine neue Sichtweise der Wertschöpfung zu übernehmen.

Ein Teil des Problems besteht darin, dass sich der Begriff »Erfahrung« einer genauen Definition entzieht. Unternehmen sind nicht darauf eingestellt, mit solch unscharfen Konzepten zu operieren. Wie genau sollte es denn aussehen, wenn ein Team mit einer Erfahrung begönne und von da aus die Technologie erarbeitete?

Eine entscheidende Methode, um »Erfahrung« zu verstehen, ist die Erstellung eines Modells, das die Erfahrung visuell darstellt. *Modelle* sind in Innovation und Design längst allgemein gebräuchlich. Beispielsweise repräsentiert eine Persona Menschen in einem bestimmten Markt, und ein Geschäftsmodell stellt dar, wie ein Unternehmen profitabel sein kann.

Hugh Dubberly, ein renommierter Designer und Unternehmensberater, ist der Meinung, dass Modelle ein Gegenmittel gegen die Komplexität des modernen Geschäftsbetriebs sind. Indem sie alle beweglichen Teile in einem Gesamtbild zeigen, können sie Unternehmen dabei helfen, ihr Spielfeld und ihre Märkte besser zu verstehen. Er erläutert:

> *[Im Internetzeitalter] gibt es eine praktisch unendliche Anzahl von Kombinationen, und kein Kunde macht jemals genau die gleichen Dinge wie ein anderer. Und diese Dinge sind nie abgeschlossen. Sie wachsen und verändern sich ständig und werden fortlaufend angepasst. Ein Modell erhalten Sie, wenn Sie alles in einer einzigen Darstellung zusammenfassen, um zu verstehen, was genau vor sich geht. Das kann ein hervorragendes*

1 Siehe dazu das YouTube-Video »SteveJobs CustomerExperience« unter *https://www.youtube.com/watch?v=r2O5qKZlI50*.

Werkzeug sein, um Teams mit den benötigten Mitarbeitern zu managen.[2]

Es leuchtet ein, dass ein Modell einer Erfahrung die Perspektiven derjenigen Menschen, die diese Erfahrung ermöglichen sollen, einander angleichen bzw. gemeinsam ausrichten kann. Das ist die Aufgabe beim Abbilden von Erfahrungen: Es ist eine Form des visuellen Storytellings, die es Teams ermöglicht, gemeinsam Lösungen zu finden.

Insgesamt betrachtet, gleicht eine solche Visualisierung die Erkenntnisse der Außenwelt mit den Perspektiven der Teams innerhalb eines Unternehmens ab, deren Aufgabe darin besteht, Produkte und Dienstleistungen zu entwickeln, mit denen die Bedürfnisse des Markts erfüllt werden. Mit anderen Worten: Ein Modell kann als Gelenk dienen, um vom *Problemraum* in den *Lösungsraum* zu schwenken.

Ausrichtungsdiagramme

Ich verwende den Begriff *Ausrichtungsdiagramm* für alle Maps, Diagramme und Visualisierungen, die beide Seiten der Wertschöpfung in einer einzigen Ansicht zeigen. Es handelt sich um eine *Kategorie* von Modellen, die die Interaktion zwischen Menschen und Unternehmen veranschaulichen und einen ansonsten unsichtbaren, abstrakten Umstand – die menschliche Erfahrung – greifbar und umsetzbar machen.

Logischerweise bestehen Ausrichtungsdiagramme aus zwei Teilen (siehe Abbbildung 1-2). Auf der einen Seite illustrieren sie Aspekte der individuellen Erfahrung – eine zusammenfassende Darstellung des Verhaltens archetypischer Benutzer. Zum anderen geben Ausrichtungsdiagramme die Angebote und Prozesse eines Unternehmens wieder. An den Punkten, in denen die beiden Bereiche in Wechselwirkung treten, findet der Wertaustausch statt.

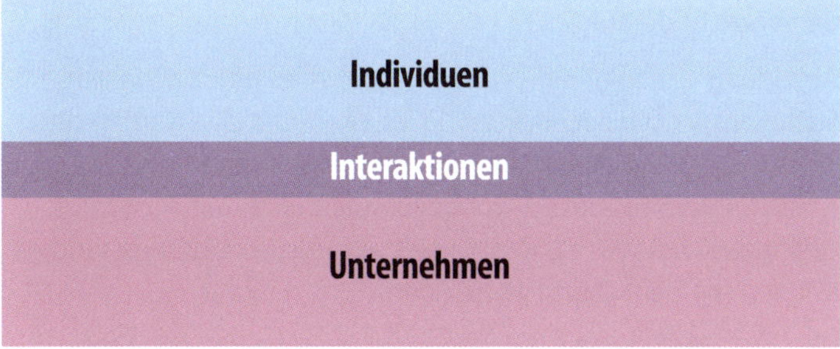

ABBILDUNG 1-2. Ausrichtungsdiagramme bestehen aus zwei Teilen: einer Beschreibung einer Erfahrung und einer Beschreibung der Angebote eines Unternehmens, einschließlich der Interaktion zwischen beiden Bereichen.

Solche Diagramme sind nicht neu und werden in der Praxis bereits verwendet. Daher ist meine Definition von Ausrichtungsdiagrammen weniger ein Vorschlag für eine bestimmte Technik als vielmehr eine Erkenntnis darüber, wie bestehende Ansätze auf eine neue, konstruktive Weise betrachtet werden können. Einige der folgenden gängigen Beispiele haben Sie vielleicht schon verwendet:

- Customer Journey Maps
- Service Blueprints
- Experience Maps
- Mentalmodelldiagramme

2 Aus einem Interview mit Hugh Dubberly, geführt von David Brown. Siehe dazu David Brown, »Supermodeler: Hugh Dubberly«, *GAIN: AIGA Journal of Design for the Network Economy* (Mai 2000).

Nehmen Sie z. B. *Customer Journey Maps* (CJMs). Sie veranschaulichen die Erfahrungen einer Person als Kunde eines Unternehmens. CJMs umfassen typischerweise drei Schlüsselphasen: die erstmalige Wahrnehmung eines Angebots, die Entscheidung, ein Produkt zu erwerben oder eine Dienstleistung in Anspruch zu nehmen, und schließlich entweder die fortgesetzte Nutzung oder den Verzicht darauf.

Abbildung 1-3 zeigt eine einfache CJM eines internationalen Suchdiensts nach Architekten. Es ist eine – um den Namen des Produkts und der Firma zu verbergen – leicht modifizierte Version eines Diagramms, das ich vor einigen Jahren für ein Projekt erstellt habe. Ziel war es, den damals aktuellen Erfahrungsstand der Kunden mit dem Dienst abzubilden.

Die verschiedenen Phasen der Interaktion sind als Spaltenüberschriften zu sehen, beginnend mit »Become Aware« (Aufmerksam werden) bis hin zu »Renew/Upgrade« (Verlängern/Upgraden). Die Zeilen zeigen verschiedene Facetten der Kundenerfahrung: Aktionen, Gefühle, gewünschte Ergebnisse und Pain Points (Schmerzpunkte).

Die untere Hälfte zeigt die wichtigsten Aktivitäten der Unternehmensabteilungen zur Unterstützung des Kunden oder als Reaktion auf ihn. Darunter erfolgt eine Analyse der Stärken, Schwächen, Chancen und Bedrohungen. Die primären Wege, auf denen Interaktionen stattfinden, sind in der mittleren Zeile aufgeführt.

Insgesamt sind, folgt man der Chronologie von links nach rechts, Kundenerfahrung und die korrespondierenden Unternehmensprozesse aneinander ausgerichtet. Das Team, mit dem ich damals zusammenarbeitete, nutzte das Diagramm, um Möglichkeiten für Innovationen und Verbesserungen der Customer Journey zu identifizieren. Wir konnten dadurch einige wichtige, zuvor unerkannte Hindernisse bei der Inanspruchnahme des Diensts beseitigen.

Service Blueprints sind ein weiterer Diagrammtyp, der die Chronologie einer Serviceinteraktion im Zuge einer Dienstleistung darstellt. Abbildung 1-4 zeigt ein Beispiel für einen sogenannten *Expressive Service Blueprint*, der von Susan Spraragen und Carrie Chan erstellt wurde. Dieses Diagramm illustriert die Interaktionen eines Patienten bei dem Besuch eines Augenarztes.

Dabei ging es darum, explizit die im Rahmen einer Servicebegegnung auftauchenden Emotionen zu zeigen. In diesem Beispiel herrscht bei dem Patienten Verwirrung über die Verschreibung, die er bekommen hat – ein Effekt, der durch zwei emotionale Zustände verursacht wird: Ablenkung und Angst.

Auch hier sehen wir die beiden Hälften der Gleichung: die Erfahrungen des Patienten (in Rosa und Lila) und die Prozesse der Organisation (hier der Arztpraxis), die im Hintergrund vor sich gehen (in Grün und Blau). Das Diagramm dient als Diagnoseinstrument, um Unzulänglichkeiten der Dienstleistung und Verbesserungsmöglichkeiten für den Kunden aufzuzeigen.

Der Fokus sollte nicht auf einer bestimmten Technik liegen, sondern auf dem allgemeinen Konzept der Ausrichtung.

Experience Maps sind, anders als CJMs und Service Blueprints, eine relativ neue Art von Ausrichtungsdiagramm. Abbildung 1-5 zeigt ein Beispiel für eine Experience Map, die von Chris Risdon, Autor und Vordenker im Bereich der Abbildung von Erfahrungen, erstellt wurde. Experience Maps veranschaulichen die Erfahrungen, die Menschen im Zusammenhang mit einem bestimmten Thema machen, in diesem Fall bei einer Zugreise durch Europa.

Im oberen Teil zeigt die Map die Erfahrungen, die Menschen bei einer solchen Reise machen. Ganz unten sind die Chancen aufgeführt, die sich dem Dienstleister bieten. Die Interaktionen zwischen Mensch und Anbieter sind in der Mitte des Diagramms zu sehen. Anhand dieser Darstellung lässt sich besser verstehen, wie verschiedene Angebote zu den Zielvorstellungen einer reisenden Person passen könnten. Im vorliegenden Beispiel sind die Angebote von Rail Europe mit der Erfahrung des Reisenden rückverbunden.

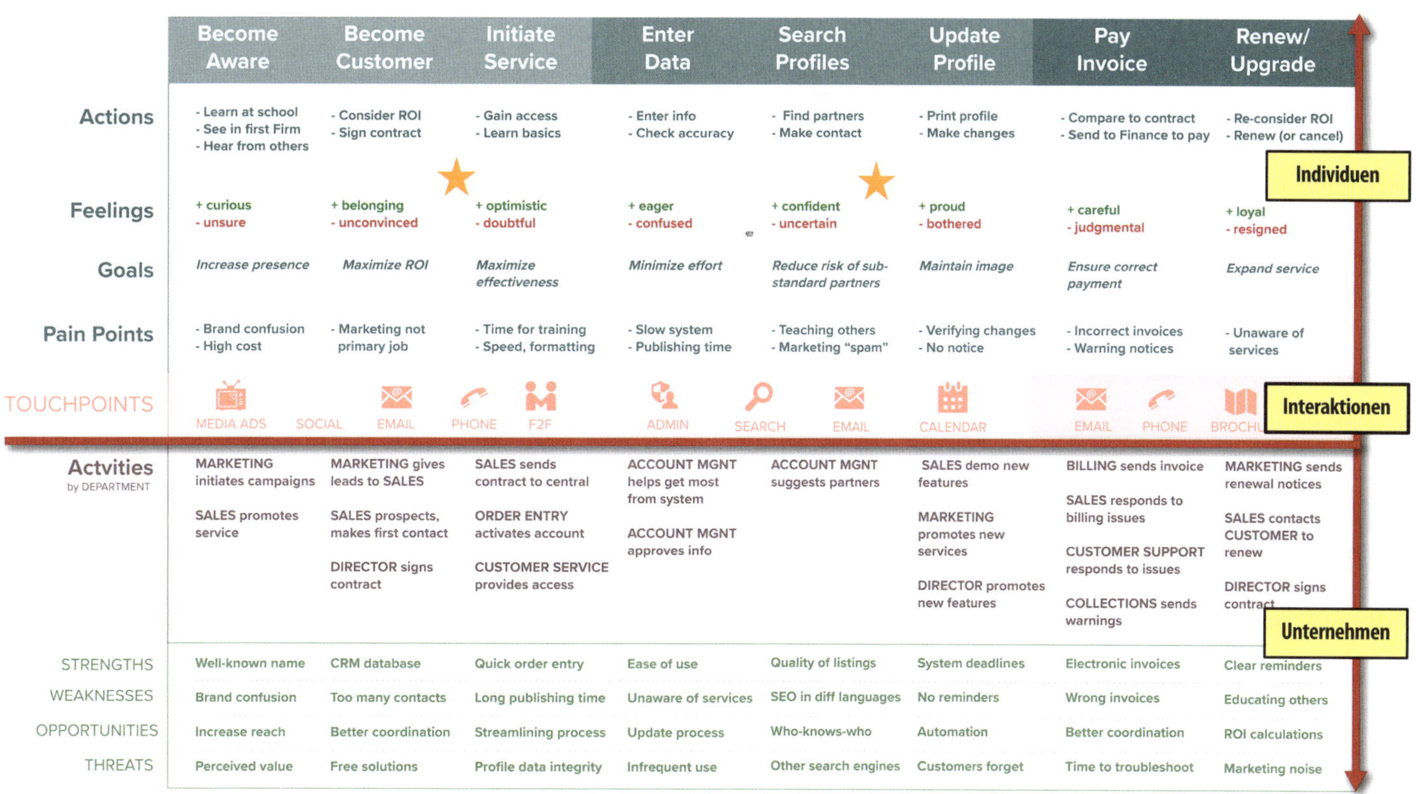

ABBILDUNG 1-3. Eine einfache Customer Journey Map richtet die Erfahrungen von einzelnen Personen und die korrespondierenden Aktivitäten im Unternehmen aneinander aus.

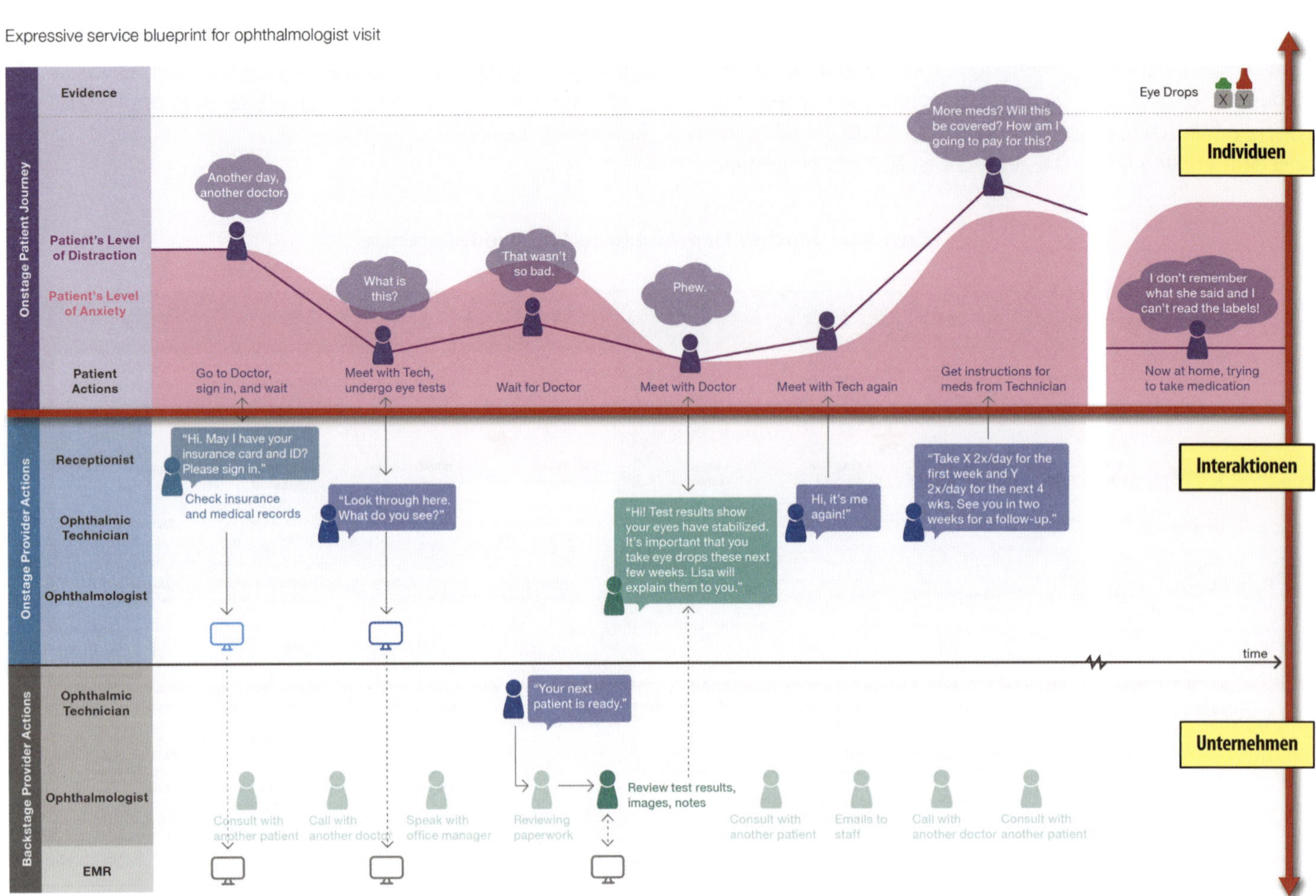

ABBILDUNG 1-4. Dieses Beispiel eines Expressive Service Blueprint von Susan Spraragen und Carrie Chan stellt den Besuch bei einem Augenarzt dar.

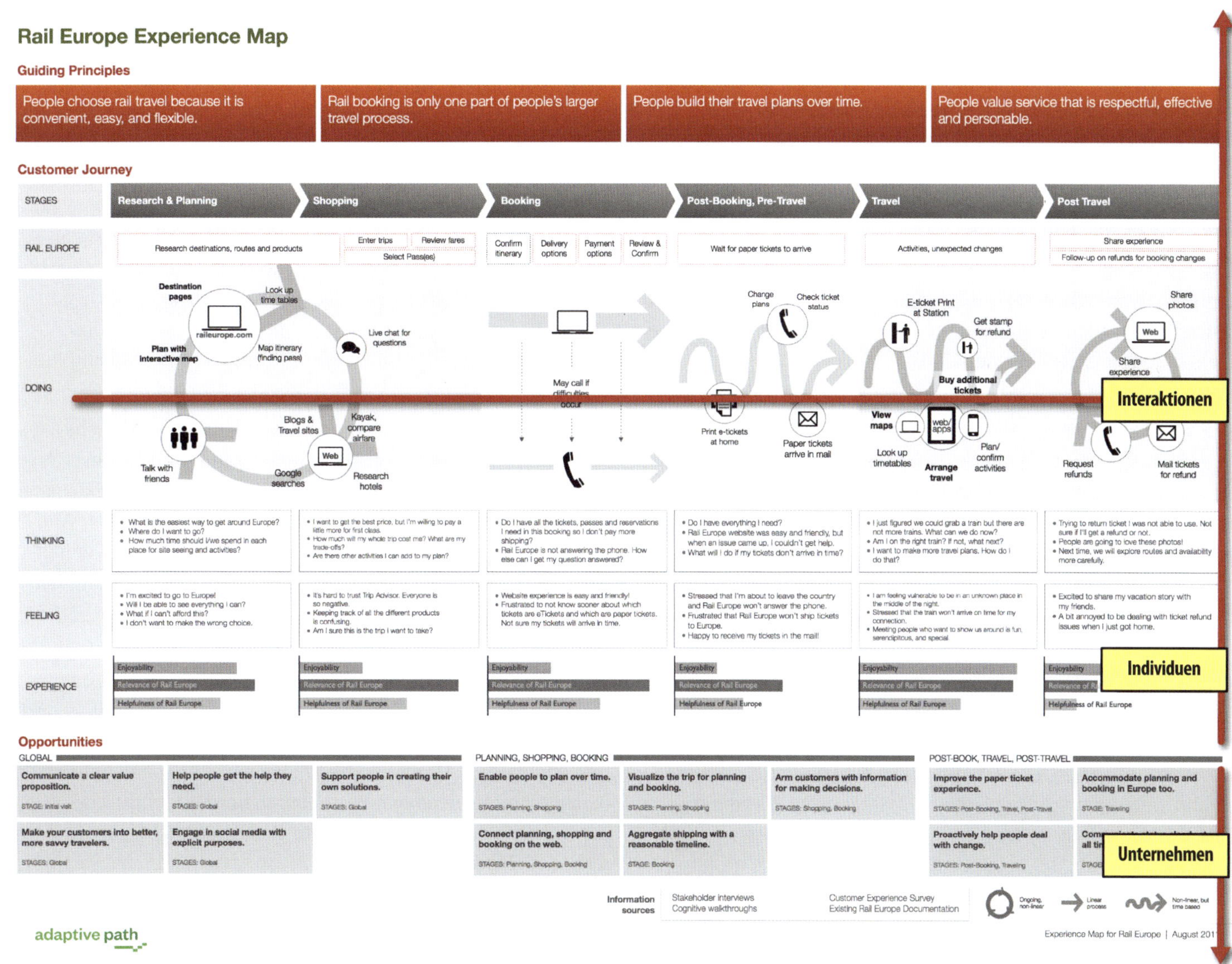

ABBILDUNG 1-5. Diese Experience Map von Rail Europe, erstellt von Chris Risdon, zeigt den größeren Kontext von Zugreisen in Europa.

Andere Arten von Diagrammen können ebenfalls als Typen von Ausrichtungsdiagrammen betrachtet werden. Ein *Mentalmodelldiagramm* ist beispielsweise eine breit angelegte Untersuchung menschlicher Verhaltensweisen, Gefühle und Motivationen. Der Ansatz wurde von Indi Young entwickelt und in ihrem Buch »Mental Models« beschrieben. Es sind in der Regel sehr umfangreiche Diagramme, die ausgedruckt eine ganze Wand einnehmen können.

Das Beispiel in Abbildung 1-6 zeigt das sehr detaillierte Mentalmodelldiagramm eines Kinobesuchs.

Eine horizontale Linie in der Mitte unterteilt das Diagramm in zwei Teile. Der obere Teil zeigt die Aufgaben, Gefühle und Einstellungen der Person. Diese sind thematisch in sogenannten Towers (Türmen) gruppiert, die wiederum in Zielbereiche unterteilt sind – z. B. »Choose Film« (Film auswählen) und »Learn More about a Film« (Mehr über einen Film erfahren). Die Felder unterhalb der Mittellinie zeigen, wie das Erreichen dieser Ziele durch verschiedene Produkte oder Dienstleistungen unterstützt werden kann.

Ausrichtungsdiagramme kommunizieren eine aggregierte Story des typischen Verhaltens und typischer Emotionen einer Gruppe ähnlicher Menschen. Die Art und Weise, wie diese Geschichte erzählt wird, unterscheidet sich von Diagramm zu Diagramm. Eine Customer Journey Map ist nützlich für die Verbesserung der Kundenerfahrung, indem sie eine Vielzahl von zeitlich gestaffelten Touchpoints darstellt. Ein Service Blueprint beschreibt die einzelnen Schritte einer Dienstleistungsepisode und eignet sich besonders gut für die Optimierung des Bereitstellungsprozesses. Eine Experience Map stellt den breiteren Kontext dar, um herauszufinden, wie Angebote ineinandergreifen. Und ein Mentalmodelldiagramm legt unerfüllte Bedürfnisse offen, die als Anstoß für die Entwicklung völlig neuer Lösungen dienen können.

Beachten Sie bitte, dass die Bezeichnungen für die verschiedenen Arten von Ausrichtungsdiagrammen oft sehr widersprüchlich eingesetzt werden: Was der eine als Customer Journey Map bezeichnet, nennt ein anderer Experience Map oder Service Blueprint. Die Grenzen sind hier oft fließend. Nehmen Sie diese Etikette nicht zu wichtig. Konzentrieren Sie sich stattdessen auf das gewünschte Ergebnis Ihres Mapping-Projekts: *Ausrichtung*.

Eine entscheidende Methode, um »Erfahrung« zu verstehen, ist die Erstellung eines Modells, das die Erfahrung visuell darstellt.

Der Begriff des Ausrichtungsdiagramms bezieht sich auf die Gemeinsamkeiten all dieser Ansätze. Da sich die Bereiche Customer Experience, User Experience und Service Design weiterentwickeln und überschneiden, wird es – um sich an neue Herausforderungen anzupassen – immer wichtiger, eine Reihe unterschiedlicher Ansätze zur Lösung der jeweiligen Probleme zur Hand zu haben.

Letztendlich stellen Ausrichtungsdiagramme eine Sammlung von Techniken zur Abbildung von Erfahrungen dar. Werden sie mit einer Outside-in-Perspektive erstellt, erzeugen sie Empathie und richten die Entscheidungsfindung aus. Wie Ethnologen beobachten wir die Außenwelt und beschreiben sie. Aber im Unterschied zu ihnen produzieren wir keine umfangreichen schriftlichen Werke, sondern eine relativ kompakte Visualisierung, die als Sprungbrett ins Handeln dient.

Es liegt an Ihnen, die für Ihre Situation am besten geeignete Vorgehensweise zu wählen. Dieses Buch soll Ihnen dabei helfen. In den folgenden Kapiteln werde ich Ihnen zeigen, wie Sie die für Sie relevanten Erfahrungen am besten abbilden können.

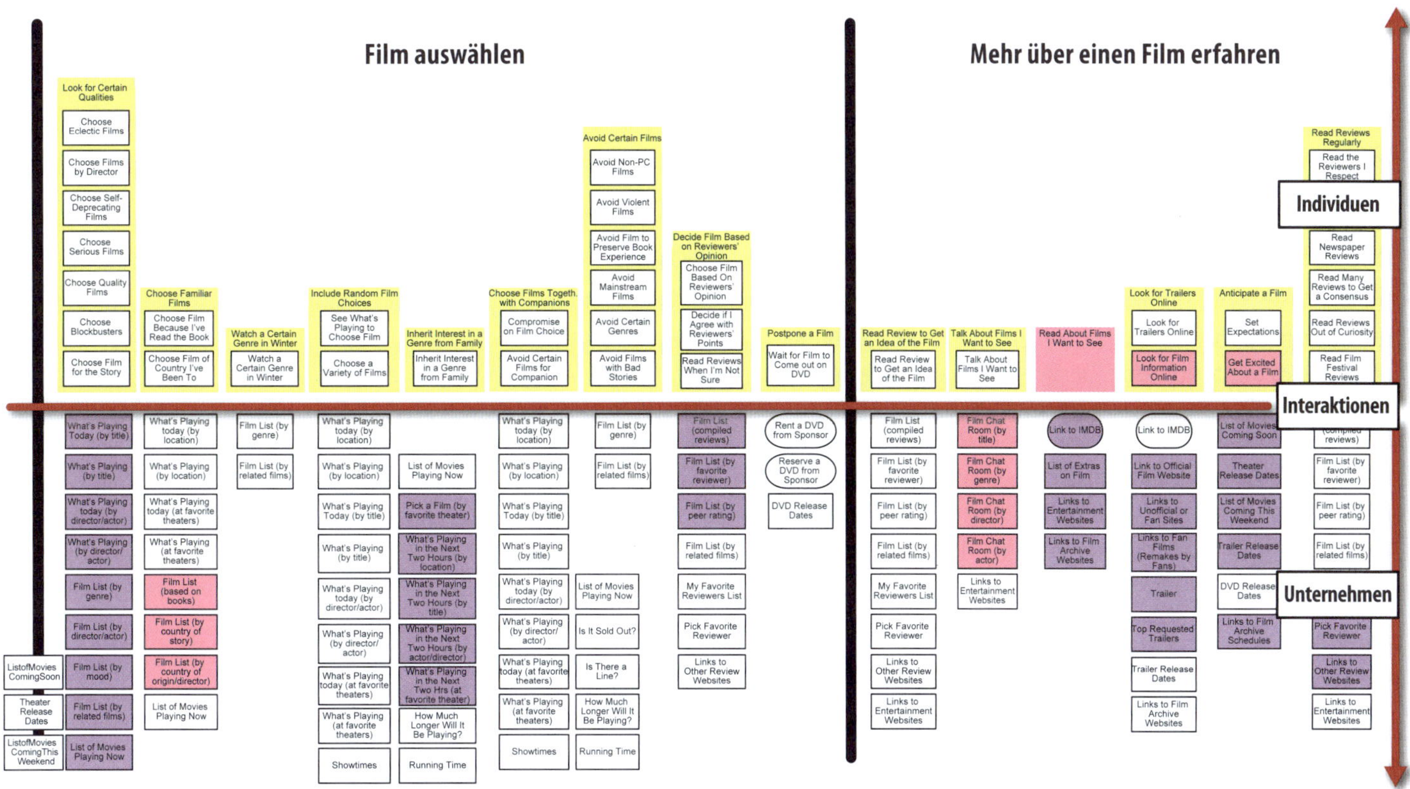

ABBILDUNG 1-6. Mentalmodelldiagramme versuchen, das Kundenverhalten hierarchisch mit der Unterstützung durch ein Unternehmen abzugleichen, dargestellt in zwei Hälften.

Mehrfachausrichtung

Beim Mapping besteht die Neigung, sich auf einen einzelnen Akteur und eine einzelne Erfahrung zu konzentrieren. Die Komplexität des modernen Geschäftslebens motiviert allerdings dazu, unsere Mapping-Aktivitäten umfassender anzulegen. Mehrfachausrichtung – d. h. Ausrichtung über mehrere Akteure und/oder mehrere Touchpoints hinweg – ist möglich, aber die Techniken des Multiple Alignment befinden sich noch in der Entwicklung.

Eine Möglichkeit, die ich gefunden habe, um die Erfahrungen *mehrerer Akteure* abzubilden, besteht darin, eine Reihe von miteinander in Beziehung stehenden, aber dennoch separaten Diagrammen für jedes Zielsegment zu erstellen. So zielt eBay beispielsweise auf zwei unterschiedliche Nutzergruppen: Käufer und Verkäufer. Man kann deren getrennt stattfindende Interaktionen als zwei ineinandergreifende Erfahrungen darstellen, wie in Abbildung 1-7 gezeigt. Ein visueller Vergleich zwischen beiden Erfahrungen ist möglich, indem man den oberen und unteren Bereich einer einzelnen Spalte betrachtet, die sich vertikal über beide Diagramme erstreckt (vergleichen Sie z. B. »Bestellung annehmen« mit »Bestellung aufgeben« in Abbildung 1-7).

Es ist auch möglich, die Interaktion zwischen drei oder mehr Akteuren in einem einzigen Diagramm darzustellen. Dadurch wird der Fokus auf den Gesamtprozess und nicht auf die Erfahrung eines bestimmten Individuums gelegt. Andy Polaine, ein führender Experte für Service Design, hat die Service Blueprints so erweitert, dass sie mehrere Akteure gleichzeitig abbilden. Sein Ansatz ist einfach: Für jeden neuen Akteur innerhalb eines Serviceökosystems wird eine Zeile im Diagramm hinzugefügt, wie Abbildung 1-8 zeigt.

Ein weiteres Problem bei der Mehrfachausrichtung ist die Darstellung der Interaktion über *mehrere Touchpoints* hinweg. Gianluca Brugnoli schlägt in seinem Artikel »Connecting the Dots of User Experience« beispielsweise vor, eine Touchpoint-Matrix zu erstellen, wie in Abbildung 1-9 dargestellt. Er stellt die Interaktionen eines einzelnen Akteurs an möglichen Touchpoints nicht in Form einer linearen Chronologie dar, sondern in der einer Kreisbewegung. Durch die Darstellung einer solchen Sequenz und der Orte, an denen Interaktionen stattfinden, liefert Brugnoli Kontext für die Touchpoints einer Journey.

Verkäufererfahrung	Verkaufsentscheidung	Artikel anbieten	Bestellung annehmen	Produkt versenden	
Handlungen					
Gedanken					
Gefühle					
Käufererfahrung		Artikelsuche	Bestellung aufgeben	Auf Lieferung warten	Produkt nutzen
Handlungen					
Gedanken					
Gefühle					

ABBILDUNG 1-7. Um die Erfahrungen mehrerer Akteure auszurichten, erstellen Sie separate, aber miteinander in Beziehung stehende Diagramme.

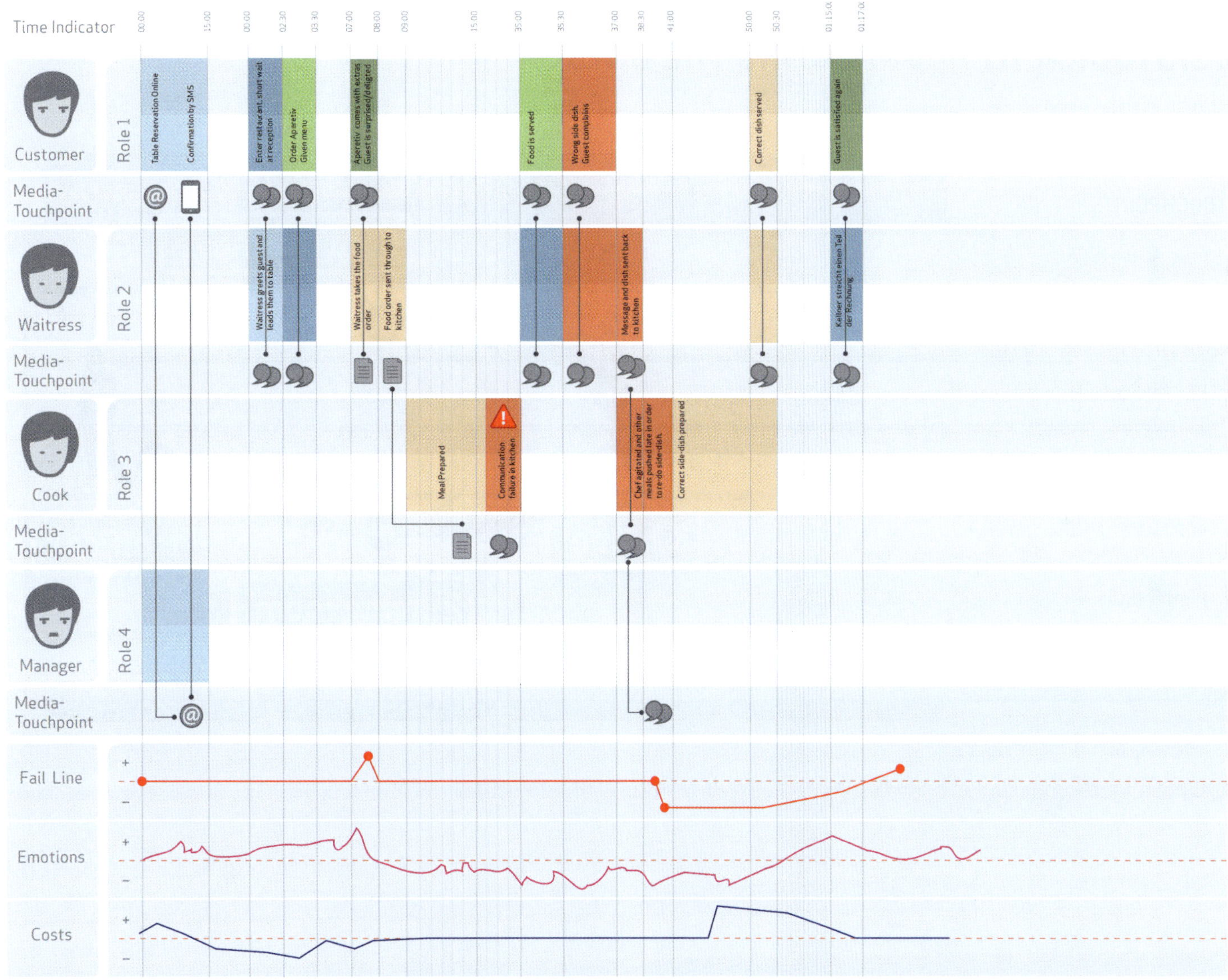

ABBILDUNG 1-8. Dieser erweiterte Service Blueprint von Andy Polaine berücksichtigt mehrere Akteure, jeden in einer eigenen Zeile.

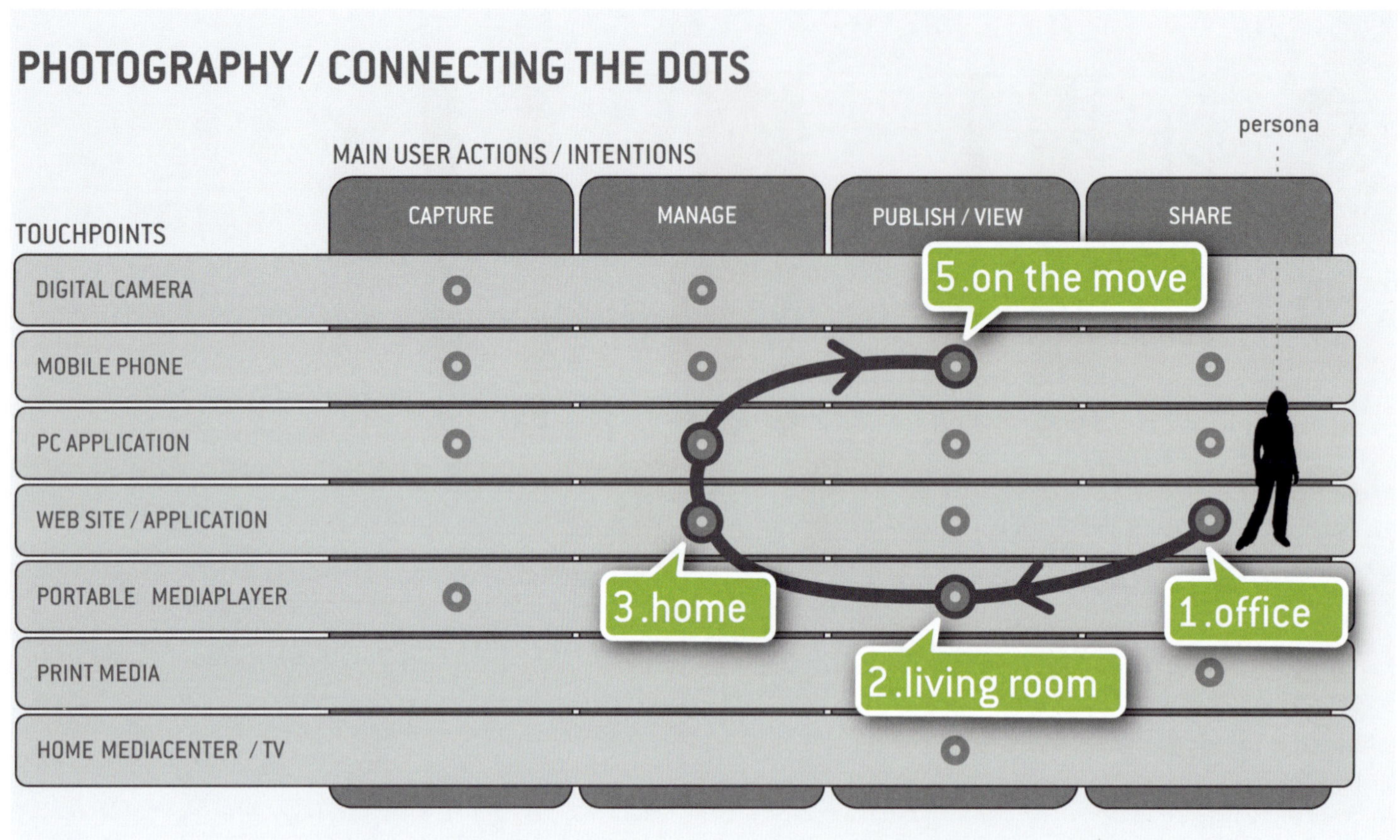

ABBILDUNG 1-9. Dieses von Gianluca Brugnoli erstellte Diagramm einer Multichannel-Erfahrung aus dem Bereich der Fotografie zeigt eine Abfolge von Interaktionen.

Brugnoli glaubt, dass das System die Erfahrung *ist*. Es ist die Summe aller Touchpoints inklusive aller Verbindungen zwischen diesen. Er schreibt:

> *Die Herausforderung, die sich daraus logischerweise ergibt, ist die Gestaltung der Verbindungen. Im Systemszenario sollte sich das Design hauptsächlich darauf konzentrieren, die richtigen Verbindungen innerhalb des Netzwerks und seiner Teile zu finden, anstatt geschlossene, autarke Systeme, Werkzeuge und Dienste zu schaffen.*

Betrachten Sie auch den Cross-Channel-Blueprint (Abbildung 1-10), der von Tyler Tate stammt, einem Unternehmer und Experten für die Gestaltung von Suchsystemen. Diese Darstellung enthält zwar nicht den visuellen Reichtum anderer Arten von Ausrichtungsdiagrammen, ordnet aber das Benutzerverhalten (die horizontalen Spaltenüberschriften im Diagramm) den Kanälen (die Zeilenköpfe auf der linken Seite) und der Unterstützung durch die Organisation (unterste Zeile) zu. In diesem einfachen, aber aufschlussreichen Beispiel verdeutlicht die Existenz einer Produkttaxonomie, die für alle Kanäle gilt, die Notwendigkeit einer abteilungsübergreifenden Zusammenarbeit.

Unabhängig von der Herangehensweise gelten immer noch die gleichen Kernprinzipien der Ausrichtung. Ziel ist es, interne und externe Faktoren des Kontexts, in dem Sie arbeiten, visuell zu koordinieren. Das Ergebnis soll die Perspektiven der Teams aufeinander abstimmen, die die beabsichtigte Erfahrung realisieren müssen. Sowohl Multichannel-Design als auch Ecosystem Mapping werden in Kapitel 14 ausführlicher behandelt.

Wert ist ein wahrgenommener Nutzen.

Legen Sie den Fokus auf die Wertausrichtung

Der Wirtschaftsmagnat Warren Buffett sagte einmal: »Preis ist, was man bezahlt – Wert ist, was man bekommt.« Mit anderen Worten: Aus der Sicht des Einzelnen ist Wert ein viel umfassenderes, dynamischeres Konzept als Kosten, weil Ersterer auch menschliches Verhalten und Emotionen einbezieht. Wert ist ein *wahrgenommener* Nutzen.

Bestehende Bezugssysteme helfen uns, die subjektive Natur des Konzepts zu verstehen. Die Marketingprofessoren Jagdish Sheth, Bruce Newman und Barbara Gross[3] identifizieren fünf Arten von Wert:

- *Funktionaler Wert* bezieht sich auf die Eigenschaft eines Produkts oder einer Dienstleistung, einen bestimmten Zweck – eine Funktion – zu erfüllen. Leistung und Zuverlässigkeit sind bei dieser Art von Wert von zentraler Bedeutung.
- *Sozialer Wert* bezieht sich auf die Interaktionen zwischen Menschen und betont den Lebensstil und das soziale Bewusstsein. Zum Beispiel ist Skype in the Classroom ein Programm, das darauf abzielt, Schüler mithilfe prominenter Redner zu inspirieren, deren Vorträge remote angeboten werden.
- *Emotionaler Wert* betont die Gefühle oder affektiven Reaktionen, die eine Person bei der Interaktion mit den Angeboten eines Unternehmens erlebt. Dienste, bei denen es um die Sicherung personenbezogener Daten geht, machen sich beispielsweise die Angst vor Identitätsdiebstahl oder Datenverlust zunutze.

---

3 Jagdish Sheth, Bruce Newman und Barbara Gross, *Consumption Values and Market Choices* (South-Western Publishing, 1991).

Cross-Channel Blueprint

A tool for planning user tasks across multiple channels.

	Lookup	Explore	Compare	Organize	Purchase
Print Catalog	**Low priority** Table of contents Index	**High priority** Immersive photography	**Low priority** Flip pages back/forth	**N/A** Flip pages back/forth	**High priority** Order by phone Order by mail Order online
Website	**High priority** Search box	**High priority** Browse by category	**High priority** Table view of selected items	**High priority** Favorites Wish list / gift registry	**High priority** Standard checkout Expedited checkout Order by phone
Tablet App	**High priority** Search box Voice input	**High priority** Catalog-like browsing experience	**Medium priority** Table view of selected items	**Medium priority** Favorites Wish lists	**High priority** Expedited checkout Standard checkout
Mobile App	**High priority** Search box Voice input Barcode scanner	**Medium priority** Browse by category	**N/A** Impractical due to screen size	**Low priority** Add items to favorites and wish list, but limited ability to edit	**High priority** Expedited checkout
Physical Store	**High priority** Clear signage Store map Helpful staff	**High priority** Wander the aisles	**Medium priority** Compare side by side Ask staff	**Low priority** Gift registry / wish list	**High priority** Attendant-assisted Self-checkout Scan-as-you-go
Shared Assets	**Product taxonomy** All channels powered by a single set of categories		**Compare engine** Web & tablet powered by one component	**Universal Favs** Favorites list shared by web, tablet, mobile	**Checkout workflow** Universal checkout process for web, tablet, and mobile

by Tyler Tate

ABBILDUNG 1-10. Dieser Cross-Channel-Blueprint von Tyler Tate richtet das Benutzerverhalten an den Kanälen und der unternehmensseitigen Unterstützung aus.

- *Epistemischer Wert* entsteht durch ein Gefühl von Neugier oder einen Lernwunsch. Diese Art von Wert betont das persönliche Wachstum und den Erwerb von Wissen. Die Khan Academy bietet zum Beispiel Onlinekurse an, die es Menschen ermöglichen, in ihrem eigenen Tempo zu lernen.
- *Bedingter Wert* ist ein Nutzen, der von bestimmten Situationen oder Kontexten abhängt. Zum Beispiel steigt der wahrgenommene Wert von Kürbissen und Monsterkostümen jedes Jahr kurz vor Halloween (nicht nur) in den USA an.

Darüber hinaus verweist der Designstratege und Pädagoge Nathan Shedroff auf *Bedeutung* als eine Form dessen, was er *Premium Value* nennt.[4] Dies geht über bloßen Neuheitswert von und Freude an Produkten und Dienstleistungen hinaus und betrachtet den Zweck, den sie in unserem Leben erfüllen. Produkte und Dienstleistungen, die uns sinnvolle Erfahrungen bieten, helfen uns, die Welt besser zu verstehen, und geben uns eine persönliche Identität.

Zusammen mit den Co-Autoren Steve Diller und Darrel Rhea identifiziert Shedroff in dem Buch »Making Meaning« 15 Arten von Premium Value:

1. *Erfüllung* – Das stolze Gefühl, Ziele zu erreichen.
2. *Schönheit* – Die Wertschätzung ästhetischer Qualitäten, die den Sinnen Freude bereiten.
3. *Gemeinschaft* – Ein Gefühl der Verbundenheit mit anderen Menschen um uns herum.
4. *Schöpfung* – Die Befriedigung, etwas erschaffen zu haben.
5. *Pflicht* – Die Befriedigung, eine Verantwortung erfüllt zu haben.
6. *Erkenntnis* – Die Befriedigung, etwas über ein Thema zu lernen.
7. *Freiheit* – Das Gefühl, ohne Zwänge zu leben.
8. *Harmonie* – Die Freude am Gleichgewicht zwischen den Teilen eines Ganzen.
9. *Gerechtigkeit* – Die Gewissheit einer angemessenen und fairen Behandlung.
10. *Einssein* – Ein Gefühl der Einheit mit Menschen und Dingen, die uns umgeben.
11. *Erlösung* – Die Entlastung von früheren Misserfolgen.
12. *Sicherheit* – Freiheit von der Sorge um Verlust.
13. *Wahrheit* – Ein Bekenntnis zu Ehrlichkeit und Integrität.
14. *Bestätigung* – Die externe Anerkennung des eigenen Werts.
15. *Wunder* – Etwas Unbegreifliches erleben.

Diagramme beleuchten die menschliche Dynamik der Wertschöpfung auf allen Ebenen. Sofern sie die subjektive Natur von Wert anerkennen, bieten sie Unternehmen eine Outside-in-Perspektive auf den Wert, den sie tatsächlich schaffen. Sie sollten möglichst einen Hinweis darauf geben, wie dieser Wert aus der Sicht des Einzelnen wahrgenommen wird.

Als eine Klasse von Dokumenten ermöglichen Ausrichtungsdiagramme die Visualisierung und Lokalisierung von Werten innerhalb Ihres Angebotsökosystems. Von da aus können Sie weiterfragen: Wie lautet Ihr Leistungsversprechen an jedem Punkt der Erfahrung? Inwiefern ist das Unternehmen in seiner Bedeutung aus Sicht des Kunden einzigartig? Welche Sinnhaftigkeit können Sie für Kunden schaffen?

4 Siehe dazu den Vortrag von Nathan Shedroff auf der Interaction South America zum Thema Design und Wertschöpfung: »Bridging Strategy with Design: How Designers Create Value for Businesses« (November 2014).

Prinzipien der Ausrichtung

Wenn Sie die gemeinsamen Aspekte von Ausrichtungsdiagrammen kennen, eröffnen sich neue Möglichkeiten: Sie können die verschiedenen Ansätze flexibler einsetzen. Hier sind ein paar Empfehlungen, die Sie im Hinterkopf behalten sollten:

Zeigen Sie das Gesamtbild.

Ausrichtungsdiagramme konzentrieren sich auf menschliches Verhalten als Teil eines größeren Ökosystems. Es geht *nicht* um Produktforschung. Schauen Sie sich so oft wie möglich an, was Personen in einem bestimmten Kontext tun, denken und fühlen.

Beziehen Sie mehrere Dimensionen ein.

Ausrichtungsdiagramme stellen mehrere Facetten von Informationen gleichzeitig dar. Das ist es, worum es bei dem »Ausrichten«-Aspekt dieser Technik wirklich geht. Zu den häufig betrachteten Gesichtspunkten auf der Benutzerseite gehören Handlungen, Gedanken, Gefühle, Gemütszustände, Ziele und Pain Points. Auf der Unternehmensseite gehören zu den typischen Elementen Prozesse, Handlungen, Ziele, Metriken sowie die beteiligten Akteure oder Rollen.

Zeigen Sie, wie Werte ausgetauscht werden.

Ausrichtungsdiagramme machen Touchpoints und den Kontext dieser Kontaktpunkte sichtbar. Die verschiedenen Informationsebenen fügen sich zusammen, um einen Austausch von Wert darzustellen. Im Ergebnis entwerfen Ausrichtungsdiagramme Erfahrungen. Es ist einfach, die Touchpoints nach und nach durchzugehen und die Umstände jeder Interaktion zu analysieren.

Visualisieren Sie die Erfahrung.

Ausrichtungsdiagramme zeigen eine zusammengesetzte Ansicht von Erfahrungen in einer grafischen Übersicht. Es ist die Unmittelbarkeit einer gesamtheitlichen Visualisierung, die sie so mächtig macht. Ein zehnseitiger Bericht oder eine Präsentation mit langen Aufzählungen erzielen, auch wenn sie dieselben Informationen enthalten, nicht die gleiche Wirkung. Visualisierungen machen ansonsten abstrakte und unsichtbare Konzepte wie die User Experience greifbar.

Machen Sie es offensichtlich.

Ausrichtungsdiagramme sollten wenig oder keine Erklärung benötigen. Betrachter sollten sich eine entsprechende Darstellung anschauen und darin relativ schnell selbst orientieren können. Denken Sie daran, dass ein visuelles Format an sich noch keine Garantie für Einfachheit ist: Sie müssen immer noch hart daran arbeiten, die Informationen auf die wichtigsten Punkte zu reduzieren.

Achten Sie auf Relevanz für das Unternehmen.

Ausrichtungsdiagramme müssen für das Unternehmen relevant sein. Als Ersteller einer Map müssen Sie die Ziele, Herausforderungen und Zukunftspläne des Unternehmens untersuchen und verstehen.

Recherchieren Sie.

Ausrichtungsdiagramme basieren auf Recherche und werden nicht isoliert im Hinterstübchen erdacht. Sie erfordern einen gewissen Kontakt mit den Menschen in der realen Welt durch Forschung und Beobachtung.

Vorteile von Ausrichtungsdiagrammen

Ausrichtungsdiagramme sind keine Patentlösung. Sie liefern keine unmittelbaren Antworten. Ausrichtungsdiagramme sind überzeugende Visualisierungen, die wichtige Gespräche über die Wertschöpfung in Gang setzen. Es geht nicht in erster Linie darum, ein Diagramm zu erstellen, sondern einen breiten Dialog innerhalb des Unternehmens anzustoßen. Aus dieser Perspektive hat das Mapping von Erfahrungen viele potenzielle Vorteile:

Ausrichtungsdiagramme fördern die Empathie für Kunden.

Es ist oft erstaunlich, wie wenig Unternehmen über die tatsächlichen Erfahrungen der Menschen wissen, denen sie dienen. Ausrichtungsdiagramme geben Aufschluss über die realen menschlichen Bedingungen. Dadurch tragen sie nicht nur Empathie in ein Unternehmen, sondern führen vor allem zu mitfühlendem Handeln, das auf die Erfüllung der Bedürfnisse des Einzelnen abzielt.

Bruce Temkin, ein führender Experte für Customer Experience Management, betont die Relevanz und Bedeutung solcher Mapping-Aktivitäten. Er schreibt in einem Blogbeitrag:

Unternehmen müssen Werkzeuge und Prozesse einsetzen, die das Verständnis für die tatsächlichen Kundenbedürfnisse stärken. Eines der wichtigsten Werkzeuge in diesem Bereich ist eine sogenannte Customer Journey Map. ... Richtig eingesetzt, können diese Maps die Perspektive eines Unternehmens von inside-out zu outside-in verschieben.[5]

Der Blick auf das Unternehmen von außen bewirkt einen Perspektivwechsel, der sensibler für die Gedanken und Gefühle der Menschen macht.

Ausrichtungsdiagramme stellen das Gesamtbild dar.

Diagramme dienen als gemeinsame Referenz und tragen zur Konsensbildung bei. In diesem Sinne sind Ausrichtungsdiagramme strategische Werkzeuge: Sie beeinflussen die Entscheidungsfindung auf allen Ebenen und führen zu konsistentem Handeln.

Jon Kolko, jetzt Partner bei Modernist Studio, glaubt zum Beispiel, dass Diagramme dabei helfen, dem entgegenzuwirken, was er *Alignment Attrition* – »Ausrichtungsschwund« – nennt: die Tendenz, dass Menschen nach und nach einen bestehenden Gleichklang wieder einbüßen. Er schreibt:

Ein visuelles Modell wird zu einem der effektivsten Werkzeuge, um den Ausrichtungsschwund zu minimieren. Ein visuelles Modell hält einen Gedanken fest und friert ihn in der Zeit ein. Durch den gemeinsamen Aufbau eines visuellen Modells wird die Ausrichtung in das Diagramm verlagert und dort gewissermaßen konserviert. Ihre Gedanken, Meinungen und Ansichten werden sich ändern, aber das Diagramm selbst nicht, und so haben Sie der Idee eine einschränkende Grenze hinzugefügt – und ein Werkzeug, um konkret zu visualisieren, wie sich die Produktvision ändert.[6]

5 Bruce Temkin: »It's All About Your Customer's Journey«, Experience Matters Blog (März 2010).

6 Jon Kolko: »Dysfunctional Products Come from Dysfunctional Organizations«, *Harvard Business Review* (Januar 2015).

Diese Art der Ausrichtung ist entscheidend, will man umfassende Informationsarchitekturen und gemeinsame Informationsumgebungen gestalten. Ausrichtungsdiagramme können eine Art konzeptionelles Gerüst bieten, das es Unternehmen ermöglicht, in großem Maßstab Dienstleistungen zu konzipieren.

Darüber hinaus helfen Diagramme dabei, trotz Personalfluktuation ein gemeinsames Gesamtbild zu bewahren. Teammitglieder kommen und gehen – Diagramme helfen, die Kontinuität zu wahren. In diesem Sinne spielen Maps auch eine Rolle im Wissensmanagement.

Ausrichtungsdiagramme brechen Silos auf.

Menschen erleben ein Produkt oder eine Dienstleistung ganzheitlich. Ideale Lösungen können leicht die Überschreitung von Abteilungsgrenzen innerhalb eines Unternehmens erfordern. Die Darstellung der Kundenerfahrung zeigt typischerweise die Verbindungsstellen zwischen den Abteilungen auf. Die Diskussion darüber regt die abteilungsübergreifende Zusammenarbeit an.

Aber seien Sie gewarnt: Ausrichtungsdiagramme fördern oft unbequeme Wahrheiten ans Tageslicht. Das Aufbrechen von Silos ist nur selten eine einfache Angelegenheit. Schwachstellen und unbekannte Phänomene aufzudecken, kann Widerstand auslösen. Alignment beginnt damit, dass man zunächst Inkonsistenzen aufdeckt und dann andere davon überzeugt, deren Existenz zu akzeptieren – nicht unbedingt zum eigenen Vorteil, sondern zum Vorteil des Kunden.

Für große Unternehmen ist ein funktionsübergreifender Blick aus der Perspektive des Einzelnen entscheidend, um hervorragende Kundenerfahrungen zu schaffen.

Ausrichtungsdiagramme sind überzeugende Visualisierungen, die wichtige Gespräche über die Wertschöpfung in Gang setzen.

Ausrichtungsdiagramme fokussieren.

In einer Studie von Booz and Company[7] aus dem Jahr 2011 gab eine Mehrheit der 1.800 befragten Führungskräfte an, dass sie sich nicht auf die Geschäftsstrategie konzentrieren können: Es würden Kräfte aus zu vielen unterschiedlichen Richtungen an ihnen zerren. Infolgedessen fehlt es vielen Unternehmen an Kohärenz.

Kohärenz in der Unternehmensstrategie – oder wie so häufig Inkohärenz – ist das Thema von »The Essential Advantage« von Paul Leinwand und Cesare Mainardi. Nach jahrelanger Forschung im Bereich der Unternehmensstrategie kommen die Autoren zu dem Schluss:

Um die Vorteile der Kohärenz zu erschließen, müssen Sie bewusste Schritte unternehmen: Ihre derzeitige Strategie überdenken, die herkömmliche Trennung zwischen nach außen und nach innen gerichteten Aktivitäten überwinden und Ihr Unternehmen fokussieren.

Ausrichtungsdiagramme stellen einen solchen bewussten Schritt dar: Sie bringen nach außen und nach innen gerichtete Bestrebungen allein schon aufgrund ihrer Struktur in Einklang. Dadurch bieten sie Unternehmen Fokussierung und Kohärenz.

---

7 Booz and Company: »Executives Say They're Pulled in Too Many Directions and That Their Company's Capabilities Don't Support Their Strategy« (Februar 2011).

Ausrichtungsdiagramme zeigen Chancen auf.

Visualisierungen erlauben unmittelbare Einsichten und damit die Entdeckung bisher unerkannter Möglichkeiten der Wertschöpfung. Indi Young beschreibt, wie sich dieses Potenzial in einer häufigen Reaktion auf ihre Mentalmodelldiagramme zeigt:

> *Ich lud zu Präsentationen Führungskräfte eine Viertelstunde früher als andere Teilnehmer ein, damit sie Zeit genug hatten, das an einer Wand befestigte Diagramm zu studieren, von links nach rechts zu wandern und mir dabei Fragen stellen zu können. Während ich ihre Fragen beantwortete, erklärte ich ihnen gleichzeitig, wie mithilfe dieses Diagramms der Prozess des Produktdesigns gelenkt wird. Es waren pointierte Schnelldurchläufe, die sich inhaltlich im Kontext von »verpassten« und »zukünftigen« Chancen bewegten, auf die sich Führungskräfte normalerweise fokussieren. Viele Manager bestätigten mir, dass sie diese Informationen zuvor noch nie so prägnant an einer Stelle zusammengefasst gesehen hatten.*[8]

Auch wenn Diagramme allein keine sofortige Lösung liefern, löst ihre Präsentation im Team oft einen *Aha-Effekt* aus. Die Visualisierung zeigt Bereiche auf, in denen die betriebliche Effizienz und das Erfahrungsdesign verbessert werden können, und weist auf Wachstumsmöglichkeiten hin. Gute Diagramme sind gleichermaßen überzeugend und fesselnd und bieten eine Outside-in-Perspektive auf das Unternehmen.

Ausrichtungsdiagramme sind langlebig.

Das Abbilden einer Erfahrung ist eine grundlegende Aktivität. Da Ausrichtungsdiagramme fundamentale menschliche Bedürfnisse und Emotionen aufdecken, haben wir es hier nicht mit flüchtigen Daten zu tun. Einmal fertiggestellte Diagramme ändern sich in der Regel nicht so schnell und bleiben meist über Jahre hinweg gültig. Aus dieser Perspektive ist Mapping am besten als eine Investition mit fortlaufendem, langfristigem Nutzen zu betrachten und nicht als bloßes Projektvorhaben.

Ausrichtungsdiagramme sind über den kommerziellen Bereich hinaus einsetzbar.

Im weitesten Sinne des Wortes spiegelt eine »Erfahrung« den menschlichen Zustand wider, die Conditio humana, nicht nur die Beziehung zwischen einem Kunden und einem Anbieter. Obwohl sich dieses Buch auf kommerzielle Kontexte konzentriert, können Mapping-Techniken in einer Reihe von Situationen und Organisationen eingesetzt werden, auch in sozialen Bereichen, Behörden und weit darüber hinaus. Ich konnte selbst erleben, wie Mapping im Lerndesign, in der städtebaulichen Planung und Entwicklung sowie im Umweltschutz eingesetzt wurde. Die Möglichkeiten sind endlos.

---

8 Indi Young: *Mental Models* (Rosenfeld Media, 2009).

Zusammenfassung

In diesem Kapitel wurde das Konzept der *Ausrichtungsdiagramme* vorgestellt, einer Kategorie von Diagrammen, die die Erfahrungen von Individuen mit einem Unternehmen visuell abgleicht und aneinander ausrichtet. Es ist ein Oberbegriff für verschiedene aktuelle Ansätze. Der Begriff »Ausrichtungsdiagramm« bezeichnet also keine spezifische Methode, sondern steht eher für ein Reframing der bestehenden Praktiken.

Beispiele für Ausrichtungsdiagramme sind Customer Journey Maps, Service Blueprints, Experience Maps und Mentalmodelldiagramme. Darüber hinaus gibt es weitere Beispiele, die in diesem Buch vorgestellt werden. Wie andere im Businessdesign verwendete Modelle, z. B. Personas, konkretisieren Ausrichtungsdiagramme abstrakte Zusammenhänge.

Ausrichtungsdiagramme bieten viele Vorteile:

- Wenn sie richtig gestaltet sind, erzeugen sie Empathie und letztlich *Mitgefühl* und verschieben den Blickwinkel eines Unternehmens von inside-out zu outside-in.
- Ausrichtungsdiagramme liefern Teams ein *gemeinsames großes Bild.*
- Das Mapping von Erfahrungen hilft, *organisatorische Silos aufzubrechen.*
- Visualisierungen *fokussieren* Unternehmen.
- Ausrichtungsdiagramme zeigen *Möglichkeiten* für Verbesserungen und Innovationen auf.

Ausrichtungsdiagramme erfreuen sich einer hohen Langlebigkeit. Sie beruhen auf grundlegenden menschlichen Bedürfnissen und Emotionen. Einmal fertiggestellt, neigen sie nicht dazu, sich schnell zu ändern. Schließlich bewähren sich Ausrichtungsdiagramme über den kommerziellen Rahmen hinaus und können auf eine Vielzahl von Situationen angewendet werden, in denen es auf das Verständnis von Erfahrungen ankommt.

Ausrichtungsdiagramme schaffen Grundlagen. Sie liefern nicht von sich aus Antworten oder Lösungen, sondern erleichtern das Gespräch und regen zum tieferen Nachdenken an. Mit zunehmender Komplexität des Geschäftslebens sind solche Ansätze nicht mehr nur »Nice-to-haves«: Sie sind unabdingbare Werkzeuge für Unternehmen, um etwas über die Erfahrungen zu lernen, die sie selbst bieten.

Weiterführende Literatur

Chris Risdon und Patrick Quattlebaum: *Orchestrating Experiences* (Rosenfeld Media, 2018)

Dieses umfassende Buch macht End-to-End-Service-Design durch eine Fülle von Beispielen und vorgestellten Techniken praktisch einsetzbar. Auch wenn die Erstellung eines Diagramms eine große Rolle in diesem Prozess spielt, geht der Ansatz der Autoren weit über das eigentliche Mapping hinaus und befasst sich mit der Komplexität der Ausrichtung moderner Organisationen. Dieses Buch ist eine wirklich empfehlenswerte Ressource.

Gianluca Brugnoli: »Connecting the Dots of User Experience«, *Journal of Information Architecture* (April 2009)

Brugnoli gibt einige praktische Tipps dazu, wie man Systeme abbildet. Das Highlight des Artikels ist seine Customer Journey Matrix. Er stellt fest: »Die Nutzererfahrung findet auf vielen miteinander verbundenen Geräten und über verschiedene Schnittstellen und Netzwerke hinweg statt, die in vielen unterschiedlichen Kontexten und Situationen genutzt werden.«

Jess McMullin: »Searching for the Center of Design«, *Boxes and Arrows* (September 2003)

In diesem Artikel ruft McMullin dazu auf, über nutzerzentriertes Design hinauszudenken und sich für wertorientiertes Design zu öffnen. Genau dieses Grundprinzip liegt den Ausrichtungsdiagrammen zugrunde.

Jim Kalbach und Paul Kahn: »Locating Value with Alignment Diagrams«, *Parsons Journal of Information Mapping* (April 2011)

Jim Kalbach: »Alignment Diagrams«, *Boxes and Arrows* (September 2011)

Diese beiden Artikel des Autors sind die ersten konkreten Schriften zu Ausrichtungsdiagrammen in der Form, in der sie auch in diesem Buch definiert werden. Sie basieren auf einem Vortrag, der 2010 auf der Euro Information Architecture Conference in Paris gehalten wurde. Der erste Artikel wurde gemeinsam mit Paul Kahn verfasst, der maßgeblich an der Entwicklung des Konzepts der Ausrichtungsdiagramme beteiligt war.

Harley Manning und Kerry Bodine: *Outside In: The Power of Putting Customers at the Center of Your Business* (New Harvest, 2012)

Dies ist ein exzellentes Buch über den Nutzen von Customer Experience Design für Unternehmen. »Die Kundenerfahrung liegt im Zentrum Ihres gesamten Tuns – wie Sie Ihr Geschäft führen, wie sich Ihre Mitarbeiter verhalten, wenn sie mit Kunden und untereinander interagieren, welchen Wert Sie bieten«, schreiben die Autoren. Mapping ist eine wichtige Aktivität, um Einblicke in die Erfahrungen zu gewinnen, die Kunden tatsächlich mit Ihrem Unternehmen machen.

Bekämpfung von gewalttätigem Extremismus mit Ausrichtungsdiagrammen

Im November 2016 wurde ich gebeten, einen Mapping-Workshop für Hedayah zu leiten, einer Nichtregierungsorganisation (NGO) mit Sitz in Abu Dhabi, die sich mit der Bekämpfung von gewalttätigem Extremismus (im Englischen: CVE = Countering Violent Extremism) beschäftigt. Das Projekt konzentrierte sich darauf, die Erfahrungen ehemaliger gewalttätiger Extremisten – »Formers« (wörtlich »Ehemalige«) genannt – zu verstehen, die sich aus ihren Hassgruppen gelöst haben.

Solche Aussteiger sind bei der Bekämpfung von gewalttätigem Extremismus sehr hilfreich. Sie können »Dog Whistling« (verschlüsselte Nachrichten, die für die Allgemeinheit normal erscheinen) erkennen und die Innenwelt extremistischer Gruppen beschreiben. Darüber hinaus vertrauen sich Menschen, die sich mit dem Gedanken tragen, extremistische Gruppen zu verlassen, oft Aussteigern an, weil diese die Bedeutung eines solchen Abnabelungsprozesses verstehen.

Die NGO kam auf die Idee, dass die Abbildung der Erfahrungen von Aussteigern Aufschluss darüber geben könnte, wie man mehr von ihnen für die Zusammenarbeit gewinnen kann. Eine Suche nach »Mapping Experiences« führte sie zu meiner Arbeit, und sie luden mich ein, den hier beschriebenen Workshop zu leiten. Ich nahm den Auftrag auf ehrenamtlicher Basis an und begann mit der Planung des Workshops und meiner Reise nach Abu Dhabi.

Den richtigen Rahmen festlegen

Da ich nicht viel über gewalttätigen Extremismus wusste, stellte ich im Vorfeld einige Nachforschungen über Aussteiger an. Zumindest wollte ich genug verstehen, um mich mit den Experten auf diesem Gebiet auseinandersetzen zu können und eine auf Hypothesen beruhende Experience Map zu skizzieren, die im Workshop validiert und ergänzt werden sollte.

Aber meine vorläufige Untersuchung erwies sich als nicht zielführend. Ich hatte den Auftrag missverstanden und die abzubildende Erfahrung auf der falschen Ebene definiert. Die obere Hälfte von Abbildung 1-11 zeigt die Gesamterfahrung, die ich fälschlicherweise zu kartieren begann, von der *Radikalisierung* bis zum *Ausstieg* und der anschließenden *Wiedereingliederung* in die Gesellschaft – im Grunde den gesamten gewalttätigen Extremismus.

Es dämmerte mir, dass das für einen einzelnen Workshop zu umfangreich war und ich nicht in der Lage sein würde, ein Gespräch über ein so breites Themenspektrum zu moderieren. Meine Vermutung war zutreffend, und ich steckte den thematischen Rahmen für den Workshop in einem Gespräch mit dem wichtigsten Stakeholder ab.

Der untere Teil von Abbildung 1-11 zeigt den aktualisierten Fokus. Er ist viel enger gefasst und konzentriert sich speziell darauf, warum sich einige Aussteiger im Kampf gegen den Hass engagieren und andere nicht. Die genauere Festlegung des richtigen Umfangs war entscheidend für den Erfolg des Projekts.

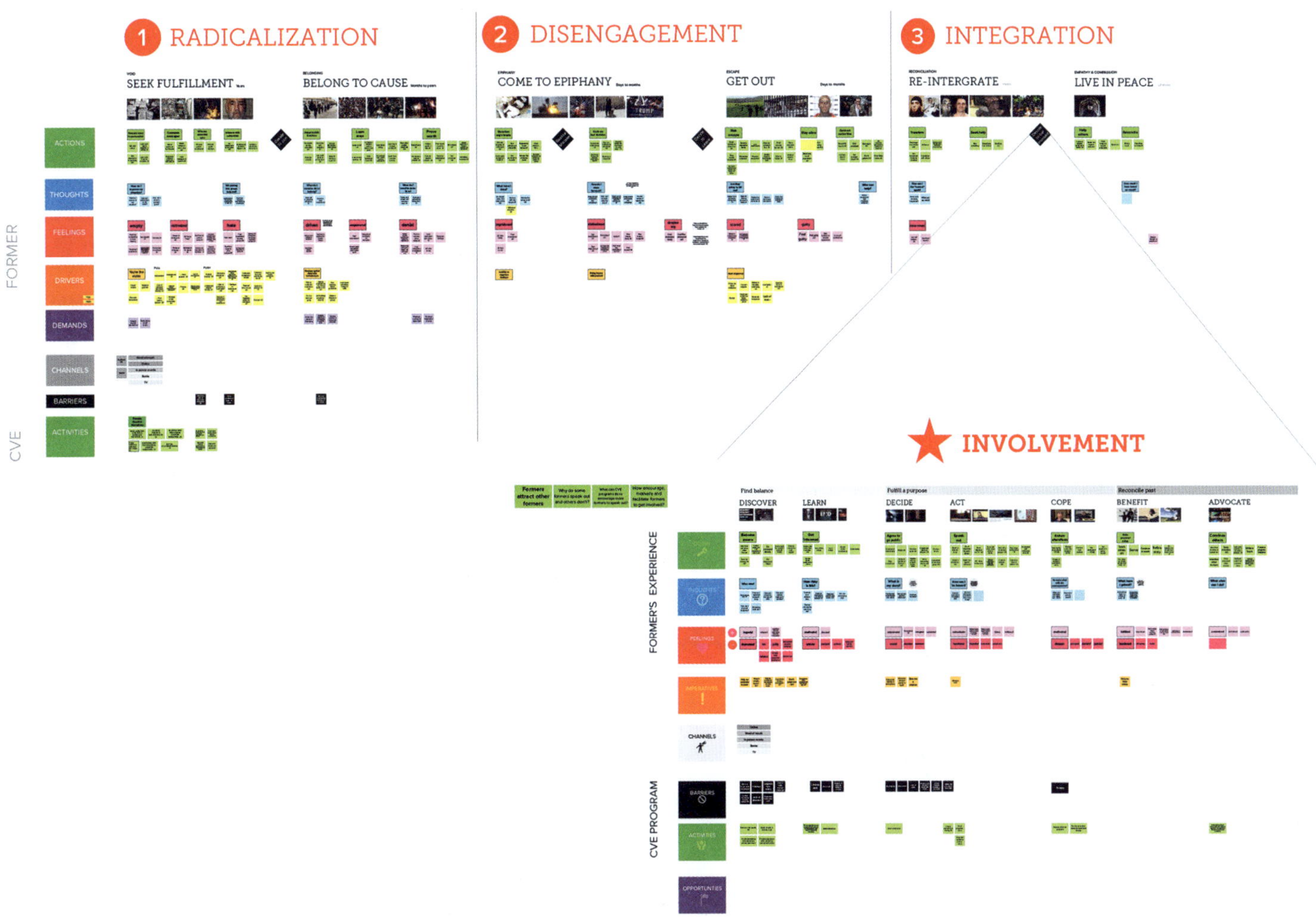

ABBILDUNG 1-11. Zwei vorläufige Experience Maps zeigen unterschiedliche Detailebenen.

Durchführung des Workshops

An dem Workshop in Abu Dhabi nahmen sieben Aussteiger aus einer Reihe von Gruppen teil, darunter Ex-White-Supremacists, Ex-Al-Qaida- und Ex-Gang-Mitglieder, die sich alle entschieden hatten, sich im Kampf gegen den Hass zu engagieren. Darüber hinaus gab es neun weitere Teilnehmer aus verschiedenen Organisationen, die sich dem Kampf gegen gewalttätigen Extremismus verschrieben hatten, darunter das US-Außenministerium und weitere NGOs. Es war nervenaufreibend für mich, da ich mir nicht sicher war, ob das Ganze überhaupt funktionieren würde.

Ich plante den Workshop wie jeden anderen Experience-Mapping-Workshop auch. Der Schwerpunkt lag natürlich auf einem gemeinsamen Mapping der ganzen Gruppe, um eine breite Diskussion darüber anzustoßen, wie die Aussteiger zu der Entscheidung kamen, sich an der Bekämpfung des gewalttätigen Extremismus zu beteiligen (siehe dazu die Fotos in Abbildung 1-12). Dazu beschrieben die »Formers« ihre Handlungen, Gedanken und Gefühle auf ihrem Weg – ihrer Journey – zum eigenen Engagement. Gemeinsam identifizierten wir Schlüsselmomente, auf die wir uns konzentrieren wollten, und gingen in die Ideenfindung über, bevor wir schließlich konkrete Lösungen entwickelten.

Insgesamt war der Workshop ein Erfolg und löste sehr positives Feedback aus. Eine Teilnehmerin, die eine NGO vertrat, sagte: »Das war der beste Praxis-Workshop, den ich je besucht habe.« Und ein teilnehmender Aussteiger urteilte über den Workshop: »Das Experience Mapping hat meinen Blick auf die Bekämpfung von gewalttätigem Extremismus verändert. Die Kultivierung von Empathie durch das Abbilden einer Erfahrung hebt die Technik über die reine Optimierung von Unternehmensleistungen hinaus und macht sie zu einer Bereicherung für den Aufbau einer friedlicheren Welt.«

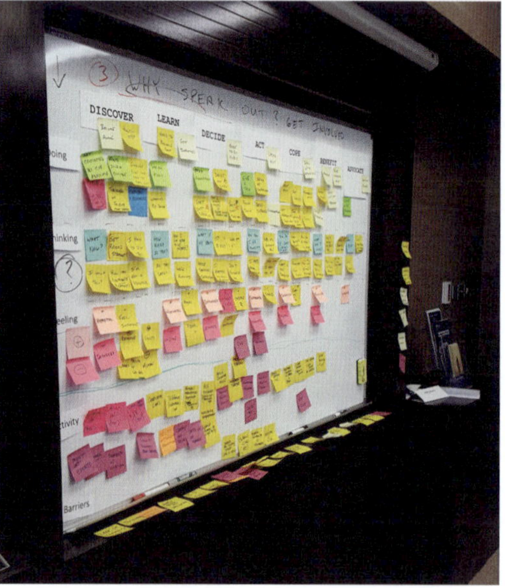

ABBILDUNG 1-12. In einem Workshop mit ehemaligen gewalttätigen Extremisten wurden verschiedene Techniken zur Abbildung von Erfahrungen eingesetzt.

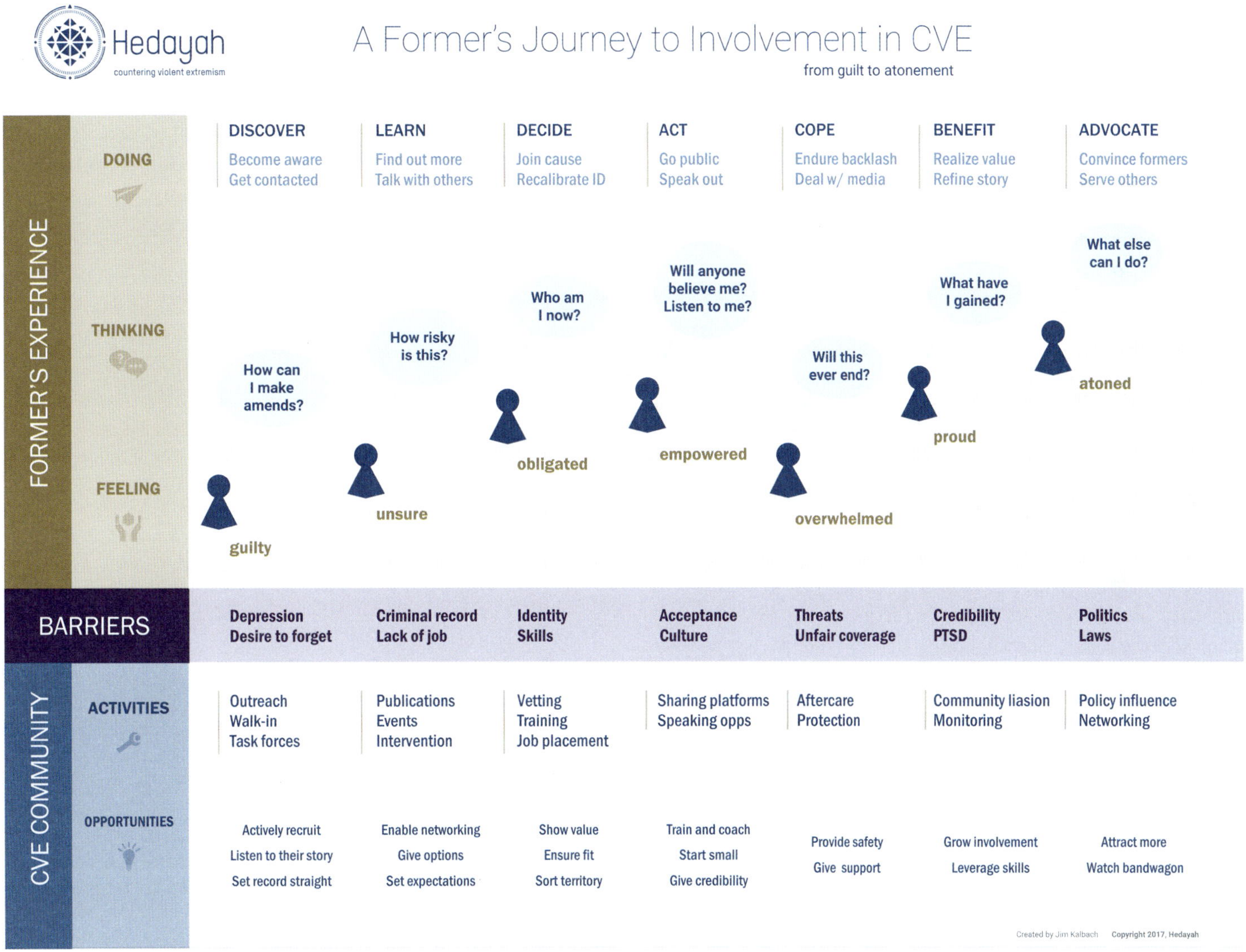

A Former's Journey to Involvement in CVE

from guilt to atonement

		DISCOVER	LEARN	DECIDE	ACT	COPE	BENEFIT	ADVOCATE
FORMER'S EXPERIENCE	DOING	Become aware Get contacted	Find out more Talk with others	Join cause Recalibrate ID	Go public Speak out	Endure backlash Deal w/ media	Realize value Refine story	Convince formers Serve others
	THINKING	How can I make amends?	How risky is this?	Who am I now?	Will anyone believe me? Listen to me?	Will this ever end?	What have I gained?	What else can I do?
	FEELING	guilty	unsure	obligated	empowered	overwhelmed	proud	atoned
BARRIERS		Depression Desire to forget	Criminal record Lack of job	Identity Skills	Acceptance Culture	Threats Unfair coverage	Credibility PTSD	Politics Laws
CVE COMMUNITY	ACTIVITIES	Outreach Walk-in Task forces	Publications Events Intervention	Vetting Training Job placement	Sharing platforms Speaking opps	Aftercare Protection	Community liasion Monitoring	Policy influence Networking
	OPPORTUNITIES	Actively recruit Listen to their story Set record straight	Enable networking Give options Set expectations	Show value Ensure fit Sort territory	Train and coach Start small Give credibility	Provide safety Give support	Grow involvement Leverage skills	Attract more Watch bandwagon

Created by Jim Kalbach

ABBILDUNG 1-13. Die abschließende Map der Journey eines Aussteigers nach dessen Abkehr vom gewalttätigen Extremismus visualisiert das Durchlaufen verschiedener Stadien – von der Schuld bis zur Sühne.

Die Endergebnisse

Das wesentliche Ergebnis dieser mehrtägigen Veranstaltung war eine Map, die die Entwicklung eines Ehemaligen in Richtung Engagement beschrieb und die in eine von Hedayah erstellte ausführliche Analyse übernommen wurde. Abbildung 1-13 zeigt den Weg vom *Schuldgefühl* (einer häufigen Empfindung nach dem Verlassen einer extremistischen Gruppe) hin zur *Sühne*, einer Hauptmotivation für ein Engagement im Kampf gegen gewalttätigen Extremismus.

Insgesamt war der Workshop eine Erkundung von Neuland: Zuvor hatte noch niemand die Entwicklung der Aussteiger hin zum eigenen Engagement untersucht. In diesem Sinne trug das Projekt zu einem breiteren, langfristigen Verständnis darüber bei, warum sich einige Aussteiger bei Initiativen zur Bekämpfung von Hassgruppen engagieren und andere nicht.

Aus meiner Sicht bestätigt dieser Versuch, dass Mapping-Techniken eine breitere Anwendung außerhalb des kommerziellen Umfelds finden können. Indem ich in der Folge diese Erfahrung in Präsentationen auf Konferenzen und Meetings teilte, konnte ich andere Menschen dazu inspirieren, über die Anwendung kreativer Techniken wie dem Erfahrungs-Mapping in ihrer eigenen Arbeit und ihrem Leben in verschiedenen sozialen Kontexten nachzudenken.

Diagramm- und Bildnachweis

Abbildung 1-3: Customer Journey Map von Jim Kalbach, in abgewandelter Form, ursprünglich erstellt in MURAL in Proxima Nova

Abbildung 1-4: Expressive Service Blueprint von Susan Spraragen und Carrie Chan, mit freundlicher Genehmigung

Abbildung 1-5: Experience Map für Rail Europe von Chris Risdon aus seinem Artikel »The Anatomy of an Experience Map«, mit freundlicher Genehmigung

Abbildung 1-6: Ausschnitt aus einem Mentalmodelldiagramm von Indi Young aus ihrem Buch *Mental Models*, mit freundlicher Genehmigung

Abbildung 1-8: Diagramm von Andy Polaine aus dem Artikel »Blueprint+: Developing a Tool for Service Design«, mit freundlicher Genehmigung

Abbildung 1-9: Touchpoint-Matrix, erstellt von Gianluca Brugnoli, ursprünglich erschienen in seinem Artikel »Connecting the Dots of User Experience«, mit freundlicher Genehmigung

Abbildung 1-10: Cross-Channel-Blueprint von Tyler Tate, entnommen aus »Cross-Channel Blueprints: A Tool for Modern IA«, CC BY-SA 3.0

Abbildung 1-11: Entwurf einer Experience Map von Jim Kalbach, erstellt in MURAL

Abbildung 1-12: Fotos von Jim Kalbach, alle Rechte vorbehalten

Abbildung 1-13: Experience Map der Journey eines Aussteigers von Jim Kalbach, erstellt in Figma

»Sinn und Zweck von Visualisierung sind Einsichten, nicht Bilder.«

– Ben Shneiderman
Readings in Information Visualization

IN DIESEM KAPITEL

- Rahmengebung des Mappings
- Touchpoints
- Momente der Wahrheit
- Wertschöpfung
- Fallstudie: Consumer Intervention Mapping – Strategien für die Kreislaufwirtschaft entwerfen

KAPITEL 2

Grundlagen des Experience Mapping

Die Ursache eines großen Choleraausbruchs in London im Jahr 1854 blieb zunächst völlig unklar. Bis zur Keimtheorie von Louis Pasteur (1878) dachten viele, die Krankheit verbreite sich über die Luft. John Snow, ein Londoner Arzt, hatte eine andere Erklärung. Er glaubte, die Cholera verbreite sich im Wasser. Nachdem mikroskopische Untersuchungen keinen Aufschluss gaben, analysierte Snow stattdessen die Verbreitung der Cholera, um seine Vermutung zu beweisen.

Dazu trug Snow Cholerafälle in Soho, London, auf einem Stadtplan ein (Abbildung 2-1). Die resultierenden Muster offenbarten eine Ursache: Die Nähe zu einer bestimmten Wasserpumpe korrelierte mit hoher Vorhersagbarkeit mit Cholerafällen. Der folgende Rückgang der Cholerafälle wird auf Snows Empfehlung zurückgeführt, diese Pumpe stillzulegen.

Snows Karte enthielt mehrere Informationsschichten – Straßen, Häuser mit Cholerafällen und Wasserpumpen –, und zwar gerade genug, um zuvor verborgene Zusammenhänge (in diesem Fall Hinweise auf die Ursache der Krankheit) aufdecken zu können. Der Ansatz war einfach, aber effektiv, und Snow war in der Lage, auf der Grundlage seiner Karte eine Hypothese zu erstellen: *Wenn* die Stadt eine bestimmte Pumpe stilllegen würde, *dann* würden die Cholerafälle zurückgehen.

ABBILDUNG 2-1. John Snows Karte von London während des großen Choleraausbruchs von 1854. Der rote Kreis markiert die Wasserpumpe, die Quelle der Krankheit war.

Visualisierungen ermöglichen ein unmittelbares Verständnis und helfen uns, zu dieser Art von Hypothesen zu gelangen. Sie zeigen Zusammenhänge in einem Ökosystem.

Nicht nur das an dieser einen Pumpe aus einer lokalen Quelle geförderte Wasser verursachte Choleraausbrüche. Snow entdeckte außerdem ein Problem in dem Teil der Wasserversorgung, der nicht durch lokale Pumpen erfolgte: Zwei unabhängig voneinander, aber in denselben Stadtbezirken als Konkurrenten operierende Versorgungsunternehmen entnahmen das von ihnen verteilte Wasser an unterschiedlichen Stellen der Themse – mit der Folge, dass in Haushalten, die das sauberere, keimfreiere, weiter stromaufwärts entnommene Wasser erhielten, weniger Cholerafälle auftraten. Es mag nicht sofort ersichtlich sein, aber mein Eindruck ist, dass bei den Karten, mit deren Hilfe Snow die Wasserversorgung unter die Lupe nahm, ein Alignment vorliegt: Wasser (eine Dienstleistung, die von den Wasserwerken bereitgestellt wurde), Wasserpumpen (die Touchpoints mit diesem System) und Haushalte, in denen Personen an Cholera erkrankten (Individuen). Snow konnte in diesem zweiten Fall zeigen, dass die meilenweit entfernt vorgenommene Wasserentnahme Folgen für die Menschen im Zentrum Londons hatte. Insbesondere seine Schlussfolgerung in Bezug auf die Wasserpumpe und die folgende Entfernung des Pumpenschwengels durch die Behörden wird allgemein als weltweiter Beginn öffentlicher Gesundheitspraktiken betrachtet.

Deshalb liebe ich Visualisierungen aller Art: Sie geben einen Überblick und zeigen – mit etwas kreativer Fantasie – neue Zusammenhänge, die zu neuen Erkenntnissen führen. Nur mit einer Karte und ein paar Datenpunkten bewaffnet, konnte John Snow etwas sehen, das man mit den besten Mikroskopen der damaligen Zeit nicht entdecken konnte. Das ist stark.

Das ist es auch, was uns Experience Mapping bieten kann: neue Erkenntnisse. Man beginnt mit einer Untersuchung und Darstellung der menschlichen Verfassung und erarbeitet dann Wege, um die Bedürfnisse der Menschen besser zu erfüllen.

Diagramme geben einen systematischen Überblick über die Erfahrungen, die Menschen machen. Durch die Förderung von Gesprächen innerhalb eines Unternehmens oder einer Organisation hilft der Mapping-Prozess, zusammenhanglose Interaktionen zu vermeiden, und stärkt die Kohärenz. Unabhängig vom spezifischen Diagrammtyp, den Sie erstellen, gibt es übergreifende Aspekte, die bei der Abbildung von Erfahrungen zu beachten sind und die wir in diesem Kapitel behandeln werden. Dazu gehören:

1. Die Festlegung eines klaren Projektrahmens. Entscheidungen zur Perspektive, zu Umfang, Fokus und Struktur des Diagramms sowie zur Frage, wie es verwendet werden soll.
2. Die Identifizierung der verschiedenen Touchpoints im System sowie der kritischen Punkte, die als »Momente der Wahrheit« bezeichnet werden.
3. Die Konzentration auf die Wertschöpfung. Nutzen Sie das Diagramm, um Ihr Angebot und Ihr Unternehmen zu verbessern und Neuerungen einzuführen.

Am Ende des Kapitels werden Sie die wesentlichen Entscheidungen beim Abbilden von Erfahrungen kennengelernt haben.

Legen Sie den Rahmen des Mapping-Projekts fest

Der Begriff *Erfahrung* entzieht sich einer genauen Definition. Dennoch können wir einige gemeinsame Aspekte benennen, um das Phänomen besser zu verstehen:

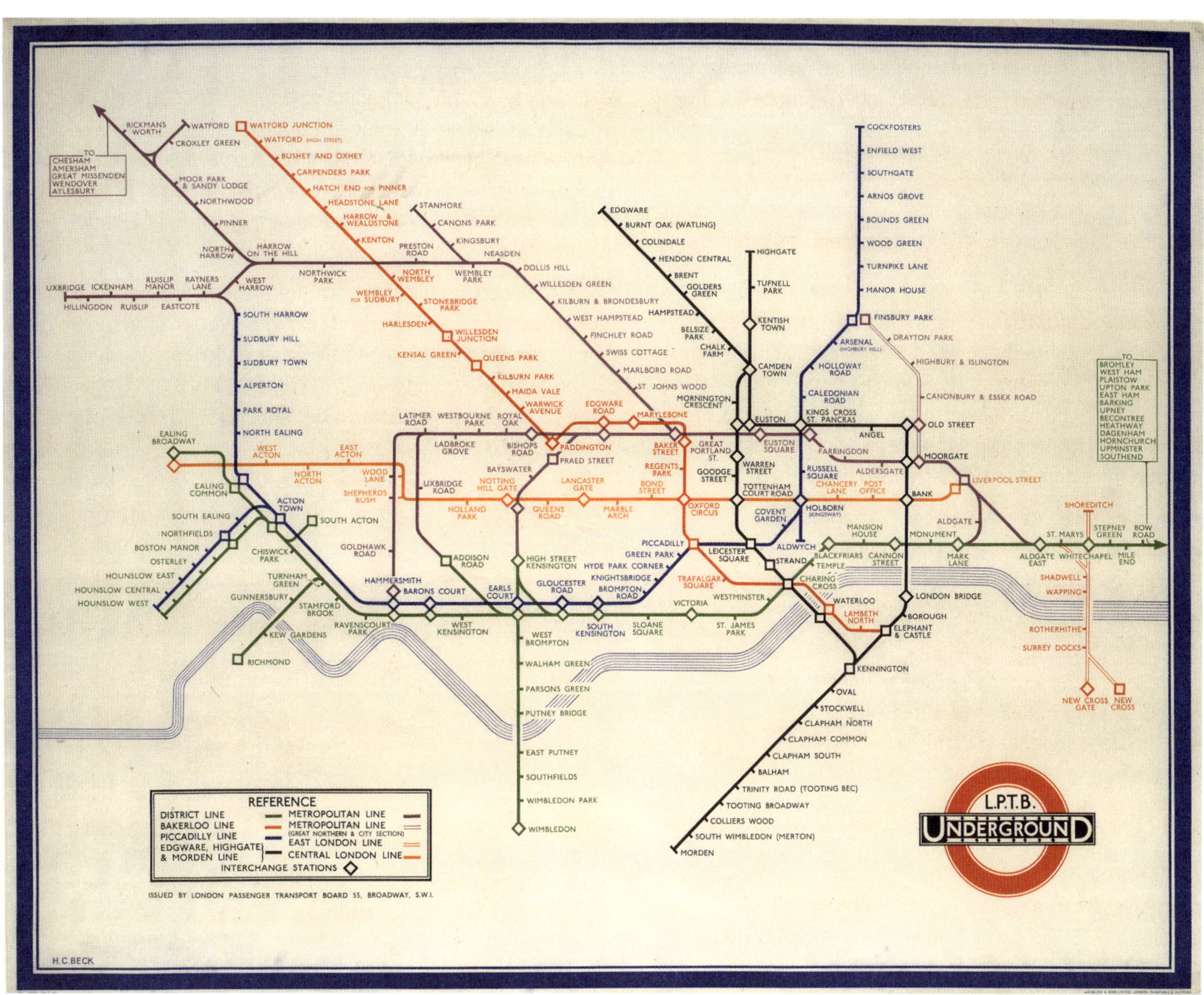

ABBILDUNG 2-2. Harry Beck schuf seine ikonische Karte der Londoner U-Bahn im Jahr 1933.

Erfahrungen sind ganzheitlich.

Eine Erfahrung ist allumfassend und schließt Handlungen, Gedanken und Gefühle ein, die sich über einen bestimmten Zeitraum erstrecken.

Erfahrungen sind persönlich.

Eine Erfahrung ist keine objektive Eigenschaft eines Produkts oder einer Dienstleistung – es ist die subjektive Wahrnehmung einer einzelnen Person.

Erfahrungen sind situativ.

Ich fahre gern Achterbahn, aber nicht direkt nach einer großen Mahlzeit. Normalerweise ist es eine begeisternde Erfahrung, mit vollem Bauch aber sind es ein paar schreckliche Minuten der Übelkeit. Die Achterbahn selbst verändert sich nicht, Erfahrungen aber unterscheiden sich je nach Situation.

Wie gehen wir also an das Mapping von Erfahrungen heran? Einfach gesagt: Es ist eine Frage der Auswahl. Maps sind zielgerichtet und fokussiert. Als Schöpfer einer Map liegt es an Ihnen, zu entscheiden, welche Aspekte Sie einbeziehen und welche Sie weglassen wollen.

Beispielsweise sind kartografische Darstellungen selektiv in dem, was sie zeigen. Betrachten Sie Harry Becks berühmten Plan der Londoner U-Bahn, der erstmals 1933 veröffentlicht wurde (Abbildung 2-2). Er zeigt nur einige wenige Dinge: U-Bahn-Linien, Haltestellen, Umsteigemöglichkeiten und die Themse – mehr nicht.

Auch die tatsächliche Streckenführung gibt die Karte nur verzerrt wieder, denn es werden lediglich horizontale, vertikale und um 45 Grad abgewinkelte Linien verwendet. Außerdem haben die Haltestellen gleich große Abstände, obwohl sie in Wirklichkeit unterschiedlich weit auseinanderliegen. Das ist okay: Karten sind Abstraktionen der realen Welt.

Becks Karte ist, mit nur geringen Aktualisierungen, seit über 70 Jahren praktisch unverändert geblieben. Ihre Brillanz liegt in dem, was sie *nicht* zeigt: Straßen, Gebäude, die Kurven der Strecken und die tatsächlichen Entfernungen zwischen Haltestellen. Die Langlebigkeit von Becks Karte beruht auf ihrer Eignung – sie erfüllt einen bestimmten Zweck extrem gut.

Beim Abbilden von Erfahrungen muss ebenfalls eine Auswahl getroffen werden. Es wird zwangsläufig zu Verzerrungen kommen, aber wenn Sie das Vorhaben zielsicher definieren, wird auch die Gesamtaussage gültig sein. Und natürlich muss das Framing Ihres Projekts für das Unternehmen relevant sein und dessen Ziele adressieren.

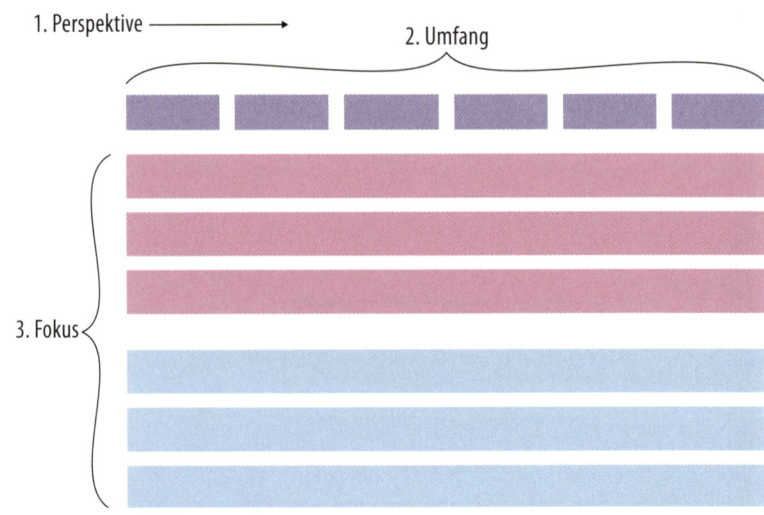

ABBILDUNG 2-3. Definieren Sie einen Mapping-Prozess, indem Sie im Vorfeld diese drei Schlüsselaspekte berücksichtigen.

Bevor Sie mit dem Mapping beginnen, müssen Sie drei grundlegende Aspekte definieren, die in Abbildung 2-3 dargestellt sind:

1. *Perspektive* – Wessen Erfahrung wird abgebildet, und welche Erfahrungen sind enthalten?
2. *Umfang* – Wo beginnt und wo endet die Erfahrung?
3. *Fokus* – Welche Arten von Informationen werden enthalten sein?
4. Außerdem sollte die *Struktur* des Diagramms am besten schon im Vorfeld festgelegt werden, ebenso die beabsichtigte *Verwendung*.

Als Schöpfer einer Map liegt es an Ihnen, zu entscheiden, welche Aspekte Sie einbeziehen und welche Sie weglassen wollen.

Als Ersteller des Diagramms ist es Ihre Aufgabe, sich mit den wichtigsten Stakeholdern, die letztendlich die Zielgruppe des Diagramms sein werden, über diese Gesichtspunkte zu einigen. Alle Aspekte werden ausführlich in den folgenden Abschnitten besprochen.

Perspektive

Die Perspektive eines Diagramms sollte die Frage beantworten: »Wessen Blickwinkel wird in dem Diagramm eingenommen?« In einigen Fällen mag das offensichtlich sein. Aber in anderen Kontexten – zum Beispiel in komplexeren B2B-Situationen – kann es ein halbes Dutzend oder mehr Akteure geben, die an einer bestimmten Erfahrung beteiligt sind, mit einer Vielzahl voneinander abhängiger Interaktionen. Sie müssen zunächst klären, welche Erfahrungen Sie abbilden wollen.

Die Perspektive wird durch zwei Kriterien bestimmt: die beteiligten Personen und die Arten von Erfahrungen, die sie machen. Zum Beispiel könnte ein Nachrichtenmagazin zwei unterschiedliche Zielgruppen bedienen: Leser und Anzeigenkunden. Die Interaktionen, die diese beiden Gruppen mit dem Verlag haben, sind sehr unterschiedlich.

Sobald Sie sich für die Personen entschieden haben, auf die Sie sich konzentrieren wollen – in diesem Beispiel die Leser –, können Sie aus verschiedenen Erfahrungen wählen. Betrachten Sie diese drei möglichen Erfahrungen eines Lesers eines Nachrichtenmagazins:

Kaufverhalten

Ein Gesichtspunkt könnte sein, wie Leser das Nachrichtenmagazin *erwerben*: wie sie zum ersten Mal von dessen Existenz erfahren haben, warum sie es gekauft haben, ob sie es wiederholt oder regelmäßig kaufen und so weiter. Die Abbildung einer Erfahrung unter diesem Gesichtspunkt ist sinnvoll, wenn es darum geht, den Verkauf zu optimieren. Eine Customer Journey Map wäre hier eine gute Lösung.

Nachrichtenkonsum

Man könnte auch untersuchen, wie Leser ganz allgemein Nachrichten *konsumieren*. Dann würde man das Magazin im Kontext des allgemeinen menschlichen Informationsverhaltens betrachten. Diese Perspektive wäre hilfreich, wenn das Magazin sein Angebot erweitern möchte. In diesem Fall böte sich etwa ein Mentalmodelldiagramm an.

Tagesablauf

Sie könnten sich auch einen *Tag im Leben* typischer Leser anschauen: Wie fügt sich ein Nachrichtenmagazin in ihre täglichen Abläufe ein? Wo kommen sie mit dem Magazin in Berührung? Wann? Was tun sie sonst noch, um Nachrichten zu finden und zu lesen? Zur Abbildung dieser Erfahrung bietet sich eine Experience Map an.

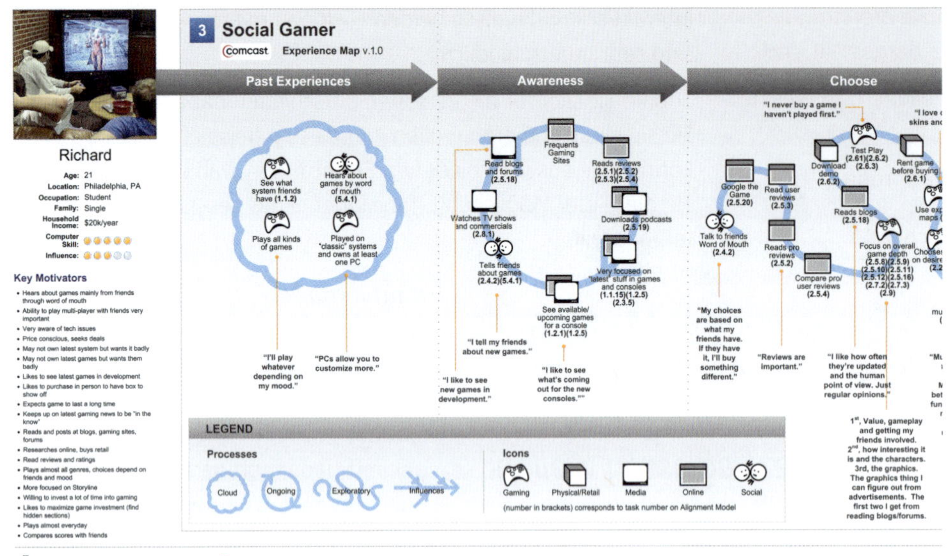

ABBILDUNG 2-4. Eine Experience Map kann Elemente enthalten, die sich auf den Zeitraum beziehen, bevor die eigentliche Erfahrung überhaupt beginnt, wie z. B. in diesem Diagramm die »Past Experiences«, die »vergangenen Erfahrungen«.

Darüber hinaus kann eine Map, wie in Kapitel 1 erwähnt, mehrere Perspektiven koordinieren. Aber auch in diesem Fall müssen Sie festlegen, wessen und welche Erfahrungen einbezogen werden sollen. Oftmals wird eine primäre Perspektive festgelegt, und die sekundären Blickwinkel werden darauf abgestimmt.

Es gibt keine richtige oder falsche Antwort auf die Frage, welche Perspektive Sie für ein Mapping wählen sollen. Was Sie darstellen wollen, hängt von den Bedürfnissen Ihrer Stakeholder ab. Bemühen Sie sich, die Perspektive der Map mit den Zielen des Unternehmens in Einklang zu bringen.

Jeder dieser Ansätze analysiert einen anderen Aspekt – den Einkauf, den Nachrichtenkonsum oder die tägliche Routine. Und alle können nützlich sein, je nachdem, was für ein Unternehmen gerade wichtig ist. Die Perspektive des Diagramms ist entscheidend für die Festlegung Ihrer Vorgehensweise und die daraus resultierende Botschaft.

Typischerweise spiegelt jedes Diagramm eine einzige Perspektive wider. Ein klarer Blickwinkel stärkt im Allgemeinen die Aussagekraft eines Diagramms. Es ist üblich, in der oberen Ecke einer Experience Map einen Verweis auf eine Persona einzufügen, damit die Betrachter eines Diagramms die eingenommene Perspektive direkt erkennen können.

Umfang

Beim Umfang geht es um zwei recht einfache Fragen: »Wann beginnt die Erfahrung, und wann endet sie?« Stellen Sie sich den Umfang als den Bereich zwischen dem linken und rechten Rand eines chronologischen Diagramms vor. Manchmal mag der Umfang eines Mappings offensichtlich sein, aber zusätzliche Überlegungen können die Start- und Endpunkte beeinflussen.

Denken Sie an das genannte Beispiel einer Achterbahnfahrt. Beginnt die Erfahrung, wenn der Bügel vor ihrem Sitz herunterklappt oder schon während Sie in der Schlange warten? Oder fängt sie bereits an, bevor Sie den Freizeitpark überhaupt erreichen, noch zu Hause? Oder sogar noch früher? Und wann endet sie? Sobald Sie aus dem Wagen aussteigen oder wenn Sie sich danach Fotos ansehen, die während der Fahrt aufgenommen wurden? Oder endet sie, wenn Sie sich die Fotos einen Monat später ansehen?

Es liegt an Ihnen, dem Ersteller der Map, den Umfang der darzustellenden Erfahrung festzulegen. Dabei gibt es keine richtigen oder falschen Antworten: Es hängt von den Anforderungen des Projekts ab. Oftmals drängt sich mir ein naheliegender Zeitpunkt für den Beginn auf, von dem aus ich dann einen Schritt zurückgehe, um weitere Vorstufen einer Erfahrung mit einzubeziehen.

In einem Projekt ging es beispielsweise darum, bei den Mitarbeitern eines Unternehmens eine kundenorientierte Denkweise zu fördern. Ursprünglich hatten wir die Mitarbeitererfahrung so definiert, dass sie am ersten Tag der Beschäftigung beginnt. Indem wir jedoch auch die Phasen davor miteinbezogen, einschließlich der Bewerbungs- und Einstellungsphase, fanden wir noch mehr Möglichkeiten, die Kundenzentrierung zu erhöhen (z. B. indem wir die erwünschte Denkweise bereits während des Einstellungsprozesses vermittelten oder unsere Ziele in die Stellenausschreibung aufnahmen).

Die Perspektive des Diagramms ist entscheidend für die Festlegung Ihrer Vorgehensweise und die daraus resultierende Botschaft.

Das Diagramm in Abbildung 2-4 zeigt den ersten Teil einer Experience Map für verschiedene Typen von Gamern, die von Gene Smith und Trevor van Gorp erstellt wurde (vollständig wiedergegeben in Abbildung 12-4). Beachten Sie, dass sie den Beginn der Erfahrung bei den »Past Experiences«, den »früheren Erfahrungen«, verorten – eine ausdrückliche Anerkennung der Tatsache, dass Menschen vergangene Erfahrungen in die hier abgebildete mit einbringen. Der Umfang dieses Diagramms geht über das reine Gaming hinaus, was dazu beitragen kann, bisher unerkannte Möglichkeiten aufzuzeigen.

Aber beim Umfang geht es um mehr als nur um Anfang und Ende einer Erfahrung. Es erfordert auch einen Kompromiss bei der Granularität der Darstellung. Die Visualisierung einer End-to-End-Erfahrung zeigt das große Bild, lässt aber Details aus. Auf der anderen Seite kann ein detaillierteres Diagramm spezifische Interaktionen veranschaulichen, deckt dafür jedoch nur Teilabschnitte ab.

Durch die in gleichmäßigen Abständen dargestellten U-Bahn-Haltestellen auf Becks Karte der London Underground (siehe Abbildung 2-2) passt das gesamte Streckennetz auf eine Seite. Hätte er versucht, die Abstände maßstabsgetreu wiederzugeben, hätte das nicht funktioniert. Angesichts des Ziels, das gesamte Netz zu zeigen, war dieser Mangel an Wiedergabetreue notwendig.

Oder stellen Sie sich vor, das Fremdenverkehrsbüro einer Stadt in den USA hätte Sie beauftragt, die Erfahrung der touristischen Besucher, und dabei speziell die per Web- und Mobile-Apps angebotenen Dienstleistungen, zu verbessern.

Ein Ansatz könnte sein, den gesamten Besuch zu erfassen, angefangen bei der Planung zu Hause über den eigentlichen Besuch der Stadt bis hin zu Folgeaktionen danach. Das würde ein breites Bild über verschiedene Touchpoint-Typen und alle Angebote hinweg für unterschiedliche Stakeholder liefern.

Ein anderer Ansatz könnte die Betrachtung auf Erfahrungen vor Ort beschränken. Das kann am Ankunftsort beginnen und beim Verlassen der Stadt enden, würde aber eine größere Detailtiefe zu mobilen Touchpoints für einen bestimmten Benutzertyp bieten.

Beide Ansätze sind berechtigt, je nach den Bedürfnissen, Interessen und Erkenntniszielen des Auftraggebers. Sind Sie auf ein einzelnes Problem fokussiert, oder benötigen Sie eine Gesamtsicht des kompletten Systems? Sie sollten die Kompromisse, die Sie eingehen, von vornherein klar benennen und die Erwartungen des Kunden richtig steuern. Welchen Umfang man wählt, beeinflusst das spätere Verständnis der Erfahrung und die sich offenbarenden strategischen Möglichkeiten.

Fokus

Welche Arten von Informationen werden Sie in das Diagramm aufnehmen? Worum geht es in dem Diagramm? Stellen Sie sich den Fokus als die Informationszeilen einer bestimmten Map vor. Das definiert den Inhalt, den Sie einschließen werden.

Auch hier liegt es an Ihnen, dem Ersteller der Karte, zu entscheiden, auf welche Aspekte Sie sich konzentrieren. Es sollten Informationen sein, die für das Unternehmen und die Erfordernisse der Stakeholder relevant sind.

Es gibt viele Arten von Elementen, die man berücksichtigen kann. Für welche Sie sich entscheiden, hängt davon ab, wie Sie das Vorhaben formuliert haben (siehe Kapitel 5) und welche Aspekte für das Unternehmen am wichtigsten sind.

Ich beginne üblicherweise damit, eine Erfahrung durch die Handlungen, Gedanken und Gefühle der Individuen zu beschreiben. Ihr Projekt mag die Betonung anderer Schwerpunkte erfordern. Um die Map für Ihr Team relevant zu machen, könnten Sie einige der folgenden typischen Aspekte einbeziehen:

- *Physisch:* Artefakte, Werkzeuge, Geräte
- *Verhaltensbezogen:* Aktionen, Aktivitäten, Aufgaben
- *Kognitiv:* Gedanken, Ansichten, Meinungen
- *Emotional:* Gefühle, Wünsche, Gemütszustände

Welchen Umfang man wählt, beeinflusst das spätere Verständnis der Erfahrung und die sich offenbarenden strategischen Möglichkeiten.

- *Bedürfnisse:* Ziele, Ergebnisse, zu erledigende Aufgaben
- *Herausforderungen:* Pain Points, Beschränkungen, Barrieren
- *Kontext:* Setting, Umgebung, Standort
- *Kultur:* Überzeugungen, Werte, Philosophie
- *Ereignisse:* Auslöser, Momente der Wahrheit, Punkte des Scheiterns

Zu den Elementen, die das Unternehmen beschreiben, könnten gehören:

- *Touchpoints:* Medien, Geräte, Informationen
- *Angebot:* Produkte, Dienstleistungen, Funktionen
- *Prozesse:* interne Aktivitäten, Workflows
- *Herausforderungen:* Probleme, Fragen, Pannen
- *Betrieb:* Rollen, Abteilungen, Berichtsstrukturen
- *Metriken:* Verkehr, Finanzen, Statistiken
- *Auswertung:* Stärken, Schwächen, Erkenntnisse
- *Aufwand:* Schwierigkeiten, Ineffizienzen, Einfachheit der Interaktion
- *Chancen:* Lücken, Schwächen, Redundanzen
- *Ziele:* Umsatz, Einsparungen, Reputation
- *Strategie:* Politik, Entscheidungsfindung, Prinzipien

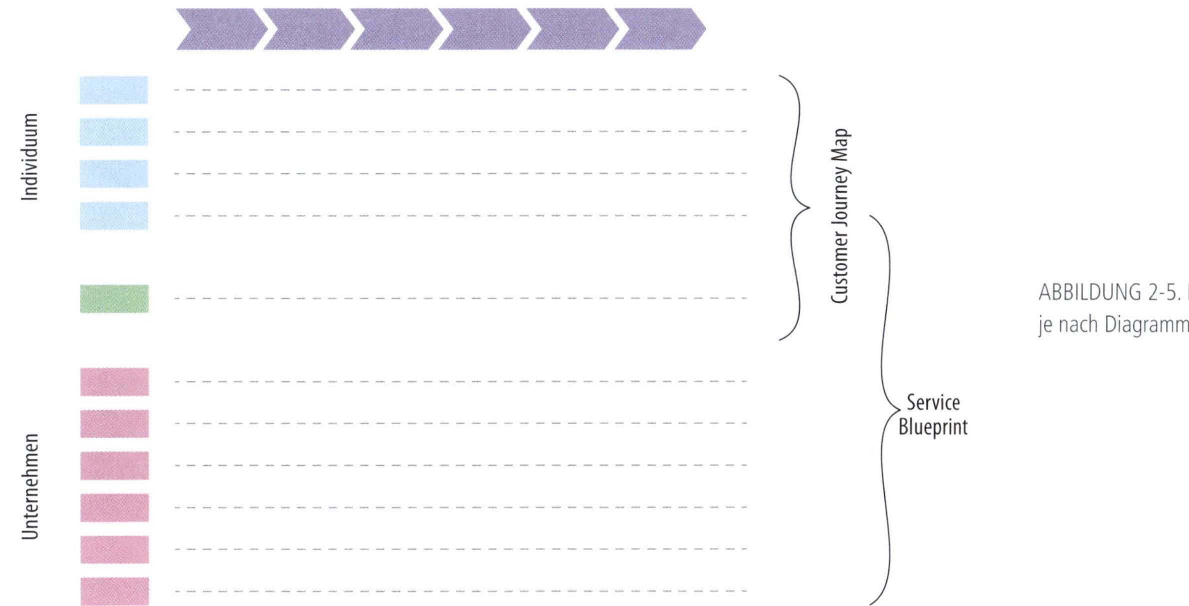

ABBILDUNG 2-5. Der Fokus unterscheidet sich je nach Diagrammtyp.

Auch die Ausgewogenheit dieser Elemente will bedacht werden. Ich empfehle, eine Reihe von Zielaspekten aufzulisten, die für Ihr Mapping-Projekt besonders wichtig sind, beginnend mit den genannten Vorschlägen. Ordnen Sie sie dann in einem ersten Entwurf der Map an, um zu sehen, wie sie angesichts Ihrer Ziele zusammenpassen könnten.

Denken Sie auch daran, dass verschiedene Diagrammtypen naturgemäß unterschiedliche Schwerpunkte haben (siehe Abbildung 2-5). Eine Customer Journey Map wird sich beispielsweise primär auf eine Erfahrung konzentrieren und nur eine minimale Beschreibung des Unternehmens enthalten. Ein Service Blueprint hingegen wird den Prozess der Bereitstellung einer Dienstleistung über alle Kanäle hinweg betonen, was auf Kosten einer detaillierten Beschreibung der Benutzererfahrung geht.

Struktur

Ausrichtungsdiagramme unterscheiden sich außerdem im Aufbau. Das gebräuchlichste Schema ist zeitlicher Natur (Abbildung 2-6a), und viele der Beispiele in diesem Buch besitzen diesen chronologischen Aufbau. Es sind jedoch auch andere Anordnungen möglich, einschließlich hierarchischer, räumlicher und netzwerkartiger Strukturen (Abbildungen 2-6b bis 2-6d).

Abbildung 2-7 ist eine Darstellung der Gästeerfahrung beim Anbieter Booking.com. Es ist ein hervorragendes Beispiel für die Visualisierung einer Erfahrung durch eine netzwerkartige Struktur. Der Fokus liegt auf Touchpoints, die zu positiven oder negativen Erfahrungen führen.

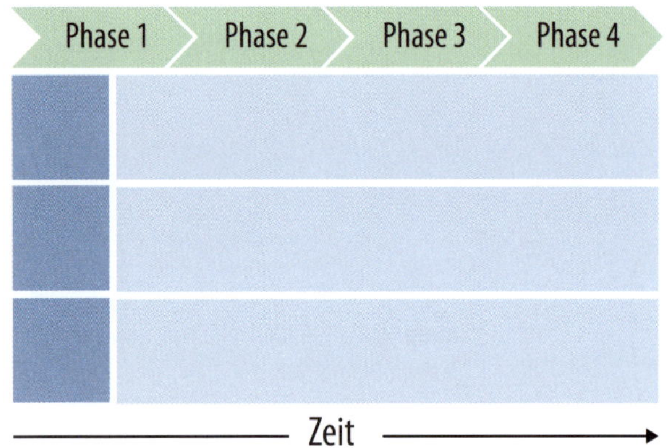

ABBILDUNG 2-6a. CHRONOLOGISCH: Da Erfahrungen in Echtzeit stattfinden, zeigt eine chronologische Anordnung eine natürliche Abfolge menschlichen Verhaltens. Eine Art Zeitleiste ist die am weitesten verbreitete Art, Ausrichtungsdiagramme zu strukturieren. Weitere Informationen finden Sie in den Kapiteln 10 bis 12 zu Service Blueprints, Customer Journey Maps und Experience Maps.

ABBILDUNG 2-6b. HIERARCHISCH: Durch die hierarchische Abbildung von Erfahrungen wird die zeitliche Dimension entfernt. Das kann von Vorteil sein, wenn viele Aspekte gleichzeitig auftreten, die sich nur schwer chronologisch darstellen lassen. In Kapitel 13 werden Mentalmodelldiagramme und andere hierarchische Anordnungen behandelt.

ABBILDUNG 2-6c. RÄUMLICH: Es ist auch möglich, Erfahrungen räumlich darzustellen. Das ist sinnvoll, wenn die Interaktionen an einem physischen Ort stattfinden – zum Beispiel bei einer persönlichen Begegnung im Rahmen einer Dienstleistung. Räumliche Diagramme können eine Erfahrung auch in einem abstrakten Sinn strukturieren, indem Erfahrungen so dargestellt werden, als fänden sie in einem dreidimensionalen Raum statt, selbst wenn das in Wirklichkeit nicht der Fall ist.

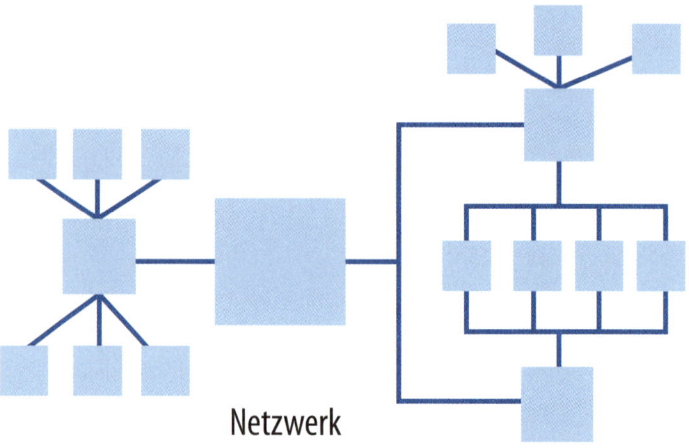

ABBILDUNG 2-6d. NETZWERKARTIG: Eine Netzwerkstruktur zeigt ein Geflecht von Zusammenhängen zwischen Aspekten einer Erfahrung, die weder chronologisch noch hierarchisch zu ordnen sind.

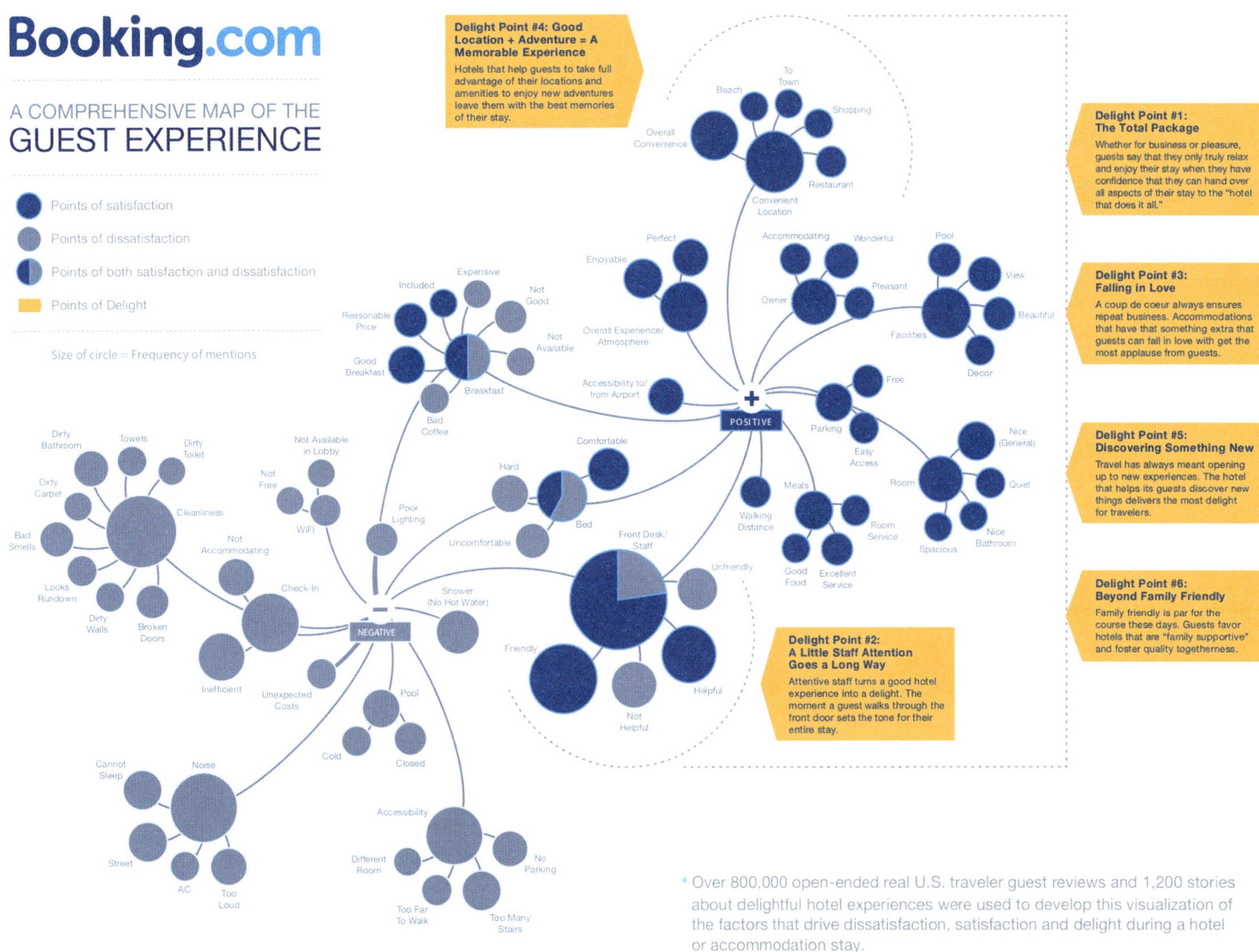

ABBILDUNG 2-7. Eine netzwerkartige Anordnung von Akteuren und Konzepten veranschaulicht positive und negative Erfahrungen mit Booking.com.

Verwendung

Behalten Sie den Verwendungszweck eines Ausrichtungsdiagramms von Anfang an im Auge.

Überlegen Sie zunächst, für *wen* die Informationen in Ihrem Diagramm gedacht sind. Die Karte der Londoner U-Bahn wird jeden Tag von Fahrgästen benutzt, die eine Verbindung zwischen zwei beliebigen Punkten im Streckennetz herausfinden wollen. Aber die Ingenieure, die für die Wartung der Signalanlagen zuständig sind, würden Becks Karte wahrscheinlich als zu wenig detailliert empfinden – sie benötigen Karten mit einem viel höheren Grad an Genauigkeit, um ihre Arbeit zu erledigen. Becks Karte richtet sich an Fahrgäste, nicht an Ingenieure.

Überlegen Sie auch, *wofür* Sie Ihre Diagramme verwenden werden. Gestalten Sie Ihr Vorhaben so, dass es den Bedürfnissen Ihres Teams entspricht. Welche Fragen hat das Unternehmen, die ein Diagramm beantworten kann? Welche Wissenslücken füllt es? Welche Probleme soll es lösen?

Fragen Sie sich schließlich, *wie* das Diagramm verwendet werden soll. Wird es genutzt, um Probleme zu diagnostizieren oder das Design eines bestehenden Systems zu verbessern? Soll es eingesetzt werden, um eine Strategie oder einen Entwicklungsplan zu erstellen? Oder dient das Ausrichtungsdiagramm Ihrer Zielgruppe dazu, neue Möglichkeiten für Innovation und Wachstum zu entdecken?

Die Art des Mappings, für die dieses Buch eintritt, eignet sich am besten für *generative* Aktivitäten – mit anderen Worten: Teams können Maps des aktuellen Zustands einer Erfahrung verwenden, um gemeinsam kreativ neue Chancen auszuloten. So betrachtet, dient eine Map als Anregung für Gespräche über künftige Möglichkeiten. Abhängig von den gefundenen Lösungen kann auch eine Visualisierung des zukünftigen Zustands erforderlich sein.

Mapping kann darüber hinaus eine *summative* Funktion haben. Journey Management ist ein schnell wachsendes Feld, das den Touchpoints der Kundenerfahrung zur laufenden Überwachung Livedaten (z. B. Zufriedenheitswerte, Nutzungsmetriken) zuordnet. Die Teams können auf diese Weise in Echtzeit Daten zu den Erfahrungen sehen, die die Kunden in den einzelnen Phasen ihrer Journey machen.

Touchpoints identifizieren

Indem man, wie oben beschrieben, das Mapping-Projekt genauer spezifiziert, bildet man eine Grundlage für die Darstellung der Gesamterfahrung. Innerhalb dieser Erfahrung müssen Sie auch die Beziehung zwischen Einzelpersonen und einem Unternehmen berücksichtigen. Das Konzept der *Touchpoints*, der Schnittstellen, an denen Wert getauscht wird, ermöglicht es, die Interaktion zwischen Individuum und Organisation darzustellen.

Typischerweise gehören zu den Touchpoints Dinge wie:

- Fernsehwerbung, Anzeigen im Printbereich, Broschüren
- Marketing-E-Mails, Newsletter
- Websites, Blogs
- Apps, Software
- Telefonanrufe, Service-Hotlines, Onlinechats
- Serviceschalter, Kassen
- physische Objekte, Gebäude, Straßen
- Verpackung, Versandmaterialien
- Rechnungen, Lieferscheine, Zahlungssysteme

Historisch gesehen, gibt es drei primäre Arten von Touchpoints:

Statische
: Diese Touchpoints erlauben keine Interaktion mit dem Benutzer. Dazu gehören Dinge wie gedruckte Materialien, Schilder oder Printanzeigen.

Interaktive
: Websites und Apps sind interaktive Touchpoints, oft mit einem Call-to-Action und einem zu befolgenden Workflow.

Menschliche
: Dieser Typus beinhaltet eine Interaktion von Mensch zu Mensch. Beispiele sind persönliche Kundenbegegnungen mit einem Vertriebler oder Telefonate mit einem Support-Mitarbeiter sowie gehostete Communities und Foren.

Organisationen, die die Gesamtheit der von ihnen angebotenen Erfahrungen als Ökosystem betrachten, haben einen Wettbewerbsvorteil. Für Unternehmen hat dies Auswirkungen auf das Geschäftsergebnis. Alex Rawson und Kollegen fanden in einer Studie aus dem Jahr 2013 heraus, dass die Optimierung von Erfahrungen über alle Touchpoints hinweg ein starker Prädiktor für die Gesundheit eines Unternehmens ist.[1] Die Forscher fanden eine 20- bis 30-prozentige Korrelation mit verbesserten Outcomes wie z. B. höheren Umsätzen, stärkerer Kundenbindung und positiver Mundpropaganda. Reibungsverluste zu reduzieren und eine stimmige Erfahrung zu bieten, zahlt sich aus.

Betrachten Sie das Touchpoint-Inventory in Abbildung 2-8. Dieses Diagramm wurde von der Schweizer Marketingfirma Accelerom (*accelerom.de*), einem internationalen Beratungs- und Forschungsunternehmen mit Sitz in Zürich, im Rahmen seines 360°-Touchpoint-Management-Prozesses erstellt.[2] Es bietet eine ziemlich ausführliche Liste von möglichen Touchpoints zwischen Kunden und Unternehmen.

Aber manche Experten fordern eine umfassende Betrachtungsweise. Chris Risdon definiert einen Touchpoint beispielsweise als den *Kontext* einer Interaktion. In seinem Artikel »Un-Sucking the Touchpoint« schreibt er:

> *Ein Touchpoint ist die Stelle, an der eine Interaktion stattfindet, ein bestimmtes menschliches Bedürfnis zu einem bestimmten Zeitpunkt an einem bestimmten Ort betreffend.*

Jeannie Walters, eine führende Beraterin im Bereich der Customer Experience, plädiert ebenfalls für eine umfassendere Definition. Sie steht Touchpoint-Inventories kritisch gegenüber und schreibt:

> *Die Herausforderung bei dieser Betrachtungsweise von Touchpoints besteht darin, dass dieser Ansatz oft davon ausgeht, dass der Kunde a) in einer linearen und direkten Beziehung zum Unternehmen steht und b) diese Touchpoints liest bzw. wahrnimmt und sich auf sinnvolle Weise mit ihnen beschäftigt. Kurzum: Die Untersuchung der Touchpoints ist häufig ausschließlich auf Unternehmen fokussiert. (Manchmal ist sie dermaßen unternehmensorientiert, dass die Touchpoints dem Unternehmensorganigramm folgend kategorisiert sind: Marketing, Betriebsmanagement, Rechnungswesen usw.).*[3]

1 Alex Rawson, Ewan Duncan und Conor Jones: »The Truth About Customer Experience«, *Harvard Business Review* (September 2013).

2 Siehe Christoph Spengler, Werner Wirth und Renzo Sigrist, »360° Touchpoint Management – How Important Is Twitter for Our Brand?«, *Marketing Review St. Gallen* (Februar 2010).

3 Jeannie Walters: »What IS a Customer Touchpoint?«, Customer Think Blog (Oktober 2014).

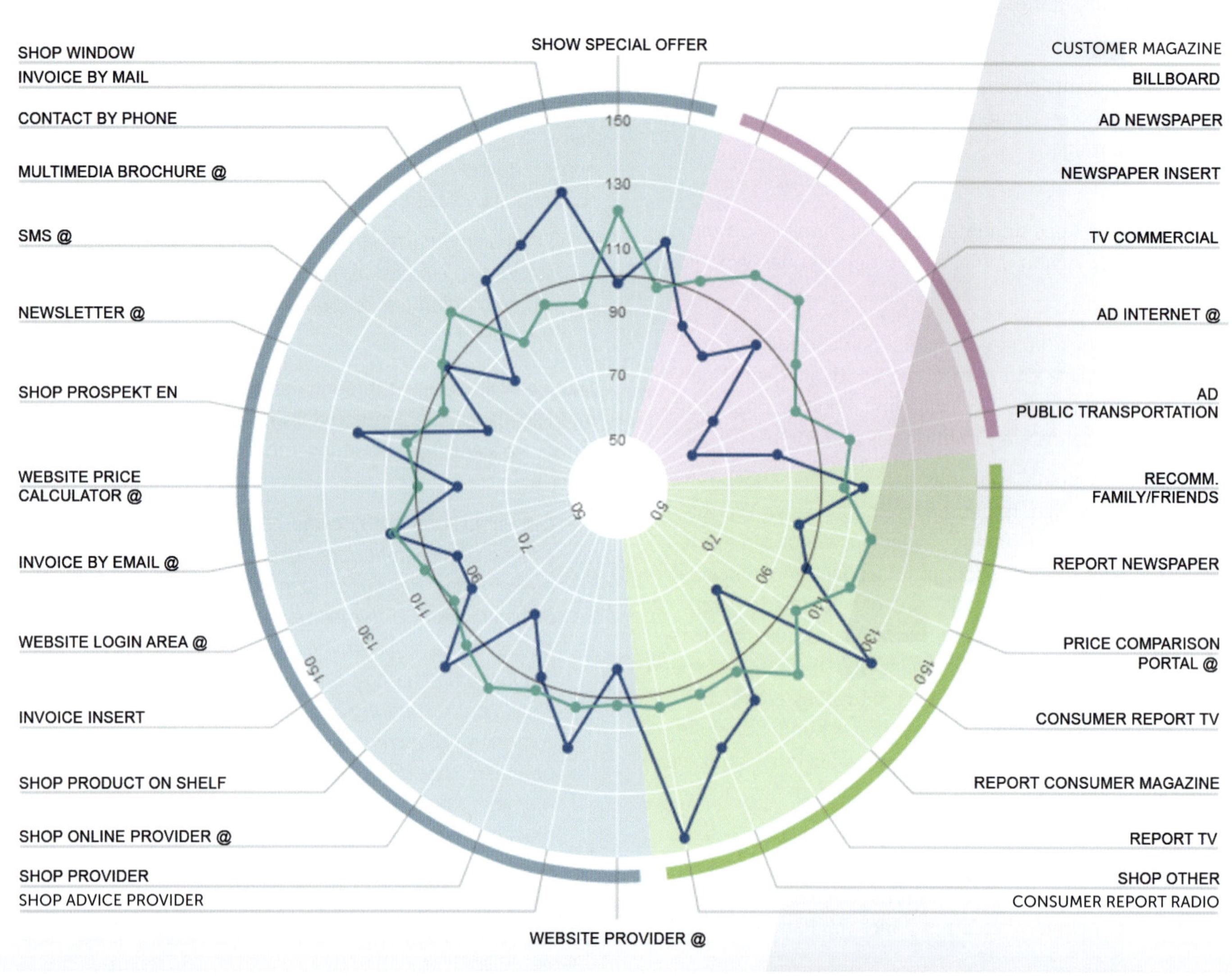

ABBILDUNG 2-8. Diese von der Schweizer Firma Accelerom erstellte 360°-Matrix benennt eine Reihe von Touchpoints.

Aber das Konzept der Touchpoint-Visualisierung kann auch jenseits kommerzieller Settings, bei denen es um Markenwahrnehmung und Gewinnoptimierung geht, nützlich sein. Matt Sinclair, Leila Sheldrick, Mariale Moreno und Emma Dewberry haben ein einzigartiges Tool entwickelt, um die Touchpoints innerhalb eines breiten Ökosystems zu betrachten. Im Bereich des *Circular Design*, bei dem es vor allem um die Einbeziehung von Nachhaltigkeit in den Entwicklungsprozess und Lebenszyklus von Produkten geht, wollten sie die Punkte innerhalb eines Ökosystems darstellen, an denen die Beteiligten in die Journey des Produkts eingreifen können, um dessen Lebensdauer zu verlängern. In der Fallstudie am Ende des Kapitels finden Sie weitere Informationen zu Kreislaufdesign und Consumer Intervention Maps.

Ausrichtungsdiagramme verstärken im Allgemeinen eine ökologische Sicht auf die Interaktion mit Kunden. Sie zeigen nicht nur einzelne Touchpoints, sondern liefern auch ein vollständiges Bild der Erfahrung. Die Erkenntnisse, die sich aus dem Mapping ergeben, gehen über die Stärkung der Kundenzufriedenheit und die Optimierung des Produktkonsums hinaus. Sie bieten strategische Unterstützung, was Innovationen bei Produktionsmitteln, Produktlebenszyklen und nachhaltigem Design betrifft.

Momente der Wahrheit

Ausrichtungsdiagramme sind keine bloßen Sammlungen von Touchpoints, sie helfen auch dabei, entscheidende Punkte der Erfahrung zu identifizieren und zu verstehen. Diese emotionalen Schlüsselmomente werden als *Momente der Wahrheit* (Moments of Truth) bezeichnet und helfen, die Aufmerksamkeit auf die wichtigsten Aspekte zu lenken.

Diese Momente der Wahrheit kann man sich als eine besondere Art von Touchpoint vorstellen. Es sind wichtige, emotional aufgeladene Interaktionen, die meist dann stattfinden, wenn jemand ein hohes Maß an Energie investiert hat, um ein erwünschtes Ergebnis zu erzielen. In Momenten der Wahrheit kann die Beziehung zwischen den Beteiligten entweder dauerhaft gelingen oder scheitern – es sind die Knackpunkte der gesamten Erfahrung. Wenn Sie zum Beispiel ein neues Haus kaufen, wird die Auswahl der Immobilie wahrscheinlich ein solcher Moment der Wahrheit sein.

Den Begriff »Momente der Wahrheit« hat Jan Carlzon, der damalige CEO von SAS Airlines, in seinem gleichnamigen Buch populär gemacht. Um seinen Standpunkt zu verdeutlichen, beginnt Carlzon seine Darstellung mit der Geschichte eines Kunden, der ohne seine Bordkarte am Flughafen ankam. SAS-Mitarbeiter fuhren persönlich zum Hotel, wo er die Bordkarte liegen gelassen hatte, und brachten sie ihm zum Flughafen. Das hinterließ bei diesem Kunden einen unauslöschlichen Eindruck.

Momente der Wahrheit weisen auf Chancen für Innovation und Wachstum hin. In ihrem Buch »The Innovator's Method« schlagen die Wirtschaftswissenschaftler und Consultants Nathan Furr und Jeff Dyer beispielsweise vor, sogenannte Journey Lines anzulegen, also eine kompakte Visualisierung der Schritte, die ein Kunde durchläuft. Sie schreiben:

> *Erstellen Sie ein detailliertes visuelles Porträt, in dem Sie Pain Points identifizieren, um zu verstehen, wie Ihre Kunden aktuell Aufgaben erledigen und wie sie sich dabei fühlen. Stellen Sie visuell die Schritte dar, die Kunden unternehmen, um ein bestimmtes Ergebnis zu erreichen. Dabei ist es hilfreich, jedem Schritt eine Emotion zuzuordnen, um zu erkennen, wie sich der Kunde gerade fühlt.*

Sie empfehlen außerdem, nach Momenten zu suchen, die »die Emotionen der Kunden entzünden« – mit anderen Worten: Momente der Wahrheit. Sie behaupten, dass Lösungen, die diese Momente adressieren, mit größerer Wahrscheinlichkeit monetarisierbar seien: Menschen wären im Allgemeinen bereit, für Dienste zu zahlen, die kritische Bedürfnisse erfüllen. In diesem Sinne bieten Momente der Wahrheit besondere Chancen für ein Unternehmen.

Indem Sie sich auf diese Momente fokussieren, richten Sie die Energie automatisch auf die entscheidenden Erfahrungen. Die von Kunden wahrgenommene Kohärenz Ihres Angebots wird davon bestimmt, wie Sie mit Momenten der Wahrheit umgehen. Diagramme zeigen diese wesentlichen Punkte im Zeitverlauf und ermöglichen Unternehmen, eine kohärentere Erfahrung zu gestalten und die Volatilität der Übergänge zu reduzieren.

Zusammenfassung

Historisch betrachtet, hat Visualisierung den Menschen geholfen, sich die Welt zu erklären. Nehmen Sie John Snows Karte der Cholerafälle in London im Jahr 1854: Er konnte die Ursache eines Ausbruchs entdecken, indem er verschiedene Informationen in einer Karte zusammenfasste. Das Visualisieren von Erfahrungen kann einen ähnlichen Effekt haben.

Aber anders als physische Räume sind Erfahrungen frustrierend ungreifbar und divers. Als Ersteller einer Map ist es Ihre Aufgabe, das Diagramm und die Erfahrungen, die Sie abbilden werden, auszuwählen und zu gestalten. Dazu gehören Entscheidungen über die Perspektive, den Umfang und Fokus sowie die Struktur und Verwendung. In Kapitel 5 werden wir auf den Auswahlprozess genauer eingehen.

Touchpoints sind die Mittel, über die Interaktionen zwischen Einzelpersonen und einem Unternehmen stattfinden können. Damit sind typischerweise Interaktionen mit einer Anzeige, Anwendung oder Website oder persönliche Begegnungen oder Telefonate bei der Erbringung einer Dienstleistung gemeint.

Eine breitere Definition von Touchpoints umfasst jedoch den gesamten Kontext, in dem diese Interaktionen stattfinden. Eine Interaktion zwischen einem Individuum und einer Organisation findet zu einem bestimmten Zeitpunkt und innerhalb einer bestimmten Umgebung statt. Unternehmen, die Kohärenz über alle Berührungspunkte hinweg herstellen und koordinieren, haben enorme Vorteile: größere Kundenzufriedenheit, stärkere Loyalität und höhere Renditen.

Momente der Wahrheit sind entscheidende, emotional intensive Momente. Es sind die Momente, die eine Beziehung langfristig festigen oder zerstören. Indem man die Momente der Wahrheit identifiziert, lassen sich potenzielle Ansatzpunkte für Innovationen entdecken.

Aus der Sicht des Einzelnen ist Wert subjektiv und komplex. Es gibt viele Arten von Wert, um die es gehen kann: funktionalen, emotionalen, sozialen, erkenntnisbezogenen oder einen situationsabhängigen Wert. Premium Value geht über diese Typen hinaus und umfasst auch Aspekte der Bedeutung und Identität.

Weiterführende Literatur

Matt Sinclair, Leila Sheldrick, Mariale Moreno und Emma Dewberry: »Consumer Intervention Mapping-A Tool for Designing Future Product Strategies within Circular Product Service Systems«, *Sustainability* (Juni 2018)

> *Dieser Artikel stellt das Consumer Intervention Mapping als Technik zur Entwicklung von Strategien für die Kreislaufwirtschaft vor. Obwohl Stil und Format akademischer Natur sind, ist der Inhalt dennoch zugänglich und leicht verständlich. Die Autoren geben viele Beispiele und stellen zusätzliche Diagramme online zur Verfügung (siehe https://repository.lboro.ac.uk/articles/Consumer_Intervention_Map/4743577). Sie haben die Technik in mehreren Workshops validiert, deren Ergebnisse ebenfalls in diesem Artikel vorgestellt werden.*

Megan Grocki: »How to Create a Customer Journey Map«, *UX Mastery* (September 2014)

> *Dies ist ein kurzer, aber sehr informativer Artikel über den Gesamtprozess des Journey Mapping. Grocki gliedert es in neun Schritte. Der Artikel enthält ein kurzes Video, das den Ansatz sehr gut erklärt.*

Marc Stickdorn, Markus Edgar Hormess, Adam Lawrence und Jakob Schneider: *This is Service Design Doing* (O'Reilly, 2018)

> *Dieses gut lesbare Buch bietet auf über 500 Seiten detaillierte Informationen zu Methoden und Techniken des Service Design von anerkannten Experten auf diesem Gebiet. Das Buch wird durch 54 Methodenbeschreibungen ergänzt, darunter eine Reihe von Ideenfindungs- und Moderationstechniken, die Sie unter der Adresse https://www.thisisservicedesigndoing.com/methods finden. Siehe auch den Vorläufer zu diesem Buch, »This is Service Design Thinking« (BIS Publishers, 2012), von Marc Stickdorn und Jakob Schneider.*

Harvey Golub et al.: »Delivering Value to Customers«, *McKinsey Quarterly* (Juni 2000)

> *Eine exzellente Zusammenfassung von Artikeln aus den letzten drei Jahrzehnten über die Generierung und die Bereitstellung von Wert für Kunden. Es hebt besonders die Arbeit von McKinsey-Mitarbeitern hervor mit Verweisen auf deren vollständige Artikel zu diesem Thema.*

FALLSTUDIE

Consumer Intervention Mapping – Strategien für die Kreislaufwirtschaft entwerfen

von Matt Sinclair

Beim Circular Design wird der Blick bei der Konzeption und Erstellung von Produkten und Dienstleistungen über deren singuläre Lebenszyklen für einzelne Nutzer hinaus gerichtet, um stattdessen Produkte als Einheiten innerhalb von Systemen zu betrachten, in denen es für die Produkte und Services mehrere Nutzer und Nutzungen geben kann.

Die Idee zum Consumer Intervention Mapping – einem Mapping von Verbraucherinterventionen – entstand, als unser Forschungsteam an einem Projekt des *Engineering and Physical Sciences Research Council* (EPSRC) beteiligt war. Dabei wurde untersucht, wie zirkuläres Design und verteilte Fertigung integriert werden können – wobei verteilte Fertigung eine Art der Fertigung meint, die entstehen kann, wenn die Produktionsmittel kleiner, günstiger und lokaler vorgehalten werden (3-D-Drucker sind wahrscheinlich das bekannteste Beispiel dafür).

Uns wurde klar, dass die meisten strategischen Visionen einer Kreislaufwirtschaft den Verbraucher als an allem – außer dem Konsum – ziemlich desinteressiert betrachten. Aber es gibt auch eine ganz andere Vorstellung eines Verbrauchers – nämlich als jemanden, der, wenngleich in relativ bescheidenem Maße, am Entwurf, an der Herstellung, der Reparatur und am Wiederverkauf von Produkten, deren Lebenszyklen nicht denen der konventionell konzipierten Konsumgüter entsprechen, interessiert und beteiligt ist.

Touchpoint-Diagramme im kommerziellen Umfeld konzentrieren sich typischerweise nur auf Erfahrungen, die innerhalb der Wertschöpfungskette stattfinden, die ein Unternehmen beeinflussen kann. Verbraucherinterventionen, die nach dem Kauf stattfinden, wie Modifikationen des Produkts, Reparaturen, das Verleihen oder der Wiederverkauf finden oft wenig Beachtung, weil Unternehmen sie nicht monetarisieren können. Wir haben festgestellt, dass es eine ganze Bandbreite von Aktivitäten von Menschen gibt, die sich für die Ideen der Kreislaufwirtschaft interessieren, die aber nie auf den Touchpoint-Diagrammen der Unternehmen auftauchen.

Mit den Consumer Intervention Maps haben wir versucht, diese Aktivitäten zu erfassen – zum einen, weil wir sie an sich interessant fanden, zum anderen aber auch, weil wir der Meinung waren, dass wir dadurch vielleicht Unternehmen zum Nachdenken darüber anregen, wie diese Aktivitäten im Designprozess berücksichtigt werden können. Abbildung 2-9 zeigt den zugrunde liegenden Rahmen für das Consumer Intervention Mapping.

Der Aufbau der Map folgt einem konventionellen Marken-Touchpoint-Rad, bei dem die Touchpoints auf der obersten Ebene als Pre-Purchase-, Purchase- oder Post-Purchase-Erfahrungen vor, beim und nach dem Kauf definiert sind. Diese sind in insgesamt sechs weitere Kategorien unterteilt, einschließlich der Entwicklung neuer Produkte (ein Bereich, in den Unternehmen nur selten Verbraucher

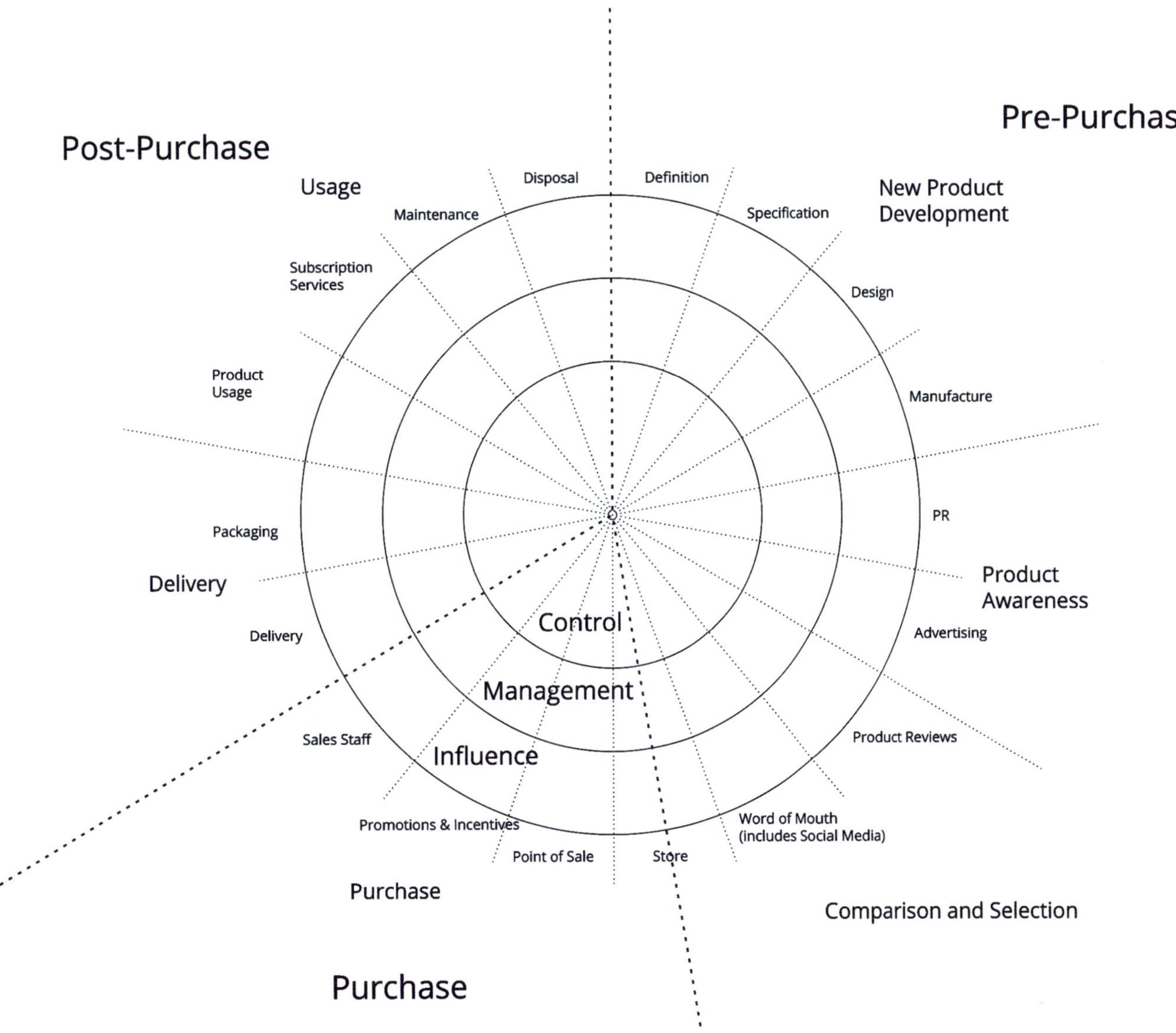

ABBILDUNG 2-9. Der Raum der Consumer Interventions visualisiert das umfassendere Ökosystem des Circular Design.

einbinden), und dann in weitere 18 Subkategorien, einschließlich *Maintenance* (Wartung) und *Disposal* (Entsorgung) – wiederum Bereiche, die in Touchpoint-Diagrammen häufig ausgelassen werden.

Eine weitere Verfeinerung besteht darin, konzentrische Ringe hinzuzufügen, die den Grad der Kontrolle angeben, den ein Unternehmen ausübt, wenn ein Verbraucher in den Lebenszyklus des Produkts eingreift (zum Beispiel besitzt ein Unternehmen viel mehr Kontrolle, wenn ein Verbraucher einen autorisierten Händler für eine Reparatur nutzt, anstatt ein Graumarktersatzteil zu kaufen und ein Produkt selbst zu reparieren).

Die Touchpoints der Map beziehen sich jeweils auf Ereignisse, bei denen ein Stakeholder aktiv und absichtlich in das beabsichtigte Customer-Journey-Modell eines Produkts eingreift. Passive Touchpoints, die kein Eingreifen des Konsumenten erfordern, sind ausgeschlossen (z. B. das Betrachten einer Anzeige). Die Zuordnung der Touchpoints zu verschiedenen Phasen wird in Abbildung 2-10 durch verschiedene Farben gekennzeichnet: Herstellung (Orange), Kommunikation (Pink), Bereitstellung (Blau) und Nutzung (Grün). Je heller die Farbe eines Punkts ist, desto stärker kann ein Verbraucher an diesem Touchpoint selbst eingreifen bzw. sich einbringen.

In der Definitionsphase der Entwicklung eines neuen Produkts beginnend, verbindet eine Linie die Touchpoints, um dem Lebenszyklus eines Produkts von »vor dem Kauf« bis »nach dem Kauf« zu folgen. Abbildung 2-10 zeigt den beispielhaften Produktlebenszyklus eines imaginären, massengefertigten Produkts, bei dem im Zuge der Entsorgung Materialien für die Wiederaufbereitung (Remanufacturing) entnommen werden.

Das Diagramm enthält Touchpoints, die wir der vorhandenen Literatur sowie drei Workshops mit Experten aus Industrie und Wissenschaft entnommen haben, von denen einer am Institute of Mechanical Engineers in London und einer auf der Konferenz »Product Lifetimes and the Environment« in Delft stattfand. In den Workshops konnten Teilnehmer Touchpoints hinterfragen und neu positionieren sowie neue Punkte hinzufügen, die zuvor noch nicht identifiziert worden waren. Auf diese Weise wurde das resultierende Diagramm (Abbildung 2-11) validiert und verbessert.

Darüber hinaus führten wir Übungen durch, in denen die Teilnehmer aufgefordert wurden, sich Szenarien für Produkt-Service-Systeme innerhalb zukünftiger Kreislaufwirtschaften vorzustellen und diese mithilfe der Consumer Intervention Map zu visualisieren.

Der Nutzen dieses Werkzeugs zeigte sich überwiegend in den Diskussionen, die sich daraus ergaben, und in der Art und Weise, wie alternative Visionen von Produktstrategien und Geschäftsmodellen entstanden. Die Rückmeldungen einer Reihe von Teilnehmern lauteten, dass sie es als erfrischend empfanden, ihren Blick auf Möglichkeiten statt auf Zwänge oder Einschränkungen zu richten, und dass die Fokussierung auf die Benutzer eine Perspektive bot, die viele vorher nicht in Betracht gezogen hatten. Im Zuge der Weiterentwicklung dieses Tools möchten wir solche Kooperationen fortsetzen.

Wenn Sie die in dieser Fallstudie erwähnten Materialien verwenden möchten, finden Sie sie online in den Institutional Repositories:

- Consumer Intervention Map: *https://doi.org/10.17028/rd.lboro.4743577*
- Workshop-Materialien und Interaktionskarten: *https://doi.org/10.6084/m9.figshare.4749727*

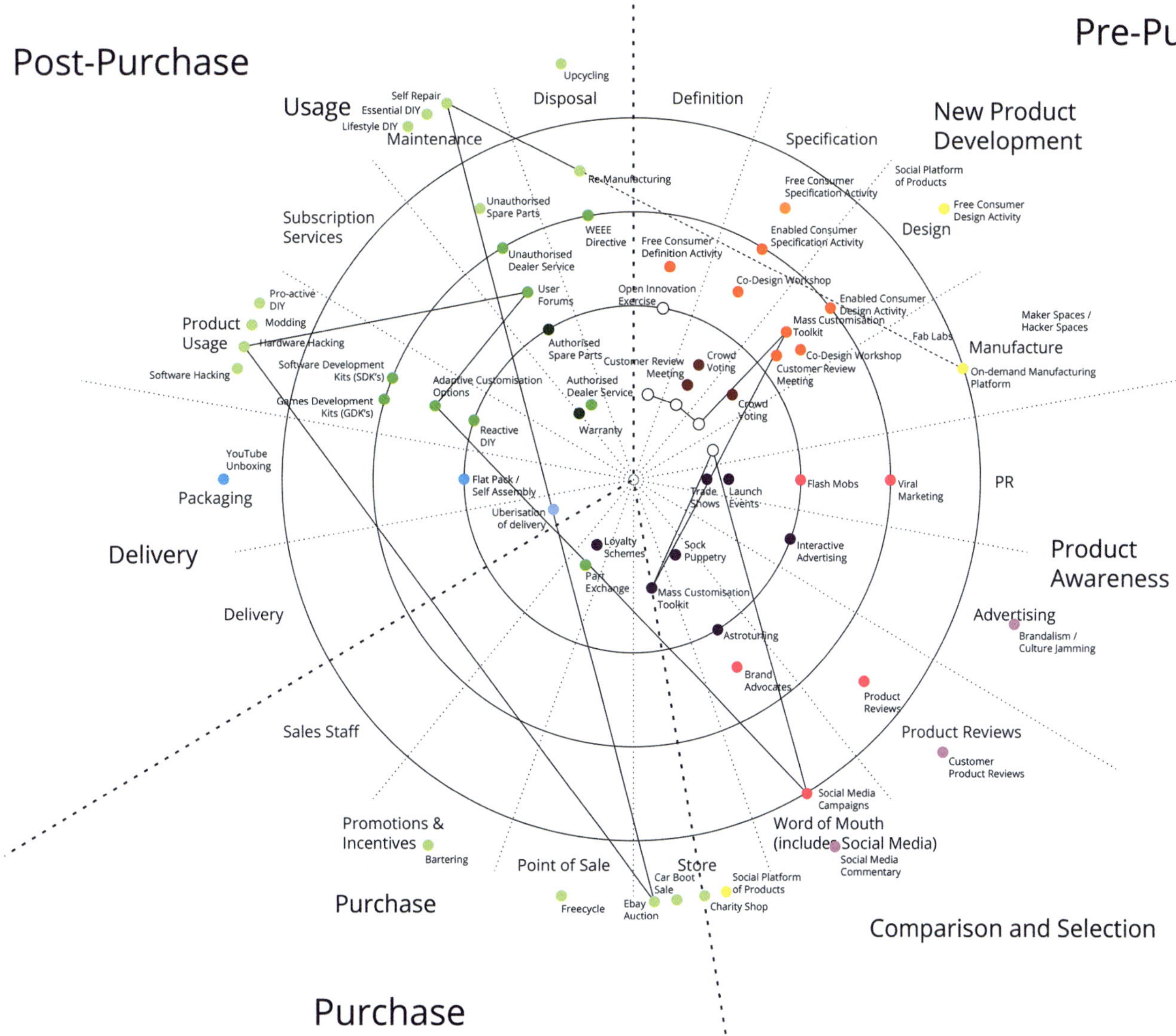

ABBILDUNG 2-10. Die vollständig bestückte Consumer Intervention Map zeigt Zusammenhänge auf, die auf neue Möglichkeiten des Kreislaufdesigns hinweisen.

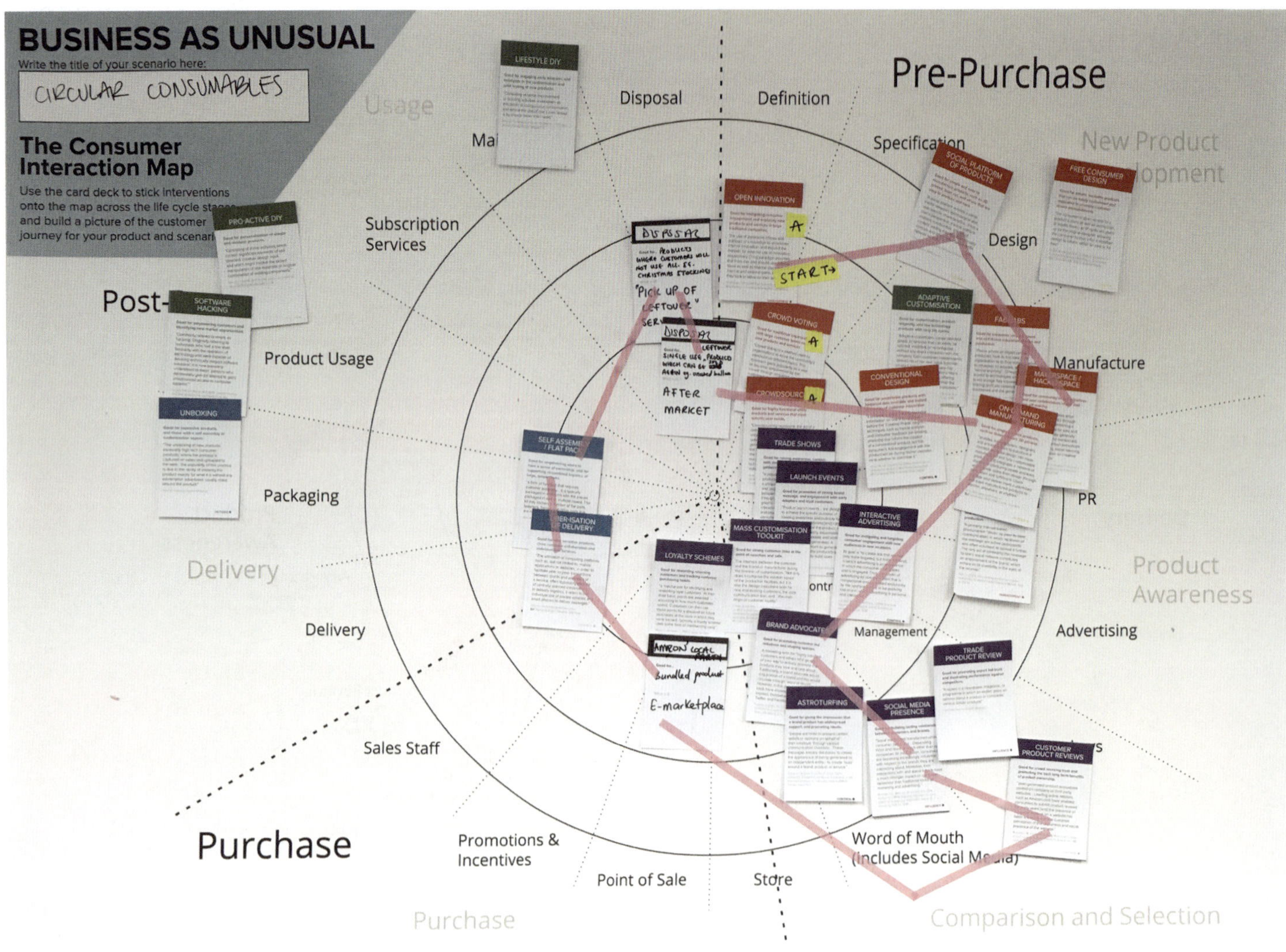

ABBILDUNG 2-11. Eine Gruppe von Workshop-Teilnehmern beschäftigte sich mit einer Map eines zukünftigen Produkt-Service-Systems.

Erfahren Sie mehr über Circular Design

- Royal Society of Arts: »The Great Recovery Report« (2013), *https://www.thersa.org/discover/publications-and-articles/reports/the-great-recovery*
- Ellen MacArthur Foundation und IDEO: *The Circular Design Guide* (2017), *https://www.circulardesignguide.com*
- Kersty Hobson und Nicholas Lynch: »Diversifying and De-Growing the Circular Economy: Radical Social Transformation in a Resource-Scarce World«, *Futures* (September 2016), *https://doi.org/10.1016/j.futures.2016.05.012*

Über den Autor des Beitrags

Dr. Matt Sinclair ist Programmdirektor für Industriedesign an der Loughborough School of Design and Creative Arts, UK. Er forscht im Bereich der Responsible Design Futures und nutzt Methoden aus dem User Experience Design, um Anwender, Verbraucherinnen, Bürger und Menschen in den Mittelpunkt von Veränderungsbewegungen zu stellen. Mehr über seine Arbeit finden Sie unter *no-retro.com*.

Diagramm- und Bildnachweis

Abbildung 2-2: Harry Becks Karte der Londoner U-Bahn, lizenziert von TfL aus der Sammlung des Londoner Verkehrsmuseums

Abbildung 2-4: Auszug aus der Experience Map von Gene Smith und Trevor van Gorp (siehe vollständige Map in Kapitel 12), mit freundlicher Genehmigung

Abbildung 2-7: Bild von Booking.com aus Andre Manning, »The Booking Truth: Delighting Guests Takes More Than a Well-Priced Bed«, mit freundlicher Genehmigung

Abbildung 2-8: 360°-Touchpoint-Matrix, erstellt von Accelerom AG (*accelerom.de*), einem internationalen Beratungs- und Forschungsunternehmen mit Sitz in Zürich, mit freundlicher Genehmigung. Accelerom verbindet seit über einem Jahrzehnt Managementpraxis, medienübergreifende Marketingforschung und modernste Analyse- und Visualisierungstechnologien. Weitere Informationen finden Sie unter *http://bit.ly/1WM1QyU*.

Abbildungen 2-9 und 2-10: Consumer Intervention Maps von Matt Sinclair, Leila Sheldrick, Mariale Moreno und Emma Dewberry, mit freundlicher Genehmigung

Abbildung 2-11: Foto von Matt Sinclair, mit freundlicher Genehmigung

»Kultur verspeist Strategie zum Frühstück.«

– Peter Drucker

IN DIESEM KAPITEL

- Mitarbeitererfahrung und ihre Bedeutung
- Mapping der Mitarbeitererfahrung
- Alignment von Kunden- und Mitarbeitererfahrung
- Organisationsdesign und Kundenerfahrung
- Journey-Management
- Fallstudie: Alignment von CX und EX zur Strategieentwicklung

KAPITEL 3

Mitarbeitererfahrung: unternehmensinterne Ausrichtung

Direkt um die Ecke von meinem früheren Zuhause in Hamburg gab es einen Feinkostladen, der besonders gutes Fleisch und weitere Spezialitäten anbot. Ich habe immer mal wieder vorbeigeschaut, um Produkte zu bekommen, die sonst nur schwer zu finden waren. Aber die Bedienung war oft unhöflich und schroff. Manchmal machte mich der Umgang mit den Angestellten richtiggehend nervös, da diese vielleicht genervt reagieren könnten, wenn ich zum Beispiel nach den verschiedenen Salamisorten fragte – als ob ich alle Feinheiten ihres Angebots bereits von vornherein hätte kennen müssen.

Meine Frau arbeitete in der Gegend und kannte viele der Geschäfte in der Nachbarschaft. Als ich ihr von dem ruppigen Service erzählte, den ich dort erlebte, meinte sie sofort: »Kein Wunder, die Besitzer sind genauso. Es sind schwierige Menschen, mit denen nicht leicht umzugehen ist.« Und natürlich gab es eine hohe Mitarbeiterfluktuation.

Die internen Zustände in einem Unternehmen und die Kundenerfahrungen, die sie liefern, gleichen sich tatsächlich häufig. Wenn Mitarbeiter intern schlecht behandelt werden, wie kann man dann von ihnen erwarten, dass sie den Kunden einen guten Service bieten? Wenn das Management ein schlechtes Beispiel für den Umgang mit Kunden gibt, warum sollten die Mitarbeiter dann anders handeln?

Melvin Conway, ein Computerprogrammierer, beobachtete, dass die Lösungen, die Organisationen produzieren, ihre eigenen Kommunikationsstrukturen widerspiegeln. Bezeichnet als »Conways Gesetz«, unterstreicht seine Beobachtung die Macht des Organisationsdesigns: Wie ein Unternehmen arbeitet, ist genauso wichtig wie das, was es produziert.

Auch wenn hervorragende Kundenerfahrungen entstehen, indem Informationen von außen prägend nach innen (outside-in) wirken, werden sie doch intern horizontal (inside-across) erzeugt bzw. vorbereitet. Es ist ein zweistufiger Prozess, wie in Abbildung 3-1 dargestellt. Zum einen muss ein Unternehmen tief mit den Menschen verbunden sein, denen es dient. Daneben müssen die Teams aber auch aufeinander und nicht nur auf die ideale Kundenerfahrung ausgerichtet sein.

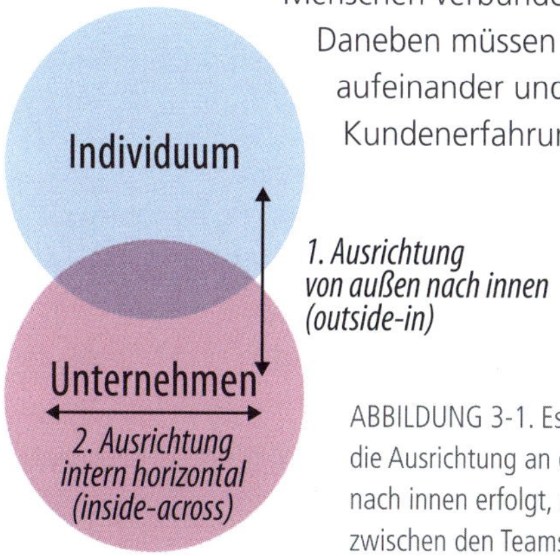

ABBILDUNG 3-1. Es gibt zwei Arten der Ausrichtung: die Ausrichtung an der Erfahrung, die von außen nach innen erfolgt, und die interne Ausrichtung zwischen den Teams, die die Erfahrung gestalten.

In diesem Kapitel wird das Konzept der internen Ausrichtung anhand der Mitarbeitererfahrung diskutiert. Nicht nur die *Customer Experience* (CX) wird immer wichtiger für das Unternehmenswachstum, auch die *Employee Experience* (EX) entscheidet zunehmend mit über Erfolg und Misserfolg. Anders ausgedrückt: Der Weg zu mehr Orientierung am Kunden führt über eine stärkere Orientierung an den Mitarbeitern, wozu wiederum eine gute Mitarbeitererfahrung gehört. Die beiden – CX und EX – sind untrennbar miteinander verbunden. Mapping verstärkt die Ausrichtung entlang beider Dimensionen und hilft, diese bewusst zu koordinieren.

Mitarbeitererfahrung

EX ist ein relativ neuer Bereich, der über ein reibungsloses Onboarding, die angemessene Einrichtung des Arbeitsplatzes und kostenlose Vergünstigungen hinausgeht. Es geht um mehr als um Mitarbeiterzufriedenheit und Mitarbeiterengagement.

Stattdessen berücksichtigt EX die Summe der Erfahrungen – Gedanken, Handlungen und Gefühle –, die Mitarbeiter im Laufe der Zeit mit einem Unternehmen machen. Es geht darum, inwiefern sie die Vision und Strategie des Unternehmens verstehen und verinnerlichen, sowie um ihr Verhalten bei der Umsetzung der Unternehmensmission.

Es gibt Überschneidungen zwischen Employee Experience und bestehenden Funktionsbereichen innerhalb von Unternehmen, wie Human Resources oder People Operations. In vielerlei Hinsicht ist EX eine Erweiterung dieser bestehenden Bereiche und stellt einen modernen Weg dar, Mitarbeiterinnen und Mitarbeiter unter dem Gesichtspunkt ihrer Gesamterfahrung im Unternehmen zu betrachten. Der Ansatz ist aber umfassender als im klassischen Personalmanagement.

Es gibt Berührungspunkte zwischen EX und dem Konzept der Unternehmenskultur, aber auch wichtige Unterschiede. Kultur ist die Gesamtheit der stillschweigenden Überzeugungen und Philosophien einer Gruppe von Menschen und ihrer kollektiven Annahmen über den Aufbau der Welt. Mitarbeitererfahrung ist gelebte Unternehmenskultur im Laufe der Zeit.

Letztlich ist EX eine ausdrückliche Anerkennung, dass Mitarbeiter die potenzielle Freiheit haben, den Arbeitsplatz zu wechseln. Während in der Realität viele Menschen an eine Stelle gebunden sind und ein Unternehmen nicht einfach verlassen können, geht man hinsichtlich der Mitarbeitererfahrung davon aus, dass es eine freie Wahl gibt. Mit anderen Worten: Es reicht nicht aus, dass die Belegschaft gerne für ein Unternehmen arbeitet (d. h. für Gehalt und Sozialleistungen). Stattdessen erzeugt eine aufgeklärte Organisation auch ein Gefühl von Zugehörigkeit, damit sich die Mitarbeiter der Unternehmensmission aus freien Stücken anschließen *wollen*. Bei EX geht es um die Sinnhaftigkeit einer Beschäftigung: Sinn kann ein ebenso starker Grund sein zu arbeiten wie Geld allein (oder sogar ein noch stärkerer).

Daraus ergibt sich ein umfangreicher Satz von Faktoren, die zur Mitarbeitererfahrung beitragen, darunter folgende:

- physische und digitale Räume, inklusive nutzbarer Werkzeuge und Ausrüstung
- interne Systeme, deren Fähigkeiten und Support dafür
- Flexibilität, Autonomie und Transparenz
- sich wertgeschätzt und handlungsfähig zu fühlen
- Coaching und Mentoring
- persönliche und berufliche Entwicklung
- Teamarbeit und soziale Aspekte der Arbeit
- Workflow und Prozesse

- Begeisterung für die Marke
- Vielfalt und Inklusion
- Gesundheit und körperliches Wohlbefinden
- emotionales und psychisches Wohlbefinden

Von Unternehmen zu Unternehmen gibt es dabei Unterschiede. Je nach Perspektive können unterschiedliche Bereiche betont werden und für eine Organisation besonders wichtig sein. Ein Start-up mag zum Beispiel mehr Wert auf Begeisterung für die eigene Marke und den Workflow legen als ein großes Unternehmen, das sich vielleicht stärker auf Coaching und Karriereentwicklung konzentriert.

Jacob Morgan, der Autor von »The Employee Experience Advantage«, bietet einen praktischen Weg, EX als Ganzes zu begreifen. Er unterteilt die wichtigsten Aspekte der Mitarbeitererfahrung in drei Kategorien:

Kulturelles Umfeld

Dieser Bereich liefert den größten und vielleicht wichtigsten Beitrag zur Mitarbeitererfahrung. Hier spielt eine Reihe von Faktoren eine Rolle: Sinnhaftigkeit, der wahrgenommene Wert der Belegschaft im Unternehmen, Vielfalt und Integration, faire Behandlung, Wachstum und Mentoring, Wohlbefinden und mehr.

Technisches Umfeld

Die Software und die Hardware, die die Mitarbeiter nutzen, bilden die technische Umgebung. Verfügbarkeit und Funktionalitäten auf einem Niveau, an das man als Verbraucher gewöhnt ist, sind Schlüsselfaktoren für eine hervorragende Mitarbeitererfahrung und ebenso der Ab- und Ausgleich von Mitarbeiterbedürfnissen und Geschäftsanforderungen.

Physisches Umfeld

Dieser Bereich bezieht sich auf die Orte, an denen die Mitarbeiter tatsächlich arbeiten, ob im Büro oder der Werkhalle, an entfernten Standorten oder zu Hause. Flexibilität und vielfältige Arbeitsplatzoptionen sind Schlüsselfaktoren, wenn es um die physische Arbeitsumgebung geht. Morgan weist darauf hin, dass der Wunsch, Freunde mit zur Arbeit zu bringen, ein Zeichen für ein gutes physisches Umfeld ist.

Mitarbeitererfahrung ist gelebte Unternehmenskultur im Laufe der Zeit.

Bei der Vielschichtigkeit von EX müssen immer mehrere Merkmale gleichzeitig berücksichtigt werden. Entscheidend ist, dass EX nicht nur ein »Nice-to-have«, sondern eine unverzichtbare Voraussetzung für Wachstum ist. Durch intensive Forschung konnte Morgan zeigen, dass Unternehmen, die am meisten in EX investiert haben ...

- ... mit elfmal größerer Wahrscheinlichkeit in der Glassdoor-Liste »Best Places to Work« erscheinen.
- ... mit mehr als viermal größerer Wahrscheinlichkeit in der LinkedIn-Liste der »Most InDemand Employers« Nordamerikas aufgeführt werden.
- ... 28-mal häufiger unter den »Most Innovative Companies« von *Fast Company* gelistet werden.
- ... von *Forbes* doppelt so oft als eine der »World's Most Innovative Companies« aufgeführt werden.
- ... doppelt so häufig im amerikanischen Kundenzufriedenheitsindex (*American Customer Satisfaction Index*) auftauchen.

Darüber hinaus stellte Morgan fest, dass »erfahrungsorientierte Unternehmen einen mehr als viermal so hohen durchschnittlichen Gewinn und einen mehr als zweimal so hohen durchschnittlichen Umsatz aufweisen. Außerdem waren sie um fast 25 Prozent kleiner, was auf eine höhere Produktivität und Innovation schließen lässt.«

Diese Botschaft ist nicht unbedingt neu. Bereits 1998 zeigten Joseph Pine II und James Gilmore, dass wir in eine neue Ära eingetreten sind, die sie als »Erfahrungswirtschaft« bezeichneten.[1] Es beginnt ein Zeitalter vernetzter Unternehmen, in dem die traditionellen Hierarchien durch selbstorganisierende Systeme ersetzt werden, die auf digitalen Plattformen zusammenarbeiten.

Unterm Strich ist die *Arbeitsweise* eines Unternehmens genauso wichtig wie das, *was* es produziert. Das umfasst alles von der Mitarbeitergewinnung über interne Organisation und Kollaboration bis hin zur Unternehmenskultur. Bei so vielen Faktoren, die zu berücksichtigen sind, wird das Konzept der Erfahrung zur verbindenden Kraft. Mit anderen Worten: Wer die Kundenerfahrung betrachtet, ohne die Mitarbeitererfahrung zu berücksichtigen, übersieht eine Seite der Gleichung.

Mapping der Mitarbeitererfahrung

Unternehmen, denen die Mitarbeitererfahrung wichtig ist, wollen sie nicht nur beobachten und darüber berichten, sondern auch aktiv gestalten. Wie bei allen Erfahrungen können wir die Employee Experience ebenfalls als eine Abfolge von Interaktionen abbilden, die sich im Laufe der Zeit entfalten. Somit ist ein EX-Diagramm ein wichtiger erster Schritt, um einen Dialog mit einem umsetzbaren Ergebnis zu ermöglichen.

Der Prozess zur Erstellung einer Map der Mitarbeitererfahrung entspricht demjenigen von Maps der Kundenerfahrung. Wir können alles, was wir über die Darstellung von Kunden- und allgemein menschlichen Erfahrungen wissen, ebenfalls anwenden, um die gesamte Mitarbeitererfahrung zu verstehen.

Sobald Sie festgelegt haben, wer dem Team angehört, das den Mapping-Prozess durchführen wird, müssen Sie die Perspektive, den Umfang und den Fokus festlegen. Entscheiden Sie, welche Mitarbeitererfahrung abgebildet werden soll. Nicht jeder wird die gleichen Erfahrungen machen – Erfahrungen der Geschäftsleitung werden sich beispielsweise von der anderer Mitarbeiter unterscheiden. Definieren Sie zunächst den Blickwinkel, der für das zu lösende Problem am wichtigsten ist.

Aber allein schon bei der Frage, wessen Erfahrungen abgebildet werden sollen, kann es schnell kompliziert werden. Zum Beispiel könnten Sie freiberufliche Mitarbeiter ebenfalls berücksichtigen und überlegen, welche Rolle sie in Bezug auf die Mitarbeitererfahrung spielen. Auch wenn es verlockend erscheinen mag, externe Auftragnehmer bei so einer Map auszuklammern, beeinflussen sie doch die Erfahrung der Vollzeitmitarbeiter. Und da die Gig-Economy an Fahrt aufnimmt und Unternehmen zunehmend bereit sind, Freelancer zu Skalierungszwecken einzusetzen, bekommt deren Alignment mit dem Unternehmen ebenfalls entscheidende Bedeutung.

Nachdem Sie festgelegt haben, wessen Erfahrung Sie abbilden möchten, legen Sie deren Umfang fest. Abbildung 3-2 zeigt als Beispiel für eine Mitarbeitererfahrung eine Map, die von UXPressia, dem Anbieter eines Online-Mapping-Tools, bereitgestellt wurde. In Form und Format ist sie nahezu identisch mit einer Customer Journey Map.

1 B. Joseph Pine II und James H. Gilmore, »Welcome to the Experience Economy«, *Harvard Business Review* (Juli/August 1998).

Der Umfang des Diagramms ist hier breit gewählt – von der Rekrutierung bis zur Karriereentwicklung. Mit dieser Übersicht kann ein Unternehmen diejenigen Aspekte der gesamten Mitarbeitererfahrung priorisieren, die zuerst verbessert werden sollen. So kann beispielsweise die Behebung von Problemen während der Einstellungsphase Einfluss auf spätere Phasen haben. Aus diesem Diagramm geht auch hervor, dass das Onboarding im Vergleich zu anderen Phasen eine Schwachstelle darstellt.

Man kann darüber hinaus tiefer in die Erfahrung »hineinzoomen« und einen einzelnen Abschnitt abbilden, beispielsweise nur den Zeitraum vom Beginn der Stellensuche bis zum Abschluss der Probezeit. Sie können jeden beliebigen Punkt der gesamten Journey genauer unter die Lupe nehmen und die Erfahrung detaillierter abbilden. Achten Sie auf die passende Granularität und den geeigneten Umfang, um die wichtigsten Fragestellungen Ihres Teams zu beantworten.

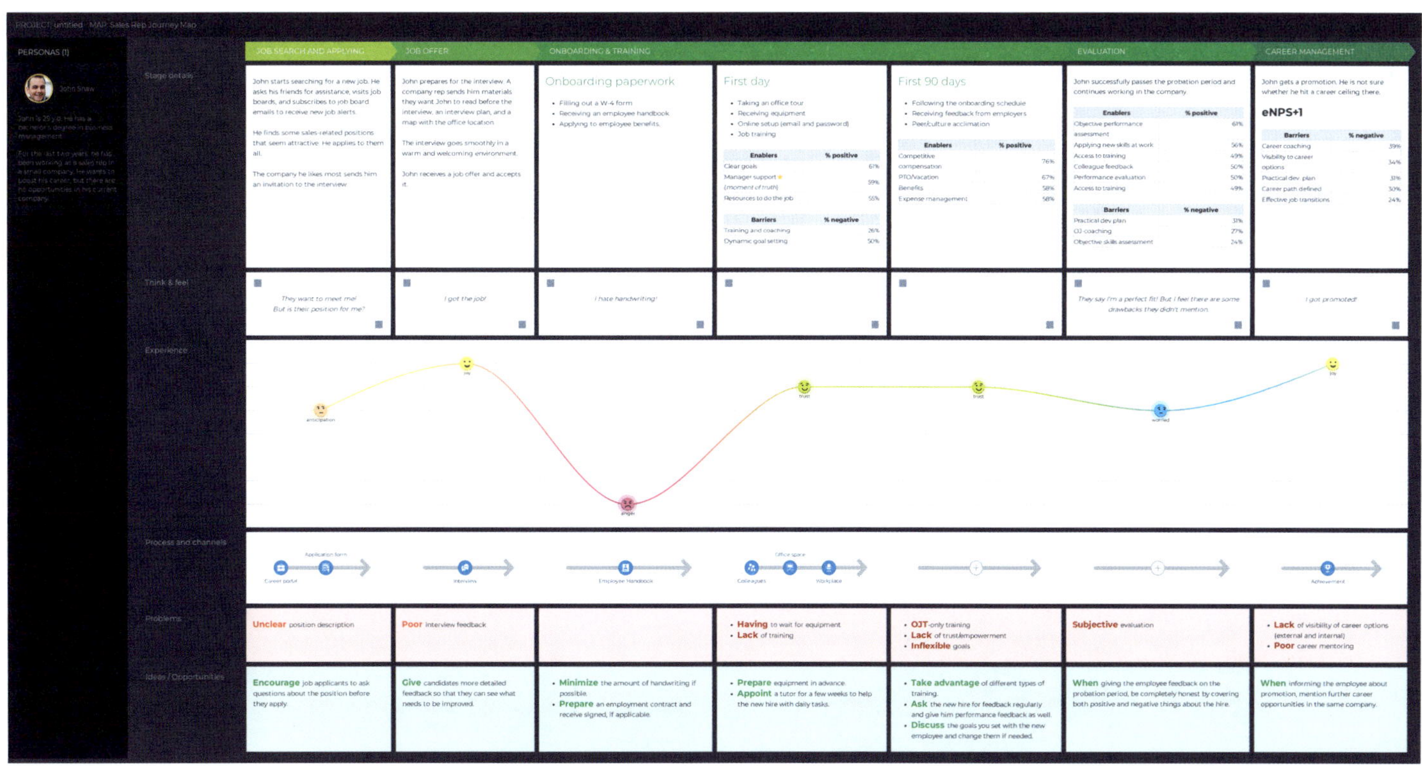

ABBILDUNG 3-2. Eine Map einer vollständigen Erfahrung zeigt eine breite Abfolge von Touchpoints zwischen Mitarbeitern und Unternehmen – von der Stellensuche bis zum Karrieremanagement.

Chris McGrath hat zum Beispiel für seine Beratungsfirma für digitale Transformation, Tangowork, eine »Day-in-the-life«-Map eines Mitarbeiters erstellt. Das obere Drittel des Diagramms in Abbildung 3-3 zeigt den Tagesablauf des Mitarbeiters an einem einzelnen Arbeitstag. Der mittlere Bereich enthält eine Einschätzung der typischen Gedanken sowie der emotionalen Hochs und Tiefs. In den farbigen Kästchen ganz unten werden konkrete Taktiken beschrieben, um die Pain Points des Mitarbeiters zu adressieren.

Auch wenn eine solche Betrachtung des Tagesablaufs vielleicht nur zu lokalen, taktischen Lösungen führt, wird Mapping auf dieser Ebene dabei helfen, die Mitarbeitererfahrung erfüllender zu gestalten. Solche detaillierten Ansichten können sich zu einem Bild der Gesamterfahrung der Mitarbeiter zusammenfügen.

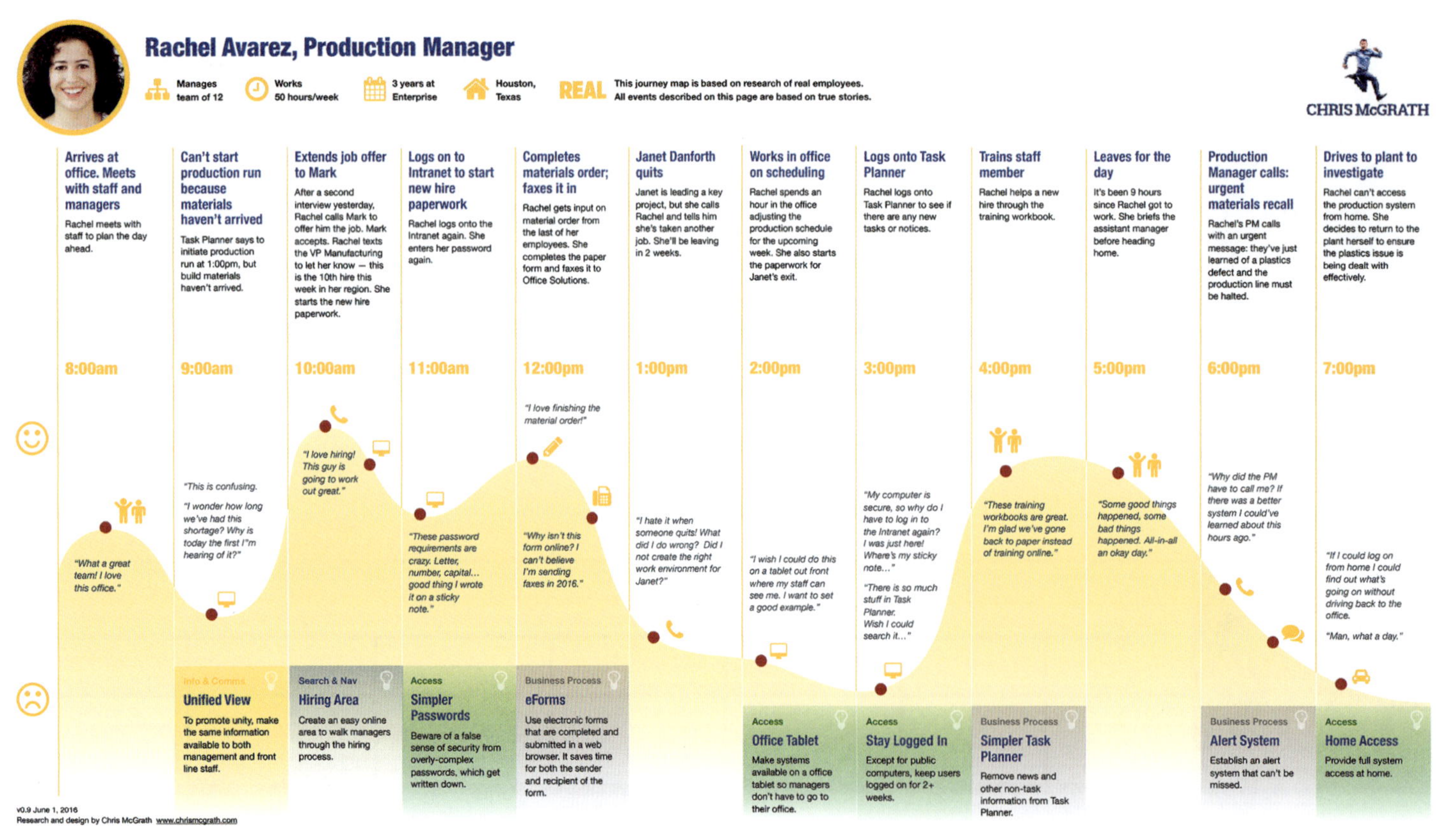

ABBILDUNG 3-3. Eine Map kann ein Day-in-the-life-Format zur Darstellung eines Tagesablaufs verwenden, anstatt eine Customer Journey Map zu imitieren.

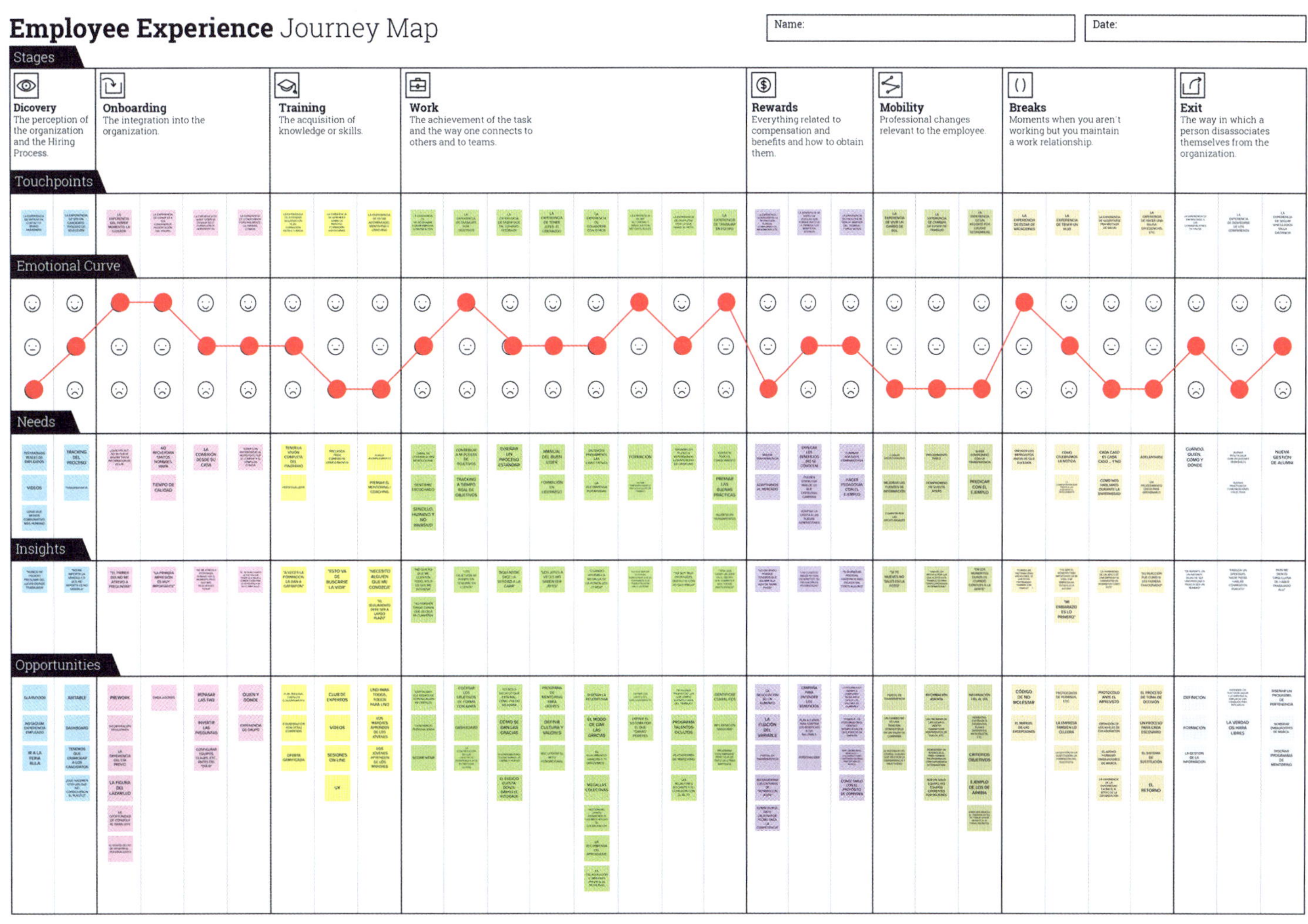

ABBILDUNG 3-4. Mithilfe einer EX-Vorlage sind die Berater von XPLANE in der Lage, unterschiedliche Mitarbeitererfahrungen im gleichen Format konsistent abzubilden.

Oder betrachten Sie den Ansatz, der in Abbildung 3-4 dargestellt ist und von Rafa Vivas stammt, Creative Director bei XPLANE, einer führenden Unternehmensberatung, die auf der Basis visuellen Denkens und Designs arbeitet. Diese Vorlage einer Employee Experience Journey Map zur Darstellung einer Mitarbeitererfahrung orientiert sich an den üblichen Phasen einer Beschäftigung – von der Entdeckung der Firma (*Discovery*) und dem Onboarding bis zur eigentlichen Arbeit (*Work*), den Belohnungen (*Rewards*) und schließlich dem Verlassen des Unternehmens (*Exit*). In den folgenden Zeilen werden zuerst die Berührungspunkte (*Touchpoints*) gezeigt, die sie mit Kollegen, Werkzeugen und Systemen haben. Danach folgen als weitere Kategorien ein geschätzter Verlauf des emotionalen Zustands (*Emotional Curve*), Bedürfnisse (*Needs*), Erkenntnisse (*Insights*) sowie Möglichkeiten (*Opportunities*). Insgesamt zeigt dies eine Ausrichtung über mehrere Aspekte der Beschäftigung hinweg und weist auf umsetzbare Möglichkeiten für Verbesserungen hin.

Nachdem Sie die Eckpunkte des Mappings definiert haben, untersuchen Sie die Erfahrungen anhand von Daten vorhandener und potenzieller Mitarbeiter. Folgen Sie dazu den in Kapitel 6 beschriebenen Untersuchungsschritten. Visualisieren Sie die Erfahrung danach wie in Kapitel 7 beschrieben. Ziel ist dabei, eine Story zu erzählen, die die gewonnenen Erkenntnisse für andere klar und zugänglich wiedergibt.

Kunden- und Mitarbeitererfahrung aneinander ausrichten

Ich betrachte die Beziehung zwischen Kunden und Mitarbeitern gerne als ein einziges Ökosystem. *Auf welche Weise* Unternehmen ihren Kunden einen Mehrwert bieten, ist heutzutage genauso wichtig wie das Angebot selbst. Es ist entscheidend, Mitarbeiter als Endpunkte im Wertschöpfungsprozess zu betrachten: Ihre Erfahrung ist genauso wichtig wie die resultierende Kundenerfahrung.

Mitarbeiter »an der Front«, etwa im Vertrieb oder der Kundenbetreuung, haben direkten Kontakt zu Kunden. Aber auch die Mitarbeiter, die eher im Hintergrund agieren, wie Produktentwickler oder Personalverantwortliche, spielen eine wichtige Rolle: Entweder unterstützen sie die Personen, die die Schnittstelle zum Kunden bilden, oder sie interagieren mit den Kunden durch die

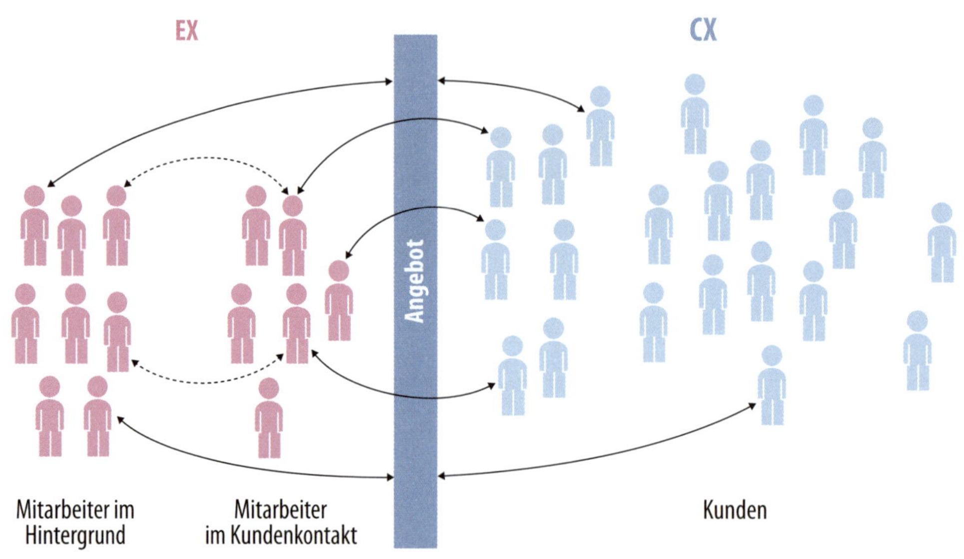

ABBILDUNG 3-5. Betrachten Sie CX und EX als ein gemeinsames Ökosystem mit Kunden und Mitarbeitern als gleichberechtigten Endpunkten, die direkt oder indirekt über ein Angebot miteinander kommunizieren.

Produkte und Angebote des Unternehmens. Alle Angehörige eines Unternehmens oder einer Organisation sind Teil der Gesamterfahrung.

Abbildung 3-5 zeigt modellhaft, wie Mitarbeiter- und Kundenerfahrung durch direkte und indirekte Beziehungen miteinander verbunden sind.

Unternehmen müssen sich unbedingt mit der Entwicklung der Infrastruktur beschäftigen, die die Erfahrung stützt und gestaltet, sowohl innerhalb als auch außerhalb des Unternehmens. Um für die Kunden zu brennen, muss man auch für die Mitarbeiter brennen.

Um für die Kunden zu brennen, muss man auch für die Mitarbeiter brennen.

Denise Lee Yohn, eine Expertin für Markenführung, erörtert die Bedeutung dieser Form der Ausrichtung. Sie weist darauf hin, dass bei dem Versuch, zu einem kundenzentrierten Unternehmen zu werden, die größte Herausforderung darin besteht, eine Struktur zu schaffen, die diese Kundenzentrierung tatsächlich ermöglicht. Lee Yohn betrachtet Customer Experience unter dem Gesichtspunkt der Markenführung und setzt die Employee Experience in Beziehung zur Unternehmenskultur. In ihrem Buch »Fusion« verwendet sie als Bild die Kernfusion und schreibt:

> *Wenn zwei Atomkerne verschmelzen, entsteht etwas völlig Neues. Auf die gleiche Weise können Sie große Kräfte entfesseln, wenn Sie die beiden Kerne Ihres Unternehmens miteinander verschmelzen: die Unternehmenskultur – die Art und Weise, wie sich die Menschen in Ihrer Firma verhalten, mitsamt den Einstellungen und Überzeugungen, durch die sie geprägt sind (»die Art und Weise, wie wir die Dinge hier tun«) – und Ihre Marke bzw. Markenidentität – wie also Ihr Unternehmen von Kunden und anderen Stakeholdern verstanden bzw. betrachtet wird.*

Ich verstehe die Kundenerfahrung als gelebte Marke und die Mitarbeitererfahrung als gelebte Unternehmenskultur. Mit anderen Worten: Wenn die Marke die Gesamtstellung eines Unternehmens in einem Markt repräsentiert, ist die Kundenerfahrung die Art und Weise, wie Menschen die Marke im Laufe der Zeit wahrnehmen, während sie mit dem Unternehmen interagieren. Genauso könnte man sagen, dass die Unternehmenskultur die Einstellungen und Überzeugungen innerhalb einer Firma umfasst, während die Mitarbeitererfahrung daraus entsteht, wie die Angestellten des Unternehmens diese Kultur im Laufe der Zeit während ihrer jeweiligen Arbeit erleben.

Viele Unternehmen haben explizit eine solche Verbindung zwischen CX und EX hergestellt, wie Lee Yohn sie empfiehlt. Die amerikanische Fluggesellschaft Southwest Airlines hat das zum Beispiel in einem Blogbeitrag zur Unternehmenskultur auf diese Weise deutlich gemacht: »Zufriedene Mitarbeiter = zufriedene Kunden = mehr Business/Profit = zufriedene Aktionäre! Wir sind davon überzeugt, dass, wenn wir unsere Mitarbeiter gut behandeln, sie auch unsere Kunden gut behandeln. Und das wiederum führt zu Umsatz- und Gewinnwachstum, sodass alle glücklich und zufrieden sind.«

Seema Jain, meine Kollegin bei MURAL, hat praktische Schritte unternommen, um Kunden- und Mitarbeitererfahrung in Einklang zu bringen. Sie bildet bei ihrem Ansatz einfach beide in einer gemeinsamen Übersicht ab, um ein visuelles Alignment zu erreichen.

Abbildung 3-6 zeigt eine grundlegende Vorlage für ihren Ansatz. Oben sehen Sie in Pink eine ganz typische Map einer Customer Journey. Darunter befindet sich in blaugrüner Farbe ein Bereich zur Abbildung der Mitarbeitererfahrung. Ziel ist es, die entscheidenden Elemente der Customer Experience (Handlungen, Einstellungen und Touchpoints) aufzuzählen und diese mit denjenigen Aspekten der Employee Experience abzugleichen, die die Kundenerfahrung beeinflussen (Prozesse, Teaminteraktionen, Systeme und Tools sowie die Einstellungen und Gefühle der Mitarbeiter).

In Workshops mit einer Reihe von Stakeholdern ist Seema Jain in der Lage, ein strategisches Gespräch darüber anzustoßen, wie die Arbeit der Mitarbeiter so ausgerichtet werden kann, dass die gewünschten Ergebnisse bei der Kundenerfahrung besser erreicht werden. Mehr über diesen Ansatz und ein vollständiges Beispiel für die Vorlage aus Abbildung 3-6 finden Sie in der Fallstudie am Ende des Kapitels.

Es ist keine leichte Aufgabe, eine ganzheitliche Mitarbeitererfahrung zu gestalten. Es erfordert einiges an Engagement und Durchhaltevermögen. Zu den wichtigsten Überlegungen gehört,

ABBILDUNG 3-6. Mithilfe von standardmäßigen Mapping-Techniken kann man CX und EX anhand einer einfachen Vorlage visuell abgleichen.

wie man mitfühlende Teams aufbaut, wie man Journeys über einen längeren Zeitraum hinweg steuert und wie man sich um Erfahrungen herum organisiert – diese Themen werden in den folgenden Abschnitten behandelt.

Mitfühlende Teams aufbauen

Empathie für Kunden ist ein Ausgangspunkt auf dem Weg zur Kundenzentrierung, reicht aber nicht aus. Das ganze System der Wertschöpfung muss Mitgefühl ermöglichen bzw. Maßnahmen erlauben, um eine möglichst ideale Kundenerfahrung zu schaffen.

Betrachtet man beispielsweise die komplette Journey eines Mitarbeiters – beginnend noch vor dem Eintritt in ein Unternehmen über die gesamte Laufbahn hinweg –, kann man sich explizit anschauen, wie Mitarbeiter die Kundenerfahrung verinnerlichen und dazu befähigt werden, dazu beizutragen. Ziehen Sie einige der folgenden Aspekte in Betracht, um Mitarbeiter dahin gehend zu bestärken und sie in die Lage zu versetzen, sich über die gesamte Employee Journey hinweg kundenorientiert zu verhalten:

Rekrutierung
: Vermitteln Sie Ihren Bewerbern noch vor dem Eintritt in Ihr Unternehmen ein Gefühl dafür, was sie dort erwarten können. Zeigen Sie Ihr Engagement für die Kundenerfahrung schon im Vorfeld, indem Sie signalisieren, welche Art von Mitarbeitern Sie suchen. Halten Sie mit der angestrebten CX-Kultur nicht hinter dem Berg, um sicherzustellen, dass Sie die richtigen Leute finden. Schon der allererste Kontakt, den Jobsuchende mit Ihrer Firma haben – spätestens der Anblick einer Stellenbeschreibung –, ist Teil ihrer Mitarbeitererfahrung und kann die Leidenschaft für Kundenorientierung wecken.

Job-Interviews
: Fragen Sie Interessenten während des Vorstellungsgesprächs nach deren Eindruck von der Customer Experience Ihres Unternehmens. Sie können zum Beispiel nach der Erfahrung fragen, die sie bei der ersten Interaktion mit Ihrer Marke gemacht haben, oder auf welche Weise sie die Kundenerfahrung verbessern würden. So können Sie einen ersten Einblick darin gewinnen, wie die Interessenten über CX im Allgemeinen denken und wie sie die Kundenerfahrung in ihrer künftigen Funktion beeinflussen würden.

Einstellen von Mitarbeitern
: Formulieren Sie Ihre Stellenzusagen, Arbeitsverträge und andere Dokumente so, dass die Verpflichtung deutlich wird, eine erstklassige Kundenerfahrung anzubieten. Unterstreichen Sie Ihre Position zu CX und die Erwartungen, die Sie an die Mitarbeiter haben, und weisen Sie auf deren Verantwortlichkeiten in Bezug auf die Kundenerfahrung hin.

Onboarding
: Zeigen Sie neuen Mitarbeitern frühzeitig, wie sie durch ihre Erfahrungen im Unternehmen befähigt werden, eine ideale Kundenerfahrung zu gewährleisten. In seinem Buch »The Year Without Pants« beschreibt der Autor Scott Berkun beispielsweise seine ersten Arbeitstage bei Automattic, den Machern von WordPress. Alle neuen Mitarbeiter beantworten dort Support-Tickets von Kunden. Dadurch kommen sie nicht nur in direkten Kontakt mit den Kunden, sondern lernen auch die internen und externen Systeme kennen, durch die die Kundenerfahrung entsteht.

Empowering

Entwickeln Sie Programme, die allen Mitarbeitern Einblicke in die Sichtweise der Kunden gewährt. Der Steuersoftware-Riese Intuit richtete beispielsweise ein unternehmensweites »Follow me home«-Programm ein, bei dem die Mitarbeiter zu den Kunden gehen und sie an deren Arbeitsplätzen beobachten. Ein anderes Beispiel liefert die Hotelkette Hyatt, die ihre Mitarbeiter ermutigt, im Gästekontakt authentisch zu sein, anstatt geskriptete Texte zu verwenden, um so in einen empathischeren Dialog mit den Kunden zu treten.

Karriereentwicklung

Legen Sie Kriterien für Beförderungen und Aufstieg innerhalb des Unternehmens fest, die sich um das Thema Kundenerfahrung drehen. Typischerweise durchziehen monetäre Anreize Unternehmen wie unsichtbare Stützpfeiler und vermitteln erwünschte Verhaltensweisen von oben nach unten. Beispielsweise lassen sich Führungskräfte bei ihren Strategien und Aktionen oft von vierteljährlichen Umsatzzielen leiten. Überlegen Sie, wie Sie stattdessen Anreize rund um die Kundenerfahrung zur motivierenden Kraft machen könnten. Belohnen Sie Mitarbeiter explizit für Fortschritte bei der Schaffung einer besseren Kundenerfahrung durch Boni und Beförderungen.

Das gesamte System der Wertschöpfung muss Mitgefühl ermöglichen bzw. Maßnahmen erlauben, um eine möglichst ideale Kundenerfahrung zu schaffen.

Die Markenwerte leben

Schaffen Sie für Mitarbeiter Möglichkeiten, Markenwerte selbst zu erleben und sozusagen in die Schuhe der Kunden zu schlüpfen. Airbnb zum Beispiel richtet die Mitarbeitererfahrung direkt an seiner Kernmarkenidentität aus: »Belong anywhere.« (Frei übersetzt: »Sei überall zu Hause.«) Ein flexibles Bürodesign erlaubt den Mitarbeitern, von verschiedenen Schreibtischen und Bereichen aus zu arbeiten. Airbnb fördert auch das Arbeiten aus der Ferne, sodass die Mitarbeiter von jedem Ort der Welt aus kollaborieren können. Der »Belong anywhere«-Arbeitsplatz – sowohl physisch als auch virtuell – ermöglicht den Mitarbeitern, die Marke zu leben und die gewünschte Kundenerfahrung zu verstärken.

Mapping hilft auf verschiedene Weise, Einblicke in die Mitarbeitererfahrung zu gewinnen und diese zu verbessern. Drei Möglichkeiten dazu sind:

1. *Veranstalten Sie einen internen Team-Workshop zur Mitarbeitererfahrung.* Die Erstellung einer Map ist ein guter erster Schritt, um die Mitarbeitererfahrung zu verbessern. Aber damit die Erkenntnisse aus einer solchen Visualisierung im Management und in den HR-Teams Wirkung entfalten, müssen sie in einer gemeinsamen Anstrengung gewonnen und erarbeitet werden. Veranstalten Sie einen Workshop, um die Erfahrungen der Mitarbeiter gemeinsam zu überprüfen und sich auf konkrete Handlungsschritte zu einigen. Sie können viele der in Kapitel 8 beschriebenen Techniken verwenden, um einen solchen Workshop zu planen und durchzuführen.
2. *Verwenden Sie Experience Maps beim Onboarding neuer Mitarbeiter.* Gehen Sie während der ersten Einführung in das Unternehmen mit den neuen Mitarbeitern die vorhandenen Experience Maps durch. Reservieren Sie während des Onboardings, wenn möglich, einen ganzen Tag (oder

sogar noch mehr) dafür, sich ganz auf die Kunden und deren Erfahrung zu konzentrieren. Verwenden Sie Maps nicht nur, um die Kundenerfahrung zu beschreiben, sondern auch um neuen Mitarbeitern Denkaufgaben zu stellen, bei denen es darum geht, auf welche Weise sie in ihren künftigen Positionen im Unternehmen die CX beeinflussen werden.

3. *Verwenden Sie Mapping regelmäßig, um den Mitarbeitern eine kundenorientierte Denkweise zu vermitteln.* Wie ich schon an anderer Stelle in diesem Buch gesagt habe, geht es nicht um die Map (als Objekt), sondern um das Mapping (als Tätigkeit). Beziehen Sie die Mitarbeiter regelmäßig, vielleicht einmal im Quartal, in die Erstellung verschiedener Maps ein. Versuchen Sie die Kundenerfahrung gemeinsam zu verstehen, das dient dem Teambuilding und einer abwechslungsreichen Mitarbeitererfahrung (siehe Abbildung 3-7).

ABBILDUNG 3-7. Machen Sie aus Mappings eine Teamaktivität, um eine ansprechende Mitarbeitererfahrung zu bieten, bei der die Teammitglieder in Kontakt mit der Kundenerfahrung kommen.

Organisation entlang der Erfahrung

In seinem Artikel »Dysfunctional Products Come from Dysfunctional Organizations« weist der führende Designexperte Jon Kolko auf Bürokratie, voneinander abgeschottete Funktionsbereiche und eine defensive Unternehmenskultur als Hauptursachen für gescheiterte Produkte hin. Er kommt zu dem Schluss:

> *Wenn die Abläufe, die Kultur oder die tagtäglichen Erfahrungen innerhalb eines Unternehmens chaotisch oder beeinträchtigt sind, können wir davon ausgehen, dass die Kunden gleichermaßen beeinträchtigte Produkte oder Dienstleistungen erleben werden. ... Diesen Zusammenhang konnte ich bei vielen Produkten und Unternehmen beobachten. Natürlich gibt es Ausnahmen, aber im Großen und Ganzen scheint es zuzutreffen, dass schlechte Produkte auf ein schlechtes Alignment hinweisen.*

Er empfiehlt verschiedene Aktivitäten – die alle als Elemente der Mitarbeitererfahrung betrachtet werden können –, um Teams aufeinander abzustimmen, z. B. regelmäßige Teambuilding-Events und Ausrichtungsworkshops. Visuelle Modelle, wie Experience Maps, spielen laut Kolko eine besonders große Rolle. Noch wichtiger ist, dass das *gemeinsame* Erstellen von Modellen der angestrebten Kundenerfahrung bei den Personen, die die CX gestalten, auch gemeinsame Vorstellungen davon schaffen.

Aber Schulungen und Workshops allein reichen nicht aus. Sie erzeugen im Unternehmen die gewünschte erfahrungsorientierte Denkweise allenfalls oberflächlich. Die Abstimmung und Ausrichtung von unterschiedlichen Teams innerhalb eines Unternehmens auf eine ideale Kundenerfahrung ist auch ein strukturelles Problem, für dessen Lösung ein umfassendes Veränderungsmanagement erforderlich sein kann.

In jedem Unternehmen mit mehr als ein paar Mitarbeitern existieren Silos. Journey Thinking, ein Denken entlang von Erfahrungen, erfordert eine siloübergreifende Organisation der Arbeit. Wenn Sie die Funktionen Ihres Unternehmens auf Aspekte der Customer Journey abstimmen, trägt das wesentlich dazu bei, eine Mitarbeitererfahrung zu schaffen, die die Kundenerfahrung direkt unterstützt. Es ist mehr als ein rein symbolischer Akt: Organisationsstrukturen, die die Customer Experience widerspiegeln, verstärken innerhalb eines Unternehmens das Engagement für die Ausrichtung auf die Kunden.

Dies wirft die Frage auf, wer für die Kundenerfahrung eines Unternehmens verantwortlich ist. Letztlich ist es das gesamte Unternehmen. Teams mit der Bezeichnung »Customer Experience« oder Ähnlichem sind dazu da, die Einzelteile zu verbinden, aber nicht, um anderen die Verantwortung abzunehmen. Ihre Aufgabe ist es, jeden in einem Unternehmen zu befähigen und zu ermächtigen, sich um die Kundenerfahrung zu kümmern.

Wenn wir uns einig sind, dass »jeder für die Kundenerfahrung verantwortlich ist« oder zumindest »jeder Einfluss auf die Kundenerfahrung hat«, dann ist die interne Organisation entscheidend, um das gewünschte Ergebnis zu erreichen. Ein früherer Klient von mir, der bei einem E-Commerce-Anbieter arbeitete, stellte sich zum Beispiel als Mitglied des *Entdecken*-(Discovery-)Teams vor. Er erklärte mir, dass es die Aufgabe seines Teams sei, den Menschen zu helfen, die von ihnen angebotenen Produkte zu finden, unabhängig von Kanal oder Medium. Außerdem gab es Teams für das *Erwerben* (Purchasing) und den *Erfolg* (Success). Mit anderen Worten: Das Unternehmen gliederte sich entlang der Customer Journey, nicht anhand von Funktionsbereichen oder Technologien (Abbildung 3-8).

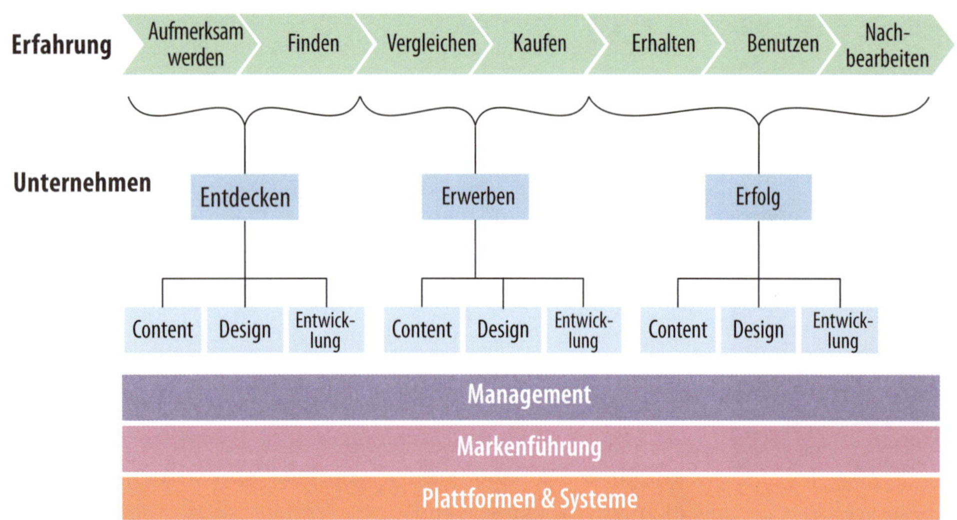

ABBILDUNG 3-8. Organisieren Sie die Teams entlang der Kundenerfahrung.

Visualisierungen der Customer Journey bilden die Grundlage für diese Art der internen Organisation. Sie bieten ein Modell, das die Erfahrungen des Einzelnen widerspiegelt, und dienen somit als eine Art Blaupause für ein Unternehmen. Das führt zu einer neuen Sichtweise auf die eigenen Angebote, was wiederum die Innovation fördert.

Darüber hinaus kann die Ausrichtung auf die Kundenerfahrung auch bei der Zielsetzung und Leistungsbeurteilung helfen. Zum Beispiel könnte ein Team die verschiedenen Phasen der Customer Journey nutzen, um monatliche oder vierteljährliche Ergebnisauswertungen – z. B. mit der OKR-Methode (*Objectives and Key Results*) – vorzunehmen. Auch Leistungsbeurteilungen könnten anhand von zuvor vereinbarten Zielen für eine bestimmte Phase erfolgen, etwa anhand der Erhöhung des Bekanntheitsgrads oder der Verbesserung der Auffindbarkeit von Produkten oder Dienstleistungen. Das Modell einer Customer Journey kann im gesamten Unternehmen als organisatorisches Prinzip verwendet werden.

Wenn es auf die Kundenerfahrung ankommt, muss man sich sinnvoll organisieren, um diese auch liefern zu können. Schauen Sie sich zum Beispiel die Art und Weise an, in der sich der Finanz- und Versicherungsdienstleister für Militärveteranen in den USA, USAA, anhand unterschiedlicher »Erfahrungen« organisiert.

Anstatt sich wie bisher auf funktional abgegrenzte Bereiche und Dienstleistungen zu konzentrieren (z. B. Girokonten, Kreditkarten, Autokredite, Wohnungsbaudarlehen), schneidet der Versicherungsdienst seine Geschäftsbereiche jetzt stärker menschenzentriert zu. Beispielsweise gibt es nun einen »Daily Spending«-Owner, der für die täglichen Abbuchungen und Ausgaben über die unterschiedlichen Produkte wie Girokonten und Kreditkarten hinweg verantwortlich ist.

Ein anderes Beispiel: Ein großer Verlag, für den ich tätig war, verfolgte einen ähnlichen Ansatz. Er identifizierte zunächst vier logische Geschäftsfelder seiner Angebote, die mit den Erfahrungen korrelierten, die geschaffen werden sollten, und bildete dann Angebotsteams um diese herum. Obwohl sie organisatorisch nicht auf der höchsten Ebene angesiedelt waren, kamen diese funktionsübergreifenden Teams zusammen, um sich an den angestrebten Kundenerfahrungen auszurichten. Mapping half zu Beginn, diese Struktur zu formen, was auf Resonanz im Markt stieß und außerdem die interne Zusammenarbeit verbesserte. Organisiert man (sich) entlang der Erfahrung, findet eine tiefere Verankerung der Kundenzentrierung statt. Das ist keine leichte Aufgabe, aber Unternehmen, die von ihren Kunden im positiven Sinne »besessen« sind, können es schaffen, diesen Wandel zu vollziehen – was ihnen letztendlich erlaubt, ihre Konkurrenten zu übertreffen. Eine solche Verankerung der Erfahrung auf der grundlegenden Ebene eines Unternehmens oder einer Organisation schafft eine eindeutige Mitarbeitererfahrung, die alle Beschäftigten auf eine bessere Kundenerfahrung hin ausrichtet.

Journeys im Zeitverlauf managen

Einmalige Anstrengungen reichen aber nicht aus. Die Verbesserung der Kundenerfahrung durch eine bessere Mitarbeitererfahrung ist eine ständige Aufgabe. Das Management der Customer Journey muss über einen längeren Zeitraum hinweg erfolgen, um spürbare Fortschritte und messbare Auswirkungen auf die Kunden erkennen zu können.

Die Art des Mappings, für die ich in diesem Buch plädiere, konzentriert sich auf die Erstellung qualitativer Modelle und deren Einsatzmöglichkeiten innerhalb von Teams. Ziel ist es, Empathie zu wecken und sich auf Möglichkeiten und Aktionspläne für die Zukunft zu einigen. Das ist ein zentraler Schritt im gesamten Customer Experience Management, aber es reicht nicht aus, um das Momentum zur Verbesserung der Kundenerfahrung aufrechtzuerhalten.

Aktives Journey Management betrachtet die Erfahrung auf dynamischere Weise und macht sie für die Mitarbeiter erlebbar. Dabei geht es darum, die Customer Journey anhand von Echtzeitdaten zu überwachen und damit die Kundenerfahrung live zu beobachten, während sie sich entfaltet. Dies erfordert viel mehr als nur die Abbildung einer Erfahrung – und zwar die Integration von Metriken in die Journey, z. B. über eine Art Dashboard.

Es gibt eine Reihe von Werkzeugen und Lösungen, um solche Echtzeitdaten in ein Journey-Modell zu integrieren und auf diese Weise aktuelle Einblicke in das tatsächliche Kundenverhalten zu bekommen. Derzeitige Beispiele für solche Tools sind BryterCX von ClickFox, Kitewheel, SuiteCX, TandemSeven und Touchpoint Dashboard, um nur einige zu nennen.

Diese Werkzeuge bieten oft eine große Funktionsvielfalt, von der Journey-Modellierung bis hin zur Verwaltung und Orchestrierung von Kundenerfahrungen im Zeitverlauf. Viele von ihnen nutzen Map-ähnliche Visualisierungen, um die gewonnenen Daten sinnvoll darzustellen.

Abbildung 3-9 zeigt beispielhaft ein Dashboard aus Kitewheel, das die Pfade durch einen Onlinedienst darstellt. Die wichtigsten Indikatoren der Journey werden oben angezeigt, eine Ansicht der tatsächlichen Pfade durch die Website darunter.

Journey Management ist Teil des umfassenderen Bereichs des Customer Experience Management, das eine kontrollierte Überwachung der Interaktionen über alle Touchpoints hinweg anstrebt. Das Ziel besteht darin, die richtige Erfahrung zur richtigen Zeit zu liefern. Die Analyse kann recht komplex und detailliert ausfallen.

Zum Beispiel bietet die Qualtrics XM Suite Funktionen zum Echtzeitmanagement von Journeys. Abbildung 3-10 zeigt eine der möglichen Dashboard-Ansichten der XM Suite, die über die aktuelle Kundenerfahrung informieren.

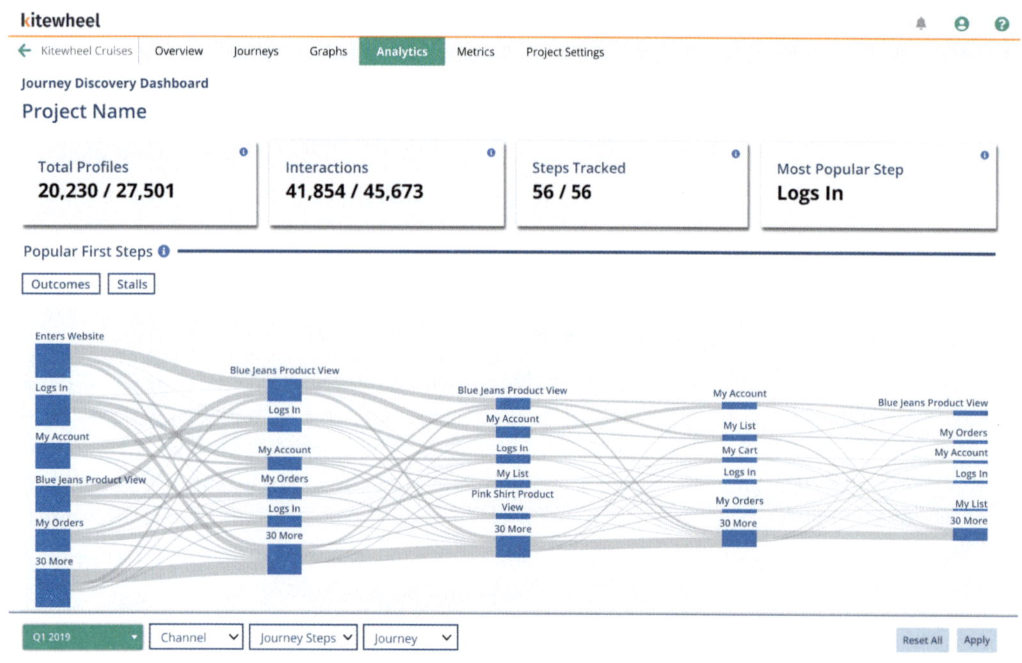

ABBILDUNG 3-9. Ein Beispiel für ein Dashboard, das Livedaten und Interaktionen mit Kunden in Kitewheel zeigt, einem Werkzeug für das Customer Journey Management.

Nicht unerwartet, spielt künstliche Intelligenz eine immer wichtigere Rolle im Customer Experience Management. Letztlich wird KI eine stärkere Personalisierung von Kundeninteraktionen ermöglichen. Aber unabhängig von den verwendeten Technologien beginnt Customer Experience Management mit einem tiefen Verständnis der Journey, basiert in den meisten Fällen auf Forschungsergebnissen und wird durch Customer Journey Mapping visualisiert.

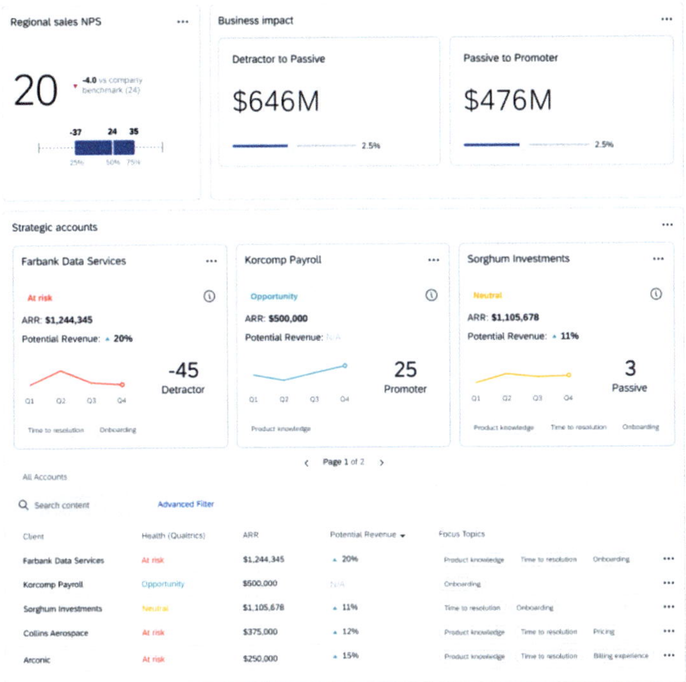

ABBILDUNG 3-10. Die Qualtrix XM Suite ist eine leistungsstarke Sammlung von Werkzeugen, um sowohl die Kunden- als auch die Mitarbeitererfahrung in Echtzeit zu messen.

Beachten Sie, dass für einen Einblick in die aktuell stattfindende Kundenerfahrung Input aus dem gesamten Unternehmen erforderlich ist. CX ist nicht Aufgabe und Verantwortung einer einzelnen Abteilung, und ein kontinuierliches Journey Management bricht Silos auf.

Die Installation eines Customer Journey Management ist ein strategisches Unterfangen, das die Zustimmung von Teams im gesamten Unternehmen und das Engagement der Unternehmensspitze erfordert. Im Großen und Ganzen gibt es fünf Schritte, um die Customer Journey im Zeitverlauf beobachten zu können:

1. *Definieren Sie Ihre Vision der vollständigen Kundenerfahrung.* Dies muss keine aufwendige Analyse sein. Um es einfach zu halten, definieren und vereinbaren Sie die Grundpfeiler dessen, was Ihrer Meinung nach und aus Sicht Ihres Unternehmens eine hervorragende Kundenerfahrung ausmacht.
2. *Segmentieren Sie Journeys nach Personas.* Nicht alle Menschen werden gleichartige Interaktionen mit Ihrem Angebot haben. Neukunden unterscheiden sich von Bestandskunden, Käufer können sich anders verhalten als Endbenutzer, Kooperationspartner werden andere Erfahrungen machen als Lieferanten, und Vollzeitmitarbeiter unterscheiden sich von Auftragnehmern. Entscheiden Sie, welche Kategorien von Kunden Sie verfolgen möchten.
3. *Identifizieren Sie Schlüsselindikatoren der Kundenerfahrung.* Die Definition der Geschäftsmetriken zur Messung der Erfahrung ist eine Herausforderung. Es kann vorkommen, dass qualitative und quantitative Datenpunkte berücksichtigt werden müssen, die sich nicht in einer einzigen Angabe zusammenfassen lassen. Die Journey-Analyse ist ein Ansatz, bei dem das Verhalten der Kunden nicht nur an einzelnen Touchpoints untersucht wird, sondern entlang der Wege, die sie beim Erreichen ihrer Ziele und Aufgaben zurücklegen.

4. *Verknüpfen Sie Daten kanalübergreifend.* Um Journey-Analysen effektiv zu implementieren, benötigen Sie eine technische Plattform, die Daten über mehrere Kanäle hinweg zusammenführt. Der *Net Promoter Score* (NPS) – N- bzw. Promotorenüberhang – zur Messung der Weiterempfehlungswahrscheinlichkeit, der Ergebnisse von Zufriedenheitsumfragen, der Bewertungen des Kundenaufwands und Nutzungsmetriken aller Art sind nur einige der Inputs für ein aktives Journey Management. In einigen Fällen können neue Datenerfassungsmechanismen erforderlich sein – z. B. neue Kundenbefragungen.
5. *Organisieren Sie alles in Hinblick auf die ideale Customer Journey.* Nutzen Sie die Erkenntnisse aus der Überwachung der Customer Journey, um die Erfahrung fortlaufend zu verbessern. Lernen Sie ständig dazu, während Sie Änderungen und Anpassungen vornehmen. Journey Management ist eine kontinuierliche Aufgabe.

Keine Frage: Die Entwicklung eines Systems, um die Kundenerfahrung einer bestehenden Lösung in Echtzeit zu verfolgen, ist keine einfache Aufgabe und bringt viele Herausforderungen und Schwierigkeiten mit sich. Um dies in großem Maßstab zu bewältigen, benötigen Sie die richtigen Daten, die richtige Steuerung und das richtige operative Modell. Sie brauchen außerdem geeignete Mitarbeiter – und die Einbettung in die passende Mitarbeitererfahrung.

Um die CX besser durch die EX zum Leben erwecken zu können, plädiert die CX-Expertin und Autorin Kerry Bodine für eine neue Rolle – den Journey Manager –, um die Kundenerfahrung aktiv im Zeitverlauf zu steuern.[2] Sie vergleicht diese Funktion mit der eines Produktmanagers, also desjenigen, der sich um das Angebot eines Unternehmens kümmert. In diesem Fall ist die Erfahrung das Angebot, das es zu betreuen gilt. Ein Journey Manager sollte die unterschiedlichen Perspektiven innerhalb eines Unternehmens zusammenbringen und dabei helfen, es neu auf die Kundenerfahrung auszurichten.

Journey Management ist teils Wissenschaft, teils Kunst, aber es hat sich gezeigt, dass es sich messbar im Geschäftsergebnis niederschlägt. CX-Management korreliert mit Gewinnsteigerungen. So wiesen die Topunternehmen im Customer Experience Index™ von Forrester einen stärkeren Anstieg des Aktienkurses und höhere Renditen auf als die Unternehmen am unteren Ende der Liste.

Die Botschaft ist klar: Um diesen Wettbewerbsvorteil zu nutzen und daraus Wert zu schöpfen, müssen Unternehmen »Journey Thinking« anwenden – und entlang von Erfahrungen denken. Wenn es um Journey Management und Design geht, ist das Ganze mehr als die Summe seiner Teile. Diese Denkweise wird durch eine Mitarbeitererfahrung befördert, die auf die Kundenerfahrung ausgerichtet ist und als solche über einen längeren Zeitraum gesteuert wird. Eine Fokussierung auf CX ohne einen Plan zur Optimierung der EX ist nur die halbe Miete.

Zusammenfassung

Bei der Mitarbeitererfahrung geht es um die Gesamtbeziehung, die Mitarbeiter zu einem Unternehmen oder einer Organisation haben – um die Summe ihrer Handlungen, Gedanken und Gefühle im Laufe der Zeit. Es reicht nicht aus, grundlegende Anforderungen wie Gehalt und Sozialleistungen zu befriedigen. Heutzutage müssen Unternehmen auch ein Gefühl der Sinnhaftigkeit schaffen, damit sich Menschen wirklich einbringen.

2 Siehe Bodines Bericht »The State of Journey Managers, 2018«, verfügbar unter *https://kerrybodine.com/product/journey-manager-report*.

Wie Kundenerfahrungen können auch Mitarbeitererfahrungen visualisiert werden, um zu einem tieferen Verständnis zu gelangen. Dadurch können Organisationen wichtige Verbesserungsmöglichkeiten entdecken. Mapping kann einem Unternehmen aber vor allem dabei helfen, CX und EX aufeinander auszurichten. Wenn Sie Ihre Mitarbeiter gut behandeln, werden diese auch Ihre Kunden gut behandeln, und Ihr Unternehmen wird wachsen. Betrachtet man die Kundenerfahrung als gelebte Marke, ist die Mitarbeitererfahrung gelebte Unternehmenskultur.

Die Visualisierung der Mitarbeitererfahrung kann nicht nur das Engagement der Mitarbeiter fördern, Unternehmen können sich auch intern entlang von Erfahrung organisieren, indem sie Teams bilden, die sich an den Phasen der Kundenerfahrung orientieren. Dann werden ein langfristiges Management von Journeys und die regelmäßige Vermittlung von Kundensichtweisen an die Mitarbeiter unabdingbar. Werkzeuge und Techniken des Journey Management helfen dabei, die Kundenzentrierung im gesamten Unternehmen zu verankern.

Die Quintessenz lautet: Will man für die Kunden brennen, muss man auch für die Mitarbeiter brennen.

Weiterführende Literatur

Denise Lee Yohn, *Fusion* (Brealey, 2018)

> *Lee Yohn besitzt jahrzehntelange Erfahrung in der Beratung von Unternehmen in Bezug auf Marken und Unternehmenskultur. Sie liefert ein überzeugendes Argument für die Verschmelzung dieser beiden Bereiche und zeigt deutlich, dass eine CX-/EX-Ausrichtung zu Wettbewerbsvorteilen führt. Ihre Website (https://deniseleeyohn.com) bietet eine Reihe von praktischen Assessment-Werkzeugen und zum Aufbau einer erstklassigen Marken-Kultur-Verschmelzung in Unternehmen.* Jacob Morgan, *The Employee Experience Advantage* (Wiley, 2017)

> *Dieses Buch sticht mit einem überbordenden Angebot an Werken über Mitarbeitererfahrungen hervor. Es ist gut strukturiert, leicht zu lesen und – was noch wichtiger ist – gründlich recherchiert. Morgan präsentiert seine detaillierten Erkenntnisse aus jahrelangen Untersuchungen zur Korrelation von EX mit Geschäftsergebnissen. Außerdem gibt er praktische Tipps dazu, wie man eine ideale Mitarbeitererfahrung gestalten kann.*

B. Joseph Pine II und James H. Gilmore, *The Experience Economy* (Harvard Business School Press, 1999)

> *Dieses bahnbrechende Buch ist eine Erweiterung des Artikels »Welcome to the Experience Economy«, der in der* Harvard Business Review *erschien. Auf makroökonomischer Ebene beobachten sie den Wandel von der früheren Agrar- über die Industrie- und Dienstleistungswirtschaft hin zu einer erfahrungsorientierten Wirtschaft. Stringent geschrieben und mit einer Fülle von Nachweisen unterfüttert, markiert dieses Buch den Beginn einer wichtigen, sich immer noch im Fluss befindlichen Veränderung, die teilweise auch auf dem Mapping-gestützten Verständnis von Erfahrungen beruht.*

Simon David Clatworthy, *The Experience-Centric Organization* (O'Reilly, 2019)

> *Clatworthy unterscheidet zwischen Kundenorientierung und Erfahrungsorientierung, wobei Letztere ganzheitlicher ist und die interne Unternehmenskultur miteinbezieht. Er präsentiert eine fünfstufige Skala für die erfahrungsorientierte Ausrichtung von Unternehmen. Ein gut recherchiertes und gründliches Buch, das gleichermaßen zugänglich wie praxisnah ist.*

Alignment von CX und EX zur Strategieentwicklung

von Seema Jain

Customer Journey Maps beginnen beim ersten Kontakt und zeigen dann die Entwicklung über den Kauf bis zu einer langfristigen Beziehung zu einer Marke. Wenn wir uns jedoch nur auf die Kundenerfahrung konzentrieren, verpassen wir eine Hälfte der Geschichte. Herkömmliche Customer Journey Maps zeigen nicht das, was sich unter der Oberfläche verbirgt: die große Menge von Mitarbeiteraktivitäten, die zur Gestaltung der Kundenerfahrung beitragen (siehe Abbildung 3-11).

Erst die Auswertung sowohl der Kunden- als auch der Mitarbeiterseite liefert das notwendige vollständige Bild, um die Journey in ihrer Breite und Tiefe verstehen zu können.

Will man robuste und effektive Journey Maps erstellen, benötigt man funktionsübergreifenden Input der Teams, aber auch der Kunden. Es ist oft herausfordernd, geografisch verstreute Teams und Menschen zusammenzubringen, aber das Jahr 2020 hat einen radikalen und unfreiwilligen Wechsel zu digitaler Interaktion ausgelöst – der schon vor der Coronapandemie begonnen hatte.

Bei MURAL haben wir einen Ansatz entwickelt, der Kunden- und Mitarbeitererfahrung explizit aufeinander abstimmt, um neue Möglichkeiten zu entdecken. Der Prozess besteht aus vier Schritten:

1. Mappen Sie die Customer Journey.

Beginnen Sie auf der Basis von Kundenforschung und -befragungen mit der Abbildung des schrittweisen Verhaltens über die gesamte Customer Journey. Untersuchen Sie die Handlungen der Kunden, wichtige Interaktionen und die Haltungen und Emotionen, die die Journey auslöst. Emotionen zu verstehen und sich mit ihnen zu verbinden, ist der Schlüssel zur Gestaltung ansprechender Erfahrungen, die bei den Kunden Resonanz finden.

2. Mappen Sie die Employee Journey.

Wir vervollständigen die Map, indem wir unter die Oberfläche schauen, um auch die Journey des Mitarbeiters zu verstehen. Wir legen die internen Abläufe des Unternehmens offen, einschließlich der Geschäftsprozesse, Systeme, Werkzeuge und funktionsübergreifenden Teams, die die Kundenerfahrung ermöglichen und stützen.

ABBILDUNG 3-11. Die Kundenerfahrung ist die sichtbare Spitze des Eisbergs, bei dem die Aktivitäten der Mitarbeiter, die diese Erfahrung erzeugen, unter der Wasseroberfläche liegen.

Indem Vertreter aus allen kundennahen Unternehmensbereichen am Mapping teilnehmen, werden die alltäglichen Realitäten der Mitarbeiter in ihren jeweiligen Funktionen und Gruppenzusammenhängen aufgedeckt. Wenn Mitarbeiter frustriert sind oder ein Problem haben, überträgt sich das oft auf den Kunden. Es ist von entscheidender Bedeutung, dass wir diese Emotionen aufdecken, um Erfahrungen zu entwerfen, mit denen sich unsere internen Teams und Mitarbeiter innerlich verbinden können, um Zufriedenheit, Engagement und Bindung zu fördern.

Abbildung 3-12 zeigt die gemeinsame Ausrichtung von CX und EX in einem einzigen Diagramm. In diesem Fall konzentriert sich die Erfahrung auf den ersten Teil des Onboarding-Ablaufs bei MURAL

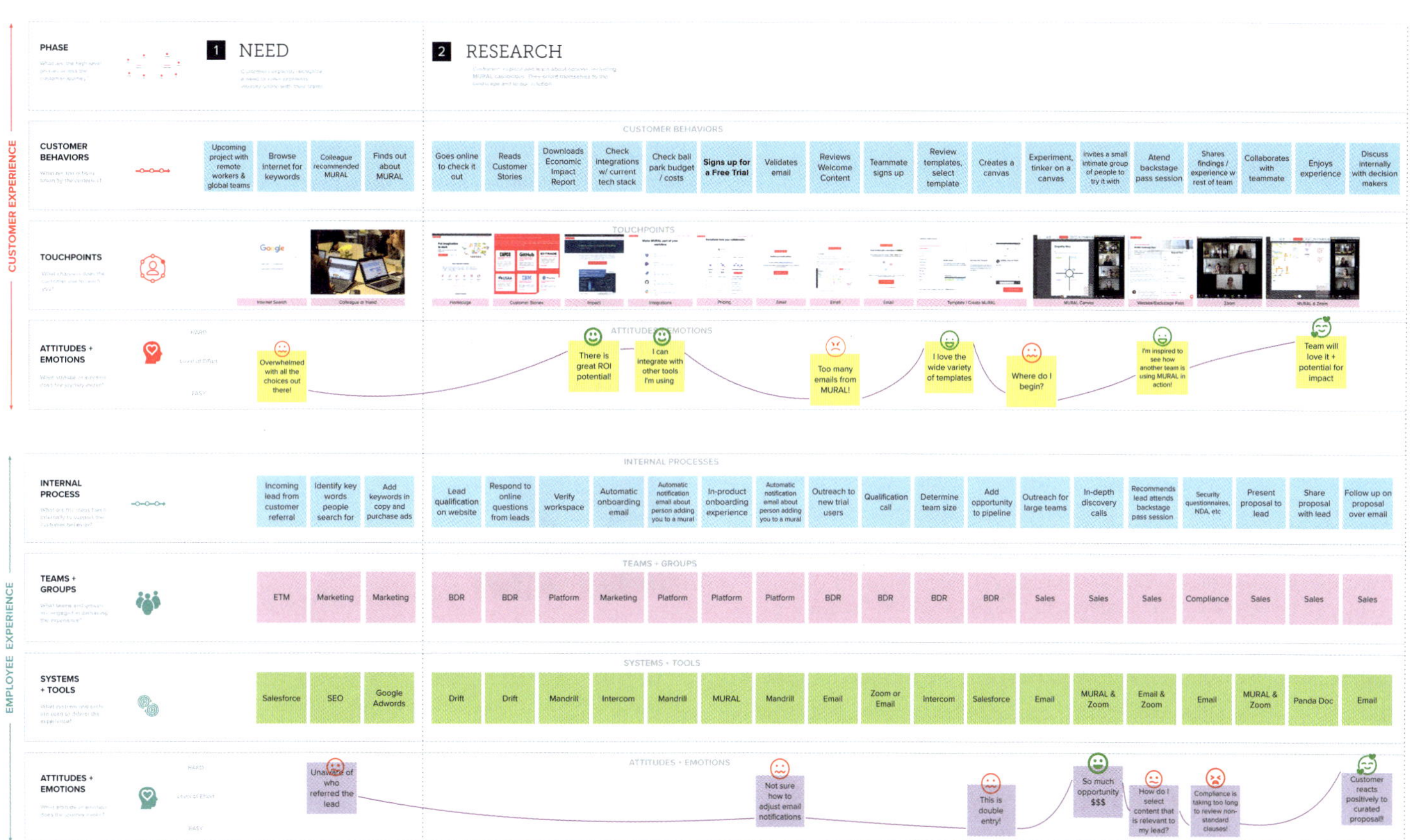

ABBILDUNG 3-12. Richten Sie CX und EX in einem einzigen Diagramm aus, um für beide Bereiche Verbesserungsmöglichkeiten zu finden.

3. Werten Sie die Journey Map aus.

Indem wir die Emotionen von Kunden und Mitarbeitern untersuchen, können wir leicht herausfinden, wo die Momente der Wahrheit stattfinden – also die entscheidenden Momente der Journey, die bei Kunden und Mitarbeitern einen bleibenden positiven oder negativen Eindruck hinterlassen. An diesen Stellen bieten sich Gelegenheiten, entweder ein Problem zu beheben oder Loyalität und Weiterempfehlung zu fördern.

Indem wir Momente der Wahrheit identifizieren, können wir das Problem oder die Chance als explorative Frage reformulieren, die wir mit »How might we« (HMW) einleiten: »Wie können wir ...?« HMW-Fragen öffnen Raum für neue Ideen und ermutigen uns, gemeinsam mit anderen Antworten zu finden. Sie halten uns auch davon ab, uns zu schnell auf eine Lösung festzulegen und damit der Erforschung und Innovation die Tür zu verschließen.

4. Priorisieren Sie.

An diesem Punkt in unserem digitalen Workshop haben wir in der Regel mehrere HMW-Fragen, die als Ausgangspunkt für eine erfolgreiche Ideenfindung dienen. Wir können den Fokus eingrenzen, indem wir die Teilnehmer auffordern, über die am zwingendsten erscheinende HMW-Frage abzustimmen, und so einen demokratischen Konsens darüber erzielen, wo wir beginnen sollten.

Wir nutzen diesen Ansatz in strategischen Workshops mit unseren Kunden, um zu definieren, wie wir in den nächsten Jahren zusammenarbeiten wollen. Insbesondere sind wir in der Lage, die wichtigsten Hebel auf der Seite der Mitarbeitererfahrung zu identifizieren, die die Kundenerfahrung verbessern werden.

Bei einem kürzlich durchgeführten Workshop mit einem großen Lebensversicherer konnten wir mit diesem Prozess beispielsweise mehrere Probleme in der Employee Journey aufdecken. Ursache war ein ausgelagertes Callcenter, das negative Momente der Wahrheit im Verlauf der Customer Journey erzeugte. Unsere umfassende CX + EX Journey Map brachte Licht ins Dunkel und führte zu der erforderlichen Unterstützung sowie zu Budgetzusagen seitens der Führungskräfte für den Aufbau interner Fähigkeiten, um die Kunden bei wichtigen Lebensereignissen zu unterstützen. Indem wir die Mitarbeitererfahrung verbesserten und die Abläufe an diesem Punkt für alle Beteiligten effizienter und angenehmer gestalteten, konnten wir die Kundenerfahrung verbessern, was letztendlich die Kundenbindung stärkt.

Unsere Klienten urteilten über den Prozess: »Mir war bisher nicht klar, wie viel es intern zu tun gibt. Ihre Herangehensweise hilft uns, eine klare Richtung zur Bewältigung unserer schwierigsten Herausforderungen im Bereich der Kundenerfahrung einzuschlagen.« Die Mitarbeiterzufriedenheit ist der wichtigste Indikator für die Kundenerfahrung. Einfach ausgedrückt: Wenn Ihre Mitarbeiter zufrieden und engagiert sind, schaffen sie bessere Erfahrungen, was wiederum zu zufriedeneren Kunden führt.

Über die Autorin des Beitrags

Seema Jain ist eine erfahrene Führungskraft im Design- und Strategiebereich, die sich leidenschaftlich für die Schnittstelle von Design Thinking und Business Outcomes interessiert. Derzeit ist sie Leiterin des Solution Design bei MURAL und arbeitet in dieser Funktion mit Unternehmen zusammen, um messbares, menschenzentriertes Design durch wirkungsstarke digitale Kollaborationslösungen zu verbreiten. Seema ist eine vom LUMA Institute und von IBM zertifizierte Design Thinking Practitioner.

Diagramm- und Bildnachweis

Abbildung 3-2: Employee Experience Map, erstellt von UXPressia (*uxpressia.com*), mit freundlicher Genehmigung

Abbildung 3-3: EX-Diagramm zum Mitarbeiteralltag, erstellt von Chris McGrath, Tangowork: Consultants for Digital Transformation (*tangowork.com*), mit freundlicher Genehmigung

Abbildung 3-4: Employee Experience Map, basierend auf einer Vorlage von Rafa Vivas, Creative Director bei XPLANE (*xplane.de*), mit freundlicher Genehmigung

Abbildung 3-6: CX/EX-Ausrichtungsvorlage von Seema Jain, mit freundlicher Genehmigung

Abbildung 3-7: Foto von Martin Ramsin, Mitbegründer und CEO von CareerFoundry (*careerfoundry.com*), mit freundlicher Genehmigung

Abbildung 3-9: Screenshot von Kitewheel, *kitewheel.com*

Abbildung 3-10: Screenshot der Qualtrics XM Suite, *qualtrics.com*

Abbildung 3-12: CX/EX-Ausrichtungsdiagramm, erstellt von Seema Jain und Emilia Åström bei MURAL, mit freundlicher Genehmigung

»Es gibt nur eine triftige Definition von Geschäftszweck: Kunden zu generieren.«

– Peter Drucker
Die Praxis des Managements (1954)

IN DIESEM KAPITEL

- Eine neue Art des Sehens
- Reframing von Wettbewerb, Shared Value schaffen
- Bereitstellung von Wert neu denken, Fokussierung auf Innovation
- Strategie visualisieren
- Fallstudie: Chancen identifizieren – Mentalmodelldiagramme und Jobs-to-be-done kombinieren

KAPITEL 4

Visualisierung strategischer Erkenntnisse

Vor einigen Jahren leitete ich einen mehrtägigen Strategie-Workshop in der Firma, für die ich damals arbeitete. Während des Abendessens erläuterte der Vertriebsleiter seine Sicht, was den Zweck des Workshops betraf: »Wir müssen verstehen, wie wir so viel wie möglich aus den Kunden herausholen.« Er tat so, als würde er ein Handtuch auswringen. »Wenn das Handtuch trocken wird, müssen Sie fester pressen. Eine gute Führungskraft weiß, wie man das macht, und eine gute Strategie erleichtert es.«

Er meinte es ernst. Ich war entsetzt. Unsere Märkte bestehen nicht aus beliebigen Menschen »irgendwo da draußen«, denen wir noch in die letzte Hosentasche greifen wollen. Kunden sind unser wertvollstes Gut, dachte ich. Wir sollten uns bemühen, von ihnen zu lernen, damit wir bessere Produkte und Dienstleistungen anbieten können.

Die Perspektive dieses Vertriebsleiters war kurzsichtig. Er glaubte, der einzige Zweck unseres Geschäfts sei es, mehr Umsatz zu machen. Das mag kurzfristig funktionieren, aber letztlich führt diese eingeschränkte Perspektive zum Scheitern.

Unternehmen sind sich häufig nicht bewusst, dass mit dem Wachstum eines Unternehmens auch das strategische Blickfeld erweitert werden muss. Ich nenne diesen Fehler *strategische Kurzsichtigkeit*. Es zeigt sich immer wieder: Viele Unternehmen verstehen überhaupt nicht, welche Art von Geschäft sie tatsächlich betreiben.

Nehmen wir beispielsweise Kodak. Dieser Riese im Geschäft mit Filmmaterial dominierte den Markt über ein Jahrhundert lang, musste aber 2012 Insolvenz anmelden. Viele Leute glauben, dass Kodak gescheitert sei, weil die Digitalkameratechnologie verpasst wurde. Das stimmt nicht. Tatsächlich erfand Kodak 1975 die erste transportable Digitalkamera und war im Besitz eines der größten Bestände an Patenten in diesem Bereich.

Kodak scheiterte, weil das Unternehmen der kurzsichtigen Ansicht war, im Geschäft mit (analogem) *Film- und Fotomaterial* und nicht im Business des *Storytellings* tätig zu sein. Die Chefs befürchteten, dass die digitale Technologie die Gewinne kannibalisieren würde. Sie glaubten, sie könnten ihr bestehendes Geschäft durch Marketing und Vertriebsaktivitäten schützen. Es war strategische Kurzsichtigkeit, keine technologische, die zum Niedergang von Kodak führte.

Erfolgreiche Unternehmen aktualisieren und erweitern ihren Horizont kontinuierlich. Inkrementelle Verbesserungen sind nicht genug. Forschung und Entwicklung sind nicht genug. Erfolgreiche Unternehmen wachsen, indem sie den von ihnen geschaffenen Wert hinterfragen.

Visualisierungen von Erfahrungen bieten eine Form von Erkenntnissen, die bei der Strategieentwicklung oft übersehen wird: die Kundenperspektive.

Dieses Kapitel zeigt, wie das Mapping von Erfahrungen zuvor fehlende strategische Erkenntnisse liefern und letztlich als Korrekturlinse für strategische Kurzsichtigkeit dienen kann. Das war der Schwerpunkt meines Workshops mit dem oben zitierten Vertriebsleiter. Gemeinsam begannen wir, unsere strategische Kurzsichtigkeit zu überwinden.

Das Kapitel schließt mit einem Überblick über einige ergänzende Techniken zur Strategievisualisierung, die das Experience Mapping erweitern. Am Ende werden Sie ein Gespür dafür entwickelt haben, auf welche Weise Diagramme Ihr Blickfeld erweitern können.

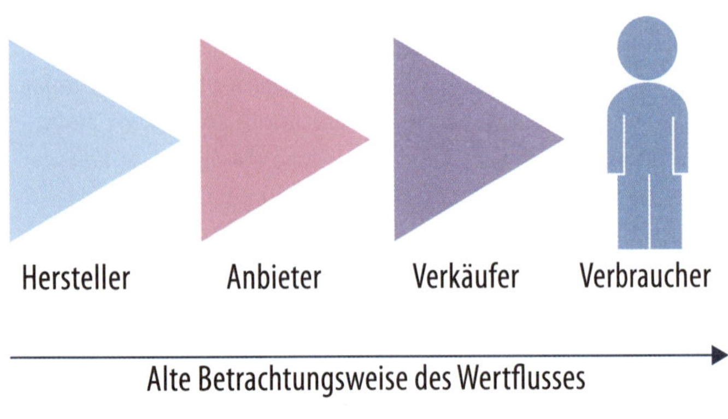

ABBILDUNG 4-1. Betrachtet man Wert aus der Perspektive des Verbrauchers, kehrt dies den Erkenntnisfluss um.

Eine neue Art des Sehens

Das unternehmerische Umfeld hat sich in den letzten Jahrzehnten verändert. Verbraucher besitzen echte Macht: Sie haben Zugang zu Preisen, Produktinformationen und alternativen Anbietern auf der ganzen Welt. Traditionelle Verkaufsansätze – einem Markt das Maximum abzuringen – reichen für ein nachhaltiges Wachstum nicht mehr aus.

Stattdessen müssen Unternehmen ihr Denken verändern. Der renommierte Wirtschaftsführer Ram Charan fordert Unternehmen deshalb auf, die traditionelle Vertriebsperspektive umzukehren. In seinem Buch »What the Customer Wants You to Know« beschreibt er ein Verständnis des Wertflusses, das den traditionellen Ansätzen entgegengesetzt verläuft (Abbildung 4-1).

Erkenntnisse über die Nutzer sind kein lästiges Ärgernis, sondern eine strategische Chance. Das Ziel ist nicht *Schub*, sondern *Sog*. Sie verkaufen keine Produkte, Sie kaufen Kunden.

Diese Idee läuft der typischen strategischen Entscheidungsfindung zuwider, ist aber nicht neu. Bereits 1960 diskutierte der renommierte Harvard-Business-Professor Theodore Levitt, wie wichtig es sei, sich zuerst auf die menschlichen Bedürfnisse zu konzentrieren. In seinem einflussreichen Artikel »Marketing Myopia«[1] schreibt Levitt:

> *Eine Industrie beginnt beim Kunden und seinen Bedürfnissen, nicht mit einem Patent, einem Rohstoff oder dem Verkaufsgeschick. Im Original klingt es eher so: Ausgehend von den Kundenbedürfnissen entwickelt sich die Branche rückwärts und beschäftigt sich zunächst mit der physischen Lieferung von Kundenzufriedenheit. Danach*

1 Viele der Themen und Ideen in diesem Kapitel leiten sich direkt aus Levitts bahnbrechendem Artikel ab, einschließlich des Begriffs der *strategischen Kurzsichtigkeit*. Der Artikel ist immer noch relevant und sehr empfehlenswert.

geht es darum, die Dinge zu schaffen, durch die diese Bedürfnisse teilweise befriedigt werden.

Betrachten Sie das Scheitern der Eisenbahnindustrie in den USA, ein Lieblingsbeispiel von Levitt. Während ihrer Blütezeit zu Beginn des 20. Jahrhunderts waren die Eisenbahngesellschaften äußerst profitabel und attraktiv für die Investoren der Wall Street. Niemand in diesem Geschäft konnte sich ihren nur wenige Jahrzehnte später einsetzenden Niedergang vorstellen.

Aber die Bahnunternehmen hörten Mitte des letzten Jahrhunderts nicht etwa deshalb auf zu wachsen, weil die Konkurrenz durch Autos, Lastwagen, Flugzeuge und sogar Telefone immer größer wurde. Sie hörten auf zu wachsen, weil sie ihre Kunden den Konkurrenten überließen. Die starke Fokussierung der Eisenbahngesellschaften auf ihre eigenen Produkte führte zu strategischer Kurzsichtigkeit: Sie sahen sich als im *Eisenbahngeschäft* tätig und nicht im *Transportgeschäft*.

Erfolgreiche Unternehmen erneuern und erweitern ihren Horizont kontinuierlich. Sie wachsen, indem sie den von ihnen geschaffenen Wert hinterfragen.

Auch wenn es kein Allheilmittel ist, liefert uns die Visualisierung von Erfahrungen Erkenntnisse, mit denen wir unseren strategischen Blick weiten können. Tim Brown, CEO von IDEO, beschreibt in seinem Buch »Change by Design« beispielsweise die Arbeit seines Unternehmens für die amerikanische Bahngesellschaft Amtrak. Seine Firma wurde hinzugezogen, um die Sitze der Acela-Züge neu zu gestalten, Hochgeschwindigkeitszüge, die an der Ostküste der USA verkehren. Ziel war es, das Reiseerlebnis angenehmer zu gestalten.

Anstatt sich jedoch direkt auf die Neugestaltung der Sitze zu stürzen, bildete das Team zunächst eine End-to-End-Journey rund um das Zugfahren ab. Es identifizierte zwölf unterschiedliche Phasen des Reiseerlebnisses, die zu unterschiedlichen Schlussfolgerungen hinsichtlich ihres Fokus und der Verbesserung der Reiseerfahrung führten. Brown schreibt:

> *Am auffälligsten war die Erkenntnis, dass die Fahrgäste erst in der achten Phase ihre Plätze im Zug einnahmen – der größte Teil der Erfahrung hatte also gar nichts mit dem Zug bzw. den Waggons selbst zu tun. Das Team kam zu dem Schluss, dass jeder der vorherigen Schritte eine Gelegenheit war, eine positive Interaktion zu kreieren: Möglichkeiten, die übersehen worden wären, wenn sie sich nur auf das Design der Sitze konzentriert hätten.*

Ausrichtungsdiagramme sind ein Werkzeug, das auf solche neuen Möglichkeiten hinweist. Sie bringen eine Beschreibung der Erfahrungen des Einzelnen visuell mit den Angeboten eines Unternehmens in Einklang.

Erinnern Sie sich an die *Chancen* (Opportunities), die am unteren Rand des Rail-Europe-Diagramms, das von Chris Risdon erstellt wurde und das ich weiter oben in diesem Buch gezeigt habe, hervorgehoben wurden (siehe Abbildung 1-5 in Kapitel 1)? Einige Möglichkeiten zeigen taktische Lösungen auf, aber insgesamt gehen sie darüber hinaus und weisen auf größere strategische Optionen hin. Soll das Unternehmen als Anbieter von Reiseinformationen auftreten? Sollten sie mit Einzelhändlern und E-Commerce-Partnern zusammenarbeiten? Wie können sie den Support oder die Erfahrung beim Kauf von Fahrkarten neu erfinden? Diese strategischen Erkenntnisse sind direkt an die tatsächliche Erfahrung des Zugfahrens geknüpft und innerhalb des Diagramms im Kontext dargestellt.

In diesem Sinne bieten Ausrichtungsdiagramme eine *neue Art des Sehens*: einen neuen Blick auf Ihre Märkte, Ihr Unternehmen und Ihre Strategie – von außen nach innen (outside-in) und nicht von innen nach außen (inside-out). Logischerweise sind sie in den Anfangsphasen der Bereitstellung einer Dienstleistung am effektivsten (Abbildung 4-2).

Ich glaube, dass Mapping dabei hilft, strategische Kurzsichtigkeit zu korrigieren. Meiner Erfahrung nach zeigen die resultierenden Diagramme immer ein viel breiteres Bild der Kundenbedürfnisse, als ein Unternehmen sie aktuell anspricht.

Doch die Erweiterung Ihres strategischen Blicks erfordert Veränderungen. Das Unternehmen als Ganzes muss sich eine neue Denkweise aneignen. Dabei geht es speziell um drei Aspekte:

- Wettbewerb neu denken
- Shared Value schaffen
- Bereitstellung von Wert neu denken

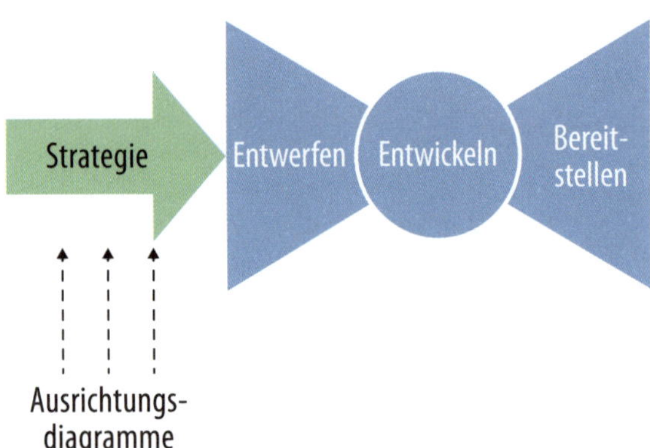

ABBILDUNG 4-2. Ausrichtungsdiagramme ermöglichen Erkenntnisse, indem sie von außen nach innen schauen, und werden am besten im Vorfeld erstellt, um die strategische Entscheidungsfindung zu unterstützen.

Die nächsten Abschnitte beschreiben diese Aspekte und die Rolle, die das Experience Mapping jeweils dabei spielen kann.

Wettbewerb neu denken

Üblicherweise kategorisieren Unternehmen ihre Kunden nach demografischen oder psychografischen Merkmalen (Alter, Einkommen, Ethnie, Familienstand usw.) oder betrachten das Kaufverhalten oder – im B2B-Bereich – die Unternehmensgröße.

Dadurch werden aber Kategorien benutzt, die nicht den tatsächlichen Bedürfnissen und Motivationen der Kunden entsprechen. Menschen kaufen normalerweise Produkte nicht aufgrund ihres Alters oder Einkommens. Ein pauschaler Ansatz scheitert zwangsläufig und führt dazu, dass Manager ihre demografischen Kategorien willkürlich neu fassen.

Ein alternatives Modell betrachtet den Markt aus der Perspektive des Kunden. Einfach ausgedrückt: Menschen kaufen Produkte, um bestimmte Aufgaben erledigen zu können. Die *Ergebnisse*, die Menschen anstreben, und nicht die Kunden selbst, sind der primäre Maßstab für eine sinnvolle Segmentierung (Abbildung 4-3).

In Anlehnung an Levitt verweist Clayton Christensen mit seinen Co-Autoren Scott Cook und Taddy Hall auf das Scheitern der traditionellen Segmentierungspraktiken. In ihrem Artikel »Marketing Malpractice« schreiben sie:

> *Die vorherrschenden Methoden der Segmentierung, die angehende Manager während ihres Studiums und ihrer Ausbildung lernen und dann in den Marketingabteilungen angesehener Unternehmen praktizieren, sind tatsächlich ein Hauptgrund dafür, dass die Entwicklung neuer, innovativer Produkte zu einem Glücksspiel mit erschreckend geringen Gewinnchancen geworden ist.*

Es gibt eine bessere Möglichkeit, über Marktsegmentierung und Produktinnovationen nachzudenken. Die Struktur eines Markts, vom Standpunkt des Kunden aus gesehen, ist ganz einfach: Sie wollen Dinge erledigen, wie Ted Levitt sagte. Wenn Menschen eine Aufgabe zu erledigen haben, »engagieren« sie im Grunde Produkte, die diese Aufgabe für sie erledigen.

Wenn Sie Ihre Auffassung von Segmentierung ändern, können Sie Wettbewerb neu denken. Die Aufgabe und nicht etwa die Branche oder Kategorie, wie sie von Analysten definiert wird, bestimmt in den Überlegungen des Anwenders den Wettbewerb. Sie konkurrieren nicht mit Produkten und Dienstleistungen einer bestimmten Angebotskategorie – Sie konkurrieren mit allem, was die Aufgabe aus Sicht des Benutzers erledigt.

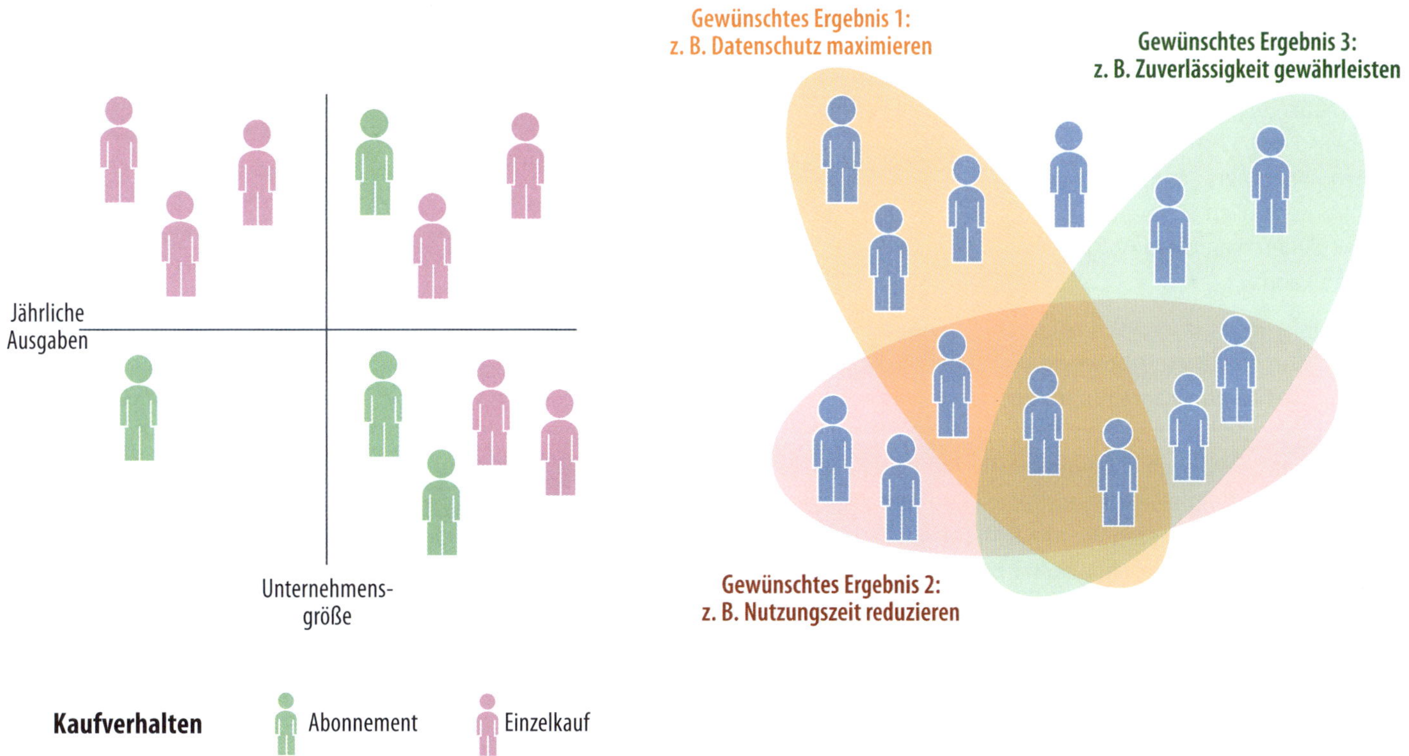

ABBILDUNG 4-3. Die typische Segmentierung konzentriert sich auf demografische und verhaltensbezogene Dimensionen (links) statt auf gewünschte Ergebnisse (rechts).

Scott Cook, Gründer des Steuersoftware-Riesen Intuit, formulierte es einmal so:

> *Der größte Konkurrent [bei Steuersoftware] … kam nicht aus unserer Branche. Es war der Stift. Der Stift ist eine zähe und unverwüstliche Ersatzlösung. Das hatte unsere gesamte Branche übersehen.*[2]

Wenn Sie eine Steuererklärung vorbereiten, ist eine kurze handschriftliche Berechnung auf Papier eine einfache, naheliegende Handlung und nur schwer zu toppen. Cook wusste, dass seine Software nicht nur besser sein musste als andere Steuersoftware, sondern auch effektiver als ein Stift und ebenso einfach zu bedienen. So gesehen konkurriert Steuersoftware mit Stiften und allen anderen Dingen, mit denen man diese Aufgabe erledigen kann.

Erkenntnisse über die Nutzer sind kein lästiges Ärgernis, sondern eine strategische Chance.

Mit Visualisierungen lassen sich alternative Wege zur Erledigung einer Aufgabe darstellen. Abbildung 4-4 ist beispielsweise ein Ausschnitt aus einem Diagramm, das den Arbeitsablauf von Anwälten in Australien beschreibt. Es ist im Zuge einer Untersuchung entstanden, die ich während meiner Zeit bei LexisNexis, einem führenden Anbieter von juristischen Informationen, leitete. In der unteren Zeile ordneten wir den Schritten im Arbeitsablauf verschiedene Arten der Aufgabendurchführung (in Grau) zu.

Nachdem wir konkurrierende Lösungen über die gesamte Erfahrung hinweg visualisiert hatten, ergab sich, dass Anwälte genauso häufig in Bibliotheken oder kostenlosen Onlinequellen recherchierten wie mithilfe unserer Flaggschiff-Datenbank. Das öffnete allen Stakeholdern die Augen. Die Diagramme zeigten deutlich, wie und wo unser Produkt mit verschiedenen anderen Diensten bzw. Angeboten konkurriert.

Die Unternehmerin Rita Gunther McGrath ist der Meinung, dass Märkte als sogenannte *Arenen* betrachtet werden sollten. Arenen sind geprägt von den Erfahrungen, die Menschen machen, und ihrer Bindung an einen Anbieter. Sie schreibt in ihrem Bestseller »The End of Competitive Advantage«:

> *Die treibende Kraft für eine Kategorisierung werden aller Wahrscheinlichkeit nach die Outcomes sein, die bestimmte Kunden anstreben (»Jobs to be done«*[3]*: zu erledigende Aufgaben), und die alternativen Wege, auf denen diese Ergebnisse erreicht werden können. Das ist von entscheidender Bedeutung, da die größten Bedrohungen eines bestimmten Wettbewerbsvorteils wahrscheinlich von einer peripheren oder nicht offensichtlichen Stelle ausgehen werden.*

Erfahrungsdiagramme stellen Annahmen darüber infrage, wer Ihre wirklichen Wettbewerber sind. Sie spiegeln die Bedürfnisse des Einzelnen wider und veranschaulichen die breitere Erfahrung, in der sie von Bedeutung sind. Das wiederum ermöglicht Ihnen, den Markt aus der Perspektive des Kunden zu betrachten und nicht durch die Brille einer künstlichen Segmentierung und der traditionellen Branchenkategorien.

---

2 Zitiert in Scott Berkuns Buch *The Myths of Innovation.*

3 Im weiteren Verlauf des Buchs wird überwiegend die im Deutschen besser lesbare Schreibweise »Jobs-to-be-done« – oder JTBD als entsprechende Abkürzung – benutzt (Anm. d. Übers.).

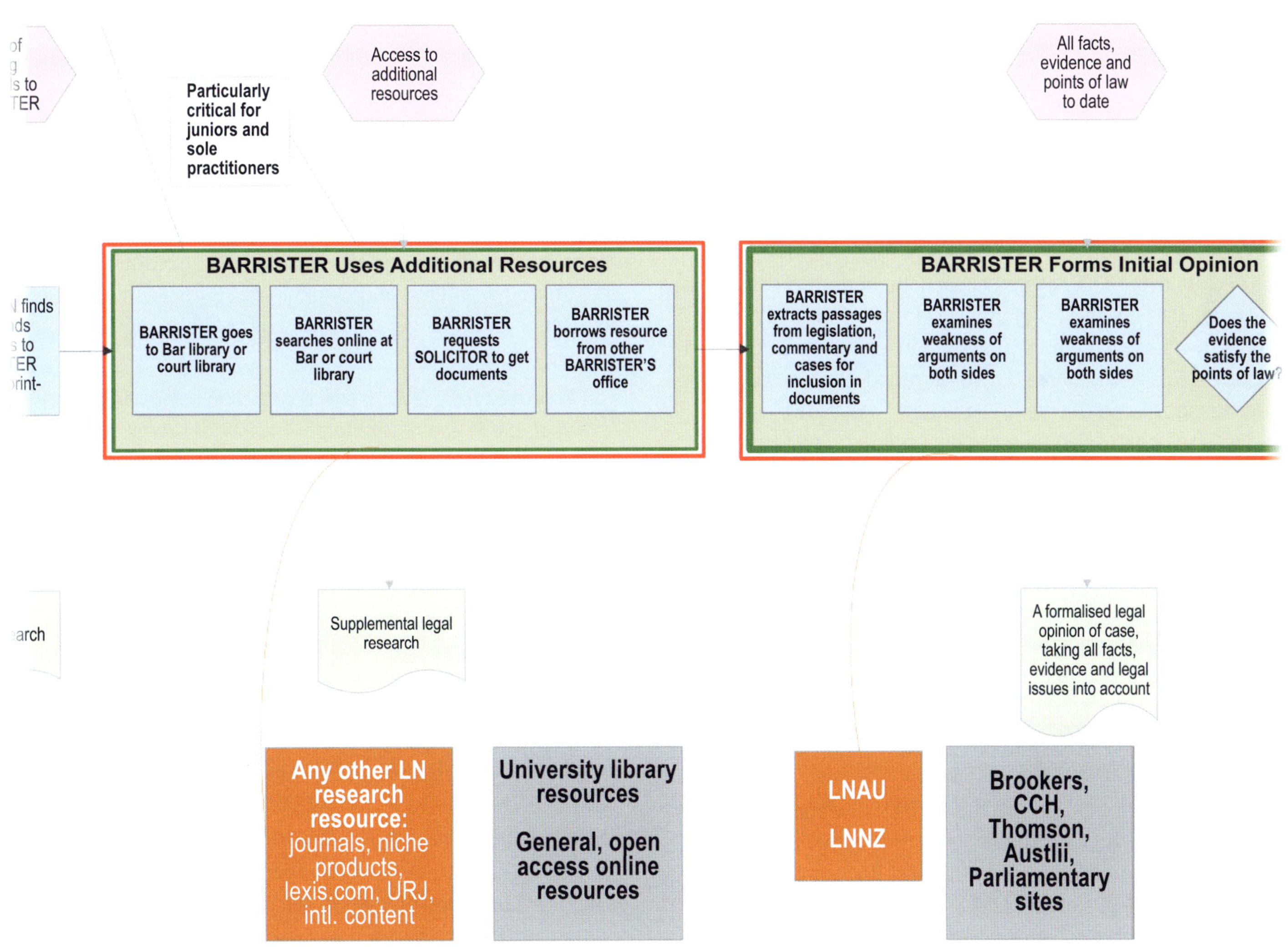

ABBILDUNG 4-4. Dieser Diagrammausschnitt zeigt den Arbeitsablauf eines Anwalts. Die Elemente am unteren Rand zeigen die Lösungen des untersuchten Unternehmens (in Orange) sowie konkurrierende Lösungen (in Grau).

Shared Value schaffen

Nach dem Zweiten Weltkrieg verfolgten die US-Konzerne überwiegend einen strategischen Ansatz, der als *Retain-and-reinvest* bezeichnet wird und bei dem die Thesaurierung und Reinvestition von Gewinnen im Mittelpunkt steht. Sie beließen die Gewinne im Unternehmen, was den Mitarbeitern zugutekam und die Wettbewerbsfähigkeit des Unternehmens erhöhte.

Dies wich in den 1970er-Jahren einer Haltung des *Downsize-and-distribute*: der Verschlankung und Gewinnausschüttung. Dabei standen Kostensenkungen und die Maximierung der Erträge, insbesondere für die Aktionäre, im Vordergrund. Die weitverbreitete wirtschaftspolitische Überzeugung lautete, dass Gewinne gut für die Gesellschaft seien: Je mehr die Unternehmen verdienten, desto besser ginge es einer Gesellschaft.

Diese Politik hat Amerika jedoch nicht wohlhabender gemacht.[4] Unterm Strich geht es uns nicht besser als damals. Verglichen mit den 1970er-Jahren, arbeiten amerikanische Arbeiter heutzutage mehr und verdienen weniger. Gleichzeitig erfuhr der Shareholder Value in Form von Dividenden und CEO-Gehältern einen massiven Aufschwung. Als Folge davon ist das Vertrauen in Unternehmen auf einen historischen Tiefstand gesunken. Unternehmen werden zunehmend für viele soziale, ökologische und wirtschaftliche Probleme verantwortlich gemacht.

Die gute Nachricht ist, dass sich das Verhältnis wieder ändert und wir eine Verlagerung vom *Shareholder* Value zum *Shared Value* erleben. So hat beispielsweise der Business Roundtable, eine Vereinigung der CEOs großer US-Unternehmen, 2019 eine Erklärung veröffentlicht, die Zweck und Aufgabe von Unternehmen beschreibt und in der man sich von der bis dahin vorherrschenden Auffassung löst, dass es nur darum gehe, den Aktionären zu dienen. Die von fast 200 Firmenchefs unterzeichnete Erklärung enthält die Selbstverpflichtung, dass Unternehmen »allen Interessengruppen« dienen sollen, einschließlich Kunden, Mitarbeitern, Lieferanten und Kommunen.[5]

In seinem bahnbrechenden Artikel »Creating Shared Value« erkennt Michael Porter, ein Vordenker im Bereich unternehmerischer Strategie, einen Wendepunkt in der Wirtschaft: Unternehmen können nicht länger auf Kosten der Märkte operieren, die sie bedienen. Er schreibt:

> *Ein großer Teil des Problems liegt bei den Unternehmen selbst, die in einem veralteten Ansatz der Wertschöpfung gefangen sind, der sich in den letzten Jahrzehnten herausgebildet hat. Sie betrachten Wertschöpfung weiterhin sehr eng gefasst und optimieren innerhalb ihrer Blase die kurzfristige finanzielle Performance, während sie die wichtigsten Kundenbedürfnisse übersehen und die umfassenderen Einflüsse ignorieren, die ihren längerfristigen Erfolg bestimmen.*

Ein Shared-Value-Ansatz verknüpft den Umsatz direkt mit der Schaffung von sozialem Nutzen, der wiederum einen Wettbewerbsvorteil für das Unternehmen darstellt. Es ist eine Win-win-Situation.

Shared Value geht über soziale Verantwortung hinaus. Er berührt das Herzstück der Unternehmensstrategie. Das Ziel von Shared Value ist es, bei jeder Interaktion eines Kunden mit einem Unternehmen auch einen Wert für die Gesellschaft zu schaffen. Es gibt drei Möglichkeiten, strategisch über Shared Value nachzudenken:

4 Zu den negativen gesellschaftlichen Auswirkungen der Maximierung des Shareholder Value siehe den kritischen Artikel »Profits Without Prosperity« von William Lazonick, *Harvard Business Review* (September 2014).

5 Siehe die Verpflichtung des Business Roundtable unter *https://opportunity.businessroundtable.org/ourcommitment*.

Konzipieren Sie Ihr Angebot neu.

Skype hat beispielsweise ein Programm namens »Skype in the Classroom« (»Skype im Klassenzimmer«) eingeführt, mit dem Lehrerinnen und Lehrer mit Kollegen auf der ganzen Welt zusammenarbeiten und verschiedene Lernerfahrungen für ihre Schüler gestalten können. Mit anderen Worten: *Skype ist nicht nur im* Videokonferenzgeschäft *tätig, sondern bietet seinen Kunden auch Möglichkeiten zur* Zusammenarbeit im Bildungsbereich.

Verändern Sie die Art und Weise, in der Produkte und Dienstleistungen hergestellt bzw. angeboten werden.

Im Jahr 2009 führte die Intercontinental Hotels Group (IHG) beispielsweise das GreenEngage-Programm ein, um den ökologischen Fußabdruck der Gruppe zu verbessern. Bis heute hat IHG eine Energieeinsparung von etwa 25 % erreicht und kann sich mit diesem Programm bei den Kunden profilieren. Mit anderen Worten: *IHG ist nicht nur ein Anbieter von* Hotelzimmern, *sondern auch ein Unternehmen, das* umweltbewusste Communities *fördert.*

Wir erleben eine Verschiebung vom Shareholder Value zum Shared Value.

Suchen Sie neue Wege der Kollaboration mit Partnern.

Nestlé arbeitete zum Beispiel eng mit Milchbauern in Indien zusammen und investierte in Technologien, um wettbewerbsfähige Systeme der Milchversorgung aufzubauen. Als sozialer Nutzen wurde dadurch gleichzeitig auch die Gesundheitsversorgung verbessert. Mit anderen Worten: *Nestlé stellt nicht nur* Nahrungsmittel *her, sondern bewegt sich im Geschäft mit* Ernährungsweisen.

Das Konzept des Shared Value bedeutet, dass ein Unternehmen in seinem Wertversprechen viele unterschiedliche Perspektiven berücksichtigen muss. Dazu gehört vor allem ein tiefes Verständnis menschlicher Bedürfnisse. In einem Video-Interview rät Porter zum Beispiel:

> *Untersuchen Sie Ihr Produkt und Ihre Wertschöpfungskette. Inwiefern berühren Sie damit gesellschaftliche Bedürfnisse und Probleme? Wenn Sie Finanzdienstleistungen anbieten, lassen Sie uns über Begriffe wie »Sparen« oder »Hauskauf« nachdenken – aber auf eine Weise, die für Kunden auch tatsächlich funktioniert.*

Betrachten Sie Abbildung 4-5, ein Diagramm, das die Erfahrung beim Kauf eines Hauses darstellt und von Sofia Hussain stammt, einer führenden norwegischen Expertin in Sachen Digitalstrategie. Es zeigt im inneren Kreis, beschriftet mit *Inside Activities* (Innere Aktivitäten), die Dienstleistungen eines fiktiven Immobilienportals. Die Aktivitäten des Benutzers – die *Outside Activities* (Äußere Aktivitäten) – werden im umgebenden größeren Kreis dargestellt. Außerdem werden Touchpoints aufgeführt, die mit kleinen Symbolen versehen sind.

In ihrem Artikel »Designing Digital Strategies, Part 2« schlägt Hussain ein strategisches Szenario für das Unternehmen vor, das sein Geschäft um Dienstleistungen erweitern will, die mehr Kundenbedürfnisse als bisher bedienen. Man möchte sich zunehmend von einer Geschäftsidee lösen, bei der es nur um den *Kauf eines Hauses* geht, und den Schwerpunkt darauf legen, *Menschen zu helfen, ein neues Zuhause zu finden und sich dort wohlzufühlen.* Dieses Diagramm kann veranschaulichen, wie diese Erweiterung aus Sicht des Kunden in die Gesamterfahrung passt.

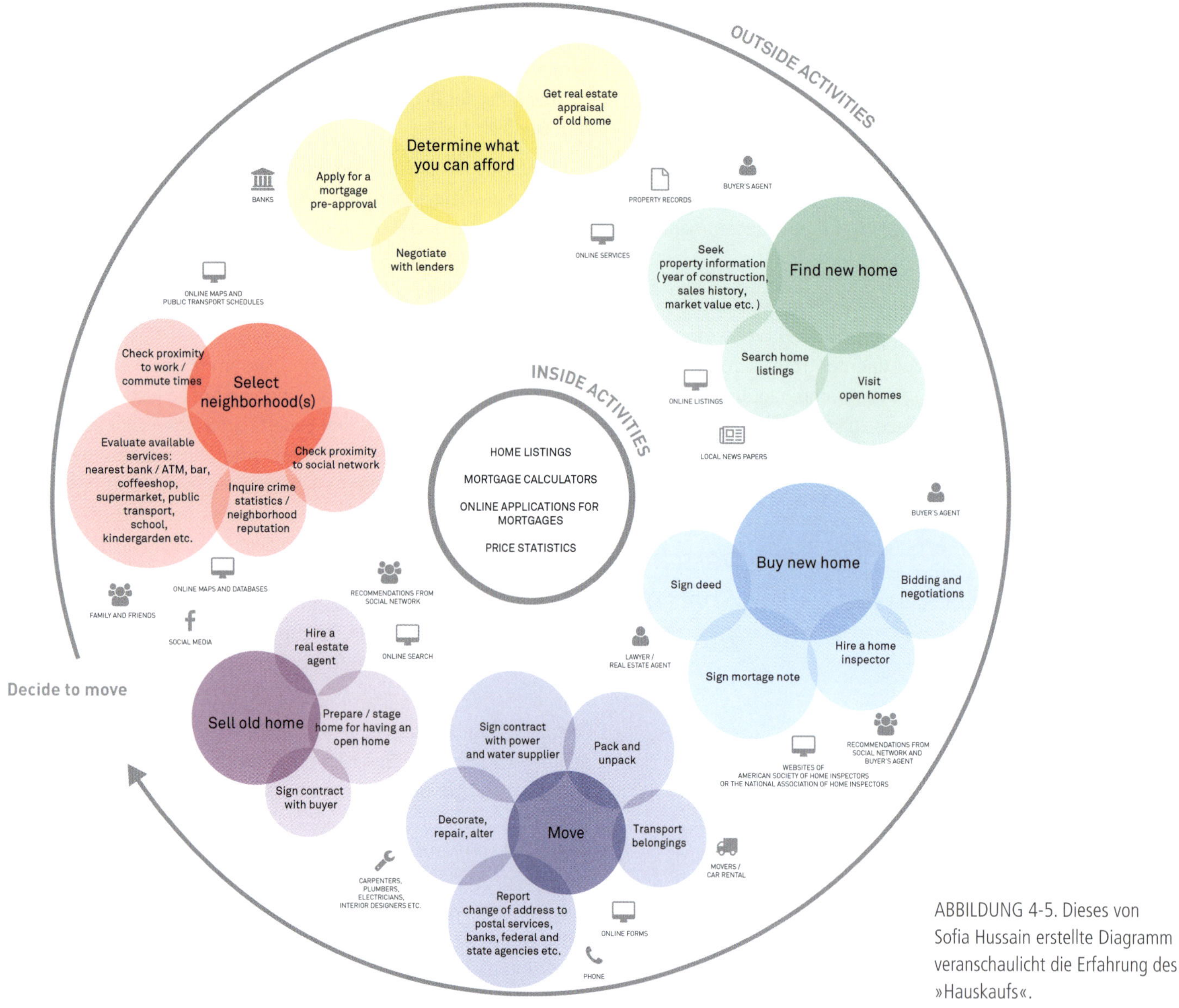

ABBILDUNG 4-5. Dieses von Sofia Hussain erstellte Diagramm veranschaulicht die Erfahrung des »Hauskaufs«.

Aber das Shared-Value-Konzept geht über die Erweiterung des Dienstleistungsangebots oder das Betreten eines neuen Spielfelds hinaus. Es verlangt, dass sich ein Unternehmen fragt, auf welche Weise gleichzeitig sozialer Nutzen geschaffen werden kann.

In unserem Beispiel könnte das Unternehmen etwa einen gesünderen Lebensstil fördern, indem es Wohnungsangebote mit Informationen zur »Walkability« versieht, der *Fußgängerfreundlichkeit*: Wie gut ist die Umgebung bzw. das Viertel für Fußgänger erschlossen? In der Map in Abbildung 4-5 sind Dienstleistungen rund um die *Auswahl einer Nachbarschaft* (*Select neighborhood(s)*) und die *Suche nach einer neuen Wohnung* (*Find new home*) Interaktionspunkte, an denen die Darstellung von Informationen zur Fußgängerfreundlichkeit sinnvoll ist – aber aufgrund der potenziellen Kosteneinsparungen, wenn man Wege in der Nachbarschaft zu Fuß zurücklegen kann, könnten die Informationen auch in die *Überlegungen zum eigenen finanziellen Spielraum* (*Determine what you can afford*) einbezogen werden. Vielleicht könnte das System anzeigen, wie viel Geld man spart, wenn man die Benzinkosten reduziert oder das Auto ganz abschafft.

Mit Shared Value im Hinterkopf erweitert sich der strategische Anspruch des Unternehmens. Es geht um mehr als nur den Kauf eines Hauses oder den Einzug in ein neues Haus: Es geht darum, *durch den Kauf eines neuen Hauses einen gesünderen, umweltfreundlichen Lebensstil zu ermöglichen*.

Diagramme helfen uns, die Interaktionen und Kundenbedürfnisse ganzheitlich zu durchdenken – Porter zufolge können wir mit ihnen das Angebot so visualisieren, dass es für den Verbraucher tatsächlich funktioniert. Die Suche nach Shared Value stützt sich auf solche Betrachtungen der gesamten menschlichen Erfahrung – und Visualisierungen helfen uns, entsprechende Möglichkeiten zu entdecken.

Bereitstellung von Wert neu denken

Da Computerchips immer kleiner werden, wird es immer leichter, Rechenleistung in Alltagsgegenstände einzubetten. Sind physische Produkte technisch entsprechend ausgestattet, können sie sich mit dem Internet verbinden. Das daraus resultierende Netzwerk smarter verbundener Geräte wird als Internet der Dinge (*Internet of Things*, manchmal kurz *IoT*) bezeichnet und erweitert die Möglichkeiten der Wertschöpfung.

Das Ökosystem von Google Nest ist beispielsweise eines der umfangreichsten Smart-Home-Angebote, die es heutzutage gibt (Abbildung 4-6), und verbindet Lautsprecher, Thermostate, Rauchmelder, Router, Türklingeln, Kameras und Schlösser.

In dieser Umgebung wird das Design der einzelnen Komponenten immer anspruchsvoller. Zudem muss stets das gesamte System mit berücksichtigt werden. Ein sicheres Verständnis dieses Ökosystems lässt sich durch Visualisierung erreichen, einer Visualisierung nicht nur mit Blick auf die Geräte und deren Konnektivität, sondern aus einer erfahrungsbezogenen Perspektive.

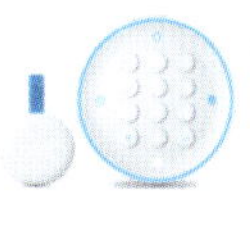

ABBILDUNG 4-6. Das Google-Nest-Ökosystem umfasst eine Reihe vernetzter Geräte, die auf unendlich viele Arten kombiniert und verwendet werden können.

Da die Grenzen zwischen dem Design physischer und digitaler Lösungen verschwimmen, wird es immer wichtiger, zu verstehen, wie Dienstleistungen die Bedürfnisse des Einzelnen erfüllen. Es gibt eine Entwicklung von einzelnen Produkten über vernetzte Lösungen hin zu Lösungen, die Teil eines größeren Ökosystems sind. Ein Teil des Werts, den Unternehmen dem Kunden offerieren, besteht also im Zusammenspiel ihrer Produkte und Angebote (Abbildung 4-7).

So hat die Designberatung Claro Partners bereits einen einfachen Ansatz entwickelt, um die verschiedenen Elemente in einem IoT-System abzubilden. Sie erstellten eine Reihe von Karten für die verschiedenen Aspekte, die typischerweise an solch einem System beteiligt sind. Die Teams füllten die Karten aus und ordneten sie dann zu einem Diagramm des Ökosystems an.

Abbildung 4-8 zeigt eine solche Map, in diesem Fall für das Nike FuelBand. Sie offenbart wichtige Zusammenhänge innerhalb der Erfahrung, etwa die Beziehungen der FuelBand-Benutzer untereinander und die Verknüpfung zwischen physischen Geräten, Software und Datendiensten.

Das Konzept eines Internets der Dinge macht es nicht nur schwieriger, neue Produkte zu konzipieren und zu entwerfen – es ändert die Strategie grundlegend. Ihre Dienstleistung wird unweigerlich Teil eines ganzen Systems von Diensten sein. Diagramme helfen, dessen Komplexität und innere Zusammenhänge zu verstehen. Erfolg hängt davon ab, wie gut Dienste integriert sind und, was noch wichtiger ist, wie gut sie in das Leben der Menschen passen.

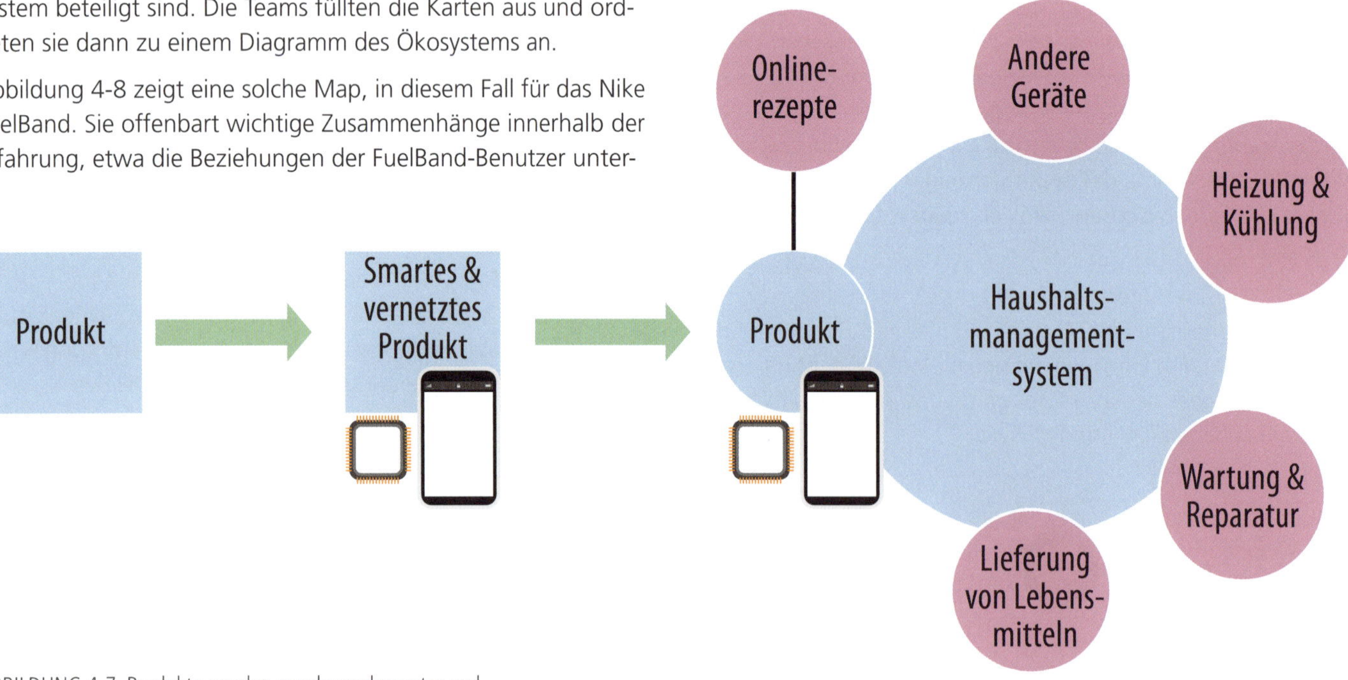

ABBILDUNG 4-7. Produkte werden zunehmend smarter und vernetzter und Teil eines Ökosystems von Diensten.

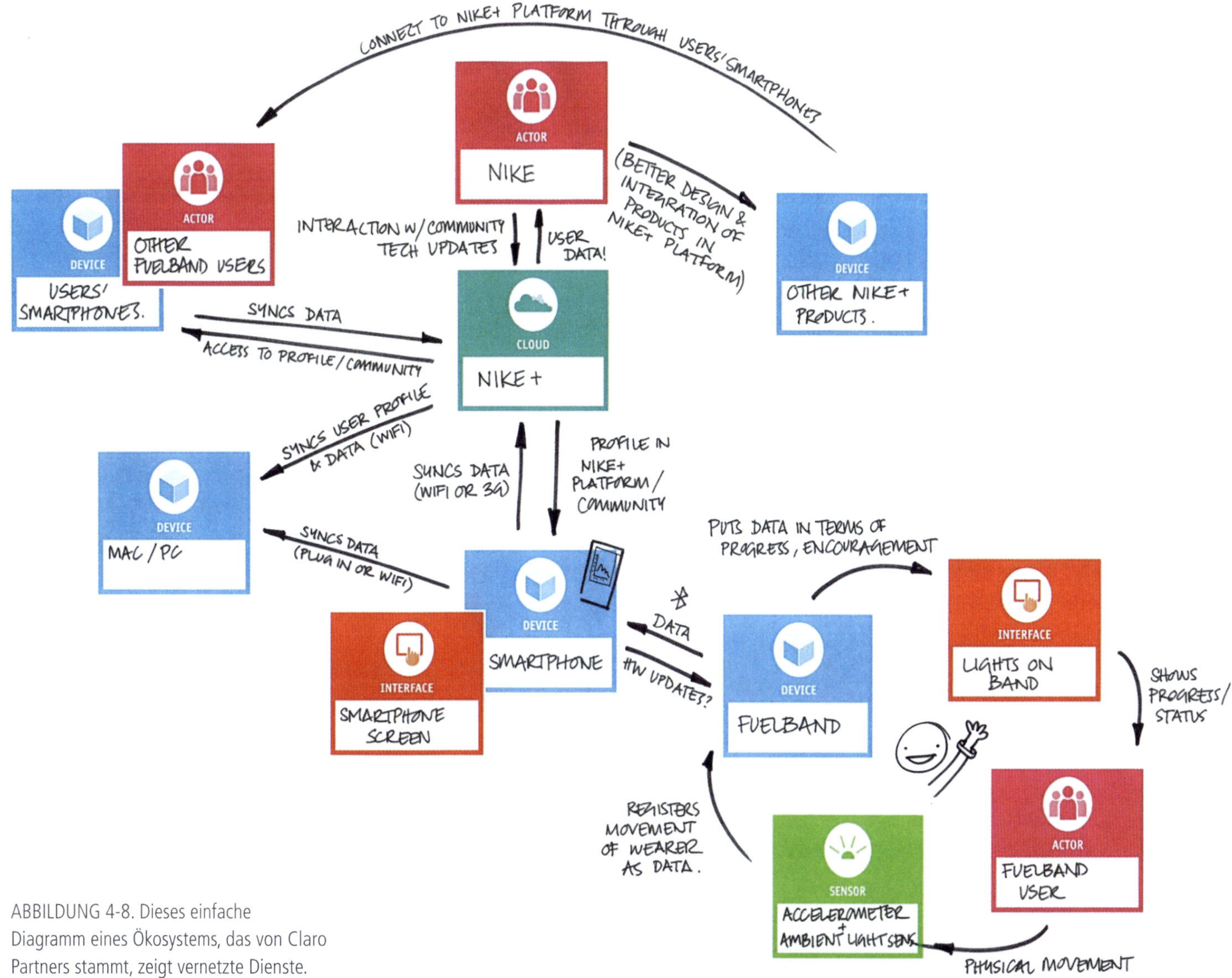

ABBILDUNG 4-8. Dieses einfache Diagramm eines Ökosystems, das von Claro Partners stammt, zeigt vernetzte Dienste.

Mapping-Strategie

Über die Strategie eines Unternehmens wird typischerweise hinter verschlossenen Türen auf der obersten Ebene der Hierarchie entschieden. Die Führungskräfte präsentieren ihre Strategie dann dem Rest des Unternehmens, meist per PowerPoint, und von den Mitarbeitern wird erwartet, dass sie sie »verstehen« und ihre Arbeit auf magische Weise irgendwie daran ausrichten.

Sollte die Strategie später scheitern, schieben dieselben Manager das Versagen auf die schlechte Umsetzung derselben. Sie übersehen, dass Strategie und Ausführung zusammenhängen: Eine (scheinbar) brillante Strategie, die nicht umgesetzt werden kann, ist eben doch nicht ganz so brillant. Schlechte Kommunikation ist aber nur ein Teil des Problems. Es kommt auch darauf an, wie die Strategie *entwickelt* wird. Bei diesem Prozess müssen unterschiedliche Auffassungen und Verständnislücken innerhalb des gesamten Unternehmens überwunden werden. Andernfalls wird die Umsetzung der strategischen Ziele scheitern.

Die Unternehmensberaterin und Autorin Nilofer Merchant beobachtete in vielen Firmen eine gestörte Bindung zwischen der obersten und der untersten Organisationsebene. Sie beschreibt diesen Befund in ihrem Buch »The New How« als »Air Sandwich«. Die Autorin erklärt:

> *Als Air Sandwich bezeichne ich eine Strategie, die auf der obersten Ebene eine klare Vision und Richtungsvorgabe besitzt sowie auf der unteren Ebene Handlungsanweisungen für das Tagesgeschäft – aber praktisch nichts dazwischen: Es fehlt sozusagen das »Fleisch« der Schlüsselentscheidungen, die die beiden Ebenen verbindet, und damit eine reichhaltige Füllung in der Mitte, um die neue strategische Ausrichtung mit den entsprechenden Aktionen innerhalb des Unternehmens abzugleichen.*

Um dieses Problem zu adressieren, sollten Unternehmen die Strategieentwicklung als ein integratives Vorhaben betrachten. Aber die traditionellen Werkzeuge der Strategieentwicklung erschweren die Situation bloß. Worte sind abstrakt und offen für Interpretationen. Dokumente verwirren und verunsichern. E-Mails und Mitteilungen bleiben für diejenigen, die eine Strategie umsetzen müssen, unverständlich.

Visualisierungen sind das Gegenmittel. Diagramme öffnen die Strategie für eine breitere Beteiligung innerhalb eines Unternehmens oder einer Organisation und vertiefen das allgemeine Verständnis.

In den nächsten Abschnitten werden verschiedene Werkzeuge beschrieben, mit denen sich Alignment-Diagramme *ergänzen* lassen. Allen gemeinsam ist der Versuch, die Strategie oder Teile davon zu visualisieren. Diese Werkzeuge tragen Namen wie Strategy Map, Strategy Canvas, Strategy Blueprint sowie Business Model Canvas und Value Proposition Canvas, wobei »Canvas« hier für den Leinwandcharakter der Darstellungsfläche steht. Diese Techniken können durch erfahrungsorientierte Diagramme angereichert werden, die kundenbezogene Aspekte aufzeigen.

Strategy Map

Eine *Strategy Map* stellt die gesamte Strategie eines Unternehmens auf einer einzigen Seite dar. Die Technik wurde durch das Buch »Strategy Maps« der erfahrenen Unternehmensberater Robert Kaplan und David Norton populär. Dieser Ansatz ist aus der Forschung und jahrelanger Erfahrung in der Beratung von Unternehmen hervorgegangen und Teil ihres früheren Frameworks, der *Balanced Scorecard*.

Abbildung 4-9 zeigt als Beispiel eine generische Strategy Map. In den horizontalen Abschnitten werden vier strategische Perspektiven dargestellt:

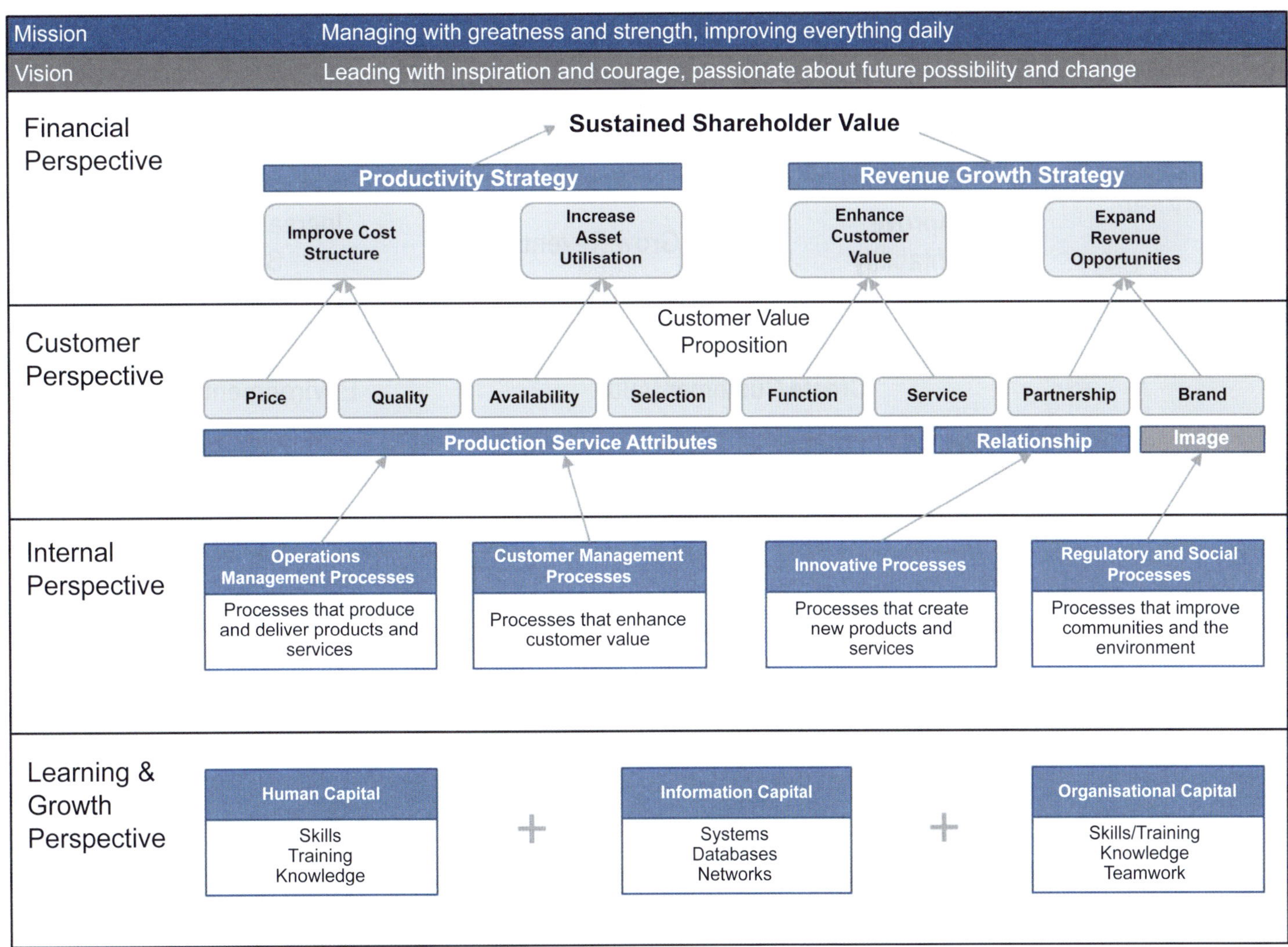

ABBILDUNG 4-9. Eine generische Strategy Map veranschaulicht die hierarchischen Beziehungen zwischen einzelnen Zielen.

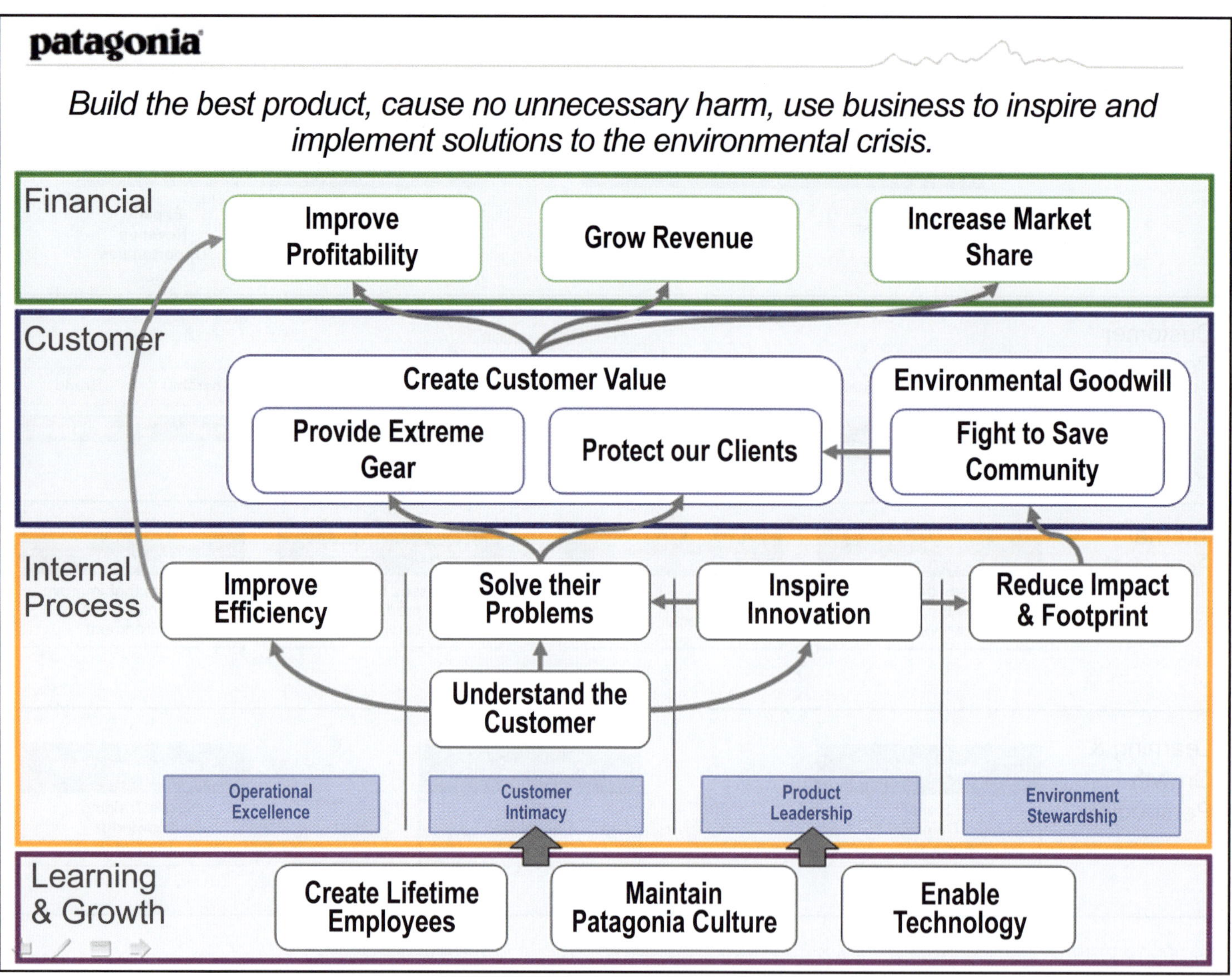

ABBILDUNG 4-10. Dieses Beispiel einer Strategy Map zeigt den Fokus, den das Sportartikelunternehmen Patagonia auf ökologische Aspekte legt.

Learning and growth of employees (Weiterbildung und Mitarbeiterentwicklung)

Diese Perspektive fasst zusammen, welche menschlichen Kenntnisse und Qualifikationen sowie welche informationstechnischen Systeme das Unternehmen benötigt, um den beabsichtigten Wert bereitzustellen.

Internal processes (Interne Prozesse)

Ziele auf dieser Ebene betreffen die Fähigkeiten und die Effektivität des Unternehmens als Ganzes.

Customers (Kunden)

Diese Perspektive blickt auf das Leistungsversprechen. Hier zeigen Alignment-Diagramme, was Kunden tatsächlich als wertvoll wahrnehmen.

Financials (Finanzen)

Dies sind die Ziele auf oberster Ebene, die sich auf die Wertschöpfung beziehen, die das Unternehmen in Form von finanziellen Gewinnen erzielt.

Die daraus resultierende Map ist mehr als eine bloße Liste von Zielen, stattdessen zeigt sie diese in einem kausalen Zusammenhang. Von diesem Standpunkt aus gesehen, ist Strategie eine Abfolge von Wenn-dann-Anweisungen, wie Kaplan und Norton betonen.

Betrachten Sie als einfaches Beispiel die Strategy Map für die Firma Patagonia (in Abbildung 4-10), erstellt von Michael Ensley, einem Unternehmensberater bei PureStone Partners. Ökologische Aspekte (*Environmental Goodwill*) sind ein wichtiges strategisches Ziel, das im Diagramm hervorgehoben wird. Durch diese Verankerung in der Map wird das für alle Personen im Unternehmen sichtbar.

Diagramme öffnen die Strategie für eine breitere Beteiligung innerhalb eines Unternehmens oder einer Organisation und vertiefen das allgemeine Verständnis.

Im Zentrum dieses Beispiels wird dargestellt, wie Patagonia einen Kundennutzen schaffen will. Als wichtiger interner Prozess wird die *Lösung der Kundenprobleme* (*Solve their Problems*) angegeben, die mit zwei Aspekten verbunden ist: der *Bereitstellung von Ausrüstung für extreme Bedingungen* (*Provide Extreme Gear*) und dem *Schutz unserer Kunden* (*Protect our Clients*). Ausrichtungsdiagramme fördern die Art von Diskussionen, die notwendig sind, um diese zu lösenden Probleme formulieren zu können.

Strategy Maps bieten eine ausgewogene Sicht auf die ineinandergreifenden strategischen Entscheidungen eines Unternehmens. Sie veranschaulichen die Beziehungen zwischen den Zielen und ermöglichen anderen Beteiligten, zu erkennen, wie ihre Aktivitäten in das strategische Ganze passen.

Strategy Canvas

Das *Strategy Canvas* ist ein visuelles Werkzeug, um sowohl bestehende Strategien zu ermitteln als auch alternative Strategien zu entwickeln. Dieses Tool wurde von W. Chan Kim und Renée Mauborgne um das Jahr 2000 entwickelt und in ihrem bahnbrechenden Buch »Blue Ocean Strategy« (dt.: »Der Blaue Ozean als Strategie«) vorgestellt. Abbildung 4-11 zeigt exemplarisch ein Strategy Canvas für die Fluggesellschaft Southwest Airlines.

Entlang der horizontalen Achse sind die wichtigsten Wettbewerbsfaktoren aufgeführt. Es sind die Aspekte, die Kundennutzen schaffen, und die Dimensionen, entlang deren Firmen konkurrieren. Die vertikale Achse zeigt die relative Performance des Unternehmens bei den einzelnen Faktoren an, von niedrig bis hoch. Diese Darstellungsweise vergleicht, wie verschiedene Unternehmen Kundennutzen schaffen.

Beim Blue-Ocean-Strategieansatz gibt ein Strategy Canvas die Schlüsseldynamik wieder. Rote Ozeane, so Kim und Mauborgne, stehen für einen harten Wettbewerb zwischen bestehenden Industrien in einem bestimmten Marktsegment. Wird es dort enger, sinkt der Marktanteil jedes einzelnen Unternehmens, und das Wasser färbt sich rot von vergossenem Blut.

Blaue Ozeane sind die *nicht* umkämpften Bereiche des Markts. Hier wird Nachfrage *geschaffen* – nicht um sie gekämpft. Der Rat der Autoren ist klar: Konkurriere nicht direkt mit Wettbewerbern. Mache sie stattdessen irrelevant.

Um das zu erreichen, sind harte Kompromisse nötig. Southwest Airlines entschied sich, *nicht* entlang der traditionellen Faktoren im Flugverkehr zu konkurrieren. Stattdessen konzentriert es sich auf häufige Abflüge von kleineren Flughäfen. Damit konkurriert das Unternehmen mit dem Auto: Kunden, die den Weg zwischen zwei Städten sonst mit dem Auto zurückgelegt hätten, erwägen nun vielleicht, stattdessen mit Southwest zu fliegen.

Der Prozess bei der Erstellung eines Strategy Canvas umfasst die folgenden Schritte:

1. *Bestimmen Sie Faktoren der Wertschöpfung.* Man kann leicht Dutzende von möglichen Faktoren finden. Die Kunst besteht darin, sich auf die wichtigsten zu konzentrieren. Hier kommen Alignment-Diagramme ins Spiel: Sie helfen, diese Faktoren zu identifizieren. Sie zeigen, welche Probleme das Unternehmen hat und wie aus dessen Sicht Wert wahrgenommen wird.

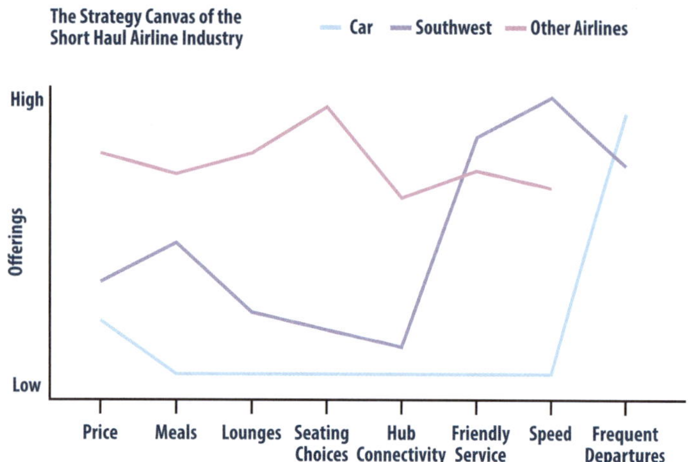

ABBILDUNG 4-11. Dieses Strategy Canvas für Southwest Airlines zeigt beispielhaft Merkmale der Wettbewerbsdifferenzierung.

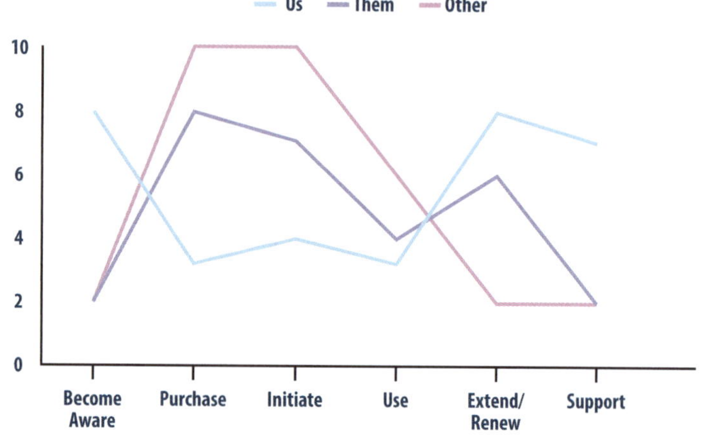

ABBILDUNG 4-12. Ein Beispiel für ein Strategy Canvas, das Arten von Erfahrungen vergleicht.

2. *Legen Sie Typen von Wettbewerbern fest.* Der Trick besteht darin, sich auf eine begrenzte Anzahl von repräsentativen Wettbewerbern zu beschränken. Drei sind ideal. Mehr als vier einzubeziehen, verringert die Aussagekraft des resultierenden Diagramms erheblich.
3. *Bewerten Sie für jeden Faktor die Performance.* Typischerweise benutzt man dazu eine relative Skala von niedrig bis hoch. Es ist auch möglich, eine Bewertung anhand empirischer Daten vorzunehmen, z. B. auf Basis einer Umfrage.

Ein alternativer Ansatz zur Bestimmung der Faktoren, die an der Schaffung von Wert bzw. Nutzen beteiligt sind, ist die Konzentration auf die *Art der Erfahrungen*, die Individuen machen. Vielleicht haben Sie in einer Customer Journey Map ein halbes Dutzend Interaktionsphasen identifiziert (z. B. Gewahrwerden, Kauf, Nutzung starten, fortgesetzte Nutzung eines Diensts, Verlängerung und Support). Für jede dieser Phasen können Sie bewerten, wie konkurrierende Dienste abschneiden, und Ihr Angebot mit dem Ihres Hauptkonkurrenten und weiterer Mitbewerber vergleichen (siehe Abbildung 4-12).

Dieser Ansatz hilft Ihnen vielleicht nicht, tatsächlich einen blauen Ozean zu entdecken, bietet aber wertvolle Erkenntnisse und einen erfahrungsbasierten Blick auf die strategische Landschaft.

Mithilfe eines Strategy Canvas lässt sich auch das Potenzial bestimmter Lösungen vergleichen. Im Rahmen einer früheren Beschäftigung bei einem Content-Provider wollte mein Team verstehen, warum Menschen Gedrucktes gegenüber digitalen Ressourcen bevorzugen. Nachdem wir Dutzende von Kunden befragt hatten, identifizierten wir eine Reihe von Bedürfnissen, auf die dieser Unterschied zurückgeht.

In einem Diagramm, das Abbildung 4-13 wiedergibt, konnten wir zeigen, wie sich die unterschiedlichen Lösungen im Hinblick auf die Erfüllung oder Nicht-Erfüllung der einzelnen Bedürfnisse schlagen. Wir stellten dann Hypothesen darüber auf, unter welchen Voraussetzungen die Menschen unsere Onlineinhalte – im Diagramm mit *New online experience* gekennzeichnet – stärker nutzen würden.

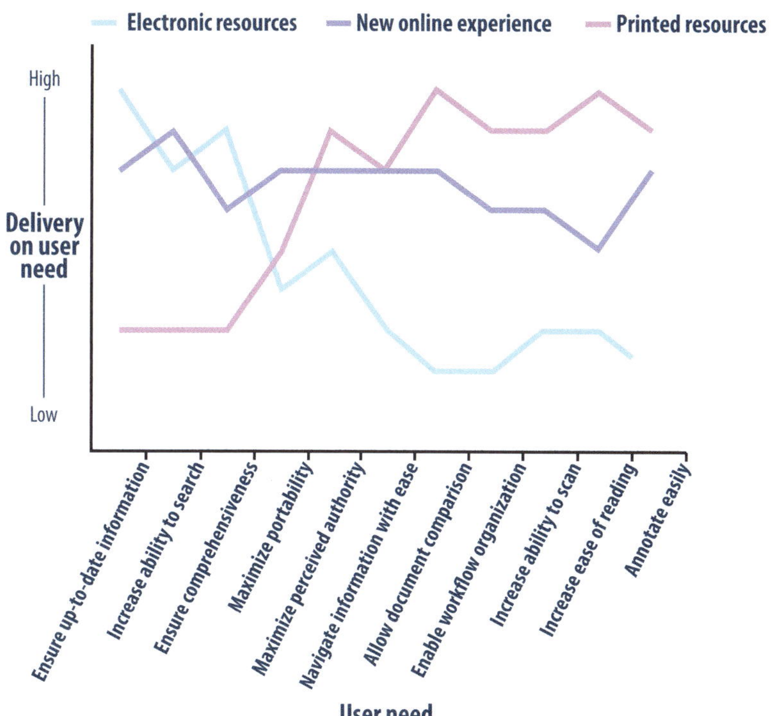

ABBILDUNG 4-13. Ein Diagramm kann Vorteile bei der Erfüllung von Kundenbedürfnissen vergleichen.

Anhand dieser Visualisierung wurde dem Team klar, worauf es sich konzentrieren sollte. Unsere potenziellen Kunden wollten Dokumente mit Anmerkungen versehen und Quellen vergleichen können, und sie benötigten eine bessere Unterstützung bei der Navigation, als sie sie bei den aktuellen Online-Content-Lösungen fanden.

Strategy Blueprint

Es lässt sich nur schwer definieren, was genau Strategie ist. Einerseits wird sie mit *Analyse* verwechselt, die alles beinhaltet: von der Marktgröße über technische Einschätzungen bis hin zu finanziellen Prognosen. Das Ergebnis sind oft Berichte, die Dutzende von Seiten füllen.

Auf der anderen Seite wird sie mit *Planung* verwechselt. Wahrscheinlich kennen Sie die jährlichen Klausurtreffen in Ihrem Unternehmen, bei denen die Manager mehrere Tage lang strategische Pläne für das kommende Jahr schmieden. Aus diesen Treffen bringen sie dann detaillierte Roadmaps und Finanzpläne mit, die bald schon überholt sind.

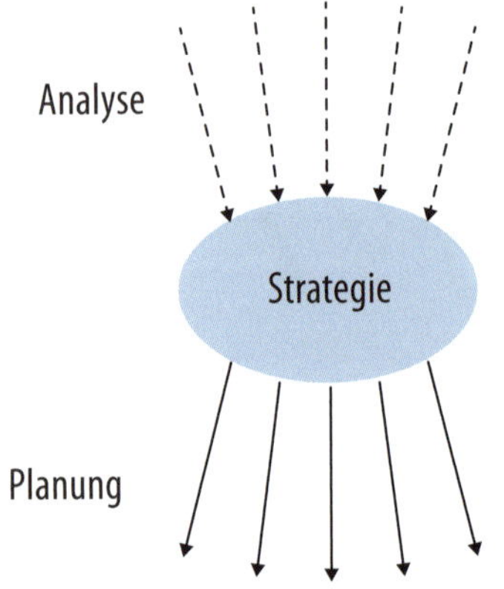

ABBILDUNG 4-14. Strategie liefert die Logik, um von der Analyse zur Planung zu gelangen.

Analyse und Planung sind zwar notwendige Inputs und Outputs im Prozess der Strategiefindung, aber sie sind nicht das Herz der Strategie. Sie finden nicht einfach durch Analyse zur Strategie – die Antworten ergeben sich nicht auf magische Weise aus Daten –, und selbst detaillierte Roadmaps liefern noch keine Begründung für die Aktivitäten, die in ihnen beschrieben sind. Anders dagegen bei einer Strategie (siehe Abbildung 4-14).

Bei einer Strategie geht es darum, den optimalen Weg zur Überwindung von Herausforderungen zu finden, um dadurch eine gewünschte Position zu erreichen. Es ist ein kreatives Unterfangen, das nicht allein auf Analyse und Planung basiert. Strategie stellt die Logik dar, die Analyse und Planung miteinander verbindet. Letztlich geht es darum, wie ein Unternehmen seinen Handlungen und Entscheidungen Sinn verleiht.

Ich habe als Werkzeug den *Strategy Blueprint* entwickelt, um dieses zentrale strategische Grundprinzip zu visualisieren.[6] Es verwendet ein Canvas-Format, um die Beziehungen zwischen den Elementen der Strategie darzustellen.

Abbildung 4-15 zeigt beispielhaft einen vollständigen Strategy Blueprint. In diesem Fall spiegelt es die Strategie eines fiktiven Unternehmens wider, der Einstein Media Company, eines Verlags für wissenschaftliche Fachzeitschriften, Bücher und Informationen. Das Unternehmen ist in seiner Branche seit fast 100 Jahren führend, und Wissenschaftler auf der ganzen Welt vertrauen ihm.

6 Sie können eine PDF-Datei dieses Strategy Blueprint in meinem Blog herunterladen: *https://experiencinginformation.com/2015/10/12/strategy-blueprint.*

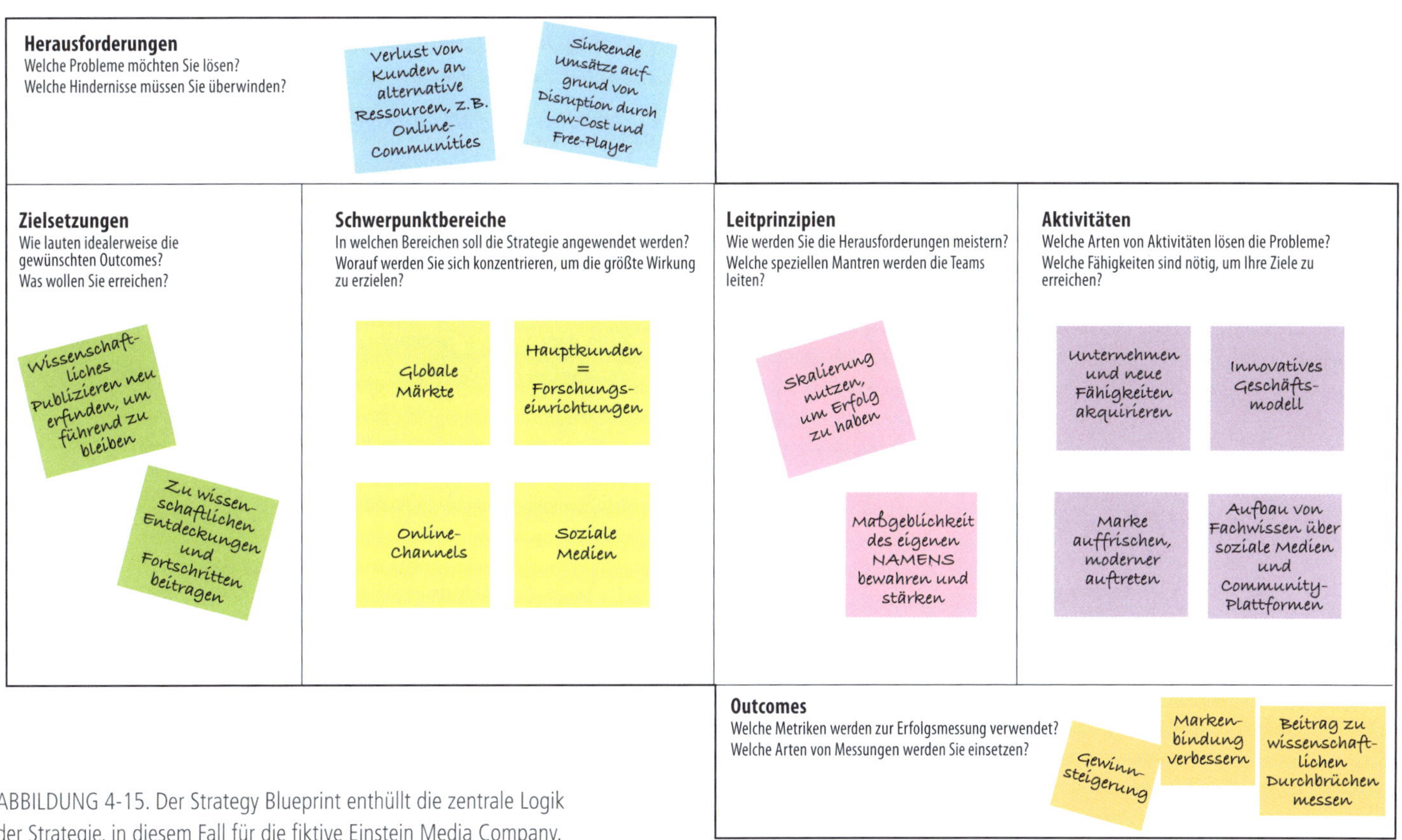

ABBILDUNG 4-15. Der Strategy Blueprint enthüllt die zentrale Logik der Strategie, in diesem Fall für die fiktive Einstein Media Company.

Die Elemente des Strategy Blueprint basieren auf Feldforschung. Unter anderem lehnen sie sich an Henry Mintzbergs »fünf Ps der Strategie« an, die 1987 eingeführt[7] und später in dem Buch »Strategy Safari« weiter ausgearbeitet wurden. Diese werden mit Roger Martins und A.G. Lafleys »fünf Fragen der Strategie« aus ihrem Buch »Playing to Win« kombiniert. (Beide Bücher sind ausgesprochen empfehlenswert.)

Tabelle 4-1 fasst diese beiden Bezugssysteme zusammen und gleicht sie ab. Die letzte Spalte benennt ihre jeweilige thematische Schnittmenge, woraus sich sechs gemeinsame Strategieelemente ergeben. Jedem Element wird im Blueprint ein Kasten zugeordnet:

- *Herausforderungen*. Strategie impliziert das Bedürfnis nach Veränderung, den Wunsch, von Punkt A zu Punkt B zu gelangen. Welche Hürden stehen dem entgegen? Welche Gegenkräfte müssen Sie überwinden, um Ihre Ziele erreichen zu können?
- *Zielsetzungen*. Was für eine Art von Unternehmen wollen Sie sein? Was wünschen Sie sich für Ihre Kunden und für die Gesellschaft?
- *Schwerpunktbereiche*. Indem Sie den Bereich festlegen, auf den Ihre Strategie angewendet werden soll, können Sie Ihre Anstrengungen auf die wichtigsten Dinge konzentrieren. Wen werden Sie bedienen? In welchen Bereichen werden Sie mitspielen? Welche zu lösenden Aufgaben sollen adressiert werden?

TABELLE 4-1. Die sechs Elemente des Strategy Blueprint ergeben sich aus der Verbindung von zwei existierenden Bezugssystemen.

Lafley und Martin	**Mintzberg (5 Ps)**	**Strategische Elemente**
	Pattern (Muster)	Welche Herausforderungen motivieren Sie?
Was wollen Sie im Erfolgsfall erreichen?	Position	Was sind Ihre Zielsetzungen?
Wo werden Sie spielen?	Perspektive	Worauf werden Sie sich fokussieren?
Wie werden Sie gewinnen?	Ploy (Masche, Trick)	Was sind Ihre Leitprinzipien?
Welche Fähigkeiten werden benötigt?	Plan	Welche Arten von Aktivitäten sind erforderlich?
Wie werden Sie die Strategie steuern?		Wie werden Sie den Erfolg messen?

7 Henry Mintzberg, »The Strategy Concept I: Five Ps for Strategy«, *California Management Review* (Herbst 1987).

- *Leitprinzipien*. Dies sind die Säulen der Strategie, die Sie Ihrer Meinung nach in die Lage versetzen werden, die anstehenden Herausforderungen zu meistern. Welche Mantren werden die Teams leiten und die Entscheidungsfindung vereinheitlichen?
- *Aktivitäten*. Welche Arten von Aktivitäten sind erforderlich, um die Strategie umzusetzen und Ihre Ziele zu erreichen? Beachten Sie, dass es hier nicht darum geht, eine Roadmap oder einen Plan zu erstellen, sondern die benötigten Fähigkeiten und Fertigkeiten zu identifizieren.
- *Outcomes*. Woran werden Sie erkennen, dass Sie mit Ihrer Strategie auf dem richtigen Weg sind? Wie können Sie Fortschritte und Erfolge nachweisen?

Strategieentwicklung ist ein kreatives Unterfangen. Ein Strategy Blueprint ermöglicht Ihnen, ohne großes Risiko Optionen zu erkunden. Probieren Sie Alternativen aus, streichen Sie Elemente, überarbeiten Sie Ideen und beginnen Sie wieder von vorn. Der Blueprint hilft Ihnen, Ihre Strategie zu entwerfen. Verwenden Sie es in Briefings, in Workshops oder als Referenzdokument.

Es gibt keine vorgeschriebene Reihenfolge für das Ausfüllen eines Blueprints. Normalerweise ist es am besten, mit den Herausforderungen und Zielsetzungen zu beginnen. Danach können Sie sich frei zwischen den Abschnitten bewegen. Sie können entweder zunächst individuell vorgehen und die Ergebnisse dann in einer gemeinsamen Master-Version des Blueprints zusammenfassen oder gleichzeitig gemeinsam an einem Exemplar des Blueprints arbeiten.

Bei dieser Form der Visualisierung können Sie alle veränderbaren Teile der Strategie auf einmal sehen, wodurch Letztere auch für andere Personen greifbar und nachvollziehbar wird. Ich empfehle, ein einfaches ein- oder zweiseitiges Dokument zu erstellen, um die Strategie mit den wichtigsten erarbeiteten Punkten in Worten und in einem Format festzuhalten, das leicht mit anderen geteilt werden kann.

Business Model Canvas

Das *Business Model Canvas* ist ein strategisches Managementtool, das Geschäftsinhabern und Stakeholdern hilft, neue Geschäftsmodelle zu entdecken. Alexander Osterwalder und Yves Pigneur haben es erstmals in ihrem Buch »Business Model Generation« vorgestellt. Seitdem hat es ziemlich an Popularität gewonnen.

Die neun Felder des Canvas stellen die wichtigsten Komponenten eines Geschäftsmodells dar (Abbildung 4-16). Ihre Anordnung folgt einer inneren Logik. Die Felder auf der rechten Seite stellen die dem Markt zugewandten Aspekte dar, die als *Frontstage* bezeichnet werden. Auf der linken Seite befinden sich die *Backstage*-Elemente eines Geschäftsmodells – die internen Geschäftsprozesse. Das verwendete leinwandartige Format fördert den Erkundungsprozess. Sie können schnell alternative Modelle ausprobieren und bewerten, bevor Sie sich auf eine einzuschlagende Richtung festlegen. So können auf kreative Weise geschäftliche Entscheidungen getroffen werden.

Abbildung 4-17 zeigt die Visualisierung des Geschäftsmodells des Silikon-Spezialanbieters Xiameter im Vergleich zu seiner Muttergesellschaft Dow Corning. Sie basiert auf dem Artikel »Dow Corning's Big Pricing Gamble« von Loren Gary. Die grünen Haftnotizen stehen für das Kerngeschäft von Dow Corning, die orangefarbenen Haftnotizen zeigen das Xiameter-Modell. Interessanterweise scheint Xiameter dem Artikel zufolge einen Einfluss auf das Kerngeschäftsmodell zu haben. Diese Aspekte sind auf blauen Notizzetteln dargestellt.

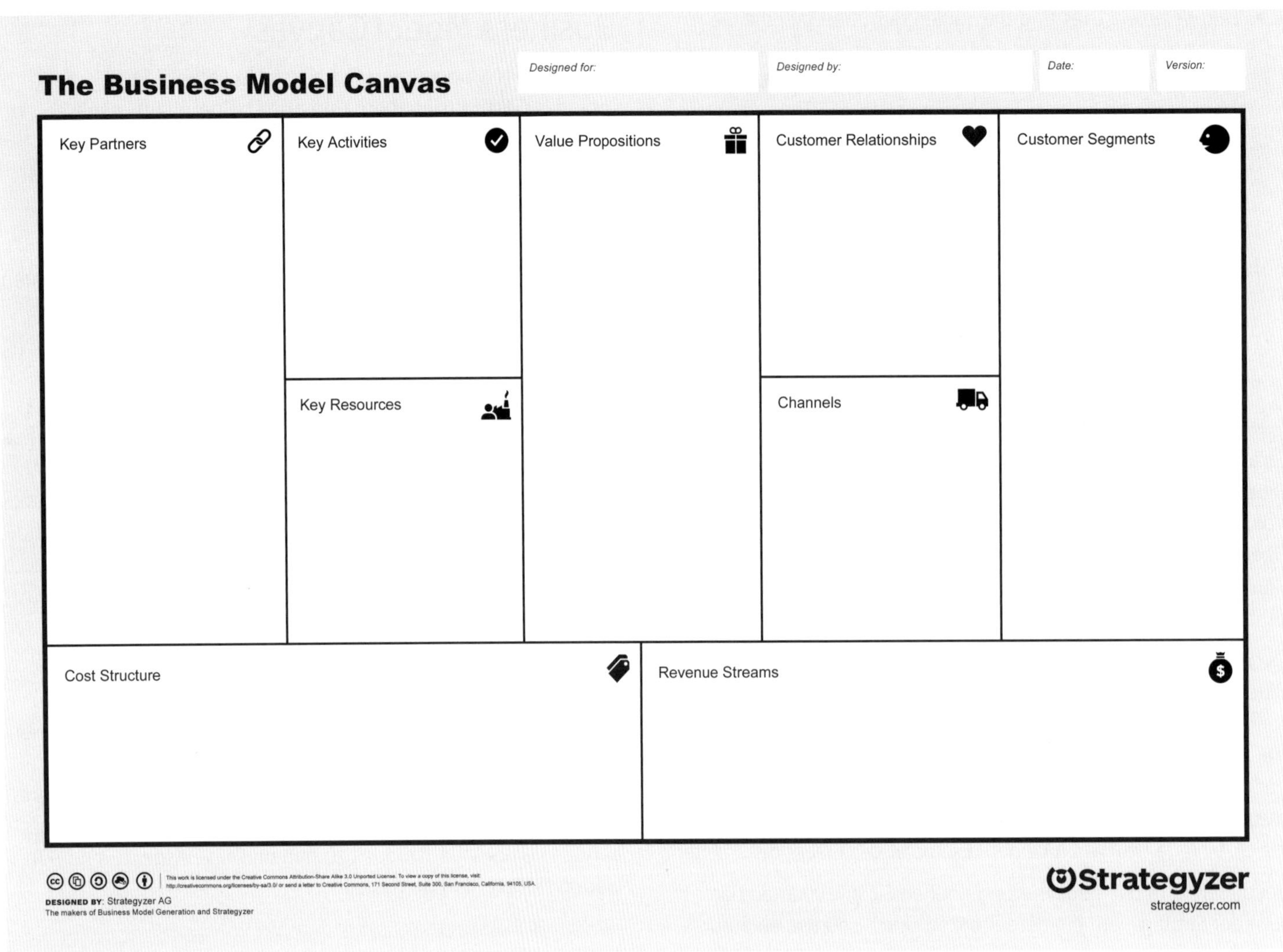

ABBILDUNG 4-16. Das Business Model Canvas ist ein beliebtes Managementtool, das von Alexander Osterwalder entwickelt wurde.

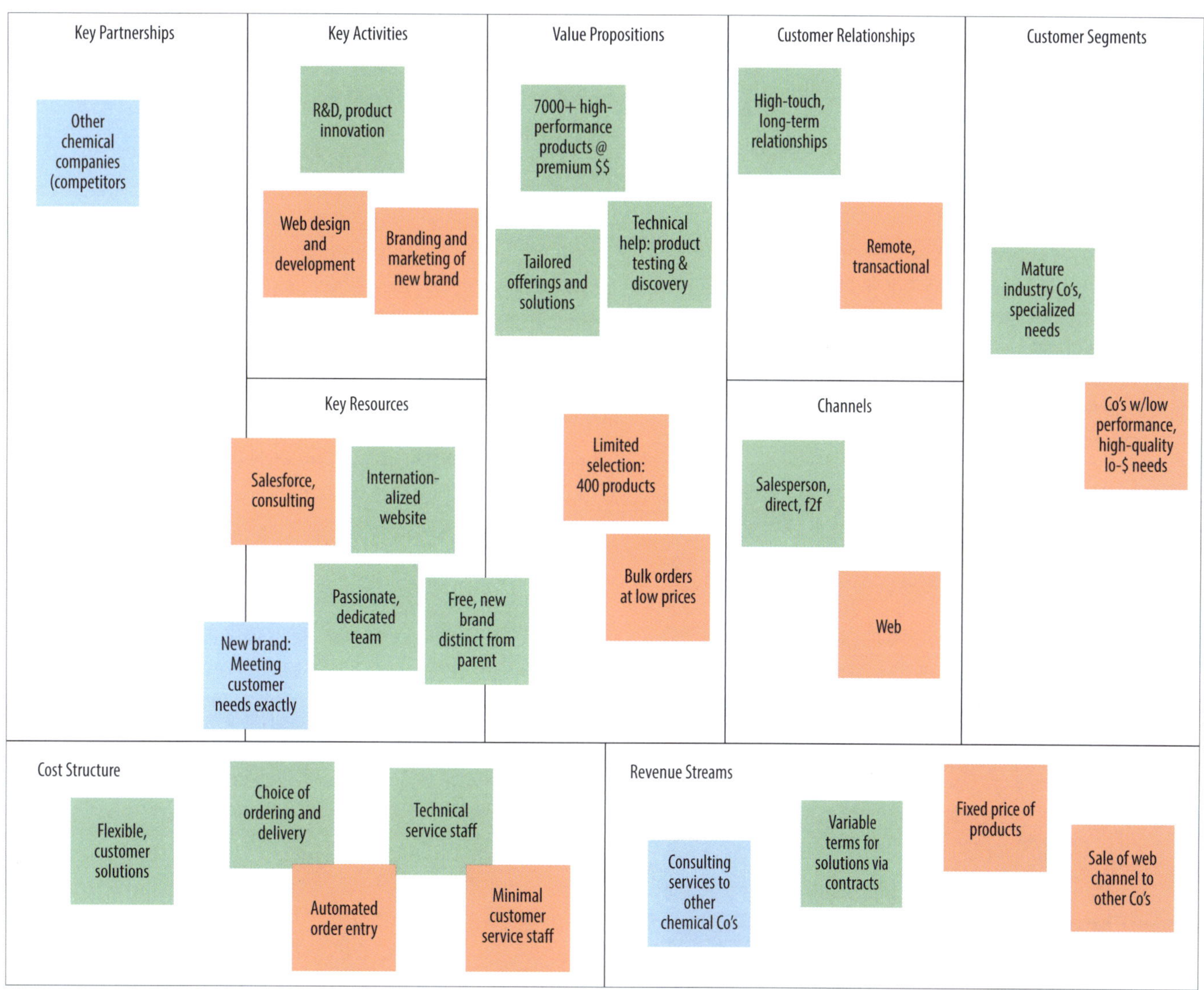

ABBILDUNG 4-17. Dieses Beispiel eines Business Model Canvas vergleicht die Geschäftsmodelle von Xiameter, einem Silikon-Spezialanbieter, mit denen der Muttergesellschaft Dow Corning.

Abbildung 4-18 zeigt das Foto eines Canvas, das ich zusammen mit Stakeholdern nach einer gemeinsamen Ideenfindung erstellt habe. Mithilfe von Haftnotizen konnten wir die Informationen nach Belieben verschieben und mögliche Alternativen in Betracht ziehen. So ließen sich Annahmen hinsichtlich eines neuen Konzepts unter dem Gesichtspunkt der wirtschaftlichen Tragfähigkeit testen.

Die Arbeit mit dem Business Model Canvas erfordert etwas Übung. Sie müssen in der Lage sein, schnell verschiedene Arten von Informationen zu erkennen und sie in die entsprechenden Felder zu sortieren. Sobald Sie den Dreh raus haben, können Sie die Leinwand nutzen, um zügig Alternativen zu entdecken. Es gibt online viele Ressourcen, um mehr über dieses nützliche Werkzeug zu erfahren.

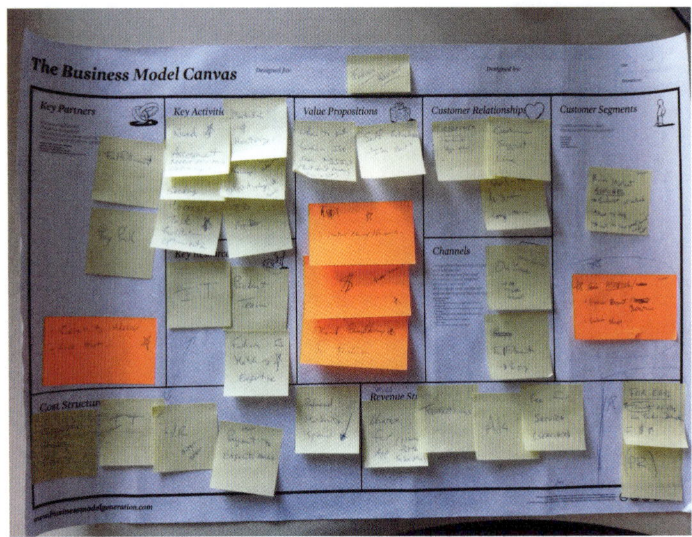

ABBILDUNG 4-18. Das Business Model Canvas eignet sich gut für die Arbeit mit Haftnotizen, um Optionen zu erkunden.

Value Proposition Canvas

Die grundlegende Gitterstruktur des Business Model Canvas inspirierte die Entwicklung ähnlicher Tools. Ein solches Beispiel ist das *Value Proposition Canvas* (siehe Abbildung 4-19), das ebenfalls von Alexander Osterwalder entwickelt wurde. Es ist ein direkter Verwandter des Business Model Canvas und knüpft an zwei seiner Elemente an: die *Customer Segments* (Kundensegmente), für die Sie einen Wert oder Nutzen schaffen wollen, und die *Value Proposition* (Wert- oder Leistungsversprechen), von der Sie glauben, dass es Kunden anziehen wird.

Mit dem Value Proposition Canvas können Sie die Übereinstimmung zwischen Ihrem Angebot und den Kundenwünschen entwerfen und testen.

Es besteht aus zwei Teilen. Auf der rechten Seite befindet sich das Kundenprofil mit drei Komponenten:

- *Jobs-to-be-done* (zu erledigende Aufgaben). Das sind die wichtigen Probleme, die Menschen gelöst haben wollen, und die Bedürfnisse, die sie zu befriedigen versuchen.
- *Pains* (Schmerzen). Das sind die Barrieren, Hürden und Ärgernisse, denen Menschen begegnen und die sie erleben, wenn sie versuchen, eine Aufgabe zu erledigen. Dazu gehören auch negative Emotionen und auftretende Risiken.
- *Gains* (Vorteile). Das sind positive Ergebnisse oder Vorteile, die sich der Einzelne wünscht.

Strategieentwicklung ist ein kreatives Unterfangen.

Die andere Hälfte des Canvas auf der linken Seite zeigt die drei Merkmale Ihres Leistungsversprechens:

- *Products & Services* (Produkte und Dienstleistungen). Das repräsentiert Ihr Angebot, einschließlich aller Features und des Supports.
- *Pain Relievers* (Schmerzmittel). Das beschreibt, auf welche Weise Ihr Angebot die »Schmerzen« des Kunden lindern wird, und zeigt, welche Probleme Sie adressieren.
- *Gain Creators* (Vorteilsbringer). Beschreibt, wie Ihre Produkte und Dienstleistungen den Kunden nutzen.

Indem Sie die linke Seite der rechten Seite zuordnen, können Sie explizit darstellen, wie Sie für Ihre Kunden Wert bzw. Nutzen schaffen. Wenn die Schmerzmittel und Vorteilsbringer mit den Schmerzen und Vorteilen der Kunden korrelieren, spricht das für eine potenziell starke Übereinstimmung. Überprüfen Sie Ihre Annahmen hinsichtlich Ihrer Märkte, sobald Sie sich eine klare Meinung gebildet haben.

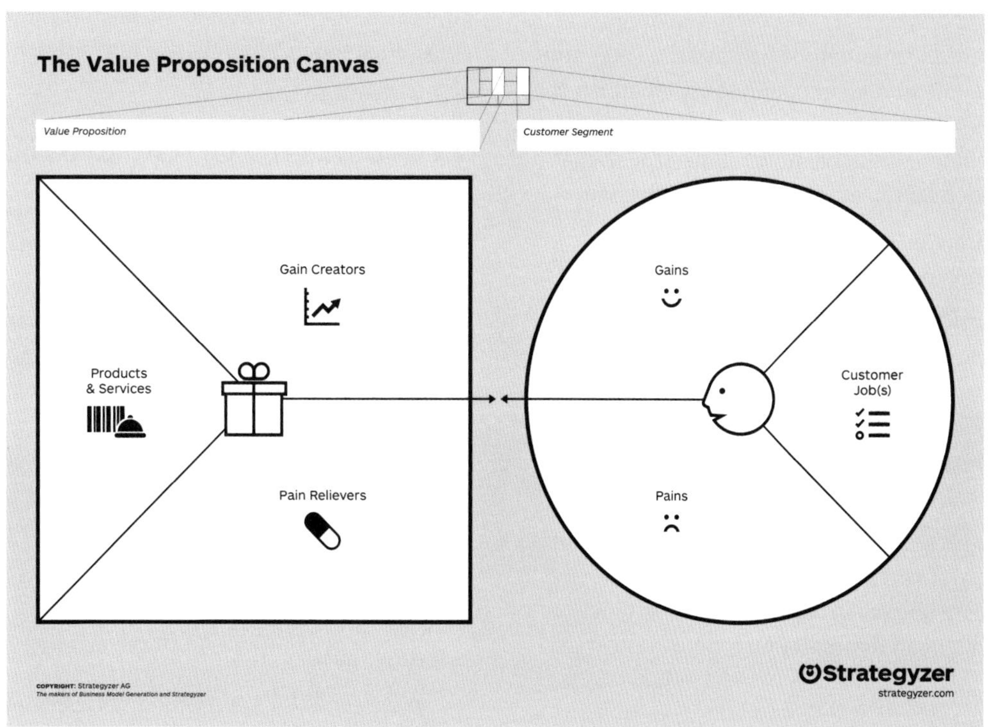

ABBILDUNG 4-19. Das Value Proposition Canvas, das von Alexander Osterwalder und seinem Schweizer Unternehmen Strategyzer entwickelt wurde, ergänzt das Business Model Canvas.

Zusammenfassung

Wenn Unternehmen altern, entwickeln sie oft – es sei denn, sie kämpfen aktiv dagegen an – eine *strategische Kurzsichtigkeit*: ein Unvermögen, das größere Umfeld ihres Geschäfts zu sehen und zu erkennen, wie sie weiterhin bedeutende Werte schaffen können. Erfolgreiche Unternehmen versuchen zuerst die Kundenbedürfnisse zu verstehen und entwickeln von dort aus ihre Strategie. Das stellt viele bestehende Vorgehensweisen in Unternehmen auf den Kopf, die versuchen, Produkte und Dienstleistungen über traditionelle Vertriebskanäle zu vermarkten.

Um das zu ändern, müssen Unternehmen zusätzliche Erkenntnisquellen nutzen, die bei der Strategiefindung sonst oft außen vor bleiben. Dazu gehört ein tiefgehendes Verständnis davon, wie Kunden Wert wahrnehmen. Visualisierungen unterschiedlicher Art erweitern Ihr Blickfeld und bieten neuartige Sichtweisen.

Überlegen Sie zunächst, wie Sie *Wettbewerb neu denken* können. In den Augen Ihres Kunden ist alles, was die Aufgabe erledigt, ein mögliches Konkurrenzangebot.

Überlegen Sie auch, wie Sie der Gesellschaft etwas zurückgeben und *Shared Value schaffen* können. Bei Shared Value geht es darum, mit jeder Kundeninteraktion auch einen gesellschaftlichen Nutzen zu schaffen, was weit über die soziale Verantwortung von Unternehmen hinausgeht.

Das Internet der Dinge zwingt uns dazu, *die Bereitstellung von Werten neu zu denken.* Smarte, vernetzte Produkte werden zwangsläufig Teil eines größeren Ökosystems. Der Wert, den Sie schaffen, wird im Rahmen dieses Kontexts bereitgestellt und erlebt.

Und schließlich: *Organisieren Sie Erneuerung*. Erstens: Trennen Sie den Schutz bestehender Werte von der Schaffung neuer Werte, indem Sie diese Aufgabe unterschiedlichen Unternehmensabteilungen übertragen. Organisieren Sie die Teams außerdem so, dass sie sich an der Kundenerfahrung ausrichten.

Visualisierungen helfen, die Strategie zu öffnen und sie dadurch innerhalb des Unternehmens nicht nur verständlicher, sondern auch breiter wirksam zu machen. Strategie lässt sich mit verschiedenen Techniken grafisch darstellen. Zu diesen Techniken gehören Strategy Map, Strategy Canvas, Strategy Blueprint sowie Business Model Canvas und Value Proposition Canvas. Diese Werkzeuge ergänzen und erweitern Ausrichtungsdiagramme.

Weiterführende Literatur

Jonathan Whelan und Stephen Whitla, *Visualising Business Transformation* (Rutledge, 2020)

> *Dieses ausführliche Buch beschreibt die Rolle der Visualisierung im Allgemeinen, in strategischen Gesprächen und im Organisationsdesign. Die Autoren zerlegen in hervorragender Weise visuelle Komponenten auf der Grundlage ihres »Visualisierungskontinuums« in gut handhabbare Elemente. Ebenfalls behandelt werden vielfältige Themen von Design-Thinking-Frameworks über das Business Model Canvas bis hin zur detaillierten Abbildung von Geschäftsprozessen.*

Phil Jones, *Strategy Mapping for Learning Organizations* (Rutledge, 2016)

> *In diesem Buch konzentriert sich der Autor auf die Qualität der Gespräche, die Strategy Mapping bei Teams anstößt, insbesondere in Verbindung mit einem Balanced-*

Scorecard-Ansatz. Insbesondere soll Führungskräften dabei geholfen werden, die richtigen Fragen zur Strategie zu stellen, um damit die richtigen Verhaltensweisen im Unternehmen fördern zu können. Maps sind effektive Werkzeuge, um die für die Strategieausrichtung erforderlichen qualitativen Gespräche in Gang zu setzen, und Jones zeigt in diesem Band detailliert auf, wie man sie nutzen kann.

A.G. Lafley und Roger Martin, *Playing to Win* (Harvard Business Review Press, 2013)

Dieses Buch bietet einen klaren Bezugsrahmen für das Verständnis von Strategie im Allgemeinen, basierend auf fünf Schlüsselfragen. Es geht um einen der aktuell klarsten und nützlichsten Ansätze zur Strategiefindung. Die Autoren liefern Fallstudien und Beispiele aus ihrer jahrzehntelangen Tätigkeit. Eine unverzichtbare Lektüre für alle, die Strategie verstehen wollen.

W. Chan Kim und Renée Mauborgne, *Blue Ocean Strategy* (Harvard Business Review Press, 2005). Deutschsprachige Ausgabe der 2nd Edition: *Der Blaue Ozean als Strategie: Wie man neue Märkte schafft, wo es keine Konkurrenz gibt* (Hanser, 2016)

Dieses bahnbrechende Buch von den Pionieren der Blue-Ocean-Strategie erklärt diesen Ansatz im Detail. Entscheidend sei nicht, direkt mit Konkurrenten zu konkurrieren, so die Autoren, sondern sie irrelevant zu machen. Um das zu erreichen, müssten Unternehmen neue Attribute der Wertschöpfung finden. Die Visualisierung des Umfelds in einem Strategy Canvas ist ein wichtiger Schritt, um solche Chancen zu identifizieren. Viele Werkzeuge und Ressourcen zur Blue-Ocean-Strategie sind im Internet verfügbar – zum Beispiel unter https://www.blueoceanstrategy.com.

Rita McGrath, *The End of Competitive Advantage* (Harvard Business Review Press, 2013)

Strategie hat sich festgefahren, erklärt McGrath in diesem fesselnden Buch. Bestehende Bezugssysteme betrachten Strategie als Weg, einen nachhaltigen Wettbewerbsvorteil zu erreichen. Stattdessen müssten Unternehmen eine Reihe neuer Praktiken entwickeln, die auf vorübergehenden Wettbewerbsvorteilen basieren. Das bedeutet nicht nur, ständig neue Werte zu finden, sondern auch bestehende Angebote zu reduzieren, wenn sie sich erschöpft haben. Ein augenöffnendes Buch, das auch für Leser über den engeren Businessbereich hinaus geeignet ist.

Alexander Osterwalder und Yves Pigneur, *Business Model Generation* (Wiley, 2011). Deutschsprachige Ausgabe: *Business Model Generation: Ein Handbuch für Visionäre, Spielveränderer und Herausforderer* (Campus, 2011)

Nachdem er für seine Diplomarbeit Geschäftsmodelle recherchiert hatte, schrieb Osterwalder dieses praktische, inspirierende Buch, um sein Business Model Canvas vorzustellen. Ein bunter, vollständig illustrierter Band, der für jeden zugänglich und vergnüglich zu lesen ist. Osterwalder hebt die Bedeutung von Artefakten wie beispielsweise Personas hervor und bricht insgesamt eine Lanze für Design Thinking.

FALLSTUDIE

Chancen identifizieren – Mentalmodelldiagramme und Jobs-to-be-done miteinander kombinieren

von Jim Kalbach, mit Jen Padilla, Elizabeth Thapliyal und Ryan Kasper

Eine zentrale Herausforderung bei der Produktentwicklung ist die Frage, auf welche Bereiche man sich in Bezug auf Verbesserungen und Innovationen konzentrieren will. Man benötigt eine fundierte Theorie, um Erfahrungen von Benutzern mit Entwicklungsentscheidungen zu verknüpfen.

Zu diesem Zweck hat das GoToMeeting User Experience Design Team bei Citrix damit begonnen, umsetzbare, an den Bedürfnissen der Nutzer orientierte Erkenntnisse für die Produktentwicklung zu gewinnen. Bei diesem Ansatz wurden zwei Dinge miteinander kombiniert: das Mappen von Benutzerverhalten und -motivationen mithilfe eines Mentalmodelldiagramms und die Priorisierung der Benutzerbedürfnisse anhand der Jobs-to-be-done-Theorie. Das lieferte eine Visualisierung des Gesamtzusammenhangs sowie Hinweise darauf, wie Mehrwert für die Kunden geschaffen werden kann.

Der Gesamtprozess bestand aus sechs Schritten:

1. Primärforschung durchführen.

   Wir begannen mit einer kontextbezogenen Untersuchung. Wir führten über 40 Vor-Ort-Interviews im gesamten Bereich der Kollaboration und Kommunikation durch. In den Interview-Prozess wurden Stakeholder und Teammitglieder einbezogen. Die Datenerfassung umfasste Feldnotizen, Fotos, Audio- und Videoaufnahmen. Ein Drittanbieter transkribierte über 68 Stunden an Audiomaterial. Das Ergebnis waren fast 1.500 Seiten Text.

2. Erstellen eines Mentalmodelldiagramms.

   In enger Anlehnung an Indi Youngs Ansatz analysierten wir die Transkripte hinsichtlich der Aufgaben, die Menschen zu erledigen versuchten. Durch einen schrittweisen Gruppierungsprozess erstellten wir ein

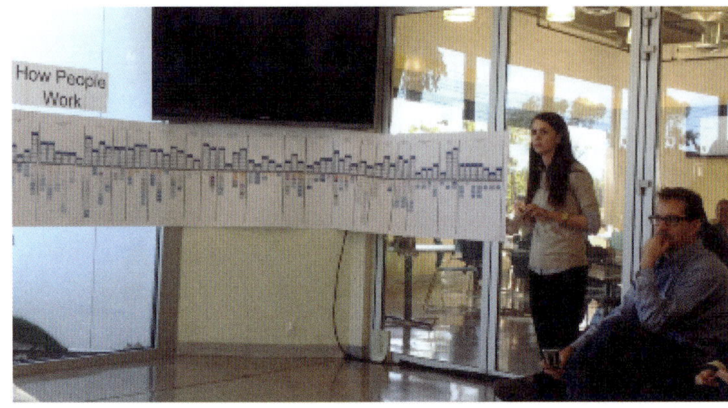

ABBILDUNG 4-20. Verwendung eines Mentalmodelldiagramms in einem Workshop mit Stakeholdern. (Im Bild die UX-Forscherin Amber Braden mit dem Autor dieses Buchs.)

Mentalmodelldiagramm. Dabei handelt es sich um einen Bottom-up-Ansatz, bei dem einzelne Ergebnisse zu Themen zusammengefasst werden, die wiederum Kategorien zugeordnet werden.

Grundlegende Ziele und Bedürfnisse begannen sich herauszukristallisieren. Das Ergebnis war eine Illustration der »Arbeitszusammenarbeit«, die unmittelbar auf Feldforschung basierte.

Der Prozess umfasste auch die Abbildung aktueller Produkte und Funktionen, die die Zielsetzungen und Bedürfnisse der Kunden unterstützen. So konnte das Team erkennen, wie die aktuellen Angebote in das mentale Modell eines Kunden passen.

3. Abhalten eines Workshops.

   In einem Workshop mit einem Dutzend Stakeholdern aus verschiedenen Abteilungen beschäftigten wir uns mit diesem Diagramm in Arbeitsgruppen. Jede Gruppe bekam etwa ein Drittel des gesamten mentalen Modells zugeteilt. Die Stakeholder sollten sich zunächst in die aktuelle Nutzererfahrung einfühlen (Abbildung 4-20).

   Anschließend führten wir ein Brainstorming mit Szenarien rund um die »Zukunft der Arbeit« durch. Dazu präsentierten wir jeder Gruppe die entsprechenden wichtigsten Trends, die wir aus Branchenberichten extrahiert hatten. Zu jedem Abschnitt des Diagramms stellten wir den Gruppen die Frage: »Sollten diese Trends eintreten: Was müssten wir tun, um unsere Kunden zu unterstützen und uns letztlich als Unternehmen weiterzuentwickeln?«

   Um die Ergebnisse des Workshops zu verbreiten, erstellten wir eine Infografik mit einer Zusammenfassung unserer wichtigsten Schlussfolgerungen. Wir druckten diese Grafik aus, laminierten die einzelnen Kopien und verschickten sie per Post an die Workshop-Teilnehmer. Auch nach über einem Jahr fand sich diese Infografik immer noch auf den Schreibtischen der Teamkollegen.

4. Zuordnung von Konzepten.

   Nach dem Workshop aktualisierten wir das Diagramm mit Kommentaren und Beiträgen der Stakeholder. Wir ergänzten das Diagramm außerdem unterhalb der Support-Spalten um verschiedene Konzepte. Daraus ergab sich eine erweiterte Map und ein zusammengesetztes Bild: im oberen Teil die Erfahrung des Benutzers, in der Mitte die Unterstützung, die wir derzeit anbieten, und unten zukünftige Erweiterungen und Innovationen (Abbildung 4-23).

   Aber welche Lücken, was die Möglichkeiten zur Kollaboration betraf, sollten wir zuerst schließen? Die Jobs-to-be-done, die zu erledigenden Aufgaben, halfen uns dann, uns auf diejenigen Konzepte mit dem größten Potenzial zu konzentrieren.

5. Priorisierung der Jobs-to-be-done.

   Wir priorisierten die im Diagramm dargestellten Aufgaben anhand von zwei Faktoren:

   - Der Wichtigkeit, die der Erledigung der Aufgabe zugemessen wird.
   - Wie zufriedenstellend die Aufgabe erledigt werden kann.

   Angebote, die sich auf Aufgaben beziehen, die besonders wichtig sind, mit deren Erledigung Kunden aber am unzufriedensten sind, besitzen die größte Chance auf Akzeptanz (Abbildung 4-21). Sie erfüllen einen ungedeckten Bedarf.

   Um diesen Sweetspot zu finden, setzten wir eine spezielle Technik ein, die von Tony Ulwick entwickelt wurde. Mehr zu dieser Methode finden Sie in den Schriften von Ulwick, die im Abschnitt »Weiterführende Literatur« am Ende dieser Fallstudie aufgeführt sind.

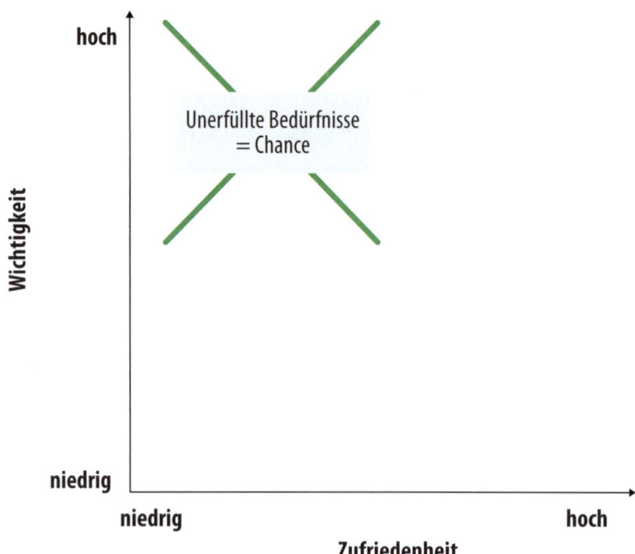

ABBILDUNG 4-21. Lösungen, die bisher unerfüllte Bedürfnisse befriedigen – oder Aufgaben, die wichtig, aber nicht zufriedenstellend erledigt werden –, finden größere Akzeptanz.

Bei dieser Technik beginnt man mit der Erstellung von sogenannten *Desired Outcome Statements*, also Erfolgsmaßstäben für die erfolgreiche Erledigung einer Aufgabe. Diese basierten direkt auf dem Diagramm des mentalen Modells.

Als Nächstes starteten wir eine quantitative Umfrage mit einem umfangreichen Satz von etwa 30 Aussagen zu gewünschten Outcomes. Die Befragten wurden gebeten, diese Aussagen unter den Gesichtspunkten Wichtigkeit und Zufriedenheit zu bewerten.

Anschließend berechneten wir den Opportunity-Score für jede Aussage, indem wir die Punktzahl für die Wichtigkeit und die Zufriedenheitslücke addierten, die sich aus Wichtigkeit minus Zufriedenheit ergibt. Wenn die Befragten z. B. für eine bestimmte Aussage die Wichtigkeit mit 9 und die Zufriedenheit mit 3 bewerteten, lautete das Ergebnis für die Chancenbewertung 15, berechnet als 9 + (9 – 3) = 15 (siehe Abbildung 4-22).

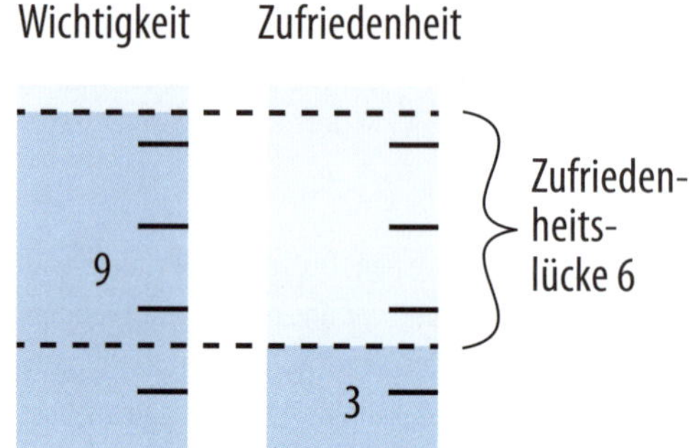

ABBILDUNG 4-22. Hohe Opportunity-Scores weisen auf unerfüllte bzw. untererfüllte Aufgaben hin.

Beachten Sie, dass sich diese Bewertung bewusst auf die Chancen zur Kundengewinnung konzentriert, nicht auf finanzielle Chancen oder solche zur Ausweitung des Markts. Mit anderen Worten: Wir suchten nach einer Lösung für Kundenbedürfnisse, die die Chancen auf eine Akzeptanz durch die Kunden maximieren würde.

6. Fokussierung der Innovationsanstrengungen.

   Die Aufgaben im Mentalmodelldiagramm, die Opportunity-Scores und die vorgeschlagenen Konzepte wurden visuell aneinander ausgerichtet, sodass ein klares Bild davon entstand, in welchem Bereich die größten Chancen (»4. Highest Opportunity«) lagen (Abbildung 4-23).

   Die Entwicklung von neuen Lösungen wurde anhand dieser Informationen priorisiert. Das gab dem Team die Gewissheit, sich in die richtige Richtung zu bewegen – eine Richtung, die solide auf Primärforschung beruhte.

   Produkt- und Marketingmanager sowie Entwickler stuften diese Informationen als hilfreich für ihre Arbeit ein. Die nach Prioritäten geordnete Liste mit den Bedürfnissen der Nutzer erwies sich als ein sehr brauchbares Format, um sich mit den Forschungsergebnissen zu beschäftigen. Ein Product Owner meinte: »Es ist großartig, mithilfe dieser Daten fundierte Entscheidungen treffen zu können. Ich freue mich darauf, solche Daten häufiger verwenden zu können.«

Aufgrund dieser Bemühungen wurden mehrere Konzepte in Prototypen umgesetzt, zwei Neuentwicklungen im Apple Store gelauncht und mehrere Patente angemeldet. Insgesamt liefert der Ansatz eine umfassende, nutzerzentrierte Theorie für die Entwicklung von Dienstleistungen. Die Kombination aus mentalem Modell und der Jobs-to-be-done-Methode der »zu erledigenden Aufgaben« diente als Herzstück des Prozesses, brachte viele Gespräche in Gang und unterstützte die Konsensfindung.

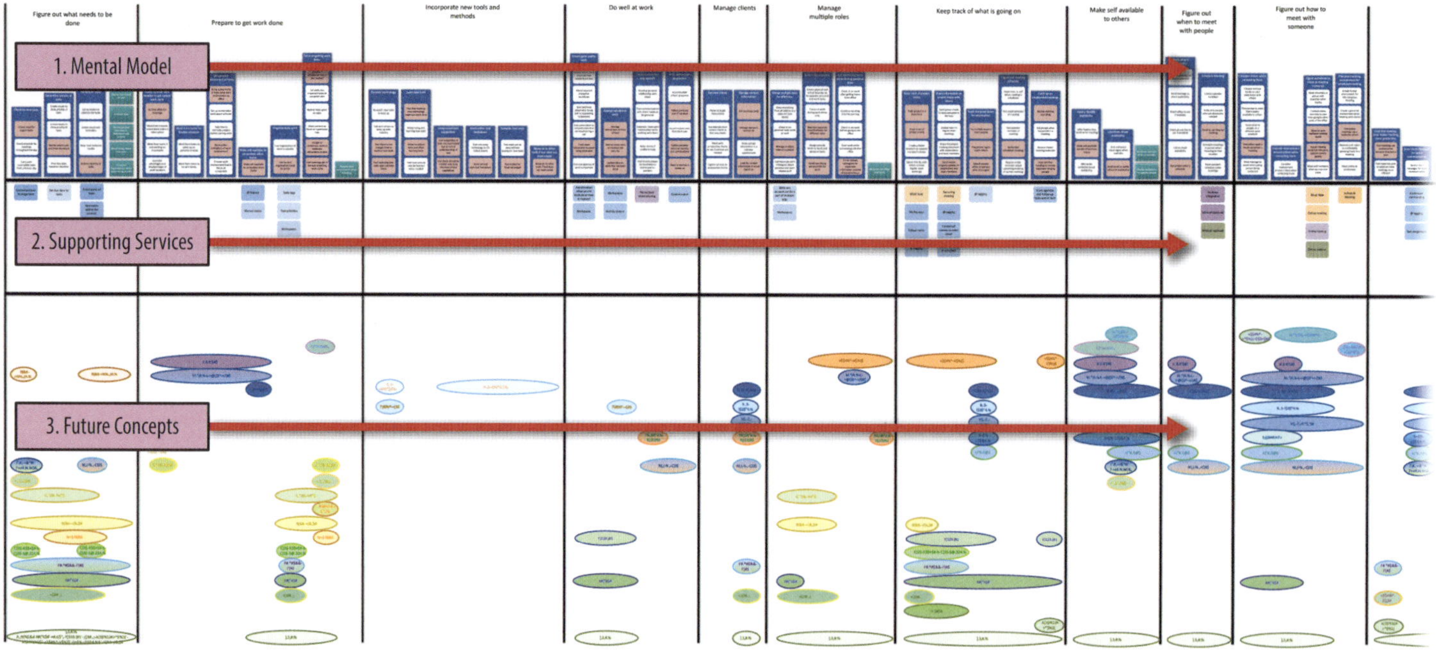

ABBILDUNG 4-23. Ein Ausschnitt aus dem Mentalmodelldiagramm, in dem die Bereiche mit den größten Chancen markiert sind. Die Auflösung des Diagramms wurde absichtlich so niedrig gewählt, um die darin enthaltenen vertraulichen Informationen zu schützen. Entscheidend ist hier die Ausrichtung der vier Informationsebenen:
1. Die Erfahrung des Einzelnen, dargestellt als Diagramm eines mentalen Modells.
2. Dienstleistungen, die dessen Erfahrungen aktuell unterstützen.
3. Vom Team entwickelte Zukunftskonzepte.
4. Die Bereiche mit ungedeckten Bedürfnissen, die die größten Chancen bieten, ermittelt mit dem Jobs-to-be-done-Ansatz.

Weiterführende Literatur

- Anthony Ulwick, *What Customers Want* (McGraw Hill, 2005)
- Anthony Ulwick, »Turn Customer Input into Innovation«, *Harvard Business Review* (Januar 2002)

Über die Autoren des Beitrags

Jen Padilla ist eine erfahrene Nutzerforscherin mit Stationen bei verschiedenen Softwareunternehmen im Großraum San Francisco, darunter VMware, Citrix und Symantec.

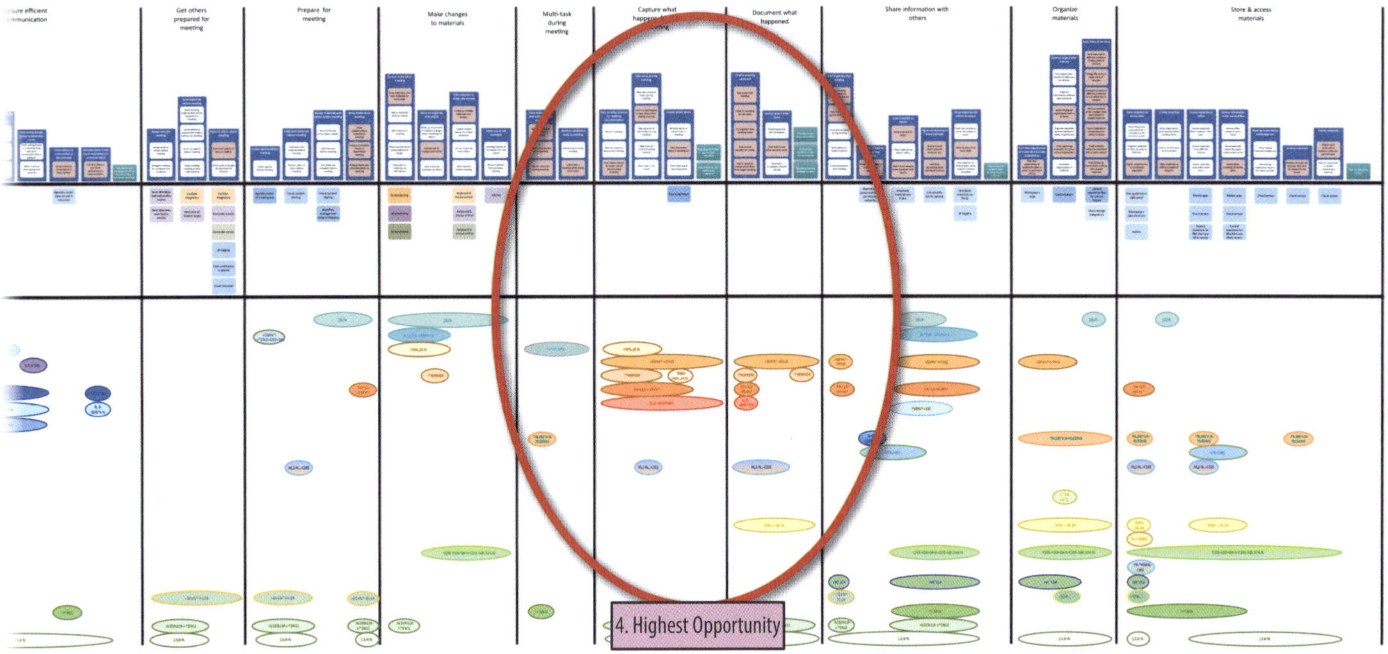

Ensure efficient communication | Get others prepared for meeting | Prepare for meeting | Make changes to materials | Multi-task during meeting | Capture what happened | Document what happened | Share information with others | Organize materials | Store & access materials

4. Highest Opportunity

Elizabeth Thapliyal ist leitende UX-Designerin und führt bedarfsorientierte Innovationsprojekte bei Citrix. Sie hat einen MBA in Strategic Design des California College of the Arts.

Ryan Kasper ist UX-Forscher, derzeit bei Facebook, und besitzt einen Doktortitel in kognitiver Psychologie der University of California, Santa Barbara.

Diagramm- und Bildnachweis

Abbildung 4-1: Das Diagramm wurde auf Basis einer Abbildung aus Ram Charans Buch *What the Customer Wants You to Know* reproduziert und entsprechend angepasst.

Abbildung 4-4: Auszug aus einem Diagramm, das von Jim Kalbach für LexisNexis erstellt wurde

Abbildung 4-5: Von Sofia Hussain erstellte Ecosystem Map, mit freundlicher Genehmigung ihrem Artikel »Designing Digital Strategies, Part 2: Connected User Experiences« entnommen

Abbildung 4-8: Ecosystem Map für Nike FuelBand, erstellt von Claro Partners, aus ihrer kostenlosen Ressource »A Guide to Succeeding in the Internet of Things«, mit freundlicher Genehmigung

Abbildung 4-9: Beispiel für eine Strategy Map, erstellt von Intrafocus Limited, UK (*intrafocus.de*), mit freundlicher Genehmigung von Clive Keyte

Abbildung 4-10: Strategy Map von Patagonia, erstellt von Michael Ensley von Pure-Stone Partners, ursprünglich erschienen in seinem Blogbeitrag »Going Green«, mit freundlicher Genehmigung

Abbildung 4-11: Strategy Canvas für Southwest Airlines, neu gezeichnet und angepasst nach W. Chan Kim und Renée Mauborgne, *Blue Ocean Strategy*

Abbildung 4-15: Strategy Blueprint von Jim Kalbach

Abbildung 4-16: Business Model Canvas von Alexander Osterwalder, heruntergeladen von *http://www.businessmodelgeneration.com/canvas/bmc*, CC BY-SA 3.0

Abbildung 4-17: Beispiel eines vollständigen Business Model Canvas, das einen Vergleich von Xiameter mit Dow Corning zeigt, erstellt von Jim Kalbach (mehr zu dieser Fallstudie finden Sie in meinem Artikel »Business Model Design: Disruption Case Study«)

Abbildung 4-18: Foto eines in einem Workshop verwendeten Business Model Canvas von Jim Kalbach

Abbildung 4-19: Value Proposition Canvas, erstellt von Alexander Osterwalder und Strategyzer, heruntergeladen von *http://www.businessmodelgeneration.com/canvas/vpc*; mit freundlicher Genehmigung

Abbildung 4-20: Originalfoto von Elizabeth Thapliyal, mit freundlicher Genehmigung

Abbildung 4-24: Erweitertes Diagramm eines mentalen Modells, erstellt von Amber Braden, Elizabeth Thapliyal und Ryan Kasper, mit freundlicher Genehmigung

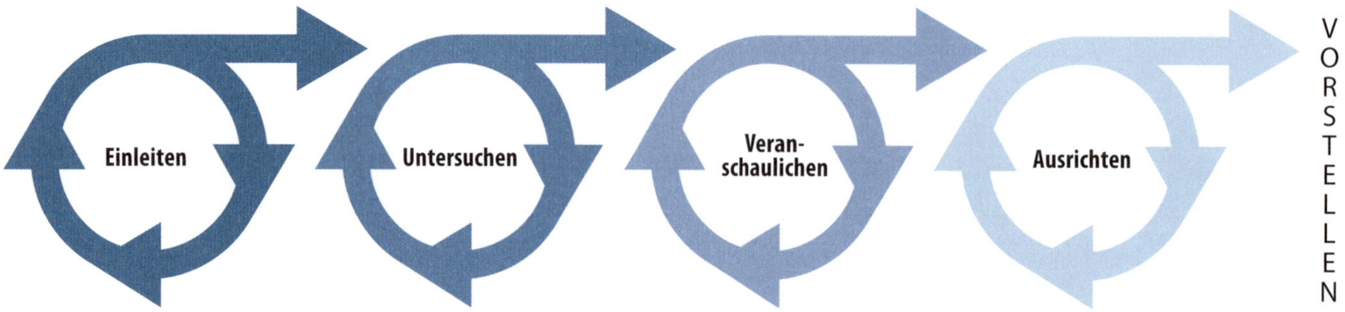

Einleiten

Untersuchen

Veran-
schaulichen

Ausrichten

V
O
R
S
T
E
L
L
E
N

TEIL 2

Ein allgemeiner Prozess des Mappings

Der allgemeine Prozess der Abbildung von Erfahrungen besteht aus vier Aktivitätsmodi:

1. *Einleiten:* Kapitel 5 befasst sich mit den Details, die bei der Vorbereitung eines Mapping-Projekts wichtig sind.
2. *Untersuchen:* Ausrichtungsdiagramme müssen evidenzbasiert sein. Techniken für Recherche und Forschung werden ausführlich in Kapitel 6 beschrieben.
3. *Veranschaulichen:* Die visuelle Darstellung des Wertaustauschs zwischen einer Person und einem Unternehmen bzw. einer Organisation ist ein Kernaspekt des Alignment-Mappings. Kapitel 7 behandelt Aspekte der bildlichen Darstellung eines Diagramms.
4. *Ausrichten und Imaginieren:* Kapitel 8 zeigt, wie Diagramme in einem Alignment-Workshop eingesetzt werden können – wozu auch gehört, Konzepte für das Testen und die weitere Entwicklung vorzuschlagen.

Aus diesem Prozess ergeben sich *Current State Maps*: Beschreibungen der aktuell beobachtbaren Erfahrungen. Nun soll Übereinstimmung darüber erzielt werden, wie diese Erfahrungen zu verstehen sind und welche Probleme es wert sind, gelöst zu werden. Sobald sich für eine Richtung entschieden wurde, verwenden Sie Mapping-Techniken, um Problemlösungen zu entwerfen, und testen Ihre Annahmen mit *geplanten Experimenten*, die in Kapitel 9 behandelt werden.

Vergessen Sie nicht: Es geht nicht um die Map (als Objekt), sondern um das Mapping (als Tätigkeit). Achten Sie darauf, dass Sie die Stakeholder und Teammitglieder in alle Phasen des Prozesses einbinden. Holen Sie deren Feedback zu Ihrem ersten Vorschlag ein, beteiligen Sie sie an der Recherche, erstellen Sie gemeinsam das Diagramm und veranstalten Sie zum Abschluss einen gemeinsamen Workshop. Betreiben Sie Mapping nicht als Solist.

»Das Geheimnis des Vorankommens liegt im Anfangen. Das Geheimnis des Anfangens besteht darin, komplexe, überwältigende Aufgaben in kleine, überschaubare Aufgaben zu zerlegen und mit der ersten zu beginnen.«

– Mark Twain

IN DIESEM KAPITEL

- Bedarf identifizieren
- Entscheidungsträger überzeugen
- Richtung und Zielsetzung festlegen
- Projektvorschlag erstellen

KAPITEL 5

Einleiten: Beginn eines Mapping-Projekts

Eine der Fragen, die mir in meinen Workshops zum Thema Mapping am häufigsten gestellt werden, lautet: »Wie fange ich an?« Mapping-Aspiranten erkennen zwar unmittelbar den Wert dieser Techniken, dennoch gibt es Barrieren, die den Einstieg erschweren.

Eine typische Herausforderung liegt darin, die Zustimmung der Stakeholder zu bekommen. Ich hatte das Glück, bei vielen Gelegenheiten unterschiedlichste Diagramme erstellen zu können, und habe festgestellt, dass Stakeholder den Wert des Mappings in der Regel erst erkennen, nachdem der Prozess beendet ist. Will man ein Projekt starten, muss man sie aber im Vorfeld überzeugen.

Außerdem kann es im weiteren Verlauf zu Problemen führen, wenn man zu Beginn zu große Erwartungen geweckt hat. Deshalb ist es wichtig, dass Sie Ihr Vorhaben von Anfang an klar formulieren, insbesondere wenn mehrere Interessengruppen beteiligt sind. Bei der Vielzahl an Möglichkeiten liegt es an Ihnen, den Mapping-Aufwand entsprechend zu definieren. Einige wichtige Punkte, die Sie beachten sollten:

Beziehen Sie andere in den Prozess mit ein.

Der Ersteller einer Map hat verschiedene Rollen: Forscher, Dolmetscher und Vermittler. Es ist wichtig, dass sich während des gesamten Verlaufs des Prozesses andere Personen beteiligen. Denken Sie daran: Es geht nicht nur darum, ein Diagramm zu erstellen, sondern auch darum, andere ins Gespräch zu bringen und gemeinsam im Team Lösungen zu finden.

Berücksichtigen Sie sowohl aktuelle als auch künftige Zustände.

Dieses Buch konzentriert sich überwiegend auf die Erstellung von Diagrammen, die man als *Diagramme des Ist-Zustands* (*Current State Diagrams*) bezeichnen könnte: Visualisierungen der aktuell bestehenden Erfahrungen. Ins Auge gefasste künftige Produkte, Dienstleistungen und Lösungen werden in der Regel als zusätzliche, zu ergänzende Ebene betrachtet. Ich glaube, dass es wichtig ist, beides auf einmal zu betrachten: Problemursachen und Abhilfe. Einige ergänzende Techniken, die helfen können, Visionen zukünftiger Erfahrungen zu konkretisieren, werden deshalb in Kapitel 9 besprochen.

Machen Sie sich klar, dass Sie nicht alles kontrollieren können.
Versuchen Sie, die gesamte Erfahrung kohärent und im Zusammenhang zu erfassen, aber akzeptieren Sie auch, dass Sie nicht jeden einzelnen Touchpoint gestalten können. Es mag Interaktionen geben, die Sie nicht kontrollieren können oder wollen. Stellen Sie außerdem sicher, dass Sie die Erwartungen bezüglich des Umfangs managen und auch beschreiben, was *nicht* berücksichtigt werden wird. Dennoch sollten Ihre strategischen Entscheidungen von einem Verständnis der Abhängigkeiten zwischen den Akteuren und Touchpoints mitbestimmt werden.

Sie beginnen ein Mapping-Projekt wie jedes andere Projekt auch: indem Sie die Ziele, den Umfang, die Kosten und den Zeitrahmen festlegen und diese Aspekte klar benennen. Das muss nicht unbedingt viel Zeit in Anspruch nehmen – und wird möglicherweise nur ein einziges Meeting erfordern. Aber mit dem richtigen Start erhöhen Sie Ihre Erfolgschancen.

Dieses Kapitel beschreibt einige der Fallstricke, auf die ich gestoßen bin, und ein paar Lektionen, die ich bei der Planung von Mapping-Projekten gelernt habe. Am Ende werden Sie wissen, welche wichtigen Fragen Sie im Vorfeld stellen und wie Sie ein Mapping-Projekt auf den Weg bringen können.

Ein neues Projekt starten

Immer häufiger werden von Managern und Kunden Artefakte wie Customer Journey Maps oder Experience Maps explizit gefordert. Das erleichtert den Einstieg.

Ohne erfahrenes Publikum kann es sich jedoch als schwierig erweisen, ein Mapping-Projekt zu initiieren. Die Stakeholder sind sich der Vorteile des Mappings möglicherweise nicht unmittelbar bewusst. Zwar bietet es Erkenntnisse, von denen Unternehmen und Organisationen deutlich profitieren können, aber die Beteiligten erkennen das oft erst, nachdem sie den Prozess durchlaufen haben.

Bevor Sie ein Projekt in Angriff nehmen, sollten Sie zunächst den Grad der Formalität bestimmen und die Entscheidungsträger im Anschluss von Ihrem Vorschlag überzeugen.

Legen Sie den Grad der Formalität fest

Jedes Team kann in irgendeiner Form von Mapping profitieren, egal ob von Hand skizziert oder mit detaillierten Diagrammen gearbeitet wird. Der Umfang des Vorhabens kann ganz unter-

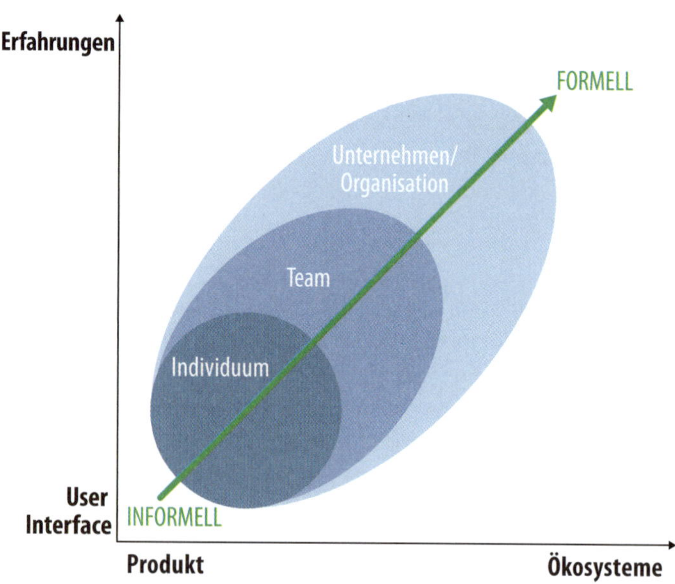

ABBILDUNG 5-1. Der Bedarf an Modellen steigt, wenn Organisationen als Ganzes Erfahrungen für Ökosysteme entwerfen.

schiedlich ausfallen. Bestimmen Sie, bevor Sie beginnen, den Grad an Formalität, der für das Projekt am besten geeignet ist.

Dieses Buch beschreibt einen *formellen* Ansatz des Mappings. In manchen Fällen, wenn beispielsweise ein externer Berater mit einem großen Unternehmen zusammenarbeitet, ist ein strengerer Ansatz sinnvoll. In anderen Situationen kann ein vollständiger Prozess unpassend sein. Wenn Sie beispielsweise in einem Start-up arbeiten, ist ein *informeller* Ansatz oft angemessener.

Die Formalität eines Mapping-Projekts kann entlang dreier Dimensionen betrachtet werden, die in Abbildung 5-1 dargestellt werden.[1] Die horizontale Achse reicht von der Herstellung eines einzelnen Produkts bis zur Bereitstellung von Serviceökosystemen. Die vertikale Achse reicht von der Gestaltung einer einzelnen Schnittstelle bis zur Gestaltung ganzheitlicher Erfahrungen. Die dritte Dimension in der Mitte des Diagramms zeigt eine Zunahme der Gruppengröße.

Denken Sie daran: Es geht nicht nur darum, ein Diagramm zu erstellen, sondern auch darum, andere in Gespräche zu verwickeln und gemeinsam im Team Lösungen zu finden.

Das Vorhaben wird tendenziell formeller, je weiter es in diesem Diagramm oben und rechts zu verorten ist. Ein einzelner Designer, der an einem einzelnen Produkt arbeitet, benötigt beispielsweise kein formelles Diagramm, ein großes Team, das sich mit einem ganzen Serviceökosystem beschäftigt, wahrscheinlich schon. Überlegen Sie, wo Ihr Projekt in dieser Matrix anzusiedeln ist.

Wichtig ist, dass Sie sich vor Projektbeginn überlegen, welcher Grad an Formalität angemessen ist. Das entscheidet darüber, wie viel Aufwand Sie in jede der in diesem Buch beschriebenen Phasen stecken. Machen Sie nicht mehr als nötig.

1 Dieses Diagramm ist dem Videovortrag »A System Perspective on Design Practice« von Hugh Dubberly entnommen.

Entscheidungsträger überzeugen

Sobald Sie den benötigten Grad an Formalität bestimmt haben, müssen Sie die Entscheidungsträger davon überzeugen, Ihr Vorhaben zu unterstützen. Interne Mitarbeiter stoßen typischerweise auf andere Hürden als externe Berater. Erstere müssen überzeugen, Letztere müssen verkaufen.

Auch wenn sich die Beziehung zu den Stakeholdern bei Internen und Externen unterscheiden mag, sind viele Argumente gleich. Um Entscheidungsträger überzeugen zu können, müssen Sie mögliche Einwände antizipieren, Evidenz liefern, einen starken Fürsprecher finden und einen Pilotversuch durchführen, um den Nutzen des Vorhabens zu demonstrieren. Bereiten Sie außerdem einen Pitch vor, den Sie jederzeit vortragen können.

Antizipieren Sie Einwände

Halten Sie für den Fall, dass Sie auf Ablehnung stoßen, überzeugende Argumente bereit. Tabelle 5-1 führt einige typische Einwände, die diesen zugrunde liegenden Annahmen sowie mögliche Gegenargumente auf. Legen Sie für sich selbst eine vergleichbare Tabelle an, basierend auf dem spezifischen Widerstand, den Sie von Stakeholdern bekommen oder erwarten, um Ihre Argumentation vorzubereiten.

Liefern Sie Belege

Sie sollten die Vorteile von Ausrichtungsdiagrammen, die in Kapitel 1 beschrieben wurden, abrufen können. Seien Sie aber auch darauf vorbereitet, überzeugende Belege liefern zu können, die Ihren Vorschlag untermauern. Suchen Sie zum Beispiel in der Literatur nach Beispielen und Fallstudien. Sie sollten auf diese Beispiele hinweisen und sie in Ihre Darstellung integrieren können.

TABELLE 5-1. Typische Einwände gegen ein Mapping-Vorhaben, die diesen Einwänden zugrunde liegenden Annahmen und mögliche Gegenargumente.

Einwand	Annahme	Gegenargument
Es gibt weder Zeit noch Budget dafür.	Das Erstellen von Diagrammen dauert zu lange und ist teuer.	Mapping muss nicht zwangsläufig teuer oder zeitaufwendig sein. Selbst ein formelles Projekt kann in wenigen Wochen für etwa die Kosten eines Usability-Tests oder einer Marketingumfrage durchgeführt werden.
Jede Abteilung hat ihre eigenen Prozessabbildungen.	Funktionale Silos können unabhängig voneinander effizient arbeiten.	Gut. Aber zeigen die Prozessabbildungen auch die Interaktionen über alle Kanäle und Touchpoints hinweg? Um hervorragende Kundenerfahrungen zu gestalten, müssen Abteilungsgrenzen überschritten werden.
Das wissen wir alles schon.	Implizites Wissen ist ausreichend.	Wunderbar – dann ist ein guter Anfang gemacht. Aber indem wir dieses Wissen explizit darstellen, können wir die Diskussion darüber in Gang halten. Außerdem verlieren wir kein Wissen, wenn einer das Unternehmen verlässt. Und wenn jemand neu zum Team stößt, können wir ihn schnell auf den aktuellen Stand bringen.
Ich war in dieser Zielgruppe. Fragen Sie mich einfach, was nützlich ist.	Kunden werden besser aus einer Inside-out-Perspektive betrachtet – und nicht outside-in.	Ihr Beitrag wird von unschätzbarem Wert sein, um eine erste Hypothese zu bilden. Wir wollen das durch eine begründete externe Perspektive ergänzen. Dort findet man die besten Erkenntnisse, was Wachstum und Innovation betrifft.
Das Marketing betreibt bereits Forschung.	Marketing und Erfahrungsforschung sind das Gleiche.	Das ist gut, reicht aber nicht. Wir müssen unerfüllte Bedürfnisse und nicht ausgedrückte Gefühle aufdecken und sie im Kontext der Gesamterfahrung darstellen.

Eine gute Quelle ist Forrester Research, ein führendes Forschungsunternehmen der Technologiebranche, das insbesondere über den Nutzen von Customer Journey Mapping ausführliche Berichte verfasst hat. Recherchieren Sie diese Studien oder ähnliche Berichte, die starke Argumente für das Mapping bieten.

Belege, dass sich Mapping-Projekte auch finanziell im Return on Investment niederschlagen, sind noch überzeugender. So weisen Alex Rawson und Kollegen nach, dass es zu konkreten Umsatzsteigerungen kommt, wenn Unternehmen Erfahrungen ganzheitlich gestalten, anstatt nur einzelne Touchpoints zu optimieren. In ihrem Artikel »The Truth About Customer Experience« schreiben sie:

> *Unternehmen, die sich bei der Bereitstellung von Journeys auszeichnen, sind in der Regel auch im Markt erfolgreich. In zwei von uns untersuchten Sektoren, der Versicherungsbranche und beim Pay-TV, korrespondiert eine bessere Performance bei den Customer Journeys mit einem schnelleren Umsatzwachstum: Misst man die Zufriedenheit der Kunden mit den wichtigsten Journeys der Unternehmen, entspricht eine Leistung, die auf einer*

Zehnpunkteskala um einen Punkt besser abschneidet als bei Vergleichsunternehmen, einem um mindestens zwei Prozentpunkte besseren Umsatzwachstum.

Das Mapping von Customer Journeys, so schlussfolgern die Autoren, liefert wichtige Erkenntnisse für die Gestaltung besserer Erfahrungen. Das wiederum trägt zum Umsatzwachstum bei.

Finden Sie, falls möglich, abschließend noch heraus, was die Mitbewerber tun. Suchen Sie nach den Namen von Konkurrenzunternehmen, kombiniert mit Schlüsselwörtern wie »Customer Journey Map« oder »Experience Map«. Kann man belegen, dass Wettbewerber solche Vorhaben durchführen, hilft das sehr, die Entscheidungsträger zu überzeugen.

Finden Sie einen starken Fürsprecher

Identifizieren Sie Stakeholder, die sich am effektivsten für ein Mapping-Vorhaben einsetzen könnten. Je einflussreicher, desto besser.

Bei externen Beratern kann dies ein Klient sein, mit dem Sie schon länger kontinuierlich zusammenarbeiten. Interne Mitarbeiter müssen herausfinden, wie die Entscheidungsfindung in ihrem Unternehmen funktioniert. In beiden Fällen kann eine schnelle Stakeholder-Analyse helfen.

Starten Sie einen Pilotversuch

Führen Sie nach Möglichkeit ein kleines Pilotprojekt durch. Diagramme müssen nicht komplex oder detailliert gestaltet werden, um effektiv zu sein.

Alternativ können Sie versuchen, ein Diagramm im Rahmen eines anderen Projekts zu erstellen. Sie können zum Beispiel einem traditionellen Usability-Test einfache Folgefragen hinzufügen, um die einzelnen Schritte eines bestehenden Ablaufs zu identifizieren. Bilden Sie diese in einem Entwurf einer Experience Map ab und verwenden Sie Letztere als Diskussionsgrundlage. Den möglichen Nutzen anhand von praktischen Ergebnissen zu demonstrieren, ist oft das überzeugendste Argument.

Bereiten Sie einen Pitch vor

Außerdem sollten Sie eine prägnante Aussage vorbereiten, die Sie jederzeit wiederholen können. Beziehen Sie sich auf die geschäftlichen Probleme, die Sie adressieren werden. Warum sollte ein Entscheidungsträger in ein wie auch immer geartetes Mapping-Projekt investieren? Hier ein Beispiel für einen solchen Pitch:

Sie möchten Ihr aktuelles Angebot erweitern. Indem Sie die gesamte Erfahrung abbilden, können Sie schnell ein besseres Verständnis für die Bedürfnisse und Emotionen der Kunden in neuen Märkten und Segmenten gewinnen.

Mapping ist eine moderne Technik, die von Unternehmen zunehmend eingesetzt wird, um Kunden besser zu verstehen – unter anderem von Intel und Microsoft.

Indem Sie die verschiedenen Aspekte der Kundenerfahrung visuell mit den Geschäftsprozessen abgleichen, können Sie erkennen, wie Sie am besten über alle Kanäle hinweg Wert schaffen und schöpfen können. Ein entsprechendes Projekt wird auch Ideen hinsichtlich innovativer Produkte und Dienstleistungen zutage fördern, die diejenigen der Konkurrenz übertreffen.

Mit relativ geringen Investitionen liefert Mapping den strategischen Einblick, den wir in den sich schnell verändernden Märkten von heute brauchen.

Entscheiden Sie sich für eine Richtung

Es gibt mehrere Fragen, die sich zu Beginn eines Projekts stellen. Manche mögen leicht zu beantworten sein, andere müssen genauer untersucht werden. Die Schlüsselfragen, die unbedingt geklärt werden müssen, betreffen die Unternehmensziele und die abzubildenden Erfahrungen. Danach wählen Sie den geeigneten Diagrammtyp aus.

Identifizieren Sie die Strategie und die Ziele des Unternehmens

Ausrichtungsdiagramme müssen für das Unternehmen relevant sein. Sie müssen offene Fragen beantworten oder aktuelle Wissenslücken füllen. Diagramme sind am effektivsten, wenn sie mit der Strategie und den Zielen des Unternehmens übereinstimmen.

Einige Fragen, die Sie in diesem Schritt untersuchen sollten, lauten:

- Welche Mission hat das Unternehmen?
- Wie schafft, liefert und schöpft das Unternehmen Wert?
- Wie will es wachsen?
- Wie lauten die strategischen Ziele?
- Welche Märkte und Segmente werden bedient?
- Welche Wissenslücken existieren?

Legen Sie fest, welche Erfahrungen Sie abbilden möchten

Die meisten Unternehmen haben Beziehungen zu mehreren Parteien: Lieferanten, Distributoren, Partnern, Kunden und Kunden dieser Kunden. Um zu bestimmen, welche Erfahrungen abgebildet werden sollen, müssen Sie zunächst die *Kundenwertschöpfungskette* (Customer Value Chain) verstehen: eine Beschreibung der Hauptakteure und des Wertflusses zu Einzelpersonen.

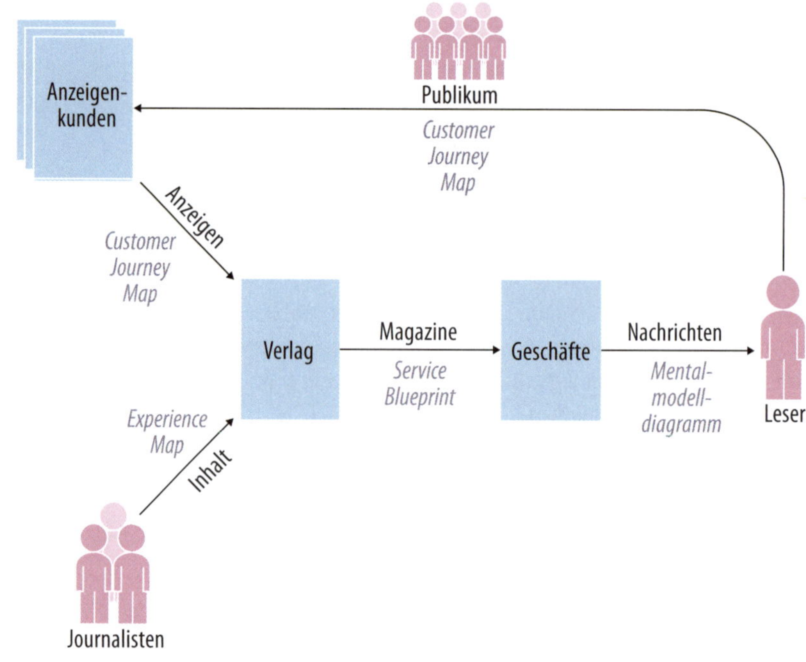

ABBILDUNG 5-2. Diese Kundenwertschöpfungskette eines hypothetischen Nachrichtenmagazins zeigt den Wertfluss zum Endverbraucher.

Ausrichtungsdiagramme müssen für das Unternehmen relevant sein. Sie müssen offene Fragen beantworten oder aktuelle Wissenslücken füllen.

Abbildung 5-2 zeigt ein einfaches Beispiel einer Kundenwertschöpfungskette für ein Nachrichtenmagazin, bei dem der Leser der Endverbraucher ist. In diesem Diagramm wird dargestellt, dass Journalisten Inhalte an Verlage liefern, die wiederum durch Werbekunden Geld verdienen. Einzelhandelsgeschäfte vertreiben die Zeitschrift des Verlags an die Leser, die das Publikum für die Anzeigenkunden bilden. Insgesamt fließt in diesem Diagramm der Wert von links nach rechts, vom Journalisten zum Leser.

Abbildung 5-2 zeigt auch einige mögliche Diagrammtypen, die diese Beziehung am besten darstellen können. Ein *Service Blueprint* ist sinnvoll, will man die Beziehung zwischen Verlag und Einzelhandel abbilden und so die Prozesse hinter den Kulissen optimieren. Um die Erfahrungen der Leser mit den Werbetreibenden zu visualisieren, ist eine *Customer Journey Map* aber vielleicht besser geeignet. Und aus Sicht des Verlags könnte eine *Experience Map* eine gute Möglichkeit sein, die Beziehung der Journalisten zu den Inhalten des Magazins zu untersuchen.

Kundenwertschöpfungsketten ähneln Darstellungen, die oft als *Stakeholder Maps* oder *Ecosystem Maps* bezeichnet werden. Möglicherweise stoßen Sie in anderen Quellen zum Thema Mapping auf diese Begriffe. Der Unterschied liegt darin, dass hier der Wertfluss einbezogen wird.

Es gibt keinen richtigen oder falschen Weg, um Diagramme mit Kundenwertschöpfungsketten zu erstellen. Es sind einfache konzeptionelle Darstellungen der Akteure und Einheiten, die an einer Erfahrung beteiligt sind. Letztendlich geht es darum, ein Modell zu finden, das für Ihren Zweck geeignet ist. Der Ablauf ist einfach:

- Listen Sie alle Akteure und Instanzen auf, die an der untersuchten Erfahrung beteiligt sind.
- Platzieren Sie den primären Anbieter und den primären Akteur nebeneinander in der Mitte.
- Gruppieren Sie andere Akteure und Einheiten so um diese zentralen Elemente, dass die grundlegenden Beziehungen deutlich werden.
- Ordnen Sie schließlich die Elemente bei Bedarf neu an, um zu zeigen, wie sich der Wert vom Anbieter zum Kunden bewegt.

Verwenden Sie die fertiggestellte Darstellung der Kundenwertschöpfungskette, um unterschiedliche Arten von abbildbaren Beziehungen zu untersuchen. Zum Beispiel unterscheidet sich in Abbildung 5-2 die Beziehung der Anzeigenkunden zum Verlag von der des Verlags zu den Geschäften. Gleiches gilt für die Beziehung der Journalisten zu den Anzeigenkunden, die sich von der zwischen Lesern und Geschäften unterscheidet.

Eine Kundenwertschöpfungskette hilft dabei, die Erwartungen Ihrer Kunden zu managen. Sie können gemeinsam klären, welche Erfahrungen Sie abbilden und welche Sie ausschließen wollen. Wenn im vorherigen Beispiel der Verlag daran interessiert wäre, mehr über die Distribution der Zeitschriften an die Geschäfte zu erfahren, Sie aber die Beziehung von Lesern zu Anzeigenkunden abbilden wollten, gäbe es eine Diskrepanz in den Erwartungen.

Kundenwertschöpfungsketten lassen sich in der Regel schnell – teilweise in Minutenschnelle – vervollständigen, und es lohnt sich, sich so einen Überblick über das Ökosystem zu verschaffen. Das hilft Ihnen dabei, den Umfang des Projekts zu bestimmen und einen geeigneten Diagrammtyp auszuwählen – und es wird auch die Mitarbeitersuche für die Forschungsphase beeinflussen.

Schlüsselfragen bei der Festlegung der zu untersuchenden Erfahrungen sind:

- Auf welche Beziehungen in der Kundenwertschöpfungskette wollen Sie sich konzentrieren?
- Welche Perspektive wollen Sie in dieser Beziehung verstehen?
- Welche Arten von Nutzern oder Kunden sind am relevantesten?
- Welche Erfahrungen sind am besten dazu geeignet, einbezogen zu werden?
- Wo beginnen und wo enden diese Erfahrungen?

Personas erstellen

Personas sind narrative Beschreibungen von Archetypen, unter denen Benutzer mit gleichartigen Verhaltensmustern, Bedürfnissen und Emotionen zusammengefasst werden. Sie geben Details einer bestimmten Zielgruppe auf eine leicht verständliche Weise wieder. Die Erstellung von Personas ist ein tiefgründiger Prozess, der eine jahrzehntelange Geschichte hat. Weitere Informationen finden Sie in verschiedenen Büchern zu diesem Thema, darunter Pruitt und Adlins »The Persona Lifecycle« und Coopers »About Face 2.0«.

Beschreibungen von Personas sind in der Regel kurz – nicht länger als eine oder zwei Seiten. Abbildung 5-3 zeigt eine Persona-Beschreibung, die ich für ein früheres Projekt erstellt habe.

Wenn Sie die Erfahrungen einer bestimmten Person visualisieren, ist es üblich, die Persona oder eine verkürzte Form davon mit in das Diagramm aufzunehmen. Abbildung 5-4 zeigt zum Beispiel eine Customer Journey Map, die von Jim Tincher stammt, dem Gründer von Heart of the Customer (*heartofthecustomer.com*), einem auf Journey Mapping spezialisierten Beratungsunternehmen. In diesem Beispiel sehen Sie die von ihm erstellte Persona am oberen Rand des Diagramms. Sie wird mit grundlegenden demografischen Informationen, Motivationen und einem Zitat dargestellt, das von einem archetypischen Kunden stammen könnte.

Das Erstellen von Personas ist kein kreatives Schreiben. Personas sollten auf tatsächlichen Daten beruhen. Der Prozess besteht aus folgenden Schritten:

1. Identifizieren Sie die hervorstechendsten Merkmale, die ein Kundensegment von einem anderen unterscheiden. Meist lassen sich drei bis fünf primäre Eigenschaften finden, auf die Sie sich konzentrieren können.
2. Bestimmen Sie die Anzahl der benötigten Personas, um die ganze Bandbreite der Merkmale zu repräsentieren. Sammeln Sie Daten, die diese Eigenschaften unterstützen und beschreiben. Natürlich können sich im Zuge Ihrer Untersuchung auch neue Eigenschaften zeigen, die Sie dann entsprechend einbeziehen sollten.
3. Entwerfen Sie die Personas basierend auf den primären Merkmalen. Fügen Sie auch einige grundlegende Aspekte hinzu, um die Persona auszugestalten, z. B. Demografie, Verhaltensweisen, Motivationen und Pain Points.
4. Finalisieren Sie die Personas. Erstellen Sie für jede Persona eine überzeugende Visualisierung auf einer einzigen Seite. Entwickeln Sie für unterschiedliche Kontexte verschiedene Formate und Größen dieser Darstellung.
5. Machen Sie die Personas bekannt und für alle wahrnehmbar. Hängen Sie in Brainstorming-Sitzungen Steckbriefe auf und fügen Sie diese Ihren Projektdokumenten hinzu. Es ist Ihre Aufgabe, sie zum Leben zu erwecken.

Die Erstellung von Personas ist ein gemeinschaftlicher Prozess. Beziehen Sie daher auch andere Personen mit ein, damit die resultierenden Dokumente das gemeinsame Wissen darstellen.

Thomas Brauer

Architect, Partner

'I strive to use my expert knowledge of the architecture to lead successful client projects.'

Pain Points

- Maintaining a large network of professionals
- Travel to sites
- Managing many projects at once
- New business generation
- Keeping up on regulations

Background & Skills

- 42 years old, married, 2 children
- Practicing for 15 years
- Accredited building inspector

Company & Role

- Mid-size firm: 16 architects, 6 support staff
- Location in New York and Minneapolis
- Specializes in commercial property
- Oversees 3-5 projects at once
- Coordinates marketing activities for firm

Tools & Usage

- Professional drafting and architecture software
- Regularly work on-the-go with mobile devices
- Plotter and printers used frequently
- Maintains electronic and paper files and calendars
- Finds learning new programs and tools cumbersome

Motivations

- Building a successful business
- Looking good in front of clients
- Professional recognition in the industry
- Creating an attractive place of work for employees
- Growing talent from within the firm

Work Activities

- Managing projects and project teams (40%)
- Consult, communicate, present to clients (35%)
- New business development (15%)
- Manage marketing activities of firm (5%)
- Research and monitoring industry (5%)

Sources: 1.) Interviews 2.) Survey 3.) Monster.com

ABBILDUNG 5-3. Dieses Beispiel zeigt die Persona eines Architekten.

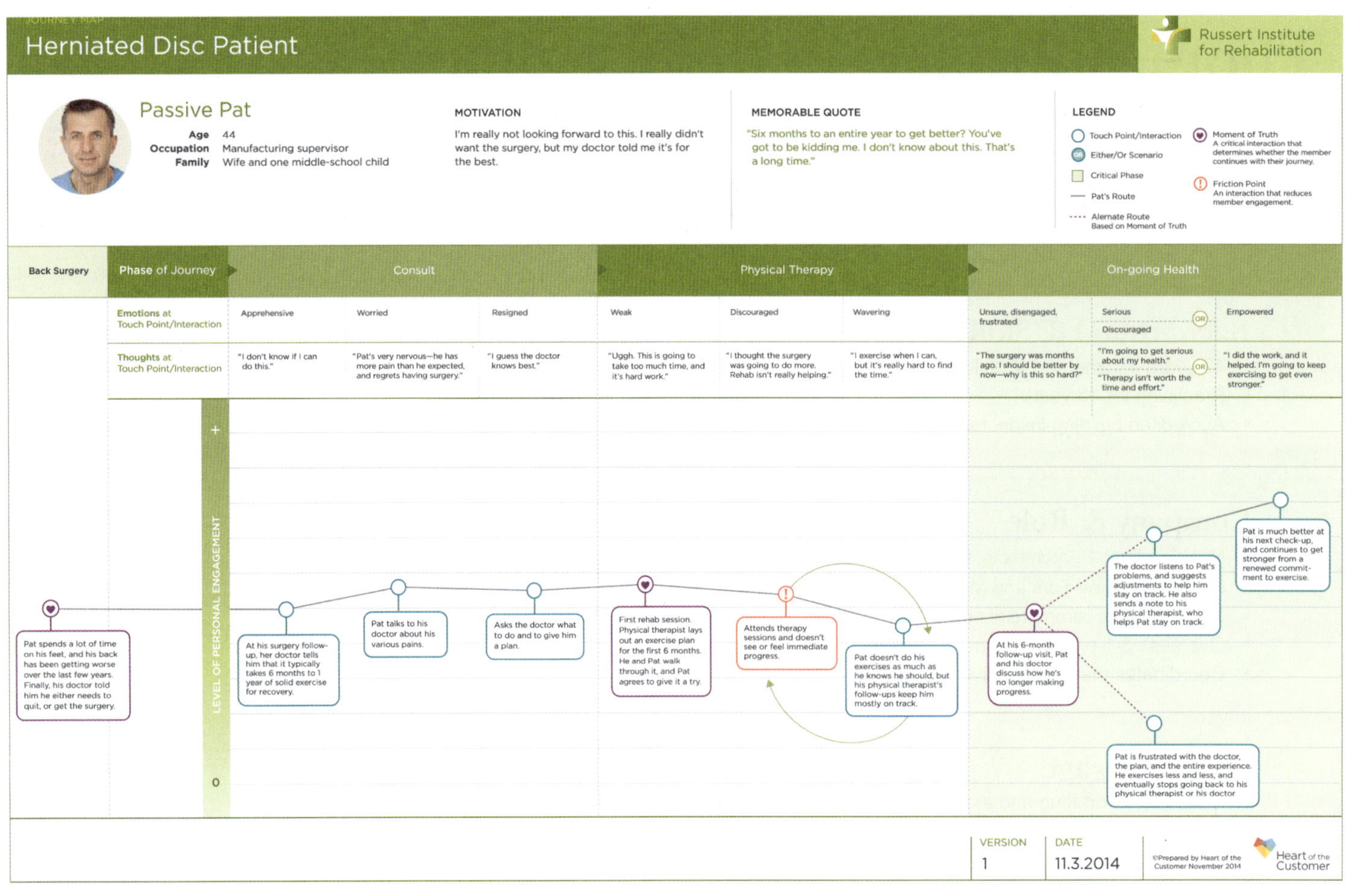

ABBILDUNG 5-4. Diagramme bilden oft die Erfahrung einer Persona ab, die in dieser Customer Journey Map ganz oben zu sehen ist.

Wählen Sie den Diagrammtyp

Die in diesem Buch enthaltenen Diagramme haben alle eine Gemeinsamkeit: Sie konzentrieren sich auf die Wertausrichtung (Value Alignment). Wenn Sie deren Unterschiede kennen, können Sie den für Ihre Situation sinnvollsten Ansatz auswählen. Seien Sie sich aller Möglichkeiten bewusst und schließen Sie nicht von vornherein eine Technik zugunsten einer anderen aus.

Sobald Sie die Ziele des Unternehmens kennen und wissen, welche Erfahrungen Sie abbilden wollen, können Sie den am besten geeigneten Diagrammtyp auswählen. Berücksichtigen Sie dabei die in Kapitel 2 besprochenen Hauptelemente des Mappings.

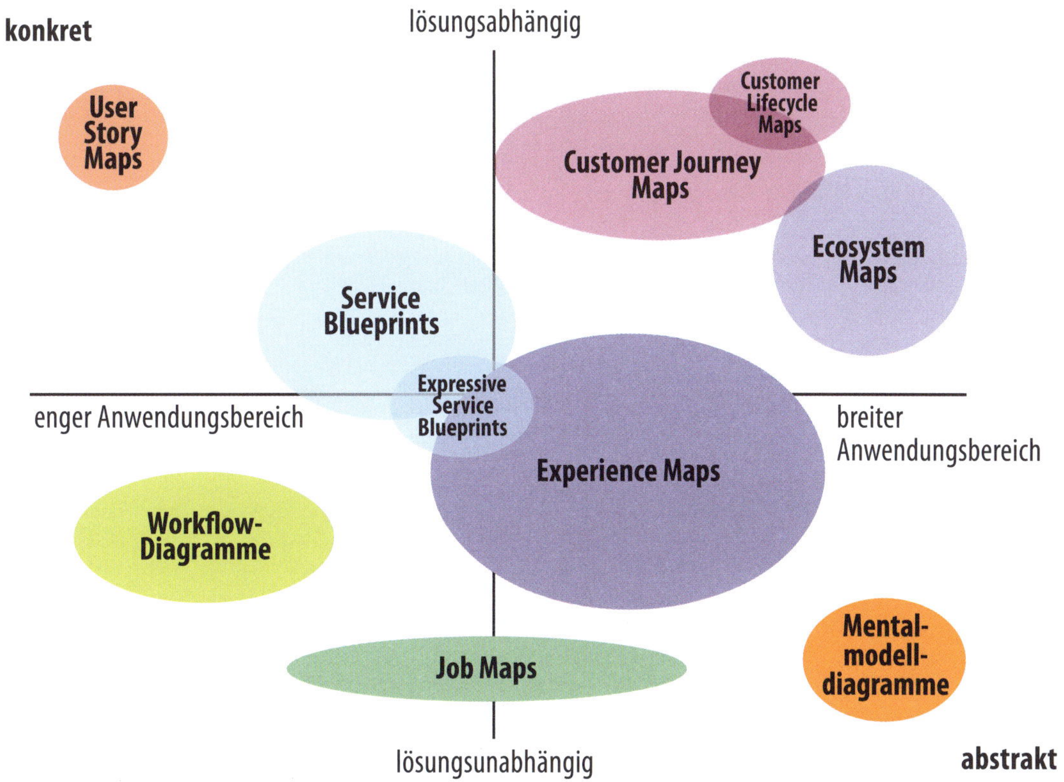

ABBILDUNG 5-5. Eine einfache Matrix, in der die Lösungsunabhängigkeit gegen die Breite des Anwendungsbereichs aufgetragen wird, hilft, die möglichen Funktionen und Zwecke der verschiedenen Diagrammtypen zu sortieren.

TABELLE 5-2. Ein Vergleich verschiedener Diagrammtypen anhand ihrer wesentlichen Eigenschaften.

Typ	Perspektive	Umfang	Fokus	Struktur	Verwendung
Service Blueprint	Einzelperson als Empfänger einer Dienstleistung	Auf Servicebegegnungen und Ökosysteme fokussiert, häufig in Echtzeit	Echtzeitaktionen, physische Evidenz über alle Kanäle hinweg; Schwerpunkt auf der Erbringung von Dienstleistungen, einschließlich Rollen, Backstage-Akteuren, Prozessen und Workflows	Chronologisch	Wird von Mitarbeitern vor Ort, internen Teams und Managern verwendet, um einen bestehenden Dienst zu verbessern oder neue Dienste zu konzipieren
Customer Journey Map	Einzelperson als loyaler Kunde, häufig bei einer Kaufentscheidung	Meist beginnend beim Gewahrwerden über den Kauf bis zur Abkehr vom Unternehmen und einer späteren Rückkehr	Betonung der kognitiven und emotionalen Zustände des Individuums, einschließlich Zufriedenheit und Momenten der Wahrheit	Chronologisch	Wird von Marketing, PR, Vertrieb, Account Managern, Kundensupport und Markenmanagern zur Optimierung von Vertrieb, Kundenbeziehungen und Markenwert verwendet
Experience Map	Einzelperson als Akteur im Kontext einer umfassenderen Aktivität	Anfang und Ende per definitionem durch die spezifische Erfahrung oder den Kontext gegeben	Schwerpunkt auf Verhaltensweisen, Zielen und Jobs-to-be-done; umfasst typischerweise Handlungen, Gedanken, Gefühle, Pain Points	Chronologisch	Wird von Produktmanagern, Designern, Entwicklern und Strategen für Verbesserungen und Innovationen im Produkt- und Servicedesign verwendet
Mentalmodell-diagramm	Einzelperson als denkender und fühlender Mensch innerhalb eines gegebenen Bereichs	Die Breite der Erfahrung ergibt sich per definitionem aus den Daten	Betonung liegt auf grundlegenden Motivationen, Gefühlen und Haltungen	Hierarchisch	Wird von Produktmanagern, Designern, Entwicklern und Strategen verwendet, um Empathie mit Einzelpersonen zu entwickeln, und für Verbesserungen und Innovationen im Produkt- und Servicedesign
Ökosystem-diagramm	Einzelperson als zentraler Akteur in einem größeren System von Einheiten	Der breiteste Anwendungsbereich, der durch die vorgegebenen Grenzen des Systems definiert wird	Betonung liegt auf den Beziehungen zwischen den unterschiedlichen Einheiten in einem Ökosystem, um den Wertfluss darzustellen	Netzwerk	Wird verwendet, um die strategischen Aspekte bei der Entwicklung eines Angebots zu überblicken und herauszufinden, wie es sich in ein umfassenderes System von Interaktionen einfügt

Tabelle 5-2 fasst einige der gebräuchlichsten Diagrammtypen und deren Unterschiede anhand der fünf wesentlichen Eigenschaften zusammen.

Um zu entscheiden, welche Art von Diagramm am besten passt, können Sie sie auch entlang der zwei Dimensionen Umfang und Unabhängigkeit betrachten. Abbildung 5-5 stellt die wichtigsten in diesem Buch besprochenen Diagrammtypen in einer einfachen Matrix dar. Das soll deren Unterschiede verdeutlichen, auch wenn es Ausnahmen geben kann. Die unterschiedlichen Farben in dieser Abbildung kennzeichnen die verschiedenen Arten von Diagrammen, wobei einige nahe Alternativen in verwandten Farbtönen dargestellt werden. Die Größe der einzelnen Formen spiegelt die Variationsbreite innerhalb dieses Diagrammtyps wider.

Je weiter links oben sich ein Eintrag befindet, desto konkreter sind die Diagramme. User Story Maps zeigen beispielsweise detaillierte Interaktionen mit einem bestimmten Produkt. Sie sind dadurch kurzlebiger und können sich in Abhängigkeit von der Technologie ändern, eignen sich aber hervorragend zur Veranschaulichung einer Erfahrung, die kurz vor der Implementierung steht. Nach rechts unten hin werden die Diagramme abstrakter und befassen sich mit größeren Bereichen. Diagramme, die im dortigen Quadranten aufgeführt werden, sind grundlegend und stabiler, sie helfen, breit gefächerte Möglichkeiten für Innovationen zu finden.

Schließen Sie nicht von vornherein eine Technik zugunsten einer anderen aus.

Abbildung 5-5 hilft auch bei der Beantwortung der Frage, wie oft Diagramme aktualisiert werden müssen. Typischerweise ist ein Diagramm umso langlebiger, je lösungsunabhängiger der Ansatz ist. Gut gemachte Job Maps und Mentalmodelldiagramme können beispielsweise für ein Jahrzehnt oder länger gültig bleiben. Diagramme am oberen Rand der Matrix weisen tendenziell eine kürzere Lebensdauer auf, die an ein begrenzteres Projekt gekoppelt ist.

Der jeweilige Umfang – sozusagen die Erfassungsbreite – eines Diagramms beeinflusst die Entscheidung, wie viele Diagramme benötigt werden. Im Allgemeinen gilt: Je größer der Umfang, desto ganzheitlicher der Ansatz, und desto weniger Diagramme werden benötigt. Es ist z. B. unwahrscheinlich, dass Sie mehr als eine Ecosystem Map benötigen – per definitionem zeigt sie das große Ganze. Zur Visualisierung von Kundeninteraktionen in einem größeren Unternehmen sind aber wahrscheinlich mehrere Service Blueprints erforderlich.

Es gibt keine eindeutige Antwort auf die Frage, wie viele Diagramme Sie benötigen und wie oft diese aktualisiert werden müssen. Letztendlich hängt die Antwort von den Faktoren ab, die in Kapitel 2 beschrieben wurden: Perspektive, Umfang, Fokus, Struktur und Verwendung. Im Allgemeinen möchte man sowohl den Aufwand als auch die Anzahl der erstellten Artefakte reduzieren, daher empfehle ich, mehrere Diagramme nur dann zu erstellen, wenn signifikante Unterschiede wirklich nur auf diese Weise gezeigt werden können.

Wo liegen die Unterschiede? Customer Journey Maps, Service Blueprints und Experience Maps

Die Diagrammtypen, die am häufigsten miteinander verwechselt werden, sind *Customer Journey Maps*, *Service Blueprints* und *Experience Maps*. Da sie alle chronologisch aufgebaut sind und eine ähnliche Form aufweisen, ist die Verwechslung verständlich. Es gibt jedoch wichtige Unterschiede, die bei der Auswahl des Diagrammtyps berücksichtigt werden sollten.

Der Hauptunterschied liegt in der jeweiligen *Perspektive* – insbesondere in der Beziehung des Individuums zur Erfahrung:

- Customer Journey Maps (CJMs) betrachten das Individuum als Kunde des Unternehmens. Die Darstellung handelt davon, wie jemand auf ein Angebot aufmerksam wird, sich entscheidet, es zu erwerben, und dieser Entscheidung dann treu bleibt. CJMs helfen Marketingfachleuten, Vertriebsmitarbeitern und Customer Success Managern, den gesamten Kundenlebenszyklus zu betrachten, um bessere Beziehungen aufzubauen.
- Service Blueprints zeigen detailliert, wie eine Dienstleistung von einem Benutzer in Echtzeit erlebt wird. Dabei geht es vor allem darum, wie gut oder schlecht die Dienstleistung ab der Inanspruchnahme funktioniert, damit sie entsprechend optimiert werden kann. Diese Diagramme helfen Designern und Entwicklern, die Erbringung der Dienstleistung zu verbessern.
- Experience Maps, so wie ich sie definiere, nehmen eine andere Perspektive ein. Sie betrachten einen breiteren Kontext des menschlichen Verhaltens und stellen die Abfolge von Ereignissen dar, die ein Akteur durchläuft, während er ein Ziel anstrebt, unabhängig von einer Lösung oder Marke. Experience Maps sind nützlich, will man Chancen für Innovationen zu entdecken

Diese Diagrammtypen unterscheiden sich nicht nur hinsichtlich der Perspektive, sondern auch im *Umfang*. So erfassen CJMs in der Regel einen langen Zeitraum in allgemeinerer Form, während Service Blueprints sich oft auf eine bestimmte Episode konzentrieren, dafür aber mehr in die Tiefe gehen. Experience Maps variieren im Umfang und erfassen alles von einem typischen Tagesablauf bis hin zu fortlaufenden Erfahrungen.

Darüber hinaus ist der Fokus der verschiedenen Typen unterschiedlich. CJMs konzentrieren sich auf Motivationen und Auslöser, um zu einem Kunden zu werden und es auch zu bleiben. Service Blueprints legen viel von den Abläufen hinter den Kulissen offen und enthalten weniger emotionale Details. Experience Maps sind in ihrer Form freier angelegt als die beiden letztgenannten Typen und zielen darauf ab, die Bedürfnisse und gewünschten Ergebnisse zu erfassen.

Um die Unterschiede besser zu erkennen, vergleichen Sie die folgenden drei Beispiele. Die Diagramme basieren auf dem imaginären Fall eines Huhns, das eine Straße überquert. Die Akteure und der betrachtete Bereich bleiben jeweils gleich, aber Perspektive, Umfang und Fokus unterscheiden sich merklich, ebenso der Stil der Abbildung.

Abbildung 5-6 zeigt als Beispiel eine Customer Journey Map für den ACME RoadCrossr, ein fiktives Produkt einer fiktiven Marke. Der ACME RoadCrossr ist eine App, die Hühnern nicht nur hilft, den besten Punkt zum Überqueren einer Straße zu finden, sondern dabei auch die Verkehrsbedingungen zu beurteilen.

Oben links ist eine Persona eingefügt, die einige wichtige demografische Details wiedergibt. Am linken Rand wird nach Aktionen, Gedanken und Gefühlen unterschieden, während sich die einzelnen Phasen (in den Spaltenüberschriften) von links nach rechts erstrecken.

Wenn wir den Phasen folgen, können wir sehen, dass in diesem Fall das Huhn auf die App aufmerksam wird, sich für ein Abonnement entscheidet und den Dienst dann startet, um ihn auszuprobieren. Schließlich empfiehlt das Huhn die App an Freunde weiter. Insgesamt dreht sich die Handlung dieser Chronologie um die Go-to-Market-Aspekte des Diensts, von der Lead-Generierung über die Konversion bis hin zur Empfehlung.

ABBILDUNG 5-6. Eine Customer Journey Map (CJM) zeigt die Interaktion einer Person mit einem Unternehmen und einer Marke im Zeitverlauf und beleuchtet besonders die Entscheidungen, eine Lösung zu erwerben und ihr treu zu bleiben.

Service Blueprints veranschaulichen typischerweise Echtzeitinteraktionen mit einem bestehenden Dienst. Sie konzentrieren sich auf das Wesentliche bei der Erbringung von Dienstleistungen und beschäftigen sich meist viel weniger mit Marketing und Kundenlebenszyklen als eine CJM. Als Ergebnis sehen Sie in Abbildung 5-7 viele der Backstage-Aspekte des ACME-RoadCrossr-Diensts, einschließlich der Interaktionen mit Drittanbietern und Partnern. Diese Elemente sind alle auf die Aktionen der Person ausgerichtet, die in der zweiten Zeile (*ACTIONS*) angezeigt werden.

Im Gegensatz zu CJMs und Service Blueprints wird bei Experience Maps nicht davon ausgegangen, dass die Person Kunde eines Diensts ist oder diesen Dienst überhaupt benötigt. Stattdessen konzentriert sich das Beispiel in Abbildung 5-8 ausschließlich auf die Erfahrung, als Huhn eine Straße zu überqueren.

Es gibt weder eine Kaufentscheidung noch Details zur Verwendung einer bestimmten Lösung. Infolgedessen könnten mehrere Teams von diesem Diagramm profitieren: Es ermöglicht ihnen, zu sehen, wie sie (bzw. eine von ihnen angebotene Lösung) in die Welt der Person passen könnten – nicht wie die Person in ihr Angebot passt. Es kann zu einer Quelle der Innovation werden, sich zu überlegen, wie man die Aufgabe, die das Huhn vor sich hat, besser erledigen könnte.

Im Vergleich zu Experience Maps bieten CJMs eine eher unternehmenszentrierte Sicht auf die Welt: Sie gehen davon aus, dass die Menschen auf die Lösung des

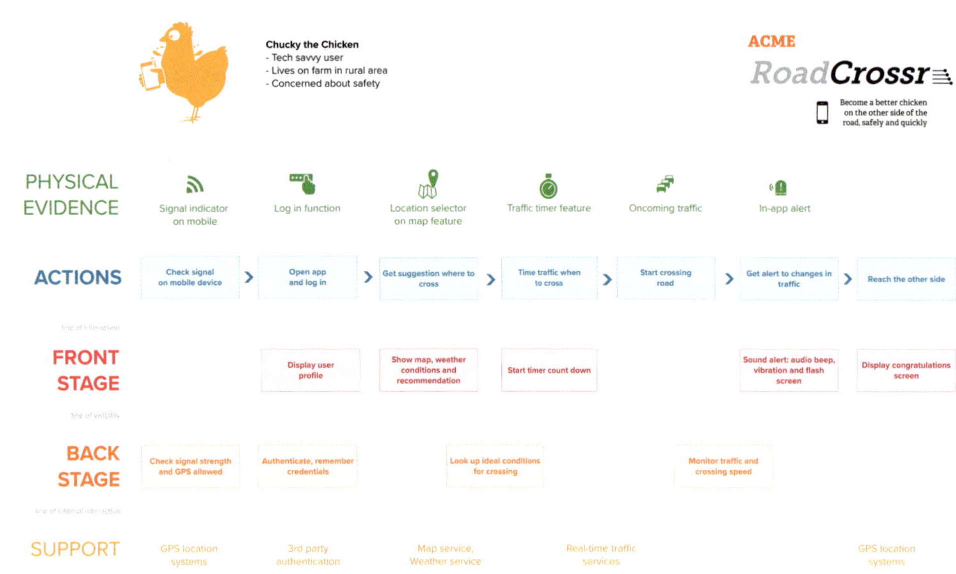

ABBILDUNG 5-7. Ein Service Blueprint beschreibt detailliert die Frontstage- und Backstage-Prozesse der Bereitstellung einer Dienstleistung innerhalb einer bestimmten Interaktionsepisode.

Unternehmens aufmerksam werden und sie kaufen oder abonnieren wollen, um dann dabei zu bleiben und sogar dafür zu werben – eine Geschichte über die ideale Marktposition. In der zugrunde liegenden Story dreht es sich also eigentlich um das Unternehmen, nicht um die Person.

Service Blueprints sind etwas weniger unternehmenszentriert, betrachten aber immer noch das Individuum als Nutzer einer bestimmten Lösung. Marke und Emotionen stehen nicht im Mittelpunkt, sondern die Enthüllung der Vorgänge hinter den Kulissen.

Experience Maps unterscheiden sich davon. Meiner Definition gemäß wird bei ihnen nicht der Mensch als Konsument betrachtet, sondern als Subjekt von Erfahrungen, unabhängig von einer bestimmten Lösung.

Beachten Sie, dass sich meine Definition einer Experience Map von anderen Definitionen unterscheiden kann. Man findet oft Diagramme, die als »Experience Map« bezeichnet werden und in Wirklichkeit eine Kombination aus CJMs und Service Blueprints sind, einschließlich vieler Beispiele in diesem Buch. Aber halten Sie sich nicht zu sehr mit Etiketten auf – sie sind gar nicht so wichtig.

Alle diese Maps könnten Ihnen je nach Situation helfen. Es geht darum, die Art des Diagrammtyps, den Sie einsetzen wollen, genau zu verstehen, bevor Sie einen Versuch starten. Machen Sie sich klar, wer Zielgruppe der Map sein wird und welchen Zweck sie erfüllen soll, bevor Sie loslegen. Konzentrieren Sie sich dann darauf, wie Sie die Wertausrichtung visuell darstellen können, um andere in Ihrem Unternehmen in ein Gespräch darüber einzubeziehen.

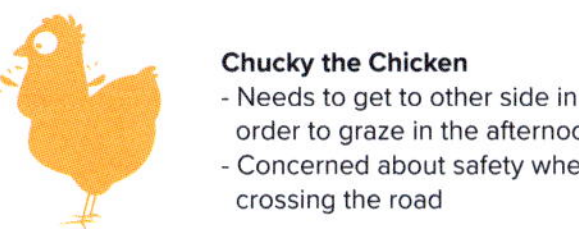

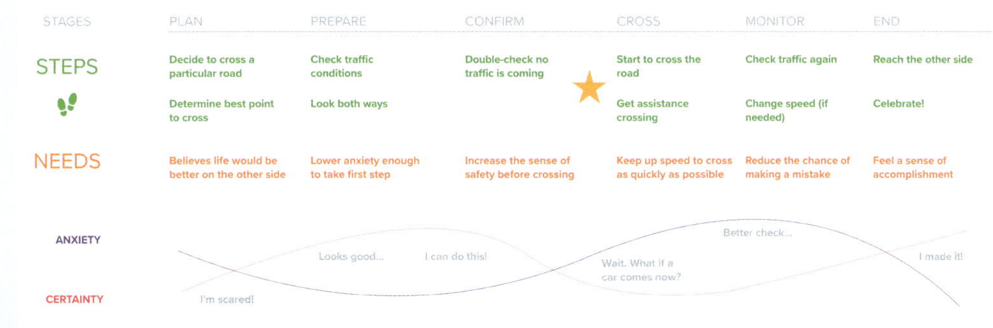

ABBILDUNG 5-8. Eine Experience Map kann zeigen, wie eine Einzelperson vorgeht, um ein Ziel zu erreichen, unabhängig von einem Produkt oder einer Dienstleistung.

Planung des Projekts

Sobald die allgemeine Richtung des Vorhabens umrissen ist, sollten Sie den Zeitaufwand und die ungefähren Kosten abschätzen. In diesem Schritt müssen Sie auch sicherstellen, dass Sie über die entsprechende personelle Ausstattung sowie Geräte und Ressourcen verfügen.

Schätzung des Zeitaufwands

Der Zeitaufwand für ein Mapping-Vorhaben kann ganz unterschiedlich ausfallen. Er hängt von der Formalität des Projekts, der Art der zu erstellenden Visualisierung und der abzubildenden Informationstiefe ab. Kleine Start-ups können eine Map durchaus in wenigen Tagen erstellen. Formellere Projekte benötigen in der Regel zwischen einigen Wochen bis zu ein paar Monaten.

Es folgen einige relative Angaben für verschiedene Arten von Mapping-Projekten, um Ihnen ein grobes Gefühl für den benötigten Zeitrahmen zu vermitteln:

- Schnelle Umsetzung: ein bis zwei Tage
- Kurzes, vollständiges Projekt: ein bis zwei Wochen
- Durchschnittliches Vorhaben: drei bis sechs Wochen
- Großzügiges Programm: mehr als sechs Wochen

Die Zeitschätzung hängt in erster Linie vom Umfang Ihrer Untersuchung sowie von der Anzahl der Überarbeitungszyklen und der erforderlichen Besprechungen mit den Beteiligten ab.

Abschätzung der benötigten Ressourcen

Die primäre Ressource, die bei einem Mapping-Projekt benötigt wird, ist jemand, der die Untersuchung durchführt, Diagramme erstellt und Workshops moderiert.

Zu den Kompetenzen, die für die Erstellung eines Diagramms erforderlich sind, gehören:

- Die Fähigkeit, eine Fülle von Informationen und abstrakten Konzepten zu strukturieren.
- Die Fähigkeit, Daten zu erfassen und Primärforschung zu betreiben.
- Die Fähigkeit, komplexe Informationen zu modellieren und zu visualisieren.

Zu den weiteren Projektanforderungen gehören:

- *Zugang zu internen Mitarbeitern.* Sie benötigen Zugang zum Personal des Unternehmens. Multidisziplinäre Teams sind ideal. Diagramme sind keine Waren, die fertig übergeben werden können: Notwendigerweise müssen Mitarbeiter des Unternehmens während des gesamten Prozesses einbezogen werden. Deren aktive Teilnahme ist unverzichtbar.
- *Die Möglichkeit, Kunden zu rekrutieren.* Sie müssen externe Probanden für Ihre Forschungsaktivitäten rekrutieren können (wie in Kapitel 6 beschrieben).
- *Reisebereitschaft.* Abhängig von Ihrer Branche und den Standorten der Zielgruppen kann es notwendig sein, für die Recherche zu reisen.
- *Transkriptionsservice.* Je nach Ihrem Forschungsansatz kann es nötig sein, aufgezeichnete Interviews mit Probanden transkribieren zu lassen.

Kostenschätzung

Die Kosten können stark variieren. Tabelle 5-3 zeigt hohe und niedrige Schätzungen für ein Mapping-Projekt. Der Hauptfaktor sind dabei die Personalkosten. Die hohe Schätzung geht davon aus, dass eine Person zwei volle Monate an dem Projekt arbeitet. Die niedrige Schätzung geht von nur einer Person aus, die das Projekt in zwei Wochen abschließt.

Natürlich ist es auch möglich, den Aufwand größer oder kleiner anzusetzen. Bei diesen Schätzungen handelt es sich lediglich um Durchschnittswerte, die Ihnen ein Gefühl für ungefähre Kostenbereiche vermitteln sollen.

TABELLE 5-3. Die Tabelle zeigt beispielhaft hohe und niedrige Kostenschätzungen für ein Alignment-Projekt. Die Zahlen können in beide Richtungen stark variieren, was vor allem von den monatlichen Personalkosten abhängt.

	HOCH	NIEDRIG
Monatliche Personalkosten	2 × 15.000 € = 0.000 €	0,5 × 15.000 = 7.500 €
Forschungsanreize	10 × 50 € = 500 €	6 × 25 € = 150 €
Transkripte	10 × 150 € = 1.500 €	–
Reisekosten	500 €	–
INSGESAMT	32.500 €	7.650 €

Erstellung eines Projektvorschlags

Informelle Vorhaben erfordern möglicherweise gar kein konkretes Angebot. Für formelle Projekte wird wahrscheinlich ein schriftlicher Vorschlag nötig sein. Lassen Sie sich davon nicht abschrecken. Ein solcher Projektvorschlag muss nicht zeitaufwendig oder umfangreich sein. Halten Sie es einfach, indem Sie kurz die folgenden Elemente adressieren:

- *Motivation:* Geben Sie an, warum Sie mit dem Unternehmen dieses Projekt zum jetzigen Zeitpunkt in Angriff nehmen wollen.
- *Intention:* Benennen Sie den Hauptzweck des Vorhabens und den Gesamtzeitplan.
- *Ziele:* Listen Sie die Einzelziele und messbaren Outcomes des Projekts auf.
- *Projektbeteiligte:* Nennen Sie alle Beteiligten und ihre jeweiligen Funktionen. Erwähnen Sie, dass Sie Zugang zu internen Stakeholdern benötigen und deren Beteiligung während des gesamten Prozesses erforderlich ist.
- *Aktivitäten, Deliverables und Meilensteine:* Beschreiben Sie die Abfolge der Aktivitäten und die erwarteten Ergebnisse.
- *Umfang:* Geben Sie die Erfahrungen an, die Sie abbilden wollen. Diese können Sie anhand einer Kundenwertschöpfungskette ermitteln (beispielhaft dargestellt in Abbildung 5-2).
- *Diagrammtyp:* Wenn Sie bereits einen bestimmten Diagrammtyp im Sinn haben, geben Sie dies im Vorschlag an.
- *Annahmen, Risiken und Beschränkungen:* Heben Sie Aspekte des Projekts hervor, die möglicherweise außerhalb Ihrer Kontrolle liegen, sowie mögliche beschränkende Faktoren.

Insgesamt muss ein Vorschlag nicht mehr als zwei Seiten umfassen – siehe das Beispiel in Abbildung 5-9.

Proposal: Acme Customer Experience Project

The Acme Corp. has successfully extended its product and service offerings over the past decade, capturing a significant market share in the process. However, the experience customers actually have with Acme has grown organically and become disjointed, resulting in declining customer satisfaction. This effort intends to align internal activities to the customer journey in order to design a more cohesive experience across touchpoints and ultimately increase customer satisfaction and loyalty.

AIM

Complete a customer journey mapping project by the end of Q1

GOALS

1. Involve stakeholders from at least 5 different departments throughout the project, from the creation of the maps to running experiments afterwards.
2. Generate and prioritze at least 100 new ideas to increase customer satisfaction.
3. Develop action plans and experiments to test 5 new services that demonstrate an increase in customer satisfaction.
4. Increase customer satisfaction scores by 5% by the end of the year.

PARTICIPANTS

- Core Project Team
  - Jim Kalbach, Project Lead
  - Paul Kahn, Designer
  - Jane Doe, User Researcher
  - John Doe, Project Sponsor
- Stakeholders
  - Sue Smith, Head of Product Development (+product developers)
  - Joe Smith, Customer Support (+customer support agents)
  - Frank Musterman, Marketing Lead (+marketers)
  - Sales and ecommerce representatives, TBD

ACTIVITIES

- Investigate: Recruit and research, internal and external participants
- Illustrate: Create customer journey map
- Align: Hold workshop and generate hypotheses
- Experiment: Run experiments to test hypotheses

DELIVERABLES

- Customer Journey Maps
- Accompanying documents, such as personas and typical day illustrations
- Catalog of prioritized ideas
- Detailed plan for experiments, included measurements of success

SCOPE

- This effort will focus on two customer personas:
  1. Our current paying customers
  2. Their customers (i.e., customers of our customers)
- The experiences should look at touchpoints from end-to-end, starting with the first contact customers have until when they decide to end the service.
- 5 hypothesis experiments with the given resources (to be confirmed depending on the nature and scope of the experiments)

MILESTONES

- Jan: Recruiting and research
- Feb: Complete journey maps and run workshops
- March: Conduct experiments to increase customer satisfaction

ABBILDUNG 5-9. Ein Vorschlag für ein Mapping-Projekt muss nicht lang ausfallen.

Die Einzelteile zusammenfügen: Welche Techniken werden wann benötigt?

In diesem Buch geht es um Möglichkeiten. Ich habe im Verlauf bereits viele der Werkzeuge für die Abbildung von Erfahrungen vorgestellt, die in Abbildung 5-10 zu sehen sind. Weitere dieser Werkzeuge und Ansätze werden in den folgenden Kapiteln besprochen.

Aber mit einer Vielzahl an Möglichkeiten geht auch die Qual der Wahl einher. Um Ihnen bei der Auswahl des besten Ansatzes zu helfen, sollten Sie die unterschiedlichen Arten von Modell betrachten, das eine Erfahrung beschreibt:

1. *Modelle von Einzelpersonen.* Für wen entwerfen Sie? Personas und Consumer Insight Maps sind Beispiele dafür.
2. *Modelle für Kontext und Ziele.* Experience Maps beschreiben die Umstände von Interaktionen. Wie lauten die Jobs-to-be-done? Um welche Bedürfnisse, Gefühle und Motivationen einer Person geht es?
3. *Modelle zukünftiger Erfahrungen.* Erstellen Sie abschließend ein Modell für einen angestrebten zukünftigen Zustand. Wie könnten Lösungen aussehen? Wie können wir sie darstellen, um sie bewerten zu können?

Verwenden Sie aus jeder Kategorie mindestens eine Variante. Mehr ist zwar möglich, aber passen Sie auf, dass es nicht zu viele Modelle werden. Verwirren Sie Ihr Publikum nicht.

Bei einem informellen Mapping-Prozess wären diese alternativen Abfolgen denkbar:

- Experience Map > Storyboards
- Personas > Design Map

Ein formellerer Mapping-Prozess könnte diese Modelle einbeziehen:

- Personas > Mentalmodelldiagramm > Szenarien und Storyboards > Value Proposition Canvas
- Consumer Insight Maps > Service Blueprint > Storylines > Business Model Canvas

Behalten Sie immer den wesentlichen Zweck des Mappings im Hinterkopf: die Story der Interaktionen (in Vergangenheit und Zukunft) zu erzählen, um Ihr Team auszurichten.

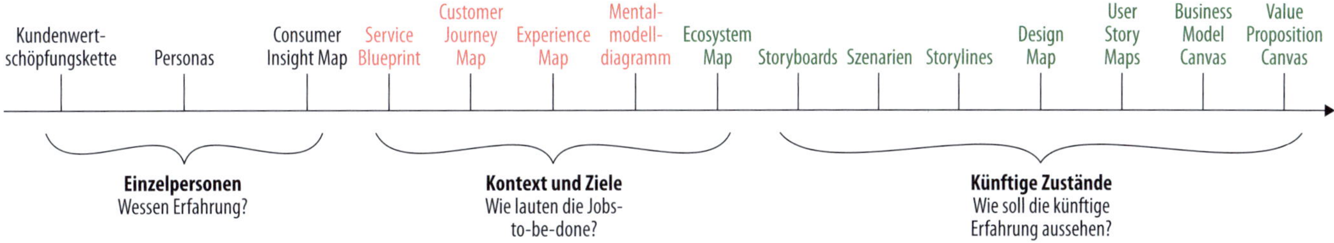

ABBILDUNG 5-10. Die in diesem Buch besprochenen Techniken können in drei Gruppen eingeteilt werden: Diagramme zu einzelnen Personen, zu Kontext und Zielen sowie auf zukünftige Zustände bezogen.

Zusammenfassung

Um ein Mapping-Projekts anzustoßen, muss man zuerst den Rahmen des Vorhabens festlegen. Beginnen Sie damit, den erforderlichen Grad an Formalität abzuwägen. Im Allgemeinen bedarf es bei größeren Unternehmen, die ganzheitliche Erfahrungen in einem System von Touchpoints gestalten wollen, eines formelleren Ansatzes als bei einer einzelnen Person, die die Schnittstelle eines einzelnen Produkts entwirft.

Als interner Mitarbeiter wie auch als externer Berater müssen Sie unter Umständen Hindernisse überwinden, bevor ein Projekt genehmigt wird. Antizipieren Sie mögliche Einwände und halten Sie Referenzen und Nachweise bereit, um überzeugende Gegenargumente vorzubringen. Identifizieren Sie außerdem einen Fürsprecher, mit dem zusammen Sie ein Pilotprojekt durchführen können. Ergebnisse aus erster Hand demonstrieren zu können, hilft sehr dabei, Skeptiker zu überzeugen.

Das Konzept der Ausrichtungsdiagramme eröffnet Ihnen viele Möglichkeiten: Es gibt immer mehr als nur einen Weg, ein bestimmtes Problem zu lösen. Sie müssen das Unternehmen und seine Ziele verstehen, um ein Vorhaben so zu gestalten, dass es die größtmögliche Wirkung hat.

Es liegt an Ihnen, festzulegen, welche Erfahrungen Sie abbilden möchten. Untersuchen Sie verschiedene Beziehungen innerhalb der *Kundenwertschöpfungskette*, um Möglichkeiten einzugrenzen und die richtigen Erwartungen zu setzen. Wählen Sie dann den passendsten Diagrammtyp. Auch hier gibt es keine richtigen oder falschen Antworten. Sie müssen eine Perspektive wählen, die für Ihre Situation am besten geeignet ist.

Bei formellen Vorhaben definieren Sie das Projekt und fassen es in einem schriftlichen Vorschlag zusammen, der die Beweggründe, Ziele, Beteiligten, Ressourcen und ungefähren Kosten des Projekts benennen sollte. Bereiten Sie sich darauf vor, die Einzelheiten des Vorschlags mit den Interessengruppen zu verhandeln, um ein angemessenes, klar definiertes Projekt zu vereinbaren. Informelle Vorhaben erfordern möglicherweise weder einen ausformulierten Vorschlag noch viel Dokumentation.

Weiterführende Literatur

Simon David Clatworthy, *The Experience-Centric Organization* (O'Reilly, 2019)

> *Dieses Buch betrachtet Unternehmen ganzheitlich und erörtert, wie man sie tatsächlich kundenzentriert ausrichten kann. Trotz seiner groß angelegten Ziele und theoretischen Grundlagen gestaltet der Autor das Buch zugänglich und recht praktisch. Der Ansatz basiert auf einem graduellen Modell mit fünf Schritten, die zur Erfahrungszentrierung führen. Kapitel 5 befasst sich ausschließlich mit der Unternehmensorganisation rund um die Erfahrung.*

Tim Brown, *Change by Design* (HarperBusiness, 2009). Deutschsprachige Ausgabe: *Change by Design: Wie Design Thinking Organisationen verändert und zu mehr Innovationen führt* (Vahlen, 2016)

> *Dieses ausführliche Buch ist das definitive Werk über Design Thinking. Basierend auf seiner langjährigen Erfahrung bei IDEO, einem der innovativsten Unternehmen der Welt, legt Brown eine detaillierte Argumentation für Design Thinking vor. Die Theorien werden mit Geschichten und Fallstudien aus der Praxis untermauert. Obwohl*

Mapping in dem Buch nur eine untergeordnete Rolle spielt, plädiert es für eine Änderung der unternehmerischen Perspektive, bei der die Empathie für Benutzer und eine allgemeine Outside-in-Philosophie im Vordergrund steht, wie sie auch für Alignment-Diagramme wesentlich ist.

Ram Charan, *What the Customer Wants You to Know* (Portfolio, 2007)

Charan ist eine hochgelobte Führungspersönlichkeit, die mit Topmanagern in Fortune-100-Unternehmen gearbeitet hat. Er ist in der Lage, Geschäftskonzepte sehr zugänglich zu vermitteln. In diesem Buch wird detailliert die Wertschöpfung aus Kundenperspektive behandelt, inklusive spezieller Aspekte wie Kundenwertschöpfungsketten.

Alex Rawson, Ewan Duncan und Conor Jones, »The Truth About Customer Experience«, *Harvard Business Review* (September 2013)

Ein ausgezeichneter Artikel über den Wert von End-to-End-Erfahrungsdesign, erschienen in einem der führenden Wirtschaftsmagazine. Die Autoren erwähnen Mapping-Aktivitäten nur kurz und gehen auch nicht auf ihre Erstellung ein. Sie liefern jedoch klare Beweise für die positiven Auswirkungen von umfassendem Erfahrungsdesign auf Unternehmensgewinne. Der Verweis auf solche Artikel kann dabei helfen, Stakeholder davon zu überzeugen, ein Mapping-Projekt in Angriff zu nehmen.

John Pruitt und Tamara Adlin, *The Persona Lifecycle* (Morgan Kaufmann, 2006)

Das Standardnachschlagewerk zu Personas. Mit über 700 Seiten ist es vollgepackt mit theoretischen Erklärungen und praktischen Anleitungen zur Erstellung von Personas. Siehe auch Alan Coopers Buch »About Face 2.0«, das sich ebenfalls Personas widmet und seinen eigenen Ansatz vorstellt, den er »zielorientiertes Design« nennt.

Diagramm- und Bildnachweis

Abbildung 5-3: Beispiel-Persona von Jim Kalbach

Abbildung 5-4: Customer Journey Map von Jim Tincher von Heart of the Customer (*heartofthecustomer.com*), mit freundlicher Genehmigung

Abbildungen 5-6 bis 5-8: Beispieldiagramme von Jim Kalbach, in MURAL erstellt

»Man kann viel herausfinden, allein indem man zuschaut.«

– Yogi Berra

IN DIESEM KAPITEL

- Vorhandene Informationsquellen auswerten
- Interne Interviews
- Erstellen eines Map-Entwurfs
- Kontextbezogene Untersuchung und Analyse
- Quantitative Forschung
- Fallstudie: Musikverwaltung – Benutzerforschung und Diagrammerstellung bei Sonos

KAPITEL 6

Untersuchen: Auf Fakten setzen

Ich bin oft verblüfft, wie wenig manche Unternehmen über die Menschen wissen, denen sie ihre Dienste anbieten. Obwohl sie vielleicht über detaillierte demografische Daten, umfassende Kaufstatistiken und ähnliche Angaben verfügen, verstehen sie die grundlegenden Bedürfnisse und Motivationen ihrer Kunden nicht.

Ein Teil des Problems liegt daran, dass das menschliche Verhalten oft irrational ist. Menschen handeln aufgrund von Gefühlen und subjektiven Überzeugungen, die schwieriger zu verstehen und zu quantifizieren sind, und meist gibt es im üblichen geschäftlichen Sprachgebrauch dafür keine geeigneten Begriffe.

Viele Unternehmen haben einfach wenig Lust, die Kundenerfahrung zu verstehen. Dieselben Unternehmen sind möglicherweise bereit, fünfstellige Beträge für Berichte mit Marktanalysen auszugeben – aber es besteht wenig Interesse, ins Feld zu gehen, mit Kunden zu sprechen und sie direkt zu beobachten.

Tiefe emotionale Bindungen zu Produkten und Dienstleistungen aufzudecken, ist ein schwieriges Unterfangen, aber dadurch stößt man zum *Grund* des Kundenverhaltens vor. Solche Untersuchungen bevorzugen Verstehen gegenüber Messen und damit Qualität gegenüber Quantität.

Der Einsatz von Erfahrungsdiagrammen durchbricht das traditionelle Muster unternehmerischer Nabelschau. Die Perspektive wechselt von inside-out auf outside-in. Natürlich erzeugen die Diagramme selbst noch keine Empathie, aber sie entfachen und lenken Gespräche, in denen das geschieht.

Alles beginnt mit Untersuchungen und Forschungen, die notwendig sind, um Ihrem Vorhaben eine Grundlage zu geben und Vertrauen in Ihr Modell der Erfahrung zu schaffen. Andernfalls beruhen Schlussfolgerungen auf bloßen Mutmaßungen.

Darüber hinaus ist die Erforschung der Kundenerfahrung in der Regel ausgesprochen erhellend. Es ist ein gesunder Realitätscheck für alle Beteiligten. Bei einem Projekt im Zusammenhang mit standardisierten Prüfverfahren im Bildungsbereich stellte ich beispielsweise fest, dass die Lehrkräfte zusätzliche manuelle Berechnungen auf Papier durchführten. Es war nicht besonders schwer, ein zusätzliches Werkzeug anzubieten, um diese Berechnungen online durchzuführen, nur war sich niemand der Notwendigkeit bewusst, bis wir dieses Verhalten vor Ort beobachten konnten. Die Anwender hatten sich nie über das Fehlen eines solchen Rechners beschwert und auch nicht danach gefragt: Sie hatten das System einfach so akzeptiert, wie es war. Aufgrund unserer qualitativen Forschung konnten wir Verbesserungsmöglichkeiten entdecken, die aus anderen Daten nicht hervorgingen.

Menschen nutzen Produkte und Dienstleistungen auf nicht vorhersehbare Weise. Sie entdecken Hacks und Workarounds. Sie erfinden neuartige Verwendungs- und Einsatzmöglichkeiten. Dadurch können sie ihre eigene Zufriedenheit mit dem Angebot steigern. Wie Peter Drucker, der berühmte »Vater« der modernen Managementtheorie, schrieb:

> *Der Kunde kauft selten das, von dem das Unternehmen glaubt, es ihm zu verkaufen. Ein Grund dafür ist natürlich, dass niemand für ein »Produkt« bezahlt. Was bezahlt wird, ist Zufriedenheit.*

Versuchen Sie, den Wert aufzudecken, von dem Kunden *glauben*, dass sie ihn bekommen. Indem man versteht, wie ein Angebot den Kunden bei der Erfüllung ihrer Aufgaben hilft, lassen sich neue Möglichkeiten entdecken. Richten Sie Ihre Lösungen darauf aus, unbefriedigte Bedürfnisse zu erfüllen.

Dieses Kapitel behandelt die fünf wesentlichen Untersuchungsschritte beim Mapping von Erfahrungen:

1. Auswertung vorhandener Informationsquellen
2. Interviews mit internen Stakeholdern
3. Erstellen eines Map-Entwurfs
4. Feldforschung
5. Datenanalyse

Die in diesem Kapitel beschriebenen Schritte stellen eine logische Abfolge vor, die aber nicht zwingend eingehalten werden muss. Möglicherweise springen Sie zwischen verschiedenen Aktivitäten hin und her: Der Prozess ist typischerweise eher iterativ als linear.

Auswertung vorhandener Informationsquellen

Nutzen Sie vorhandene Informationsquellen als Ausgangspunkt. Beginnen Sie damit, diese Erkenntnisse auf bestehende Muster hin zu untersuchen – über verschiedene Ressourcentypen hinweg, wie etwa:

Direktes Feedback
: Menschen können ein Unternehmen normalerweise auf unterschiedlichen Wegen kontaktieren: per Telefon, E-Mail, Kontaktformular, Onlinekommentar, durch persönliche Servicebegegnungen oder per Chat. Besorgen Sie sich zur Sichtung einen Auszug der Daten – beispielsweise Kunden-E-Mails oder Callcenter-Protokolle des letzten Monats.

Soziale Medien
: Verschaffen Sie sich einen Eindruck davon, was Menschen in themennahen Social-Media-Kanälen sagen. Besorgen Sie sich einen Querschnitt der Beiträge, die sich auf Seiten wie Facebook und Twitter auf Ihr Unternehmen oder Ihr Angebot beziehen.

Rezensionen und Bewertungen
: Nutzen Sie Rezensionen und Bewertungen als Quelle. Amazon ist bekannt für die Rezensionen und Bewertungen der Käufer, genauso wie TripAdvisor für Reisen oder Yelp für Restaurants. Vergessen Sie auch nicht die Kommentare und Bewertungen in den App-Stores als mögliche Informationsquelle.

Marktforschung

Viele Unternehmen führen regelmäßig Umfragen und Fokusgruppen durch und versenden Fragebogen. Das kann Ihnen zusätzliche hilfreiche Details liefern – besorgen Sie sich auch Ergebnisse früherer Marktforschung.

Usability-Tests

Wenn Ihr Unternehmen in der Vergangenheit Tests durchgeführt hat, sollten Sie diese auswerten, um einen Einblick in die allgemeine Nutzererfahrung zu erhalten.

Branchenreports und Whitepapers

Je nach Branche, in der Sie unterwegs sind, gibt es möglicherweise Berichte von Analysten aus diesem Bereich.

Befunde konsolidieren

Es ist unwahrscheinlich, dass Sie Ihre Informationen über die vollständige Kundenerfahrung aus einer einzigen bereits vorhandenen Quelle gewinnen können. Die meisten Branchenberichte und Whitepapers konzentrieren sich nur auf kleine Ausschnitte einer Gesamterfahrung. Und wenn Ihr Unternehmen nicht bereits zuvor Erfahrungen visualisiert hat, werden wahrscheinlich keine Inhouse-Untersuchungen vorliegen.

Stattdessen müssen Sie sich durch die verfügbaren Quellen wühlen und die relevanten Teile identifizieren. Dies ist ein Bottom-up-Prozess, bei dem Geduld und eine gewisse Toleranz für irrelevante Informationen gefragt sind. Ein Branchenbericht enthält möglicherweise nur wenige Fakten, die für Ihr spezielles Projekt nützlich sind.

Um sich die Konsolidierung von Daten aus unterschiedlichen Quellen zu erleichtern, sollten Sie zur Dokumentation ein einheitliches Format verwenden. Organisieren Sie die Ergebnisse der Recherche anhand einer einfachen Schrittfolge, bei der Sie sich auf *Evidenz*, *Interpretation* und *Implikationen* für die Erfahrung konzentrieren:

Evidenz

Notieren Sie zunächst urteilsfrei alle relevanten Fakten oder Beobachtungen, die Sie aus den Quellen gewinnen. Fügen Sie als Belege Zitate und Datenpunkte ein.

Interpretationen

Erklären Sie mögliche Ursachen für die von Ihnen identifizierten Belege: Warum haben sich die Menschen so verhalten oder gefühlt, wie sie es getan haben? Ziehen Sie mehrere Interpretationen des beobachteten Verhaltens in Betracht.

Implikationen für die Erfahrung

Bestimmen Sie schließlich die Auswirkung des Befunds auf die Erfahrung der Person. Versuchen Sie, die emotionalen Faktoren einzubeziehen, die ihr Verhalten beeinflussen.

Fassen Sie die Erkenntnisse einer bestimmten Quelle in einer separaten Tabelle zusammen. Diese Konsolidierungstabellen helfen Ihnen beim Sortieren der gewonnenen Informationen. Dadurch normalisieren Sie gleichzeitig die Ergebnisse und können besser zwischen den Quellen vergleichen. Tabelle 6-1 zeigt diese Form der Konsolidierung von Daten, die aus zwei unterschiedlichen Arten von Quellen stammen, für einen fiktiven Softwaredienst.

Der Einsatz von Erfahrungsdiagrammen durchbricht das traditionelle Muster unternehmerischer Nabelschau. Die Perspektive wechselt von inside-out auf outside-in.

TABELLE 6-1. Beispiele für die Konsolidierung von Erkenntnissen zu einem fiktiven Softwaredienst, die aus zwei unterschiedlichen Informationsquellen stammen.

Quelle 1: E-Mail-Feedback

Evidenz	**Interpretationen**	**Implikationen für die Erfahrung**
Viele E-Mails weisen auf Probleme bei der Installation hin, beispielsweise: *»Nachdem ich die Anweisungen und den Prozess mehrmals durchlaufen habe, habe ich aufgegeben.«*	Den Menschen fehlen die Fähigkeiten und Kenntnisse, um den Installationsprozess abzuschließen, das frustriert sie. Den Nutzern fehlt Zeit oder Geduld, die Anweisungen sorgfältig zu lesen.	Die Installation ist eine problematische Phase der Journey.
Es gab häufig Fragen zu Admin-Rechten für die Installation der Software, beispielsweise: *»Ich bekam die Meldung ›Bitte kontaktieren Sie Ihren IT-Administrator‹ und wusste nicht, was ich tun sollte.«*	Aus Sicherheitsgründen erlauben viele Unternehmen ihren Mitarbeitern nicht, Software zu installieren. Es kann für Mitarbeiter schwierig oder zeitaufwendig sein, einen IT-Administrator zu kontaktieren.	Für Benutzer ohne Admin-Rechte beendet die Installation die Erfahrung: Sie ist ein Showstopper.
Einige E-Mails lobten den Kundensupport, beispielsweise: *»Der Supportmitarbeiter, mit dem ich gesprochen habe, war sehr sachkundig und hilfreich!«*	Menschen mögen es, mit einer »echten« Person sprechen zu können, und freuen sich, von den Mitarbeitern persönliche Aufmerksamkeit zu erhalten.	Der Kundensupport ist ein positiver Aspekt der aktuellen Erfahrung.

Quelle 2: Marketingumfrage

Evidenz	**Interpretationen**	**Schlussfolgerungen für die Erfahrung**
Die Befragten gaben als wichtigste Kanäle, über die sie auf die Software aufmerksam geworden sind, an: 1. Mundpropaganda (62 %) 2. Internetsuchen (48 %) 3. Internetwerbung (19 %) 4. TV-Werbung (7 %)	Kunden suchen bei ihrer Entscheidung für den Kauf unserer Software nach Meinungen Dritter. Werbung ist möglicherweise nicht so effektiv wie bisher angenommen.	Mundpropaganda spielt die größte Rolle, um auf unseren Service aufmerksam zu werden.
64 % der Kunden gaben an, dass sie regelmäßig zwischen einem Computer und einem Mobilgerät wechseln, während sie unseren Service nutzen.	Die Menschen haben das Bedürfnis, die Software auch unterwegs zu nutzen.	Kunden erleben unsere Software geräteübergreifend.
Eine Mehrheit der Kunden gab an, dass die Installation schwierig oder sehr schwierig war.	Die Installation ist für manche Benutzer zu kompliziert. Die Anweisungen für die Installation sind nicht einfach zu befolgen.	Die Installation ist eine Quelle der Frustration.

Ziehen Sie Schlussfolgerungen

Sammeln Sie als Nächstes alle Implikationen für die Erfahrung in einer separaten Liste und gruppieren Sie sie nach Themen. Dadurch zeigen sich Muster, die Ihre Untersuchung stärker fokussieren. Die folgende einfache Liste zeigt beispielsweise die Implikationen, die sich aus den Daten in Tabelle 6-1 ergeben:

- Die Installation ist eine problematische Phase der Journey.
- Für Benutzer ohne Admin-Rechte beendet die Installation die Erfahrung: Sie ist ein Showstopper.
- Der Kundensupport ist ein positiver Aspekt der aktuellen Erfahrung.
- Mundpropaganda spielt die größte Rolle, um auf unseren Service aufmerksam zu werden.
- Kunden erleben unsere Software geräteübergreifend.
- Die Installation ist eine Quelle der Frustration.

Einige der so gewonnenen Erkenntnisse werden ziemlich offensichtlich sein und bedürfen keiner besonderen Validierung. Möglicherweise werden Sie feststellen, dass zur Art und Weise, wie Menschen auf einen Dienst aufmerksam werden, keine weitere Forschung nötig ist. Den Beispieldaten in Tabelle 6-1 könnten Sie problemlos entnehmen, dass Mundpropaganda der wichtigste Weg ist, auf dem Menschen von Ihrem Service erfahren. Wenn Sie eine Customer Journey Map erstellen, können Sie diese Informationen sofort in das Diagramm übernehmen.

Andere Punkte, auf die Sie stoßen, können allerdings Wissenslücken aufzeigen. Aus der Liste der Implikationen in Tabelle 6-1 geht zum Beispiel hervor, dass Frustration bei der Installation ein großes Thema ist. Aber Sie wissen deshalb noch nicht, *warum* das der Fall ist, und müssen die Ursachen dieser Frustration weiter erforschen.

Insgesamt ist der Prozess evidenzbasiert und bewegt sich von einzelnen Fakten zu umfassenderen Schlussfolgerungen (Abbildung 6-1). Durch die Darstellung der Ergebnisse in einem einheitlichen Format können Sie Themen über verschiedene Quellen hinweg vergleichen.

Die Durchsicht vorhandener Informationsquellen dient nicht nur der Erstellung eines Diagramms, sondern legt auch Ihre Agenda für die folgenden Untersuchungsschritte fest. Sie werden dadurch ein besseres Gespür dafür entwickeln, wonach Sie in den nächsten Forschungsphasen fragen sollten, beginnend bei den internen Stakeholdern.

Die Sichtung muss nicht besonders lange dauern. Je nach Anzahl der zu prüfenden Quellen kann diese Aufgabe in einem Tag (oder weniger) abgeschlossen werden. Versuchen Sie, die Sichtung der Quellen auf mehrere Personen zu verteilen, um gegebenenfalls noch schneller arbeiten zu können. Besprechen Sie dann gemeinsam die wichtigsten Ergebnisse.

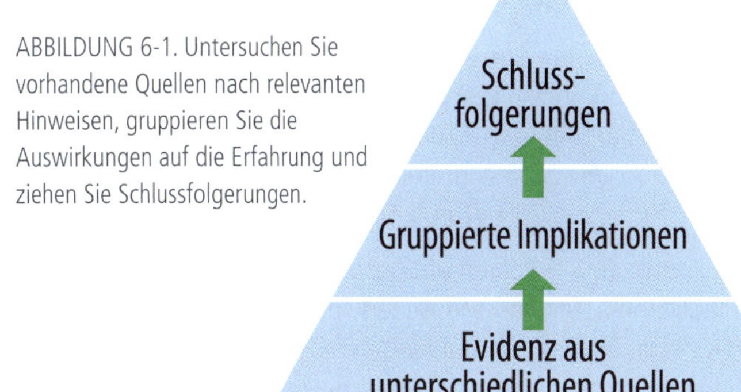

ABBILDUNG 6-1. Untersuchen Sie vorhandene Quellen nach relevanten Hinweisen, gruppieren Sie die Auswirkungen auf die Erfahrung und ziehen Sie Schlussfolgerungen.

Unternehmensinterne Interviews

Projekte, bei denen Alignment-Diagramme erstellt werden sollen, erfordern zwingend Forschung mit Personen innerhalb des Unternehmens. Suchen Sie eine Reihe von Personen für Interviews aus. Beschränken Sie sich nicht auf die Hauptsponsoren des Projekts. Schließen Sie Entscheidungsträger, Manager, Vertriebsmitarbeiter, Entwickler und Techniker sowie Mitarbeiter vor Ort mit ein.

Zu diesem Zeitpunkt hat Ihre Untersuchung vor allem Erkundungscharakter: Sie wollen die Hauptthemen aufdecken, um diese dann weiter zu erforschen. Die Anzahl der Personen, zu denen Sie Zugang haben, ist möglicherweise recht klein – vielleicht insgesamt nur eine oder zwei Handvoll. Das bedeutet auch, dass Sie möglicherweise innerhalb des Unternehmens nur eine oder zwei Personen pro Funktion befragen können. In solch einem Fall sollten Sie davon ausgehen, dass Ihr Gesprächspartner auch stellvertretend für andere in ähnlicher Funktion sprechen kann.

Durchführung der Interviews

Interne Interviews mit Stakeholdern können informell sein und zwischen 30 und 60 Minuten dauern. Wenn viele der Beteiligten am selben Ort arbeiten, mag das nur einen Tag in Anspruch nehmen. Telefon- oder Online-Interviews sind ebenfalls möglich, falls Sie sich nicht persönlich treffen können.

Offene Fragen funktionieren am besten, da Sie mit ganz unterschiedlichen Arten von Menschen sprechen werden. Diese Technik ermöglicht es, ein frei fließendes Gespräch zu führen. Ihre Interviews sollten nicht wie die Abarbeitung eines Fragebogens wirken, sondern eher einer geführten Diskussion mit den Teilnehmern ähneln. Es geht darum, zu erforschen und zu lernen, und nicht darum, eine quantitative Umfrage durchzuführen. Weitere Informationen zu dieser offenen Fragetechnik finden Sie im Kasten »Ein kurzer Leitfaden zur Befragung« weiter unten in diesem Kapitel.

Die Abbildung von Erfahrungen beginnt mit Low-Fidelity-Modellen, nicht mit ausgefeilten Grafiken.

Es gibt drei Schlüsselbereiche, die einbezogen werden müssen:

Rolle und Funktion
: Beginnen Sie damit, den Hintergrund der Teilnehmer zu beleuchten. Welche Aufgabe haben sie innerhalb des Unternehmens? Wie ist ihr Team organisiert? Verschaffen Sie sich ein Gefühl für ihre Position in der Wertschöpfungskette.

Touchpoints
: Jedes einzelne Mitglied eines Unternehmens besitzt einen gewissen Einfluss auf die Erfahrung, die Menschen machen, wenn sie mit dem Unternehmen interagieren. In einigen Fällen haben die Stakeholder unmittelbar Kontakt mit den Kunden. Fragen Sie sie in diesem Fall direkt nach ihrer Perspektive auf die Kundenerfahrung. Andere haben vielleicht nur indirekten Kontakt. Sondieren Sie davon unabhängig, welche Rolle sie jeweils in der Benutzererfahrung spielen und welche Touchpoints für sie am wichtigsten sind.

Erfahrung

Finden Sie heraus, was die Befragten über die Erfahrung *denken*, die Menschen bei der Interaktion mit dem Unternehmen erleben. Beginnen Sie damit, den Handlungsablauf zu verstehen: Was machen die Kunden zuerst? Was passiert danach? Fragen Sie auch, wie sich die Kunden *nach Einschätzung* der Teilnehmer währenddessen fühlen. Wann sind sie besonders frustriert? Was begeistert sie? Was sind die möglichen Momente der Wahrheit? Seien Sie sich aber dessen bewusst, dass die Einschätzung der Befragten möglicherweise nicht mit dem übereinstimmt, was Kunden tatsächlich erleben. Zu diesem Zeitpunkt werden aus Ihrer Untersuchung Annahmen hervorgehen, die durch anschließende Feldforschung validiert werden müssen.

Bitten Sie die Teilnehmer, während der Beschreibung der Erfahrung ein Diagramm oder eine Skizze zu zeichnen. Abbildung 6-2 zeigt ein Beispiel für ein solches Diagramm aus meiner eigenen Arbeit. Diese Skizze entwickelte sich im Laufe eines Gesprächs und ermöglichte uns, auf bestimmte Teile der Erfahrung zu verweisen und genauer nachzufragen. Die Zeichnung diente dann als Grundlage für die Erstellung eines Diagramms. Die Abbildung von Erfahrungen beginnt mit Low-Fidelity-Modellen, nicht mit ausgefeilten Grafiken.

Alternativ können Sie versuchen, eine Vorlage zu verwenden, um eine geleitete Unterhaltung über die Benutzererfahrung zu führen. Abbildung 6-3 zeigt als Beispiel eine Vorlage, die von UXPressia (*uxpressia.com*) angeboten wird und eine generische Customer Journey aus dem Fertigungsbereich abbildet. Sie können auf andere Vorlagen zurückgreifen oder eigene erstellen. Bei solchen Vorlagen geht es darum, die Interview-Partner während des Gesprächs die Leerstellen ausfüllen zu lassen, um die Erfahrung gemeinsam zu verstehen.

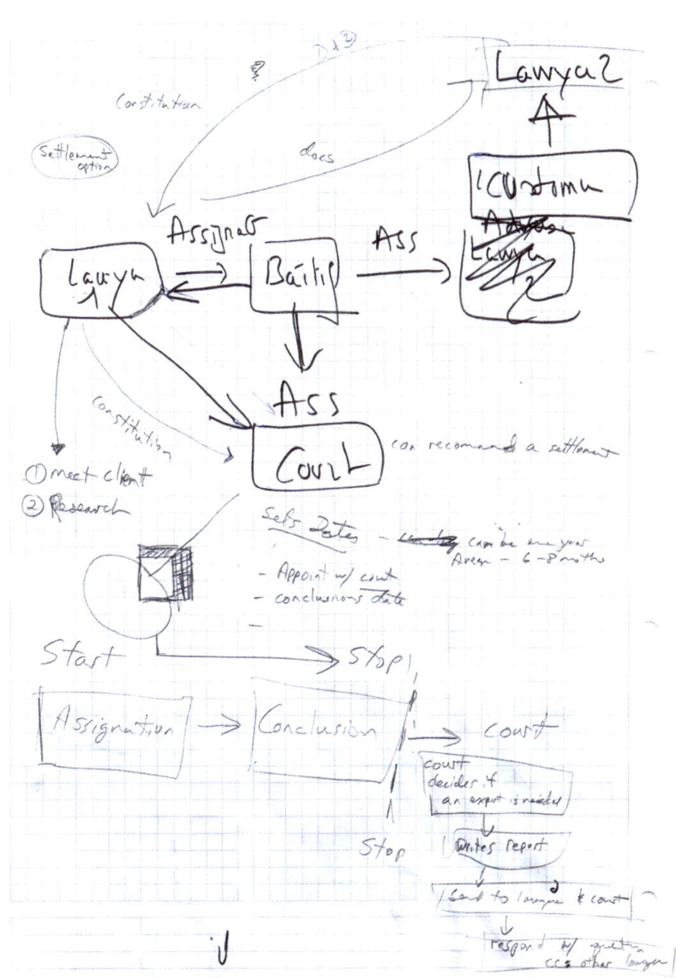

ABBILDUNG 6-2. Lassen Sie die Befragten während der Interviews Skizzen anfertigen.

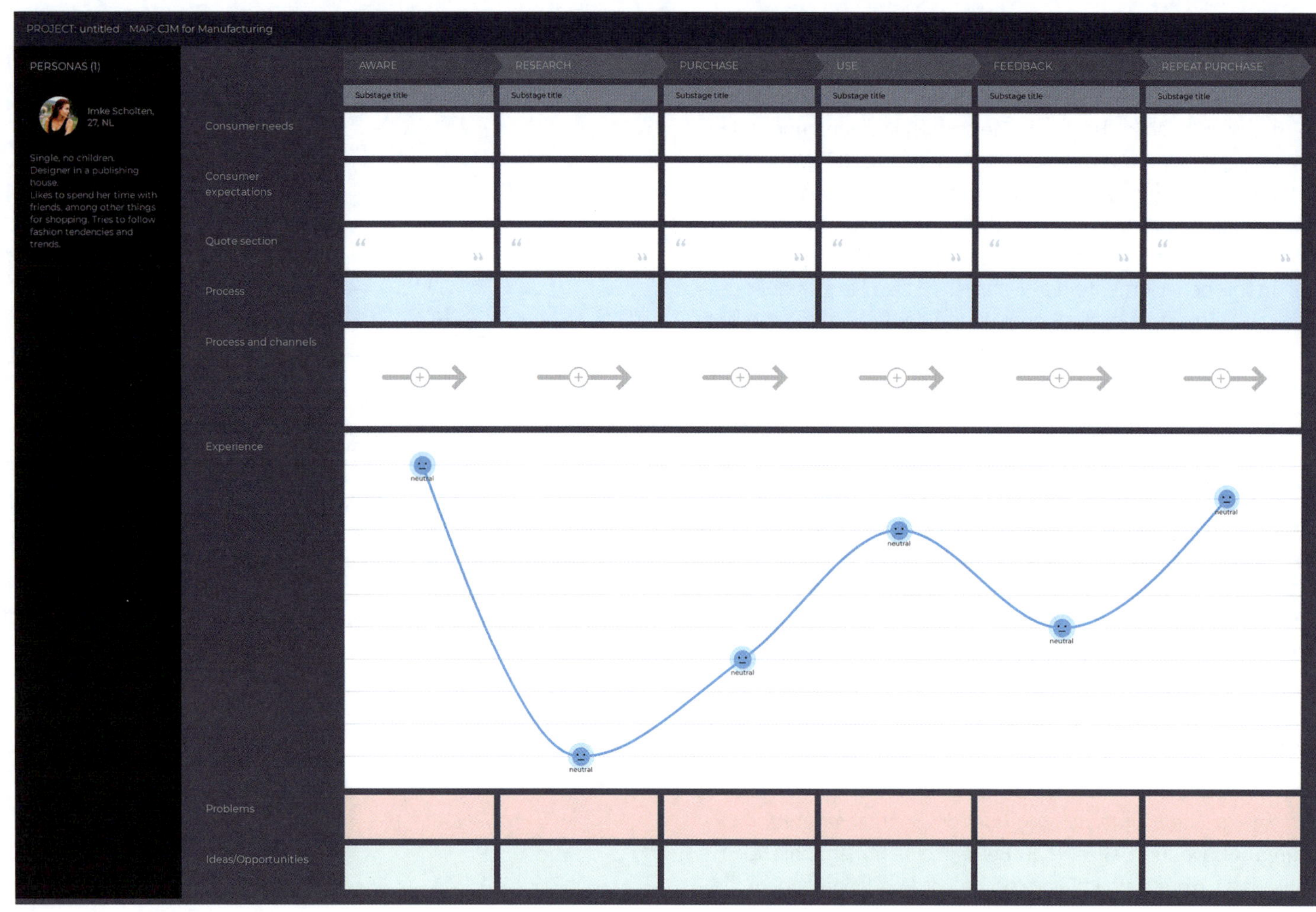

ABBILDUNG 6-3. Eine einfache Mapping-Vorlage kann verwendet werden, um vorhandenes Wissen über eine Erfahrung zu erfassen.

Erstellen eines Diagrammentwurfs

An diesem Punkt sollten Sie in der Lage sein, einen ersten Diagrammentwurf anzufertigen, der als vorläufige Annahme über die Erfahrung dient. Dieser Entwurf basiert nicht auf Forschungsergebnissen und ist daher nur eine wohlbegründete Vermutung. Er wird Sie aber durch die weitere Untersuchung leiten, indem er Wissenslücken und andere Forschungsfragen aufzeigt.

Beziehen Sie andere in die Erstellung des Entwurfs ein. Bilden Sie eine kleine Gruppe von Stakeholdern, um in einem Workshop gemeinsam ein Modell der Erfahrung zu erstellen. Das Ziel besteht nicht darin, die Erfahrung zu analysieren und Datenpunkte hinzuzufügen. Es geht erst einmal darum, auf der Grundlage Ihrer Annahmen eine Einigung über das zugrunde liegende Modell der Erfahrung zu erzielen.

Verwenden Sie Haftnotizen, um eine vorläufige Diagrammstruktur zu erarbeiten. Denken Sie gemeinsam darüber nach, wie man die Story der Ausrichtung und Wertschöpfung für die zu untersuchende Situation erzählen kann. Möglicherweise sind dabei einige Schlussfolgerungen erforderlich – oder Vermutungen, um bestimmte Lücken zu füllen.

Vielleicht gibt es in diesem ersten Workshop bereits eine Tendenz, Lösungen vorzuschlagen. Lassen Sie das geschehen und achten Sie darauf, diese Ideen festzuhalten. Machen Sie aber Brainstorming nicht zum Schwerpunkt des Workshops. Konzentrieren Sie sich stattdessen auf das Diagramm und die Ausarbeitung von Fragen für die weitere Forschung.

Bei Start-ups und »schlanken« Projekten ist mit der Erstellung einer Skizze möglicherweise bereits alles erledigt. Denken Sie daran: Sie suchen nach einem gemeinsamen Verständnis innerhalb des Unternehmens darüber, wie Sie Mehrwert für die Kunden generieren können. Wenn sich ein kleines Team auf genau diese Frage konzentriert, sind formellere Aktivitäten möglicherweise gar nicht erforderlich.

Touchpoint Inventory

Nachdem Sie einen ersten Diagrammentwurf erstellt haben, machen Sie eine Bestandsaufnahme der aktuellen Touchpoints.

Eine Möglichkeit dazu bietet eine Art Rollenspiel, ein sogenanntes *Mystery Shopping*. Bei dieser Methode durchlaufen Sie einen definierten Prozess oder Ablauf in der gleichen Weise, wie es eine Einzelperson tun würde. Dabei zeichnen Sie die Artefakte und Beweise auf, mit denen diese Person in Kontakt kommt. Dazu gehören:

- Physische Belege, wie z. B. zu Hause empfangene Briefe oder Verpackungen
- Digitale Touchpoints, von E-Mails über Onlinemarketing bis hin zur Nutzung von Software
- Direkte Einzelkontakte, z. B. ein Telefonat mit einem Vertriebsmitarbeiter oder ein Chat mit der Kundenbetreuung

Mit Mystery Shopping werden Sie möglicherweise seltenere Rand- und Ausnahmefälle nicht erfassen. Gehen Sie den Ablauf erneut durch und suchen Sie nach alternativen Touchpoints, um Ihre Bestandsaufnahme zu vervollständigen. Zum Beispiel könnten die E-Mails, die ein Testkunde erhält, sich von denen unterscheiden, die bei einem kostenpflichtigen Konto mit mehreren Benutzern verschickt werden. Betrachten Sie das Gesamtbild, um die volle Breite der Touchpoints zu berücksichtigen.

Abbildung 6-4 zeigt beispielhaft ein Touchpoint-Inventory von Chris Risdon, der früher bei Adaptive Path tätig war und jetzt bei H-E-B arbeitet. Dieses Inventory wurde für die in Kapitel 1

Rail Europe Touchpoints by Channel

Channels / Stage	Research & Planning	Shopping	Booking	Pre-Travel (Documents)	Travel	Post-Travel
Website	Maps Test intineraries Timetables Destination Pages FAQ General product & site exploration	Schedule look-up Price look-up Multi-city look-up Pass comparison	Web booking funnel - Pass - Trips - Multiple Trips	Select document option (from available options) - station e-ticket - home print e-ticket - mail ticket	Contact page for email or phone	
Call Center	Order brochure Planning (Products) Schedules General questions	Site navigation help	Automated booking payment Cust. Rep booking Site navigation help	Call re: ticket options Request ticket mailed Reslove problems (info, payment, etc.)	Call with questions regarding tickets General calls re: schedules, strikes, documents	
Mobile	Trip ideas	Schedules	Mobile trip booking		Access itinerary Look up schedules Buy additional tickets	
Communication Channels (social media, email, chat)	Chat for web nav help	FB Comparator Email questions Chat for website nav help	Chat for booking support	Email confirmations Email for general help Hold ticket	Ask questions or resolve problems re: schedules and tickets	Complaints or compliments Survey
Customer Relations						Request for refund, escelation from call center.
Non-REI Channels	Trip Advisor Travel blogs Social Media General Google searching	Airline comparison Kayak Direct rail sites	Expedia		Travel Blogs Direct rail sites Google searches	Trip Advisor Review sites Facebook

Non-linear, no time restrictions · *Linear process* · *Non-linear, but time based*

ABBILDUNG 6-4. Führen Sie eine Bestandsaufnahme der bestehenden Touchpoints durch, um die aktuelle Erfahrung besser zu verstehen.

gezeigte Experience Map von Rail Europe erstellt (siehe Abbildung 1-5). Es ist eine einfache Tabelle mit einer Liste von Touchpoints pro Kanal. In diesem Beispiel wird jeder Berührungspunkt textlich beschrieben, aber Sie können stattdessen auch einen Screenshot oder ein Foto des Touchpoints einfügen, um eine höhere Genauigkeit zu erreichen.

Sowohl der Diagrammentwurf als auch eine Bestandsaufnahme der Touchpoints helfen Ihnen dabei, das Umfeld, in dem Sie sich bewegen, besser zu verstehen. Das wird die zukünftige Forschung leiten. Denken Sie daran, dass die bloße Inspektion vorhandener Touchpoints kein vollständiges Bild der Kundenerfahrung liefern kann. Dazu müssen Sie Forschung mit echten Kunden durchführen.

Externe Forschung betreiben

Die Forschung für Ausrichtungsdiagramme konzentriert sich typischerweise auf qualitative *Interviews und Beobachtungen* als primäre Datenquelle. Der Diagrammentwurf, den Sie gemeinsam mit dem Team erstellt haben, hilft jetzt, Ihre Annahmen und offenen Fragen in Bezug auf die zu untersuchende Erfahrung zu identifizieren. Strukturieren Sie Ihre Forschung so, dass die Wissenslücken gefüllt werden.

Falls Sie mit dieser Technik noch nicht ausreichend vertraut sind, sollten Sie auf erfahrene Researcher zurückgreifen, um die Interviews durchzuführen. Es erfordert einiges an Geschick, um ein erfolgreiches Gespräch zu führen und die benötigten Daten zu erhalten. Finden Sie Praktiker innerhalb Ihres Unternehmens oder über externe Agenturen, die Ihnen dabei helfen, die erforderlichen qualitativen Erkenntnisse zu gewinnen.

Die Durchführung von Interviews und Beobachtungen vor Ort ist der Goldstandard für diese Art der Forschung. Die persönliche Interaktion mit den Teilnehmern ermöglicht Ihnen, deren Umgebung aus erster Hand zu erleben. Remote-Interviews per Telefon oder Videokonferenz durchzuführen, ist ebenfalls eine praktikable Option, die qualitativ hochwertige Ergebnisse liefert. (Ein Beispiel finden Sie in der Fallstudie am Ende dieses Kapitels.)

Ich betrachte die Forschung, die notwendig ist, um eine Erfahrung abzubilden, als ethnografisch. Der berühmte Anthropologe Clifford Geertz spricht von *dichter Beschreibung* (Thick Description) als einem Prozess der Erschließung von kulturellem Kontext durch systematische Beobachtung.[1] Dabei geht es darum, das ansonsten flüchtige menschliche Verhalten einzufangen, damit es von anderen besser verstanden werden kann. Das ist die Essenz des Mappings von Erfahrungen.

In jüngerer Zeit hat Tricia Wang die Bedeutung von tiefgehender qualitativer Forschung als eine Möglichkeit hervorgehoben, das zu sammeln, was sie *dichte Daten* (Thick Data – in Anlehnung an Geertz) nennt. In einem TEDx-Vortrag in Cambridge sagte Wang: »Ich sehe immer wieder, dass Unternehmen Daten ignorieren, weil sie nicht aus einem Quant-Modell stammen oder nicht in eines passen. ... [Stattdessen] können uns *dichte Daten* dabei helfen, den Kontextverlust, der durch die Nutzbarmachung von Big Data entsteht, wettzumachen und die Möglichkeiten der menschlichen Intelligenz zu nutzen.«[2]

Gehen Sie an Mapping mit der Einstellung heran, Erfahrungen gemäß gültigen realen Beobachtungen modellieren zu wollen.

1 Siehe Geertz' wegweisenden Aufsatz »Thick Description: Toward an Interpretive Theory of Culture« in *The Interpretation of Cultures: Selected Essays* (Basic Books, 1973), deutschsprachige Ausgabe *Dichte Beschreibung: Beiträge zum Verstehen kultureller Systeme* (Suhrkamp, 1987).

2 Siehe den TEDxCambridge-Vortrag 2016 von Tricia Wang, »The Human Insights Missing from Big Data«, der auf ihrem Artikel »Why Big Data Needs Thick Data«, *Ethnography Matters* (Mai 2013), basiert.

Im nächsten Abschnitt wird ein formaler Ansatz für die Feldforschung skizziert, der Interviews und Beobachtungen vor Ort beinhaltet. Remote-Interviews folgen einem ähnlichen Muster, beinhalten aber weniger direkte Beobachtung.

Feldforschung

Eine der besten Untersuchungstechniken ist eine qualitative Methode namens *Contextual Inquiry*, die von Hugh Beyer und Karen Holtzblatt in ihrem Buch »Contextual Design« formalisiert und popularisiert wurde. Bei dieser Art der Befragung werden die Teilnehmer vor Ort, also im Kontext ihrer Erfahrungen, besucht.

Formale kontextuelle Untersuchungen können zeitaufwendig und teuer sein. Für Mapping-Projekte ist keine solch umfassende Forschung erforderlich. Die Prinzipien der kontextuellen Untersuchung zu kennen, ist jedoch eine wertvolle Hilfe bei der Art von Feldforschung, die beim Mapping üblicherweise erforderlich ist.

Interviews und Beobachtungen vor Ort dauern in der Regel ein bis zwei Stunden. Längere Sitzungen sind möglich, werden aber normalerweise nicht benötigt. Planen Sie vier bis sechs Interviews pro Segment ein.

Um das erforderliche Feedback schneller zu erhalten, können Sie zum Sammeln der Daten mehrere Teams gleichzeitig ins Feld schicken. Führen Sie dann jeweils zum Abschluss eines Forschungstages eine gemeinsame Nachbesprechung durch.

Gehen Sie an Mapping mit der Einstellung heran, Erfahrungen gemäß gültigen realen Beobachtungen modellieren zu wollen.

Feldforschung kann in vier Schritte unterteilt werden: Vorbereitung, Durchführung des Interviews, Nachbesprechung und Analyse der Daten. Sie werden im Folgenden beschrieben. In den Quellen am Ende des Kapitels finden Sie weiterführende Informationen zu den Recherchetechniken.

Vorbereitung

Die Befragung der Teilnehmer vor Ort erhöht die Komplexität der Vorbereitung im Vergleich zu Umfragen oder Ferninterviews. Besonderes Augenmerk sollten Sie auf Rekrutierung, Anreize, Terminplanung und Ausrüstung legen:

Rekrutierung

Achten Sie darauf, die Teilnehmer über den Ablauf zu informieren und deren Erwartungen zu managen. Erinnern Sie sie daran, dass Sie die Interviews an ihrem Arbeitsplatz oder in ihrer Wohnung durchführen werden und dass Sie währenddessen nicht unterbrochen werden sollten. Vergewissern Sie sich, dass es in Ordnung ist, eine Audioaufzeichnung der Sitzung anzufertigen. Sie sollten per Screening sicherstellen, dass Sie geeignete Teilnehmer rekrutieren und dass diese mit den Bedingungen einverstanden sind. Unterschätzen Sie nicht den Zeitaufwand, um Teilnehmer zu finden. Wenn Sie sich davon komplett entlasten wollen, sollten Sie eine Agentur einschalten, die sich auf Rekrutierung spezialisiert hat.

Incentives

Die Teilnahme vor Ort kann einen höheren Anreiz erfordern als andere Forschungstechniken wie etwa Umfragen. Es ist nicht ungewöhnlich, mehrere Hundert Euro als Incentive anzubieten. Großzügige Anreize erleichtern in der Regel die Rekrutierung, daher ist es nicht ratsam, hier Kosten sparen zu wollen.

Terminplanung

Da die Interviews vor Ort stattfinden, sollten Sie genügend Zeit einplanen, um zu unterschiedlichen Beobachtungsorten reisen zu können. Mehrere Teilnehmer an einem Ort zu finden, ist natürlich ideal, aber nicht immer möglich. Normalerweise können Sie pro Tag nur zwei oder drei Interviews bequem durchführen.

Ausrüstung

Bereiten Sie sich auf jedes Interview gründlich vor. Stellen Sie sicher, dass Sie mit einer vollständigen Ausrüstung ins Feld gehen:

- Gesprächsleitfaden (siehe Kasten »Ein kurzer Leitfaden zur Befragung« auf Seite 183)
- Notizblock und Stifte
- Blätter, auf denen die Teilnehmer zeichnen können (optional)
- Digitales Diktiergerät oder App zur Audioaufnahme auf Ihrem Smartphone (und gegebenenfalls ein externes Mikro)
- Kamera (vor dem Fotografieren um Erlaubnis bitten)
- Visitenkarten
- Incentives

Abschnitte eines Interviews

Da Sie für das Interview bei den Teilnehmern vor Ort sein werden, sollten Sie sie nicht mit zu vielen Interviewern und Beobachtern überfordern. Forschen Sie immer maximal zu zweit. Eine höhere Personenzahl kann schnell eine unnatürliche Atmosphäre schaffen, was sich wiederum auf das Verhalten der Teilnehmer und die erzielbaren Erkenntnisse auswirken kann.

Bestimmen Sie für die Forschenden klare Rollen. Eine Person ist primärer Interviewer, die andere fungiert als Beobachter. Behalten Sie diese Rollen bei. So kann der leitende Researcher eine Beziehung zum Teilnehmer aufbauen und das Gespräch lenken. Der Beobachter kann am Ende oder auf Aufforderung Fragen stellen.

Ein Interview besteht aus vier Teilen.

1. Begrüßung

Begrüßen Sie die Teilnehmer zu Beginn, stellen Sie sich vor und stimmen Sie sie auf das Gespräch ein. Halten Sie es kurz. Lassen Sie sich noch einmal bestätigen, dass die Sitzung aufgezeichnet werden darf, bevor Sie mit einer Aufnahme beginnen.

Leiten Sie das Interview damit ein, dass sich die Teilnehmer selbst vorstellen und ihren Hintergrund in Bezug auf die Studie beschreiben.

2. Durchführung des Interviews

Verwenden Sie für die offene Befragung einen Gesprächsleitfaden. Zeigen Sie unbefangene Neugierde. Stellen Sie sich eine Meister-Lehrling-Beziehung vor: Der Interviewende ist der Lehrling, der Interviewte ist der Meister. Mit anderen Worten: Belehren oder korrigieren Sie die Teilnehmer nicht, auch wenn das von ihnen beschriebene Verhalten ineffizient erscheint.

Sie wollen herausfinden, was die Teilnehmer in der untersuchten Situation tatsächlich tun, und nicht darüber aufklären, was der vermeintlich »richtige« Weg ist. Machen Sie das Interview zu einem Gespräch über die Teilnehmer und ihre Erfahrungen, nicht über sich selbst oder das Unternehmen. Konzentrieren Sie sich darauf, die aktuellen Erfahrungen zu verstehen, die die Grundlage für Ihr Mapping-Vorhaben bilden, und vermeiden Sie es, zukünftige Erfahrungen oder Lösungen zu erwähnen oder zu schildern.

Wenn Sie breit angelegte, offene Fragen stellen, bekommen Sie oft die Antwort »es kommt darauf an«. Versuchen Sie in solchen Fällen, die Frage zu konkretisieren, indem Sie nach den häufigsten oder typischen Situationen fragen, die vorkommen.

Eine Technik, um die Sitzung in Gang zu halten, ist die sogenannte *Critical-Incident-Technik*, die aus drei einfachen Schritten besteht:

1. Zurückdenken an ein kritisches Ereignis. Lassen Sie die Teilnehmer an ein Ereignis aus der Vergangenheit zurückdenken, das besonders schlecht gelaufen ist.
2. Beschreibung der Erfahrung. Bitten Sie sie, zu beschreiben, was passiert und was schiefgelaufen ist und warum. Fragen Sie auch danach, wie sie sich zu diesem Zeitpunkt gefühlt haben.
3. Fragen Sie schließlich, was hätte passieren *sollen* und was idealerweise geschehen wäre. Das offenbart typischerweise die zugrunde liegenden Bedürfnisse und Erwartungen an die Erfahrung.

Zeigen Sie unbefangene Neugierde. Stellen Sie sich eine Meister-Lehrling-Beziehung vor: Der Interviewende ist der Lehrling, der Interviewte ist der Meister.

Die Critical-Incident-Technik vermeidet nicht nur Verallgemeinerungen, sondern verschafft auch tiefe Einblicke in die Motivationen und die Einstellungen der Teilnehmer zu ihren Erfahrungen. Im Allgemeinen geht es darum, die Lücke zu schließen zwischen dem, was Menschen über das, was sie tun, sagen oder denken, und dem, was sie tatsächlich getan haben oder tun würden.

3. Beobachten

Nutzen Sie den Vorteil, vor Ort zu sein und direkte Beobachtungen machen zu können. Achten Sie auf das physische Umfeld und darauf, welche Artefakte vorhanden sind und wie die Teilnehmer mit ihnen interagieren.

Bitten Sie sie gegebenenfalls, Ihnen zu zeigen, wie sie eine typische Aufgabe erledigen würden. Beachten Sie, dass einige Dinge vertraulich sein können. Sobald sie beginnen, sollten Sie die Beobachtungen durch so wenige Einwürfe oder Zwischenfragen wie möglich unterbrechen.

Machen Sie Fotos. Denken Sie daran, zuerst um Erlaubnis zu fragen, und vermeiden Sie es, vertrauliche Informationen oder Artefakte auf den Fotos zu zeigen.

Eine Videoaufzeichnung der Sitzung ist ebenfalls denkbar, allerdings ist dies mit mehr Aufwand verbunden. Fragen des Aufnahmewinkels, der Tonqualität und der Beleuchtung können Sie zu Beginn des Interviews ablenken. Hinzu kommt, dass die Analyse von vollständigen Interviews sehr lange dauern kann. Nehmen Sie die Sitzung nicht auf Video auf, wenn Sie nicht über die Ressourcen verfügen, um die Aufnahmen anschließend auch auszuwerten. Sie können anstelle der gesamten Sitzung auch nur einige kurze Testimonials oder Antworten auf wenige vorher festgelegte Fragen auf Video aufzunehmen.

Darüber hinaus können Sie die Teilnehmer bitten, Skizzen und Diagramme ihrer Arbeit oder Aktivitäten zu zeichnen. Das kann zu neuen, interessanten Gesprächen und Erkenntnissen führen.

4. Abschluss

Fassen Sie am Ende der Sitzung die wichtigsten Punkte zusammen, um sich noch einmal zu vergewissern, dass Sie alles richtig verstanden haben. Halten Sie es auch diesmal wieder kurz. Stellen Sie eventuelle Folgefragen zur Klärung einzelner Punkte. Fragen Sie, ob die Teilnehmer abschließende Gedanken zu den besprochenen Themen haben.

Wenn Sie die Sitzung aufzeichnen, lassen Sie die Aufnahme während dieses Teils der Sitzung weiterlaufen. Oft ergänzen die Teilnehmer noch wichtige Details, die sie vorher ausgelassen haben. Selbst auf dem Weg zur Tür erfahren Sie vielleicht noch etwas, das Sie aufzeichnen möchten.

Vergessen Sie nicht, den Teilnehmern ihr Incentive zu übergeben, um sie nicht in die unangenehme Lage zu versetzen, Sie selbst danach fragen zu müssen. Das Incentive ist Ihre Art, »Danke« zu sagen. Seien Sie herzlich und wertschätzend, wenn Sie es überreichen.

Fragen Sie schließlich, ob Sie sich zur Klärung von später auftretenden Nachfragen noch einmal melden dürfen.

Nachbesprechung

Planen Sie Zeit für eine Nachbesprechung unmittelbar nach jeder oder jeder zweiten Sitzung ein. Gehen Sie die Notizen mit Ihrem Forscherkollegen durch. Nehmen Sie sich die Zeit und tauschen Sie gegenseitig Ihr Verständnis und Ihre Meinung darüber aus, was die Teilnehmer gesagt und getan haben. Sie können auch schon einige Hauptthemen und Highlights extrahieren.

Es ist ebenfalls hilfreich, unmittelbar nach dem Gespräch eine kurze Beschreibung des Umfelds anzufertigen. Wenn Sie jemanden beispielsweise an seinem Arbeitsplatz befragt haben, fertigen Sie eine Skizze des Büros an. Beziehen Sie vorhandene Werkzeuge und Artefakte sowie Interaktionen, die die Teilnehmer mit anderen Personen hatten, mit ein.

Schaffen Sie einen online zugänglichen Bereich, um Gedanken festzuhalten, insbesondere wenn mehrere Researcher beteiligt sind. Ein Online-Kollaborationsboard wie MURAL (Abbildung 6-5) bietet hervorragende Möglichkeiten, um Erkenntnisse schnell zu sammeln. Zu jedem Interview können Sie Fotos und Feldnotizen hinzufügen. Die beabsichtigte Struktur des Diagramms und die Elemente, die es enthalten wird, sind bereits berücksichtigt.

Going to Supermarket by Bike: RESEARCH DEBRIEF

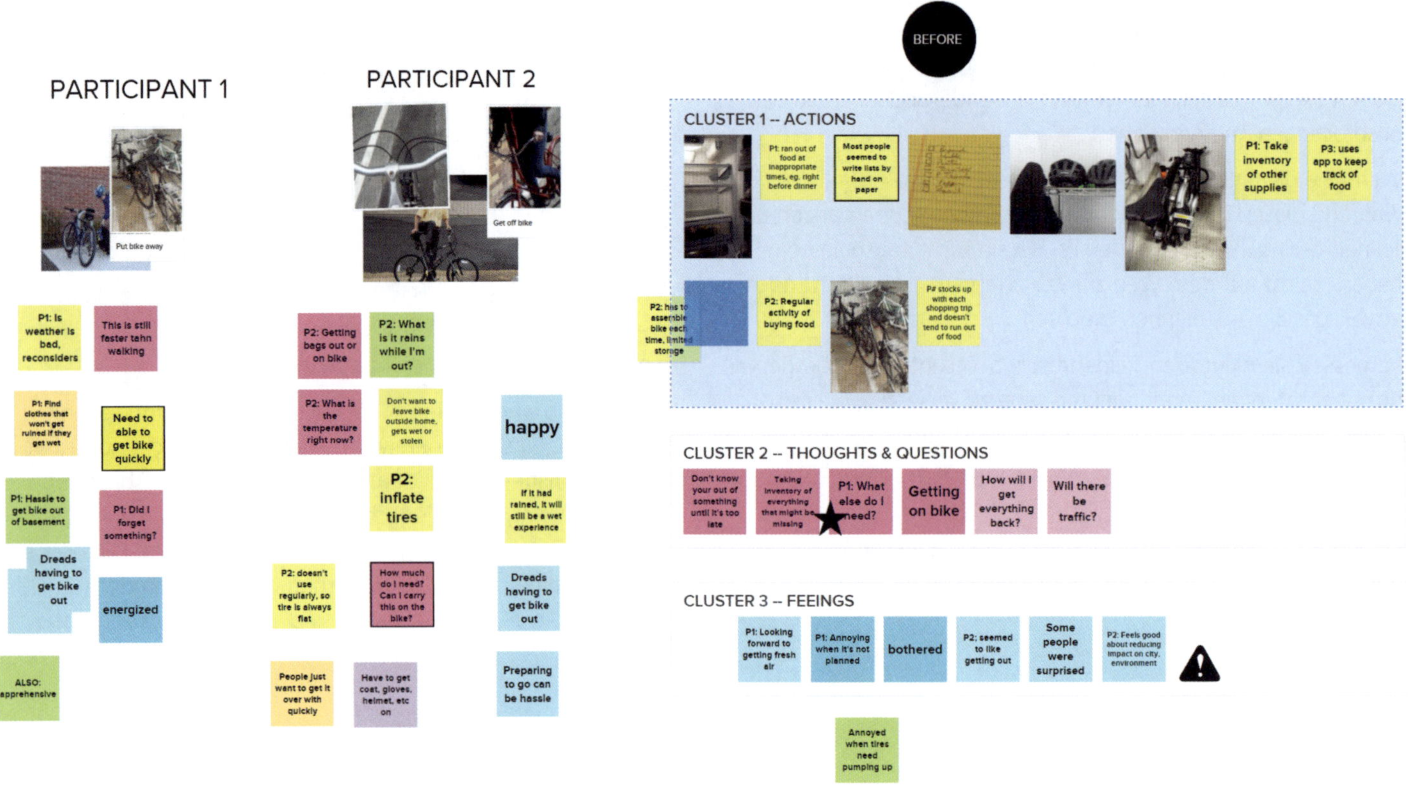

ABBILDUNG 6-5. MURAL (*mural.com*) ist ein gutes Onlinetool zur Nachbesprechung von Interviews.

Ein kurzer Leitfaden zur Befragung

Das Stellen offener Fragen ist eine qualitative Interview-Methode, die sich gut für die Erstellung von Ausrichtungsdiagrammen eignet. Dadurch sollen eingehende Gespräche mit den Teilnehmern ermöglicht werden, bei denen sie sich ohne strenge Vorgaben einbringen können. Lesen Sie deshalb nicht direkt aus einem Fragebogen ab, sondern fragen Sie ungezielt nach Themen, die für das Projekt relevant sind.

Es geht darum, die Einzigartigkeit der Teilnehmer und ihrer besonderen Situation zu erfassen. Worin liegt ihre Besonderheit? Welche Bedenken haben sie? Wie fühlen sie sich, während sie Ihr Angebot nutzen und erfahren?

Diese Art der Befragung ist eine Kunstform. Die Herausforderung besteht darin, den Spagat hinzubekommen zwischen einer ungerichteten Konversation einerseits, in der man aber andererseits Feedback zu ganz bestimmten Themen erhalten will. Es ist die Aufgabe des Interviewers, das Gespräch zu lenken, indem man an manchen Stellen die Kontrolle aufgibt, während man an anderen eingreift.

Verwenden Sie einen Gesprächsleitfaden wie den in Abbildung 6-6 dargestellten. Das ist ein meist ein- oder zweiseitiges Dokument, auf das Sie sich während der Sitzung beziehen können, im gezeigten Beispiel für eine Befragung von Journalisten. Es handelt sich dabei um Hinweise für den Interviewer, nicht um eine Umfrage.

Ein solcher Leitfaden beginnt typischerweise mit einer Standardbegrüßung, um die Erwartungen an das Gespräch festzulegen. Der Hauptteil besteht aus offenen Fragen, die ein Gespräch über die für die Studie relevanten Themen anregen sollen. Diese Aufforderungen

Journalist Interviews – Discussion Guide

Thank you for agreeing to talk with us today. We want to take the next **1 hour** to understand your work and how you interact with the publisher. We'll first ask a few questions and then have you do typical tasks using some tools around you.

It's important that we hear how you do work from **your** perspective.

We're going to record the audio of this session. It's completely anonymous and just for our own reference later.

We may take some photos—of course with your permission. If there's anything that is confidential, just say so—we'll respect that at all times.

1. **Background** (5 mins): Tell us a little bit about yourself and your work as a journalist. How long have you been doing it? What are your interests and areas of expertise?
2. **Tell us about the last piece you wrote for the publisher** (20 mins)
   a. What were the triggers? What concerns do you have initially? How do you feel at the very beginning about a new assignment?
   b. How did you get started? What do you do to prepare to write?
   c. What background investigation did you do, if any? What prerequisite knowledge is needed?
   d. What is the writing process like? What concerns you most at this point?
   e. How do you interact with your editor? What is the most difficult part?
   f. What does it feel like when it's published? Do you take any follow up actions?
3. **What does a typical day look like for you** (15 mins)? (If the participant answers "it depends," ask: "What was yesterday like?")
4. **Social media**
   a. What role does social media play in the creation of a story? What are your experiences with social media?
   b. What role does social media play after a story has been published? How do you feel about it?

ABBILDUNG 6-6. Ein Beispiel für einen Gesprächsleitfaden für ein fiktives Interview mit Journalisten.

sollten sich auf Ihre eigenen Annahmen, Wissenslücken und Fragen beziehen, die Sie im Rahmen des Projekts haben.

Der Gesprächsleitfaden ist eher eine Erinnerung an die zu behandelnden Themen als ein Skript, das von vorne bis hinten durchgearbeitet werden muss. In der Praxis werden Sie die Themen selten in der dortigen Reihenfolge ansprechen. Und das ist in Ordnung. Wenn ein Teilnehmer sofort beginnt, über eines der Themen zu sprechen, die sich weiter unten im Leitfaden wiederfinden, sollten Sie dem Gesprächsfluss folgen und zu diesem Abschnitt des Leitfadens wechseln.

Allgemeine Tipps für Interviews

- *Stellen Sie eine Beziehung her.* Bauen Sie eine gute menschliche Verbindung zum Teilnehmer auf und versuchen Sie, sein Vertrauen zu gewinnen.
- *Vermeiden Sie Ja-oder-Nein-Fragen.* Versuchen Sie, offene Fragen zu stellen, die den Teilnehmer zum Sprechen bringen.
- *Folgen Sie dem Gespräch aktiv.* Suchen Sie regelmäßig Augenkontakt und nutzen Sie bestätigende Gesten wie Nicken oder kurzes akustisches Feedback, um zu zeigen, dass Sie intensiv zuhören. Stimmen Sie den Teilnehmern zu, wenn es angebracht ist (z. B. »Ja, ich kann verstehen, dass das für Sie frustrierend sein könnte« oder »Ja, das klingt nach viel Arbeit für eine einzelne Person«).
- *Hören Sie zu.* Lassen Sie die Teilnehmer den Großteil des Redens übernehmen. Versuchen Sie nicht, sie zu lenken, und legen Sie ihnen keine Worte in den Mund. Folgen Sie deren Gedankengängen und verwenden Sie ihre Ausdrucksweise.
- *Fragen Sie nach.* Versuchen Sie, die zugrunde liegenden Überzeugungen und Werte der Teilnehmer zu verstehen. Diese Art von Informationen bieten die Befragten möglicherweise nicht direkt von sich aus an. Versuchen Sie es mit einfachen Folgefragen wie »Warum, denken Sie, ist das so?« und »Wie fühlen Sie sich dabei?«.
- *Vermeiden Sie Verallgemeinerungen.* Menschen verallgemeinern oft, wenn sie über ihr eigenes Verhalten sprechen. Um das zu vermeiden, können Sie Fragen stellen wie »Können Sie mir erzählen, wann Sie das zuletzt getan haben?« oder »Wie erledigen *Sie persönlich* diese Aufgabe, bzw. wie fühlen Sie sich dabei?«.
- *Minimieren Sie Ablenkungen.* Während der Sitzung können Anrufe eingehen oder andere Unterbrechungen auftreten. Versuchen Sie, den Fokus so schnell wie möglich wieder auf das Gespräch zurückzulenken.
- *Respektieren Sie die Zeit der Teilnehmer.* Achten Sie darauf, pünktlich zu beginnen. Falls das Gespräch länger als vereinbart dauert, sprechen Sie diese Tatsache an und fragen Sie, ob es in Ordnung ist, trotzdem weiterzumachen.
- *Schwimmen Sie mit dem Strom.* Das Interview findet vielleicht in einer Umgebung statt, die nicht Ihren Erwartungen entspricht und nicht die besten Voraussetzungen bietet. Versuchen Sie trotzdem, das Beste daraus zu machen.

Analysieren Sie die Daten

Qualitative Forschung deckt implizites Wissen auf – eine klare Stärke des Ansatzes. Die von Ihnen gesammelten Daten sind aber unstrukturiert: Sie sehen sich einer Fülle von unterschiedlichsten Notizen und Aufnahmen gegenüber, die Sie durcharbeiten müssen. Lassen Sie sich nicht entmutigen – die Gesamtstory der Interaktion, die zu Beginn des Projekts definiert wurde, leitet Sie durch die Analyse.

Diagramme einer aktuellen Erfahrung sind aggregierte Darstellungen der untersuchten Personen und Unternehmen. Suchen Sie bei der Zusammenfassung der gesammelten Daten nach gemeinsamen Mustern. Extrahieren Sie die relevanten Erkenntnisse der jeweiligen Interviews und gruppieren Sie sie nach Themen. Ordnen Sie die Schlussfolgerungen dann in Ihrem Diagramm zu einem Ablauf oder Muster an. Abbildung 6-7 zeigt den Fortschritt beim Übergang von unstrukturierten Texten zu gemeinsamen Themen und Sequenzen von Erfahrungen.

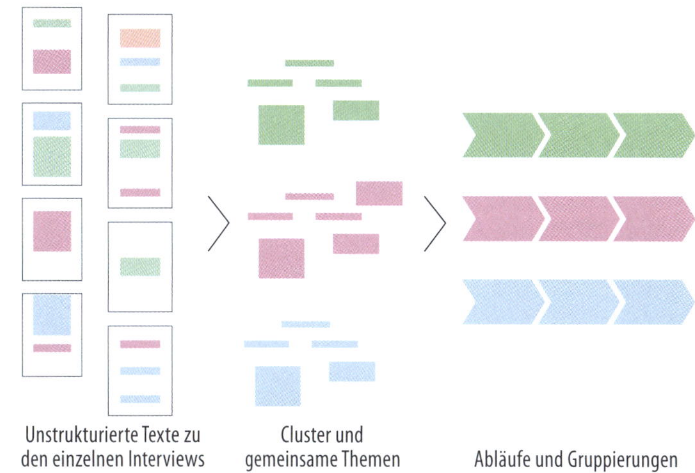

ABBILDUNG 6-7. Während der Analyse arbeiten Sie sich von unstrukturierten Texten zu Clustern vor und von dort zu den Abläufen, die ein Diagramm letztlich ausmachen.

Informelle Analyse

Daten lassen sich auf informelle Weise unter anderem analysieren, indem man Haftnotizen an einer Wand gruppiert. Abbildung 6-8 zeigt als Beispiel ein solches mit Haftnotizen erstelltes Mentalmodelldiagramm. Das kann allein oder gemeinsam in einer kleinen Gruppe geschehen.

ABBILDUNG 6-8. Die informelle Analyse mit Haftnotizen kann an einer großen Wand durchgeführt werden.

Alternativ können Sie mit der Analyse der Daten in einem einfachen Arbeitsblatt einer Tabellenkalkulation beginnen. Abbildung 6-9 zeigt ein Arbeitsblatt, das zur Erfassung von Forschungsergebnissen verwendet wird. Es ist eine modifizierte Version eines Datenerfassungsbogens, den ich in einem früheren Projekt zur Untersuchung einer chronischen Krankheit verwendet habe. Dieses Arbeitsblatt konnten mehrere Personen unabhängig voneinander bearbeiten und ergänzen.

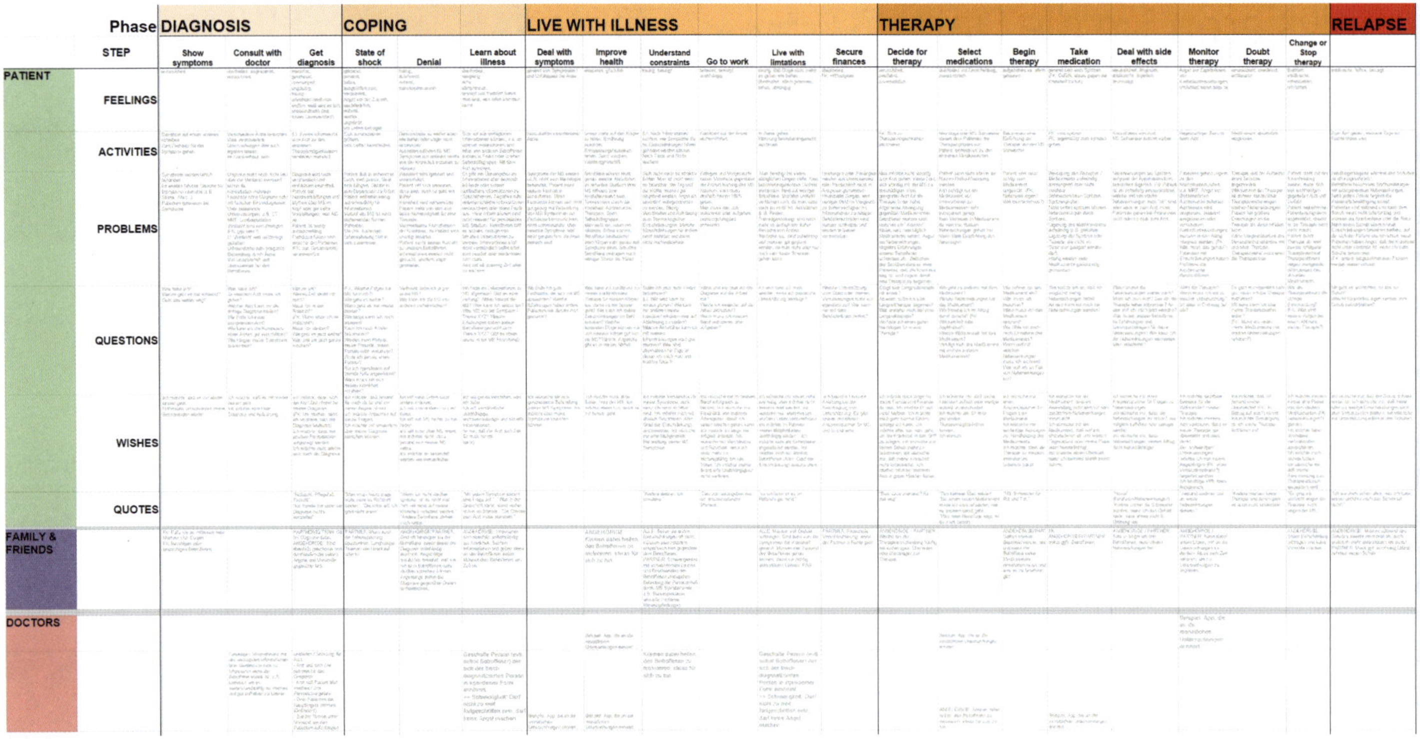

Phase	DIAGNOSIS			COPING			LIVE WITH ILLNESS						THERAPY								RELAPSE
STEP	Show symptoms	Consult with doctor	Get diagnosis	State of shock	Denial	Learn about illness	Deal with symptoms	Improve health	Understand constraints	Go to work	Live with limitations	Secure finances	Decide for therapy	Select medications	Begin therapy	Take medication	Deal with side effects	Monitor therapy	Doubt therapy	Change or Stop therapy	
PATIENT – FEELINGS																					
ACTIVITIES																					
PROBLEMS																					
QUESTIONS																					
WISHES																					
QUOTES																					
FAMILY & FRIENDS																					
DOCTORS																					

ABBILDUNG 6-9. Verwenden Sie ein einfaches Arbeitsblatt einer Tabellenkalkulation für eine informelle Analyse Ihrer Recherche.

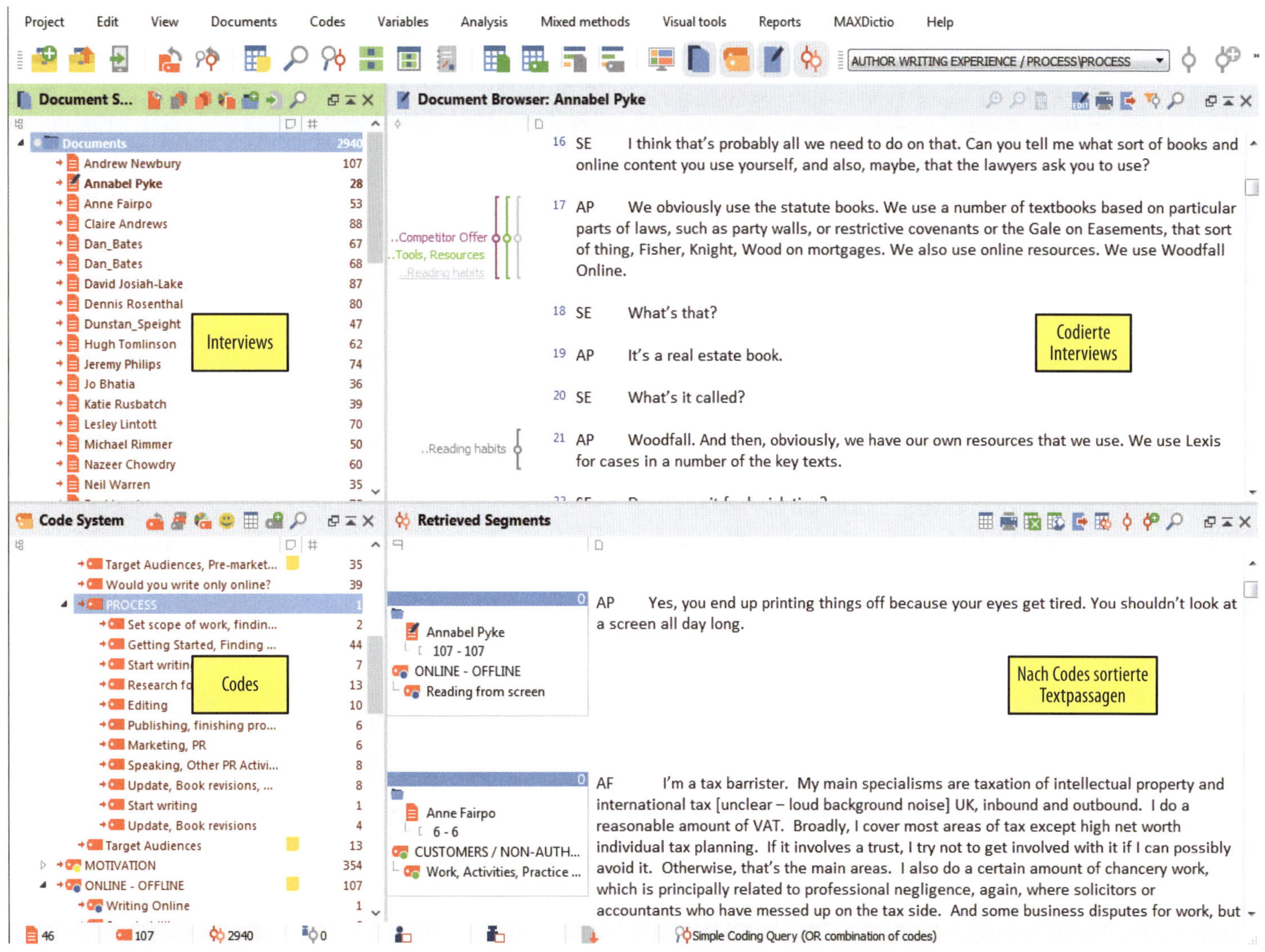

ABBILDUNG 6-10. MaxQDA ist ein Werkzeug zur qualitativen Textanalyse, mit dem sich für das Mapping wertvolle Erkenntnisse ableiten lassen.

Formale Analyse

Eine formalere Analyse erfordert vollständige Transkripte aller Audioaufzeichnungen der Interviews. Ein 60-minütiges Interview kann durchaus 30 Seiten transkribierten Text ergeben. Sie sollten überlegen, ob Sie diesen Schritt nicht besser auslagern, da die Transkription ein sehr zeitaufwendiger Prozess ist. Es gibt auch einige moderne Tools wie unter anderem Otter.ai, die Anrufe und Aufnahmen sofort transkribieren, jedoch müssen die resultierenden Texte möglicherweise manuell überarbeitet werden.

Verwenden Sie danach ein Werkzeug zur qualitativen Textanalyse, um die transkribierten Texte zu durchkämmen – zum Beispiel MaxQDA (siehe Abbildung 6-10). Laden Sie zunächst Ihre Interview-Texte hoch (oben links), erstellen Sie dann eine Liste von Themen, um Passagen zu codieren (unten links), und wenden Sie die Codes schließlich auf die Interview-Texte an (oben rechts). Sie können dann alle codierten Passagen zu einem bestimmten Thema über alle Interviews hinweg an einer Stelle sehen (unten rechts).

Die Lektüre der codierten nach Themen sortierten Passagen erlaubt jetzt fundierte Rückschlüsse auf die Erfahrung. Vergleichen Sie die Themen mit Ihren offenen Forschungsfragen und integrieren Sie Ihre Erkenntnisse in den Diagrammentwurf. Moderne Tools wie Dovetail und Reframer von Optimal Workshop ermöglichen eine vergleichbare Analyse mit einfachen Onlinelösungen.

Quantitative Forschung

Wenn Sie ein Ausrichtungsdiagramm erstellen, sind Umfragen das primäre Werkzeug, um quantitative Daten zu generieren. So können Sie denselben Aspekt über unterschiedliche Phasen oder Touchpoints hinweg messen.

Versuchen Sie auf einer grundlegenden Ebene zu verstehen, *welche Arten* von Erfahrungen Menschen machen. In einer Frage könnte man zum Beispiel eine Reihe von Touchpoints aufzählen und die Befragten auffordern, diejenigen auszuwählen, mit denen sie in Kontakt kommen. So können Sie den Prozentsatz der Personen feststellen, die auf einen bestimmten Touchpoint treffen.

Fragen, die durch Angaben auf einer Skala beantwortet werden, sind leistungsstärker. Damit können Sie herausfinden, *welches Ausmaß* bezogen auf einen Aspekt Menschen erleben, einschließlich ...

- der Häufigkeit, mit der Phasen oder Schritte erlebt werden,
- der Wichtigkeit eines bestimmten Touchpoints sowie
- der Zufriedenheit an den Touchpoints oder in den einzelnen Phasen.

Verwenden Sie innerhalb einer Umfrage eine durchgängige Skala. Wenn Sie die Teilnehmer bei einer Frage bitten, die Zufriedenheit auf einer Skala von 1 bis 5 anzugeben, wechseln Sie bei der nächsten Frage nicht zu einer anderen Skala.

Es ist keine leichte Aufgabe, eine maßgeschneiderte Umfrage zu erstellen. Erwägen Sie stattdessen die Verwendung einer standardisierten Umfrage. Der *NPS* (*Net Promoter Score*) ist beispielsweise ein beliebtes Maß für die Kundenloyalität, das von Fred Reichheld in seinem Buch »The Ultimate Question« (dt. »Die ultimative Frage«) eingeführt wurde. Im Bereich der Software- und Webanwendungen gibt es standardisierte Erhebungen wie *SUMI (Software Usability Measurement Index,* sumi.uxp.ie) und *SUS (System Usability Scale)*[1], die bereits seit Jahrzehnten im Einsatz sind.

Zu weiteren Quellen quantitativer Informationen gehören:

Nutzungsmetriken
: Elektronische Dienste – von Onlinesoftware bis hin zu Computerchips in Autos – können tatsächliche Nutzungsdaten erfassen. Tools zur Webanalyse und Softwaretelemetrie ermöglichen sehr detaillierte Nutzungsmessungen.

Callcenter-Berichte
: Die meisten Callcenter erfassen das Anrufvolumen und allgemeine Nutzungsmuster. Oft gibt es auch eine quantitative Klassifizierung der Anrufarten.

Social-Media-Monitoring
: Für ein Diagramm können quantitative Aktivitätsdaten sozialer Medien berücksichtigt werden. Dazu gehört z. B. der Traffic auf den verschiedenen Social-Media-Plattformen oder die Anzahl von Hashtag-Verwendungen oder Erwähnungen.

Industrie-Benchmarks
: Je nach Sektor und Branche, in der Sie arbeiten, sind möglicherweise Benchmark-Daten verfügbar. Daraus lässt sich ableiten, wie Ihr aktueller Dienst im Vergleich mit ähnlichen Angeboten abschneidet.

Wenn Ihnen aus diesen Quellen Daten vorliegen oder Sie solche sammeln, überlegen Sie, wie Sie diese in Ihr Diagramm einbauen können. Verlassen Sie sich auch hier auf Experten innerhalb Ihres Unternehmens oder auf externe Agenturen, um Sie bei der quantitativen Datenanalyse zu unterstützen. Viele Ansätze hängen von der Art des angestrebten Diagramms, seiner Struktur und seiner Tiefe ab. In Kapitel 7 werden einige spezifische Möglichkeiten zur Darstellung quantitativer Informationen in Ausrichtungsdiagrammen besprochen.

1 Eine ausführliche Beschreibung von SUS finden Sie im Artikel »Measuring Usability with the System Usability Scale (SUS)« von Jeff Sauro, *Measuring U* (Februar 2011).

Zusammenfassung

Eine Erfahrung ist etwas, das im Kopf des Wahrnehmenden entsteht. Es ist nichts, das einem Unternehmen gehört. Um Erfahrungen abzubilden, ist eine Untersuchung aus der Perspektive des Individuums notwendig.

Beginnen Sie damit, *vorhandene Informationsquellen auszuwerten*. Zu diesen Quellen können Kunden-E-Mails, Telefonanrufe, Blogkommentare, Aktivitäten in sozialen Medien, formale Marketingstudien und Branchenberichte gehören. Extrahieren Sie relevante Informationen, die Einfluss auf die Erstellung eines Diagramms haben könnten. Diese Informationen können sich tief in vorhandenen Quellen verbergen.

Erstellen Sie außerdem ein *Touchpoint Inventory* der bestehenden physischen, digitalen und persönlichen Interaktionen. Notieren Sie bei dieser Bestandsaufnahme den Kanal sowie das bei der Interaktion genutzte Mittel und ergänzen Sie Bilder der Touchpoints.

Erstellen Sie gemeinsam mit dem Projektteam und den Stakeholdern einen ersten *Diagrammentwurf*. Dadurch entsteht ein vorläufiges Bild Ihres aktuellen Verständnisses der zu untersuchenden Erfahrung. Dieses dient auch als Überblick über bekannte und noch fehlende Informationen, der die weitere Forschung leiten kann. In manchen Fällen ist das bereits alles, was nötig ist, um Ihr Team auf die Erfahrung auszurichten.

Als Nächstes führen Sie *unternehmensinterne Interviews* durch. Befragen Sie dabei Mitarbeiter in unterschiedlichen Funktionen auf verschiedenen Ebenen. Versuchen Sie, auch das Vor-Ort-Personal in Ihre anfänglichen Interviews einzubeziehen: Mitarbeiter an Serviceschaltern oder in Callcentern haben zum Beispiel aufgrund ihrer häufigen Kontakte oft ein gutes Verständnis der Kundenerfahrung.

Führen Sie Feldforschung durch, um Wissenslücken zu schließen und die Erfahrungen des Einzelnen genauer zu verstehen. Gehen Sie vor Ort dorthin, wo die Befragten mit dem betreffenden Dienst interagieren. Führen Sie intensive Gespräche mit ihnen, aber beobachten Sie auch deren Umfeld. Remote betriebene Forschung mithilfe von Videokonferenzlösungen beschleunigt den Prozess, allerdings auf Kosten der reichhaltigen Interaktionen, die im direkten Livekontakt von Angesicht zu Angesicht stattfinden.

Qualitative Forschung kann Annahmen validieren. Umfragen und Fragebogen sind dafür am besten geeignet. Die Ergebnisse dieser methodischen Ansätze können in ein Ausrichtungsdiagramm einbezogen werden, um eine größere Wirkung zu entfalten.

Die gewonnenen Daten müssen analysiert und auf die wichtigsten Punkte reduziert werden. Erst dann sind Sie in der Lage, eine zuverlässige Visualisierung der Erfahrung vorzunehmen. Im nächsten Kapitel besprechen wir, wie Sie die Erkenntnisse Ihrer Untersuchung in eine Map umsetzen.

Weiterführende Literatur

Tricia Wang, »Why Big Data Needs Thick Data«, *Ethnography Matters* (Mai 2013)

In diesem Artikel führt Wang den Begriff »Thick Data« – »dichte Daten« – ein als Bezeichnung für qualitative ethnografische Beschreibungen, die den Quantifizierungen von Big Data etwas entgegensetzen sollen. In Anlehnung an Clifford Geertz' Konzept der »dichten Beschreibung« konzentrieren sich »dichte Daten« auf Emotionen und Motivationen innerhalb eines bestimmten Kontexts, um neue Muster aufzudecken und zu erklären, warum Menschen sich so verhalten, wie sie es tun.

Hugh Beyer und Karen Holtzblatt, *Contextual Design* (Morgan Kaufmann, 1997)

Ein bahnbrechendes Buch, in dem der Design-Community eine formale Technik für kontextuelle Untersuchungen vorgestellt wurde. Es ist gründlich, gut strukturiert und bietet eine Schritt-für-Schritt-Anleitung für den vorgeschlagenen Prozess. Im ersten Teil werden detailliert Interview- und Befragungstechniken besprochen. In späteren Teilen des Buchs wird eine Methode zur Umsetzung von Erkenntnissen in konkrete Designentwürfe skizziert. Ein sehr lesenswertes Buch, das ich jedem nur empfehlen kann. Siehe auch »Rapid Contextual Design« (Morgan Kaufmann, 2004) von Karen Holtzblatt, Jessamyn Burns Wendell und Shelley Wood.

Mike Kuniavsky, *Observing the User Experience*, 2nd ed. (Morgan Kaufman, 2012)

Die Abbildung von Erfahrungen erfordert eine Form von Primärforschung. Dieses Buch enthält eine exzellente, detaillierte Darstellung der Besonderheiten der UX-Forschung.

Steve Portigal, *Interviewing Users* (Rosenfeld Media, 2013)

Portigal ist ein anerkannter Experte für User Research. Dieses Buch ist ein Muss für alle, die sich mit kontextuellen Interviews oder ethnografischer Forschung beschäftigen. Es enthält eine Fülle von praktischen Informationen, gespickt mit zahlreichen Tipps und Beispielen.

Giff Constable, *Talking to Humans* (Selbstverlag, 2014)

Dieser schlanke Band bietet einen hervorragenden Überblick darüber, wie man vor Kunden tritt und mit ihnen spricht. Die Herangehensweise des Autors ist eindeutig von der Lean-Startup-Methodik beeinflusst und beinhaltet Diskussionen über Annahmen- und Hypothesentests. Das Buch bietet nützliche praktische Informationen für den Einstieg und die Durchführung von Kurzinterviews.

Musikverwaltung – Benutzerforschung und Diagrammerstellung bei Sonos

von Amber Braden

Sonos ist ein führender Anbieter von drahtlosen Home-Audio-Produkten. Aus Sicht des Kunden funktioniert der Dienst ganz einfach: Er verbindet seine Lautsprecher mit dem heimischen WLAN und lässt dann Musik über sein Telefon, sein Tablet oder seinen Computer wiedergeben.

Die App für Sonos-Lautsprecher ermöglicht die Steuerung für mehrere Dienste, Räume und Personen. Die einzelnen Komponenten sind zwar wichtig, damit der Dienst funktioniert, für die Nutzer geht es aber vor allem um die Wiedergabe von Musik. Ziel unseres Projekts war es, die Komplexität dieses Vorgangs darzustellen.

Bevor wir versuchen konnten, ein Diagramm zu erstellen, das zeigt, wie Menschen ihre Musik verwalten, mussten wir zunächst verstehen, *wie* und *warum* Menschen das Produkt nutzen. Unsere Untersuchung bestand aus einer Reihe von ausführlichen Interviews, die wir in einem Zeitraum von zwei Wochen in zehn Haushalten führten, die Sonos-Produkte nutzten.

Zunächst führten wir die Interviews remote durch. Mithilfe von Videokonferenzsoftware und Webcams konnten uns die Teilnehmer demonstrieren, wie sie die Sonos-Anwendung auf ihren Telefonen verwendeten. Alle Sitzungen wurden aufgezeichnet, um sie weiteren Projektbeteiligten, die bei den Interviews nicht anwesend waren, später zeigen zu können.

Danach baten wir die Teilnehmer, die Interaktionen mit dem Produkt in einem täglichen Tagebuch festzuhalten. Die wöchentlichen Besprechungen mit jedem Haushalt brachten die aufschlussreichsten Erkenntnisse. Wir stellten fest, dass die Teilnehmer, wenn sie uns ihre Geschichten erzählten, oft ihre tieferen Ziele offenbarten.

Als Nächstes untersuchten wir die gesammelten Daten auf gemeinsame Themen. Mithilfe von Haftnotizen und einem Whiteboard ordneten wir unsere Erkenntnisse zu einem Modell, das als Grundlage für ein Diagramm diente.

Schließlich erstellten wir ein komplettes Diagramm, das die wichtigsten Erkenntnisse aus unserer Forschung widerspiegelt, wie in Abbildung 6-11 dargestellt.

Es ist eine durch die Konzentration auf fünf Schlüsselelemente vereinfachte Darstellung der Erfahrung eines Nutzers:

- *Ziele des Nutzers.* Wir haben versucht, die zugrunde liegenden Motivationen aufzudecken: Was wollen die Kunden erreichen, wenn sie Musik wiedergeben? In allen Interviews fragten wir die Kunden, *warum* sie bestimmte Dinge tun.

User goals	Supporting features	Benefits of the features	Obstruction of action
Get music ready for later	Add to queue	I have music ready to go that fits what I am in the mood for	Required to select from a menu for each song
Create a playlist for a party	New playlist Add to playlist	I can add songs/ albums/ playlists that I want to a playlist	Required to select from a menu and playlist for each song
Share music with someone next to me	Play now Play next	The menu choices for what I am doing are at the top I can continue to change what I am playing	Pulled into the now playing but still looking for music The song will drop to the bottom of the queue
Keep the music going (DJ)	Add to queue View queue Play now	I can play songs as the requests come in I can add to a list of songs so the music keeps going	Required to select from a menu for each song The song will drop to the bottom of the queue
Turn on a mix of music	Add to queue View queue Play now Play next	I can build a queue of all the different music I like	Required to select from a menu for each song The song will drop to the bottom of the queue Required to choose one song or the whole album
Play what I found right now	Play now	I can play songs as I find them	The music will stop after this song plays A song will appear in Now Playing and not play Required to choose one song or the whole album
Take requests (DJ)	Play now Add to queue	I can choose to play a request now or later	Music stops when I do not expect it to The song will unexpectedly drop to the bottom of the queue
Look at what is going to happen	View queue Up next	I can go into the queue and view what else is in there	This changes when I add music, but I can't see the change When I move around the queue, time is unknown I only have a quick glance at the very next song
Repeat same song for kids	View queue Previous track	I can go into the queue and view what else is in there Once the song ends, I can go back to the song	I get lost trying to find what I just added I can only repeat the song if it's the only one in the queue
Refer to what I listened to before	View queue Save queue Sonos favorites	The queue tells me what I put in there before I can turn the queue into a playlist I can mark things I want to listen to frequently	The old queue disappears Random music is mixed in with what I listened to before Required to navigate to the queue
Avoid mixing listening history with current listening	Clear queue Replace queue	I can choose a song and erase irrelevant music at the same time	I didn't realize music was in the queue I heard a random song that is in the queue Accidentally erased someone's queue
Create immediate access to music I am currently listening to	Add to favorites	I have easy access to the music I listen to regularly I can get rid of the old music I don't want to listen to	I have to remember to pick the content as my favorite
Turn on music so I can do something else	Play now Play all tracks	I can easily get a radio station going All tracks makes it easy to get an album or playlist going	The music stops when I did not expect I have to start the album/ playlist from the beginning I have to select a menu each time I turn on a station
Play a song	Play now	When I find a song I like I can play it right away	Music stops after a song is played It's required to go through a menu for each song
Feels turning on a lot of music is time consuming	Play now Play all tracks	I can get all the tracks from a previously made playlist	It's required to go through a menu for each song

Unused "Curation" items
Delete track from My Library
View reviews
View all tracks on album
Add album to my library
Search for this everywhere
Artist info
Add to favorites
More albums like this
Album info

ABBILDUNG 6-11. Auf der Grundlage von Tiefeninterviews wurde für Sonos ein vereinfachtes Modell zur Musikverwaltung erstellt.

- *Unterstützende Funktionen.* In Anlehnung an Indi Youngs Prozess zur Erstellung von Diagrammen mentaler Modelle haben wir die Funktionen unserer App den Zielen zugeordnet. Das half den Stakeholdern, zu verstehen, welche Funktionen von den Anwendern genutzt wurden, um die gewünschte Aufgabe zu erledigen. In unserem Fall fanden wir beispielsweise heraus, dass die Warteschlangenfunktionen der App zu stark gewichtet waren.
- *Vorteile der Funktionen.* Die Auflistung der Vorteile der Features zeigte den Wert der aktuell vorhandenen Funktionen. Das fördert auch die Akzeptanz der Erkenntnisse durch die Stakeholder. Anstatt sich nur auf negatives Feedback zu konzentrieren, zeigt es, was gut funktioniert.
- *Hemmnisse.* Der wichtigste Aspekt des Diagramms zeigte, an welchen Stellen die App die Nutzer bei der Umsetzung ihrer Ziele *behinderte*. Diesen Hindernisse widmeten die Stakeholder spezielle Aufmerksamkeit.
- *Ungenutzte Funktionen.* In diesem Abschnitt werden Funktionen benannt, die bei der Musikwiedergabe nicht verwendet werden. Die Liste half uns bei der Entscheidung, was entfernt werden konnte, ohne die Benutzerziele zu beeinträchtigen.

Nachdem wir das Modell erstellt hatten, fanden wir heraus, dass es auf vielfältige Weise für die Zusammenarbeit mit den Stakeholdern genutzt werden kann. Bei diesen Gelegenheiten konnten wir das Modell nutzen:

- *Bei Besprechungen und Workshops.* Das Modell ist einfach genug, um Betrachter nicht zu überfordern. Ich präsentierte es in Papier- und elektronischer Form. Auf diese Weise half es, ein gemeinsames Verständnis von den Motivationen der Benutzer zu entwickeln.
- *Ausgedruckt zur Verwendung am Arbeitsplatz.* Indem wir Hardcopies des Modells verteilten, sodass es direkt am Arbeitsplatz verfügbar war, konnten wir dazu beitragen, dass die Erkenntnisse weiter verbreitet werden und ein Gespräch darüber in Gang bleibt.
- *Bei der Zuordnung neuer Konzepte.* Sobald die Stakeholder sahen, wo die Probleme lagen, entwickelten sie entsprechende Lösungen. Sie erkannten, wie sie bestehende Funktionen durch die unterstützenden Funktionen des neuen Konzepts ersetzen konnten.
- *Um User Stories zu schreiben.* Neue (oder manchmal auch bereits bestehende) Vorteile dienten als Grundlage für das Schreiben von User Stories für die Entwicklungsteams.

Die Erstellung einfacher Modelle erleichtert den Stakeholdern, sich einzubringen. Es regt dazu an, diese Modelle als Referenz und zur Verbesserung des Designs zu verwenden.

Wir konnten feststellen, dass Produktmanager, Entwickler und Designer dieses Diagramm nutzten, um zu verstehen, welche Probleme es gab und wie sie sie lösen konnten. Da das Modell auf Feldforschung basierte, hatten wir auch die Gewissheit, dass unsere Entscheidungen auf tatsächlichen Kundenbedürfnissen beruhten.

Über die Autorin des Beitrags

Amber Braden ist UX-Forscherin bei Facebook mit den Spezialgebieten kontextbezogene Interviews, mentale Modelle und Workshop-Moderation. Amber besitzt einen Abschluss in Mensch-Computer-Interaktion der Iowa State University.

Diagramm- und Bildnachweis

Abbildung 6-2: Skizze mit Feedback von Interview-Teilnehmern, bereitgestellt vom Autor

Abbildung 6-3: Vorlage einer Journey Map, erhältlich bei UXPressia (*uxpressia.com*), mit freundlicher Genehmigung

Abbildung 6-4: Touchpoint-Inventory, erstellt von Chris Risdon und erschienen in seinem Artikel »The Anatomy of an Experience Map«, mit freundlicher Genehmigung

Abbildung 6-6: Beispiele für Forschungsanalysen von Jim Kalbach, erstellt in MURAL

Abbildung 6-8: Bild aus *Mental Models* von Indi Young, abgerufen von Flickr: *https://www.flickr.com/photos/rosenfeldmedia/sets/72157603511616271*

Abbildung 6-9: Beispiel für ein Onlinearbeitsblatt zur Datenerfassung in Google Sheets, Modifikation der Originalversion

Abbildung 6-10: Screenshot von MaxQDA, erstellt von Jim Kalbach

Abbildung 6-11: Modell für das Kuratieren von Musik mit Sonos, erstellt von Amber Braden, mit freundlicher Genehmigung

»Grafische Exzellenz besteht darin, dem Betrachter die größte Anzahl von Ideen in der kürzesten Zeit mit der wenigsten Tinte auf dem kleinsten Raum zu vermitteln.«

– Edward R. Tufte
The Visual Display of Quantitative Information

IN DIESEM KAPITEL

- Layout und Form eines Diagramms
- Konsolidierung der Inhalte
- Informationsdarstellung
- Werkzeuge und Software
- Fallstudie: Mapping der Erfahrung bei einer Laboruntersuchung

KAPITEL 7

Veranschaulichen: Mach es sichtbar

»Ich bin kein Grafikdesigner und kann nicht zeichnen. Wie soll ich überhaupt ein Diagramm erstellen?« Diese Reaktion erlebe ich oft in meinen Mapping-Workshops.

Es gibt eine gute Nachricht: Beim Mapping geht es nicht um künstlerisches Talent. Es geht darum, all Ihre Erkenntnisse in eine einzige zusammenhängende Story zu packen. Der schwierige Teil ist nicht das Styling – es ist die Formulierung einer aufschlussreichen Erzählung der Erfahrung.

Betrachten Sie das Diagramm in Abbildung 7-1, erstellt von Eric Berkman, Co-Autor von »Designing Mobile Interfaces«. Optisch weist es nur wenige Elemente auf, aber es offenbart wichtige Erkenntnisse über negative und positive Aspekte, was den Service in einem Starbucks Coffee Shop betrifft. Diagramme müssen keine aufwendigen Grafiken enthalten, um effektiv zu sein.

In manchen Fällen reicht eine Reihe von Haftnotizen an der Wand aus – zum Beispiel in einem kleinen Start-up, in dem man eng und informell zusammenarbeitet. Bei anderen Gelegenheiten ist vielleicht eine etwas geschliffenere Präsentation gefragt: zum Beispiel wenn Sie dem CEO einer großen Bank ein formelles Projekt präsentieren. Unabhängig davon, welchen Detailgrad Ihre Visualisierung haben soll, tragen ein paar Designprinzipien wesentlich dazu bei, eine überzeugende visuelle Geschichte zu gestalten.

In diesem Kapitel werden drei voneinander abhängige Faktoren bei der Visualisierung von Erfahrungen besprochen:

1. Layout des Diagramms bzw. Festlegen der Gesamtform
2. Zusammenfassung des Inhalts in reduzierter Form
3. Darstellung der Informationen in einer überzeugenden Visualisierung

Zwischen diesen Aspekten kann es einige Male hin- und hergehen, stellen Sie sich also darauf ein, iterativ vorzugehen. Nachdem Sie dieses Kapitel gelesen haben, sollten Sie in der Lage sein, die Erkenntnisse der Untersuchungsphase in ein aussagekräftiges Diagramm umzusetzen.

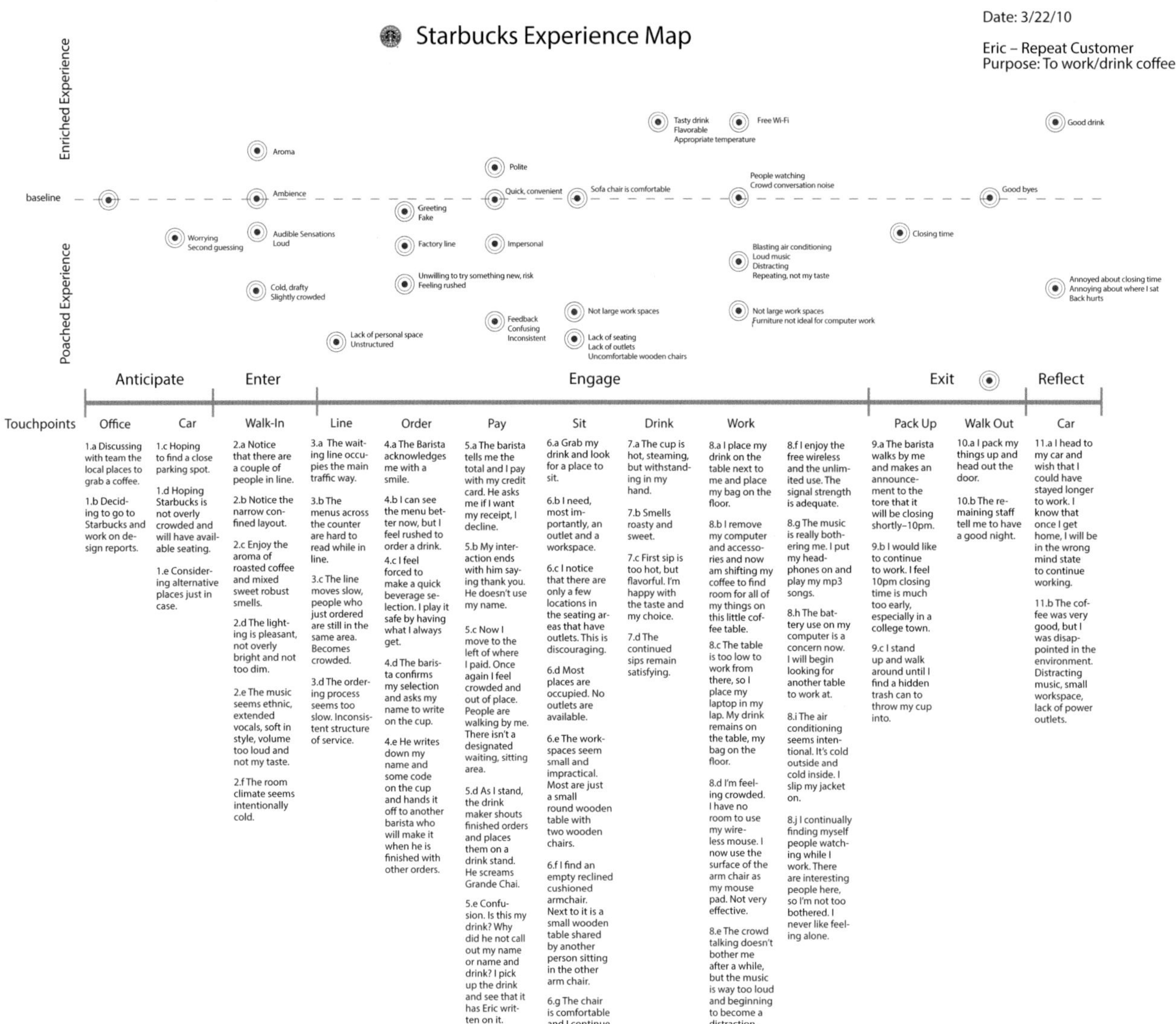

ABBILDUNG 7-1. Eric Berkmans einfaches, aber effektives Diagramm eines Starbucks-Besuchs offenbart wichtige Erkenntnisse mit minimaler Gestaltung.

Layout des Diagramms

Einige Methoden verlangen von vornherein ein bestimmtes Layout. Mentalmodelldiagramme sind z. B. hierarchisch in Türmen organisiert, und ein regelgerechter Service Blueprint wird standardmäßig vorgegebene Zeilen enthalten. Ansonsten bleiben Layout und Struktur eines Diagramms Ihnen als Ersteller überlassen.

Ich empfehle eine einfache Tabelle oder Zeitleiste, was in den meisten Situationen funktioniert. Aber es lohnt sich, auch alternative Formate in Betracht zu ziehen. Wie in Kapitel 2 besprochen, beeinflussen typische Organisationsschemata (chronologisch, hierarchisch, räumlich oder netzwerkartig) die Gestaltung Ihres Diagramms. Abbildung 7-2 zeigt einige mögliche Layouts.

Unabhängig vom verwendeten Layout ist es vor allem wichtig, inwiefern die Form der gezeigten Informationen die vermittelte Botschaft verstärken kann. Sofia Hussain, eine führende, in Norwegen beheimatete Designstrategin, hat beispielsweise das Diagramm in Abbildung 7-3 erstellt. Sie wählte absichtlich eine Kreisform, um zu zeigen, dass der Erfolg der betrachteten Eventplanungs-App von deren *wiederholter Nutzung* abhängt. Die Form unterstreicht diese Botschaft.

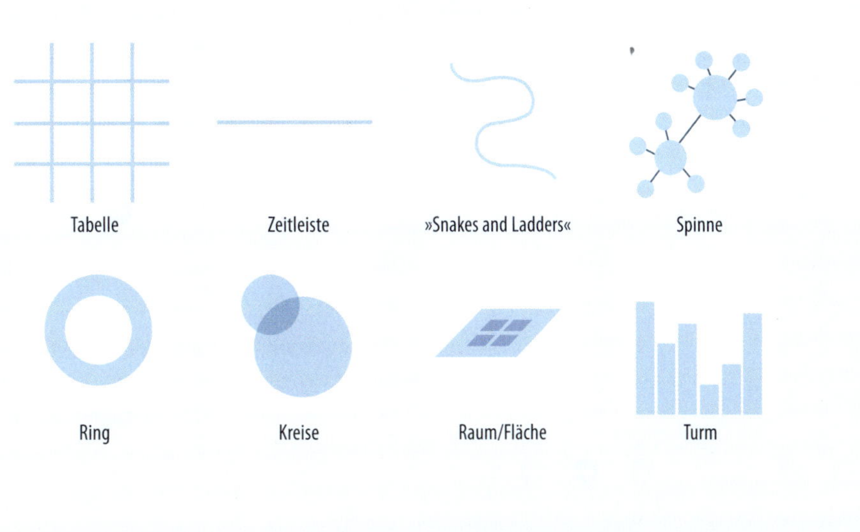

ABBILDUNG 7-2. Ziehen Sie alternative Layouts für Ihr Diagramm in Betracht, um die Botschaft zu unterstreichen.

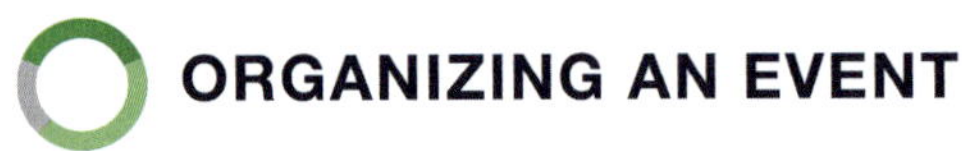

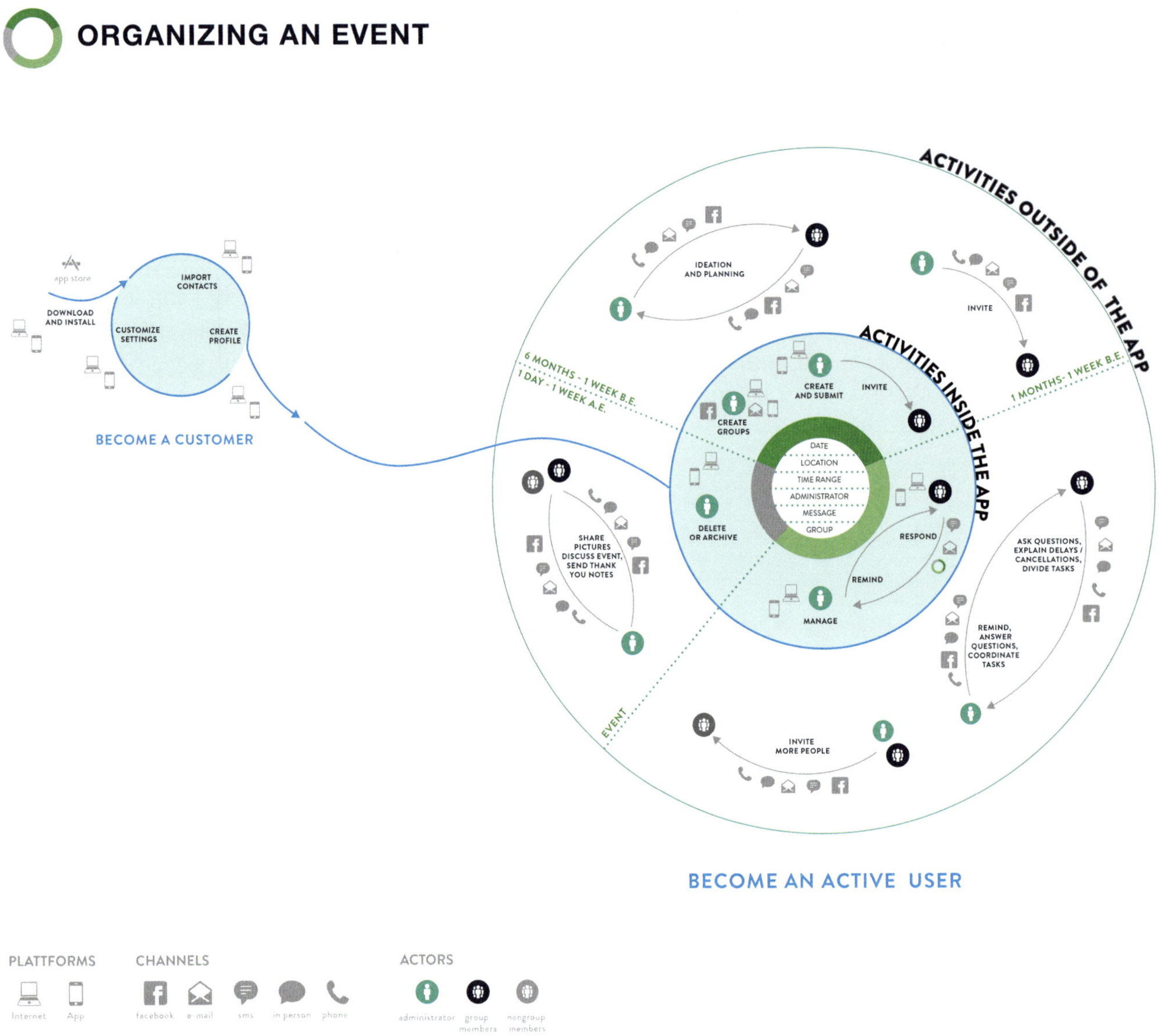
ORGANIZING AN EVENT
app store
DOWNLOAD AND INSTALL
IMPORT CONTACTS
CUSTOMIZE SETTINGS
CREATE PROFILE
BECOME A CUSTOMER
ACTIVITIES OUTSIDE OF THE APP
ACTIVITIES INSIDE THE APP
IDEATION AND PLANNING
INVITE
6 MONTHS - 1 WEEK B.E.
1 DAY - 1 WEEK A.E.
1 MONTHS- 1 WEEK B.E.
CREATE AND SUBMIT
INVITE
CREATE GROUPS
DATE
LOCATION
TIME RANGE
ADMINISTRATOR
MESSAGE
GROUP
DELETE OR ARCHIVE
RESPOND
REMIND
MANAGE
SHARE PICTURES DISCUSS EVENT, SEND THANK YOU NOTES
ASK QUESTIONS, EXPLAIN DELAYS / CANCELLATIONS, DIVIDE TASKS
REMIND, ANSWER QUESTIONS, COORDINATE TASKS
INVITE MORE PEOPLE
EVENT
BECOME AN ACTIVE USER
PLATTFORMS
Internet
App
CHANNELS
facebook
e-mail
sms
in person
phone
ACTORS
administrator
group members
nongroup members

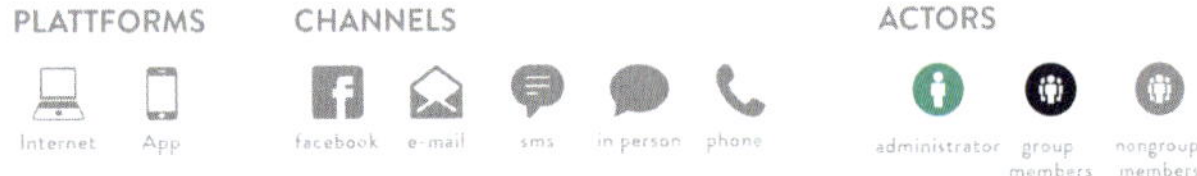

ABBILDUNG 7-3. Vermitteln Sie mit der Form Ihres Diagramms bereits eine Aussage – ein kreisförmiges Diagramm spiegelt in diesem Beispiel den Wunsch nach wiederholter Nutzung einer App zur Veranstaltungsplanung wider.

Chronologische Darstellung

Chronologische Maps sind einfach zu erfassen, stellen uns aber auch vor eine Herausforderung: Möglicherweise sind nicht alle Aspekte einer Erfahrung sequenziell anzuordnen. Einige Ereignisse können andauernder Natur sein, andere könnten in abweichender Reihenfolge auftreten oder unterschiedliche innere Abläufe aufweisen. Dieses »Chronologieproblem«, das entsteht, wenn atypische Abläufe in eine strikte Zeitleiste integriert werden sollen, gilt es bei Bedarf geschickt zu lösen. Einige mögliche Taktiken dafür werden in den Abbildungen 7-4a bis 7-4d gezeigt.

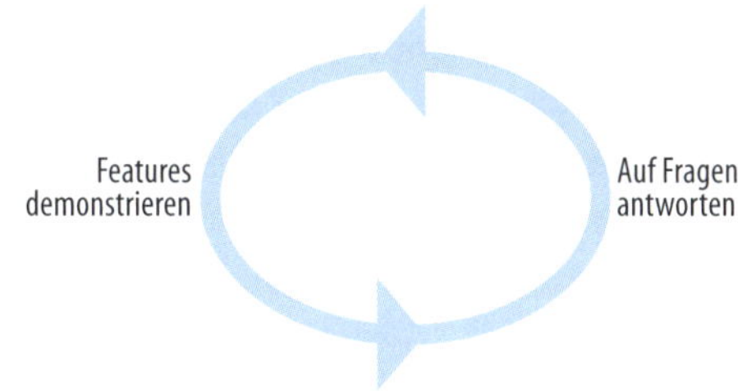

ABBILDUNG 7-4a. SICH WIEDERHOLENDES VERHALTEN: Verwenden Sie Pfeile und Kreise, um sich wiederholende Aktionen darzustellen. Zum Beispiel kann der Verkäufer während eines Verkaufsgesprächs abwechselnd ein Produkt zeigen und auf Kundenfragen antworten.

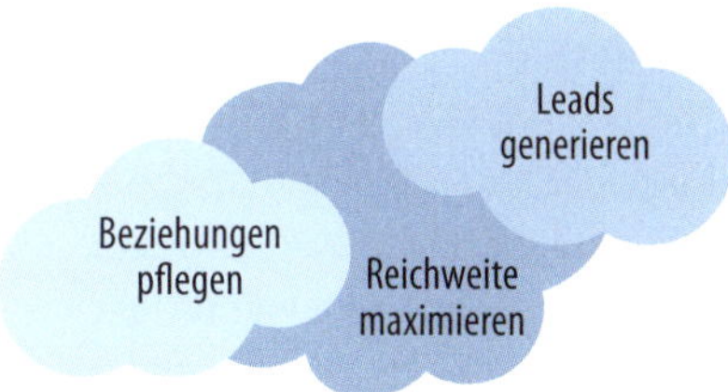

ABBILDUNG 7-4b. VARIABLE REIHENFOLGE: Eine wolkenartige Form kann darauf hinweisen, dass Aktivitäten nicht sequenziell ablaufen. Ein Vertriebsmitarbeiter kann zum Beispiel gleichzeitig neue Leads generieren, bestehende Beziehungen pflegen und die Reichweite maximieren.

ABBILDUNG 7-4c. FORTLAUFENDE TÄTIGKEIT: Geben Sie das erste Auftreten eines Verhaltens an und weisen Sie darauf hin, dass es fortgesetzt wird, um sich wiederholende Angaben zu vermeiden. Zum Beispiel kann ein Vertriebsmitarbeiter fortlaufend nach neuen Leads Ausschau halten.

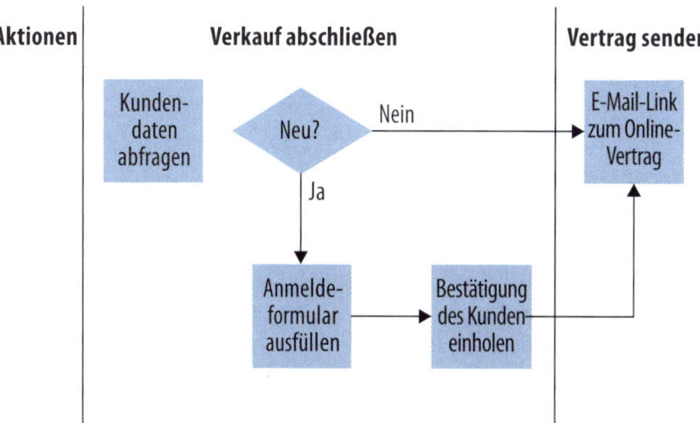

ABBILDUNG 7-4d. ALTERNATIVE ABLÄUFE: Möglicherweise stoßen Sie in der Erfahrung auf verschiedene Teilabläufe. Fügen Sie bei Bedarf Entscheidungspunkte ein, aber beschränken Sie deren Anzahl auf ein Minimum, um die Darstellung nicht zu kompliziert werden zu lassen. Beispielsweise kann ein Verkäufer unterschiedliche Handlungen ausführen, die vom jeweiligen Kundentyp abhängen.

Den Inhalt zusammenstellen

In dieser Phase des Gesamtprozesses geht es darum, den aktuellen Zustand einer Erfahrung abzubilden. Die Erarbeitung von Lösungen und die Visualisierung künftiger Zustände folgen später und werden in den Kapiteln 8 und 9 beschrieben.

Reduzieren Sie die gewonnenen Daten auf die markantesten Punkte und suchen Sie nach typischen Mustern. Arbeiten Sie alternierend mit einem *Bottom-up*-Ansatz (von unten nach oben) wie auch mit einem *Top-down*-Ansatz (von oben nach unten), wie in Abbildung 7-5 gezeigt. Clustern und gruppieren Sie wiederholt Ihre Ergebnisse, bis Sie sie auf die wichtigsten Aspekte reduziert haben. Arbeiten Sie gleichzeitig auch von oben nach unten und nutzen Sie zur Konsolidierung der Ergebnisse Ihren Diagrammentwurf.

Seien Sie bereit, Dinge umzustellen oder zu verschieben. Ihr Ziel ist es zunächst, unter Berücksichtigung qualitativer und quantitativer Informationen einen Prototyp des Diagramms zu erstellen.

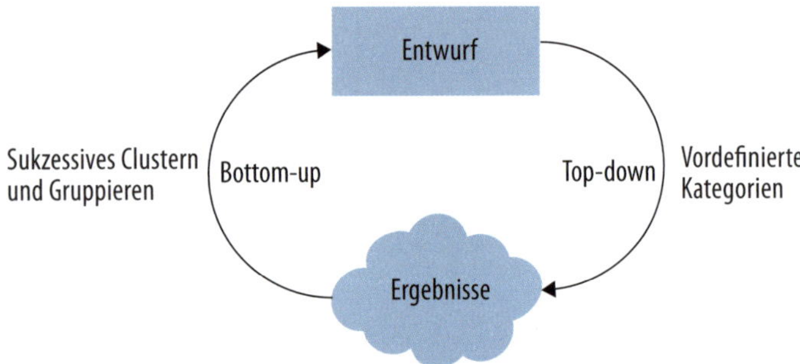

ABBILDUNG 7-5. Arbeiten Sie iterativ von unten nach oben (»bottom-up«) und von oben nach unten (»top-down«), um Ihre Forschungsergebnisse zu konsolidieren.

Qualitative Informationen

Ein Großteil der Informationen zur Beschreibung von Erfahrungen ist qualitativer Natur: Es sind bunte Beschreibungen des *Warum* und des *Wie* anstelle von quantitativen Daten zu einer Häufigkeit. Hier einige Richtlinien zur Bestimmung der primären qualitativen Elemente, die einbezogen werden sollten:

In Phasen, Kategorien und Bereiche unterteilen

Bestimmen Sie die wichtigsten Elemente des zu erstellenden Modells. In chronologischen Maps werden dazu Phasen gebildet: z. B. »Aufmerksam werden«, »Kaufen«, »Verwenden«, »Nach Unterstützung suchen«. Typischerweise gibt es zwischen vier und zwölf Phasen. Für räumliche Maps und hierarchische Diagramme müssen Sie Kategorien festlegen. Versuchen Sie etwas zu finden, was sich für Sie und die Stakeholder natürlich anfühlt. Denken Sie auch daran, dass die Phasenbezeichnungen aus der Sicht des Einzelnen und nicht aus Unternehmenssicht formuliert werden sollten. Wenn Sie z. B. die Erfahrung einer Jobsuche abbilden, sollte die erste Phase »Suche beginnen« (seitens der Einzelperson) heißen, nicht »Stelle besetzen« (durch das Unternehmen).

Die Erfahrung beschreiben

Entscheiden Sie, welche Aspekte gezeigt werden sollen, um die Erfahrung zu beschreiben. Zu den Kernelementen gehören Handlungen, Gedanken und Gefühle. Überlegen Sie, wie Sie die Beschreibung so lebendig wie möglich gestalten können. Vielleicht fügen Sie Zitate von Kunden oder Fotos ein, die Sie während der Forschungsphase aufgenommen haben. Es liegt an Ihnen, festzulegen, was für Ihr Projekt am relevantesten ist. Ziel ist es, durch die komprimierten Ergebnisse Ihrer Untersuchung aufzuzeigen, was sowohl für den Einzelnen als auch für das Unternehmen wertvoll ist.

Touchpoints zeigen
: Beschreiben Sie die Schnittstellen zwischen Individuum und Unternehmen in den einzelnen Phasen. Berücksichtigen Sie den Nutzungskontext. Beachten Sie, dass ein Kontakt zwischen Kunde und Unternehmen immer unter ganz bestimmten Umständen stattfindet. Stellen Sie sicher, dass die in der Nähe der aufgeführten Schnittstellen dargestellten Informationen den Kontext für diese Touchpoints liefern.

Unternehmensbezogene Aspekte einbeziehen
: Geben Sie an, welche Rollen oder Abteilungen an den einzelnen Touchpoints involviert sind. Weitere Elemente, die Sie abbilden können, sind die Unternehmensziele, strategische Vorgaben oder Grundsätze. Zeigen Sie, was für das Unternehmen nützlich ist.

Den Inhalt formatieren

Die Formatierung des Inhalts ist eine der schwierigsten Teilaufgaben des Mappings. Nachdem Sie sich bis über beide Ohren in Daten und Recherchen vertieft haben, möchten Sie vielleicht alle Erkenntnisse einbeziehen, die Sie gewonnen haben. Widerstehen Sie diesem Drang. In der Kürze liegt die Würze. Es braucht Übung, um eine Erfahrung in kompakter Form ausdrücken zu können.

Tabelle 7-1 listet als Richtschnur einige Leitlinien auf und zeigt den Prozess der iterativen Umwandlung von Forschungserkenntnissen in prägnante Inhalte anhand von zwei Beispielen. Beachten Sie, wie sich die anfänglichen Formulierungen der Erkenntnisse aus der obersten Zeile der Tabelle sukzessive in prägnante Aussagen verwandeln. In diesen Beispielen gehen wir davon aus, dass eine Customer Journey Map für ein Softwareunternehmen erstellt werden soll.

Die oberste Zeile von Tabelle 7-1 enthält die unmittelbaren Forschungsergebnisse. Das ist aber nicht das, was schließlich in das Diagramm aufgenommen wird. Stattdessen geht es darum, die rohen Erkenntnisse auf ihre Essenz zu reduzieren, indem sie mit dem in den beiden ersten Spalten der Tabelle vorgeschlagenen Verfahren umgewandelt werden.

Es ist auch wichtig, für die unterschiedlichen Informationen einen gleichartigen Satzbau zu verwenden. Eine zusammenhängende und systematische Darstellung von Inhalten macht das Diagramm lesbarer und vereinheitlicht es. Sie können eigene Muster verwenden, müssen aber sicherstellen, dass Sie sich konsequent an das System halten, damit die Konsistenz gewahrt bleibt.

Hier sind einige Beispielmuster, die ich beim Mapping für einige der gängigsten Informationstypen häufig verwende:

- *Aktionen:* Schließen Sie jeweils mit einem *Verb*: z. B. Software herunterladen, Kundendienst anrufen.
- *Gedanken:* Formulieren Sie sie als *Frage*: z. B. »Gibt es versteckte Gebühren?«, »Wen müssen wir noch einbeziehen?«
- *Gefühle:* Verwenden Sie *Adjektive*: z. B. nervös, unsicher, erleichtert, erfreut.
- *Pain Points:* Beginnen Sie jeweils mit einem *Gerundium* oder mit einer Präposition: z. B. wartend/beim Warten auf die Installation, beim Bezahlen der Rechnung/Rechnung bezahlend.
- *Touchpoints:* Verwenden Sie *Substantive*, um die Schnittstelle zu beschreiben: z. B. E-Mail, Kunden-Hotline.
- *Chancen:* Schließen Sie jeweils mit einem *Verb, das eine Veränderung anzeigt*: z. B. die Installation vereinfachen, unnötige Schritte eliminieren.

TABELLE 7-1. Reduzieren Sie Originalbeobachtungen auf kompakte, wohlgeformte Aussagen, indem Sie den in dieser Tabelle (in den beiden ersten Spalten) dargestellten Prozess von oben nach unten durchlaufen.

Leitsatz	Beschreibung	Beispiel 1	Beispiel 2
Beginnen Sie mit den Ergebnissen.	Beginnen Sie mit rohen, geclusterten Beobachtungen aus der Forschungsphase.	*Forschungscluster 1:* Die Befragten gaben an, dass sie in der Akquisitionsphase aufgrund unseres Premium-Preismodells manchmal zögerten und es sich anders überlegten.	*Forschungscluster 2:* Es gibt einen klaren Pain Point rund um die Bereitstellung der Lösung, hauptsächlich aufgrund des Mangels an notwendigem technischem Wissen.
Verwenden Sie eine zugängliche Sprache.	Nutzen Sie eine Ausdrucksweise, die die Erfahrungen des Individuums in Begriffen wiedergibt, die die Person auch selbst benutzen würde.	Menschen überdenken einen Kauf, weil sie wegen der hohen Kosten möglicherweise nervös oder ängstlich sind.	Benutzer haben Schwierigkeiten, die Software zum ersten Mal zu installieren, wenn sie nicht über die erforderlichen technischen Kenntnisse verfügen.
Wählen Sie eine einheitliche Erzählperspektive.	Formulieren Sie die Ergebnisse entweder in der ersten oder in der dritten Person – und bleiben Sie dieser Perspektive treu.	Ich überlege mir einen Kauf noch einmal, wenn ich wegen der hohen Kosten ängstlich und nervös werde.	Ich tue mich beim ersten Mal schwer, die Software zu installieren, weil ich nicht über die nötigen technischen Kenntnisse verfüge.
Lassen Sie Pronomen und Artikel weg.	Lassen Sie Pronomen und Artikel weg, um Platz zu sparen, da sie implizit mitgedacht werden und sich aus dem Zusammenhang ergeben.	Überdenken des Kaufs aufgrund von Ängstlichkeit und Nervosität wegen hoher Kosten.	Schwierigkeiten bei der Erstinstallation von Software ohne die erforderlichen technischen Kenntnisse.
Konzentrieren Sie sich auf die wesentliche Ursache.	Reduzieren Sie die Informationen, um die zugrunde liegenden Motivationen und Emotionen wiederzugeben.	Ängstliche und nervöse Gefühle bei einem Kauf aufgrund der hohen Kosten, und darauffolgendes Überdenken.	Probleme bei der Installation aufgrund fehlender erforderlicher technischer Kenntnisse.
Seien Sie präzise.	Formulieren Sie die Beschreibungen so um, dass sie so kurz wie möglich sind. Verwenden Sie bei Bedarf einen Thesaurus.	Ängstliche und nervöse Gefühle wegen hoher Kosten, dann Überdenken.	Installationsprobleme aufgrund fehlender technischer Kenntnisse.
Verwenden Sie Abkürzungen oder Jargon nur sparsam.	Abkürzungen können in Ordnung sein, wenn sie weitverbreitet und bekannt sind.	Ängstliche und nervöse Gefühle wegen hoher Kosten, dann Überdenken.	Installationsprobleme aufgrund mangelnder technischer *Skills*.
Verlassen Sie sich auf den Kontext des Diagramms.	Einige Informationen können aus der Position einer Angabe innerhalb des Diagramms erschlossen werden. Verlassen Sie sich auf die Zeilen- und Spaltenüberschriften, wenn Sie ein tabellenartiges Diagramm benutzen.	Sorgen über Kosten *(in einer Zelle im Schnittpunkt der Spalte »Kauf« und der Zeile »Gefühle«)* Überdenken *(in einer Zelle im Schnittpunkt der Spalte »Kauf« und der Zeile »Aktionen«)*	Probleme aufgrund mangelnder technischer Skills ODER Technische Skills fehlen *(in einer Zelle im Schnittpunkt einer hypothetischen Spalte »Installation« und einer Zeile »Pain Points«)*

Quantitative Informationen

Das Einbeziehen quantitativer Informationen verleiht Ihrem Diagramm zusätzliche Aussagekraft. Überlegen Sie, wie Sie Metriken, Umfrageergebnisse und andere Daten in das Diagramm einbinden können. Es gibt mehrere Möglichkeiten, quantitative Daten einzubeziehen, wie in den Abbildungen 7-6a bis 7-6d gezeigt wird.

1. Mundpropaganda (48 %)
2. Internetsuche (26 %)
3. Internetwerbung (19 %)
4. TV-Werbung (7 %)

ABBILDUNG 7-6a. ZUSÄTZLICH ZAHLEN ANZEIGEN: Fügen Sie Zahlen und Werte ein. Vielleicht gibt es quantitative Daten darüber, wie Menschen Ihr Angebot entdecken.

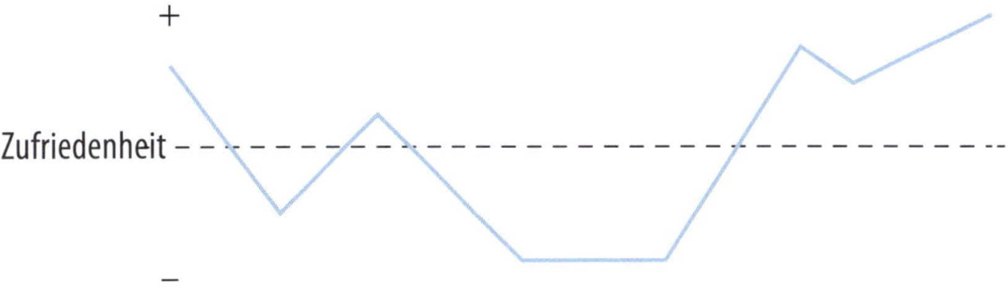

ABBILDUNG 7-6c. WERTE ALS KURVE WIEDERGEBEN: Eine einfache Kurve kann die Veränderungen eines bestimmten Werts anzeigen. Vielleicht gibt es quantitative Daten zur Kundenzufriedenheit an verschiedenen Touchpoints einer Journey.

ABBILDUNG 7-6b. VERWENDEN SIE BALKEN, UM RELATIONEN ANZUZEIGEN: Vertikale Balken zeigen relative Werte an. Absolute Werte können bei Bedarf als Text ergänzt werden.

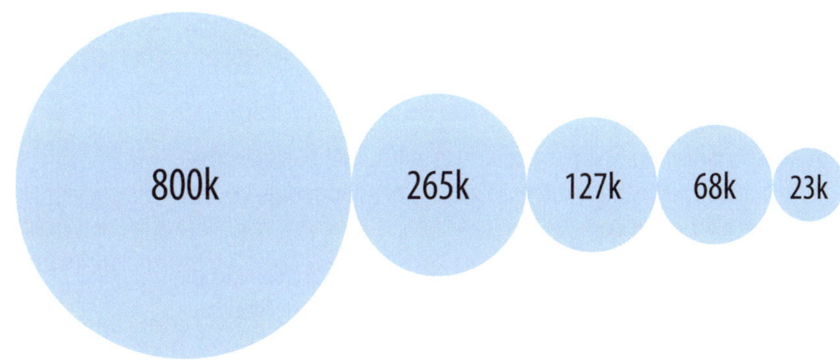

ABBILDUNG 7-6d. VERWENDEN SIE GRÖSSE, UM QUANTITÄT DARZUSTELLEN: Man kann eine Mengenangabe durch die Größe einer Form illustrieren. Die gezeigte Darstellung könnte man zum Beispiel verwenden, um die Anzahl der Kunden anzugeben, die sich durch einen typischen Kauftrichter bewegen.

Gestalten Sie die Informationen

Menschen mögen es, wenn ihnen Informationen in reichhaltiger Form präsentiert werden. Inhalte, bei deren Gestaltung auch Farbe, Struktur und Textstile zum Einsatz kommen, signalisieren Relevanz für unser Leben und unsere Arbeit. Die visuelle Darstellung eines Diagramms beeinflusst die Informationsaufnahme.

Bemühen Sie sich um eine einheitliche Bildsprache, die Ihre Gesamtbotschaft unterstreicht. Welche Erkenntnisse sollten hervorgehoben werden? Welche Kernaussagen möchten Sie vermitteln? Wie können Sie das Diagramm zugänglich, ästhetisch ansprechend und überzeugender gestalten?

Selbst wenn Sie kein Grafikdesigner sind, können Sie mit einigen grundsätzlichen Entscheidungen die Übersichtlichkeit des Diagramms verbessern. Halten Sie sich an diese Prinzipien:

- *Vereinfachen.* Vermeiden Sie alberne und dekorative Grafiken. Es kommt bei der Darstellung vor allem auf Effizienz an.
- *Verstärken.* Das Design sollte die Ziele des Projekts und die Erwartungen der Sponsoren verstärken.
- *Klären.* Bemühen Sie sich, so klar wie möglich zu sein.
- *Vereinheitlichen.* Bleiben Sie konsistent, um ein abgerundetes Erscheinungsbild und eine zusammenhängende Visualisierung zu erreichen.

Typografie, grafische Darstellung und visuelle Hierarchie sind die wichtigsten Aspekte, auf die Sie achten sollten. Sie werden in den folgenden Abschnitten beschrieben.

Typografie

Typografie bezieht sich auf die Auswahl von Buchstabenformen und die allgemeine Gestaltung von Text. Da Experience Maps größtenteils aus Text bestehen, ist die Typografie Ihres Diagramms entscheidend für den praktischen Nutzen.

Die typografischen Möglichkeiten können einen schnell überfordern. Lassen Sie sich bei Ihrer Wahl von Funktion und Zweck leiten. Bevorzugen Sie im Zweifelsfall Lesbarkeit und Verständlichkeit gegenüber Flair und Expressivität. Berücksichtigen Sie Aspekte wie Schriftart, Schriftgröße und -breite, Groß- und Kleinschreibung sowie Textauszeichnung in Fett- und Kursivschrift (Abbildungen 7-7a bis 7-7d).

Grafische Elemente

Nachdem Sie die Inhalte zusammengestellt haben, sollten Sie überlegen, wie Sie diese visuell darstellen können. Grafische Elemente spielen eine wichtige Rolle. Selbst wenn Sie die Grafiken nicht selbst erstellen können, ist es hilfreich, einige Grundlagen zu kennen, um die Umsetzung planen und beurteilen zu können.

Beziehungen durch Linien darstellen

Linien sind ein ganz wesentliches Darstellungsmittel der visuellen Ausrichtung und erfüllen in Ausrichtungsdiagrammen vier primäre Funktionen: Unterteilen, Umschließen, Verbinden und Anzeigen von Pfaden.

Vermeiden Sie überflüssige Linien. Wenn etwa in einem tabellenförmigen Diagramm jede Zelle einen Rahmen hat, wird das gesamte Diagramm unnötig schwerfällig wirken. Die allgemeine Faustregel lautet, so wenig Linien wie möglich zu verwenden. Oder anders ausgedrückt: Verwenden Sie nur Linien, die für das Diagramm von Bedeutung sind.

Serif

The quick brown fox jumps over the lazy dog.	Times New Roman
The quick brown fox jumps over the lazy dog.	Georgia
The quick brown fox jumps over the lazy dog.	Courier

Sans Serif

The quick brown fox jumps over the lazy dog.	Arial
The quick brown fox jumps over the lazy dog.	Verdana
The quick brown fox jumps over the lazy dog.	Trebuchet

ABBILDUNG 7-7a. WÄHLEN SIE EINE SCHRIFTART AUS: Es gibt zwei Hauptkategorien von Schriftarten, solche mit Serifen (*serif*) und serifenlose (*sans serif*). Meistens wird in Diagrammen für den Großteil der Informationen eine serifenlose Schrift verwendet, auch wenn Ihnen gelegentlich Beispiele begegnen werden, in denen Serifenschriften zum Einsatz kommen. Am besten benutzen Sie in einem Diagramm nur eine oder zwei Schriftarten.

Unterschiedliche Schriftbreiten

The quick brown fox jumps over the lazy dog.	Verdana
The quick brown fox jumps over the lazy dog.	Frutiger
The quick brown fox jumps over the lazy dog.	Frutiger Condensed
The quick brown fox jumps over the lazy dog.	Arial
The quick brown fox jumps over the lazy dog.	Arial Narrow
The quick brown fox jumps over the lazy dog.	Franklin Gothic
The quick brown fox jumps over the lazy dog.	Franklin Gothic Condensed

ABBILDUNG 7-7b. SCHRIFTGRÖSSE UND -BREITE BERÜCKSICHTIGEN: Sie werden schnell versucht sein, eine kleine Schriftgröße zu verwenden, um im Diagramm mehr Informationen unterzubringen. Achten Sie darauf, die Größe nicht zu gering zu wählen, damit sie gut lesbar bleibt. Arbeiten Sie stattdessen am Inhalt, um ihn auf seine absolute Essenz zu reduzieren.

Achten Sie außerdem auf die Schriftbreite. Verdana ist beispielsweise eine sehr breit laufende Schriftart und daher nicht empfehlenswert. Versuchen Sie es stattdessen mit einer eher schmalen Schrift (*condensed*, *narrow*). Kombinieren Sie diese mit ihren normalen Varianten (*regular*), um größere Konsistenz zu erzielen.

Großbuchstaben: vollständiger Satz im Vergleich zu kurzer Beschriftung

- ✗ THE QUICK BROWN FOX JUMPS OVER THE LAZY DOG
- ✗ CONTACT CUSTOMER SUPPORT FOR HELP
- ✓ BECOME AWARE
- ✓ DECIDE

ABBILDUNG 7-7c. ACHTEN SIE AUF GROSS- UND KLEINSCHREIBUNG: Im Allgemeinen sind längere Texte in Großbuchstaben schwieriger zu lesen als in der üblichen gemischten Groß- und Kleinschreibung. Großbuchstaben nehmen außerdem mehr Platz in Anspruch. Einzelne Wörter oder kurze Sätze, wie z. B. der Titel einer Journey-Phase, mögen jedoch gut in Großbuchstaben funktionieren. Verwenden Sie Großbuchstaben nur sparsam, um wichtige Unterschiede anzuzeigen oder etwas hervorzuheben.

Verschiedene Schriftstile zur Hervorhebung

The quick brown fox jumps over the lazy dog.	Frutiger
The quick brown fox jumps over the lazy dog.	Frutiger Ultra Black
The quick brown fox jumps over the lazy dog.	Frutiger Light Italic

ABBILDUNG 7-7d. HERVORHEBUNG MIT FETTEN UND KURSIVEN SCHRIFTARTEN: Verwenden Sie Fett- und Kursivschrift, um unterschiedliche Informationstypen zu kennzeichnen, aber gehen Sie auch damit sparsam um. Im Allgemeinen sind die Informationen besser lesbar, wenn Sie die Schriftstärke und den Schriftstil beibehalten. Eine Mischung aus Fett- und Kursivdruck kann schnell unübersichtlich wirken.

Dadurch wird auch die Lesbarkeit beeinflusst: Einen Text groß und fett darzustellen, macht ihn nicht unbedingt besser lesbar. Zum Beispiel zieht die Schriftart Frutiger Ultra Black zwar Aufmerksamkeit auf sich, die Lesbarkeit verbessert sich dadurch aber nicht. Auch lange kursiv ausgezeichnete Texte in Frutiger Condensed sind schlechter lesbar.

Vermitteln Sie Informationen durch Farbe

Farbe ist mehr als bloße Dekoration. Sie hilft, Prioritäten zu setzen, und erleichtert das allgemeine Verständnis. Zwei wichtige Aufgaben von Farbe beim Experience Mapping sind die Farbcodierung und die Unterscheidung von Hintergrundbereichen, wie in Abbildung 7-8 dargestellt:

- *Farbcodierungen* ermöglichen dem Betrachter, unterschiedliche Facetten von Informationen im Diagramm schnell zu erkennen. Das ist entscheidend, um ein Gefühl von visueller Ausrichtung zu erzeugen. Zum Beispiel können Pain Points oder Momente der Wahrheit im gesamten Diagramm jeweils eine einheitliche Farbe haben. Selbst wenn sich unterschiedliche Informationen nicht gleichzeitig im Blickfeld befinden, können sie durch eine gemeinsame Farbgebung visuell verbunden werden.

  Bedenken Sie aber auch, dass farbenblinde Betrachter Farben möglicherweise nicht gut unterscheiden können und dass Farben in verschiedenen Kulturen möglicherweise unterschiedliche Bedeutungen haben.

- Verwenden Sie *Hintergrundfarben*, um innerhalb des Diagramms Bereiche voneinander abzugrenzen. Dadurch werden entsprechende Linien überflüssig. Zum Beispiel könnten die verschiedenen Phasen einer Journey unterschiedliche Hintergrundfarben haben, damit sie sich besser unterscheiden lassen. Sie können Unterteilungen und Umschließungen auch vornehmen, indem Sie mehrere Schattierungen einer einzigen Farbe anstelle unterschiedlicher Farben verwenden.

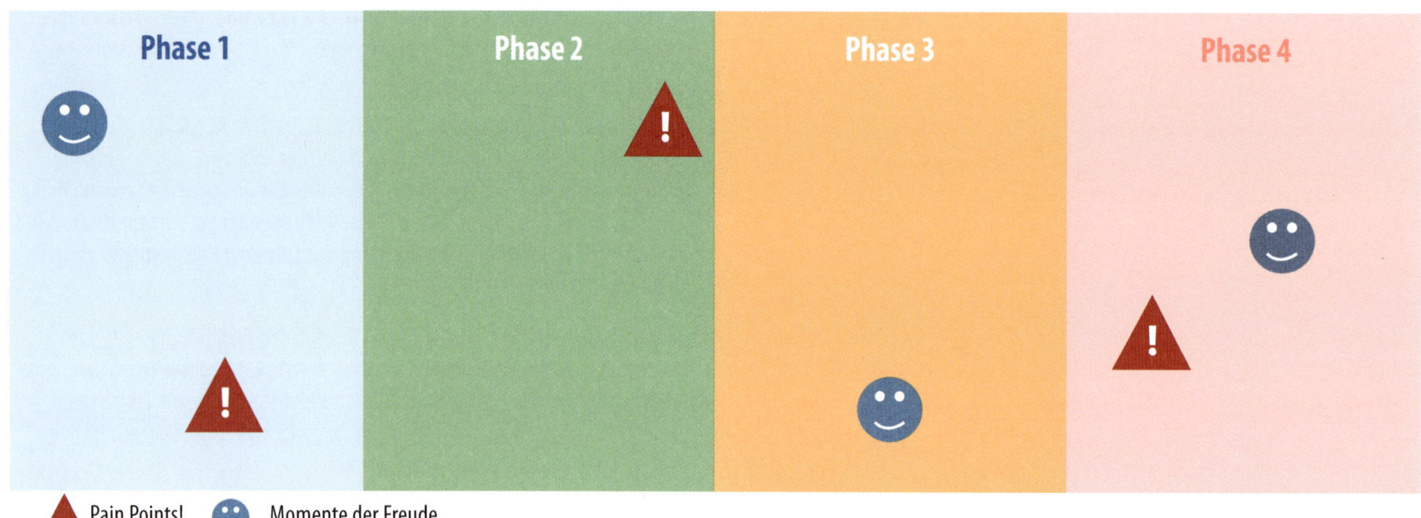

ABBILDUNG 7-8. Vermitteln Sie Informationen durch Farbe.

Setzt man zu viele verschiedene Farben ein, kann sich das allerdings negativ auswirken. Nutzen Sie Farbe gezielt zur Hervorhebung und achten Sie darauf, dass dies konsistent geschieht.

Fügen Sie zur Verdeutlichung Symbole hinzu

Symbole vermitteln nicht nur eine große Menge an Information auf kleinem Raum, sondern wirken auch optisch interessant. Typische Symbole, die in Experience Maps eingesetzt werden, markieren Personen, an Touchpoints gewonnene objektive Belege, Gefühle und Momente der Wahrheit (siehe Abbildung 7-9).

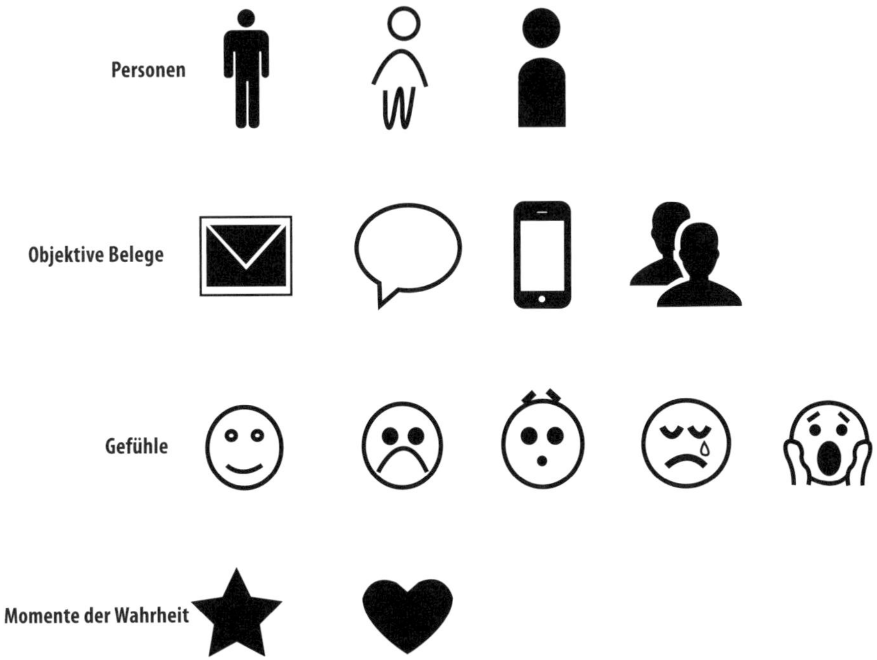

Personen

Objektive Belege

Gefühle

Momente der Wahrheit

ABBILDUNG 7-9. Fügen Sie zur Verdeutlichung Symbole hinzu.

Dazu gibt es viele Möglichkeiten mit nahezu unzähligen Variationen (z. B. vollfarbige Formen oder Umrissdarstellungen wie in der ersten Zeile von Abbildung 7-9). Entwickeln Sie für die Symbole einen eigenen Stil und halten Sie ihn im gesamten Diagramm durch.

Beachten Sie, dass nicht alle Arten von Informationen durch Symbole dargestellt werden können. Falls etwas mehrdeutig sein kann, fügen Sie zur Erklärung eine Legende hinzu. Bedenken Sie auch, dass es das Verständnis des Diagramms erschweren kann, wenn zu viele Symbole enthalten sind: Ein Betrachter wird dann ständig auf die Legende zurückgreifen müssen, um die Informationen richtig einzuordnen. Bemühen Sie sich, den Inhalt des Diagramms so darzustellen, dass er ohne Rückgriff auf weitere Erläuterungen gelesen werden kann.

Denken Sie auch daran, dass Symbole in verschiedenen Kulturen unterschiedliche Bedeutungen haben können. Überlegen Sie, wie Sie den Gedanken oder das Konzept, das Sie symbolisieren möchten, möglichst unvoreingenommen und mit minimalen kulturellen Implikationen ausdrücken können.

Das *Noun Project* (*thenounproject.com*) ist eine Website, die Icons und Symbole von Beitragenden aus der ganzen Welt sammelt. Diese Grafiken können sofort verwendet werden, da sie entweder in die Public Domain entlassen wurden oder im Rahmen einer Creative-Commons-Lizenz verfügbar sind. Das Noun Project ist eine hervorragende Ressource für Icons und hilft Ihnen bei der konsistenten Gestaltung Ihrer Diagramme.

Visuelle Hierarchie

Nicht alle Informationen in einem Diagramm sind gleich wichtig. Mithilfe einer visuellen Hierarchie können Sie steuern, wie die abgebildete Erfahrung optisch wahrgenommen wird. Zu den in den Abbildungen 7-10a bis 7-10d dargestellten und beschriebenen Techniken gehören eine sinnvolle Ausrichtung, der Einsatz unterschiedlicher visueller Gewichtungen zur Hervorhebung, die Schichtung und die Vermeidung von »Chartjunk«.

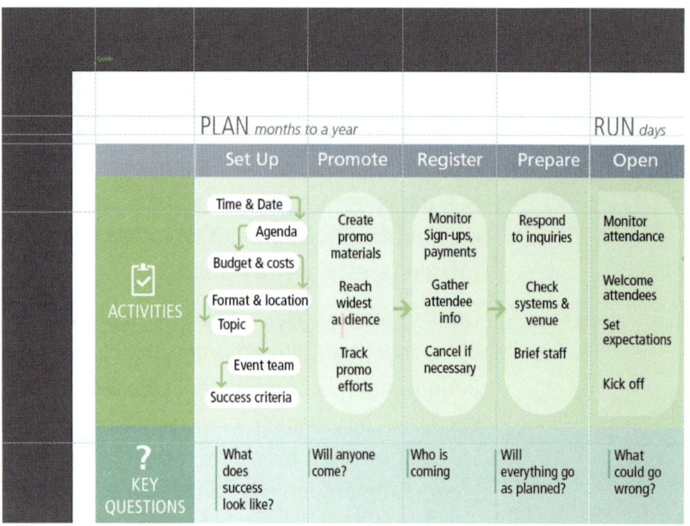

ABBILDUNG 7-10a. ELEMENTE GEORDNET AUSRICHTEN: Die visuelle Ordnung ist entscheidend für Ihr Diagramm. Ein Raster ist eine unsichtbare Struktur aus gleichmäßig angeordneten Linien, an denen Elemente ausgerichtet werden. Das sorgt für eine klare Linienführung und lenkt die Blickrichtung der Leser vertikal und horizontal. Streben Sie eine solche Linienführung an, auch wenn Sie eine Tabellenkalkulation oder Haftnotizen an einer Wand verwenden.

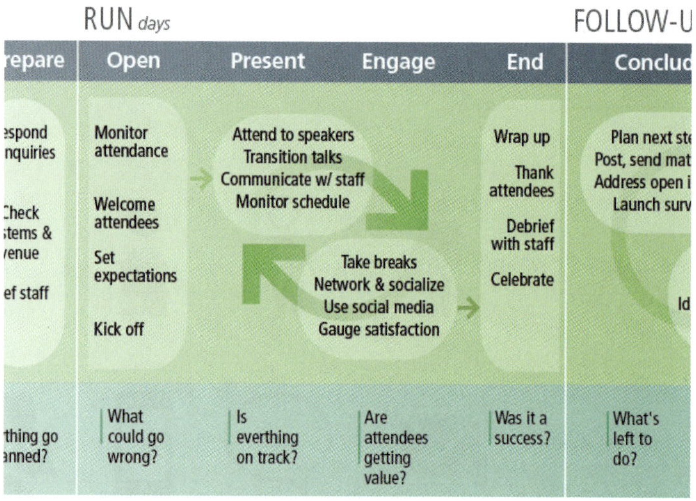

ABBILDUNG 7-10b. HERVORHEBUNGEN VORNEHMEN: Das Gewicht und die Größe von Text- und Grafikelementen sorgen für Fokus und Differenzierung. In diesem Bild sind z. B. die Phasenüberschriften (*RUN*, *FOLLOW-UP* usw.) größer als der restliche Text, wodurch eine Hierarchie entsteht. Es werden auch verschieden große Pfeile eingesetzt, um unterschiedliche Aspekte der Erfahrung zu betonen.

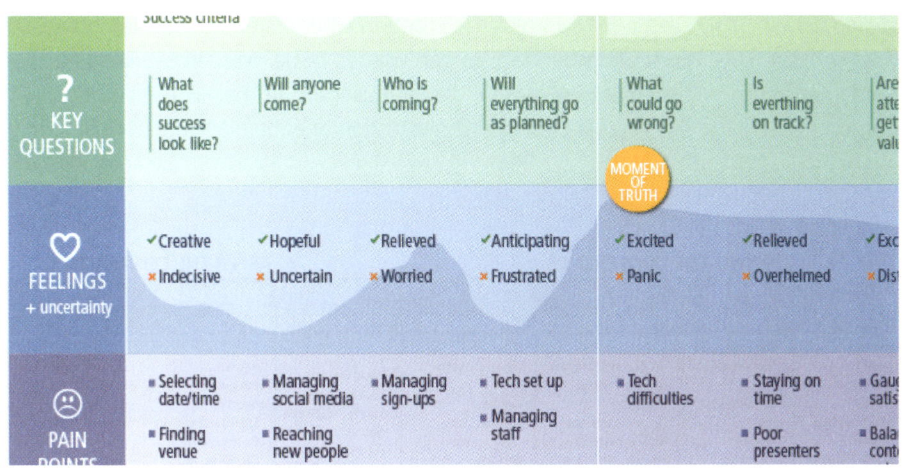

ABBILDUNG 7-10c. INFORMATIONEN SCHICHTEN: Heben Sie einige Elemente stärker hervor als andere, indem Sie unterschiedlich große Texte und unterschiedliche Schattierungen übereinanderlegen. In diesem Beispiel wird *uncertainty* (Ungewissheit) durch eine Hintergrundschattierung (ein etwas dunkleres Blau) markiert, und bestimmte Gefühle werden als positiv oder negativ dargestellt (durch grüne Häkchen und rote Kreuze) – und das innerhalb eines kleinen Bereichs des Diagramms.

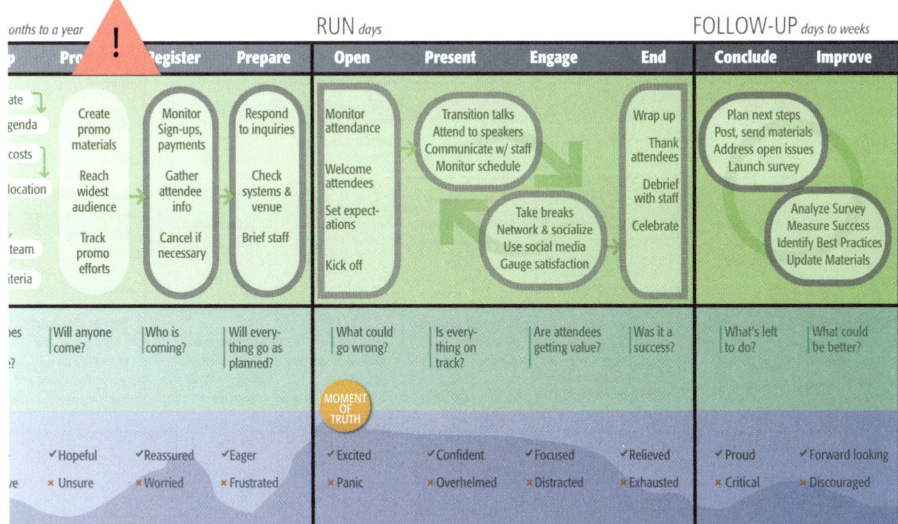

ABBILDUNG 7-10d. CHARTJUNK VERMEIDEN: »Chartjunk«, ein von Edward Tufte, einem Experten für Informationsdesign, geprägter Begriff, ist alles Überflüssige in der Darstellung von Informationen: »Diagrammschrott«. Jedes Detail sollte Bedeutung besitzen.

Diagrammerstellung – ein Beispiel

Eine Erfahrung in einem einzigen Diagramm darzustellen, ist ein iterativer Prozess. Die Erkenntnisse, die Sie abbilden wollen, bestimmen die Visualisierung, und die Visualisierung wird wiederum die Darstellungsform dieser Erkenntnisse beeinflussen.

Abbildung 7-11 zeigt als Beispiel einen Diagrammentwurf, der sich auf die Organisation einer Konferenzveranstaltung bezieht. Dieser Entwurf gibt das Ergebnis einer ersten Konsolidierung der Forschungsbeobachtungen wieder. Dabei wurde besonders auf die einzelnen Phasen, die Formulierung und die Formatierung des Texts sowie die allgemeine Ausgewogenheit des Inhalts geachtet.

Event Organizer

	BEFORE THE CONFERENCE				DURING THE CONFERENCE				AFTER THE CONFERENCE	
	Plan	**Promote**	**Invite Attendees**	**Prepare**	**Initiate Event**	**Start Main Presentations**	**Engage Audience**	**End Event**	**Follow-Up on**	**Improve Event**
ACTIONS	· Set budget, costs · Determine topic · Create agenda · Set date and time · Set success criteria · Figure out reporting	· Create materials · Reach widest audience · Decide where, when · Cross promote · Track data on promotion · (Re-)evaluate promotion	· Maintain contact lists · Figure out who to invite · Create calendar entry · Send save the date notices · Send invitations and follow-up reminders	· Co-create materials · Organize materials · Make materials accessible · Discuss handoffs · Check equipment	· Show up early · Go over ground rules · Communicate time · Monitor attendance · Greet audience	· Welcome attendees · Give overview, timings · Set expectations · Instruct attendees on environment, tools	· Integrate social media · Gauge attentiveness · Take breaks Network	· Wrap up · Thank people · Stay for questions · Debrief · Plan next steps	· Address unanswered questions · Send out materials · Collect feedback · Launch survey	· Analyze survey results · Review metrics, compare to goals · Gauge effectiveness · Update materials
THOUGHTS	Who is this for? Will they come? What does success look like?	Who do I target? How do I best promote? Is promotion effective?	Who am I attracting? What are their needs? Will everything go as planned? Will I remember everything?	Will anyone come? What does success look like? How do I best promote? Is promotion effective?	Who is signing up?	Will everything go as planned? Will I remember everything?	Is the audience engaged? Are they getting their money's worth?	Was it well-received? A success?		
FEELINGS	creative indecisive	hopeful uncertain	relieved worried		MoT! excited panic (high uncertainty)	relieved overwhelmed	relieved exhausted	forward looking discouraged	proud	
PAIN POINTS	· Figuring out when to schedule an event	· Determining social media channels · Managing social media promotions · Unprofessional looking material	· Having to reschedule the event · Updating meeting details, agenda, etc.	· Locating materials · Consolidating materials · Setting up hardware · Coordinating staff	· Unexpected technical difficulties	· Unexpected technical difficulties	· Maintaining focus · Gauging attendee understanding		· Lack of time to follow-up right after	· Lack of motivation to update materials · Lack metrics collected · Inability to show effectiveness of event
OUR GOALS	· Maximize reach to the widest audience	· Maximize reach to the widest audience	· Maximize the number of people that attend · Increase the likelihood that the right people attend	· Increase the likelihood audience will be engaged · Maximize professional appearance	· Increase the likelihood of a smooth start	· Increase the likelihood that attendees have a positive experience · Maximize utilization of time while not "on stage"	· Maximize audience engagement · Reduce the likelihood that attendees get distracted	· Maximize overall satisfaction	· Maximize the length of the relationship with attendees	· Increase the quality of future events · Maximize buzz around the event and topic
CURRENT SATISFACTION		**7.1 / 10**	**4.2 / 10**		**8.2 /10**	**6.5 / 10**	**5.5 / 10**		**8.7/10**	

ABBILDUNG 7-11. Bevor Sie grafische Details hinzufügen, sollten Sie das passende Layout festlegen und die Untersuchungsergebnisse in einem Diagrammentwurf konsolidieren.

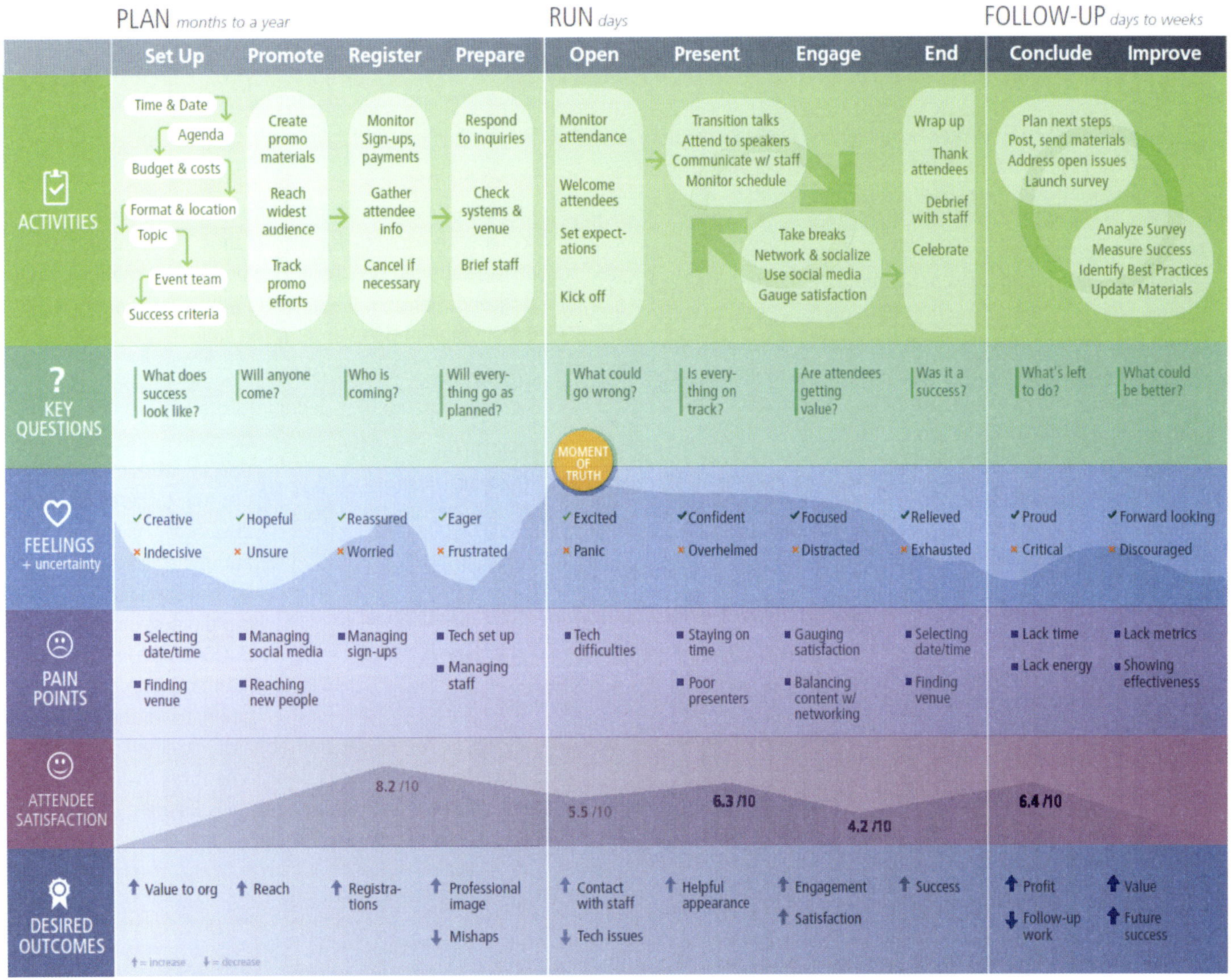

	PLAN *months to a year*				RUN *days*				FOLLOW-UP *days to weeks*	
	Set Up	**Promote**	**Register**	**Prepare**	**Open**	**Present**	**Engage**	**End**	**Conclude**	**Improve**
ACTIVITIES	Time & Date, Agenda, Budget & costs, Format & location, Topic, Event team, Success criteria	Create promo materials; Reach widest audience; Track promo efforts	Monitor Sign-ups, payments; Gather attendee info; Cancel if necessary	Respond to inquiries; Check systems & venue; Brief staff	Monitor attendance; Welcome attendees; Set expect-ations; Kick off	Transition talks; Attend to speakers; Communicate w/ staff; Monitor schedule	Take breaks; Network & socialize; Use social media; Gauge satisfaction	Wrap up; Thank attendees; Debrief with staff; Celebrate	Plan next steps; Post, send materials; Address open issues; Launch survey	Analyze Survey; Measure Success; Identify Best Practices; Update Materials
? KEY QUESTIONS	What does success look like?	Will anyone come?	Who is coming?	Will every-thing go as planned?	What could go wrong?	Is every-thing on track?	Are attendees getting value?	Was it a success?	What's left to do?	What could be better?
FEELINGS + uncertainty	✓ Creative × Indecisive	✓ Hopeful × Unsure	✓ Reassured × Worried	✓ Eager × Frustrated	MOMENT OF TRUTH ✓ Excited × Panic	✓ Confident × Overhelmed	✓ Focused × Distracted	✓ Relieved × Exhausted	✓ Proud × Critical	✓ Forward looking × Discouraged
PAIN POINTS	Selecting date/time; Finding venue	Managing social media; Reaching new people	Managing sign-ups	Tech set up; Managing staff	Tech difficulties	Staying on time; Poor presenters	Gauging satisfaction; Balancing content w/ networking	Selecting date/time; Finding venue	Lack time; Lack energy	Lack metrics; Showing effectiveness
ATTENDEE SATISFACTION			8.2 /10		5.5 /10	6.3 /10	4.2 /10		6.4 /10	
DESIRED OUTCOMES	↑ Value to org	↑ Reach	↑ Registra-tions	↑ Professional image ↓ Mishaps	↑ Contact with staff ↓ Tech issues	↑ Helpful appearance	↑ Engagement ↑ Satisfaction	↑ Success	↑ Profit ↓ Follow-up work	↑ Value ↑ Future success

↑ = increase ↓ = decrease

ABBILDUNG 7-12. Verwenden Sie visuelle Designelemente, um eine überzeugendere Geschichte zu erzählen und Ihr Publikum durch die Erfahrung zu führen.

Der nächste Schritt besteht darin, eine visuell überzeugendere Erzählung zu gestalten. Abbildung 7-12 zeigt eine aktualisierte Version des Entwurfs, der von Hennie Farrow, VP of Design and UX, stammt.

In dieser zweiten Version wirken verschiedene Designaspekte zusammen, um die Betrachter auf eine ansprechende und überzeugende Weise durch die Erfahrung zu führen:

Typografie

In diesem Diagramm wird neben einer regulären (Frutiger) auch eine kondensierte Schrift (Frutiger Condensed) verwendet, um den Platz optimal zu nutzen. Für Zeilenköpfe werden Großbuchstaben verwendet, um sie hervorzuheben und sie vom übrigen Text abzuheben. Der Text hat größtenteils die gleiche Größe und Gewichtung, wobei sehr vereinzelt Fett- oder Kursivschrift zur Hervorhebung verwendet wird.

Hierarchie

Die Tabellenform des Diagramms wird erreicht durch die horizontale und vertikale Ausrichtung. Verschiedene Hintergrundschattierungen heben die Zeilen- und Spaltenköpfe sowie die Phasen (*PLAN*, *RUN* und *FOLLOW-UP*) vom Hauptinhalt der Karte ab.

> *Menschen mögen es, wenn ihnen Informationen in reichhaltiger Form präsentiert werden. Die visuelle Darstellung eines Diagramms beeinflusst die Informationsaufnahme.*

Inhalt

Es gibt eine konsistente Anwendung sprachlicher Elemente bzw. syntaktischer Fügungen – zum Beispiel werden für die Hauptphase Verben und für Gefühle Adjektive eingesetzt. Die Erzählperspektive wird durchgängig beibehalten.

Grafische Elemente

Farbe wird eingesetzt, um in den einzelnen Zeilen unterschiedliche Aspekte von Information zu kennzeichnen. Die erste Spalte mit den Zeilenköpfen hat einen dunkleren Hintergrund, der dem Gesamtdiagramm Tiefe verleiht und diese Information in den Vordergrund stellt.

Um das Diagramm visuell interessanter zu gestalten, wurden Symbole hinzugefügt. Jeder Informationstyp enthält außerdem ein eindeutiges, nur dort verwendetes Element, um ein stärkeres Gefühl des Zusammenhalts zu erzeugen. Zum Beispiel gibt es bei den Unternehmenszielen Pfeile, um die gewünschte Richtung des Ergebnisses zu zeigen, während Pain Points durch einen quadratischen Aufzählungspunkt und Schlüsselfragen durch einen senkrechten Strich markiert werden. Der Moment der Wahrheit dieser Erfahrung wird durch ein grafisches Element in der Mitte des Diagramms dargestellt.

Zeigen Sie Gefühle

Gefühle spielen eine entscheidende Rolle bei den Erfahrungen, die wir machen. Eine gewisse Beschreibung des emotionalen Zustands des Individuums ist bei der Abbildung von Erfahrungen unverzichtbar. Emotionen lassen sich aber nicht so einfach in einem Diagramm darstellen.

Der einfachste Ansatz besteht darin, Emotionen textlich darzustellen. Gefühle lassen sich jedoch auch mithilfe von Symbolen für Gesichtsausdrücke wiedergeben. Abbildung 7-13 zeigt ein einfaches, aber sehr effektives Diagramm, das von Craig Goebel für Intuit erstellt wurde.

Beachten Sie, wie die emotionale Reise in Abbildung 7-13 auf einer Linie aufgetragen ist, die sich in Abhängigkeit von den unterschiedlichen Gefühlszuständen auf und ab bewegt. Dies ist ein gängiger Ansatz, der sich in den letzten Jahrzehnten herausgebildet hat. Abbildung 7-14 ist ein frühes Beispiel aus dem Jahr 2004, das aus einem Bericht von Ed Thompson und Esteban Kolsky mit dem Titel »How to Approach Customer Experience Management« stammt: Gezeigt wird ein Auszug aus einem Diagramm, das die Erfahrungen von Geschäftsreisenden bei einer großen US-Fluggesellschaft bewertet.

Ein Problem beim Einsatz solcher gezeichneten Linien besteht darin, dass damit eine Art von Quantifizierung suggeriert wird. Allerdings beruht die Kurve selten auf quantitativen Untersuchungen, sondern meist eher auf intuitiver Einschätzung. Überlegen Sie sorgfältig, was Sie kommunizieren und wie.

Darüber hinaus vereinfacht der Einsatz solcher Linien die Emotionen zu sehr. Normalerweise haben wir Menschen zu einem bestimmten Zeitpunkt mehr als nur eine einzige Emotion. Wenn Sie zum Beispiel nach einem zweiwöchigen Urlaub aus einem Hotel auschecken, sind Sie vielleicht *begeistert* vom Service, aber *traurig*, dass Sie abreisen, oder sogar *besorgt*, am Montag wieder zur Arbeit gehen zu müssen – alles zur gleichen Zeit.

Ein Ansatz, den ich typischerweise verfolge, konzentriert sich auf eine Auswahl möglicher Emotionen, indem ich das jeweils vorherrschende positive und negative Gefühl in jeder Phase der Erfahrung darstelle. Die Zeile *FEELINGS* in Abbildung 7-12 ist ein Beispiel dafür: Beachten Sie, dass die unregelmäßige Kurve innerhalb der Zeile, die durch die unterschiedliche Schattierung erzeugt wird, speziell die »Unsicherheit« (Uncertainty) widerspiegelt, die viele der bei der Untersuchung aufgedeckten Gefühle antreibt.

Emotionen zu verstehen und darzustellen, ist eine Herausforderung. Bedenken Sie mögliche Kompromisse, die Sie eingehen müssen, und wie Sie die emotionalen Aspekte der dargestellten Erfahrung am besten charakterisieren können.

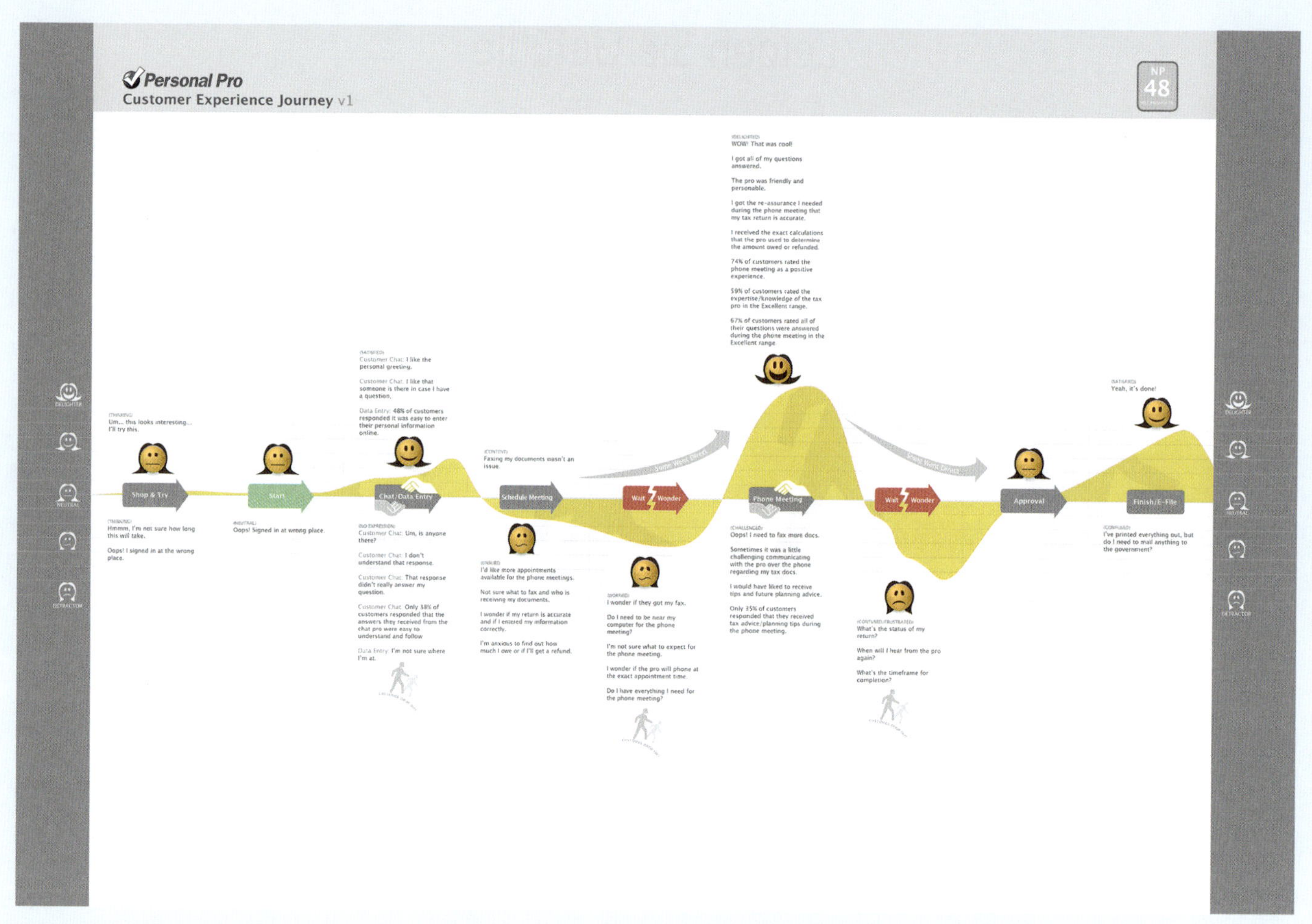

ABBILDUNG 7-13. Diese von Craig Goebel erstellte Journey Map stellt im Wesentlichen mithilfe von Symbolen, die auf einer Kurve aufgetragen sind, emotionale Zustände dar.

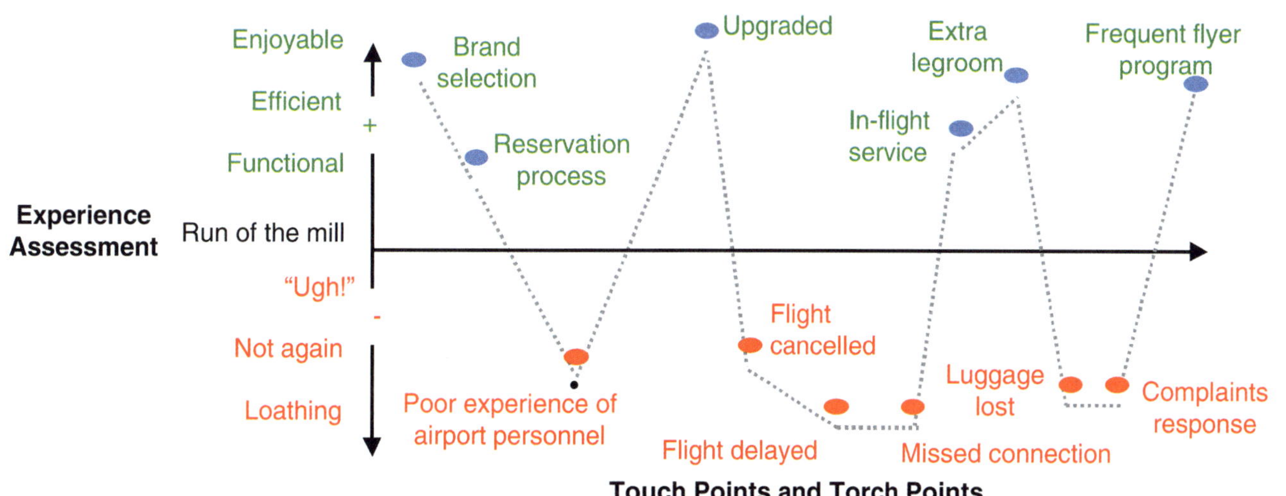

Source: Gartner Research (October 2004)

ABBILDUNG 7-14. Die Technik, emotionale Hochs und Tiefs mithilfe von Linien darzustellen, ist im Mapping sehr verbreitet und entstand bereits 2004.

Werkzeuge und Software

Es gibt jede Menge Werkzeuge und Software, die Sie – je nach Ihren Fähigkeiten und den aktuellen Anforderungen – bei der Erstellung eines Diagramms verwenden können. Für informelle Projekte mag ein einfaches Whiteboard mit Haftnotizen ausreichen. In anderen Fällen kann den Kunden und Stakeholdern ein ausgefeilteres Diagramm präsentiert werden.

In diesem Abschnitt werden verschiedene Arten von Werkzeugen vorgestellt, die Sie beim Mapping einsetzen können.

Desktopsoftware

Es existiert eine ganze Reihe unterschiedlicher Arten von Desktoptools. Dazu gehören:

Werkzeuge für die Diagrammerstellung

Omnigraffle für Mac und Visio für Windows werden häufig zum Erstellen von Workflow-Diagrammen, Flussdiagrammen und Sitemaps verwendet. Sie verfügen über umfangreiche Diagrammfunktionen, die qualitativ hochwertige Endergebnisse liefern.

High-End-Grafikanwendungen

Die Programme der Adobe Creative Suite – insbesondere Adobe Illustrator (siehe Abbildung 7-15) – sind sehr verbreitet. Sketch ist ein neueres Tool, das schnell an Beliebtheit gewonnen hat. Figma bietet eine leistungsstarke, online bereitgestellte Umgebung zur Grafikbearbeitung direkt im Browser. Diese Programme erfordern Training und Übung, um sie richtig und effektiv nutzen zu können.

Tabellenkalkulationen

Man kann Diagramme auch in Programmen wie Microsoft Excel erstellen. Bei dieser alternativen Programmkategorie ist es am wichtigsten, dass man auf einer großen, nahezu grenzenlosen Zeichenfläche arbeiten kann. Präsentationsprogramme wie PowerPoint oder Keynote reichen in der Regel in der Breite oder Höhe nicht aus, um ein komplettes Ausrichtungsdiagramm unterbringen zu können.

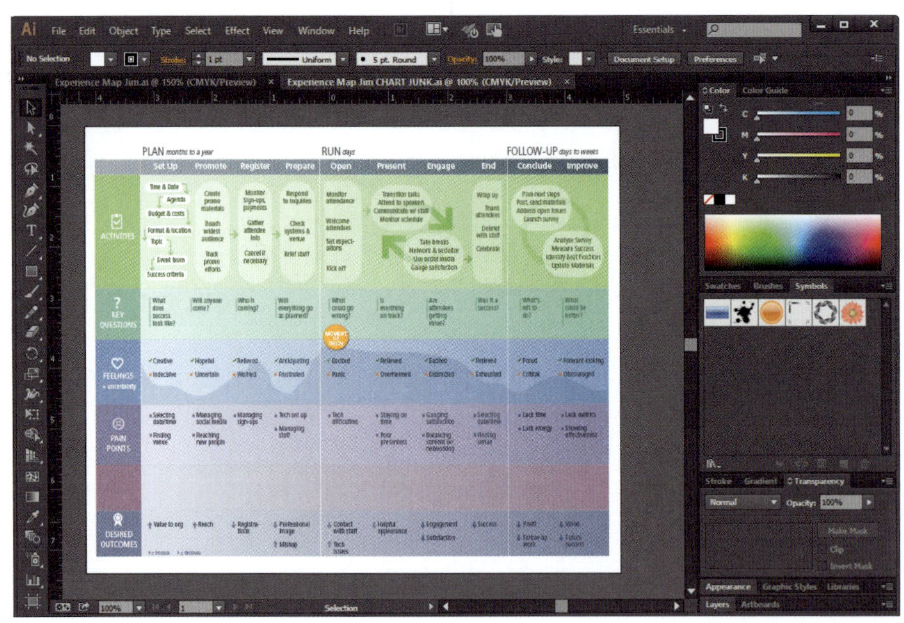

ABBILDUNG 7-15. Die Experience Map aus Abbildung 7-12 wurde mit Adobe Illustrator, einem High-End-Grafikprogramm, erstellt.

Webbasierte Mapping-Tools

Die webbasierten Werkzeuge werden immer leistungsfähiger. Sie bieten den Vorteil der einfachen gemeinsamen Nutzung und einer hohen Portabilität. Wenn Sie mit Personen an verschiedenen Standorten zusammenarbeiten, kann ein Onlinetool die Remote-Zusammenarbeit ermöglichen. Hier einige der verfügbaren Kategorien von Werkzeugen:

Programme zum Touchpoint-Management

Touchpoint Dashboard (*touchpointdashboard.com*) ist ein führendes Beispiel für ein Onlinetool speziell für die Verwaltung von Touchpoints (Abbildung 7-16). Tools dieser Art sind am besten geeignet, um Änderungen an Touchpoints im Zeitverlauf zu verfolgen. Da es datenbankbasiert ist, lassen sich Informationen in unterschiedlichen Ansichten anzeigen. Sie können Ihre Daten beispielsweise so filtern, das s sie aus verschiedenen Perspektiven dargestellt werden. Das ist bei üblichen Grafikprogrammen und anderer Desktopsoftware nicht möglich.

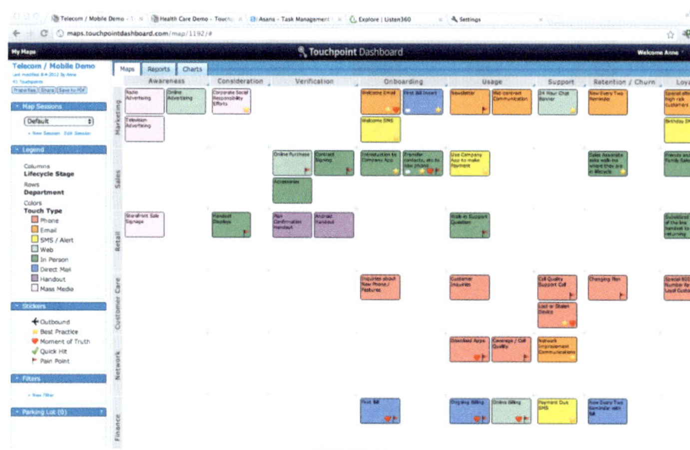

ABBILDUNG 7-16. Touchpoint Dashboard ist ein Onlinetool, das zur Verwaltung von Touchpoints eingesetzt wird.

Online-Mapping-Werkzeuge

UXPressia (*uxpressia.com*) ist ein wichtiges, spezialisiertes Online-Mapping-Tool, das nicht nur durch viele Vorlagen den Einstieg erleichtert, sondern auch die Möglichkeit bietet, mit Kollegen gemeinsam an einer Map zu arbeiten. Weitere Werkzeuge sind Smaply (*smaply.com*) und Canvanizer (*canvanizer.com*).

Onlinewerkzeuge zur Diagrammerstellung

Lucidchart (*lucidchart.com*) ist ein Onlinetool zur Diagrammerstellung, das mit Omnigraffle oder Visio vergleichbar ist. Es hat den Vorteil, dass es direkt in Google Drive integriert ist.

Online-Whiteboards

Online-Whiteboards wie MURAL (*mural.com*) und ähnliche Tools eignen sich gut für alle Aspekte des Mapping-Prozesses. Ihre Flexibilität und die große Leinwandfläche ermöglichen die Onlineerstellung detaillierter Diagramme. Das öffnet den Prozess für die kontinuierliche, aktive Beteiligung Dritter.

Abbildung 7-17 zeigt ein Mapping-Beispiel, das ich mit MURAL erstellt habe. Dabei gibt es mehrere Dinge zu beachten. Erstens können mehrere Elemente in einem Diagramm dargestellt werden: Wertschöpfungsketten, Personas, Empathy Maps und Experience Maps. Zweitens ermöglicht der große Zeichenbereich, zwei verschiedene Erfahrungen zu vergleichen – hier entweder mit dem Fahrrad oder mit dem Auto zum Supermarkt zu fahren. Schließlich ermöglicht die Onlinearbeit die einfache Integration von Bildern, um die Beschreibung einer Erfahrung noch reichhaltiger zu gestalten. Mit MURAL können über die Cloud mehrere Personen in Echtzeit zusammenarbeiten.

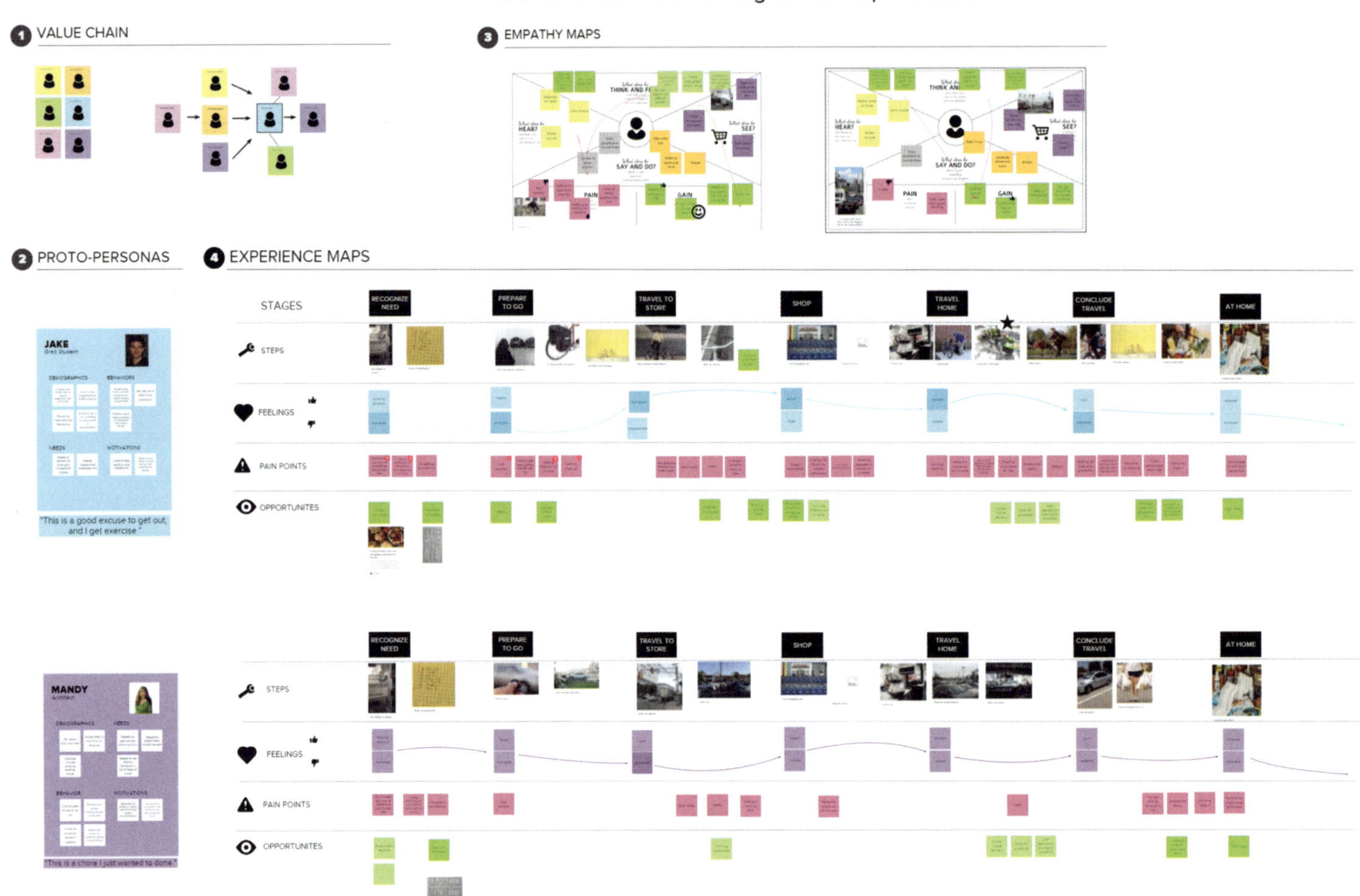

ABBILDUNG 7-17. Mit MURAL können mehrere Mapping-Aktivitäten und ein Vergleich verschiedener Erfahrungen an einem Ort durchgeführt werden.

Zusammenfassung

In diesem Stadium des Mapping-Prozesses geht es darum, die Untersuchungsergebnisse in einem einzigen Diagramm darzustellen. Indem man eine Erfahrung abbildet, fasst man nicht nur viele Informationen auf kompaktem Raum zusammen, sondern bietet auch eine fesselnde Form des Storytellings, mit der sich Stakeholder gerne auseinandersetzen.

Bereits die Form Ihres Diagramms vermittelt Bedeutung. Typischerweise weist ein chronologisches Diagramm ein Layout in Form einer Tabelle oder Zeitleiste auf. Es existieren aber auch Alternativen, etwa kreisförmige Layouts oder spinnenförmige Netzwerke. Berücksichtigen Sie, inwiefern die Form des Diagramms die Gesamtaussage verstärkt.

Den Inhalt in ein komprimiertes Format zu bringen, stellt eine gewisse Herausforderung dar. Dabei handelt es sich um einen iterativen Prozess des wiederholten Clusterns und Gruppierens. Das Ziel besteht darin, die Darstellung auf ein repräsentatives, aggregiertes Verhalten der Zielgruppe zu reduzieren. Ein Top-down-Ansatz hilft bei diesem Prozess. Orientieren Sie sich bei der Zusammenstellung des Inhalts an der Form und Struktur Ihres Diagramms.

Es ist wichtig, die Grundlagen des Informationsdesigns und den Einfluss der Visualisierung zu verstehen, auch wenn Sie kein Grafikdesigner sind. Die Typografie ist entscheidend, da ein Großteil des Diagramms aus Text besteht. Grafische Elemente machen die Darstellung visuell interessanter und ermöglichen eine effizientere Informationsaufnahme. Linien, Formen, Symbole und Farben steigern die Verständlichkeit.

Auch die visuelle Hierarchie spielt eine Rolle. Nicht alle Elemente sind gleich wichtig. Verwenden Sie Schichtungen und unterschiedliche Größen, um einige Aspekte in den Vordergrund zu holen und andere in den Hintergrund zu schieben. Wenn Sie einen Grafikdesigner beauftragen müssen, sollten Sie einige dieser Grundlagen mit ihm besprechen können.

Es gibt eine Vielzahl von Werkzeugen, um Diagramme zu erstellen. Tabellenkalkulationen und typische Diagrammwerkzeuge ermöglichten einen einfachen Einstieg und schnelle Ergebnisse. Mit High-End-Grafikanwendungen lassen sich ausgefeilte Maps erstellen, sie erfordern zur Bedienung allerdings sehr gute Kenntnisse. Es stehen immer mehr Onlinetools zur Verfügung, darunter spezialisierte Mapping-Lösungen und breit einsetzbare Whiteboards.

Weiterführende Literatur

Robert Bringhurst, *The Elements of Typographic Style*, 3rd ed. (Hartley & Marks, 2008)

> *Ein attraktives, extrem gut geschriebenes Buch, das von vielen als »Bibel der Typografie« angesehen wird. Die enthaltenen Abbildungen und Beispiele sind perfekt und ansprechend. Es gibt eine Fülle von praktischen Informationen, darunter eine Übersicht ausgewählter Schriftmuster und ein ausführliches Glossar. Dieser Band ist eine zeitlose Referenz.*

Edward Tufte, *Envisioning Information* (Graphics Press, 1990)

Edward Tufte, *Visual Explanations* (Graphics Press, 1997)

> *Tufte ist der führende Denker des Informationsdesigns. Diese beiden Bücher sind nur einige seiner umfangreichen Schriften, die grundlegende Prinzipien des Informationsdesigns umreißen. Das Verständnis dieser Konzepte ist bei der Erstellung von Ausrichtungsdiagrammen ausgesprochen hilfreich.*

Mapping der Erfahrung bei einer Laboruntersuchung

vom Strategie- und Service-Design-Team von Mad*Pow: Jon Podolsky, Ebae Kim, Paul Kahn und Samantha Louras

Mad*Pow wurde von einem internationalen Labor- und Diagnostikunternehmen beauftragt, die Erfahrung der Patienten bei Laboruntersuchungen zu verbessern. Unser Prozess zur Schaffung überzeugender Benutzererfahrungen beginnt immer mit Forschung. Um einen Service zu verbessern, müssen wir ihn aus der Sicht der Kunden verstehen.

Wir beginnen mit einer Bestandsaufnahme der aktuellen Erfahrungen durch eine Kombination aus Interviews mit Stakeholdern und Nutzern sowie dem direkten Kontakt mit dem Service, den beteiligten Mitarbeitern und Abläufen.

Auf Basis unserer Forschungsergebnisse formulieren wir eine Erzählung darüber, wie ein Kunde mit dem Service interagiert. Diese Erzählung kann eher allgemein ausfallen oder ein Szenario darstellen, das mit einer bestimmten aus der Forschung heraus entwickelten Persona verbunden ist. Wir ordnen die einzelnen Schritte der Kundenerfahrung zu einer zeitlichen Abfolge und gruppieren diese Schritte dann in Phasen, die bedeutungsvolle Übergänge kennzeichnen.

Im vorliegenden Fall hat unsere Untersuchung zum Beispiel gezeigt, dass der Terminvereinbarung mehrere Schritte vorausgehen. Auf die erste Stufe, die *Awareness of a Health Problem* (das Erkennen eines

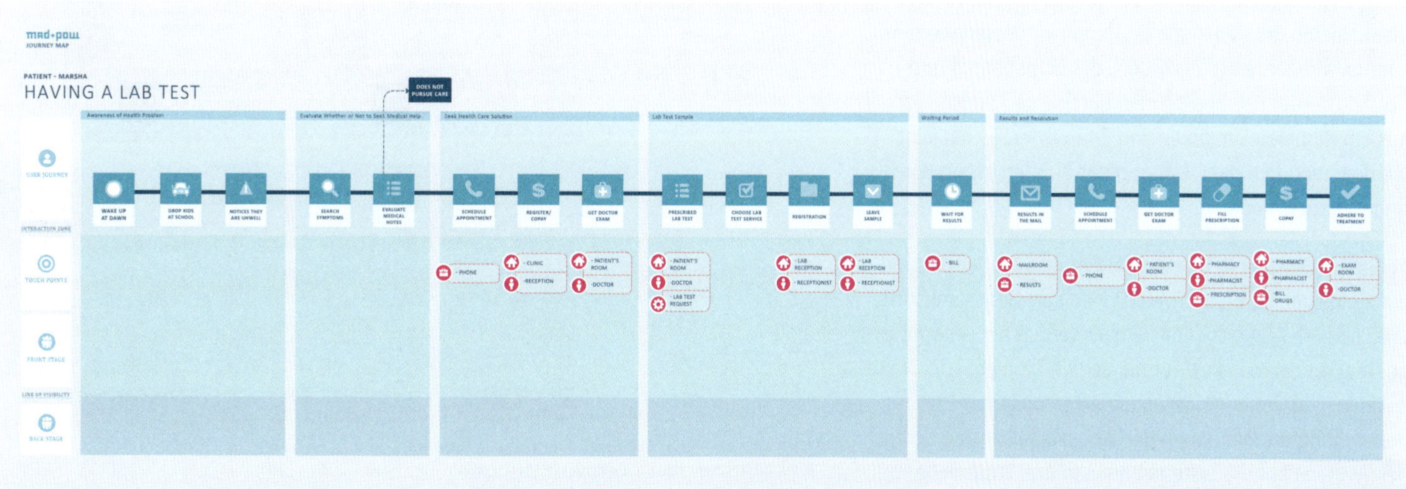

ABBILDUNG 7-18. Der erste Schritt besteht darin, die Etappen und Touchpoints der User Journey abzubilden.

Gesundheitsproblems), folgt die *Evaluation of Whether or Not to Seek Medical Help* (die Entscheidung, ob man medizinische Hilfe in Anspruch nehmen soll oder nicht), bei der die meisten Nutzer selbstständig nach einer Einschätzung ihrer Symptome suchen. Dieser Ansatz führte zu einer Customer Journey Map, die die Phasen, Schritte und die mit diesen Schritten verbundenen Touchpoints der Patienten darstellt (Abbildung 7-18). Auf diese Weise konnten wir unserem Klienten zeigen, wie sein Angebot in die größere Journey »Gesundheitsvorsorge« seiner Kunden passt.

Die Etappen der Reise geben auch die Struktur für den Aufbau individueller Kundenszenarien vor. Wir können eine Persona auswählen, die auf Basis unserer Untersuchung entwickelt wurde (Abbildung 7-19), und für diese Figur ein Szenario erstellen, wodurch der Journey eine Ebene der Kundenemotionen hinzugefügt wird.

Diese emotionalen Reaktionen helfen uns, Schritte zu identifizieren, an denen die Erfahrung verbessert werden könnte. Momente der Besorgnis, des Unbehagens und der Ängste der Persona können durch eine Kombination aus emotionalen Symbolen und Zitaten veranschaulicht werden, wodurch die Erfahrung des Kunden in den Vordergrund gerückt wird.

In diesem Beispiel haben wir die Gefühle der Persona mit einer einzigen Farbe und Variationen von Gesichtsausdrücken codiert. Abweichende Farben werden nur verwendet, um die Aufmerksamkeit auf die beiden Momente der Reise zu lenken, in denen Änderungen einen positiven Einfluss haben könnten. Wir haben den Angst auslösenden Schritt des Wartens auf die Testergebnisse in drei zusätzliche Teilschritte aufgebrochen, um die Menge an negativen

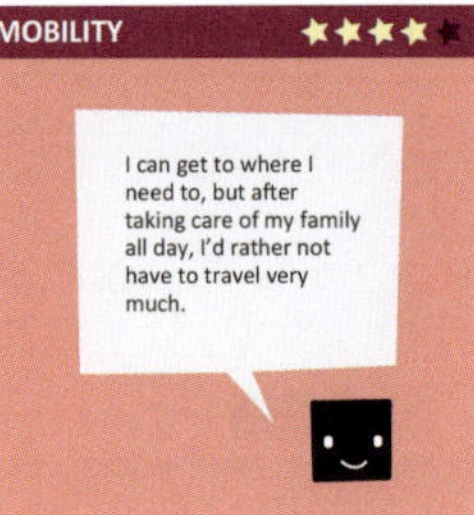

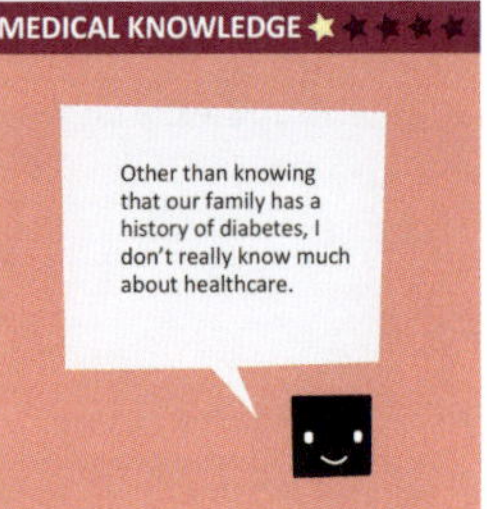

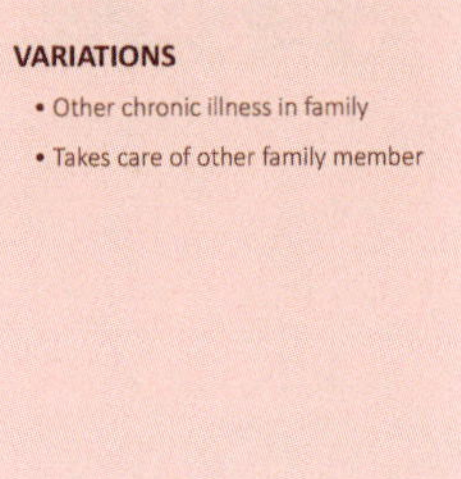

ABBILDUNG 7-19. Im zweiten Schritt wählen Sie eine Persona aus, um eine individuelle Journey zu erstellen.

Aktivitäten und Gefühlen zu unterstreichen, die diese Wartezeit hervorrufen kann (siehe Abbildung 7-20).

In diesem Szenario interagiert der Kunde mit Mitarbeitern in den Büros sowohl des Gesundheitsdienstleisters als auch des Testlabors. Indem man die Frontstage-Prozesse für beide Standorte hinzufügt und diese anschließend mit den Backstage-Prozessen abgleicht, die zur Unterstützung der Kunden-Touchpoints benötigt werden, kann die Map um Elemente eines Service Blueprint erweitert werden (Abbildung 7-21).

Dieser Ansatz führt zu einer sehr gut lesbaren und komprimierten Customer Journey Map, der bei Bedarf komplexere Service-Blueprint-Informationen hinzugefügt werden können, um aktuelle Lücken und Möglichkeiten zur Verbesserung des Angebots zu veranschaulichen.

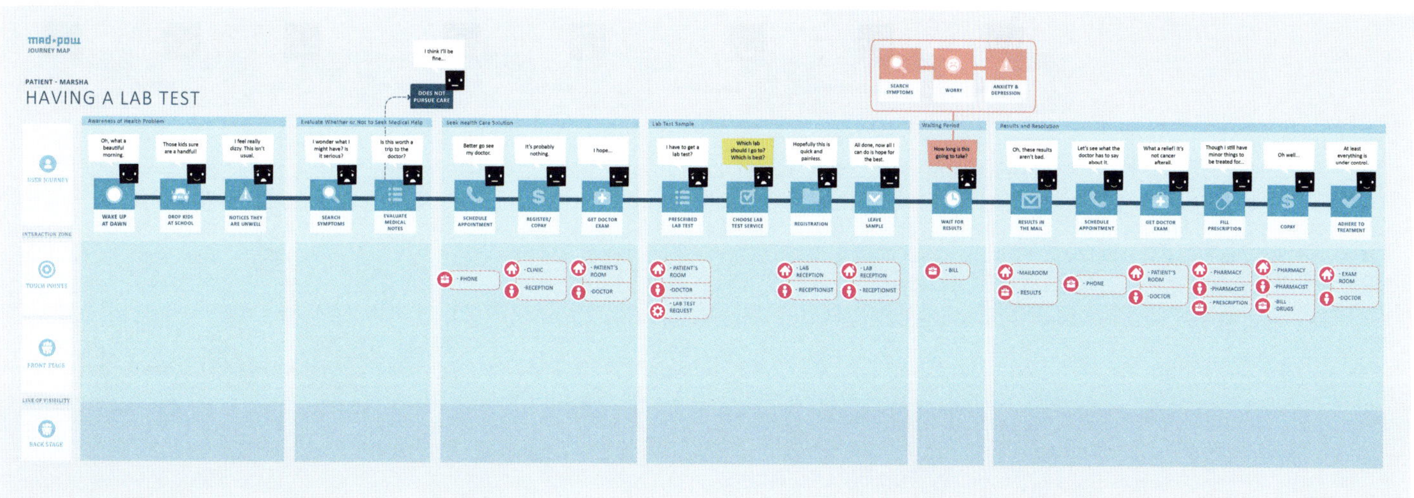

ABBILDUNG 7-20. Drittens: Bilden Sie die Emotionen der Persona bei jedem Schritt ab.

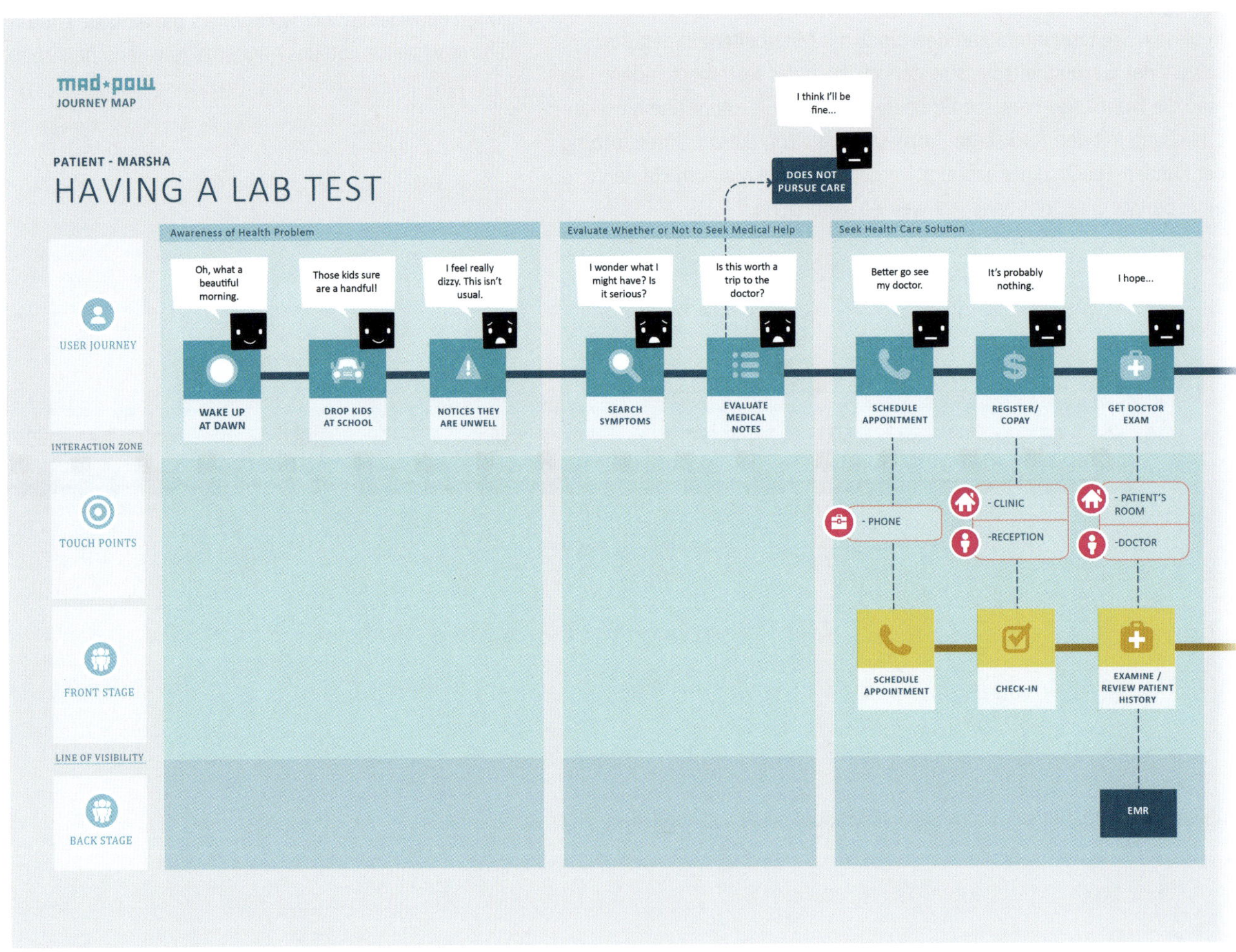

ABBILDUNG 7-21. Fügen Sie abschließend die Frontstage- und Backstage-Prozesse hinzu.

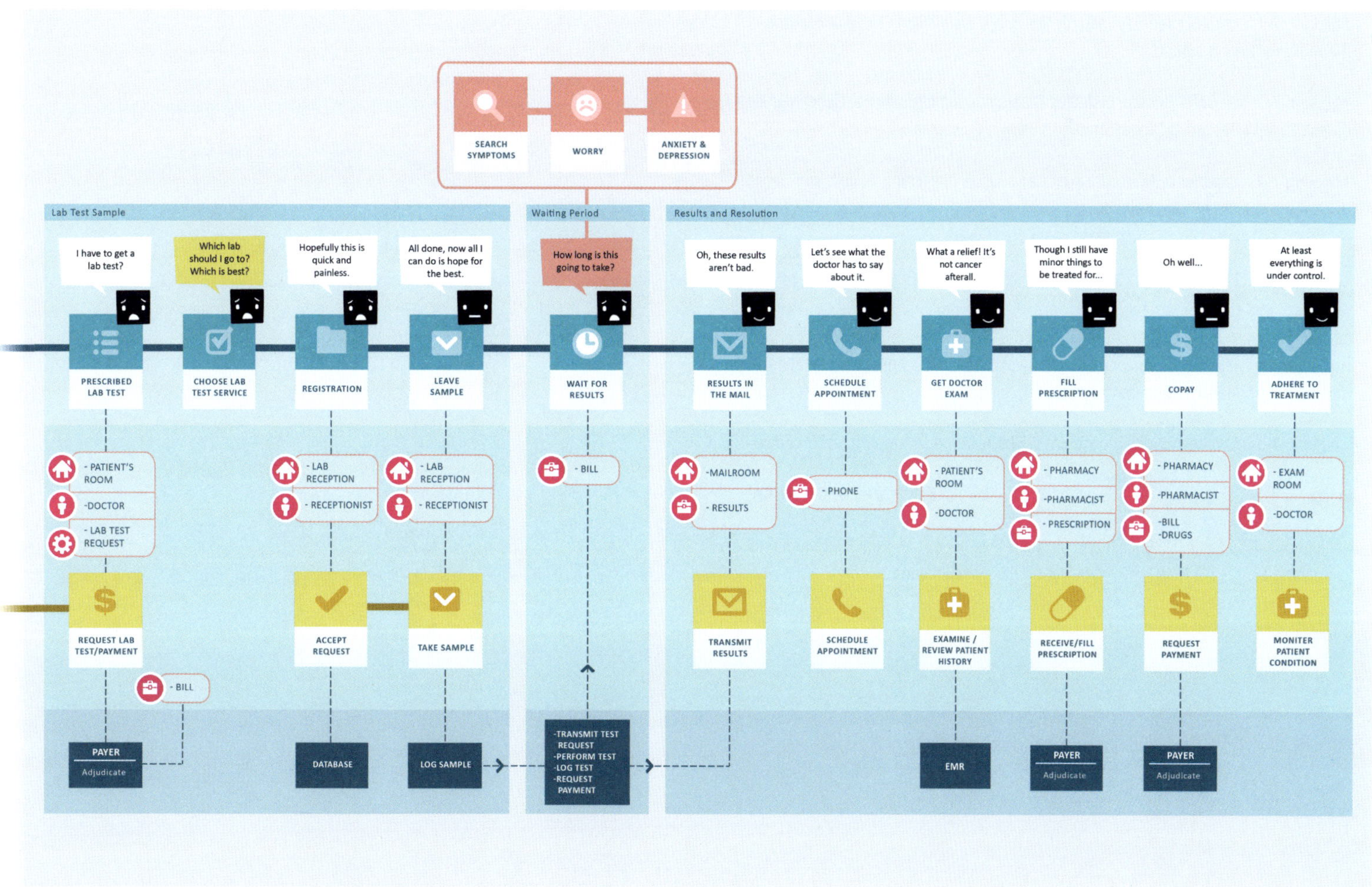

SEARCH SYMPTOMS
WORRY
ANXIETY & DEPRESSION
Lab Test Sample
Waiting Period
Results and Resolution
I have to get a lab test?
Which lab should I go to? Which is best?
Hopefully this is quick and painless.
All done, now all I can do is hope for the best.
How long is this going to take?
Oh, these results aren't bad.
Let's see what the doctor has to say about it.
What a relief! It's not cancer afterall.
Though I still have minor things to be treated for...
Oh well...
At least everything is under control.
PRESCRIBED LAB TEST
CHOOSE LAB TEST SERVICE
REGISTRATION
LEAVE SAMPLE
WAIT FOR RESULTS
RESULTS IN THE MAIL
SCHEDULE APPOINTMENT
GET DOCTOR EXAM
FILL PRESCRIPTION
COPAY
ADHERE TO TREATMENT
- PATIENT'S ROOM
-DOCTOR
- LAB TEST REQUEST
- LAB RECEPTION
- RECEPTIONIST
- LAB RECEPTION
- RECEPTIONIST
- BILL
-MAILROOM
- RESULTS
- PHONE
- PATIENT'S ROOM
-DOCTOR
- PHARMACY
-PHARMACIST
- PRESCRIPTION
- PHARMACY
-PHARMACIST
-BILL
-DRUGS
- EXAM ROOM
-DOCTOR
REQUEST LAB TEST/PAYMENT
ACCEPT REQUEST
TAKE SAMPLE
TRANSMIT RESULTS
SCHEDULE APPOINTMENT
EXAMINE / REVIEW PATIENT HISTORY
RECEIVE/FILL PRESCRIPTION
REQUEST PAYMENT
MONITER PATIENT CONDITION
- BILL
PAYER
Adjudicate
DATABASE
LOG SAMPLE
-TRANSMIT TEST REQUEST
-PERFORM TEST
-LOG TEST
-REQUEST PAYMENT
EMR
PAYER
Adjudicate
PAYER
Adjudicate

Diagramm- und Bildnachweis

Abbildung 7-1: Customer Journey Map für Starbucks, erstellt von Eric Berkman, mit freundlicher Genehmigung

Abbildung 7-3: Von Sofia Hussain erstelltes Diagramm, mit freundlicher Genehmigung ihrem Artikel »Designing Digital Strategies, Part 1: Cartography« entnommen

Abbildung 7-12: Experience Map zur Organisation einer Konferenz, erstellt von Hennie Farrow zusammen mit Jim Kalbach

Abbildung 7-13: Journey Map, erstellt von Craig Goebel (*linkedin.com/in/craiggoebel*), mit freundlicher Genehmigung

Abbildung 7-14: Auszug aus einem Diagramm des Gartner-Forschungsberichts »How to Approach Customer Experience Management« von Ed Thompson und Esteban Kolsky, mit freundlicher Genehmigung

Abbildung 7-16: Screenshot des Touchpoint Dashboard von *touchpointdashboard.com*

Abbildung 7-17: Screenshot einer Experience Map von Jim Kalbach, erstellt in MURAL

Abbildungen 7-18 bis 7-21: Erstellt von Jonathan Podolsky, Ebae Kim, Paul Kahn und Samantha Louras bei Mad*Pow, mit freundlicher Genehmigung

»Visualisierungen funktionieren wie ein Lagerfeuer, um das wir uns versammeln, um Geschichten zu erzählen.«

– Al Shalloway

IN DIESEM KAPITEL

- Diagramme einsetzen, um Empathie zu erzeugen
- Sich mögliche Lösungen vorstellen
- Evaluierung von Konzepten und Presumptive Design
- Fallstudie: Presumptive Design richtet die Teams auf das zu lösende Problem aus
- Einen Alignment-Workshop durchführen
- Fallstudie: Ein Spiel – das Customer Journey Mapping Game

KAPITEL 8

Alignment-Workshops: Das (richtige) zu lösende Problem suchen

Ich hatte das Glück, während des größten Teils meiner Karriere mit den Kunden der Unternehmen, für die ich arbeitete, direkten Kontakt zu haben. Ich konnte eine Vielzahl von Menschen an ihren Arbeitsplätzen, im Einzelhandel oder zu Hause beobachten – quer durch viele Branchen. Dabei konnte ich im Kontext beobachten, was sie erleben.

Idealerweise würden alle Angehörigen eines Unternehmens direkten Kundenkontakt haben. Aber bei vielen finden solche Begegnungen nur begrenzt statt. Selbst Mitarbeiter an vorderster Front, etwa im Kundensupport, beobachten möglicherweise nur einen Teil der Erfahrungen, die ihre Kunden machen. Anekdotischen Berichten fehlt oft der entsprechende Kontext.

Um ein Gesamtbild zu erhalten, muss man die Einzelbeobachtungen verbinden bzw. aus verschiedenen Bereichen des Unternehmens unterschiedliche Blickwinkel auf die Kundenerfahrung zusammentragen. Diagramme liefern ein solches Gesamtbild. Das Erstellen eines Diagramms ist aber nicht das eigentliche Ziel. Vielmehr ist es ein Mittel, um mit anderen Personen in Ihrem Unternehmen ins Gespräch zu kommen. Es ist Ihre Aufgabe, das zu ermöglichen.

Ein Diagramm ist ein Mittel, um mit anderen ins Gespräch zu kommen.

Sie müssen die tatsächlichen Erfahrungen der Kunden zurück ins Unternehmen transportieren. Folglich wechselt Ihre Rolle an diesem Punkt des Prozesses vom Visualisierer zum Vermittler bzw. Moderator. Ihr Ziel muss lauten, die aktuelle Situation und das unternehmensinterne Verständnis der Kundenerfahrung abzugleichen und eine entsprechende Ausrichtung zu erreichen. Wenn sich die Teammitglieder in der Einschätzung der aktuellen Situation nicht einig sind, wie sollen sie sich dann erfolgreich auf eine einzuschlagende Richtung einigen? Ihr Diagramm wird helfen, zu einem gemeinsamen Verständnis zu kommen.

Bei einem *Alignment-Workshop* geht es darum, sich gemeinsam auf die Erfahrung zu konzentrieren – mit einem Blickwinkel von außen nach innen: outside-in. Die Konzepte, die Sie entwickeln, werden das zu lösende Problem umreißen, werden aber nicht notwendigerweise schon umsetzungsreif sein.

In diesem Kapitel werden die vier Phasen des Workshops beschrieben (Abbildung 8-1):

- *Einfühlen:* Entwickeln Sie ein gemeinsames Verständnis der individuellen Erfahrung aus einer Outside-in-Perspektive.
- *Vorstellen:* Finden Sie neue Möglichkeiten und stellen Sie sich zukünftige Lösungen vor.
- *Bewerten:* Formulieren Sie schnelle Ideen und testen Sie sie, um sofortiges Feedback zu erhalten.
- In der letzten Phase *planen Sie Experimente*, um Ihre Hypothesen zu testen.

In einer weiteren Phase, die im nächsten Kapitel besprochen wird, führen Sie die geplanten Experimente durch und gehen zum Entwurf konkreter Lösungen über.

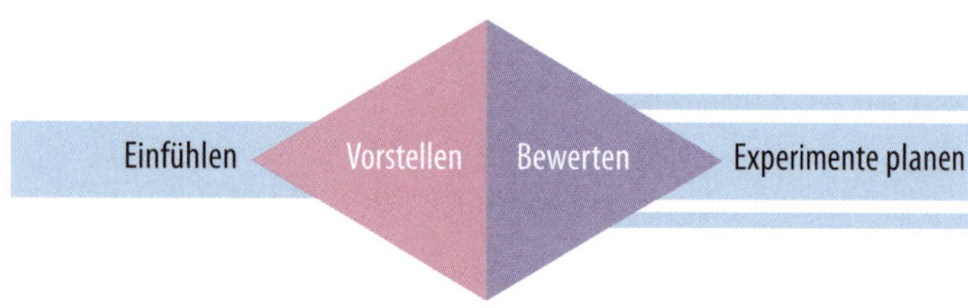

ABBILDUNG 8-1. Ein Alignment-Workshop besteht im Wesentlichen aus den Phasen des Einfühlens, Vorstellens, Bewertens und des Planens von Experimenten zu konkreten Lösungen.

Einfühlen

Es reicht nicht, dass *Sie* sich in die Erfahrungen der Menschen einfühlen. Sie müssen dafür sorgen, dass *andere* das gleiche tiefe Verständnis erlangen. Versuchen Sie, diese Empathie im gesamten Unternehmen zu verankern. Die Art von Empathie, die ich hier meine, ist eine des Verstehens und Begreifens. Es geht darum, die Welt mit den Augen einer anderen Person zu sehen.

Darüber hinaus sollten Sie versuchen, andere dahin gehend zu motivieren, ihre Empathie in Mitgefühl (Compassion) zu verwandeln, sodass sie konkret Probleme angehen und eine insgesamt positive Benutzererfahrung schaffen. Es geht darum, ein Gefühl dafür zu entwickeln, wie eine Erfahrung erlebt wird, was Menschen wertschätzen und welche Emotionen damit verbunden sind. Mit Diagrammen können Sie eine Erfahrung in Zeitlupe durchlaufen und diese Art von Mitgefühl in Ihr Unternehmen tragen.

In diesem Prozess versucht man zunächst, die aktuellen Erfahrungen zu verstehen. Beurteilen Sie im Anschluss, wie gut Sie diese Erfahrungen unterstützen, bevor Sie schließlich nach Möglichkeiten suchen, einen besonderen, einzigartigen Wert zu schaffen.

Zur Einleitung des Workshops gehen Sie die vorliegenden Forschungsergebnisse gemeinsam in der Gruppe durch. Benutzen Sie das Diagramm als Brennpunkt. Ergänzen Sie es mit anderen Artefakten, die Sie erstellt haben, beispielsweise Personas.

Sie können auch Videoclips aus Interviews abspielen, um einen bestimmten Gemütszustand oder einen Pain Point hervorzuheben, oder Researcher aus der Feldforschung berichten lassen, um die Erfahrung zum Leben zu erwecken. Beschreiben Sie die Welt so, wie Sie sie beobachtet haben, in einer reichen, vielfältigen Weise, die für das Unternehmen relevant ist.

Nachdem Sie die Bühne bereitet haben, geben Sie den Teilnehmern die Möglichkeit, sich mit dem Diagramm zu beschäftigen. Positionieren Sie es an prominenter Stelle, sodass sich eine Gruppe von Personen stehend damit beschäftigen kann (Abbildung 8-2). Das Team soll durch das gemeinsame Betrachten der Map in die Details der Erfahrung eintauchen können. Wenn das Diagramm viele Abschnitte enthält, teilen Sie das Team auf und lassen Sie jede Gruppe einen anderen Teil lesen.

Der Workshop ist keine Veranstaltung, die man passiv konsumieren kann. Die Teilnehmer sind aktiv Mitwirkende. Es gibt verschiedene Techniken, mit denen Sie sie von Beginn an einbinden können:

Lassen Sie das Diagramm ergänzen
: Laden Sie alle dazu ein, das Diagramm zu kommentieren, zu korrigieren oder Informationen hinzuzufügen (Abbildung 8-3). Auch wenn Sie eine ausgefeilte grafische Version der Map haben, öffnen Sie sie für Feedback. Sie können beispielsweise leere Zeilen vorsehen, damit die Teilnehmer Ergänzungen aufgrund ihrer eigenen Beobachtungen vornehmen können.

Fördern Sie Diskussionen
: Fordern Sie die Gruppe zu gezielten Denkübungen auf. Lassen Sie sie z. B. Momente der Wahrheit identifizieren und die relative Bedeutung jedes Touchpoints diskutieren.

Lassen Sie Geschichten erzählen
: Lassen Sie die Teilnehmer Geschichten aus der Feldforschung erzählen. Was haben die beobachteten Personen in den einzelnen Phasen ihrer Erfahrung geäußert? Welche Belege können sie ergänzen? Spielen Sie Szenarien der Erfahrung im Rollenspiel nach, um sie zum Leben zu erwecken.

Empathie entsteht nicht aus dem Diagramm selbst, sondern aus den Gesprächen, die für ein tieferes Verständnis einer Erfahrung sorgen. Als Moderator müssen Sie sicherstellen, dass ein sinnvoller Dialog stattfindet. Meiner Erfahrung nach ist es meist recht leicht, die Teilnehmer ins Gespräch zu bringen, und Unterhaltungen ergeben sich von selbst.

ABBILDUNG 8-2. Positionieren Sie Diagramme gut sichtbar, damit sich die Gruppe darum versammeln kann.

ABBILDUNG 8-3. Laden Sie alle Teilnehmer des Workshops ein, zum Diagramm beizutragen, entweder persönlich oder remote.

Business-Origami

Business-Origami ist eine spezielle Mapping-Technik, um Empathie und Verständnis aufzubauen. Dabei können die Teilnehmer physische, in Papierform repräsentierte Journey-Map-Elemente in einem realen, physischen Raum bewegen. Hierbei geht es darum, die Interaktionen zwischen den verschiedenen Akteuren, Objekten und anderen Dienstkomponenten abzubilden, wie in Abbildung 8-4 zu sehen.

Business-Origami wurde im Hitachi Design Centre konzipiert und um das Jahr 2010 von der Service-Design-Expertin Jess McMullin weiterentwickelt. Es bietet eine Möglichkeit, eine Serviceerfahrung zu gestalten, die sich ansonsten nur schwer in einer einzigen Schnittstelle oder einem einzigen Artefakt darstellen ließe. Noch wichtiger ist, dass es eine einladende und gemeinschaftliche Aktivität darstellt, die Gespräche und hilfreiche Debatten fördert.

Sie können unter *http://www.citizenexperience.com/wp-content/uploads/2010/05/Business-Origami-Shapes1.pdf* eine Reihe von Business-Origami-Figuren und -Formen herunterladen.

Eine ähnliche Technik, bei der physische Objekte auf einem Brett eingesetzt werden, kommt in der Fallstudie von Christophe Tallec am Ende dieses Kapitels vor.

Weiterführende Literatur

- Jess McMullin, »Business Origami«, Citizen Experience Blog (April 2011), *http://www.citizenexperience.org/2010/04/30/business-origami*
- Chenghan Ke, »Business Origami: A Method for Service Design«, *Medium* (August 2018), *https://medium.com/@hankkechenghan/business-origami-valuable-method-for-service-design-43a882880627*

ABBILDUNG 8-4. Beim Business-Origami werden Papierobjekte verwendet, um im Rahmen eines Workshops eine Serviceinteraktion abzubilden.

Chancen erkennen

Die mit Experience Maps erzählten Geschichten können dabei helfen, neue Möglichkeiten für Verbesserungen und Innovationen aufzudecken. Vergleichen Sie dazu bei jedem Schritt die Aktionen des Unternehmens mit den individuellen Erfahrungen der Kunden. Es gibt unter anderem folgende Möglichkeiten, in einem Gruppen-Setting neue Chancen zu entdecken:

Identifizieren Sie die Momente der Wahrheit

Bestimmen Sie gemeinsam die Punkte der Erfahrung, die für den Einzelnen am wichtigsten sind. Geben Sie jedem Workshop-Teilnehmer einige farbige Klebepunkte und lassen Sie sie die kritischsten Momente markieren. Diskutieren Sie die Bereiche, die die meisten Stimmen erhalten haben.

Bestimmen Sie die Wichtigkeit für das Unternehmen

Überlegen Sie, was für das Unternehmen besonders wertvoll ist. Verwenden Sie die »Abstimmung per Klebepunkt«, um die aus Unternehmenssicht wichtigsten Momente der Erfahrung zu identifizieren.

Bewerten Sie die eigene Leistung

Bei einer meiner Lieblingsaufgaben bitte ich die Workshop-Teilnehmer, zu bewerten, wie gut ihr Produkt oder ihre Dienstleistung Kunden in den einzelnen Phasen unterstützt. Die Verwendung von Schulnoten bietet eine vertraute Skala, mit der die meisten etwas anfangen können – alternativ können Sie sich ein einfaches Punktesystem ausdenken (beispielsweise von 1 bis 5). Wenn Sie in mehreren Gruppen arbeiten, vergleichen Sie die Bewertungen, wenn Sie wieder im Plenum zusammenkommen. Diskutieren Sie die Phasen, die in den Gruppen unterschiedlich bewertet wurden.

Abbildung 8-5 zeigt beispielsweise die Bewertungen zweier Gruppen, die in einem meiner Workshop am selben Abschnitt eines Diagramms gearbeitet haben. Die Skala ging von 1 bis 6, wobei 1 die beste und 6 die schlechteste Bewertung darstellte. An einem Punkt unterschieden sich die Bewertungen der Arbeitsgruppen deutlich: Eine Gruppe hatte eine 6 vergeben, die andere eine 3.

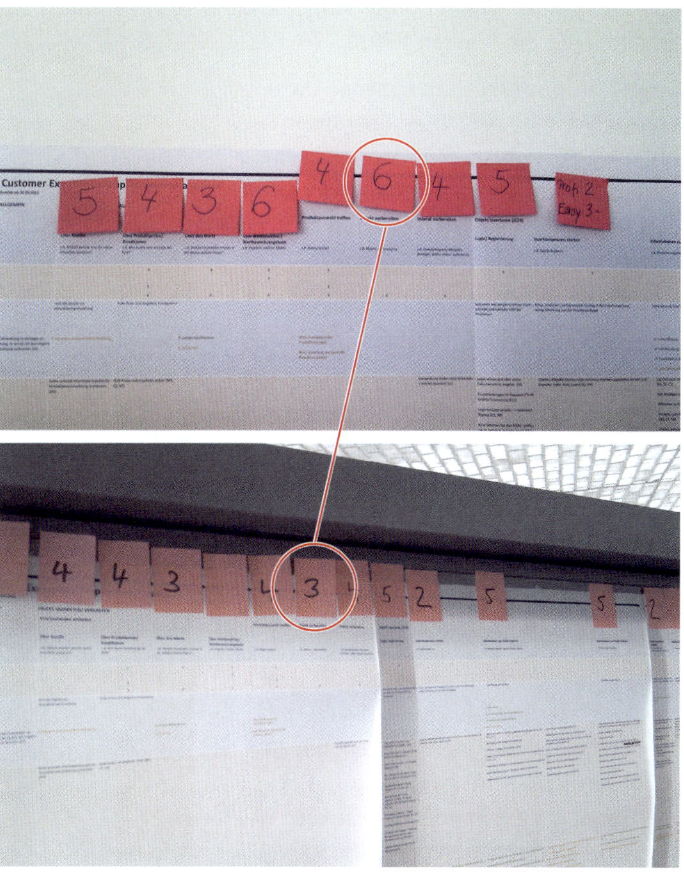

ABBILDUNG 8-5. In diesem Beispiel zeigt die Bewertung der eigenen Performance an einer Stelle eine Diskrepanz zwischen zwei Arbeitsgruppen.

Es stellte sich heraus, dass einige Mitglieder der Gruppe, die zu der niedrigeren Bewertung gekommen war, zu diesem Zeitpunkt näher am tatsächlichen Kundenfeedback waren. Sie hatten erst kürzlich größere Beschwerden erhalten und Probleme aufgedeckt, von denen die andere Arbeitsgruppe nichts wusste. Das anschließende Gespräch war für alle Teilnehmer aufschlussreich, da es sowohl zu einem Konsens innerhalb des Teams als auch zu Empathie für die Kunden führte.

Solche Gruppenaktivitäten dienen dazu, unterschiedliche Ansichten über die optimalen Eingriffspunkte abzugleichen. Versuchen Sie, die Chancen genau zu beschreiben, indem Sie einige oder alle der folgenden Aspekte hervorheben:

- *Schwachstellen:* Suchen Sie nach Problemstellen. Wie können Sie Anwender besser unterstützen? An welchen Punkten sind ihre Bedürfnisse am wenigsten befriedigt?
- *Lücken:* Finden Sie heraus, wo es ganz an Unterstützung fehlt. Welche Pain Points werden nicht angesprochen? Welche Momente der Wahrheit werden möglicherweise übersehen?
- *Aufwand:* Identifizieren Sie die Punkte, an denen die Menschen die meiste Energie aufwenden müssen, um zum nächsten Schritt zu gelangen. Wie können Sie den nötigen Aufwand des Einzelnen erhöhen oder verringern? Was können Sie tun, um Reibung zu reduzieren?
- *Mitbewerber:* Schauen Sie sich an, wie andere Anbieter bei den einzelnen Schritten der Journey agieren. Wo fällt Ihre eigene Leistung ab? Wann bieten Ihre Mitbewerber befriedigendere Erfahrungen?

Die Visualisierung von Chancen in der Map ermöglicht dem Team, einen Schritt zurückzutreten und sie im Kontext des eigenen Angebots zu betrachten. Sie können beispielsweise mit Sternen oder anderen Symbolen die wirkungsvollsten Interventionsmöglichkeiten markieren. Üblicherweise offenbaren sich dann umfassendere Muster.

ABBILDUNG 8-6. Aus einer Experience Map für Autoren ergab sich ein einfaches Muster: Ihre Beteiligung nahm im Verlauf der Produktionsphasen ab.

Bei der Beratung eines Verlags, der die Beziehung zu seinen Autoren verbessern wollte, stellten wir während des Workshops einen Trend fest: Der Verlag hielt nach der Einreichung von Manuskripten keinen engen Kontakt zu den Autoren.

Abbildung 8-6 stellt dieses Muster in Form einer Überlagerung dar. Die gelben Balken zeigen den von uns geschätzten relativen Grad der Einbindung in den einzelnen Phasen. Das Team konzentrierte sich dann auf Möglichkeiten, den Kontakt mit den Autoren während der gesamten Journey zu verbessern. Wie könnten sie Autoren das Gefühl geben, stärker eingebunden zu sein? Wie könnten sie ein Gefühl der Zugehörigkeit schaffen?

Diese Form der Erkundung des Problembereichs verschob unseren Fokus von der Gewinnung neuer Autoren und der redaktionellen Begleitung von Projekten mit bestehenden Autoren zu den Phasen nach der Manuskriptabgabe – etwas, das der Verlag zuvor vernachlässigt hatte. Mit Mapping können Sie das zu lösende Problem besser erkennen und Erfahrungen entsprechend umgestalten.

Der unabhängige Berater und Design-Sprint-Master Jay Melone setzt Mapping in seiner Problem-Framing-Methode ein.[1] »Problem-Framing hilft uns bei der Bestätigung, dass ein Problem existiert, das es wert ist, gelöst zu werden«, sagt Melone. Sein Ansatz umfasst fünf Schritte:

- *Problemerkennung* – Identifizierung der Hauptproblembereiche, die in nachfolgenden Reframing-Übungen weiterentwickelt werden sollen
- *Unternehmenskontext* – Untersuchung der kommerziellen Aspekte und der Unternehmensanforderungen
- *Benutzerperspektive* – Gründliches Verständnis der Kundenbedürfnisse und -erfahrungen
- *Unternehmen-Benutzer-Mapping* – Abgleich des Unternehmenskontexts und der Benutzerperspektive in einer gemeinsamen Visualisierung
- *Problem-Reframing* – Erstellen einer klaren und umsetzbaren Problembeschreibung/-lösung

Die Übungen zu jedem dieser Schritte helfen den Teams, aktuelle Herausforderungen und Probleme und deren Ursachen genauer zu verstehen. Aber das Team muss offen sein für Fragen: Konzentriert es sich auf das richtige Problem? Als Moderator sollten Sie die Diskussion sorgfältig in eine produktive Richtung lenken, um einen Konsens zu erzielen. Oft führt diese Art der Selbstreflexion zu einer neuen Formulierung der Problembeschreibung, hier *Betrachtungsweise* (Point of View) genannt.

Melone empfiehlt, sich explizit auf vier Elemente zu konzentrieren, die in die neu formulierte Problemstellung aufgenommen werden sollten:

- Wer hat das Problem?
- Worin besteht das Problem?
- Wann geschieht es: in welchem Kontext?
- Warum ist eine Lösung wichtig? Wird es die Benutzer interessieren?

Um dann ein Brainstorming zu starten, formulieren Sie die Betrachtungsweise als Frage um. Wenn nötig, zerlegen Sie das Problem in kleinere, leichter zu bearbeitende Teile. Hier sind ein paar nützliche Techniken, die Sie ausprobieren können:

1 Siehe dazu Melones vierteiligen Artikel über seinen Ansatz zum Problem-Framing, »Problem Framing v2: (Parts 1-4)«, im New Haircut Blog (August 2018).

Wie könnten wir …?

Indem Sie die Ideenfindung mit klaren Aussagen beginnen, wird das Team auf die Suche nach einer konkreten Lösung fokussiert. Die verwendete Sprache ist wichtig: Fragen mit »Wie könnten wir …« zu beginnen, vermittelt das sichere Gefühl, ohne Versagensängste gemeinsam eine Reihe von Optionen erkunden zu dürfen. Es ist das Eingeständnis, dass das Team die Antworten zwar noch nicht kennt, aber entschlossen ist, sie gemeinsam zu entdecken. Basierend auf dem Muster in Abbildung 8-6, fragte ich die Workshop-Teilnehmer zum Beispiel: »Wie könnten wir die Autoren in den Phasen des Veröffentlichungsprozesses nach Einreichung des Manuskripts besser einbinden?«

Was wäre, wenn …?

Die Frage »Was wäre, wenn …« fokussiert die Ideenfindung oft auf eine bestimmte Lösungsrichtung und kann zur Eingrenzung des Brainstormings eingesetzt werden. Im Verlagsbeispiel könnten Sie zum Beispiel fragen: »Was wäre, wenn wir uns nur auf den persönlichen Kontakt mit den Autoren konzentrierten?« Die Formel kann auch verwendet werden, um die Aufmerksamkeit zu verlagern, z. B. indem man fragt: »Was wäre, wenn wir ehemalige Autoren einsetzen könnten, um neuen Autoren zu helfen?« Wenn man dem Team solche Beschränkungen mitgibt, wird es ermutigt, ein Problem noch tiefer zu durchdringen.

Innovation offenbart sich meist nicht als Erleuchtung. Erwarten Sie nicht, eine Innovation sofort als solche erkennen zu können.

Paradoxe Verschärfung des Problems

Bei einer anderen Technik, mit der ich oft Erfolg hatte, bitte ich die Teilnehmer, zu überlegen, wie man das Problem verschlimmern könnte. Sobald Sie sich auf eine Betrachtungsweise geeinigt haben, lassen Sie die Teilnehmer einzeln oder in Arbeitsgruppen Möglichkeiten zur Verschlechterung der Erfahrung vorschlagen. Werden diese Ideen dann im Plenum ausgetauscht, geht es meist sehr lebendig und lustig zu. Nachdem Sie eine Reihe solcher Ideen zusammengestellt haben, überlegen Sie, wie deren Gegenteil erreicht werden könnte.

Mapping im Allgemeinen und Alignment-Workshops im Besonderen helfen letztlich dabei, einen zu verbessernden Problembereich so umzugestalten, dass er den Kundenbedürfnissen entspricht. Das Ergebnis ist eine gemeinsame Sichtweise, die auf Beobachtungen aus der realen Welt beruht und als Sprungbrett für die Suche nach Lösungen dienen kann

Vorstellen

Meiner Erfahrung nach inspirieren Diagramme neue Ideen fast unmittelbar. Normalerweise sprudeln die Beteiligten schon nach einer ersten Betrachtung eines Diagramms nur so vor Möglichkeiten, ihr Angebot zu verbessern. Es ist Ihre Aufgabe als Moderator, die Aufmerksamkeit der Teilnehmer zu lenken und deren Energie zu fokussieren.

An diesem Punkt der Sitzung sollten Sie vom Verständnis der aktuellen Erfahrung zur Suche nach möglichen Lösungen übergehen. Bei diesem Prozess geht es darum, sich ganz breit für alle möglichen Ideen und Konzepte zu öffnen. Diese Arbeitsweise wird gemeinhin als *divergentes Denken* bezeichnet (Abbildung 8-7). An dieser Stelle geht es nicht darum, sich auf eine einzige Lösung oder Richtung festzulegen, sondern sich in der Kunst des Möglichen zu üben.

Bereiten Sie die Teilnehmer darauf vor. Stellen Sie sicher, dass der Übergang vom Einfühlen zum Vorstellen stattfindet. Erklären Sie die Regeln des divergenten Denkens:

- *Es geht um Menge.* Versuchen Sie, eine große Bandbreite an Ideen einzubeziehen. Beschränken Sie Details zunächst auf ein Minimum. Vermeiden Sie es, Ideen von vornherein herauszufiltern.
- *Vermeiden Sie Bewertungen.* Schaffen Sie eine sichere und wertschätzende Atmosphäre, in der Menschen kreativ sein können. Die Teilnehmer sollten sich wohl damit fühlen, Ideen einzubringen, auch wenn diese noch nicht vollständig durchdacht sind.
- *Bauen Sie auf Ideen auf.* Bringen Sie die Gruppe dazu, mit »Ja, und …« statt mit »Aber …« auf entstehende Ideen zu reagieren. Identifizieren Sie den eigentlichen Wert der geäußerten Ideen und bauen Sie darauf auf.
- *Suchen Sie Alternativen.* Versuchen Sie, Variationen und Alternativen zu den ursprünglichen Ideen zu finden. Verwerfen Sie sie nicht zu schnell.
- *Ermutigen Sie zu verrückten Ideen.* Verzichten Sie während der Ideenfindung auf Selbstzensur. Es wird später noch viele Gelegenheiten geben, Ideen zu priorisieren und zu bewerten.
- *Arbeiten Sie visuell.* Nutzen Sie Whiteboards und Flipcharts, um die entstehenden Ideen zu notieren. Entdecken Sie beim Brainstorming neue Beziehungen und Verbindungen.

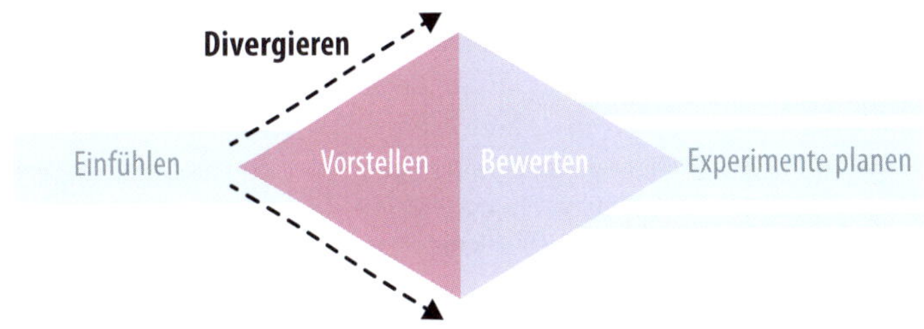

ABBILDUNG 8-7. Beginnen Sie damit, mithilfe von divergentem Denken verschiedene Richtungen und Ideen zu erkunden.

Es geht darum, Ideen in ihrem Anfangsstadium zu schützen. Schaffen Sie eine Atmosphäre der Möglichkeiten, in der Ideen neu kombiniert werden können, um zu wirklichen Innovationen zu gelangen.

Nachdem Sie erste Ideen gesammelt haben, können Sie gezielte Übungen durchführen, um zu weiteren innovativen Konzepten zu kommen. Zwei solcher Ansätze, mit denen ich oft Erfolg hatte, beruhen auf der Beseitigung von Barrieren und dem Infragestellen von branchentypischen Annahmen.

Barrieren entfernen

Man kann Möglichkeiten für Innovationen und Verbesserungen besonders gut erkennen, wenn man sich anschaut, was die Menschen in ihrer aktuellen Erfahrung beeinträchtigt. Identifizieren Sie für alle im Diagramm dargestellten Phasen die Hindernisse bei der Erledigung der zu lösenden Aufgaben. Tabelle 8-1 fasst die wichtigsten Arten von Hindernissen zusammen, die es zu über-

TABELLE 8-1. Arten von Barrieren, die Menschen daran hindern, Wert zu erhalten.

Barriere	Beispiel	Wie man die Barriere identifiziert
Zugang: Manche Erfahrungen sind auf bestimmte Zeiten oder Orte beschränkt, oder es gibt physische oder kognitive Barrieren.	Mobiltelefone ermöglichten das Telefonieren auch von unterwegs. Smartphones ermöglichen heute von fast überall Internet- und Datenzugriff.	Betrachten Sie die Fälle, in denen eine Person ein Produkt oder eine Dienstleistung überhaupt nicht in Anspruch nehmen kann. Ist es ihnen verwehrt, einen Wert zu erhalten?
Qualifikation: Menschen kann die Qualifikation fehlen, eine notwendige Aufgabe auszuführen.	Bis 1982 Personal Computer und später grafische Benutzeroberflächen Verbreitung fanden, war die Nutzung von Computern speziell geschulten Anwendern vorbehalten. Die Fotografie im späten 19. Jahrhundert war – bevor die Kodak-Kamera das Fotografieren vereinfachte – eine anspruchsvolle Kunst.	Wenn in einem Prozess viele verschiedene Schritte ausgeführt werden müssen, ist das ein Zeichen dafür, dass fehlende Fähigkeiten ein Hindernis darstellen könnten. Wie können Sie Aufgaben so einfach gestalten, dass sie von jedem erledigt werden können?
Zeit: Die Interaktion mit einem Produkt oder einer Dienstleistung kann einfach zu zeitaufwendig sein.	Bevor es eBay gab, galt das beispielsweise für das Kaufen und Verkaufen von Sammlerstücken.	Achten Sie auf hohe Abbruchquoten innerhalb eines Vorgangs und prüfen Sie, ob Zeitmangel die Ursache dafür ist. Wie können Sie den Prozess verkürzen?
Geld: Menschen fehlen vielleicht die finanziellen Mittel, um sich ein Produkt oder eine Dienstleistung zu leisten.	Flugreisen waren vor 1970 nur etwas für Wohlhabende.	Identifizieren Sie Punkte, an denen ein Dienst hohe Kosten verursacht. Fragen Sie sich, ob und wie Sie diesen Dienst kostenlos anbieten könnten.
Aufwand: Verbesserungen ergeben sich aus der Suche nach Möglichkeiten zur Reduzierung von Reibung.	Bevor es Uber gab, war es oft eine Qual, ein Taxi zu ergattern. Reisende standen häufig lange in Kälte oder Regen und mussten zur Bezahlung auf dem Rücksitz in ihren Brieftaschen herumfummeln.	Suchen Sie nach Möglichkeiten, den Aufwand des Kunden bis zur Erledigung der Aufgabe zu reduzieren und die Gesamterfahrung so reibungsfrei wie möglich zu gestalten.

winden gilt, mit Beispielen und Hinweisen dazu, wie Sie diese Hindernisse erkennen können.[2]

Berücksichtigen Sie auch emotionale und soziale Aspekte. Wenn Sie zum Beispiel die Erfahrung der Teilnahme an einer Konferenz betrachten, werden Sie feststellen, dass viele Menschen Angst haben, sich zu blamieren, wenn sie einem Redner eine Frage stellen. Wie könnten Sie diese emotionale und soziale Barriere überwinden?

2 Diese Tabelle ist eine Adaption einer Darstellung aus *The Innovator's Guide to Growth* von Scott Anthony und Kollegen. In diesem Buch finden Sie weitere Informationen zu Innovationshemmnissen.

Stellen Sie branchentypische Annahmen infrage

Das Brechen von Regeln ist eine weitere Quelle für sinnvolle Veränderungen. Um eine disruptive Denkweise zu fördern, sollten Sie die vorherrschenden Annahmen und ungeschriebenen Regeln Ihrer Branche identifizieren – und dann infrage stellen.[3]

Erzeugen Sie zunächst mit dieser Formel Aussagen zu branchentypischen Annahmen:

> *Jeder in <dieser Branche oder diesem Bereich> weiß, dass <Annahme> ...*

Lassen Sie die Teilnehmer das zunächst jeweils für sich tun. Schauen Sie sich die verschiedenen Phasen der Erfahrung an, um zusätzliche Branchenannahmen aufzudecken. Lassen Sie dann über die Annahme abstimmen, die für Ihr Projekt oder das zu lösende Problem am relevantesten ist. Abbildung 8-8 zeigt ein Beispiel für die Sammlung und Priorisierung von Branchenannahmen während eines von mir geleiteten Workshops.

Überlegen Sie danach, wie Sie die einzelnen Annahmen ändern oder umgehen könnten, indem Sie genau gegenteilig vorgehen würden. Was kann auf den Kopf gestellt werden? Welche Konventionen und Klischees können Sie brechen? Was wäre, wenn ein Schritt oder ein Element komplett wegfallen würde?

ABBILDUNG 8-8. Hinterfragen Sie bracheninterne Annahmen in einem Workshop.

---

3 Mehr dazu finden Sie im Buch *Disrupt* von Luke Williams, das einen vollständigen Ansatz zur Infragestellung von Branchenannahmen beschreibt.

Hier zur Veranschaulichung einige Beispiele für bahnbrechende Innovationen, die vorhandene Branchenannahmen durchbrochen haben:

- Im Bereich der Haushaltsreinigung nahm jeder an, dass ein Wischmopp eine einmalige Anschaffung war, bis P&G mit dem Swiffer Einwegmopps einführte.
- Jeder in der Luftfahrtindustrie wusste, dass Passagiersitze vorab zugewiesen wurden, bis Southwest Airlines begann, die Plätze nach dem Prinzip »first come, first served« zu vergeben.
- Bei allen Autovermietern galt, dass man tageweise mietete und eine Menge Papierkram persönlich vor Ort erledigen musste, bis Zipcar es ermöglichte, online zu buchen und stundenweise zu bezahlen.
- Wenn man gesundheitliche Probleme hatte, war klar, dass man einen Arzt aufsuchen musste, bis die MinuteClinics der CVS Health Corporation, einer in den USA beheimateten pharmazeutischen Einzelhandelskette, damit begannen, eine begrenzte Anzahl leichterer Erkrankungen zu behandeln, ohne dass für deren Diagnose ein Arzt erforderlich war.

Diagramme geben keine Antworten – sie fördern Gespräche.

Will man die Regeln eines Spiels ändern, muss man zuerst verstehen, welche Regeln gelten und an welchem Spiel man teilnimmt. Ein Diagramm kann helfen, gängige Branchenannahmen aufzudecken, indem eine individuelle Perspektive eingenommen wird. Denkaufgaben zur Verneinung gängiger Marktkonventionen oder deren Umkehrung ins Gegenteil zwingen das Team, über den Tellerrand hinauszuschauen.

Bewerten

An diesem Punkt des Alignment-Workshops sollten die Teilnehmer bereits eine Menge Konzepte entwickelt haben. Aber das ist nur der erste Schritt. Hören Sie hier nicht auf. Integrieren Sie die Evaluierung direkt in den Workshop. Mit anderen Worten: Schalten Sie von divergentem auf konvergentes Denken um (Abbildung 8-9).

Priorisieren Sie Ihre Ideen, formulieren Sie die Einzelheiten der entwickelten Konzepte und testen Sie sie, um umgehend Feedback zu erhalten.

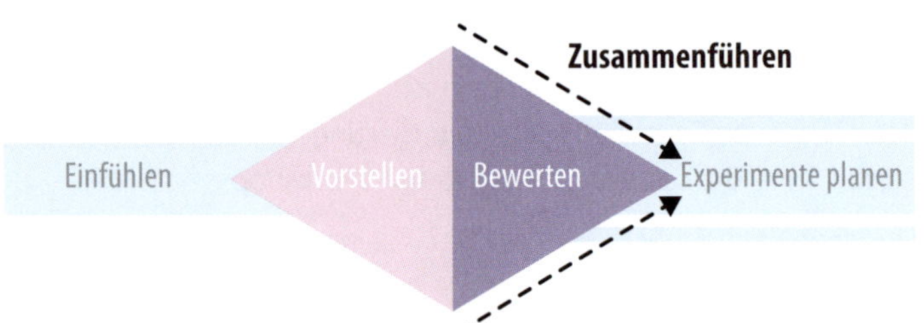

ABBILDUNG 8-9. Nach der Workshop-Phase des divergenten Denkens müssen die Ideen zu Konzepten zusammengeführt und priorisiert werden.

Priorisieren

Verwenden Sie eine Matrix »Umsetzbarkeit versus Wert« für eine erste Priorisierung, wie in Abbildung 8-10 dargestellt. Betrachten Sie auf einer Achse, wie einfach eine Idee zu implementieren ist – mit anderen Worten: ihre *Umsetzbarkeit*. Auf der zweiten Achse muss die *Auswirkung* auf die Erfahrung des Einzelnen berücksichtigt werden. Verwenden Sie die Map und die identifizierten Möglichkeiten, um die Auswirkungen zu bewerten.

Ziel ist es, das Ergebnis der Ideenfindung den passenden Quadranten der Matrix zuzuordnen. Einmal sortiert, können Sie dann innerhalb der Quadranten eine weitere Priorisierung vornehmen. Ist die Umsetzbarkeit einer Idee nur gering (das Konzept also schwieriger zu implementieren), können Sie überlegen, wie Sie die Implementierung verbessern oder anders gestalten können.

Abbildung 8-11 zeigt eine beispielhafte Priorisierungsmatrix aus einem von mir geleiteten Workshop. Wir haben einfach ein Fenster als Matrixgitter verwendet. Wir identifizierten schnell fünf wirkungsvolle Ideen, die das Entwicklungsteam sofort umsetzen könnte – buchstäblich am nächsten Tag und ohne zusätzliche Mittel oder Ressourcen.

Nachdem Sie solche rasch umsetzbaren Ideen gefunden haben, sollten Sie zu den Vorschlägen übergehen, die einen großen Wert versprechen, aber schwieriger zu implementieren sind. Diese Ideen erfordern in der Regel Planungs-, Design- und Entwicklungsaufwand. Wählen Sie diejenigen Konzepte zur Weiterentwicklung aus, die das größte Potenzial haben und für die sich die Menschen begeistern. Lassen Sie die Auswahl durch einen Product Owner vornehmen oder führen Sie eine Abstimmung durch, um einen Gruppenkonsens zu erhalten.

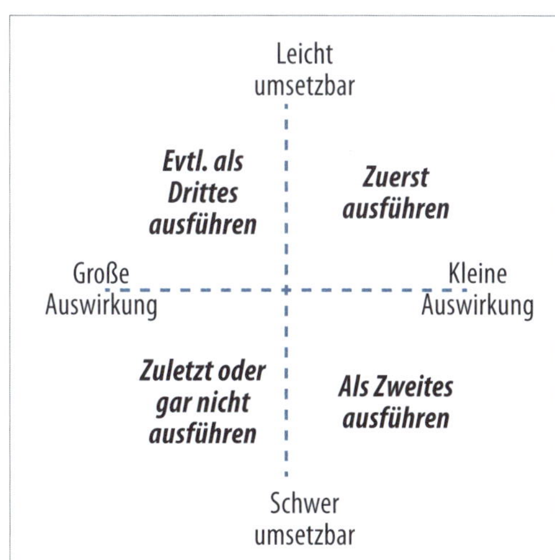

ABBILDUNG 8-10. Mit einer einfachen Priorisierungsmatrix lassen sich die Auswirkungen auf die Erfahrung und die Umsetzbarkeit untersuchen.

ABBILDUNG 8-11. Die Priorisierung von Ideen nach Umsetzbarkeit und Wert kann in einem einfachen Raster erfolgen.

Formulieren

Innovation offenbart sich meist nicht als Erleuchtung. Erwarten Sie nicht, eine Innovation sofort als solche erkennen zu können. Sie müssen Ihre Ideen zunächst iterativ entwickeln. Konzentrieren Sie sich auf einfache Artefakte zur Darstellung der Konzepte, aber halten Sie sie offen für Interpretationen und Lernvorgänge.

Formulieren Sie so schnell wie möglich das Konzept, zu dem Sie Feedback wünschen. Innerhalb weniger Stunden können Sie Darstellungen Ihrer Leitideen für die Evaluierung erstellen. Die resultierenden Artefakte helfen dabei, gedankliche Fehler zu entdecken, und können den Wert einer Idee schnell zeigen bzw. widerlegen. Hier einige mögliche Techniken:

Szenarien entwerfen
: Beschreiben Sie die Details eines Konzepts in Textform. Seien Sie so detailliert wie möglich in Bezug auf die zu erwartende Erfahrung. Selbst die einfachsten Konzepte können leicht mehrere Seiten Text erfordern. Lassen Sie andere das Szenario lesen und kritisieren.

Storyboards erstellen
: Stellen Sie die beabsichtigte Erfahrung in einer Reihe von Zeichnungen dar. Besprechen Sie die Idee dann in der gesamten Gruppe. Abbildung 8-12 zeigt beispielhaft ein einfaches Storyboard, das ich für ein früheres Projekt erstellt habe. In diesem Fall haben wir uns aufgrund dieser ersten Einschätzung entschieden, ein Konzept auf Eis zu legen.

Flussdiagramm zeichnen
: Stellen Sie Ihre Idee durch Einzelschritte in einem Flussdiagramm kurz dar. So können Sie Verbindungen herstellen und alle beweglichen Teile im Zusammenhang sehen.

Ideen skizzieren
: Zeichnen Sie schnell ein Bild des Produkts oder der Dienstleistung, das Sie mit anderen teilen können.

Wireframes anlegen
: Erstellen Sie schlichte Wireframes, um ein erstes visuelles Konzept einer vorgeschlagenen Interaktion zu skizzieren (Abbildung 8-13).

ABBILDUNG 8-12. Storyboards stellen Ideen visuell dar, sodass sich mit relativ geringem Aufwand Konzepte testen lassen.

Low-Fidelity-Prototyp erstellen

Mit Onlinetools wie InVision lassen sich einfache Softwareprototypen in wenigen Stunden erstellen. Zeigen Sie gerade genug, um Rückmeldungen zu einem entscheidenden Ablauf zu erhalten.

Selbst für physische Produkte können in einem eintägigen Workshop Prototypen erstellt werden. In einem meiner Workshops testeten wir zum Beispiel eine Idee, um die Versanderfahrung bei einer großen E-Commerce-Website zu verbessern. Wir gingen in die örtliche Postfiliale, kauften einen Versandkarton mit den ungefähr benötigten Abmessungen und bauten daraus ein Mock-up nach unseren Vorstellungen, das wir dann benutzten, um sofortiges Feedback von potenziellen Kunden zu erhalten.

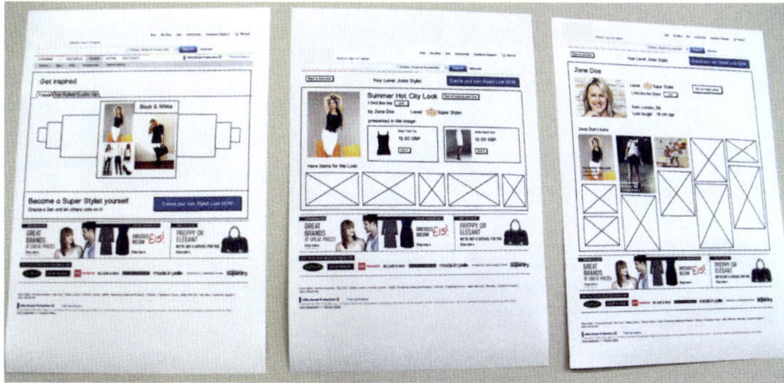

ABBILDUNG 8-13. Im Rahmen eines Alignment-Workshops kann man mit Wireframes Ideen schnell zum Leben erwecken.

Feedback zu Konzepten

Holen Sie so schnell wie möglich Rückmeldungen zu Ihren Konzepten ein, auch während des Workshops. Dabei geht es nicht um kontrollierte, strenge Forschung, sondern um eine schnelle Möglichkeit, Ihre Annahmen bezüglich einer idealen Lösung zu überprüfen. Adressiert Ihr Konzept das Problem auf die passende Weise? Bewegen Sie sich in die richtige Richtung?

Um Ihre Bewertung mit dem Feedback potenzieller Endbenutzer anzureichern, können Sie einige dieser einfachen Techniken ausprobieren:

»Flurtests«

Holen Sie sich Feedback von Personen in greifbarer Nähe, die nicht am Workshop teilnehmen. Kollegen aus anderen Abteilungen können beispielsweise schnelle erste Reaktionen auf Ihre Konzepte liefern. In Remote-Settings können Sie Kollegen, die nicht am Workshop teilgenommen haben, per Videokonferenz um Feedback zu bitten.

Onlinetests

Es gibt viele Onlinedienste, die Feedback zu Konzepten und Prototypen einholen – beispielsweise *Usertesting.com*. Sie erhalten Ergebnisse in der Regel innerhalb weniger Stunden.

Fokusgruppen

Rekrutieren Sie im Vorfeld des Workshops Personen, um direktes Feedback einholen zu können. Stellen Sie die Konzepte einer kleinen Fokusgruppe von zwei oder drei Personen vor und beobachten Sie, wie diese reagieren.

Thinking-aloud-Test

Bitten Sie die Teilnehmer in moderierten Sitzungen, laut zu denken, während sie mit Ihrem Prototyp oder Artefakt interagieren. Wie bei Fokusgruppen müssen Sie die Teilnehmer im Vorfeld rekrutieren. Abbildung 8-14 zeigt den Test eines Konzepts während eines von mir geleiteten Workshops. Die Tests wurden in einem separaten Raum durchgeführt, der für die Workshop-Teilnehmer per Videokamera einsehbar war.

Besprechen Sie das erhaltene Feedback im Team. Entscheiden Sie, ob Änderungen erforderlich sind oder das Konzept sogar ganz verworfen werden muss. Stellen Sie – wie auch immer die Entscheidung ausfällt – sicher, dass Sie die Erkenntnisse aus den Auswertungsrunden in den weiteren Verlauf integrieren.

Das übergeordnete Ziel besteht zu diesem Zeitpunkt darin, zunächst das zu lösende Problem zu verstehen und dann – unter Verwendung der im Workshop erstellten Artefakte (Storyboards, Diagramme, Konzepte usw.) – schnelles Feedback zu dem erarbeiteten Konzept zu erhalten. Bevor Sie eine vollwertige Lösung entwickeln, müssen Sie sichergehen, dass Sie auch das richtige Problem angehen.

ABBILDUNG 8-14. Testen Sie Konzepte während eines Alignment-Workshops, um unmittelbar Feedback von potenziellen Anwendern zu erhalten.

Presumptive Design richtet die Teams auf das zu lösende Problem aus

von Leo Frishberg

Als UX Strategist beobachte ich – ob als Mitglied von Produktteams oder als externer Berater –, dass Unternehmen die Problembewertung nicht so nuanciert und perfektioniert vorantreiben wie die Lösungsentwicklung. Was wäre, wenn wir die gleichen Prozesse, die wir bei unserer Arbeit einsetzen (agile Prozesse, iterative Experimente), auch bei der Strategiearbeit und Problemvalidierung anwenden könnten? Wie könnten wir mit einer Strategie »experimentieren«, bevor wir Ressourcen für ihre Umsetzung verwenden?

Mein Co-Autor Charles Lambdin und ich haben »Presumptive Design: Design Provocations for Innovation« geschrieben, um diese Fragen zu beantworten. *Presumptive Design* (PrD) ist eine designbasierte Forschungsmethode, die sich auf die Erkennung von Problemen konzentriert, sei es auf strategischer oder auf Feature-Ebene. Zu Beginn werden in der *Erstellungssitzung* (Creation Session) Artefakte hergestellt, die das Problem verkörpern.

Die Teams präsentieren diese Artefakte dann den Nutzern, die (vermutlich) unter dem Problem leiden. In diesen *Bewertungssitzungen* (Evaluation Sessions) versuchen die Nutzer, das Problem mithilfe des Artefakts zu lösen. Innerhalb weniger Sitzungen erfährt das Team so, worin die wirklichen Probleme der Nutzer bestehen, und wiederholt den Prozess so lange, bis es sich sicher ist, dass ein Problem identifiziert wurde, das es wert ist, gelöst zu werden.

Auf der UX STRAT-Konferenz 2015 in Athens, Georgia, USA, hatten Charles Lambdin, Jim Kalbach und ich die Gelegenheit, PrD in einem kombinierten Workshop-Einsatz anzuwenden (Abbildung 8-15). In Jims Workshop zum Thema Experience Mapping erstellten die Teilnehmer eine Visualisierung eines vermuteten strategischen Problems: Das Tourismusbüro einer hypothetischen Stadt glaubte, dass eine Überarbeitung der Website den Marketingerfolg und die Reichweite verbessern würde.

ABBILDUNG 8-15. Teilnehmer der UX STRAT15-Konferenz, die unmittelbares Feedback zu einer Map geben, die ein vorgeschlagenes Konzept visualisiert.

In unserem Schwester-Workshop direkt im Anschluss zeigten die Teilnehmer die erstellten Maps potenziellen Reisenden mit der Aufforderung, diese zu bewerten: »Bitte stellen Sie sich vor, Sie machten eine Reise. Geben Sie anhand des Diagramms die Schritte an, die Sie zur Planung Ihrer Reise unternehmen würden.«

Innerhalb dieser zwei kurzen Workshops erhielt das Tourismusbüro ein sehr leicht umsetzbares Feedback zu seiner Strategie der Webrevitalisierung: Lassen Sie es! Nicht die Website war das Problem. Stattdessen würde das Büro seine Aufgaben besser erfüllen können, wenn es sich mit anderen Bereichen der Besuchererfahrung befasste.

Insgesamt ist PrD eine Abwandlung des üblichen nutzerzentrierten Designansatzes. Anstatt den Designprozess mit Forschung einzuleiten, beginnt PrD mit der Erstellung von Artefakten, auf die die Benutzer reagieren können – sei es eine Journey Map, eine Skizze oder ein Modell aus Pfeifenreinigern. Diese Artefakte werden dann zum Fokus einer experimentellen Untersuchung, um die eigentlichen Probleme zu erkennen.

PrD richtet Teams auf das richtige zu lösende Problem aus, indem ...

1. ... Führungskräfte und interne Stakeholder in die Erarbeitung von »Lösungen«, die ihre Annahmen verkörpern, eingebunden werden. Im beschriebenen Beispiel ging das Tourismusbüro davon aus, dass es seine Website überarbeiten müsste.
2. ... die Vermutungen (Presumptions) des internen Teams (Annahmen, Problemaussagen, mögliche Lösungen) schnell den betroffenen Stakeholdern (wichtige Kunden oder Anwender) präsentiert werden. Im Beispiel des Tourismusbüros wichen die Reisenden von den in den Maps der Teams aufgeführten Schritten in einer Weise ab, die zeigte, dass die ursprüngliche Strategie fehlerhaft war.
3. ... der Einfluss der HiPPO (Highest Paid Person's Opinion) – der Meinung der am besten bezahlten Person – auf die Problemvalidierung verringert wird. Selbst wenn das Designteam *weiß*, dass der vorgeschlagene Ansatz falsch ist, gelangt man mit PrD schnell an die benötigten Fakten, um zu zeigen, in welchem Ausmaß und auf welche Weise der Ansatz fehlgeht.
4. ... das Verständnis des Teams für den Problemraum (»unbekannte Unbekannte«) durch eine Reihe von iterativen Experimenten vertieft wird.

Weiterführende Literatur

- Leo Frishberg und Charles Lambdin, *Presumptive Design: Design Provocations for Innovation* (Morgan Kaufmann, 2015) – das erste Kapitel des Buchs ist online verfügbar unter *https://www.uxmatters.com/mt/archives/2015/09/presumptive-design-design-provocations-for-innovation.php*
- *PresumptiveDesign.com* – Artikel, Diskussionen und Rabattcode für das Buch
- Leo Frishberg und Charles Lambdin, »Presumptive Design: Design Research Through the Looking Glass«, UXmatters (August 2015), *https://www.uxmatters.com/mt/archives/2015/08/presumptive-design-design-research-through-the-looking-glass.php* Wirft einen Blick darauf, wie Presumptive Design den Ablauf von Forschung und Design auf den Kopf stellt.

Über den Autor des Beitrags

Leo Frishberg ist Stratege, Designmanager und Vordenker mit mehr als 20 Jahren Erfahrung in der Entwicklung von nutzerzentrierten Innovationen für Unternehmen wie athenahealth, Intel und Home Depot. »Presumptive Design«, das Buch, das er zusammen mit Charles Lambdin verfasst hat, beschreibt eine revolutionäre Methode, um das Risiko bei der Erfindung der Zukunft zu reduzieren.

Moderation eines Alignment-Workshops

Diagramme geben keine Antworten – sie fördern Gespräche. Als Moderator des Workshops ist es Ihr Job, diese Gespräche in Gang zu bringen. Ob die Teilnehmer persönlich anwesend sind oder Sie mit einem Remote-Team arbeiten: Zu Ihren Aufgaben gehört eine sorgfältige Vorbereitung, die Moderation der Sitzung und eine gute Nachbereitung.

1. Vorbereitung

Organisieren Sie den Alignment-Workshop rechtzeitig im Voraus. In vielen Unternehmen ist es schwierig, Mitarbeiter dazu zu bewegen, sich für einen ganzen Tag oder gar mehrere Tage zeitlich zu binden. Beziehen Sie den Workshop in Ihren anfänglichen Vorschlag mit ein und legen Sie den Termin frühzeitig fest – noch bevor Sie mit der Erstellung des Diagramms beginnen. Der Workshop ist Teil des Mapping-Prozesses.

Ein Alignment-Workshop kann in Präsenz oder per Videokonferenz mit verteilten Teilnehmern durchgeführt werden. Ich empfehle, eine Mischung aus Fern- und Präsenzteilnahme zu vermeiden: Es ist sehr schwierig, in einer solchen hybriden Situation die Interaktionen innerhalb der Gruppe auszubalancieren. Deshalb ist es am besten, sich ganz in Präsenz oder vollständig remote zu treffen.

Denken Sie an die räumliche Umgebung, in der der Workshop stattfinden soll. Für Präsenz-Workshops ist es besser, sich einen Raum außerhalb der normalen Arbeitsumgebung zu organisieren, um Ablenkungen zu vermeiden. Ich bevorzuge einen sehr großzügig dimensionierten Raum, um viel Bewegung zu ermöglichen.

Präsenzveranstaltungen können sich typischerweise über einen ganzen oder sogar über mehrere Tage erstrecken. Bei Fern-Workshops sollten Sie in Erwägung ziehen, die Veranstaltung in kleinere Zeitabschnitte aufzuteilen: Planen Sie beispielsweise anstelle einer achtstündigen Sitzung zwei vierstündige Sitzungen an aufeinanderfolgenden Tagen, damit Beteiligung und Aufmerksamkeit nicht abnehmen.

Planen Sie Pausen, Verpflegung und soziale Aktivitäten ein. Zum Beispiel kann die Durchführung eines Mittagessens außerhalb des Workshop-Raums die Gruppenenergie beleben und den Teilnehmern helfen, in der zweiten Hälfte konzentriert zu bleiben. Zu einer guten Moderation gehört es auch, die richtigen Werkzeuge und Materialien bereitzustellen sowie die Abläufe gut zu organisieren. Berücksichtigen Sie alle Details, die die Workshop-Erfahrung der Teilnehmer beeinflussen.

Der Alignment-Workshop ist eine integrative Aktivität, daher sollten Sie eine Reihe von Stakeholdern mit unterschiedlichen Funktionen im Unternehmen einladen. Es geht darum, eine breite Zustimmung und Beiträge aus verschiedenen Perspektiven zu erhalten, auch von externen Branchenexperten. Unter diesem Gesichtspunkt wiederum sind Remote-Sitzungen von Vorteil, da sie in der Regel auch Kollegen die Teilnahme ermöglichen, die nicht reisen können. Gruppen mit sechs bis zwölf Teilnehmern funktionieren am besten, obwohl auch größere Gruppen möglich sind.

Der Alignment-Workshop ist eine integrative Aktivität, daher sollten Sie eine Reihe von Stakeholdern mit unterschiedlichen Funktionen im Unternehmen einladen.

Verteilen Sie Rollen und klären Sie im Vorfeld, was von jedem Teilnehmer erwartet wird. Das ist besonders bei Remote-Sitzungen wichtig. Einige Schlüsselrollen sind:

- *Moderator:* Das ist die Person, die den Workshop moderiert und idealerweise mit dem Ersteller der Map identisch ist. Möglicherweise gibt es zusätzliche Co-Moderatoren.
- *Leiter der Arbeitsgruppen:* Wenn Sie vorhaben, sich in kleinere Gruppen aufzuteilen, sollten Sie pro Gruppe eine Person bestimmen, um die Diskussion in Gang und das Team bei der Stange zu halten.
- *Entscheidungsträger:* Beziehen Sie leitende Stakeholder mit ein, um geschäftliche Entscheidungen in Bezug auf Ressourcen oder Finanzierung treffen zu können und um bei Bedarf als Zünglein an der Waage zu fungieren.
- *Designer:* Beziehen Sie Designer und andere Personen ein, die helfen können, die geplanten Konzepte zu gestalten oder zu formulieren.
- *Branchenexperten:* Ziehen Sie in Erwägung, externe Experten in den Workshop einzubeziehen, und weisen Sie in diesem Fall alle Teilnehmer im Voraus auf deren Rolle hin.
- *Moderator für Tests:* Beziehen Sie bei Bedarf auch jemanden ein, der Benutzertests moderieren kann.
- *Beitragende:* Dies schließt alle anderen Teilnehmer ein.

Bereiten Sie für den Workshop eine Agenda vor, die die gewünschte Form der Interaktion wiedergibt, wie sie weiter oben im Kapitel beschrieben wurde. Es ist in Ordnung, zu improvisieren und vom Zeitplan abzuweichen, aber eine Agenda hält den Workshop auf Kurs. Wenn Sie mit verteilten Teams arbeiten, überlegen Sie, wie Sie bestimmte Aufgaben asynchron vor und nach der Echtzeitsitzung erledigen lassen können, um Ihre gemeinsame Zeit möglichst effektiv zu nutzen.

Behalten Sie die gewünschten Ergebnisse der Sitzung im Hinterkopf, um den Ablauf zu lenken: Verstehen der Erfahrung (»Einfühlen«), Erkunden von Lösungen basierend auf den priorisierten Erkenntnissen (»Vorstellen«) und eine Richtung wählen, die Sie weiterverfolgen wollen (»Bewerten«). Es ist entscheidend, während des Workshops alle drei Phasen zu durchlaufen, um sicherzustellen, dass Sie Ihre Ziele erreichen. Abbildung 8-16 zeigt, wie ein eintägiger Workshop auf hohem Niveau aussehen könnte.

Es ist auch möglich, mehrtägige Workshops durchzuführen, wie in den Abbildungen 8-17 und 8-18 gezeigt. Bei mehrtägigen Workshops sollen die drei Denkmodi – Einfühlen, Vorstellen und Bewerten – mehrmals durchlaufen werden, bevor entschieden wird, mit welchen Lösungen in der nächsten Phase experimentiert werden soll.

Für virtuelle Gruppen können Sie einen eintägigen Workshop in zwei separate halbtägige Sitzungen aufteilen. Wenn Sie mit verteilten Teams arbeiten, teilen Sie diese Einheiten in kleinere Sitzungen auf, z. B. vier zweistündige Sitzungen. Versuchen Sie auch, bei Remote-Workshops mehr Aufgaben für Zeiten vor und nach dem Treffen vorzusehen, um Ihre Echtzeitsitzungen effizienter zu gestalten

Ich empfehle, eine Woche vor dem Alignment-Workshop als Kick-off eine kurze Video- oder Telefonkonferenz anzusetzen. Verteilen Sie zu diesem Zeitpunkt Materialien, stellen Sie alle Teilnehmer einander vor und steuern Sie die Erwartungen der Teilnehmer an den Workshop, um diesen später »gut sortiert« beginnen zu können. Vergeben Sie Vorarbeiten, um die Hauptsitzung zu beschleunigen und die Teilnehmer bereits im Vorfeld zum Nachdenken über das Thema anzuregen.

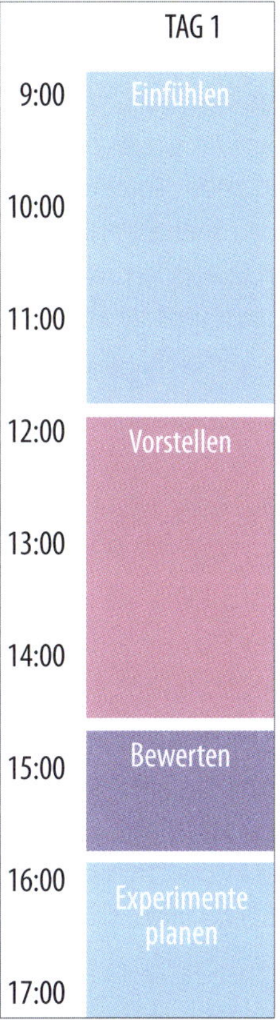

ABBILDUNG 8-16. Der beispielhafte Ablauf eines eintägigen Workshops mit den drei Phasen *Einfühlen* (Empathize), *Vorstellen* (Envision), *Bewerten* (Evaluate), einschließlich der Zeit für die Planung von Folgeexperimenten.

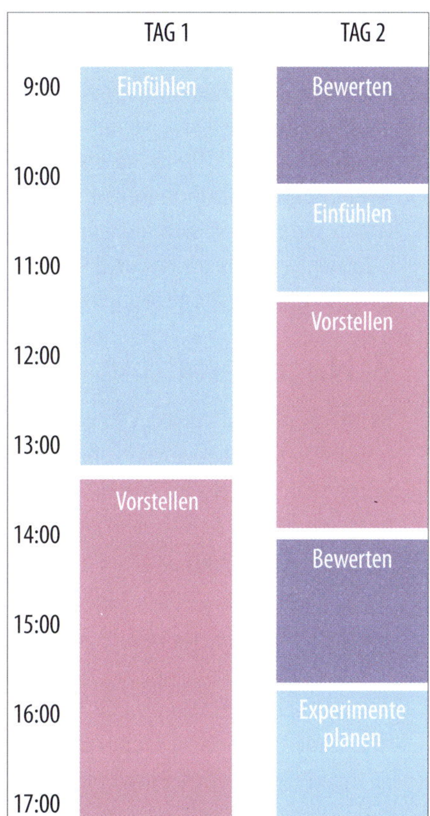

ABBILDUNG 8-17. Während eines zweitägigen Workshops können die ersten drei Phasen eines Alignment-Workshops etwa zwei Mal durchlaufen werden.

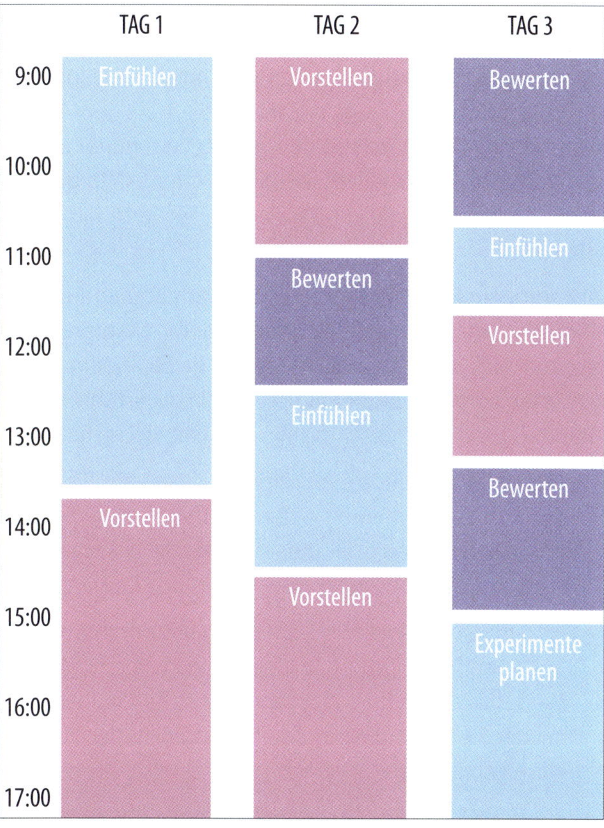

ABBILDUNG 8-18. In einem dreitägigen Workshop ist es möglich, den Zyklus von Einfühlen, Vorstellen und Bewerten mehrfach zu durchlaufen, bevor Experimente geplant werden.

2. Durchführung des Workshops

Sobald Sie als Gruppe zusammengekommen sind, sollten Sie den Ablauf des Workshops erklären. Gehen Sie den Aufbau des Workshops noch einmal mit den Teilnehmern durch und teilen Sie ihnen mit, dass eine Nachbereitung erforderlich ist. Der Prozess endet nicht mit diesem Workshop – er wird darüber hinaus fortgesetzt.

Konzentrieren Sie sich nach einer Aufwärmübung auf die in Ihrem Diagramm dargestellte Erfahrung. Die Map sollte das Herzstück des Workshops sein. Folgen Sie dann dem bereits skizzierten Format: von der Einfühlung in die Erfahrung über die Erkundung von Konzepten bis hin zu deren Bewertung:

- *Verstehen der aktuellen Erfahrung.* Beginnen Sie mit Übungen, die den Teilnehmern dabei helfen, sich in die Erfahrung hineinzuversetzen, z. B. indem Sie sie die aktuellen Beschreibungen der Erfahrungen durchlesen und bewerten lassen.
- *Fördern Sie divergentes Denken.* Brainstorming ist die wichtigste Methode, um neue Ideen zu generieren. Verwenden Sie das Diagramm als Ausgangspunkt für die Ideenfindung, bei der Sie die in diesem Kapitel besprochenen Techniken einsetzen können.
- *Artefakte erstellen.* Skizzieren, zeichnen und prototypen Sie auf schnelle Weise Ihre Ideen. Der Raum, in dem der Workshop stattfindet, sollte eher an einen Klassenraum während einer Projektwoche als an einen Sitzungssaal erinnern. Alignment-Workshops sind Arbeitssitzungen.
- *Konzepte auswählen.* Konzentrieren Sie sich auf Ideen, die einen hohen Wert für Kunden und das Unternehmen haben.
- *Führen Sie Tests durch.* Bewerten Sie zügig die besten Konzepte, wie oben beschrieben.

Planen Sie zusätzlich soziale Aktivitäten ein. In vielen Fällen hat die spezielle Gruppe von Menschen, die im Workshop aufeinander trifft, zuvor noch nie zusammengearbeitet. Bei Präsenz-Workshops sollten Sie ein gesellschaftliches Ereignis wie ein Abendessen einplanen. Wenn Sie verteilt arbeiten, planen Sie eine teambildende Übung ein. Für die weitere Zusammenarbeit ist es wichtig, dass man sich auf einer persönlichen Ebene kennenlernt. Dadurch wird Vertrauen und Respekt aufgebaut, was großen Einfluss auf den letztlichen Erfolg des Mapping-Projekts hat.

3. Nachbereitung

Ein Alignment-Workshop ist ein kreatives Unterfangen, das zu umsetzbaren Ergebnissen führt. Die Ausrichtungsaktivitäten hören nicht mit dem Ende des Workshops auf. Stellen Sie sicher, dass Sie die Dynamik auch nach dem Ende der Sitzung aufrechterhalten. Überlegen Sie, wie Sie die Zusammenarbeit mit dem Team fortsetzen können, und teilen Sie die Ergebnisse:

- *Bitten Sie um Feedback zur Sitzung.* Führen Sie eine kurze Umfrage zum Mapping-Projekt durch. Das kann mündlich am Ende des Workshops oder durch eine kurze Onlineumfrage geschehen. Dabei geht es um mögliche Verbesserungen für künftige Projekte.
- *Aktualisieren Sie das Diagramm.* Aktualisieren Sie das Diagramm auf der Basis der Rückmeldungen, die Sie im Verlauf des Workshops erhalten haben. Nehmen Sie die Ergänzungen und Kommentare der Teilnehmer auf. Sie können auch weitere Ergebnisse des Diagramms mappen.
- *Verteilen Sie Unterlagen.* Sammeln Sie die Ergebnisse des Workshops und verteilen Sie sie an Personen, die nicht teilgenommen haben. Planen Sie ein Treffen, um die Ergebnisse des Workshops einer größeren Gruppe von Stakeholdern zu präsentieren.

- *Sorgen Sie für eine gute Wahrnehmbarkeit des Diagramms.* Erstellen Sie verschiedene Formate der Map und sorgen Sie dafür, dass sie gut wahrgenommen werden. Fertigen Sie große Ausdrucke für den Bürobereich an. Erstellen Sie Flyer oder Handouts des Diagramms, die die Kollegen am Arbeitsplatz nutzen können. Integrieren Sie es intern in Präsentationen und andere Dokumente. Falls Sie online arbeiten, verteilen Sie im Rahmen Ihrer Kommunikation mit dem Team eine PDF-Datei des Diagramms oder einen Link zu Ihrer Map.

Sie müssen auch sicherstellen, dass die geplanten Experimente tatsächlich durchgeführt werden, wie im nächsten Kapitel besprochen. Halten Sie das Momentum durch einen Aktionsplan und zugewiesene Verantwortlichkeiten für die einzelnen Experimente aufrecht. Setzen Sie bei Bedarf wöchentliche Check-ups an, um den Fortschritt zu verfolgen.

Zusammenfassung

Ein Diagramm ist ein Mittel zum Zweck – um eine Teamausrichtung entlang der Erfahrung zu erreichen. Aber Diagramme liefern keine Antworten, sie setzen nur Gespräche in Gang. Sie funktionieren wie Lagerfeuer, um die sich Menschen versammeln, um Geschichten auszutauschen und ihren Erfahrungen einen Sinn zu verleihen.

In dieser Phase des Gesamtprozesses verschiebt sich Ihre Rolle vom Forscher und Ersteller einer Map zum *Moderator*. Das Ziel ist ein zweifaches: die interne Perspektive des Unternehmens mit der Außenwelt abzugleichen und die dabei gewonnenen Erkenntnisse zu nutzen, um neue Ideen zu generieren. In einem Alignment-Workshop wechseln Sie zwischen drei Aktivitätsmodi: Einfühlen, Vorstellen und Bewerten.

Stellen Sie sich ein Diagramm als Prototyp einer Erfahrung vor. Es ermöglicht den Teammitgliedern, sich in die Lage des Nutzers zu versetzen. Im Workshop sollten Sie zunächst gemeinsam das Diagramm durchgehen und die Unternehmensperformance in jeder Phase der Erfahrung bewerten. Dann suchen Sie nach Chancen, indem Sie Schwächen, Lücken und Redundanzen sowie solche Bereiche betrachten, in denen die Konkurrenz besonders gut abschneidet. Diagramme helfen Ihnen, die richtigen zu lösenden Probleme zu erkennen.

Stellen Sie sich mögliche Lösungen vor. Wählen Sie die Ideen mit dem größten Potenzial aus und stellen Sie sie in einer beliebigen Weise dar. Das kann recht zügig durch Szenarien, Storyboards oder Wireframes geschehen. Verwenden Sie die geschaffenen Artefakte, um Input von anderen zu erhalten. Bewerten Sie die Ergebnisse – und wiederholen Sie den Vorgang.

Sogar im Rahmen eines eintägigen Workshops können Sie einfache Tests durchführen. Laden Sie dazu etwa einige außenstehende Personen ein, um Rückmeldungen zu Storyboards und Skizzen zu erhalten. Iterieren Sie so oft wie möglich und planen Sie weitere Durchläufe nach dem Workshop ein. Wenn Sie mit einer verteilten Gruppe arbeiten, unterteilen Sie die Sitzungen in kürzere Abschnitte und führen Sie zwischen den Treffen Tests durch oder holen Sie Kundenfeedback ein.

Die Durchführung eines Workshops ist keine leichte Aufgabe – sie erfordert viel Planung. Und das Alignment hört nicht mit dem Diagramm oder mit dem Workshop auf. Überlegen Sie, wie Sie die geweckte Begeisterung und den Schwung aufrechterhalten können. Im nächsten Kapitel geht es um den Einstieg in die Planung und schließlich die Entwicklung.

Weiterführende Literatur

Daniel Stillman, *Good Talk* (Management Impact Publishing, 2020)

Stillman ist führend im Bereich der Moderationstechniken, und in dieser Arbeit kommt seine jahrelange Erfahrung zum Tragen. Experience Maps sind im Wesentlichen Kommunikationswerkzeuge, und dieses Buch wird Ihnen helfen, sie für bestmögliche Gespräche zu nutzen. Stillmans Sprache ist gut verständlich, und er bietet eine Fülle von praktischen Ratschlägen.

Mark Tippin und Jim Kalbach, *The Definitive Guide to Facilitating Remote Workshops* (MURAL, 2019)

Dieses kostenlose E-Book habe ich zusammen mit einem Kollegen bei MURAL, Mark Tippin, verfasst. Es ist ein praktischer Leitfaden, der auf den Erfahrungen unserer eigenen Arbeit beruht, bei der wir Dutzende von Teams aus der Ferne unterstützt und beobachtet haben. Auch nach der Coronapandemie wird die Zusammenarbeit in verteilten Teams der Standard sein, was nach Fähigkeiten in Remote-Moderation verlangt. Die PDF-Datei können Sie kostenlos herunterladen: mural.com/ebook.

Chris Ertel und Lisa Kay Solomon, *Moments of Impact* (Simon & Schuster, 2014)

In diesem Buch geht es darum, wie man in Unternehmen effektive Meetings gestaltet. Die Ratschläge der Autoren helfen bei der Planung und Gestaltung solcher Treffen. Sie werden die Dynamik der in Echtzeit stattfindenden Zusammenarbeit in Gruppen besser verstehen und in der Lage sein, wirkungsvollere Workshops durchzuführen.

Dave Gray, Sunni Brown und James Macanufo, *Gamestorming* (O'Reilly, 2010). Deutschsprachige Ausgabe: *Gamestorming: Ein Praxisbuch für Querdenker, Moderatoren und Innovatoren* (O'Reilly, 2011)

Dieses Buch ist eine unverzichtbare Sammlung von Aktivitäten für interaktive Workshops. Es enthält detaillierte Anleitungen und Beispiele. Die Einführung bietet einen guten Überblick über die Durchführung von Workshops.

Leo Frishberg und Charles Lambdin, *Presumptive Design* (Morgan Kaufmann, 2015)

Presumptive Design ist eine risikomindernde Forschungsmethode, die schnell Möglichkeiten für Innovationen und Verbesserungen aufzeigt. Als Abwandlung des üblichen benutzerzentrierten Designansatzes beginnt Presumptive Design mit der schnellen Erstellung von Artefakten und dem Lernen aus den daraufhin erfolgenden Rückmeldungen von Kunden und Teamkollegen. In diesem Buch stellen die Autoren einen umfassenden Ansatz für »Erstellungssitzungen« (Creation Sessions) vor.

Ein Spiel – das Customer Journey Mapping Game

von Christophe Tallec

Die Arbeit mit mehreren Stakeholdern ist eine Herausforderung. Sie können unterschiedliche Weltsichten haben, die von ihren individuellen Zielen und Perspektiven bestimmt werden, mit Hintergründen aus dem Ingenieurwesen, der Wirtschaft oder der öffentlichen Politik.

We Design Services (WDS), ein führendes Unternehmen für Dienstleistungsinnovation, entwickelte das *Customer Journey Mapping Game* – ein Spiel, um die Kommunikation in einem solchermaßen komplexen Umfeld zu erleichtern. Das Spiel nutzt die Customer Journey als Katalysator für die Teaminteraktion.

Obwohl unterschiedliche Spielkonfigurationen möglich sind, besteht der typische Ablauf aus folgenden Schritten:

1. *Spiel vorbereiten.* Erstellen Sie vor Spielbeginn ein leeres Journey-Arbeitsblatt mit »Schwimmspuren« bzw. Zeilen für relevante Touchpoints und Informationstypen. Bereiten Sie dann einen Satz von Karten vor, die mögliche Touchpoints darstellen, die sich je nach Bereich und Situation unterscheiden können.
2. *Personas auswählen.* Beginnen Sie das Spiel, indem Sie die Teilnehmer eine Persona wählen lassen. Fragen Sie: »Wessen Journey möchten Sie abbilden?«
3. *Ziele setzen.* Definieren Sie ein Ziel für diese Persona. Was ist deren eigentliches Bedürfnis? Was soll erreicht werden?
4. *Touchpoints hinzufügen.* Platzieren Sie dann für die ausgewählte Persona die Touchpoints in der Reihenfolge, in der sie erlebt werden könnten. Führen Sie diesen Schritt gemeinsam im Team durch.
5. *Reflektieren.* Suchen Sie in der Erfahrung nach Mustern, die sich über die verschiedenen Touchpoints hinweg zeigen. Wo gibt es Lücken oder Probleme? Wo finden emotionalen Hochs und Tiefs statt? Wo gibt es Chancen für das Unternehmen?
6. *Wiederholen.* Wählen Sie eine andere Persona aus oder ändern Sie die Ziele und wiederholen Sie den Vorgang. Wie unterscheiden sich die Journeys? Welche gemeinsamen Muster gibt es? Wie würden Extremanwender die Touchpoints erleben?

Wir haben diese Technik für eine französische Großstadt entwickelt, die Interessenvertreter für einen Co-Creation-Prozess zusammenbringen wollte. Ziel war es, den städtischen Verkehr neu zu erfinden.

Dieses Projekt war aufgrund der sehr unterschiedlichen Perspektiven der Beteiligten eine große Herausforderung (Abbildung 8-19). Neben Nutzern der Verkehrssysteme nahmen auch Vertreter von Automobilherstellern, großen Handelsunternehmen, öffentlichen Verkehrsbetrieben und Gewerkschaften teil.

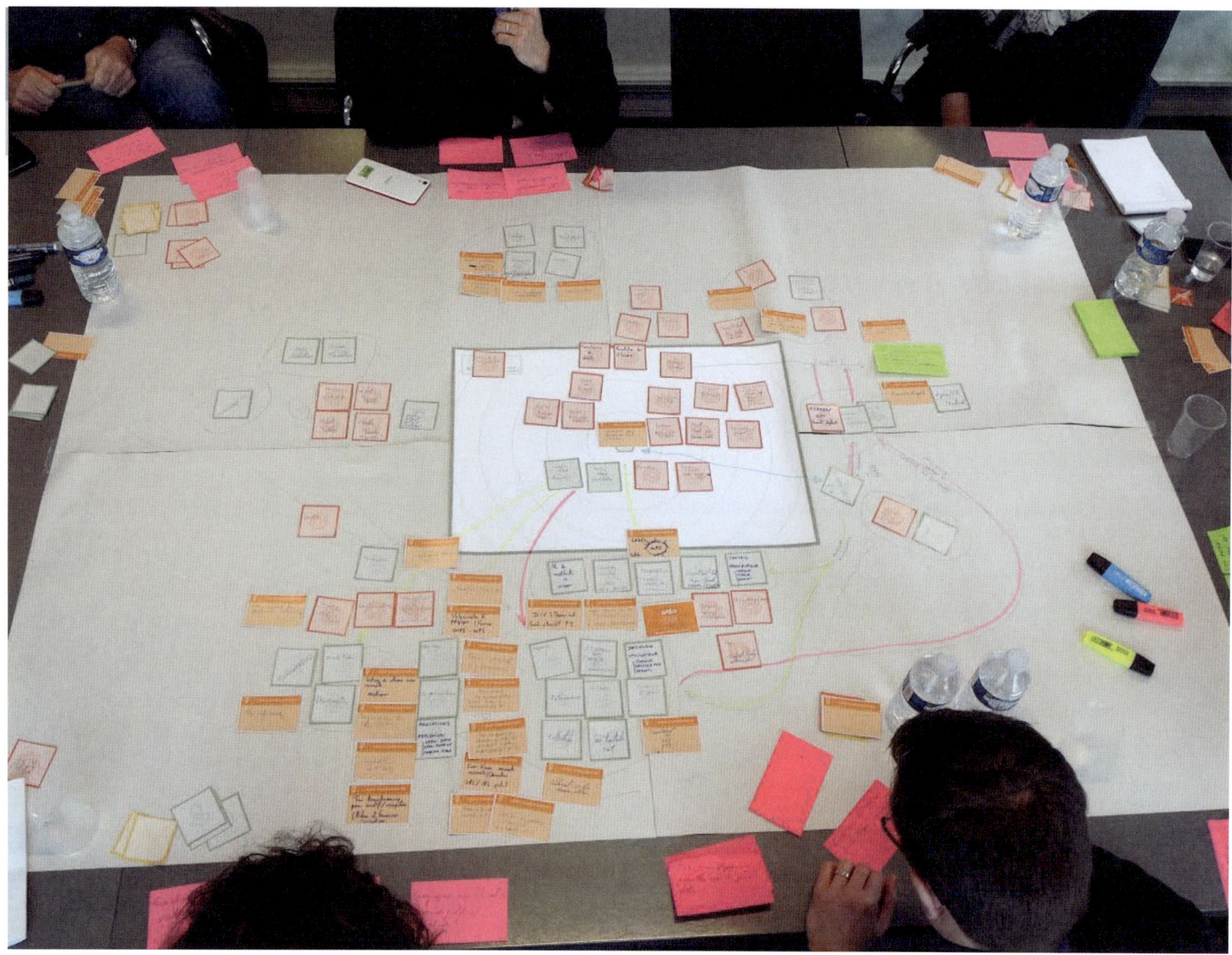

ABBILDUNG 8-19. Das Journey-Mapping-Spiel bezieht alle Teilnehmer des Workshops mit ein.

ABBILDUNG 8-20. Ein vollständiges Journey-Mapping-Spiel erfasst die Beiträge eines Teams zusätzlich zum grundlegenden Journey-Framework.

Durch die Einführung unserer neuen Methodik konnten wir eine gemeinsame Sprache entwickeln, die von allen geteilt und von niemandem dominiert wurde. Diese Sprache half dabei, gemeinsame Werte der verschiedenen Interessengruppen zu identifizieren.

Dieser erste Workshop bestätigte, dass das gemeinsame Mapping der User Journey durch die gesamte Gruppe ein effizienter Weg ist, um typische Touchpoints, Interessen und Wege zur Wertschöpfung zu visualisieren. Die Teilnehmer konnten daraus viele neue Erkenntnisse gewinnen und berichteten nach unseren Workshops von einem verstärkten Gefühl der Teamausrichtung und einer allgemein besseren funktionsübergreifenden Zusammenarbeit. Leider wird diese Technik von Kommunen, die ihre lokalen Strukturen neu beleben wollen, aufgrund von Silodenken nur selten eingesetzt.

Das Journey-Mapping-Spiel bricht die Barrieren zwischen Abteilungen und Ressorts auf und ermöglicht Organisationen, ganzheitlich und kollaborativ zu denken.

Wir haben unseren Ansatz auch mit Unternehmen erprobt und immer wieder festgestellt, dass das Ausrichten und Abgleichen unterschiedlicher Sichtweisen neue geschäftliche Möglichkeiten aufdeckt.

Das Customer Journey Mapping Game wurde ursprünglich von Christophe Tallec und Paul Kahn entwickelt. Abbildung 8-20 zeigt ein Beispiel für ein Customer-Journey-Spielbrett und dessen Elemente. Tallec und Kahn haben auch eine Onlineversion des Spiels erstellt. Sie können die entsprechende Vorlage unter http://prezi.com/1qu6lq4qucsm/customer-journey-mapping-game-transport herunterladen.

Über den Autor des Beitrags

Christophe Tallec ist Partner und Geschäftsführer bei Hello Tomorrow, einer Beratungsfirma, die sich der Mission verschrieben hat, einige unserer drängendsten industriellen, ökologischen und gesellschaftlichen Herausforderungen zu lösen. Seine Leidenschaft gilt Design und Wissenschaft, Technologie und systemischem Denken. Christophe gründete zuvor We Design Services (WDS), eine Agentur für Dienstleistungsinnovation in Frankreich, die mit der Weltbank sowie Airbus und anderen globalen Unternehmen zusammenarbeitete.

Diagramm- und Bildnachweis

Abbildung 8-2: Foto von Nathan Lucy bei der Leitung eines Ausrichtungsworkshops, mit freundlicher Genehmigung

Abbildung 8-3: Foto Jim Kalbach

Abbildung 8-4: Foto eines Teams, das Business-Origami verwendet, Jess McMullin, mit freundlicher Genehmigung

Abbildung 8-5: Fotos von Workshop-Diagrammen, Jim Kalbach

Abbildung 8-6: Diagramm einer Autoren-Journey von Jim Kalbach, erstellt in Visio

Abbildung 8-8: Foto einer Übung zur Infragestellung von Branchenannahmen, Jim Kalbach

Abbildung 8-11: Foto einer Priorisierungsübung, Jim Kalbach

Abbildung 8-12: Beispiel-Storyboard, erstellt während eines Workshops von Erik Hanson, mit freundlicher Genehmigung

Abbildung 8-13: Foto von Wireframes, die während eines Workshops von Jim Kalbach erstellt wurden

Abbildung 8-14: Foto der Konzeptprüfung während eines Workshops von Jim Kalbach

Abbildung 8-15: Foto einer Sitzung zur Evaluierung eines Presumptive Design, Leo Frishberg, mit freundlicher Genehmigung

Abbildungen 8-19, 8-20: Foto von Christophe Tallec, mit freundlicher Genehmigung

»Wenn du nicht weißt, wohin du gehst, führt dich jeder Weg dorthin.«

– Lewis Carroll

IN DIESEM KAPITEL

- Planung von Experimenten
- Design Maps und User Story Maps
- Business Model Canvas und Value Proposition Canvas
- Fallstudie: Ein Workshop mit schnellem Online-Mapping und -Design

KAPITEL 9

Künftige Erfahrungen entwerfen: Die richtige Lösung entwickeln

Im Vorwort habe ich Sie dazu aufgefordert, sich in die Menschen einzufühlen, die Ihre Produkte und Dienstleistungen nutzen. Der Weg dorthin ist klar: Betrachten Sie Ihr Angebot von außen nach innen: outside-in statt inside-out. Außerdem kommt es darauf an, mit Empathie an die Entwicklung neuer Lösungen heranzugehen. Empathie zu *entwickeln*, ist etwas anderes als die *Anwendung* von Empathie als Akt des Mitgefühls.

Ich bin in der Vergangenheit selbst schon in diese Falle getappt. Bei einem Unternehmen, für das ich arbeitete, entwickelte beispielsweise ein kleines Team zwei Monate lang hinter verschlossenen Türen ein neues Konzept, das Menschen bei der Planung von Veranstaltungen hilft. Sie hatten keinerlei Kontakt zu potenziellen Kunden.

Allen, die im Gegensatz zu diesem Team bereits engeren Kontakt mit unseren Zielanwendern hatten, war sofort klar, dass die entwickelte Lösung gravierende Mängel aufwies. Sie entsprach weder den tatsächlichen Bedürfnissen der Anwender noch ihrem mentalen Modell. Trotz der Leidenschaft, die das Team an den Tag gelegt hatte, war ihr Produktkonzept von vornherein zum Scheitern verurteilt. Sie hätten ihre Zeit sinnvoller genutzt, indem sie zuerst das zu lösende Problem klarer definiert hätten. Das soll nicht heißen, dass ich für große Forschungsaktivitäten im Vorfeld plädiere. So etwas muss nicht lange dauern – und Mapping hilft den Teams, ein gemeinsames Verständnis für die individuelle Erfahrung zu entwickeln und das Problem zu formulieren. Aus diesem Grund hat sich dieses Buch bisher auf Visualisierungen des *aktuellen Zustands* konzentriert – auf Diagramme, die die Welt so beschreiben, wie sie heute existiert.

Aber nachdem man sich in die Erfahrung eingefühlt und Chancen identifiziert hat, die genutzt werden sollen, muss man konkrete Lösungen entwerfen und umsetzen. Das alles gehört zu Ihrer Aufgabe als »Mapmaker«, als der oder die für den Visualisierungsprozess Verantwortliche – denn es geht nicht nur darum, Recherche zu betreiben und ein Diagramm zu erstellen. Sie müssen auch eine konsequente Übertragung in den Lösungsraum planen.

In diesem Kapitel besprechen wir einige Möglichkeiten, das Mapping umsetzbar zu machen. Führen Sie zunächst die Experimente durch, die am Ende des Alignment-Workshops geplant wurden. Überlegen Sie dann, wie Sie zukünftige Erfahrungen mit Storylines, Design Maps und User Story Mapping gestalten können. Und schließlich sollten Sie Wege finden, um das Mapping-Projekt am Leben zu erhalten und fortzuführen – Empathie für die Kunden sollte niemals aufhören.

Führen Sie Experimente durch

Neuen Wert zu schaffen, bringt Unsicherheit mit sich. Auch wenn Sie während des Alignment-Workshops bereits ein erstes Feedback zu Ihren Ideen bekommen haben, wissen Sie noch nicht, wie der Markt im beabsichtigten Nutzungskontext auf die vorgeschlagene Innovation reagieren wird.

Es ist wichtig, die Erwartungen des Teams und der Stakeholder zu managen, die an einem Alignment-Workshop teilgenommen haben. Dessen Ergebnisse sind keine umsetzungsreifen Ideen, sondern erst einmal nur Hypothesen, die getestet werden müssen. Es ist noch viel Arbeit nötig, um Ihre priorisierten Konzepte zu konkretisieren und deren Geschäftstauglichkeit durch Experimente nachzuweisen.

Beginnen Sie damit, explizite Hypothesen für alle Konzepte zu formulieren, die Sie weiterverfolgen wollen. Strukturell sind diese Aussagen in drei Teile gegliedert:

> *Wir glauben, dass die Bereitstellung von [Lösung, Dienstleistung] für [Individuum, Kunde, Anwender]*
>
> *wahrscheinlich zu [gewünschtes Ergebnis, angenommene Wirkung] führen wird,*
>
> *und wir werden uns dessen sicher sein, wenn wir [Ergebnis, messbare Auswirkung] sehen.*

Beachten Sie, dass die Hypothese als eine *Überzeugung* formuliert ist. Sie werden die tatsächliche Wirkung nicht kennen, bis Sie die Lösung auf dem Markt einführen. Denken Sie daran, dass ohne messbares Ergebnis keine überprüfbare Hypothese vorliegt und Sie deshalb eine passende Metrik auswählen müssen.

Als Nächstes erstellen Sie eine Planung der Experimente, die in den folgenden Wochen durchgeführt werden sollen. Dies wären einige mögliche Ansätze dazu:

- *Erklärungsvideo.* Erstellen Sie ein Video, das Ihren Service beschreibt und erklärt, und verbreiten Sie es im Internet. Messen Sie das generierte Interesse über Abruf- und Reaktionsraten.
- *Landingpage.* Erstellen Sie eine Landingpage (manchmal auch als *Fake Storefront* bezeichnet), die den fiktiven Start Ihres geplanten Diensts ankündigt.
- *Testen von Prototypen.* Erstellen Sie eine funktionierende Simulation Ihres Konzepts. Testen Sie diese mit potenziellen Kunden und messen Sie konkrete Aspekte wie Aufgabenabschluss und Zufriedenheit.
- *Concierge-Experiment.* Starten Sie mit einer simulierten Version Ihres Diensts. Laden Sie eine sehr begrenzte Anzahl potenzieller Kunden ein, sich anzumelden, und stellen Sie den Service dann manuell bereit.
- *Veröffentlichung eines eingeschränkten Produkts.* Erstellen Sie eine Version Ihres Diensts, die nur ein oder zwei funktionierende Features enthält. Messen Sie den Erfolg und die Attraktivität dieser Funktionen.

Kombinationen der genannten Punkte sind natürlich möglich. Wer mit der aktuellen Literatur zu Lean-Techniken vertraut ist, wird einige dieser Ansätze wiedererkennen. Weitere Informationen zu Definition und Durchführung von Marktexperimenten finden Sie in »Lean Startup« von Eric Ries, »Running Lean« von Ash Maurya und »Lean UX« von Jeff Gothelf und Joshua Seiden. (Alle drei Bücher sind auch auf Deutsch erhältlich, siehe dazu die Literaturangaben im Anhang des Buchs.)

Entscheidend ist, dass Sie im Vorfeld eine Zusage erhalten haben, nach dem Workshop weiterzumachen. Ich leitete – um ein Beispiel zu bringen – einmal einen mehrtägigen Alignment-Workshop, der mit der Erkundung einer Experience Map begann. Wir generierten schnell Dutzende von Ideen, die wir priorisierten und auf einige wenige eingrenzten, die während der Sitzung zügig weiterentwickelt und getestet wurden.

Einer der Teilnehmer des Workshops war ein Projektmanager, der sich auf die Erstellung eines Projektplans der durchzuführenden Experimente konzentrierte. Wir ließen uns etwas Zeit zusichern, um danach an den Konzepten weiterzuarbeiten. Anstatt also den Workshop mit diesen Konzepten und groben Prototypen zu beenden, hatten wir den Plan, mit zusätzlichen Experimenten und entsprechenden Ressourcen weiterzumachen.

Für eines der priorisierten Konzepte beauftragte das Projektteam einen professionellen Grafiker mit der Erstellung eines Storyboards. Daraus wurde dann ein Video mit einer Voice-over-Audiospur erstellt. Im Zuge der Erstellung des Storyboards und des Videos wandelte und erweiterte sich das ursprüngliche Konzept. Indem wir es derart ausarbeiteten und ausgestalteten, konnten wir eine Menge lernen und weitere Änderungen vornehmen.

Schließlich stellten wir das Video auf eine Landingpage, auf der sich die Besucher direkt anmelden konnten, um später über eine Betaversion informiert zu werden (Abbildung 9-1). Diejenigen, die sich anmeldeten, bekamen eine kurze Umfrage mit drei Fragen vorgelegt. Einige der Teile, von denen wir dachten, dass sie die meisten Vorteile mit sich brächten, wurden von den Besuchern der Seite eher kühl aufgenommen, während wiederum andere Bereiche, die wir nicht besonders hervorgehoben hatten, mehr Aufmerksamkeit erhielten. Wir passten unsere Prioritäten und das Konzept entsprechend an.

Anhand dieser Touchpoints konnten wir den Traffic auf der Website über einen bestimmten Zeitraum und die Anzahl der Anmeldungen messen und die Antworten auf unsere Umfrage auswerten. Wir sprachen außerdem mit ausgewählten Personen, um ihre Beweggründe besser zu verstehen und zu erfahren, was sie an unserem Leistungsversprechen überzeugt hatte. Am Ende verwandelte sich SnapSupport in etwas, das sich deutlich von dem unterschied, mit dem wir im Workshop begonnen hatten.

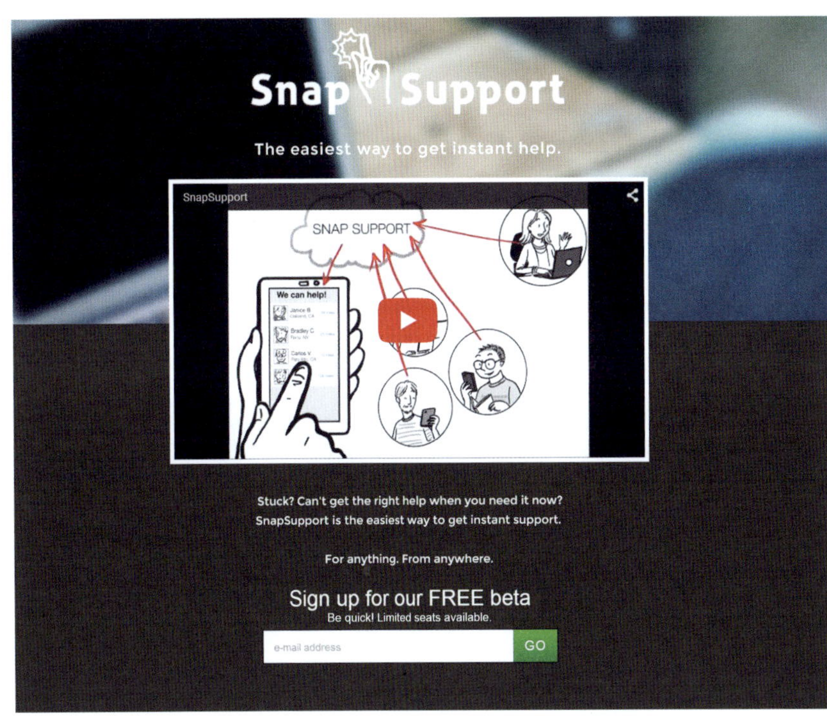

ABBILDUNG 9-1. SnapSupport begann in Form eines Konzeptvideos und einer Landingpage, um die Marktreaktion auf die Idee zu testen, bevor ein funktionierender Prototyp erstellt wurde.

Michael Schrage entwickelte eine formale Methode namens *5x5-Technik*, mit der sich durch Experimente ein geschäftlicher Wert nachweisen lässt. Dabei werden fünf Teams zu je fünf Personen gebildet, die fünf Tage lang Zeit haben, eine Reihe von Experimenten zu entwickeln. Dann bekommt jedes Team 5.000 Dollar und fünf Wochen Zeit, um seine Experimente durchzuführen.

Der Zweck solcher Experimente ist nicht die Markteinführung eines Produkts, eines Diensts oder eines Features, sondern es geht darum, herauszufinden, welche Lösungen ein Problem am besten lösen. Oft können kleine Tests Erkenntnisse liefern, die große Auswirkungen haben. So wechselt Ihre Rolle nicht nur vom »Mapmaker« zum Moderator, sondern Sie sind auch noch dafür verantwortlich, dass die richtigen Folgemaßnahmen durchgeführt werden.

Ideen werden überbewertet

Ideen zu produzieren macht Spaß, ja sogar süchtig. Da kann ich mitreden: Als Design Lead habe ich in meiner Laufbahn viele Treffen zur Ideenfindung geleitet. Man könnte sagen, dass ich eine Art Ideaholic bin, ein Ideenabhängiger.

Wahrscheinlich haben Sie das selbst schon erlebt: Ein Team trifft sich für ein paar Stunden oder Tage zum Brainstorming. »Setzen Sie auf Menge«, lautet der Auftrag. Am Ende können durchaus Hunderte von Zetteln mit Ideen an der Wand des Workshop-Raums kleben (Abbildung 9-2). Und der Erfolg wird einfach an der Anzahl der verwendeten Haftnotizen gemessen.

Aber die Menge an Ideen ist selten das Problem. Mir ist noch kein Unternehmen begegnet, das nicht *genug* Ideen hat. In der Tat schwimmen die meisten in Ideen, von denen sie nicht wissen, wie sie sie umsetzen sollen. Trotzdem setzen wir unsere Anstrengungen fort, sodass wir einem großen Haufen von Ideen immerzu weitere hinzufügen.

Ein Teil des Problems besteht in einer fehlerhaften, darwinistischen Sichtweise des Lebenszyklus einer Idee. Wir gehen davon aus, dass die besten Konzepte allein aufgrund ihrer Vorzüge an die Oberfläche steigen und sich durchsetzen. Wenn man nur genug von ihnen sammelt, so die Logik, steigen die Chancen, dass ein paar von ihnen überleben – mathematisch betrachtet.

Aber das ist meistens nicht die Art und Weise, in der unternehmerische Entscheidungen getroffen werden. Die besten Ideen tauchen nicht einfach von selbst an der Oberfläche des Stapels auf. Stattdessen wirken in jedem Unternehmen natürliche Kräfte, die Ideen unterdrücken, unabhängig davon, ob sie gut sind oder nicht. Zu diesen Kräften gehört an erster Stelle Unsicherheit, in allen Unternehmen ein wichtiger Antikörper, der Ideen entgegenwirkt.

Einfach ausgedrückt, sind neue Konzepte für Risikomanager eine Art Lotterie, selbst wenn sie in einem High-Fidelity-Prototyp gut abgebildet wurden.

Viele Ideen scheinen in dem Moment großartig zu sein, in dem wir sie haben. »Das ist es! Wir werden das Unternehmen retten!«, denken wir voller Zuversicht. Aber wenn harte Entscheidungen getroffen werden müssen und diese unschuldigen Ideen auf die Realität treffen, verwelken selbst die besten Ideen schnell.

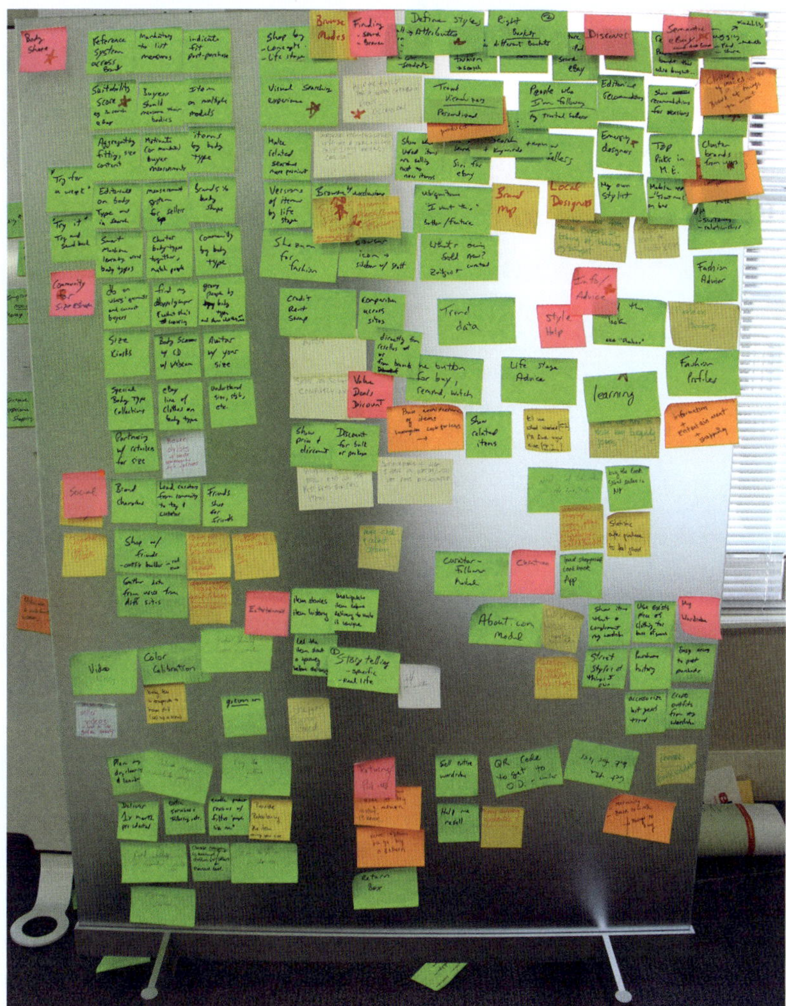

ABBILDUNG 9-2. Es ist einfach, eine Menge Ideen zu produzieren, aber Ihre Arbeit sollte nicht damit enden.

Gute Ideen versprechen zu viel und halten zu wenig. Sie lenken uns von den »hässlichen Entlein« ab, den Ideen, die sich möglicherweise in Schwäne verwandeln, wenn wir ihnen die richtige Aufmerksamkeit schenken.

Es fängt damit an, dass es schwierig (wenn nicht gar unmöglich) ist, eine großartige Idee zu erkennen, die noch in ihren Kinderschuhen steckt. Wir gehen davon aus, dass sich ein Aha-Moment einstellen wird, in dem sich einfach alles richtig anfühlt. Aber wie fühlt sich Innovation an? Woher wissen Sie, ob Sie etwas Großem auf der Spur sind?

Die Geschichte des Fortschritts zeigt, dass selbst die tiefgreifendsten, lebensverändernden Innovationen zunächst oft nicht als solche erkennbar waren. Wie Scott Berkun in seinem Buch »The Myths of Innovation« anmerkt, offenbaren sich die meisten Innovationen nicht als plötzliche Erleuchtung.

Denken Sie an den ersten Flug der Gebrüder Wright. Nur eine Handvoll Menschen beobachtete dieses historische Ereignis, und es dauerte sechs Jahre, bis die beiden das erste Flugzeug verkaufen konnten. Niemand sah voraus, dass aus ihrer Erfindung eine Industrie mit Milliardenumsätzen entstehen würde.

Wir sind besessen vom Ursprung von Ideen, aber wir sollten nicht nur darüber nachdenken, wo sie herkommen, sondern auch, wo sie in Unternehmen enden. Wir müssen ehrlich sein, was den natürlichen Lebenszyklus von Ideen und die Entwicklung von Unternehmen angeht.

Tatsächlich liegt es an Ihnen, die richtigen Erwartungen zu setzen. Das beginnt bei dem Eingeständnis, dass eine Idee auf einer Haftnotiz nur der Anfang eines langen iterativen Prozesses ist. Sie werden nicht von den Notizen an einer Wand des Workshop-Raums direkt zur Umsetzung übergehen – und bis Ihre Idee Cashflow generiert, kann es mehrere Jahre dauern.

Natürlich sind Unternehmen bestrebt, die lange Vorlaufzeit einer Innovation zu verkürzen. Innovationen finden aber in einem Prozess der ständigen Neuerfindung auf allen Ebenen statt: der konzeptionellen, der technischen und der Ebene der Unternehmensentwicklung. Glücklicherweise gibt es einige recht einfache Dinge, die Sie tun können, um das Momentum aufrechtzuerhalten:

- *Managen Sie Ideenfindung als fortlaufendes Projekt.* Laden Sie zu Ihrer Ideenfindungs- oder Brainstorming-Sitzung einen Projektmanager ein. Nach seiner Teilnahme besteht dessen Hauptfunktion darin, die Ergebnisse in umsetzbare Schritte herunterzubrechen. Lassen Sie ihn einen Plan entwerfen, der aufzeigt, wie weitere Ideen, die entstehen oder auftauchen, fortdauernd entwickelt werden können.
- *Streben Sie Experimente an.* Zielen Sie darauf ab, als Ergebnis Ihres Alignment-Workshops Experimente festzulegen. Das erfordert etwas Bescheidenheit, setzt aber die richtigen Erwartungen.
- *Schließen Sie kleine Wetten ab.* Vermeiden Sie es, ausschließlich nach bahnbrechenden Innovationen zu suchen. Natürlich möchte jeder den nächsten iPod seiner Branche entwickeln – aber größer heißt nicht immer besser. Machen Sie stattdessen viele kleine Wetten. Sie können im Vorhinein nicht wissen, welche Idee wirklich groß herauskommen wird.
- *Sichern Sie von Anfang an Ressourcen.* Holen Sie sich im Vorfeld eine Zusage für das weitere Experimentieren, noch bevor Sie mit der Ideenfindung beginnen. Stellen Sie kleine Teams zusammen, die für die Durchführung von Experimenten genügend Zeit bekommen. Klären Sie auch das Budget im Voraus. Ein preiswertes Experiment dauert vielleicht nur vier bis acht Wochen und erfordert ein Budget von ein paar Tausend Euro.
- *Führen Sie kostengünstige Tests durch.* Seien Sie bereit, sich immer wieder neu zu erfinden. Nachdem Sie Feedback aus der Praxis erhalten und darauf reagiert haben, ist Ihre ursprüngliche Idee vielleicht nicht mehr wiederzuerkennen.

Ein Hoch auf Ideen!

All das soll nicht heißen, dass Sie kein freies Brainstorming machen sollten. Ideen zu produzieren, ist ein gesunder Teil der Mitarbeitererfahrung, bringt Menschen zusammen und bietet ein sicheres Forum, um Kreativität zu trainieren.

Wichtig ist, sich vor Augen zu halten, dass Ideen als solche überbewertet sind. Geschäftsentscheidungen werden nicht auf der Grundlage eines Schaubilds getroffen. Setzen Sie stattdessen realistische Erwartungen und seien Sie, wenn Sie erfolgreich sein wollen, darauf eingestellt, nachzuweisen, dass Ihre Ideen geschäftliches Potenzial besitzen.

Gestalten Sie mit Maps die neue Erfahrung

Mapping ist eine wichtige Methode, um Beobachtungen aus der realen Welt zu erfassen und visuell darzustellen. Mapping kann aber auch als generative Technik genutzt werden, um die Erfahrungen mit neuen Lösungen zu beschreiben, insbesondere im Kontext komplexerer oder übergreifender Erfahrungen. Teams müssen die vollständige Erfahrung von Anfang bis Ende sehen können, um passende Produkte und Dienstleistungen zu entwerfen, auch wenn sie nicht über alle Bereiche Kontrolle haben.

Es gibt verschiedene auf einer Mapping-Denkweise gründende Techniken, die Sie anwenden können, um ein Verständnis für die Gesamterfahrung zu bekommen. Dazu gehören To-be-Mapping, Storylines, Design Maps und User Story Mapping.

To-be-Maps oder Target State Blueprints

Wie bereits erwähnt, konzentriert sich dieses Buch auf Maps aktueller Zustände – auf das Verstehen bestehender Erfahrungen – mit dem Ziel, Empathie und Verständnis zu erzeugen, um auf dieser Basis Chancen zu identifizieren. Sie sollten aber zum passenden Zeitpunkt *To-be-Maps* ebenfalls berücksichtigen, die oft auch *Future State Maps* oder *Target State Blueprints* genannt werden.

Wie der Name schon sagt, skizziert eine Future State Map die Erfahrungen mit einer künftigen noch nicht existierenden Lösung. Im Gegensatz zu Maps des aktuellen Zustands basieren solche eines zukünftigen Zustands nicht auf Forschung. Stattdessen stellen sie die Vision einer möglichen Erfahrung dar und dienen als Kommunikationsinstrument für ein Team, das einen neuen Dienst entwickelt.

Es gibt eine Reihe von Möglichkeiten, zukünftige Erfahrungen zu visualisieren. Ich versuche oft, die Erstellung eines separaten Diagramms zu vermeiden. Stattdessen ist es häufig möglich, zukünftige Erfahrungen in die Darstellung des Ist-Zustands einzubinden – beispielsweise am unteren Rand eines Diagramms (siehe Abbildung 9-3). Das unterstreicht den erforderlichen Übergang von der Gegenwart in die Zukunft. Sowohl Ursache als auch Abhilfe werden so an einem Ort erfasst

Manchmal muss für den zukünftigen Zustand jedoch ein anderer Ablauf von Interaktionen dargestellt werden, weil sich die Chronologie der Schritte unterscheidet. Zum Beispiel würde die Map einer Taxifahrt eine andere Chronologie aufweisen als die bei der Nutzung von Uber. Bei Uber wird die Zahlungsmethode vor der Fahrt festgelegt, das Ziel wird dem Fahrer mitgeteilt, bevor er los-

ABBILDUNG 9-3. Ein Abgleich des aktuellen Zustands mit dem zukünftigen Zustand veranschaulicht das Verhältnis der beiden.

fährt, und Trinkgeld wird erst viel später gegeben. In solch einem Fall wäre es besser, den künftigen Zustand in einem separaten Diagramm darzustellen.

Das Enterprise Design Thinking Toolkit von IBM enthält eine spezielle Übung zur Erstellung einer To-be-Map. Laut der Website (*https://www.ibm.com/services/business/design-thinking*) dient diese Map dazu, eine Vision der zukünftigen Erfahrung des Benutzers zu entwerfen, um zu zeigen, inwiefern die Ideen auf seine aktuellen Bedürfnisse eingehen.

Zeichnen Sie zunächst vier Reihen und beschriften Sie diese mit »Phasen«, »Tun«, »Denken« und »Fühlen«. Stellen Sie sich dann einzeln oder in der Gruppe eine ideale Erfahrung vor und füllen Sie die Zeilen mit entsprechenden Haftnotizen. Vergleichen Sie den idealisierten Soll-Zustand mit dem Ist-Zustand und finden Sie die Höhen und Tiefen. Wo liegen Ihre Chancen? Wo findet der Aha-Moment statt, der Ihre Lösung gegenüber anderen auszeichnen könnte (siehe den »magischen Moment« in Abbildung 9-4)?

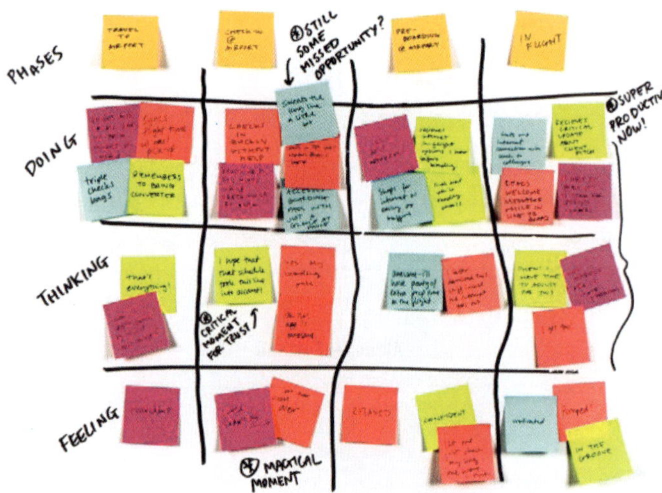

ABBILDUNG 9-4. IBMs einfacher Ansatz für das To-be-Mapping beinhaltet die Identifizierung eines »magischen Moments« in der angestrebten neuen Erfahrung.

Storylines

Storytelling ist nicht nur ein Mittel, um eine Vision zu vermitteln, sondern es hilft auch, komplexe Probleme zu verstehen. Laut Donna Lichaw, der Expertin für digitale Produktstrategie und Autorin von »The User's Journey: Storymapping Products That People Love«, können Sie die Prinzipien des Storytellings nutzen, um das Design von Produkten und Dienstleistungen zu steuern.

Dazu verwendet Lichaw eine Struktur, die den meisten Geschichten gemeinsam ist, den sogenannten *Handlungsbogen* (Abbildung 9-5). Diese Struktur lässt sich bis Aristoteles zurückverfolgen. Es ist eine zeitlose Form, die über Tausende von Jahren und über alle Kulturen hinweg genutzt wird, um Geschichten zu erzählen.

Die Elemente des Handlungsbogens sind:

- *Exposition:* Gute Geschichten beschreiben den Kontext und führen zu Beginn in die Charaktere und die Situation ein.
- *Auslösendes Ereignis:* Das ist der Punkt, an dem etwas schiefgeht oder sich die Situation ändert.
- *Steigerung:* Eine gute Geschichte entwickelt sich mit der Zeit. Intensität und Action nehmen im Verlauf der Geschichte zu.
- *Krise:* Die Geschichte kulminiert am Punkt der maximalen Reibung. Das ist der Punkt, an dem es kein Zurück mehr gibt.

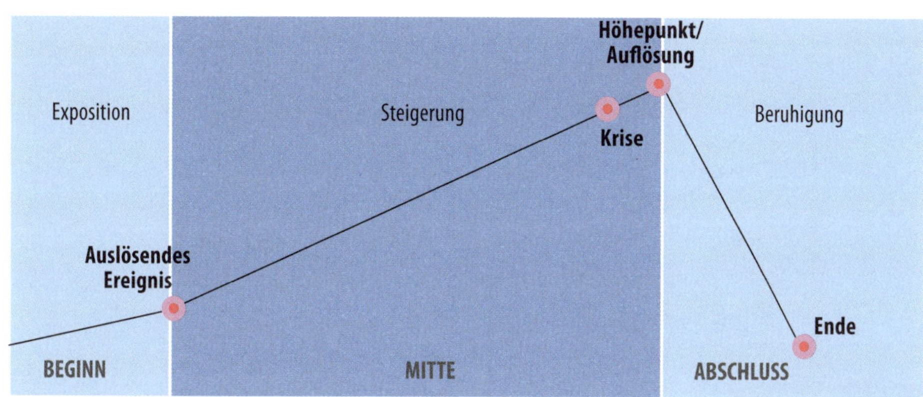

ABBILDUNG 9-5. Der archetypische Erzählbogen zeigt die steigende Intensität der Handlung auf dem Weg zum Höhepunkt.

- *Höhepunkt/Auflösung:* Der Höhepunkt ist der spannendste Teil der Geschichte und der Punkt, an dem das Publikum merkt, dass sich alles wieder zum Guten wenden könnte. Es ist der Zeitpunkt, an dem das Problem, das durch das auslösende Ereignis entstanden ist, gelöst wird.
- *Beruhigung:* Aber das ist noch nicht alles! Nach dem Höhepunkt fällt die Handlungsintensität langsam ab, und die Geschichte nähert sich ihrem Abschluss.
- *Ende:* Das eigentliche Ende der Erzählung. Typischerweise erfolgt eine Rückführung in den ursprünglichen Zustand.

Bei Storylines geht es aber nicht um das Erzählen von Geschichten, sondern darum, Produkte und Dienstleistungen so zu entwickeln, *als würde* man eine Geschichte schreiben. Mit anderen Worten: Wenden Sie den Handlungsbogen auf den Designprozess selbst an. Um dies zu tun, empfiehlt Lichaw, zunächst eine ideale Journey mit der Erzählung abzugleichen. Danach entwerfen Sie Ihr Produkt oder Ihre Dienstleistung auf der Grundlage dieses Ablaufs.

Abbildung 9-6 zeigt ein Beispiel für die Verwendung eines Handlungsbogens zur Planung des Inhalts eines digitalen Diensts. Damit soll aus der User Journey eine dramatische, fesselnde Geschichte gemacht werden. Das Ergebnis ist eine Strategie für Inhalte und Funktionen, die die Bedürfnisse des Publikums auf ansprechende Weise erfüllen.

Die Anwendung von Handlungsbogen in Design-Workshops ist sehr einfach. Lichaw beschreibt den Prozess zusammen mit Lis Hubert in ihrem Artikel »Storymapping: A MacGyver Approach to Content Strategy«:

1. Veranstalten Sie einen Workshop mit einer breiten Gruppe von Stakeholdern.
2. Zeichnen Sie die User Journey als Erzählbogen auf ein Whiteboard.
3. Ordnen Sie einzelne Inhalte zu, die Benutzer in den einzelnen Phasen benötigen würden.
4. Notieren Sie darunter vorhandene Inhalte.
5. Identifizieren Sie Lücken und Schwächen in den vorhandenen Inhalten.
6. Setzen Sie Prioritäten und entwickeln Sie eine umfassendere Content-Strategie.

Folgt man diesen Schritten, gelangt man zu einer Content-Strategie mit Fokus und Bedeutung. Das richtet die Teams auf ein gemeinsames Ziel aus und führt allgemein zu überzeugenderen und ansprechenderen Dienstleistungen.

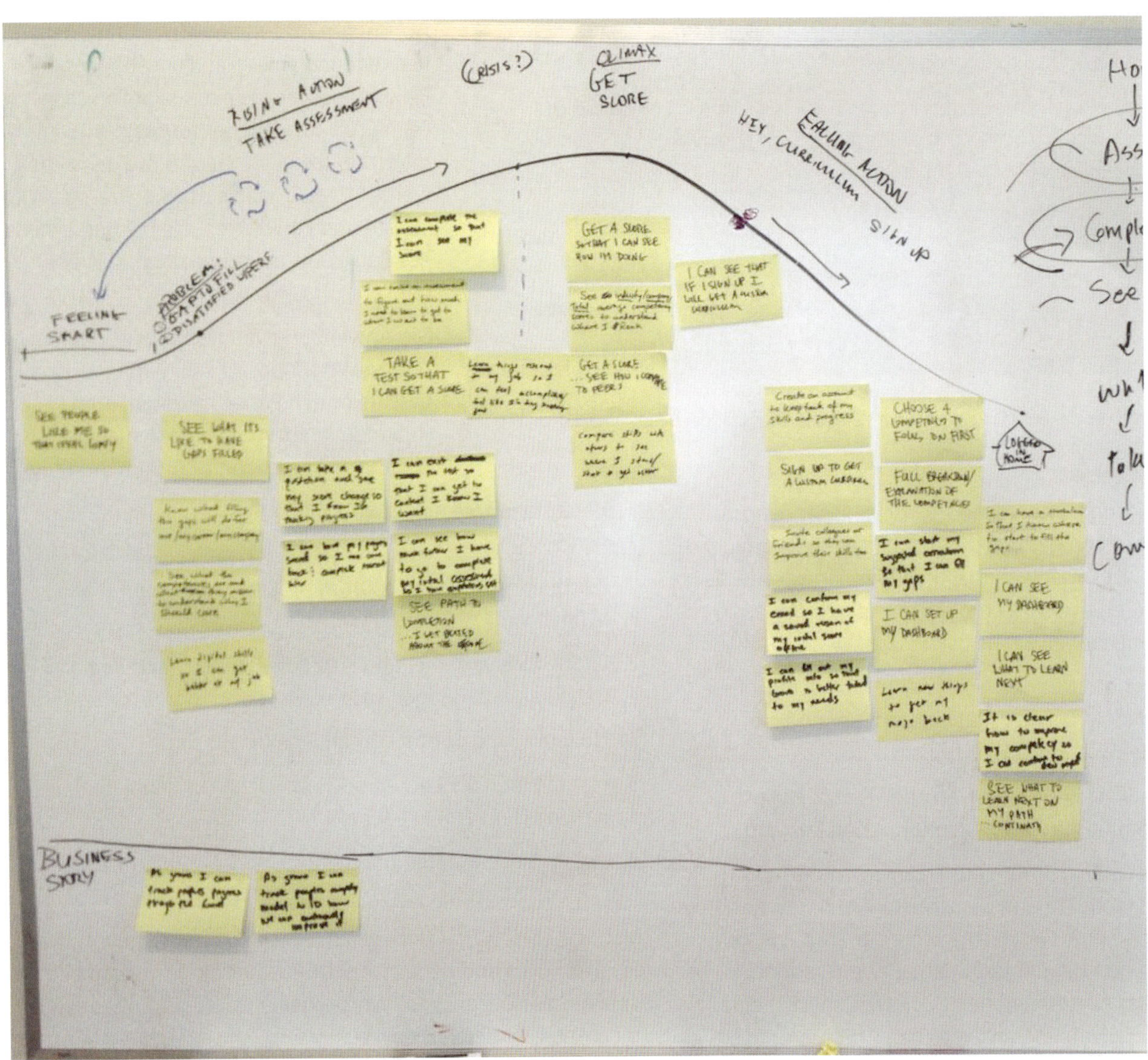

ABBILDUNG 9-6. Dieses Beispiel aus einem Workshop zeigt den Handlungsbogen und die zugeordneten Inhalte.

Nach Transformation streben

Lediglich Produkte und Dienstleistungen anzubieten, die verbinden, begeistern und positive Erfahrungen bieten, reicht nicht aus. Wir brauchen bessere Möglichkeiten, uns vorzustellen, wie sich die Benutzer verhalten *könnten*.

Womit wir bei »The Ask« wären, wie MIT-Professor Michael Schrage die spezielle Frage nennt, die er im Titel seines Buchs »Who Do You Want Your Customers to Become?« stellt und im Text genauer umreißt. Erfolgreiche Innovationen, so Schrage, fordern den Benutzer nicht nur auf, etwas anders *zu machen*: Sie fordern ihn auf, ein anderer *zu werden*.

George Eastman erfand beispielsweise Ende des 19. Jahrhunderts nicht nur eine erschwingliche, einfach zu bedienende automatische Kamera, er schuf *Fotografen*. Seine Erfindung ermöglichte jedem, etwas zu tun, was zuvor nur ausgebildete Fachleute beherrschten.

Durch die Linse von »The Ask« betrachtet, ist Google nicht bloß ein ausgeklügelter Suchalgorithmus. Es lässt jeden zum *Recherche-Experten* werden. Oder denken Sie an eBay. Die beliebte Handelsplattform hat eine neue Art von *Unternehmern* hervorgebracht.

Innovationen, die Menschen dazu auffordern, etwas zu werden, was sie nicht werden wollen, scheitern jedoch in der Regel. Nehmen Sie den Segway. Zu was will uns dieses Fortbewegungsmittel machen? Zu einem verrückten, behelmten Wissenschaftler, der über den Bürgersteig rast? Oder zu einer Autoritätsperson (etwa einem Polizisten), die sich größenmäßig über Fußgänger erhebt? Oder vielleicht nur zu einem *komischen Kauz auf einem Motorroller* (Abbildung 9-7)?

Die »Supersize«-Kampagne von McDonald's ist ein weiteres Beispiel. Vom geschäftlichen Standpunkt aus gesehen war sie sehr erfolgreich. Für unternehmensseitige Mehrkosten von nur wenigen Cent erhielten die Kunden ein scheinbar gutes Angebot. Aber es verleitete sie auch dazu, sich *ungesund* zu ernähren. Das hat letztlich dem Ruf des Unternehmens geschadet.

Tabelle 9-1 fasst die vorangegangenen Beispiele zusammen. Sie zeigt die transformativen Auswirkungen, die diese Produkte und Dienstleistungen auf die Menschen hatten, sowohl in positiver als auch in negativer Hinsicht.

ABBILDUNG 9-7. Der Segway fordert uns auf, zu jemandem zu werden, der wir nicht sein wollen.

TABELLE 9-1. Eine Zusammenfassung der transformativen Auswirkungen, die ausgewählte Produkte und Dienstleistungen hatten, sowohl in positiver als auch in negativer Hinsicht.

Kodak	= Kamera	> Fotografen
Google	= Suchmaschine	> Recherche-Experten
eBay	= Handelsplattform	> Unternehmer
aber ...		
Segway	= Neues Fahrzeug	> Verrückte auf Motorrollern
Supersize	= Preis-Leistungs-Verhältnis	> Kranke Menschen

Und so können Sie »The Ask« auf Ausrichtungsdiagramme anwenden:

- Stellen Sie für jeden Hauptbereich des Diagramm die Frage: »Zu wem oder was sollen unsere Kunden werden?«
- Sammeln Sie jeweils mögliche Antworten und entscheiden Sie, welche davon die beste ist.
- Führen Sie abschließend ein Brainstorming zu möglichen Lösungen durch.

»The Ask« öffnet die Tür für wirklich ambitioniertes Denken und transformative Innovation. Es beginnt mit dem Ergebnis, nicht mit der Lösung. Das Brainstorming bringt normalerweise neue Ideen hervor, die sich von denjenigen abheben, die sich durch andere Übungen im Alignment-Workshop ergeben.

Abbildung 9-8 zeigt als Beispiel den von Brandon Schauer erstellten Service Blueprint aus dem vorhergehenden Kapitel. Die hypothetischen Antworten auf »The Ask« sind den einzelnen Phasen der Customer Journey übergeordnet (*Explorer*, *Citizen* usw.).

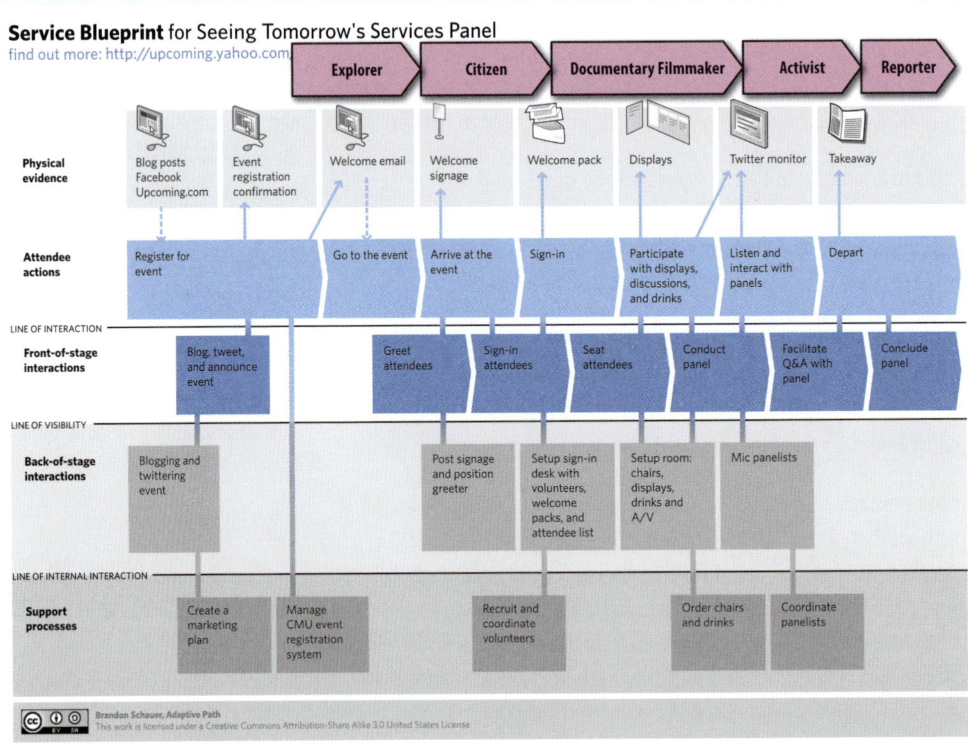

ABBILDUNG 9-8. Dieses Beispiel eines Service Blueprint zeigt für alle Phasen mögliche Antworten auf »The Ask«.

Design Maps

Design Maps sind einfache Diagramme einer idealen Erfahrung, die im Team erstellt werden. Die Technik wurde von Tamara Adlin und Holly Jamesen Carr in Kapitel 10 ihres Buchs »The Persona Lifecycle« beschrieben.

Das Erstellen einer Design Map ist eine einfache Technik, für die man nichts als Haftnotizen und ein Whiteboard braucht. Das Ergebnis ist eine Map einer idealen zukünftigen Erfahrung. Es gibt vier Grundelemente, die jeweils eine andere Farbgebung haben:

- *Schritte:* Blaue Zettel kennzeichnen die Schritte, die eine bestimmte Persona in einem Prozess durchläuft.
- *Kommentare:* Grüne Notizzettel liefern weitere Details zu den einzelnen Handlungen, einschließlich Gedanken, Gefühlen und Pain Points.
- *Fragen:* Gelbe Haftnotizen enthalten Fragen, die ein Team zu der Erfahrung hat. Sie zeigen Wissenslücken auf und weisen auf Annahmen über die vorgeschlagene Erfahrung hin.
- *Ideen:* Pinkfarbene Haftnotizen halten Ideen dazu fest, wie man einen besseren Service anbieten könnte.

Abbildung 9-9 zeigt beispielhaft eine Design Map für eine fiktive App. Die blau dargestellten Schritte am oberen Rand der Map bilden den zeitlichen Ablauf ab. Kommentare, Fragen und Ideen werden jeweils unter den einzelnen Schritten angeordnet und bilden ein ineinandergreifendes Raster.

Adlin und Carr empfehlen, Design Maps asynchron zu verwenden. Dazu positioniert man die Map in einem gemeinsam genutzten Bürobereich und lädt die Kolleginnen und Kollegen ein, individuell in ihrem Tempo dazu beizutragen. Über einige Tage oder Wochen können die Teammitglieder spontan Fragen

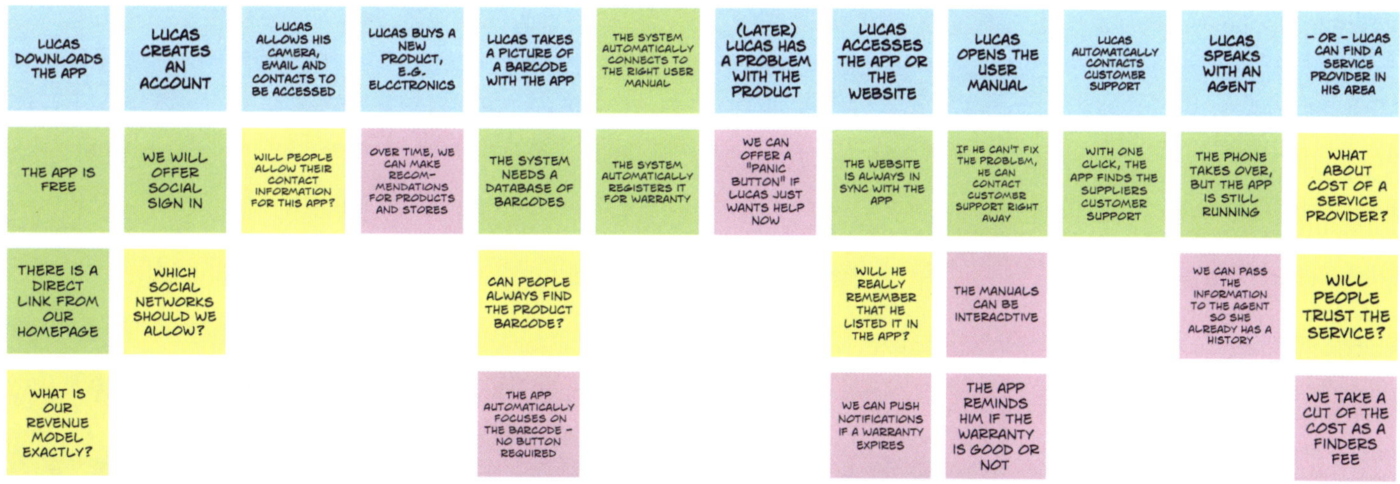

ABBILDUNG 9-9. Beispiel einer Design Map, der in »The Persona Lifecycle« beschriebenen Technik folgend.

und Ideen hinzufügen. Die Map wächst also organisch im Laufe der Zeit.

Design Maps können auch in Workshops verwendet werden, um sich eine zukünftige Erfahrung vorzustellen. Ich habe diese Technik einmal in einem Alignment-Workshop mit drei Breakout-Gruppen verwendet. Zunächst erstellte jede Gruppe einen idealen Ablauf mit *Schritten* für eine der drei Erfahrungen, die wir untersuchen wollten. Die Gruppen fügten auch *Kommentare* hinzu, um die einzelnen Schritte genauer zu beschreiben.

Dann ließ ich die Gruppen rotieren, sodass jede Gruppe mit der Design Map einer anderen Gruppe arbeitete. Sie lasen die dort enthaltenen Schritte und Kommentare und ergänzten ihre *Fragen* auf Haftnotizen einer weiteren Farbe.

Zum Schluss ließ ich die Gruppen noch einmal rotieren. Nachdem sie alle Schritte, Kommentare und Fragen der anderen Gruppen gelesen hatten, bestand ihre Aufgabe nun darin, am unteren Rand der Map neue, per Brainstorming gewonnene *Ideen* zu ergänzen. Die besten Ideen sollten zudem als Wireframes skizziert werden. Jede Gruppe beschäftigte sich also mit allen drei Diagrammen und konnte auf den Gedanken ihrer Kollegen aufbauen.

Abbildung 9-10 zeigt einen Ausschnitt aus dem für diese Übung verwendeten Whiteboard. Beachten Sie, dass die Farbcodierung der Haftnotizen von den Vorgaben von Adlin und Carr abwich – wir verwendeten gelbe Notizen für die Schritte, blaue für Kommentare, pinkfarbene für Fragen und grüne für Ideen – aber der Prozess zur Erstellung der Design Map war der gleiche.

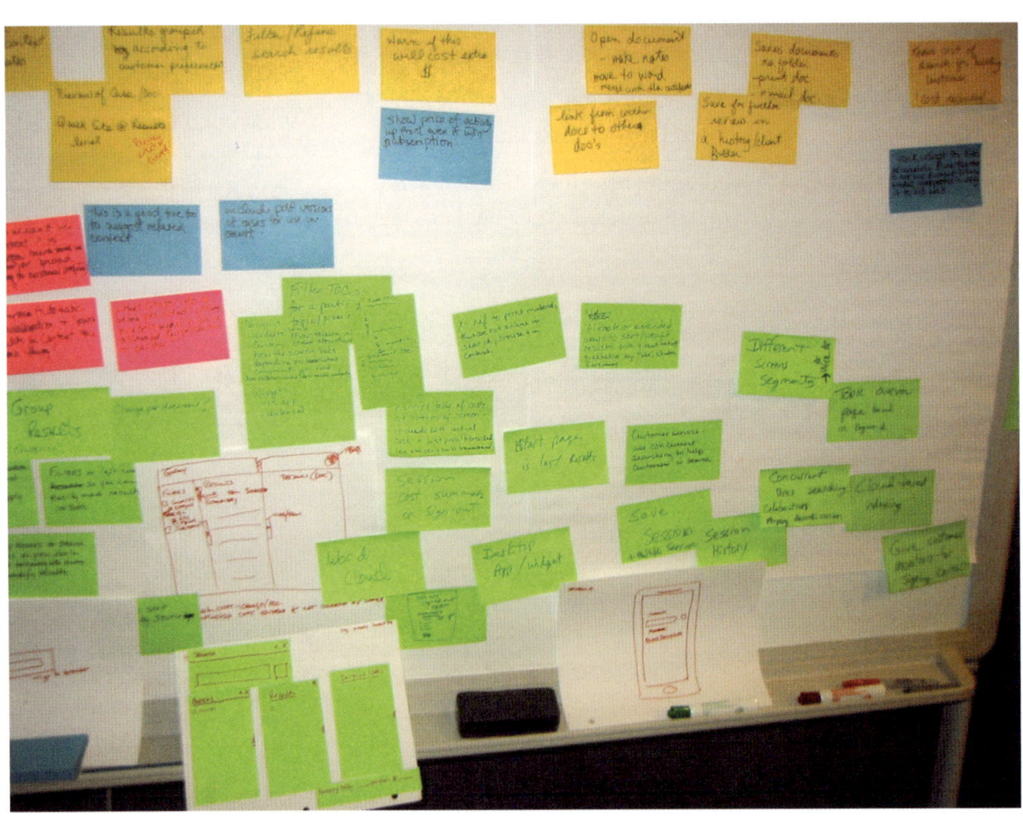

ABBILDUNG 9-10. Ein Ausschnitt aus einer in einem Workshop erstellten Design Map zeigt die verschiedenen Arten von Informationen auf verschiedenfarbigen Haftnotizen.

User Story Mapping

Ein Spielkamerad aus meiner Kindheit besaß eine Spielzeugpuppe, die Mr. Potato Head hieß.[1] Bei diesem Spielzeug handelt es sich um einen gesichtslosen Kunststoffkopf, dem man verschiedene Gesichtszüge hinzufügen kann. Die möglichen Kombinationen – z. B. eine Groucho-Marx-Brille plus dicke rote Lippen – können ausgesprochen komisch wirken.

Softwarehersteller möchten normalerweise keine Produkte entwickeln, die wie Mr. Potato Head aussehen. Aber ohne eine gemeinsame Vision dessen, was Sie entwickeln, kann es passieren, dass man unwissentlich Elemente kombiniert, die nicht besonders gut zusammenpassen.

Bei der agilen Entwicklung – dem führenden Ansatz in der Softwareentwicklung – wird versucht, das Produkt in kleine Teile zu zerlegen, die sogenannten *User Stories*. Das sind kurze Beschreibungen einer Funktion, erzählt aus der Sicht des Benutzers. User Stories haben typischerweise ein einheitliches Format:

> *Als <Typ von Benutzer> möchte ich <ein Ziel> erreichen, damit <ein Grund>.*

Die Verwendung von User Stories macht die Entwicklung zwar überschaubarer, kann aber auch dazu führen, dass Teams das große Ganze aus den Augen verlieren. Die Fokussierung auf einzelne Funktionen verleitet ein Team zu einem Tunnelblick und erschwert es, das Gesamtziel im Auge zu behalten.

Um den Mr.-Potato-Head-Effekt in der Softwareentwicklung zu vermeiden, hat der Agile Coach Jeff Patton eine Technik namens *User Story Mapping* entwickelt. Er rät Entwicklungsteams, nicht davon auszugehen, dass jeder die gleiche Sicht auf das Endprodukt hat. Patton beschreibt dieses Phänomen, und wie man es überwinden kann, in seinem Buch »User Story Mapping«:

> *Wenn ich eine Idee in meinem Kopf habe und sie schriftlich ausdrücke, kann es durchaus sein, dass Sie sich beim Lesen dieses Dokuments etwas ganz anderes vorstellen. … Wenn wir uns dagegen treffen und miteinander reden, können Sie mir sagen, was Sie denken, und ich kann Fragen stellen. Das Gespräch läuft besser, wenn wir unsere Gedanken externalisieren können, indem wir Bilder malen oder unsere Ideen mithilfe von Karteikarten oder Haftnotizen organisieren. Wenn wir uns gegenseitig Zeit geben, unsere Gedanken mit Worten und Bildern zu erklären, bauen wir ein gemeinsames Verständnis auf.*

Eine Stärke von User Story Maps ist, dass sie einfach zu verstehen sind. Abbildung 9-11 zeigt ein Beispiel, das von Steve Rogalsky, einem erfahrenen Agile Coach der Firma Protegra, erstellt wurde. Sie sehen die Ausrichtung der Benutzeraktivitäten (auf orangefarbenen und blauen Haftnotizen) auf geplante Funktionen (in Gelb).

User Story Mapping hat seine Wurzeln in der Aufgabenmodellierung, wie sie von Larry und Lucy Constantine vorangetrieben wurde.[2] Die Technik ist flexibel und bietet verschiedene Möglichkeiten, eine Map zu erstellen. Die meisten User Story Maps umfassen folgende Hauptelemente:

- *Benutzertyp.* Eine kurze Beschreibung der verschiedenen Anwendertypen, für die das System konzipiert ist. Sie sind in der Regel oben oder seitlich aufgeführt (in Abbildung 9-11 nicht dargestellt).

1 Mr. Potato Head (wörtlich: »Herr Kartoffelkopf«) ist ein vor allem in den Vereinigten Staaten verbreitetes Spielzeug von Hasbro. Außerhalb der USA wurde es insbesondere durch Toy Story bekannt. (Quelle: wikipedia.de)

2 Vgl. dazu beispielsweise Larry Constantine, »Essential Modeling: Use Cases for User Interfaces«, *ACM Interactions* (April 1995).

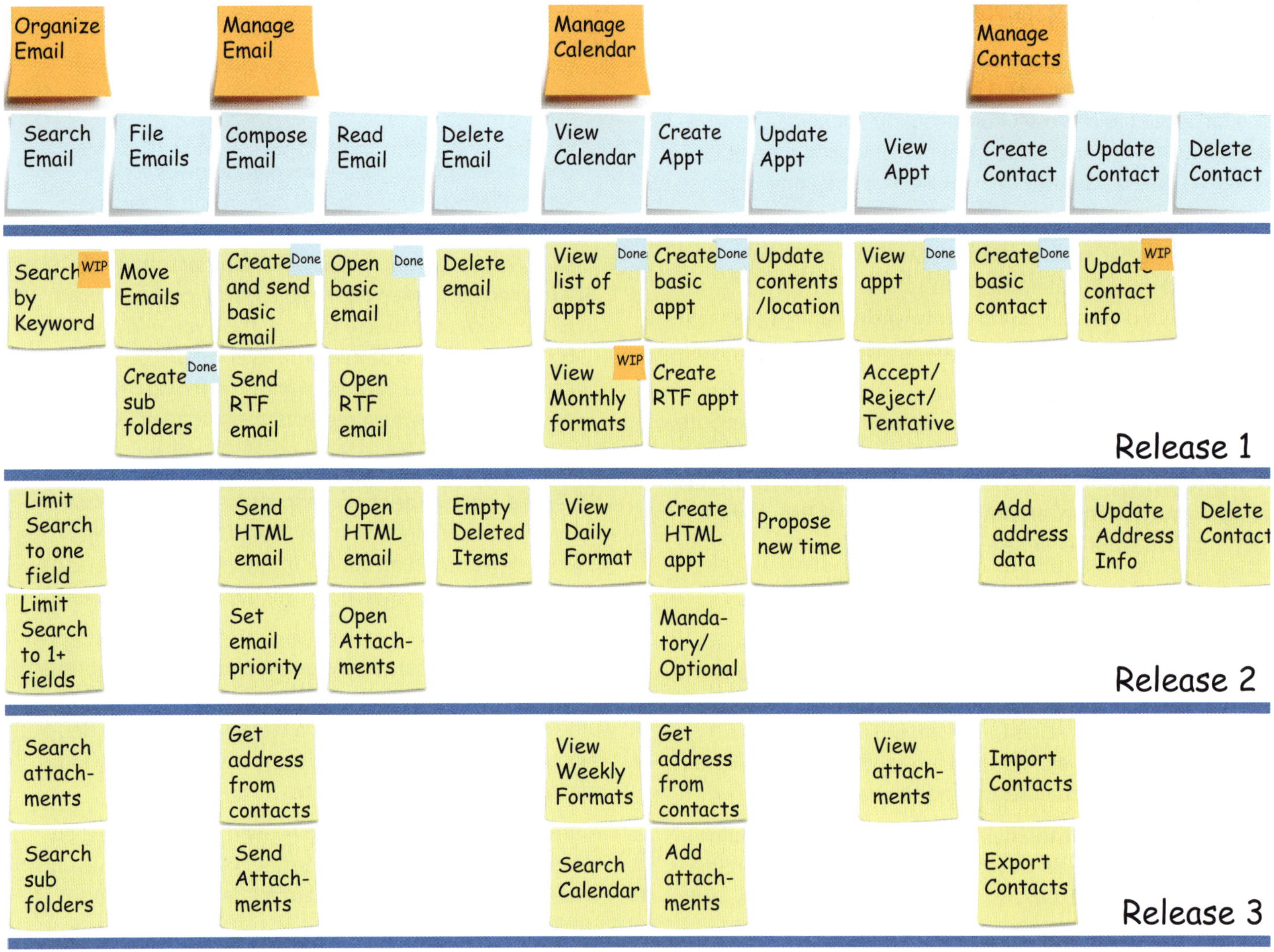

ABBILDUNG 9-11. Story Maps richten die Entwicklungsaufgaben an der beabsichtigten Benutzererfahrung aus.

- *Backbone*. Das »Rückgrat« ist eine horizontale Abfolge von Benutzeraktivitäten, die oben im Diagramm benannt werden. Häufig gibt es außerdem eine detailliertere Beschreibung von Benutzeraufgaben, die horizontal direkt unter den Phasen des Backbones aufgeführt sind.
- *User Stories*. Der Hauptteil der Map enthält die Stories, die zum Erreichen der gewünschten Ergebnisse erforderlich sind. Sie werden typischerweise priorisiert und in Releases aufgeteilt.

Das Backbone ist mit der Chronologie einer Experience Map vergleichbar. Einer User Story Map fehlen jedoch in der Regel viele der Details und der Kontext einer Experience Map, wie z. B. Gedanken und Gefühle. Stattdessen konzentriert sie sich auf die Entwicklung von Softwareprodukten.

Beim User Story Mapping muss das gesamte Team von Anfang an beteiligt sein. Befolgen Sie dazu diese Schritte:

Die Idee formulieren
: Besprechen Sie im Team, *warum* Sie das Produkt entwickeln. Identifizieren und notieren Sie dessen Vorteile und die Probleme, die es löst. Entscheiden Sie auch, für *wen* Sie das Produkt entwickeln. Notieren Sie Ihre Antworten oben in der Map.

Das große Ganze abbilden
: Stellen Sie den Flow der Lösung chronologisch dar, einschließlich Details zu bestimmten Aktionen. Beziehen Sie, falls möglich, sowohl die Probleme als auch die Annehmlichkeiten, die Benutzer aktuell haben, in Ihre Entwicklungsentscheidungen mit ein.

Erforschen und erkunden
: Verwenden Sie die Map, um Gespräche über gewünschte Ergebnisse und die beabsichtigte Erfahrung zu fördern. Beschreiben Sie die Funktionen, die Sie den Benutzern bieten, und halten Sie sie in der Map als Stories fest. Skizzieren Sie bei Bedarf Lösungen und befragen Sie zusätzlich Kunden.

Eine Release-Strategie festlegen
: Brechen Sie die User Stories in verschiedene Releases auf, beginnend mit dem notwendigen Minimum, um das gewünschte Ergebnis zu erreichen.

Entwickeln, messen, lernen
: Verfolgen Sie mithilfe der User Story Map den Lernprozess des Teams während des Entwicklungsprozesses. Positionieren Sie die Map gut sichtbar und beziehen Sie sich regelmäßig darauf.

Eine User Story Map veranschaulicht, wie sich User Stories in einem übergreifenden Modell aufeinander beziehen. So können Teams das gesamte System erfassen. Noch wichtiger ist, dass sie ihre Planung und Entwicklung an den tatsächlichen Benutzererfahrungen ausrichten. Letztendlich geht es darum, ein gemeinsames Verständnis der geplanten Software zu entwickeln, um die richtigen Entscheidungen treffen, die Effizienz steigern und bessere Ergebnisse erzielen zu können.

Typischerweise wird das Mapping offline durchgeführt mit Haftnotizen an einem Whiteboard. Abbildung 9-12 zeigt ein Beispiel, das in einem Team-Workshop erstellt wurde.

Man kann Stories mithilfe von Software wie MURAL auch online visualisieren. Ich leitete einmal ein User Story Mapping für einen großen Verlag, dessen Mitarbeiter geografisch von Chicago bis

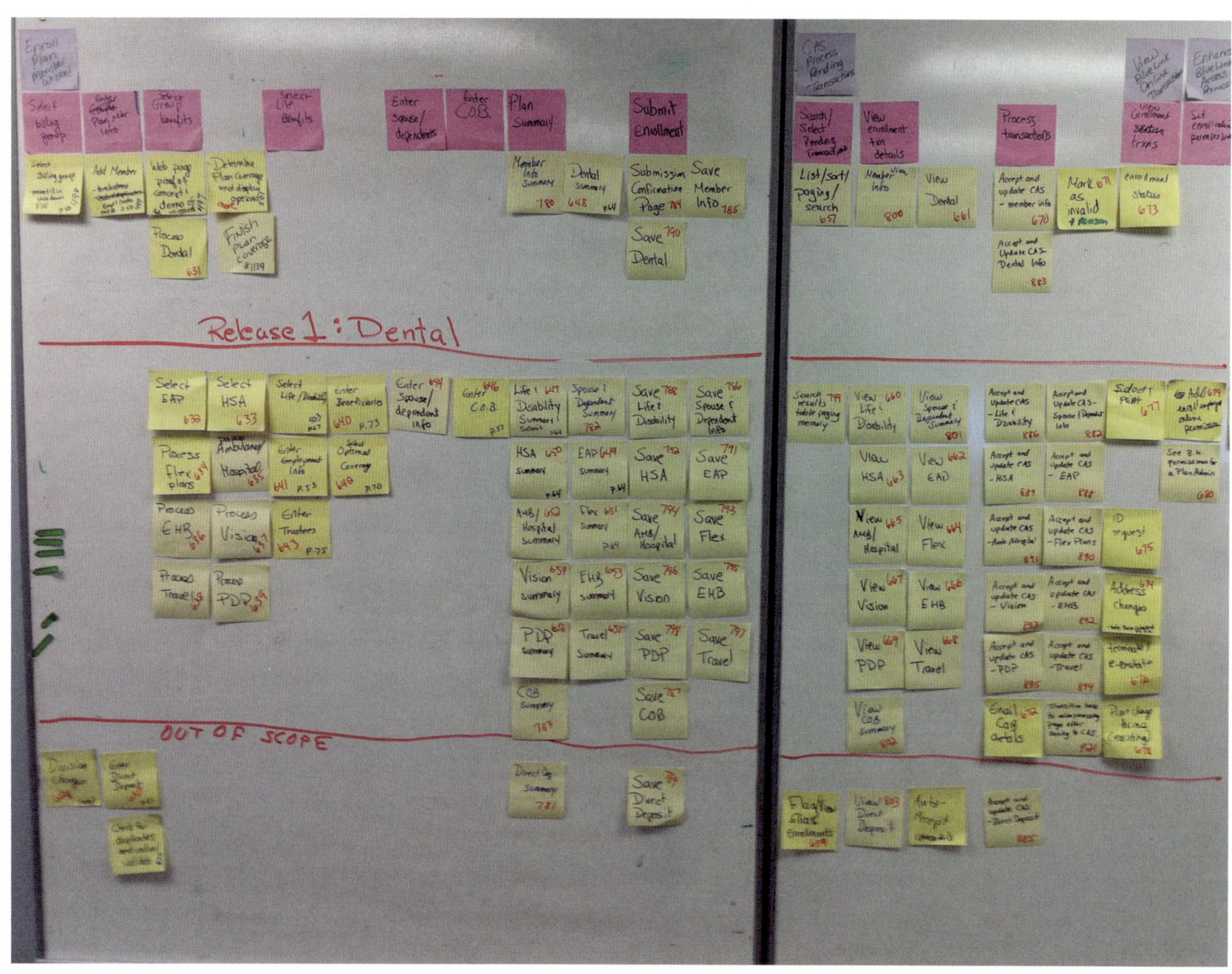

ABBILDUNG 9-12. Dieses Beispiel einer User Story Map, die von einem Team in einem Präsenz-Workshop erstellt wurde, zeigt die Aufteilung in Releases.

ABBILDUNG 9-13. User Story Mapping lässt sich auch online mit entfernten Teams durchführen.

Dublin verstreut waren. Wir verwendeten eine Konferenzsoftware und dazu das virtuelle Whiteboard MURAL, um die User Stories abzubilden (Abbildung 9-13).

Das Fazit lautet: Gehen Sie nicht davon aus, dass jeder die gleiche Vorstellung davon hat, worum es bei einem Projekt oder einer Aufgabe geht. Um zu unterstreichen, wie wichtig es ist, den Prozess zu visualisieren, verwendet Jeff Patton in seinem Buch und an anderer Stelle das Bild in Abbildung 9-14.

Visualisierungen – mögen es Maps des Ist-Zustands oder eines Soll-Szenarios sein – tragen wesentlich dazu bei, eine gemeinsame Realität zu schaffen, Teams auszurichten und sie in Übereinstimmung zu bringen.

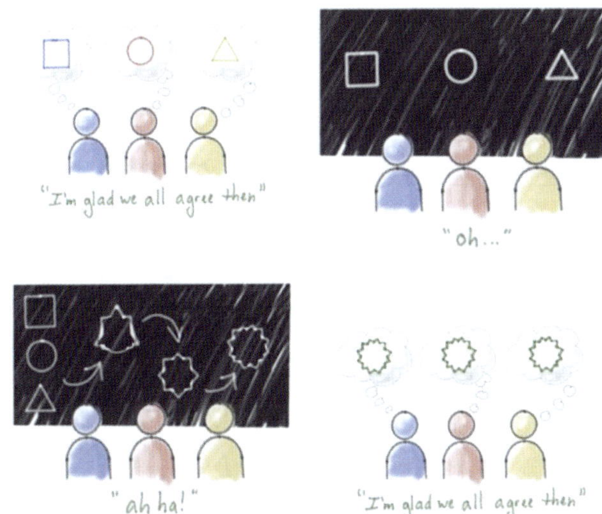

ABBILDUNG 9-14. Gehen Sie nicht davon aus, dass jeder die gleiche Vorstellung der Lösung im Kopf hat.

Design Sprints

Design Sprints sind ein beliebtes Format, bei dem Teams einer strukturierten Reihe von Aktivitäten folgen, um eine bestimmte Lösung zu entwerfen. Sobald als Ergebnis des im vorherigen Kapitel beschriebenen Alignment-Workshops eine zu verfolgende Richtung vorliegt, führen Sie einen Design Sprint durch, um in kurzer Zeit möglichst viel Einvernehmen hinsichtlich der umzusetzenden Lösung zu erzielen.

Das Wort *Sprint* wird hier in Anlehnung an agile Methoden verwendet, bei denen die Entwicklungsarbeit in kurze Zeitabschnitte von ein bis vier Wochen heruntergebrochen wird. Design Sprints konzentrieren sich darauf, konzeptionelle Herausforderungen zu lösen, bevor die eigentliche Entwicklung beginnt.

Zwischen mehrtägigen Alignment-Workshops und Design Sprints gibt es viele Ähnlichkeiten. Zum Beispiel ist eine Map der User Journey ein zentraler Bestandteil von Design Sprints, wie in Jake Knapps Bestseller »Sprint« beschrieben. Abbildung 9-15 zeigt den grundlegenden Ablauf eines Design Sprints.

ABBILDUNG 9-15. Design Sprints beginnen typischerweise mit einer Experience Map, um den Kontext der Lösungen festzulegen, die ein Team innerhalb der nächsten Woche entwickeln wird.

Auch die Autoren von »Design Sprint«, Richard Banfield, Todd Lombardo und Trace Wax, heben die Funktion von Maps im Sprint-Prozess hervor. Sie schreiben: »[Mapping] fügt Ihrem Projekt Kontext hinzu und zeigt Möglichkeiten auf, die Sie sonst vielleicht übersehen hätten.«

Aber während der Fokus eines Alignment-Workshops darauf liegt, Einigkeit über das zu lösende Problem zu erzielen, geht es bei einem Design Sprint darum, eine konkrete Lösung zu erarbeiten. Bei Sprints kann eine Experience Map als Ausgangspunkt dienen, um den Kontext festzulegen, bevor dann aber schnell zu spezifischen Designaktivitäten übergegangen wird. Alignment-Workshops und Design Sprints ergänzen sich gegenseitig und repräsentieren unterschiedliche Denkweisen.

Zusammenfassung

Die meisten der in diesem Buch beschriebenen Techniken konzentrieren sich in erster Linie auf das Mapping des *aktuellen Zustands*, d. h. auf die Visualisierung einer Erfahrung, wie sie derzeit beobachtet werden kann. Beim *Future State Mapping* wird dagegen versucht, eine angestrebte Erfahrung so darzustellen, wie sie später erlebt werden soll.

Planen Sie zunächst Experimente, um Annahmen über einen zukünftigen Zustand zu validieren. Dabei kann es sich um einfache, auf Lean-Techniken zurückgreifende Tests handeln, um Feedback zu simulierten Szenarien zu erhalten.

Stellen Sie dann die gewünschte zukünftige Erfahrung dar. In vielen Fällen braucht es dazu kein separates Diagramm: Der zukünftige Zustand kann einer bestehenden Map hinzugefügt werden. Falls nötig, kann aber auch eine zusätzliche Map erstellt werden, damit ein Team besser über die Zielerfahrung nachdenken kann. Zu den Techniken zur Veranschaulichung einer angestrebten Erfahrung gehören Storylines, Design Maps sowie User Story Mapping. Ein Design Sprint ist ein konzentriertes Format, um spezifische Designherausforderungen anzugehen und umsetzbare Lösungen zu entwerfen.

Insgesamt hilft die Visualisierung der Erfahrung – ob es nun der Ist-Zustand oder ein Soll-Zustand ist – bei der Ausrichtung der Teams, indem sie ein gemeinsames Verständnis schafft und die kollektive Einfühlung fördert.

Weiterführende Literatur

Michael Schrage, *Who Do You Want Your Customers to Become?* (Harvard Business Review Press, 2012)

> *Das ist ein kurzes E-Book mit einer starken Botschaft. Anstatt sich anzuschauen, wer Ihre aktuellen Kunden sind, und zu versuchen, sie mit einem Angebot zu begeistern, geht es darum, sie zu transformieren: Ermöglichen Sie ihnen, jemand oder etwas zu werden, was sie derzeit nicht sind. Die einfache Frage »Zu wem oder was sollen Ihre Kunde werden?« lenkt Ihren Fokus über die Bereitstellung immer besserer Dienstleistungen hinaus.*

Donna Lichaw, *The User's Journey* (Rosenfeld Media, 2016)

> *Lichaw schreibt über und lehrt regelmäßig zu Storylines. Dies ist ein Band mit all den Techniken, die sie im Laufe der Jahre entwickelt hat. Weitere Informationen finden Sie online, darunter auch einige Artikel auf UXmatters (uxmatters.com).*

Jeff Patton, *User Story Mapping* (O'Reilly, 2014). Deutschsprachige Ausgabe: *User Story Mapping* (O'Reilly, 2015)

> *Patton ist der Pionier der User Story Maps und beschreibt den Ansatz in diesem Buch ausführlich. Es ist eingängig geschrieben, und der Autor kommt schnell auf die wesentlichen Punkte. In späteren Kapiteln werden Details zur Validierung durch Lean-Prozesse beschrieben.*

John Pruitt und Tamara Adlin, *The Persona Lifecycle* (Morgan Kaufmann, 2006)

> *Dieses gründliche und umfassende Buch ist mit fast 700 Seiten eine wichtige Referenzquelle zu Personas.*

Jake Knapp, *Sprint: How to Solve Big Problems and Test New Ideas in Just Five Days* (Simon & Schuster, 2016). Deutschsprachige Ausgabe: *Sprint: Wie man in nur fünf Tagen neue Ideen testet und Probleme löst* (Redline, 2016)

> *Mit diesem Buch begann der Design-Sprint-Trend. Der Band gilt nach wie vor als die grundlegende Informationsquelle zu dieser Technik. Siehe auch »Design Sprint« von Richard Banfield, C. Todd Lombardo und Trace Wax (O'Reilly, 2015).*

John Vetan, Dana Vetan, Codruta Lucuta und Jim Kalbach, *Design Sprint Facilitator's Guide V3.0* (Design Sprint Academy, 2020)

> *Dieser Leitfaden ist leicht zugänglich und bietet eine Reihe von praktischen Ratschlägen und Empfehlungen von Experten mit langjähriger Erfahrung auf diesem Gebiet. Ich hatte das Glück, mit der Design Sprint Academy an diesem praktischen Leitfaden für die Durchführung von Design Sprints zusammenzuarbeiten – insbesondere an den Teilen zum Mapping.*

Ein Workshop mit schnellem Online-Mapping und -Design

von Jim Kalbach

MURAL (*mural.com*) ist ein führendes virtuelles Whiteboard für die Designzusammenarbeit. Es ist ein cloudbasierter Dienst, mit dem Sie visuell online arbeiten können, egal wo Sie sich befinden. Ich bin im März 2015 zum Team von MURAL gestoßen.

Wir haben unser Produkt genutzt, um die Onboarding-Erfahrung bei MURAL zu untersuchen und Verbesserungen vorzunehmen. Zu diesem Zweck haben wir in Buenos Aires einen anderthalbtägigen Workshop mit einer Gruppe von acht Personen unterschiedlicher Funktion durchgeführt. Der Workshop bestand aus drei Teilen.

Teil 1: Einfühlen

Zunächst galt es, die Erfahrung des Benutzers zu verstehen. Dazu habe ich Elemente der Erfahrung im Vorfeld der Sitzung mit MURAL visualisiert (Abbildung 9-16). Das Diagramm bestand aus drei Hauptabschnitten:

- *Wertschöpfungskette*. Um den Wertfluss zu verstehen, habe ich die kundenseitige Wertschöpfungskette abgebildet (oben links). Das ergibt einen Überblick über die beteiligten Akteure und ihre Beziehungen zueinander.
- *Proto-Personas*. Oben rechts in Abbildung 9-16 sehen Sie drei Proto-Personas, die sich an den Akteuren im Diagramm der Wertschöpfungskette orientieren. Sofia, die Designleiterin, war unsere primäre Persona für diese Übung.
- *Experience Map*. In der Mitte befand sich eine Experience Map, die auf früheren Untersuchungen zur Teamzusammenarbeit sowie auf kürzlich durchgeführten Kundeninterviews basierte. Die kreisförmigen Formen repräsentieren Wiederholungsverhalten.

Darunter wurde Platz für die Ergebnisse des zweiten Teils des Workshops gelassen.

Wir diskutierten alle diese Elemente innerhalb der Gruppe, um die breitere Erfahrung zu verstehen. Das digitale Format erlaubte uns, das Diagramm im laufenden Betrieb zu ergänzen und zu aktualisieren. Zum Beispiel fügten wir den Proto-Personas während unserer Diskussion weitere Details hinzu.

Teil 2: Vorstellen

Anschließend führten wir ein Brainstorming zu den Hindernissen durch, die dem Gebrauch entgegenstanden. Wir fragten: »Was hält die primäre Persona davon ab, unseren Service wiederholt zu nutzen?«

Die große virtuelle Fläche, auf der wir arbeiten konnten, ermöglichte uns, Antworten direkt unter der Experience Map aufzuzeichnen. Diese wurden geclustert und mithilfe der in MURAL enthaltenen Abstimmungsfunktion priorisiert.

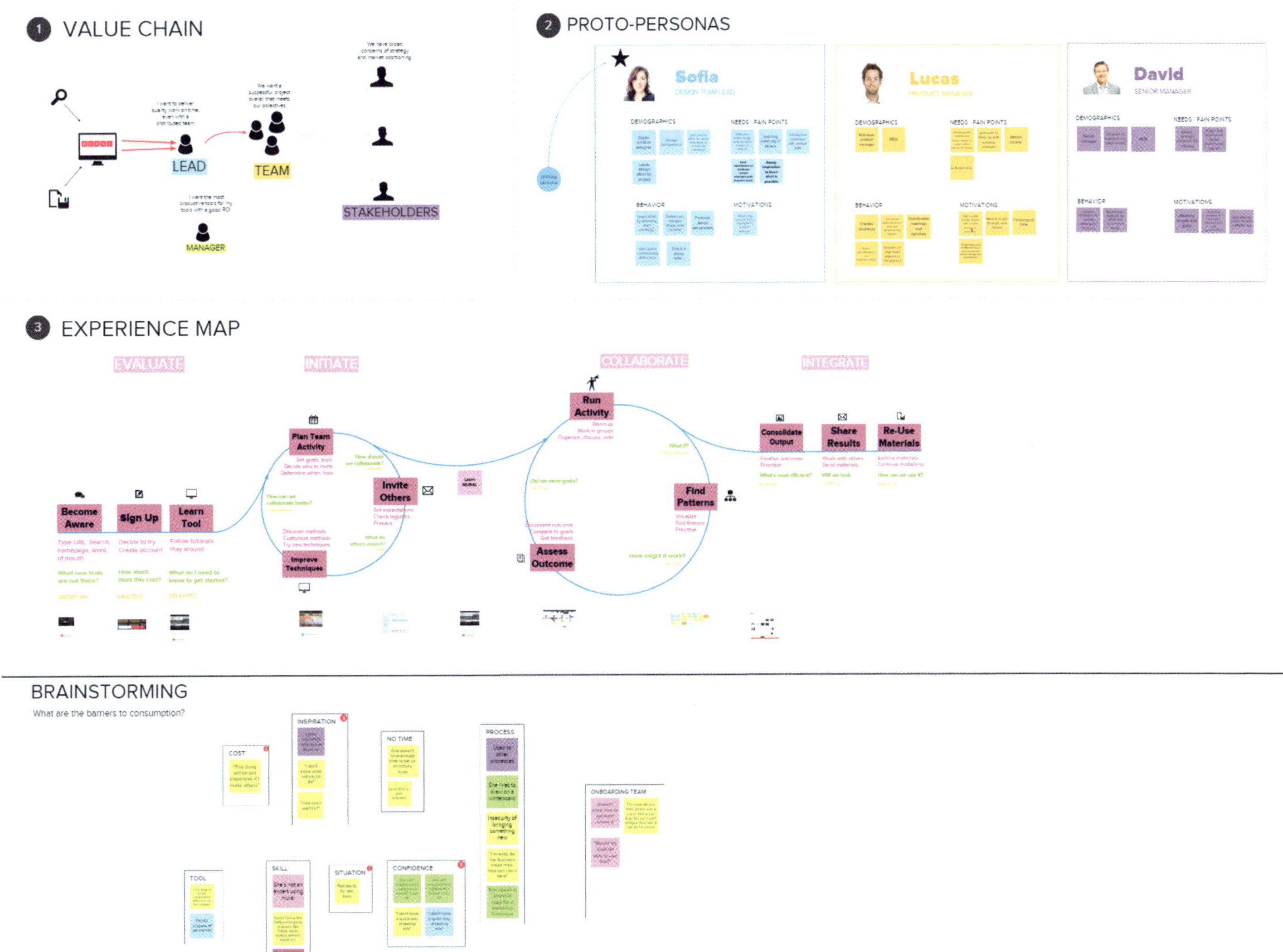

ABBILDUNG 9-16. Wertschöpfungskette, Proto-Personas und Experience Map passen in eine Darstellung, ebenso wie die Ergebnisse eines ersten Brainstormings.

Danach führten wir eine Übung durch, um Lösungen zu finden: ein sogenanntes Design Studio. Für jede identifizierte Barriere skizzierten die Teilnehmer – jeweils individuell – mögliche Lösungen. Die Skizzen wurden fotografiert und in ein weiteres Diagramm hochgeladen, damit alle Teilnehmer des Workshops sie betrachten konnten (Abbildung 9-17).

Teil 3: Bewerten

Nach dem Mittagessen teilte sich das Team in zwei Gruppen auf, die sich beide darauf konzentrierten, die Skizzen zu einer einzigen Lösung zu konsolidieren. Wir hatten das Ziel, bis zum Ende des Tages testbare Artefakte zu erstellen.

Mit *Usertesting.com*, einem unmoderierten Online-Ferntest-Service, erhielten wir schnell Feedback zu unseren Lösungsvorschlägen. Die Tests liefen über Nacht, und am nächsten Morgen lagen bereits erste Ergebnisse vor.

Einige unserer Annahmen wurden bestätigt, andere widerlegt. Anhand des Testfeedbacks überarbeiteten wir die vorgeschlagenen Designs. In einem letzten Schritt erstellten wir einen konkreten Plan für die Umsetzung innerhalb der nächsten Monate.

Fazit

Dieser schnelle Ansatz ermöglichte uns, in weniger als zwei Tagen vom Verstehen der Erfahrung zum Prototyping und zum Testen überzugehen. Es gab weder schriftliche Vorschläge noch Berichte oder andere Dokumente.

Experience Mapping muss kein langwieriger Prozess sein. Mit einem Onlinetool wie MURAL wird der Prozess noch weiter beschleunigt. Darüber hinaus ermöglicht die Onlinearbeit, verschiedene Elemente an einem Ort zu kombinieren, um einen besseren Überblick zu erhalten. Auf diese Weise wird es auch einfacher, später weitere Personen einzubeziehen, die nicht am Workshop teilgenommen haben. Indem die Experience Map online erstellt wird, verwandelt sich Mapping vom statischen und einmaligen Ereignis in einen fortlaufenden Prozess, unabhängig davon, wo sich die Beteiligten befinden.

ABBILDUNG 9-17. Die Design Studio-Technik ermöglicht einem Team, gemeinsam zu einer endgültigen Lösung zu kommen (in diesem Fall online in MURAL).

Diagramm- und Bildnachweis

Abbildung 9-2: Foto aus einem Workshop, von Jim Kalbach

Abbildung 9-4: Beispiel einer To-be-Map aus dem IBM Enterprise Design Thinking Toolkit (*ibm.com/design*)

Abbildung 9-6: Foto der Storyline-Übung von Donna Lichaw, mit freundlicher Genehmigung

Abbildung 9-7: Foto von Scott Merrill (*https://skippy.net*), mit freundlicher Genehmigung

Abbildung 9-8: Service Blueprint, erstellt von Brandon Schauer von Adaptive Path, mit freundlicher Genehmigung

Abbildung 9-9: Beispiel einer Design Map, von Jim Kalbach, erstellt mit MURAL

Abbildung 9-10: Foto einer Design Map, von Jim Kalbach

Abbildung 9-11: User Story Map, erstellt von Steve Rogalsky von Protegra (*protegra.de*), mit freundlicher Genehmigung

Abbildung 9-12: Foto einer User Story Map, von Steve Rogalsky, mit freundlicher Genehmigung

Abbildung 9-13: Beispiel einer User Story Map, von Jim Kalbach, erstellt in MURAL

Abbildung 9-14: Illustration aus Jeff Pattons Buch *User Story Mapping*, mit freundlicher Genehmigung

Abbildung 9-15: Plan eines Design Sprints aus Jake Knapps Buch *Sprint*, mit freundlicher Genehmigung

Abbildung 9-16: Journey Map und Team-Brainstorming-Sitzung, von Jim Kalbach, erstellt in MURAL

Abbildung 9-17: Beispiel für die Design-Studio-Technik, von Jim Kalbach, erstellt in MURAL

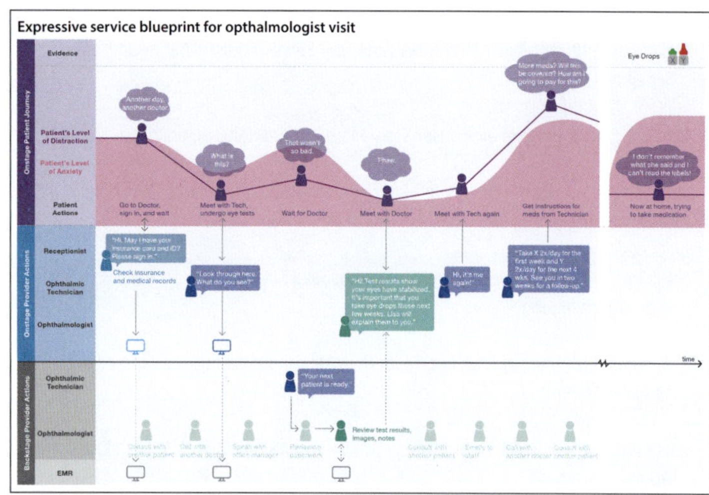
Expressive service blueprint for opthalmologist visit
Evidence
Eye Drops
Onstage Patient Journey
Patient's Level of Distraction
Patient's Level of Anxiety
Patient Actions
Another day, another doctor
What is this?
That wasn't so bad.
Phew!
More meds? Will this be covered? How am I going to pay for this?
I don't remember what she said and I can't read the labels!
Go to Doctor, sign in, and wait
Meet with Tech, undergo eye tests
Wait for Doctor
Meet with Doctor
Meet with Tech again
Get instructions for meds from Technician
Now at home, trying to take medication
Onstage Provider Actions
Receptionist
Ophthalmic Technician
Ophthalmologist
"Hi, May I have your insurance card and ID? Please sign in."
Check insurance and medical records
"Look through here. What do you see?"
"Hi, it's me again!"
"Take X 2x/day for the first week and Y 2x/day for the next 4 wks. See you in two weeks for a follow-up."
Backstage Provider Actions
Ophthalmic Technician
Ophthalmologist
"Your next patient is ready."
Review test results, images, notes
EMR
time

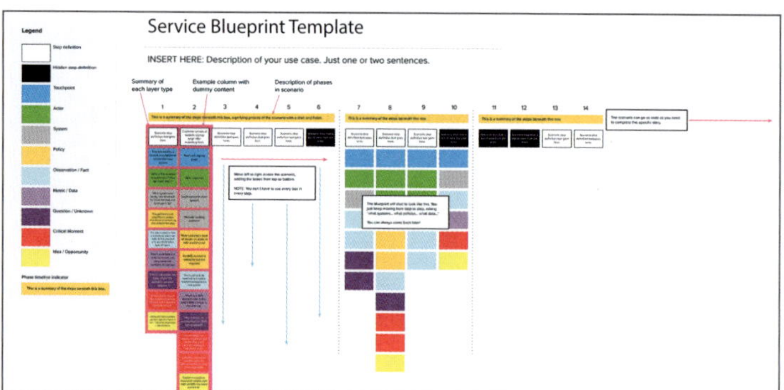
Service Blueprint Template
INSERT HERE: Description of your use case. Just one or two sentences.
Legend
Summary of each layer type
Example column with dummy content
Description of phases in scenario

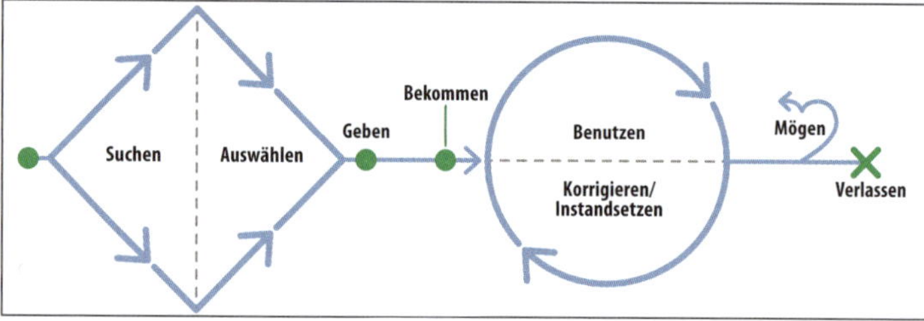
Suchen
Auswählen
Geben
Bekommen
Benutzen
Korrigieren/
Instandsetzen
Mögen
Verlassen

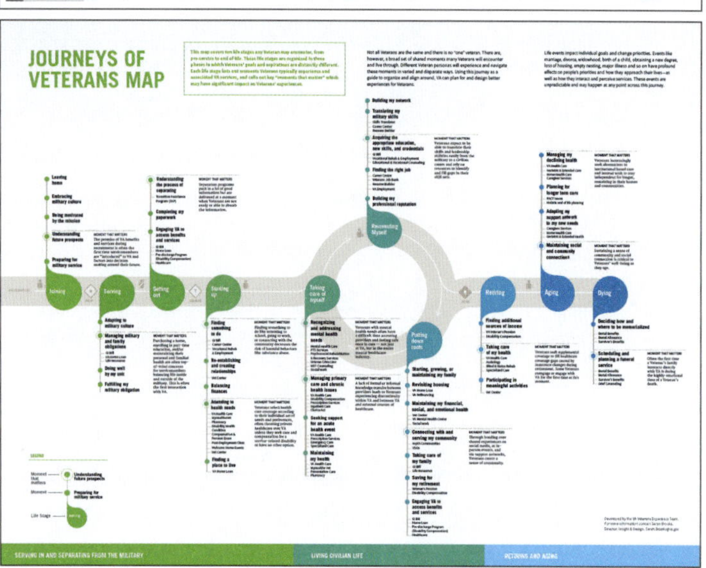
JOURNEYS OF
VETERANS MAP

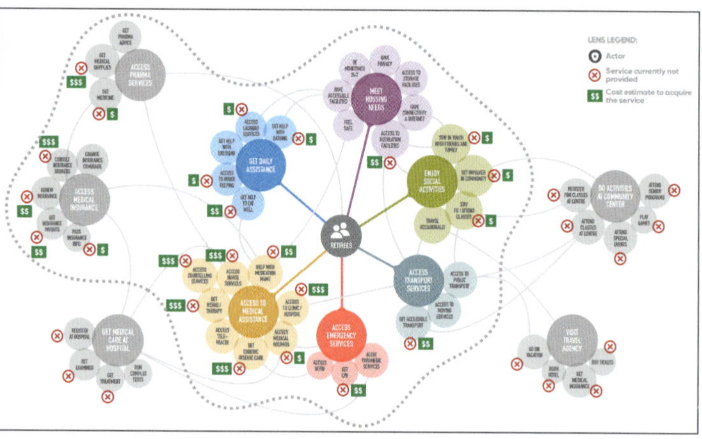
LENS LEGEND:
Actor
Service currently not provided
Cost estimate to acquire the service
RETIREES

TEIL 3

Primäre Diagrammtypen im Detail

In Teil 3 werden die gebräuchlichsten Diagrammtypen detailliert besprochen. Außerdem werden mit diesen Archetypen verwandte Techniken vorgestellt und diskutiert, um das Mapping in einen breiten Kontext einzubetten.

- *Service Blueprints* gehören zu den ältesten Diagrammtypen und waren prägend für nachfolgende Diagrammvarianten. Kapitel 10 befasst sich mit Service Blueprints und deren Erweiterungsmöglichkeiten.
- *Customer Journey Maps* sind vermutlich der beliebteste Diagrammtyp. In Kapitel 11 geht es um die aktuelle Praxis des Customer Journey Mapping und verwandter Techniken.
- *Experience Maps* ähneln stark den Service Blueprints und den Customer Journey Maps – allerdings mit einigen wichtigen Unterschieden, die in Kapitel 12 besprochen werden.
- Die Gestaltung von *Mentalmodelldiagrammen* ist eine einzigartige Technik, die von Indi Young entwickelt wurde. Kapitel 13 fasst die wichtigsten Aspekte dieser Methode und verwandter Ansätze zusammen. Allerdings möchte ich Ihnen auch die vollständige Lektüre von Indi Youngs Buch »Mental Models« ans Herz legen.
- Kapitel 14 befasst sich mit *Ökosystemmodellen* bzw. Diagrammen, die einen Überblick über ein Gesamtsystem geben und darstellen, wie dessen Teile zueinander in Beziehung stehen und den Wertfluss zwischen den Einheiten ermöglichen oder behindern.

Das Mappen von Erfahrungen ist keine einzelne Methode – es ist ein Weg, um die Geschichte des Value Alignment, der Ausrichtung an Wert und Nutzen, zu erzählen. Es gibt viele Möglichkeiten, das zu tun. In diesem Buch geht es deshalb um Möglichkeiten, nicht um eine bestimmte Technik. Das Verständnis der grundlegenden Werkzeuge und ihrer Varianten ist entscheidend, damit man weiß, in welcher Situation man welche Map und welche Methode verwenden sollte.

IN DIESEM KAPITEL

- Hintergrund und Geschichte der Visualisierung von Diensten
- Lean-Techniken und Diagramme
- Erweiterungen des Service Blueprinting
- Elemente eines Service Blueprints
- Fallstudie: Practical Service Blueprinting: Moderation kollaborativer Sitzungen

KAPITEL 10

Service Blueprints

In meinem ersten Buch, »Designing Web Navigation« (dt. Ausgabe: »Handbuch der Webnavigation«, O'Reilly 2008), diskutiere ich das Konzept der *Übergangsvolatilität* (Transitional Volatility). Erstmals von David Danielson im Jahr 2003 beschrieben, ist die Übergangsvolatilität der Grad an Neuorientierung, den eine Person auf einer Website beim Wechseln von Seite zu Seite erfährt. Bei zu viel Volatilität gehen Besucher im Hyperspace verloren.

Abbildung 10-1 illustriert das Konzept der Übergangsvolatilität. Es ist eine Abfolge dreier Vorgänge: der Gewöhnung an einen Ort, der Bildung einer Erwartung hinsichtlich des nächsten Punkts (Vorhersage) und der Anpassung an eine neue Position bzw. Umgebung (Neuorientierung). Von dort aus wiederholt sich das Muster dann.

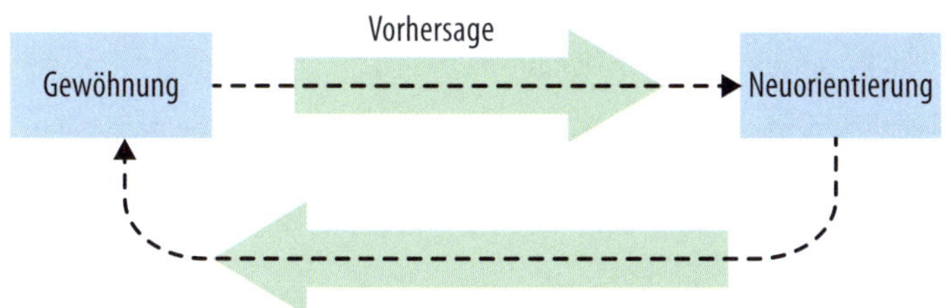

ABBILDUNG 10-1. Übergangsvolatilität über Interaktionspunkte hinweg.

Wir sehen einen ähnlichen Effekt in größerem Maßstab, wenn Individuen mit einem Unternehmen oder einer Organisation interagieren. Statt von Webseite zu Webseite bewegen sie sich dabei von Touchpoint zu Touchpoint. Bei jeder Interaktion gibt es eine wenn auch kurze Phase der Neuorientierung. Ist an den Touchpoints zu viel Neuorientierung erforderlich, fühlt sich die Erfahrung unzusammenhängend an.

Durch inkonsistente Touchpoints entsteht ein hohes Maß an Übergangsvolatilität. Wahrscheinlich haben Sie das selbst schon erlebt. Bei mir gab es beispielsweise einmal einen unangenehmen Vorfall im Zusammenhang mit meiner Kreditkarte. Der Kartenaussteller und die dahinterstehende Bank schienen sich nicht einig zu sein, wer für mein Problem verantwortlich war. Jeder gab dem anderen die Schuld – und ich stand dazwischen und war gezwungen, mich abwechselnd mit beiden Parteien auseinanderzusetzen.

Diese Erfahrung zog sich über Monate hin und erfolgte über verschiedenste Kommunikationsmittel. Für einige Dinge nutzte ich deren Websites, für andere musste ich anrufen. Es gab E-Mails, Briefpost und sogar ein Fax. Der Grad der Neuorientierung war jeweils hoch. Offenbar war es mein Job, alles alleine herauszufinden. Sicher verwundert es Sie nicht, dass ich dort kein Kunde mehr bin.

Ein anderes Beispiel: Vor Kurzem machte ich eine schlechte Erfahrung mit einer Plattform zur Veröffentlichung von Musikaufnahmen. Deren Onlinegeschäft funktioniert unabhängig vom CD-Bereich, auch wenn es gemeinsam genutzte Ressourcen gibt, wie z. B. für das Hochladen der zu veröffentlichenden Dateien. Als ich versuchte, ein Problem zu klären, das beide Bereiche betraf, musste ich mich oft wiederholen und die Gespräche jeweils neu beginnen. Die Last lag bei mir und kostete mich wertvolle Zeit.

Die Empfehlung ist klar: Zwingen Sie nicht Ihre Kunden, Lücken in Ihrem Angebot zu schließen. Das ist Ihr Job. Durch das Mapping von Erfahrungen können Sie Übergangsvolatilität in einem größeren System von Interaktionen lokalisieren und innovative Lösungen finden, um sie zu beheben.

Das heißt aber nicht, dass Sie jeden Touchpoint gestalten müssen. In vielen Situationen liegen bestimmte Aspekte außerhalb Ihrer Kontrolle. Wenn Sie jedoch die verschiedenen Faktoren verstehen, die zu einer Erfahrung beitragen, können Sie bestimmen, auf welche Teile Sie sich konzentrieren und wie Sie negative Erfahrungen vermeiden können, selbst wenn Sie einige Aspekte nicht beeinflussen können.

Außerdem geht es nicht um eine durchgehende Einheitlichkeit. Bemühen Sie sich vielmehr um *Kohärenz* bei der Konzeption und Gestaltung des Gesamtsystems. Schaffen Sie eine ausgewogene Wahrnehmung Ihrer Organisation oder Ihres Unternehmens, aber geben Sie den Menschen dennoch die Kontrolle, ihre eigenen Erfahrungen zu gestalten.

Obwohl wir in einer dienstleistungsorientierten Wirtschaft leben, ist es schwer zu definieren, was genau gutes Service Design ausmacht. Ein Teil der Herausforderung besteht darin, dass im Gegensatz zu physischen Gütern die Übergänge zwischen den Touchpoints bei einer Dienstleistung nicht greifbar sind. Sie entfalten sich in Echtzeit, und danach sind diese Momente vergangen.

Service Design ist ein wachsendes Feld, bei dem es darum geht, unbeabsichtigte Service-Erfahrungen zu vermeiden. Durch Service Design sollen deshalb bewusste Maßnahmen erfolgen, um positive Serviceerfahrungen zu schaffen, zu liefern und dauerhaft konsistent und wiederholt aufrechtzuerhalten. Das Mapping einer Erfahrung in einem Service Blueprint gehört zum elementaren Vorgehen in diesem Bereich.

Dieses Kapitel bietet einen Überblick über und einen historischen Hintergrund zu Service Blueprints. Es werden auch verwandte und erweiterte Techniken wie Lean Consumption und Expressive Service Blueprinting behandelt.

Dienstleistungen visualisieren

Service Design ist nichts Neues. Es lässt sich bis zu den Schriften von G. Lynn Shostack aus den frühen 1980er-Jahren zurückverfolgen. Ein Eckpfeiler des Service Design ist eine Map des Dienstleistungsprozesses. Shostack bezeichnet diese in ihren Originalartikeln als *Service Blueprint*. Abbildung 10-2 zeigt ein frühes Beispiel aus Shostacks Artikel »Designing Services That Deliver« aus dem Jahr 1984.

Dieser Blueprint ist eher schlicht und ähnelt einem Flussdiagramm. Dennoch liefert er wertvolle Einblicke in die Erfahrungen im Umgang mit einem Discountbroker. Zum Beispiel gibt es etwa ein Dutzend Schritte, die allein für das »Erstellen und Versenden von Abrechnungen« erforderlich sind.

Shostack gibt auch einen Hinweis auf potenzielle Schwachstellen (gekennzeichnet mit einem *F* für »Fail Point«). Das sind kritische Punkte, an denen sich Inkonsistenzen zeigen oder der Service komplett ausfallen kann.

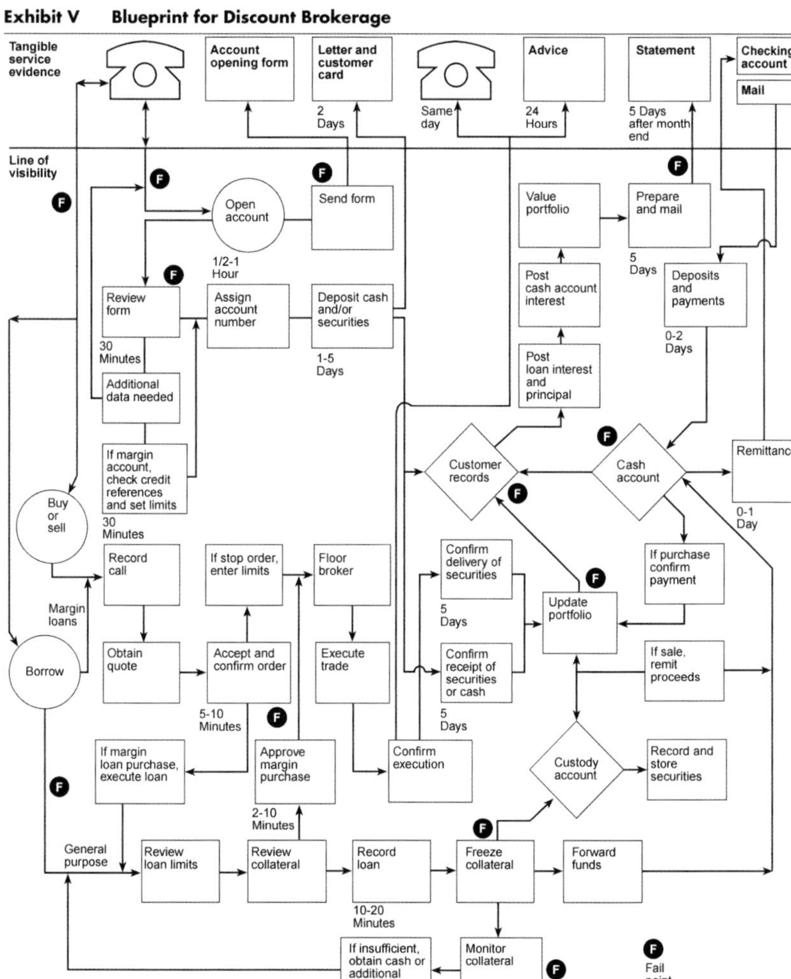

ABBILDUNG 10-2. Ein frühes Beispiel eines Service Blueprint von G. Lynn Shostack zeigt die Komplexität bei der Bereitstellung einer Dienstleistung.

Shostack betont die allgemeine Bedeutung von Mapping-Aktivitäten beim Service Design. Sie schreibt:

> *Die Wurzel der meisten Serviceprobleme ist in der Tat das Fehlen einer systematischen Planung und Kontrolle. Die Verwendung eines Blueprints kann einem Serviceentwickler frühzeitig dabei helfen, nicht nur Probleme, sondern auch das Potenzial für neue Marktchancen zu erkennen.*
>
> …
>
> *Ein Blueprint fördert die Kreativität, die vorausschauende Problemlösung und die kontrollierte Umsetzung. Dadurch lässt sich das Potenzial für Fehlschläge reduzieren und die Fähigkeit des Managements verbessern, effektiv über neue Dienstleistungen nachzudenken. Blueprinting hilft, den Zeitaufwand und die Ineffizienz einer eher zufällig erfolgenden Serviceentwicklung zu reduzieren, und gibt einen besseren Überblick über die Gestaltung des Servicemanagements.*

Seitdem haben sich Service Blueprints stark verbreitet. Die British Standard Institution – vergleichbar mit dem Deutschen Institut für Normung (DIN) – beschreibt beispielsweise in BS 7000-3:1994 allgemeine Richtlinien für das Service Design. Diese Norm bietet damit eine Orientierung für das Management branchenübergreifender Servicegestaltung aus Kundensicht. Durch Blueprinting sollen Schwachstellen – Punkte, an denen eine Dienstleistung scheitern kann – identifiziert und entsprechend adressiert werden.

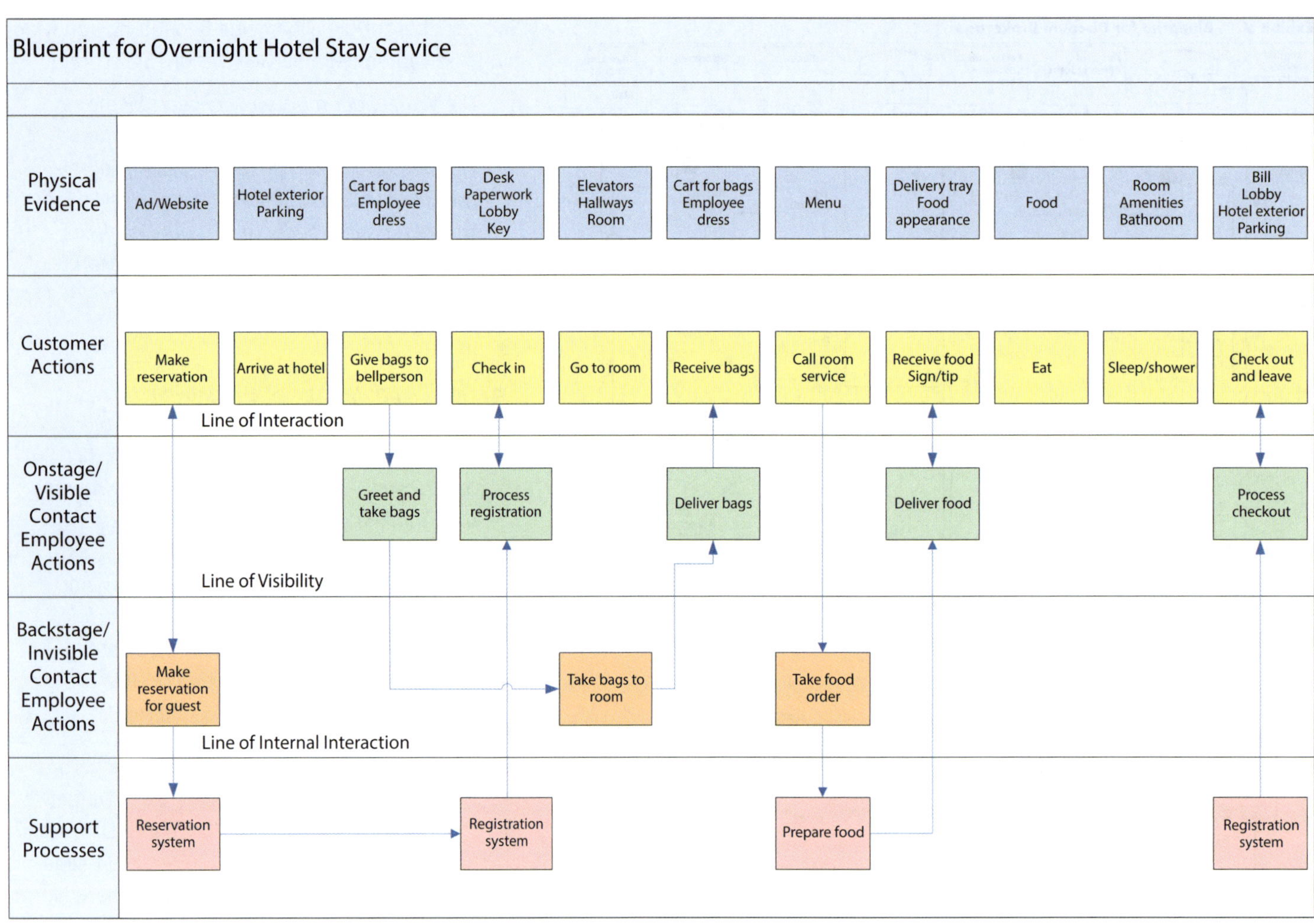

ABBILDUNG 10-3. Dieser von Bitner et al. erstellte Service Blueprint einer Dienstleistung im Hotelgewerbe zeigt eine Standardmethode der Diagrammerstellung.

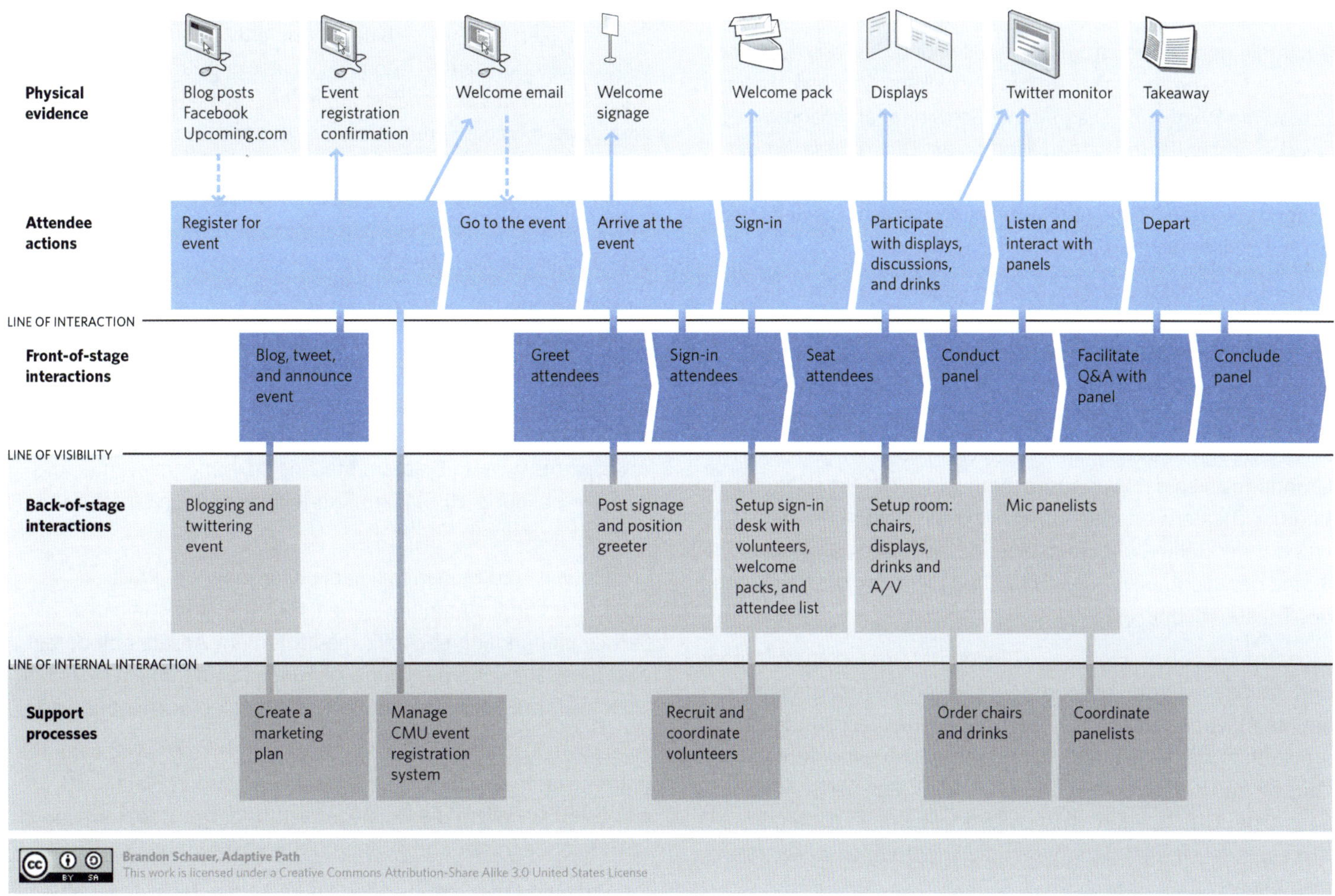

ABBILDUNG 10-4. Dieser Service Blueprint, der die Erfahrung eines Konferenzteilnehmers zeigt, enthält auch einen visuellen Abgleich der Frontstage- und Backstage-Aktivitäten.

Mary Jo Bitner und Kollegen entwickelten einen strukturierteren und normalisierten Ansatz für das Service Blueprinting. Abbildung 10-3 zeigt ein Beispiel für einen Blueprint, der von Bitner und ihrem Team für ein Hotel erstellt wurde.

Durch die getrennten Informationszeilen und die Farbcodierung ist diese Map besser lesbar als das Beispiel von Shostack. Es lehnt sich an die Swim-Lane-Diagramme (Schwimmbahndiagramme) aus der Geschäftsprozessmodellierung an. Durch diese Art der Anordnung wird sowohl die Serviceerfahrung als auch deren Erbringung verständlicher, und Verbesserungsmöglichkeiten lassen sich schneller erkennen.

Außerdem wird dadurch besser unterschieden zwischen den Frontstage-Interaktionen, die ein Individuum erlebt, und den Backstage-Interaktionen – den Prozessen, die zur Erbringung einer Dienstleistung notwendig sind. Die Begriffe *Frontstage* und *Backstage* finden sich in der gesamten Literatur zum Thema Service Design und spiegeln die in diesem Buch vorgestellten Grundprinzipien der Wertausrichtung wider. Die Bezeichnungen sind der Theaterwelt entlehnt, in der das Publikum nur das sieht, was auf der Bühne, der Frontstage, passiert. Alles, was hinter der Bühne geschieht, bleibt unsichtbar und dient der Unterstützung des Theatererlebnisses.

Moderne Versionen von Service Blueprints folgen dem von Bitner und Kollegen geprägten Muster. Abbildung 10-4 zeigt einen Service Blueprint, der von Brandon Schauer erstellt wurde. Er arbeitete früher als Stratege bei Adaptive Path, einer führenden Gruppe für User Experience Design, und ist jetzt Senior VP bei Rare, einer Organisation, die sich für Maßnahmen gegen den Klimawandel einsetzt. Es schildert die Erfahrung eines Konferenzteilnehmers.

Erweiterungen des Service Blueprinting

Die Techniken des Service Blueprinting entwickeln sich ständig weiter. So modifizierten Thomas Wreiner und Kollegen das Standardformat von Bitner et al., indem sie mehrere Anbieter hinzufügten, wie in ihrem Artikel »Exploring Service Blueprints for Multiple Actors« aus dem Jahr 2009 beschrieben. Abbildung 10-5 zeigt die Interaktionen zwischen drei Akteuren auf einem öffentlichen Parkplatz: dem Autofahrer, dem Betreiber und dem Eigentümer des Parkplatzes.

Ihr Ansatz und die Visualisierung im vorliegenden Diagramm zeigen, dass ein solcher Parkservice zwar oberflächlich betrachtet trivial aussehen mag, dass sich dahinter aber eine komplexere Struktur verbirgt. Bei der zunehmend komplexeren Natur von Dienstleistungen und der Mischung aus Offline- und Online-Touchpoints werden Diagrammtechniken immer relevanter, die (wie in Abbildung 10-5) komplizierte Beziehungen hinter den Kulissen aufzeigen.

Erik Flowers und Megan Miller, die Begründer der Practical Service Design Community, haben die Standardtechnik des Service Blueprinting ebenfalls modifiziert. Ihr Ansatz zielt darauf ab, Frontstage- und Backstage-Aktionen zu koordinieren, wobei jedoch ein breiteres Spektrum an Aspekten berücksichtigt wird.

Außerdem löst sich ihr Modell von einem strikten Swim-Lane-Diagramm zugunsten farbcodierter Stapel. Das spart Platz und erleichtert vor allem die Onlinebetrachtung. Die Stapel sind in Spalten angeordnet und können unterschiedlich hoch sein.

Die Definition des Schritts oder der Phase der Serviceinteraktion steht an der Spitze des Stapels, gefolgt von der Beschreibung des Touchpoints. Letzteres kann auch durch einen Screenshot oder

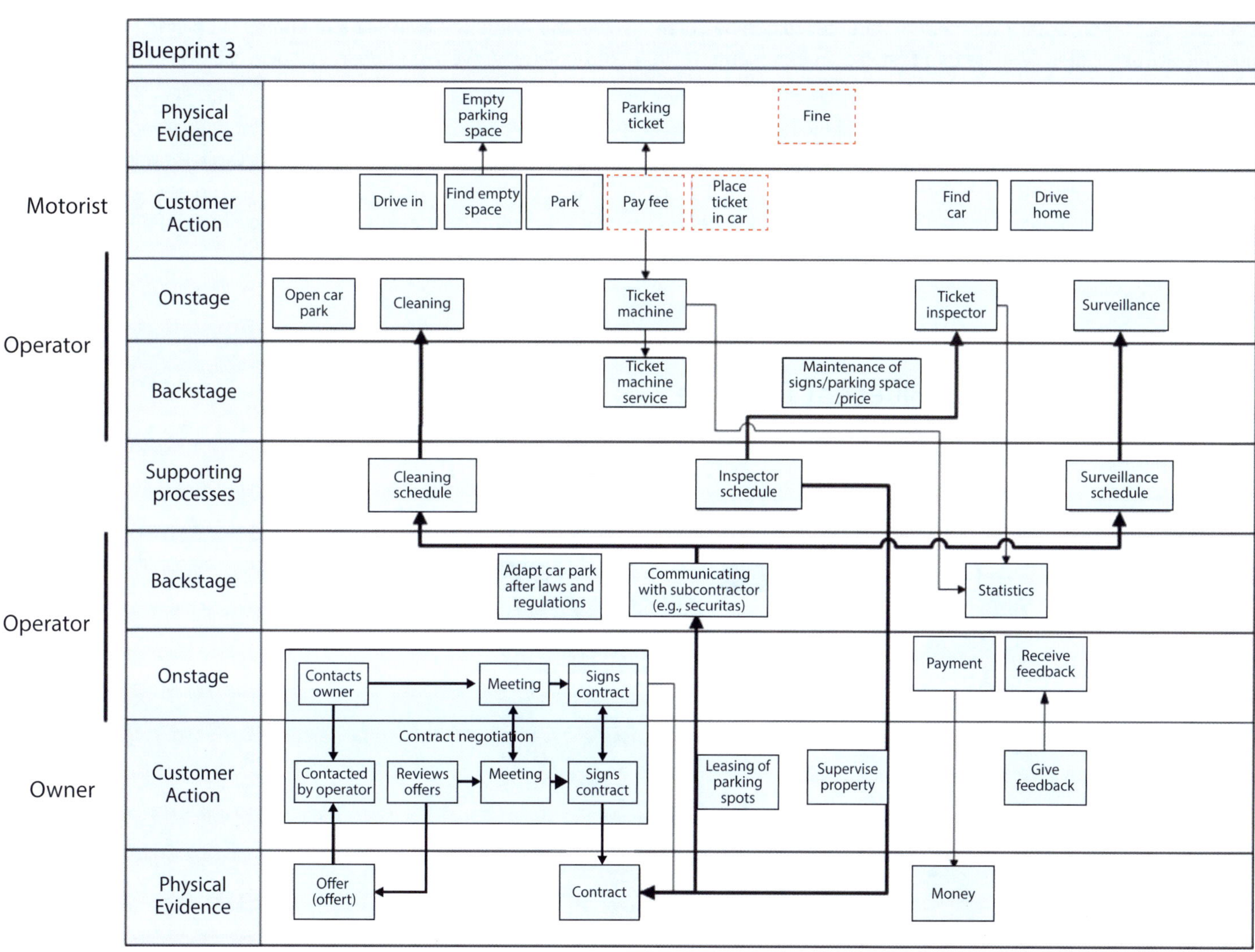

ABBILDUNG 10-5. Ein erweiterter Ansatz beim Service Blueprinting bildet mehrere Stakeholder in einem Diagramm ab.

ein Foto geschehen, sofern vorhanden. Darunter folgen Beschreibungen der beteiligten Akteure und Systeme. In den meisten Fällen liegen für diese vier obersten Ebenen Informationen vor.

Die danach folgenden Elemente sind optional und können in ihrer Anzahl variieren. Sie umfassen Details zu relevanten Richtlinien und Regeln, Beobachtungen und Fakten, Metriken und Daten sowie kritischen Momenten. Um andere einzubinden, können Sie auch offene Fragen aus dem Team oder Ideen zur Lösung der identifizierten Chancen mit aufnehmen. Abbildung 10-6 zeigt die grundlegende Vorlage für einen Practical Service Blueprint.

Der Ansatz ist flexibel und frei von dogmatischen Vorgaben. Er kann an verschiedene Situationen angepasst und erweitert werden. In der Fallstudie am Ende des Kapitels finden Sie ein ausführliches Beispiel und erfahren mehr über diesen Ansatz – und die Durchführung von Practical-Service-Blueprinting-Sitzungen.

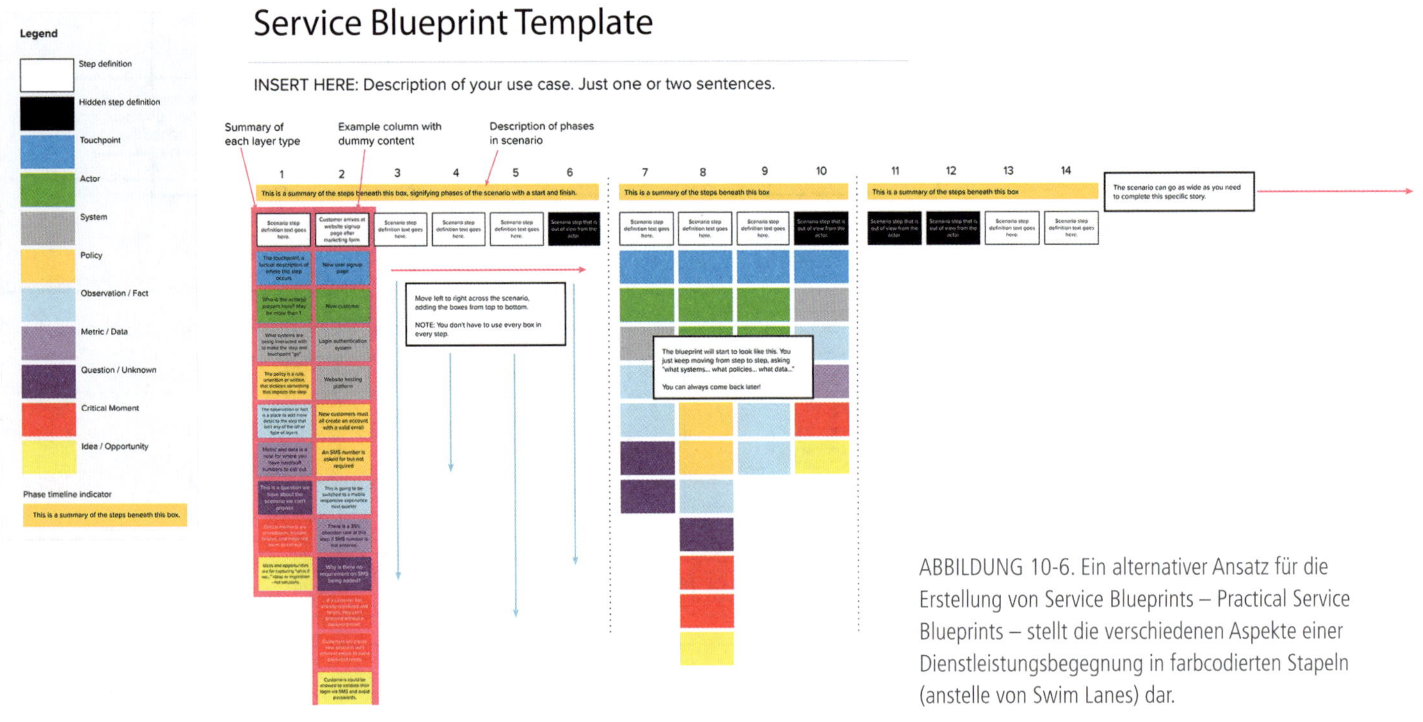

ABBILDUNG 10-6. Ein alternativer Ansatz für die Erstellung von Service Blueprints – Practical Service Blueprints – stellt die verschiedenen Aspekte einer Dienstleistungsbegegnung in farbcodierten Stapeln (anstelle von Swim Lanes) dar.

Expressive Service Blueprinting

Eine häufige Kritik an Service Blueprints lautet, dass sie keine expliziten Informationen über den emotionalen Zustand einer Person enthalten. Um diese Lücke zu schließen, fügten Susan Spraragen und Carrie Chan den Service Blueprints eine zusätzliche Gefühlsdimension hinzu in einem Ansatz, den sie *Expressive Service Blueprinting* nennen.

Abbildung 10-7 zeigt ein Beispiel (das auch in Kapitel 1 in Abbildung 1-4 zu sehen war), das den Besuch eines Patienten beim Augenarzt visualisiert. Die wichtigsten Komponenten eines Expressive Service Blueprint, die sich von einem traditionellen Service Blueprint unterscheiden, sind folgende:

- *Emotionale Reaktionen.* Die Gefühle der Verbraucher werden klar ausgedrückt und grafisch dargestellt, entweder durch Symbole, Fotos, Grafiken oder durch andere Elemente.
- *Layout.* Den Frontstage-Aspekten der Customer Journey wird mehr Platz eingeräumt als den Backstage-Aktivitäten, da in dieser Phase des Blueprinting- und Designprozesses die Perspektive des Konsumenten im Vordergrund steht.
- *Anbieteridentität.* Die Rollen der an der Dienstleistung Beteiligten werden genauer im Hinblick auf ihre Funktion gekennzeichnet. Verwenden Sie also keine allgemeinen Begriffe wie *Anbieter* und *Verbraucher*, sondern Begriffe, die bei den tatsächlichen Teammitgliedern des Anbieters Resonanz finden.

Eine grundlegende Herausforderung, die im Beispieldiagramm dargestellt wird, betrifft die Compliance der Patienten, also die Therapietreue bzw. Befolgung der Verschreibungen und Rezepte. In diesem Beispiel ist der Patient über seine Verschreibung verwirrt und besorgt wegen der Kosten des Medikaments. Dieser Expressive Blueprint verdeutlicht die Quelle der Verwirrung, indem zwei emotionale Zustände verfolgt werden: Ablenkung und Angst – Aspekte, die mit traditionellen Blueprinting-Techniken möglicherweise übersehen worden wären.

Verwandte Ansätze

»Lean« ist ein weit gefasster Begriff, der auf unterschiedlichste Weise benutzt wird. Alle Verwendungen haben jedoch eines gemeinsam: Es geht darum, Verschwendung zu vermeiden. James Womack und Daniel Jones, Pioniere der Lean-Bewegung, skizzieren die grundlegenden Prinzipien in ihrem wegweisenden Buch »Lean Thinking«. Die Schritte, die sie empfehlen, lauten:

1. *Beschreiben Sie den Wert.* Geben Sie an, welchen Wert Sie aus Sicht des Kunden schaffen. Definieren Sie dies im Hinblick auf die gesamte Erfahrung, nicht nur auf einzelne Interaktionen.
2. *Identifizieren Sie die Wertschöpfungskette.* Die Wertschöpfungskette ist die Gesamtheit der Aktionen und Prozesse, die ein Unternehmen benötigt, um diesen Wert zu liefern. Der Lean-Ansatz zielt darauf ab, Schritte zu eliminieren, die keinen Mehrwert bringen.
3. *Optimieren Sie den Fluss.* Beim Lean Management geht es darum, die Effizienz der Produktion zu steigern. Das bedeutet, die Backstage-Serviceprozesse zu optimieren.
4. *Lassen Sie den Kunden »ziehen«.* Nachdem der Fluss hergestellt ist, lassen Sie den Kunden den Wert nach oben »ziehen« (*Pull-Prinzip*). Beginnen Sie mit der Nachfrage oder dem Bedarf des Kunden und richten Sie Ihr Angebot darauf aus.

Diagramme sind ein fester Bestandteil der Lean-Praktiken. *Value Stream Mapping* (Wertstrom-Mapping) ist eine spezielle Technik zur Darstellung der Wertschöpfungskette – siehe Punkt 2. Die Konzentration gilt dabei ausschließlich den Backstage-Prozessen,

Expressive service blueprint for opthalmologist visit

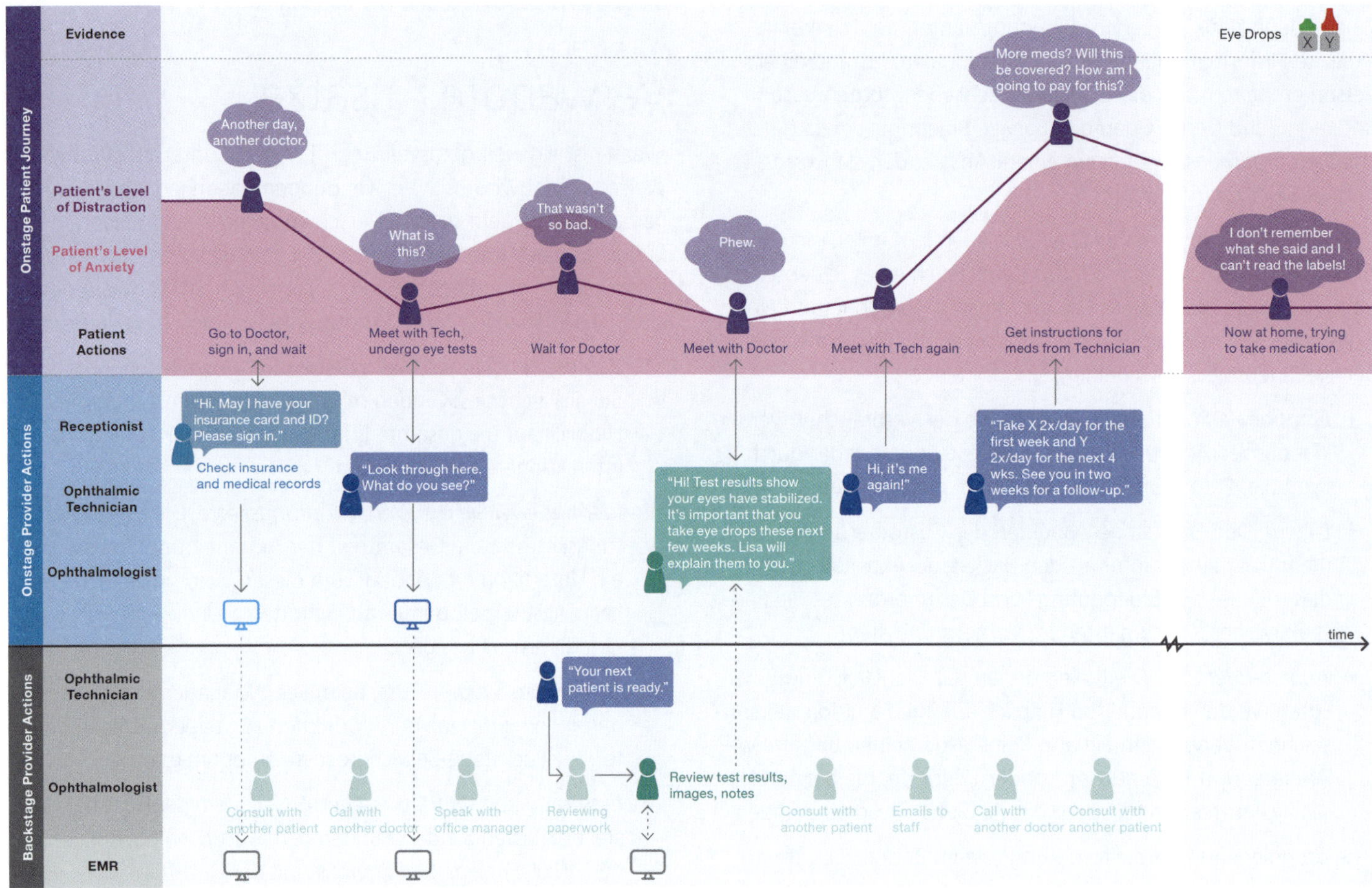

ABBILDUNG 10-7. Ein Expressive Service Blueprint integriert emotionale Reaktionen in das Diagramm, um eine stärker erfahrungsbezogene Ansicht der Interaktion zu liefern.

die erforderlich sind, um dem Kunden einen Mehrwert zu liefern, wie in Abbildung 10-8 gezeigt.

Dieses Diagramm ähnelt der unteren Hälfte eines typischen Service Blueprint. Und auch wenn es nicht besonders kundenorientiert erscheint, will man durch eine solche Darstellung des Wertstroms verstehen, wie der Wert bereitgestellt wird. Die Autoren Karen Martin und Mike Osterling erläutern die Vorteile dieses Werkzeugs in ihrem Buch »Value Stream Mapping«:

> *In den meisten Unternehmen kann keine einzelne Person die komplette Reihenfolge der Ereignisse beschreiben, die nötig ist, um eine Kundenanfrage durch eine Ware oder Dienstleistung zu bedienen. ... Diese Lücke im Verständnis gehört zu der Art von Problemen, die dazu führen, dass man durch Verbesserungen in einem Funktionsbereich neue Probleme in einem anderen Bereich verursacht. ... Es ist eine Art von Problem, die wohlmeinende Unternehmen dazu bringt, »erfahrungstechnologische Lösungen« zu implementieren, die wenig dazu beitragen, das wahre Problem zu beheben oder die Kundenerfahrung zu verbessern.*

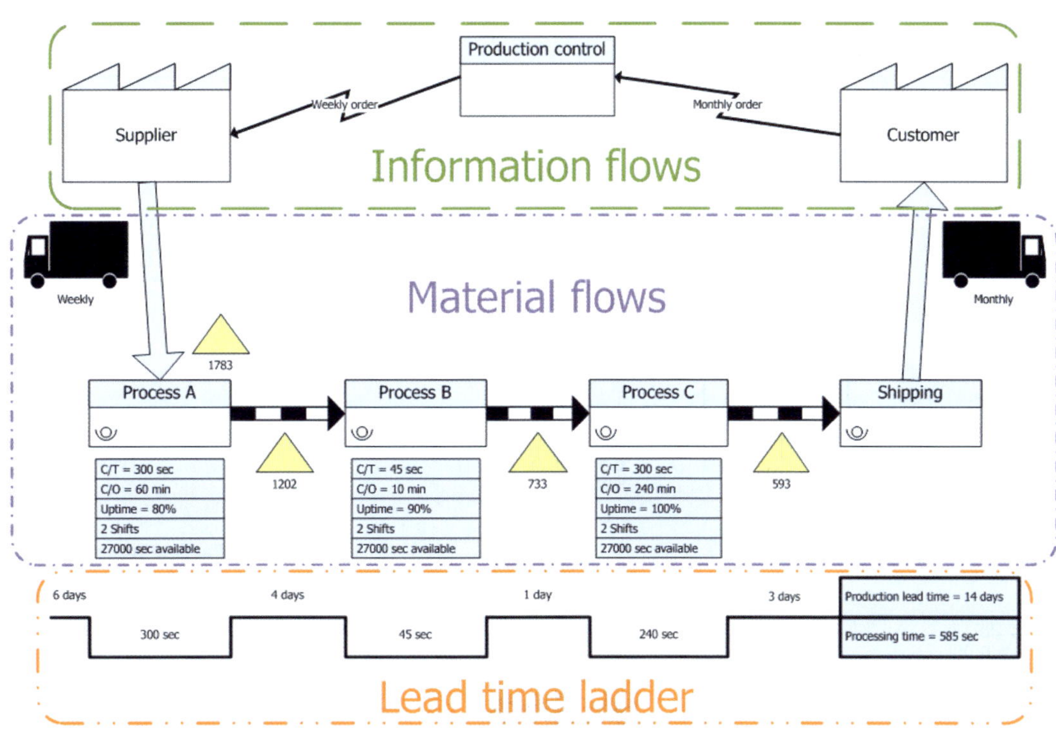

ABBILDUNG 10-8. Dieses Beispiel einer Value Stream Map konzentriert sich auf Prozesszeiten und Effizienz.

Lean zu sein, bedeutet, ausgerichtet zu sein. Ausrichtungsdiagramme passen also nicht nur in den Lean-Kanon, sondern können ihn sogar um eine umfassende Beschreibung der Kundenerfahrung erweitern.

Lean Consumption

Ein Ziel des wertorientierten Designs ist die Reduzierung der Komplexität zum Vorteil des Kunden. Um dies zu veranschaulichen, untersuchte G. Lynn Shostack in ihren ursprünglichen Mapping-Studien der 1980er-Jahre die genauen Zeitpunkte, zu denen einzelne Interaktionen stattfanden.

Abbildung 10-9 zeigt die exakten Zeitangaben für eine beispielhafte Begegnung im Rahmen einer Dienstleistung – in diesem Fall geht es um das Schuheputzen an einer Straßenecke. Da solche Servicebegegnungen in Echtzeit stattfinden, sollten Servicedesigner direkt im Blueprint einen üblichen, akzeptablen Zeitrahmen festlegen.

James Womack und Daniel Jones haben in ihrem gleichnamigen Artikel von 2005 den Begriff »Lean Consumption« geprägt. Darin beschreiben sie das Potenzial für positive Beiträge zum Geschäftsergebnis und eine höhere Wertschöpfung für beide Seiten der Gleichung:

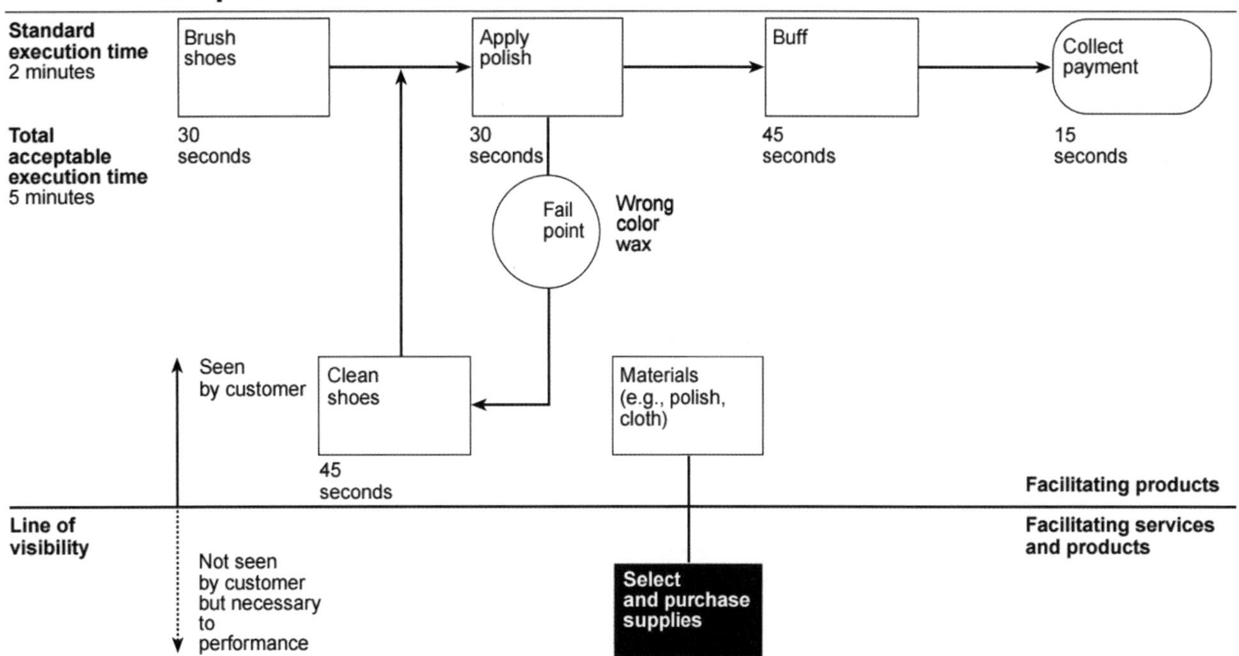

ABBILDUNG 10-9. Dieser einfache Blueprint für das Schuheputzen enthält sekundengenaue Zeitangaben.

Unternehmen glauben vielleicht, dass sie Zeit und Geld sparen, indem sie Arbeit auf den Kunden abwälzen – zu dessen Problem es dann aber beispielsweise wird, einen Computer zum Laufen zu bringen, und dessen Zeit sie auf diese Weise verschwenden. In Wirklichkeit ist jedoch das genaue Gegenteil der Fall. Indem die Systeme für die Bereitstellung von Waren und Dienstleistungen verschlankt und deren Kauf und Nutzung durch die Kunden erleichtert wird, senkt eine wachsende Zahl von Unternehmen tatsächlich die eigenen Kosten und spart gleichzeitig allen Beteiligten Zeit. In diesem Prozess lernen diese Unternehmen mehr über ihre Kunden, stärken die Kundenbindung und gewinnen neue Kunden, die von weniger nutzerfreundlichen Wettbewerbern abwandern.

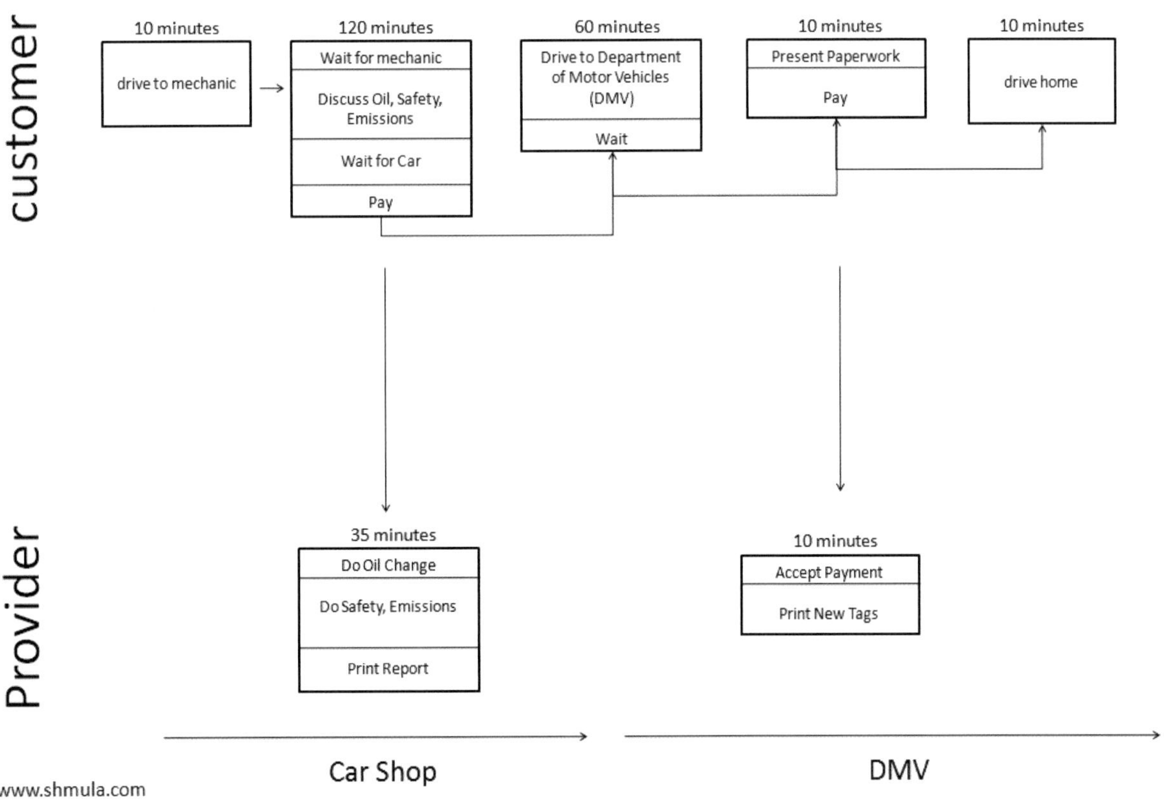

ABBILDUNG 10-10. VORHER – für die jährliche Inspektion und Zulassungsverlängerung eines Fahrzeugs in den USA benötigte ein Kunde 210 Minuten bei zwei verschiedenen Dienstleistern.

Um Lean Consumption zu visualisieren, empfehlen die Autoren, eine Map der Schritte zu erstellen, die Kunden durchlaufen, um Produkte und Dienstleistungen zu konsumieren. Sie nennen diese Diagramme *Lean Consumption Maps*.

Die Abbildungen 10-10 und 10-11 zeigen zwei Beispiele, die von Pete Abilla, einem Unternehmensberater für Dienstleistungsdesign, erstellt wurden. Vergleichen Sie die Struktur einer Dienstleistungsbegegnung im Rahmen einer jährlichen Fahrzeuginspektion und -zulassungsverlängerung in den USA vor (Abbildung 10-10) und nach (Abbildung 10-11) einem Redesign des Service.

Das Balkendiagramm zeigt, dass der gesamte Prozess für den Kunden vor der Verbesserung insgesamt 210 Minuten dauerte mit Touchpoints bei zwei Anbietern: der Autowerkstatt und der Division of Motor Vehicles (DMV). Nach der Kombination von Inspektion und Registrierung bei Jiffy Lube, einer nationalen Tankstellenkette in den USA, benötigte der Prozess nur noch 65 Minuten.

Aus der Perspektive der Lean Consumption sollte die Notwendigkeit für Dienstleister klar sein: Vergeuden Sie nicht die Zeit des Kunden. Deren Erfahrung so schlank wie möglich zu gestalten, verbessert Zufriedenheit und Loyalität. Das wird sich letztendlich im Geschäftsergebnis widerspiegeln.

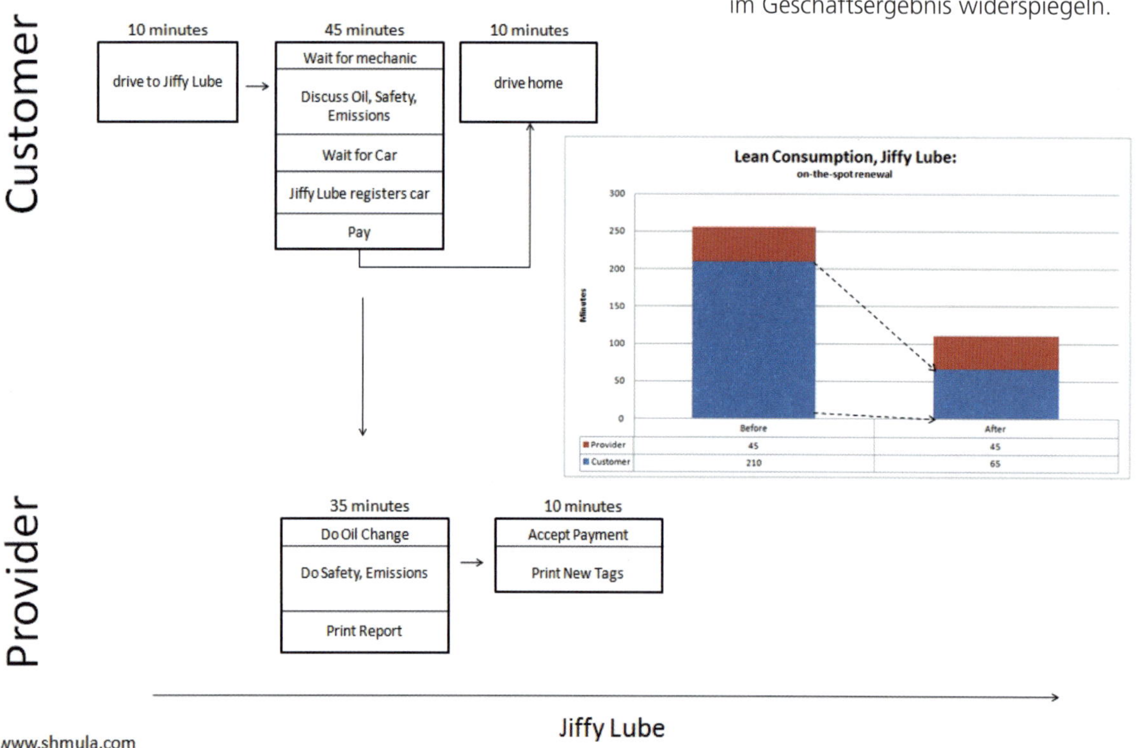

ABBILDUNG 10-11. NACHHER – nach einem Redesign der Dienstleistung reduziert sich der Zeitaufwand für den Kunden auf nur noch 65 Minuten.

Elemente eines Service Blueprint

Service Blueprints bestehen aus mehreren Informationsebenen. Aus dem Zusammenspiel dieser Ebenen ergibt sich die systemische Betrachtung der Serviceerfahrung. Ein Service Blueprint enthält fünf Hauptkomponenten, die der Reihe nach in Abbildung 10-12 gezeigt werden:

- *Objektive Belege.* Diese entstehen an den Touchpoints, an denen Kunden interagieren. Zu diesen Touchpoints können physische Geräte, elektronische Software und persönliche Interaktionen gehören.
- *Aktionen des Kunden.* Das sind die wesentlichen Schritte, die ein Kunde unternimmt, um mit dem Dienstleistungsangebot eines Unternehmens zu interagieren.
- *Frontstage-Aktionen.* Das sind die für den Kunden sichtbaren Aktionen des Anbieters. Die Grenze der Sichtbarkeit trennt Frontstage-Touchpoints von Backstage-Aktionen.
- *Backstage-Aktionen.* Das sind die internen Mechanismen des Unternehmens zur Servicebereitstellung, die für den Kunden nicht sichtbar sind, sich aber direkt auf die Kundenerfahrung auswirken.
- *Unterstützungsprozesse.* Das sind interne Prozesse, die sich indirekt auf die Kundenerfahrung auswirken. Unterstützungsprozesse können Interaktionen zwischen dem Unternehmen und Partnern oder Drittanbietern umfassen.

Tabelle 10-1 fasst unter Verwendung des in Kapitel 2 skizzierten Rahmens die Hauptaspekte zusammen, durch die Service Blueprints definiert sind.

TABELLE 10-1. Entscheidende Merkmale von Service Blueprints.

Perspektive	Einzelperson als Empfänger einer Dienstleistung. Typischerweise auf einen einzelnen Akteur konzentriert, kann aber auch mehrere Akteure einbeziehen, wenn ein gesamtes Dienstleistungssystem untersucht wird.
Struktur	Chronologisch.
Umfang	Beispiele illustrieren üblicherweise eine einzelne Servicebegegnung, enthalten aber auch Übersichten über ein ganzes Serviceökosystem.
Fokus	Der Fokus liegt auf den Abläufen der Servicebereitstellung im Rahmen einer Dienstleistungsbegegnung mit Schwerpunkt auf Backstage-Aktionen und Touchpoints. Erweiterungen des Service Blueprinting fügen emotionale Informationen hinzu.
Verwendung	Wird verwendet zur Diagnose, Verbesserung und Verwaltung bestehender Dienstleistungssysteme. Gut für die Analyse spezifischer Zeitpunkte von Serviceinteraktionen, in manchen Fällen bis auf die Minute genau.
Stärken	Einfache, vordefinierte Struktur mit einem klaren Aufmerksamkeitsfokus. Relativ geringer Forschungs- und Untersuchungsbedarf. Geeignet für gemeinschaftliche Schöpfungsprozesse in Teams und mit Stakeholdern. Für andere anhand der Darstellung auf einer einzigen Seite leicht verständlich.
Schwächen	Es fehlen viele der kontextbezogenen Hinweise zu einer Erfahrung (z. B. »laute Umgebung« oder »wohlschmeckendes Essen«). Die Begriffsbezeichnung Blueprint (Blaupause) ist eine Fehlbezeichnung: Blueprints ähneln eher Flussdiagrammen als architektonischen Bauplänen.

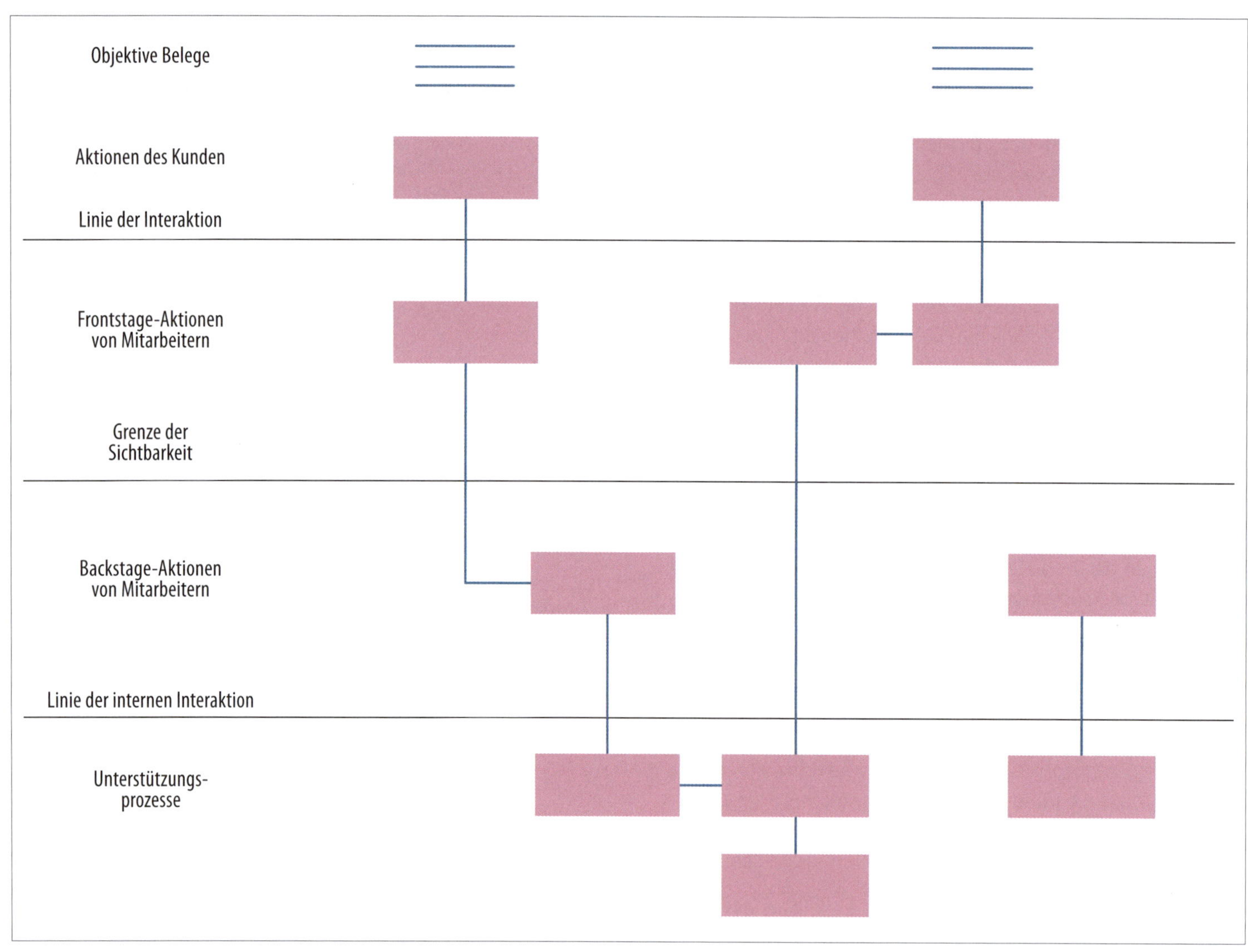

ABBILDUNG 10-12. In der Grundstruktur eines Service Blueprint werden Standardelemente in Zeilen ausgerichtet.

Weiterführende Literatur

Erik Flowers und Megan Miller, »Practical Service Design«
http://www.practicalservicedesign.com

Eine äußerst nützliche Sammlung von Inhalten und Ressourcen, einschließlich Vorlagen für den von Flowers und Miller entwickelten Ansatz der Practical Service Blueprints. Als Fans von Online-Blueprinting haben sie ein ganzes Tutorial aufgenommen, in dem erklärt wird, wie man Diagramme mit MURAL erstellt. Sie können auf Slack Teil der aktiven Community zu Practical Service Blueprinting werden.

Marc Stickdorn und Jakob Schneider, *This is Service Design Thinking* (Wiley, 2012)

Marc Stickdorn, Markus Edgar Hormess, Adam Lawrence und Jakob Schneider, *This is Service Design Doing* (O'Reilly, 2018)

Diese beiden Bücher haben sich zu Standardwerken über Service Design entwickelt. Ersteres konzentriert sich auf einen Teil der zugrunde liegenden Theorie, enthält aber auch viel Praxiswissen und stellt verschiedene Mapping-Techniken vor. Letzteres ist ein Handbuch der Methoden und Techniken, begleitet von einer umfangreichen Onlinebibliothek mit Vorlagen und Übungen.

Mary Jo Bitner, Amy L. Ostrom und Felicia N. Morgan, »Service Blueprinting: A Practical Technique for Service Innovation«, *Arbeitspapier, Center for Leadership Services, Arizona State University* (2007)

Dieser akademische Artikel enthält eine Fülle von praktischen Informationen, einschließlich einer detaillierten Anleitung zur Erstellung eines Service Blueprint, sowie zahlreiche Fallstudien. Es ist ein ausgezeichneter, grundsätzlicher Überblick über Service Blueprinting.

Andy Polaine, Lavrans Løvlie und Ben Reason, *Service Design* (Rosenfeld Media, 2013)

Eine der besten verfügbaren Quellen für ein umfassendes Verständnis von Service Design im Allgemeinen. Ein gründliches Buch, das ein schlüssiges Argument für das wachsende Feld des Service Design liefert. Kapitel 5 konzentriert sich speziell auf Diagramme als Teil dieser Disziplin.

G. Lynn Shostack, »How to Design a Service«, *European Journal of Marketing* (Januar 1982)

G. Lynn Shostak, »Designing Services That Deliver«, *Harvard Business Review* (Januar 1984)

Diese beiden Artikel werden häufig als Treibkraft für die Service-Design-Bewegung bezeichnet und sind eine eindeutige Leseempfehlung. Obwohl bereits einige Jahrzehnte alt, sind Shostaks Beobachtungen und Ratschläge auch heute noch absolut relevant.

James Womack und Daniel Jones, »Lean Consumption«, *Harvard Business Review* (März 2005)

Womack war ein Pionier der Lean-Bewegung. In diesem bahnbrechenden Artikel verlagert er die Aufmerksamkeit von schlanken Prozessen innerhalb eines Unternehmens auf die Kundenerfahrung. Zusammen mit Daniel Jones liefert er überzeugende Belege und Argumente dafür, den Weg der Lean Consumption zu gehen.

Practical Service Blueprinting: Moderation kollaborativer Sitzungen

von Erik Flowers und Megan Miller

Service Blueprints bieten eine vollständige Übersicht über die tatsächliche Arbeitsweise eines Unternehmens, was zu umsetzbaren Erkenntnissen führt, durch die Konsens und Empathie gefördert werden. Wir haben festgestellt, dass traditionelle Blueprints sich tendenziell auf einzelne Interaktionen konzentrieren und dabei oft das Gesamtbild vernachlässigen. Deshalb wollten wir das Blueprinting-Format zu einem praktischeren Ansatz weiterentwickeln, der einen besseren Überblick bietet.

Der Unterschied zwischen traditionellen und Practical Service Blueprints lässt sich aus unserer Sicht mit dem Unterschied zwischen einem Hausbau anhand der Aquarellzeichnung eines Künstlers und dem Hausbau anhand realer Baupläne eines Architekten vergleichen. Sie erzählen beide eine Geschichte, aber nur eine Variante ermöglicht Ihnen wirkliches Handeln.

Unser Blueprinting-Format vereint Aspekte verschiedener anderer Quellen, darunter klassische Service Blueprints, Customer Journey Maps, Empathy Maps sowie Elemente aus dem Storytelling. Wir entwickelten den Ansatz iterativ bei der Lösung realer Probleme unserer Kunden, sodass seine Anwendbarkeit bereits im Zuge seiner Entstehung überprüft wurde. Practical Service Blueprints basieren auf dem Prinzip, Elemente unserer Umwelt zu nehmen und sie zu etwas Größerem zu kombinieren unter Nutzung des Inputs von Tausenden von Menschen auf der ganzen Welt.

Wir halfen Banken, Gesundheitsdienstleistern, Technologieunternehmen, Anbietern von Streamingdiensten und sogar Regierungen dabei, dieses Format zu nutzen, und entwickelten darüber hinaus Techniken zum Einsatz am Arbeitsplatz. Dabei hat sich herausgestellt, dass es von entscheidender Bedeutung ist, dass die Erkenntnisse sofort umsetzbar sind – während der Sitzung als Teil der Moderation selbst. Beenden Sie eine Practical-Blueprinting-Sitzung nicht, ohne Maßnahmen für greifbare Veränderungen festgelegt zu haben. Es ist kein Workshop, es ist Arbeit.

Insgesamt besteht das Practical Service Blueprinting aus sechs Schritten:

- *Erkunden Sie den Möglichkeitsraum.* Legen Sie zunächst fest, an welchem Aspekt Sie arbeiten möchten. Das kann die Behebung eines bekannten Problems sein oder der Wunsch, eine Lücke zu schließen, die sich über mehrere Kanäle, Teams und Kontexte erstreckt.
- *Wählen Sie die Szenarien aus.* Wählen Sie für das Blueprinting eine Reihe wichtiger oder besonders schmerzhafter Szenarien aus.
- *Erstellen Sie Blueprints der Szenarios.* Bilden Sie mit unserer Blueprinting-Technik jeweils die vollständige Serviceerfahrung ab.

- *Sammeln Sie kritische Momente und Ideen.* Mögliche Serviceverbesserungen ergeben sich aus der Interpretation der im Team gemeinsam gewonnenen Erkenntnisse.
- *Identifizieren Sie Themen.* Clustern Sie die kritischen Momente in szenarioübergreifende Themen, um längerfristige, ganzheitliche Verbesserungen zu erkennen.
- *Handeln Sie.* Erstellen Sie eine Roadmap zur Serviceverbesserung, die sowohl sofort umsetzbare taktische Maßnahmen enthält als auch strategische Innovationen, die sich im Laufe der Zeit entfalten können.

Abbildung 10-13 zeigt einen vollständigen Practical Service Blueprint, der bei Intuit von einem funktionsübergreifenden Team unter Verwendung des beschriebenen Prozesses erstellt wurde. In der Mitte des Diagramms sehen Sie einen kritischen Moment sowie mehrere Pfeile und Kreise, die wichtige Punkte der Serviceerfahrung hervorheben, die es zu adressieren gilt.

Wenn Menschen zusammenkommen, um einen Practical Service Blueprint zu erstellen, gibt es zwei Konstanten. Erstens wird es immer eine kleine Fraktion geben, die anfänglich in Widerstand gehen und darüber murren, dass sie so etwas schon einmal gemacht haben. Und zweitens sind es dann dieselben Menschen, die sich zum Schluss bei den Moderatoren bedanken und davon schwärmen, dass der Prozess ganz anders abgelaufen sei als sonst, wie viele neue Erkenntnisse zutage gekommen seien und wie falsch sie mit ihrer anfänglichen Skepsis gelegen hätten.

Wir konnten selbst miterleben, wie milliardenschwere Unternehmen noch am selben Tag Maßnahmen ergriffen und sinnvolle Änderungen an ihren Systemen, Prozessen und Erfahrungen vornahmen. Practical Service Blueprinting ist das Gegenteil einer Theorie oder eines Laborexperiments: Es ist eine praktische, bewährte Vorgehensweise, die auf rasche Fortschritte und Erfolge ausgelegt ist.

Die Akzeptanz von Practical Service Blueprinting in der Praxis ist enorm. Große Unternehmen, Universitäten und Regierungen auf allen Kontinenten verwenden unseren Ansatz. Start-ups und kleine Unternehmen nutzen das Format, um herauszufinden, wie sie ihr Angebot verbessern können. Der breite Einsatz und die Attraktivität sind Beweis für den Wert dieser Methode.

Toby Wilcock, CEO bei Cloudwerx, einem Unternehmen für Cloud-Services in Australien, sagt über Practical Service Design: »Ihre Kurse für uns waren großartig. Wir haben Blueprinting massiv im Salesforce-Ökosystem genutzt, dem Rückgrat unseres Geschäfts. Erik und Megan sind der Knaller!«

Practical Service Blueprinting ist eine Open-Source-Technik. Wir sind keine Agentur und betreiben es nicht kommerziell. Stattdessen speisen wir kollektive Intelligenz zurück in dieses Format. Wir glauben, dass es genau diese Vorgehensweise ist, die Practical Service Blueprinting so erfolgreich gemacht hat. Letztendlich gebührt die Anerkennung denjenigen, die den Prozess und das Format in der Praxis angewendet haben. Die Ergebnisse sprechen für sich.

Über die Autorin und den Autor des Beitrags

Erik Flowers ist Mitbegründer von Practical Service Design und Principal Customer Experience Designer bei Intuit mit über 20 Jahren Erfahrung. Aus der Perspektive des modernen Service Design überdenkt er die Kundenerfahrungen im Ökosystem von Intuit und baut im gesamten Unternehmen die Fähigkeit auf, Erfahrungen von Anfang bis Ende und von der Oberfläche bis zum Kern zu betrachten.

Twitter: @erik_flowers

Megan Miller ist Mitbegründerin von Practical Service Design und Director of Service Design an der Stanford University, wo sie daran arbeitet, reibungslose und hochwertige Dienstleistungserfahrungen für das universitäre Umfeld zu gestalten. Megan verfügt über ein breites Spektrum an Designerfahrungen, unter anderem im Marken-, Kommunikations-, Identitäts-, UX-, Produkt- und Service Design.

Twitter: @meganerinmiller

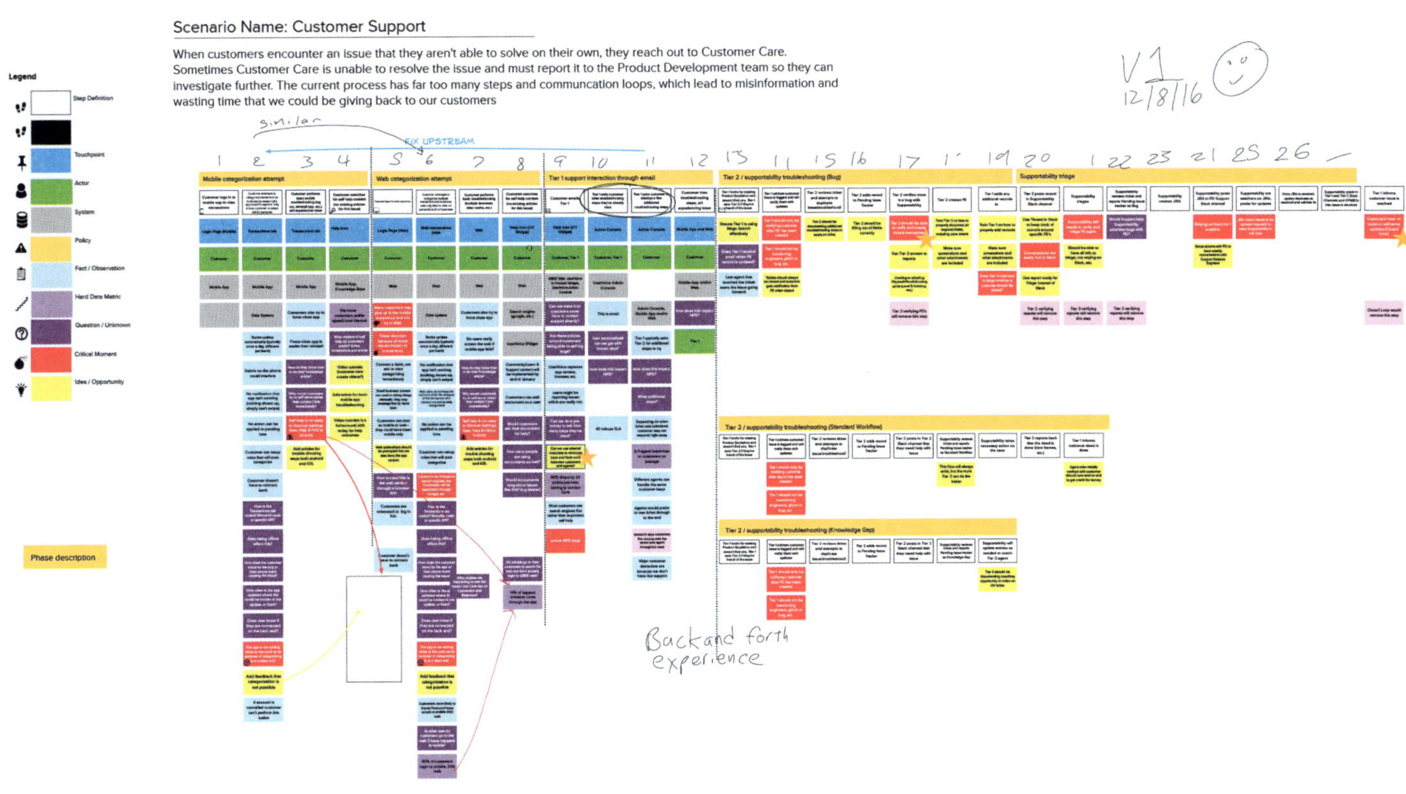

ABBILDUNG 10-13. Dieses Beispiel eines vollständigen Practical Service Blueprint zeigt unterschiedliche Ebenen von Analysen und Gesprächen sowie Ideen zu konkreten Folgeaktionen.[1]

1 Mehr zur Erstellung dieses Service Blueprint erfahren Sie in der Fallstudie zu digitalem Mapping bei Intuit mit MURAL: *https://mural.com/cases/intuit*.

Diagramm- und Bildnachweis

Teil 3, Diagramm unten links: Customer Journey Map, erstellt von Adam Richardson, ursprünglich erschienen in »Using Customer Journey Maps to Improve Customer Experience«, mit freundlicher Genehmigung

Abbildung 10-2: Service Blueprint von G. Lynn Shostack aus ihrem Artikel »Designing Services That Deliver«, mit freundlicher Genehmigung

Abbildung 10-3: Service Blueprint von Mary Jo Bitner, Amy L. Ostrom und Felicia N. Morgan aus ihrem Artikel »Service Blueprinting: A Practical Technique for Service Innovation«, mit freundlicher Genehmigung

Abbildung 10-4: Modernes Beispiel für einen Service Blueprint, erstellt von Brandon Schauer, mit freundlicher Genehmigung

Abbildung 10-5: Service Blueprint aus dem Artikel »Exploring Service Blueprints for Multiple Actors« von Thomas Wreiner et al., mit freundlicher Genehmigung

Abbildung 10-6: Vorlage für Practical Service Blueprints, entwickelt von Erik Flowers und Megan Miller, erstellt in MURAL, mit freundlicher Genehmigung

Abbildung 10-7: Expressive Service Blueprint, erstellt von Susan Spraragen und Carrie Chan, mit freundlicher Genehmigung

Abbildung 10-8: Value Stream Map aus Wikipedia, hochgeladen von Daniel Penfield, CC BY-SA 3.0

Abbildung 10-9: Blueprint »Schuhe putzen« von G. Lynn Shostack aus ihrem Artikel »Designing Services That Deliver«, mit freundlicher Genehmigung

Abbildungen 10-10 und 10-11: Diagramme aus dem Blogbeitrag »Lean Service: Customer Value and Don't Waste the Customer's Time« von Pete Abilla, mit freundlicher Genehmigung

Abbildung 10-13: Beispiel für einen fertigen Practical Service Blueprint von Erik Flowers, Jim Kalbach und dem Team von Intuit, erstellt in MURAL

IN DIESEM KAPITEL

- Hintergrund zu Customer Journey Maps
- Entscheidungsfindung und der Konversionstrichter
- Value Story Mapping
- Elemente von Customer Journey Maps
- Fallstudie: Value Story Mapping – Eine Alternative zu CJMs

KAPITEL 11

Customer Journey Maps

Der genaue Ursprung des Begriffs *Customer Journey Map* (*CJM*) ist unklar. Der Grundgedanke, sich eine Erfahrung über mehrere Touchpoints hinweg anzuschauen, scheint seine Wurzeln in Jan Carlzons Konzept der »Momente der Wahrheit« zu haben.[1] Carlzon befürwortete eine systemische Betrachtung der Kundenerfahrung, sprach aber nie explizit von einer Visualisierung der Customer Journey als solcher.

Erst als kurz vor der Jahrtausendwende das Feld des Customer Experience Management in den Fokus rückte, kam das Journey Mapping auf. So sprechen die Autoren Lewis Carbone und Stephan Haeckel in ihrem bahnbrechenden Artikel, der 1994 in der Fachzeitschrift *Marketing Management* erschien, von einem *Experience Blueprint*, den sie definieren als »eine bildliche Darstellung der zu entwickelnden Experience Clues[2], zusammen mit einer Spezifikation, durch die diese und ihre einzelnen Funktionen beschrieben werden«.[3]

Im Jahr 2002 führte Colin Shaw, ein Pionier der Customer Experience, das Konzept des sogenannten *Moment Mapping* ein, das an Carlzon erinnert.[4] Das resultierende Diagramm (Abbildung 11-1) bildet die Phasen der Kundenerfahrung mithilfe eines Pfeils ab.

Daraus lassen sich Möglichkeiten zur Gestaltung einer positiven Kundenerfahrung ableiten, die in Abbildung 11-2 dargestellt sind.

Der zeitgenössische Stil von CJMs scheint Mitte der 2000er-Jahre entstanden zu sein. Bruce Temkin, eine zentrale Figur im Bereich der Customer Experience, war einer der frühen Befürworter von CJMs und hat deren Einsatz in den USA stark vorangetrieben. In einem Forrester-Bericht aus dem Jahr 2010 mit dem Titel »Mapping the Customer Journey« definiert Temkin Customer Journey Maps als »Dokumente, die die Prozesse, Bedürfnisse und Wahrnehmungen der Kunden während ihrer Beziehung zu einem Unternehmen visuell darstellen.«

1 Vgl. Jan Carlzon: *Moments of Truth* (Reed Business, 1987).

2 In ihrem Artikel »Managing the Total Customer Experience« (erschienen in MIT Sloan Management Review) aus dem Jahr 2002 schlagen die Autoren Berry, Carbone und Haeckel vor, dass alles, was wahrgenommen oder gefühlt – oder durch Abwesenheit erkannt – werden kann, ein Experience Clue bzw. Erfahrungshinweis ist. Nicht nur das zu verkaufende Produkt oder die Dienstleistung gibt eine Reihe von Hinweisen, auch die physische Umgebung sowie die Mitarbeiter durch Gesten, Kommentare, Kleidung oder Tonfall. Die Summe aller Hinweise bildet die Gesamterfahrung des Kunden.

3 Lewis P. Carbone und Stephan H. Haeckel, »Engineering Customer Experiences«, *Marketing Management* (Winter 1994).

4 Colin Shaw und John Ivens, *Building Great Customer Experiences* (Palgrave Macmillan, 2002).

Die Bedeutung von CJMs hebt Temkin auch in seinem Blogbeitrag »It's All About Your Customer's Journey« hervor:

> *Unternehmen müssen Werkzeuge und Prozesse einsetzen, die das Verständnis für die tatsächlichen Kundenbedürfnisse stärken. Eines der wichtigsten Werkzeuge in diesem Bereich ist eine sogenannte Customer Journey Map ... Richtig eingesetzt, können diese Maps die Per spektive eines Unternehmens von inside-out auf outside-in verschieben.*

Abbildung 11-3 zeigt als Beispiel eine Customer Journey Map, die von Effective UI, einem führenden Beratungsunternehmen für digitale Erfahrungen, für einen Breitbandanbieter erstellt wurde. In der Mitte enthält die Map eine sehr markante emotionale Kurve. Das deutet darauf hin, dass viele Faktoren beteiligt sind, insbesondere die emotionale Komponente der Erfahrung.

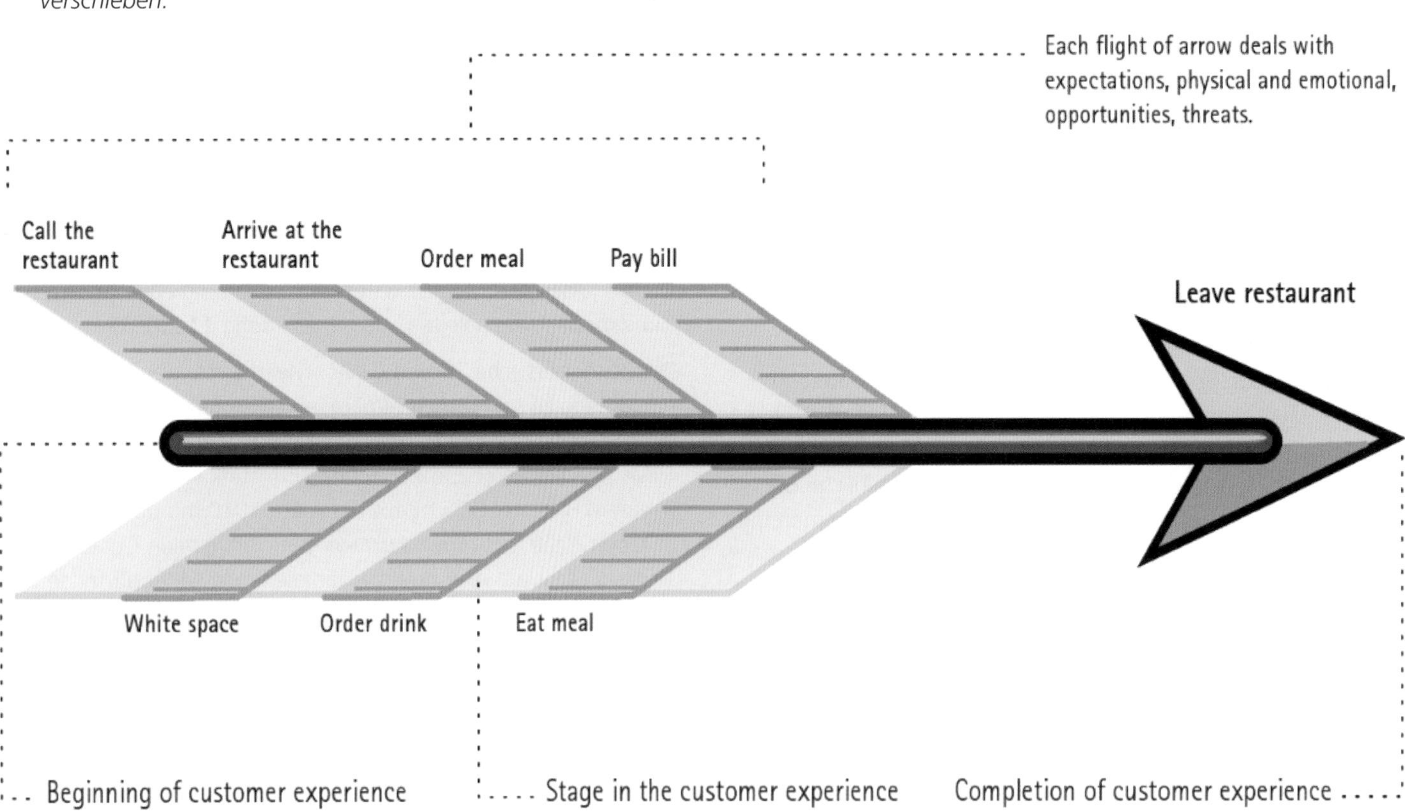

ABBILDUNG 11-1. Colin Shaws Beschreibung der Elemente einer Moment Map aus dem Jahr 2002 ähnelt einer zeitgenössischen Customer Journey Map.

CJMs sind organisationszentriert und betrachten Einzelpersonen als Konsumenten der Produkte und Dienstleistungen eines Unternehmens. Sie erzählen die Geschichte des Marktauftritts eines Unternehmens. Daraus ergeben sich drei Schlüsselelemente von Customer Journey Maps.

Zunächst gibt es eine Anfangsphase, in der eine Person auf die Dienstleistung oder Marke aufmerksam wird. Gerne werden Bezeichnungen wie »Aufmerksam werden« (Become Aware), »Entdecken« (Discover) oder »Erkundung« (Inquiry, wie in Abbildung 11-3 zu sehen) verwendet, um den Anfangspunkt der Reise zu markieren.

Step	Booking	White space	Travel	Arrive at car park	Enter restaurant	Place order
Expectation	I'll get through quickly and they'll have availability	Nothing is going to happen until I get to the restaurant on the night	I am not going to be offered any form of directions	The parking will be easy	I will be greeted with a smile and they will be friendly—take me to my table	There will be sufficient choice—it will be presented in a friendly way
Threat	They are fully booked	Nothing does happen—lost opportunity	Customer doesn't know where it is	There are no parking spaces when customer arrives	Customer is ignored because all the staff are busy	There is nothing on the menu that the customer likes—restaurant runs out of an advertised choice
Opportunity to exceed physical expectations	Wow—when I made the booking they realized I had been before and what I had eaten!	Wow—I have just received a letter confirming my reservation together with a copy of the menu	Wow—the restaurant has sent me a map!	Wow—they have reserved me a space!	Wow—they were waiting to greet us as we walked through the door!	Wow—waiter gives you his personal recommendation about what is good
Opportunity to exceed emotional expectations	They recognize you and can remember when I dined last time	The letter is personalized to me and suggests some dishes I may like. This makes me happy	I'm reading the menu; it sounds great!	There is a sign outside the restaurant saying welcome to me!	We are greeted like long lost family	They remember what I had last time which shows they care
Emotion evoked	Surprise, anticipation	Surprise and anticipation	They care	I'm special	I'm with my friends	They care

ABBILDUNG 11-2. Diese im Original wiedergegebene tabellenförmige Moment Map aus dem Buch *Building Great Customer Experiences* von Colin Shaw und John Ivens zeigt emotionale Aspekte einer Customer Journey.

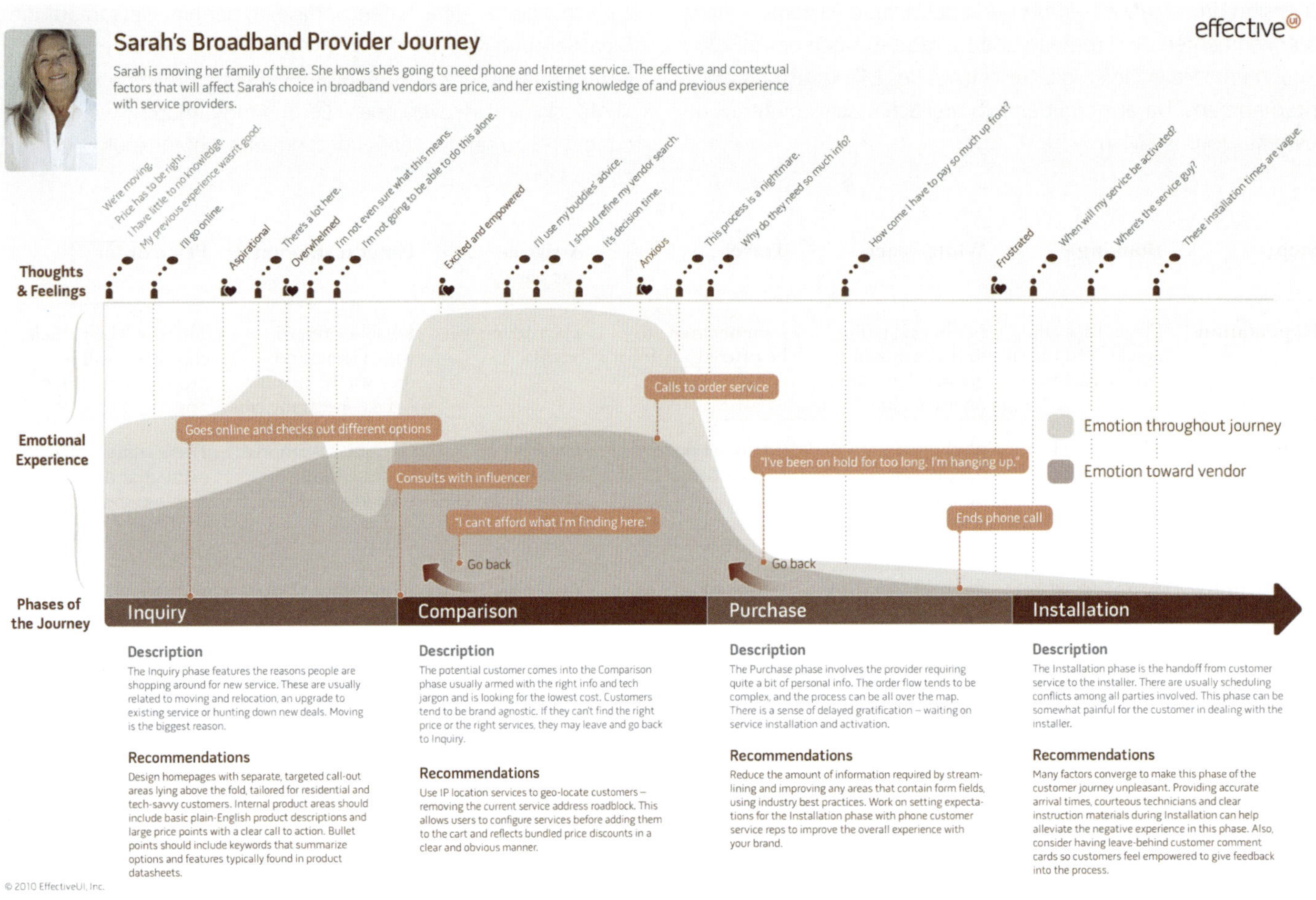

ABBILDUNG 11-3. Dieses Beispiel einer CJM für einen Breitbandanbieter, erstellt von Effective UI, konzentriert sich auf die emotionalen Aspekte der Journey.

ABBILDUNG 11-4. Das von Marc Stickdorn und Jakob Schneider erstellte Customer Journey Canvas ist eine Variation der typischen CJM.

Als Nächstes gibt es einen Entscheidungspunkt, typischerweise in zeitlicher Nähe zu einem Kauf. In der Regel findet man in der Mitte der Journey eine Phase mit der Bezeichnung »Kaufen« (Buy), »Auswählen« (Select) oder »Erwerben« (Acquire). Im vorherigen Beispiel (Abbildung 11-3) gibt es eine entsprechende Phase, die mit »Kauf« (Purchase) gekennzeichnet ist.

Außerdem müssen CJMs zeigen, warum ein Kunde treu bleiben und den Service weiterhin nutzen würde. Dies wird oft einfach mit einer Phase namens »Verwenden« (Use) oder Ähnlichem angezeigt. Darüber hinaus können aber auch zusätzliche Interaktionen wie »Unterstützung erhalten« (Get Support), »Abo verlängern« (Renew) oder »Empfehlen« (Advocate) angegeben sein, die alle widerspiegeln, wie Einzelpersonen von der Lösung profitieren.

CJMs helfen bei der Beantwortung solcher Fragen wie: Wie kann ein Unternehmen seine Kunden besser einbinden? Wie kann es einen Mehrwert bieten, der sie immer wieder zurückkehren lässt? Wie kann es die Relevanz seiner Dienstleistungen steigern?

Die Antworten auf diese Fragen zeigen, dass es bei der Schaffung hervorragender Erfahrungen nicht um die Optimierung einzelner Touchpoints geht, sondern vielmehr darum, dass die Touchpoints ein einheitliches Ganzes bilden. CJMs sind ein strategisches Werkzeug zur Visualisierung von Touchpoints, um diese effektiver zu gestalten.

Das *Customer Journey Canvas* (Abbildung 11-4) ist eine Variante der CJM, die sich besonders gut eignet, um Input vom gesamten Team zu erhalten. Die offene Anordnung auf einer Leinwand (Canvas) lädt andere zum Mitmachen ein. Das Customer Journey Canvas wurde von den Service-Design-Experten Marc Stickdorn und Jakob Schneider für ihr einflussreiches Buch »This is Service Design Thinking« entwickelt. Die Vorlage im Canvas-Stil ermöglicht Teams, ihre Customer Journey gemeinsam zu prüfen.

Das Grundformat des Customer Journey Canvas zeigt sowohl die Frontstage- als auch die Backstage-Komponenten der Serviceerfahrung. Es stimmt z. B. die Handlungen des Anbieters vor der Erbringung der Dienstleistung mit den Kundenerwartungen ab und ebenso die Art und Weise, in der ein Anbieter die Kundenbeziehungen in der Zeit nach einer Servicebegegnung gestalten wird.

Bei CJMs gibt es nicht so viele feste Regeln zur Formatierung und Formulierung wie beim traditionellen Service Blueprint (wie im vorherigen Kapitel beschrieben). Es ist ein vielseitiger Ansatz. Es lassen sich leicht Beispiele finden, die Ausnahmen darstellen.

Customer Lifecycle Maps

Einige Praktiker unterscheiden darüber hinaus zwischen Customer Journey Maps und Customer Lifecycle Maps.[5] Letztere sind noch breiter angelegt und befassen sich mit der lebenslangen Beziehung zwischen einem Kunden und einem Unternehmen. Kundenlebenszyklen umfassen typischerweise etwas abstraktere Phasen, die eher eine Gesamtbeziehung als eine spezifische Journey wiedergeben.

Die Geschichte der Planung von Kundenlebenszyklen lässt sich bis in die frühen 1960er-Jahre zurückverfolgen. So entwickelte Russell Colley im Jahr 1961 in einem Buch mit dem Titel »Defining Advertising Goals for Measured Advertising Results« (die Technik wird auch kurz als DAGMAR bezeichnet) einen Rahmen für die Bewertung des Werbeerfolgs. Colleys Modell enthielt mehrere Phasen der Interaktion: von der *Awareness*, dem Gewahrwerden, bis zur *Aktion*. Seine Zeitgenossen Robert

5 Vgl. etwa Lavrans Løvlie, »Customer Journeys and Customer Lifecycles«, Livework-Blog (Dezember 2013).

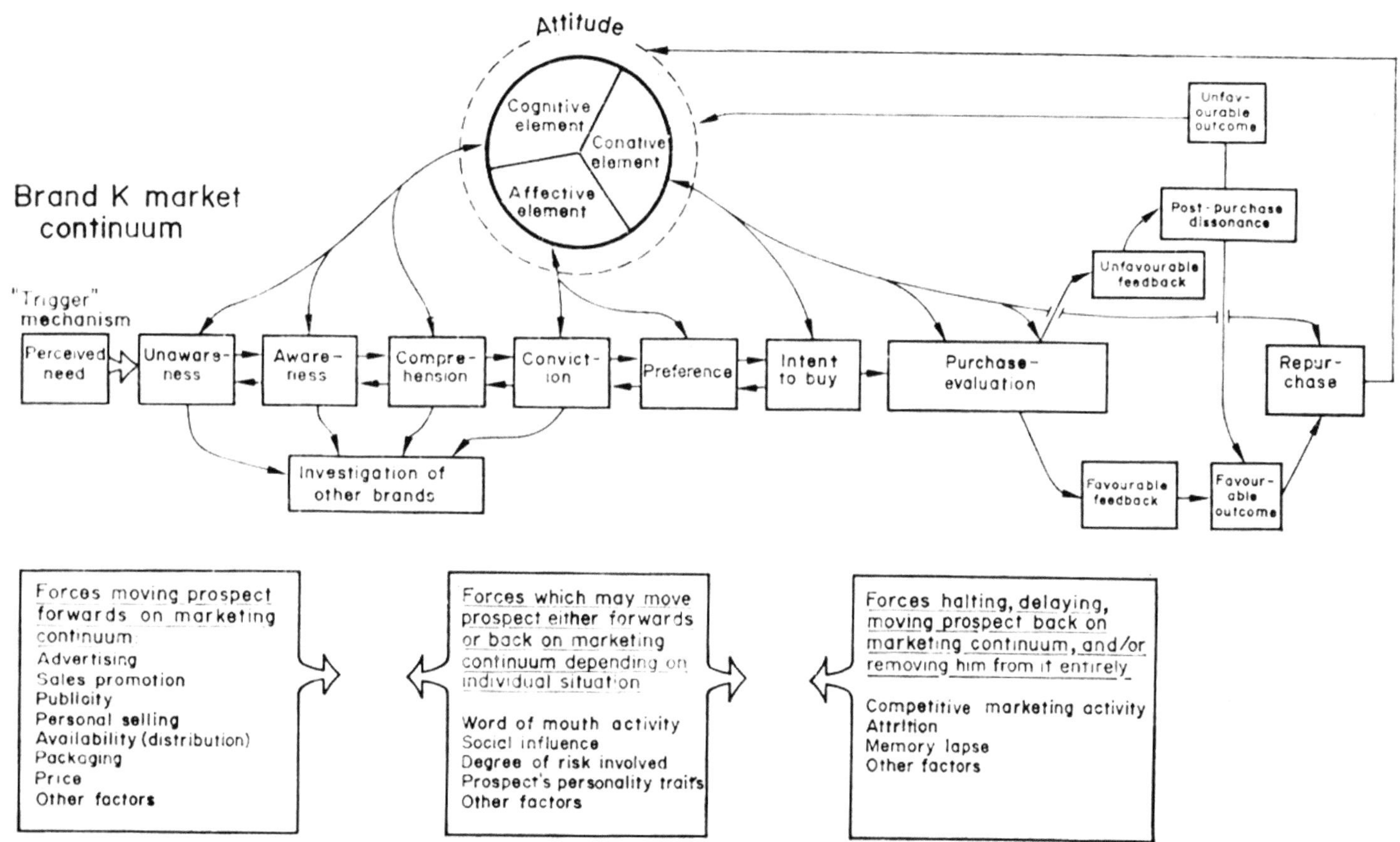

ABBILDUNG 11-5. John Jenkins' Modell des Kundenlebenszyklus (1972) stellt vielleicht das früheste Beispiel für eine Journey Map dar.

Lavidge und Gary Steiner präsentierten im gleichen Jahr ein ähnliches Modell.[6]

Aus diesen und anderen in den 1960er-Jahren entstandenen Modellen entwickelte John Jenkins in seinem 1972 erschienenen Buch »Marketing and Customer Behaviour« eines der frühesten vollständigen Lebenszyklusdiagramme. Abbildung 11-5 zeigt sein ursprüngliches Modell, das er *Marktkontinuummodell* nennt.

Kerry Bodine, Autorin und führende Expertin im Bereich Customer Experience, bietet ein modernes Format für Customer Lifecycle Maps an. Die von ihr vorgeschlagene Struktur betrachtet die Stufen vom Erkennen eines anfänglichen Bedarfs über die Auswahl und die Verwendung bis zum Empfehlen oder Verlassen. Abbildung 11-6 veranschaulicht diese Phasen mit Pfeilen, um die ungefähre Bewegung durch die Gesamterfahrung nachzuzeichnen. Zunächst gibt es eine offene, divergente Suchbewegung, die sich zu einer konvergierenden Auswahlbewegung zuspitzt. Die Verwendung einer Lösung (sowie von dazugehörigen Korrekturen) wird fortlaufend und zirkulär – im Kreis auf der rechten Seite – dargestellt.

Aus meiner Sicht sind Customer Lifecycle Maps und CJMs Teil einer hierarchischen Ordnung, in die wir auch Service Blueprints miteinbeziehen können. Lifecycle Maps betrachten die Gesamtbeziehung eines Individuums zu einer Marke im Zeitverlauf. CJMs konzentrieren sich auf den Erwerb einer bestimmten Lösung. Service Blueprints schließlich beschreiben spezifische Interaktionen innerhalb der Customer Journey, und zwar meist nach dem Erwerb einer Dienstleistung.

Abbildung 11-7 veranschaulicht die ungefähre Beziehung zwischen Kundenlebenszyklen, CJMs und Service Blueprints, in diesem Fall für die Erfahrung beim Kauf und dem folgenden Besitz eines Autos. In der Praxis existieren weitere Interpretationen dieser Diagrammtypen. Meine Darstellung ist nur eine Möglichkeit, die Beziehung zwischen ihnen zu betrachten.

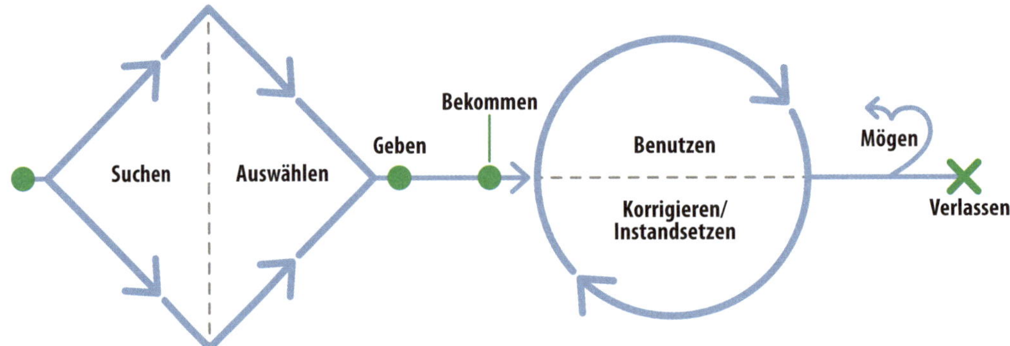

ABBILDUNG 11-6. Diese moderne Version einer Customer Lifecycle Map, die von Kerry Bodine erstellt wurde, veranschaulicht die Gesamterfahrung, die Verbraucher mit einer Lösung oder Marke machen könnten.

6 Robert Lavidge und Gary Steiner, »A Model for Predictive Measurements of Advertising Effectiveness«, *Journal of Marketing* (Oktober 1961).

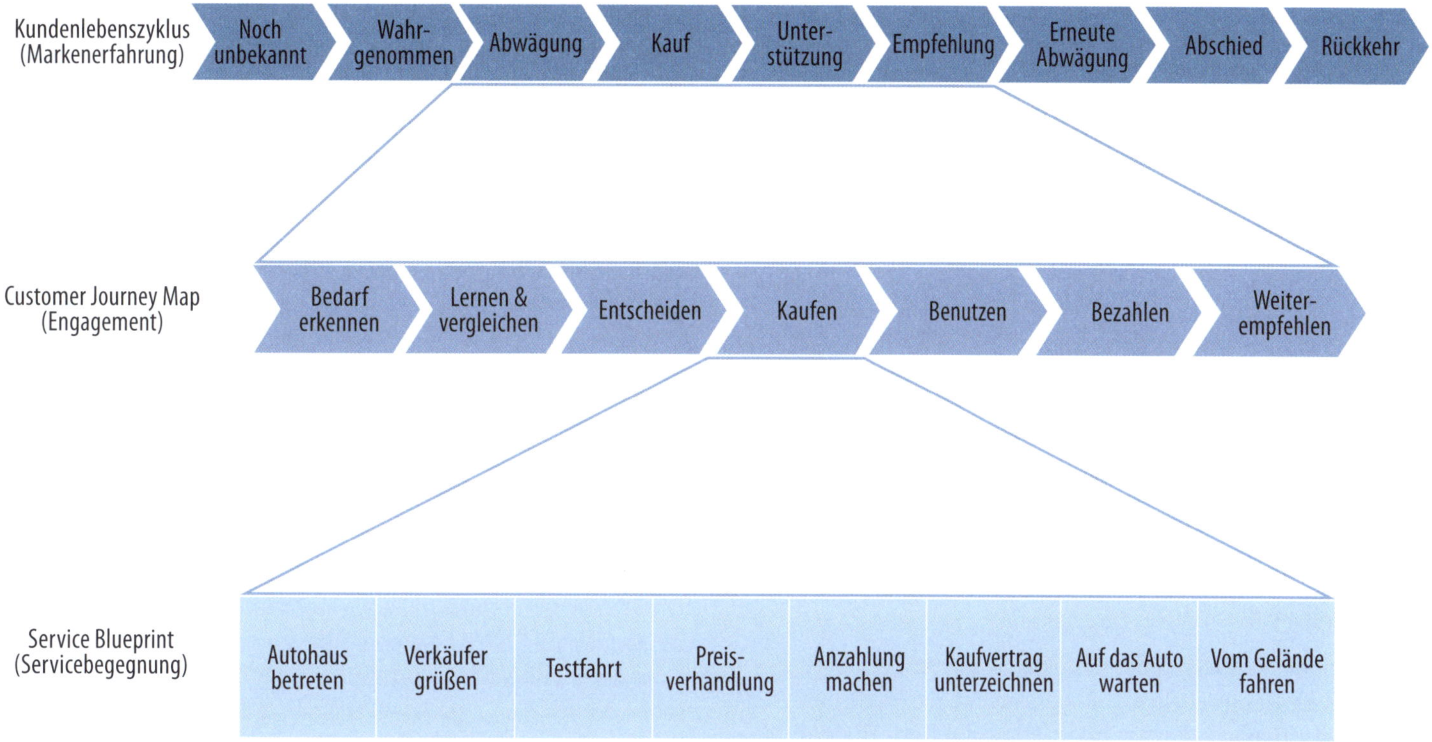

Kundenlebenszyklus
(Markenerfahrung)
Noch unbekannt
Wahr-genommen
Abwägung
Kauf
Unter-stützung
Empfehlung
Erneute Abwägung
Abschied
Rückkehr
Customer Journey Map
(Engagement)
Bedarf erkennen
Lernen & vergleichen
Entscheiden
Kaufen
Benutzen
Bezahlen
Weiter-empfehlen
Service Blueprint
(Servicebegegnung)
Autohaus betreten
Verkäufer grüßen
Testfahrt
Preis-verhandlung
Anzahlung machen
Kaufvertrag unterzeichnen
Auf das Auto warten
Vom Gelände fahren

ABBILDUNG 11-7. Kundenlebenszyklen betrachten die gesamte Beziehung zu einer Marke. Customer Journey Maps betrachten eine begrenztere Form des kundenseitigen Engagements. Service Blueprints analysieren typischerweise bestimmte Arten von Servicebegegnungen.

Knowledge
(Kenntnis)
Persuasion
(Überzeugung)
Decision
(Entscheidung)
Implementation
(Anwendung)
Confirmation
(Bestätigung)

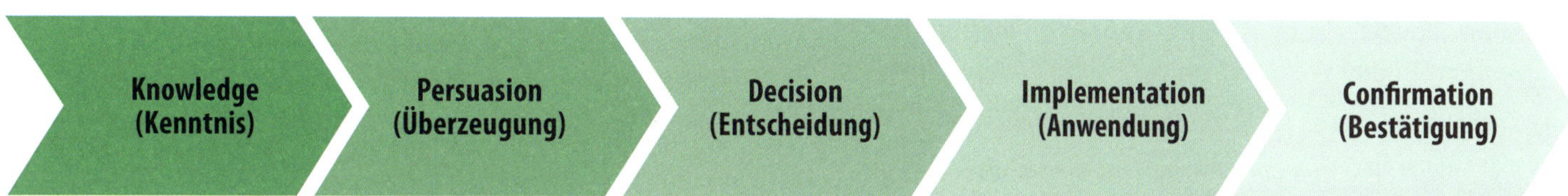

ABBILDUNG 11-8. Der Adoptionsprozess von Innovationen, der erstmals von Everett Rogers beschrieben wurde, ist ein frühes Modell, auf dem Customer Journey Maps basieren.

Verwandte Modelle

Außerhalb des kommerziellen Umfelds hat Everett Rogers die Komplexität bei der Adoption, also der erstmaligen Nutzung bzw. der Entscheidung zur Einführung neuer Produkte aufgedeckt. In seinem bahnbrechenden Buch »Diffusion of Innovations« skizziert Rogers einen *Adoptionsprozess für Innovationen*, der auf jahrzehntelanger Forschung basiert (Abbildung 11-8).

Obwohl dieser Prozess in den 1960er-Jahren beschrieben wurde, ähnelt er der typischen Struktur moderner CJMs. Die wichtigsten Phasen sind in beiden Prozessen vorhanden: Es gibt eine Phase der erstmaligen Wahrnehmung zu Beginn, einen Entscheidungspunkt in der Mitte und dann Phasen, um die Entscheidung zu bestätigen und ihr treu zu bleiben. Rogers' Prozess weist eindeutig das gleiche Grundgerüst auf wie eine moderne CJM. Tatsächlich bescheinigt John Jenkins dem Modell von Rogers auch einen direkten Einfluss auf seine damalige Visualisierung in Abbildung 11-5.

Vor allem die Einstellung des Einzelnen während der Überzeugungsphase ist entscheidend. Rogers konnte die Prädiktoren für die Entscheidungsfindung in dieser Phase auf fünf Grundprinzipien eingrenzen. Dies sind die Fragen, die Entscheidungsträger letztendlich stellen, bevor sie eine neue Dienstleistung oder ein neues Produkt einführen:

- *Relativer Vorteil* – Ist es besser als bestehende Alternativen?
- *Kompatibilität* – Ist es geeignet? Passt es zu meinen Überzeugungen und Werten?
- *Komplexität* – Ist es leicht zu verstehen und zu bedienen?
- *Erprobbarkeit* – Kann es ohne Nachteile getestet werden?
- *Beobachtbarkeit* – Kann es beobachtet und verstanden werden?

Wenn die meisten Fragen bejaht werden können, steigt die Wahrscheinlichkeit der Einführung. Es sind Schlüsselfaktoren, die den Entscheidungsprozess beeinflussen.

Beachten Sie, dass es sich hierbei um *wahrgenommene* Merkmale handelt. Das heißt, die Wahrnehmung von Wert geschieht im Kopf des Kunden und ist keine absolute Eigenschaft eines Produkts oder einer Dienstleistung. In ähnlicher Weise versuchen CJMs zu verstehen, wie ein Angebot tatsächlich aus Kundensicht wahrgenommen wird.

Der Konversionstrichter

Die Kaufentscheidung wird typischerweise als Trichter dargestellt (Abbildung 11-9). Die jeweiligen Phasen oder Schritte auf dem Weg dorthin können variieren, je nachdem, wie der Trichter ausgelegt ist.

Dieses Bild will andeuten, dass Menschen durch eine weite Öffnung eintreten und im Zuge einer trichterförmigen Verengung zu einem Kauf geführt werden. Aber an verschiedenen Punkten kann die Entscheidung getroffen werden, den Prozess zu verlassen, wodurch die Anzahl der Personen reduziert wird, die den ganzen Weg bis zur Konversion fortsetzen.

Die Marktforscher von McKinsey and Company schlagen ein neues Modell vor, das sie *Consumer Decision Journey* nennen.[7] Abbildung 11-10 zeigt dieses modernisierte Entscheidungsmodell.

Die zirkuläre Anordnung spiegelt die Notwendigkeit wider, die Art und Weise, wie Verbraucher den Entscheidungsprozess durchlaufen, neu zu bewerten. Im Zeitalter der mündigen

7 Vgl. David Court et al., »The Consumer Decision Journey«, *McKinsey Quarterly* (Juni 2009), und David C. Edelman, »Branding in the Digital Age: You're Spending Your Money in All the Wrong Places«, *Harvard Business Review* (Dezember 2010).

Verbraucher ist der Prozess eher kreisförmig. Die Erfahrungen einer Person nach dem Kauf werden zu Bewertungskriterien der nächsten Person. Bei diesem Modell gibt es keinen »Top of the Funnel« mehr, keine Oberseite des Trichters, in den die Verbraucher massenhaft eintreten.

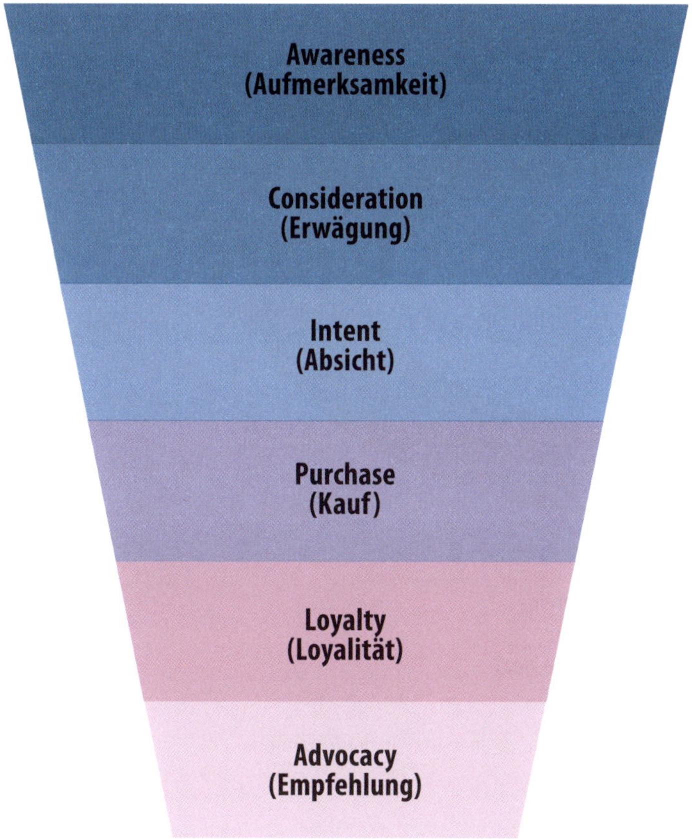

ABBILDUNG 11-9. Ein typischer Marketingtrichter, der den Verlauf der Customer Journey zeigt.

Darüber hinaus glauben die Autoren, dass die Verbraucher zunehmend anders nach Produkten und Dienstleistungen recherchieren und diese kaufen. Es wird im Vorfeld mehr verglichen als je zuvor, vorzugsweise online.

Traditionell gibt es drei Haupttypen von Touchpoints in Handelssituationen:

- *Stimulus* – Das allererste Mal, dass Kunden auf ein bestimmtes Produkt oder eine Dienstleistung aufmerksam werden.
- *Erster Moment der Wahrheit* – Die Entscheidung, ein Produkt oder eine Dienstleistung zu kaufen.
- *Zweiter Moment der Wahrheit* – Die erste Erfahrung, die Kunden bei der Nutzung eines Produkts oder einer Dienstleistung machen.

Mehr und mehr Verbraucher lesen Bewertungen anderer Verbraucher. Sie schauen sich Websites wie Amazon an, um ihre Entscheidungen vorzubereiten, oder fragen Twitter-Follower nach deren Meinung. Sie schauen sich auch an, wer hinter einem Dienst steht, und recherchieren Profile auf LinkedIn oder Facebook. Unabhängig von Branche oder Sektor sind Kunden heute weit besser informiert als noch vor zehn Jahren.

Neben dem ersten und zweiten Moment der Wahrheit haben die Marktforscher von Google einen neuen kritischen Touchpoint identifiziert: den *Zero Moment of Truth*, kurz ZMOT.[8] Dieser »nullte Moment der Wahrheit« liegt zwischen dem Stimulus und der Kaufentscheidung (Abbildung 11-11).

Beim ZMOT ist der Inhalt von entscheidender Bedeutung. Aber dieser Inhalt darf nicht als Marketinggewäsch daherkommen: Die Informationen am ZMOT-Touchpoint müssen sinn- und wertvoll sein. Erfolgreiche Unternehmen unterhalten sich mit ihren Konsu-

8 Vgl. Jim Lecinski, *ZMOT: Winning the Zero Moment of Truth* (Google, 2011).

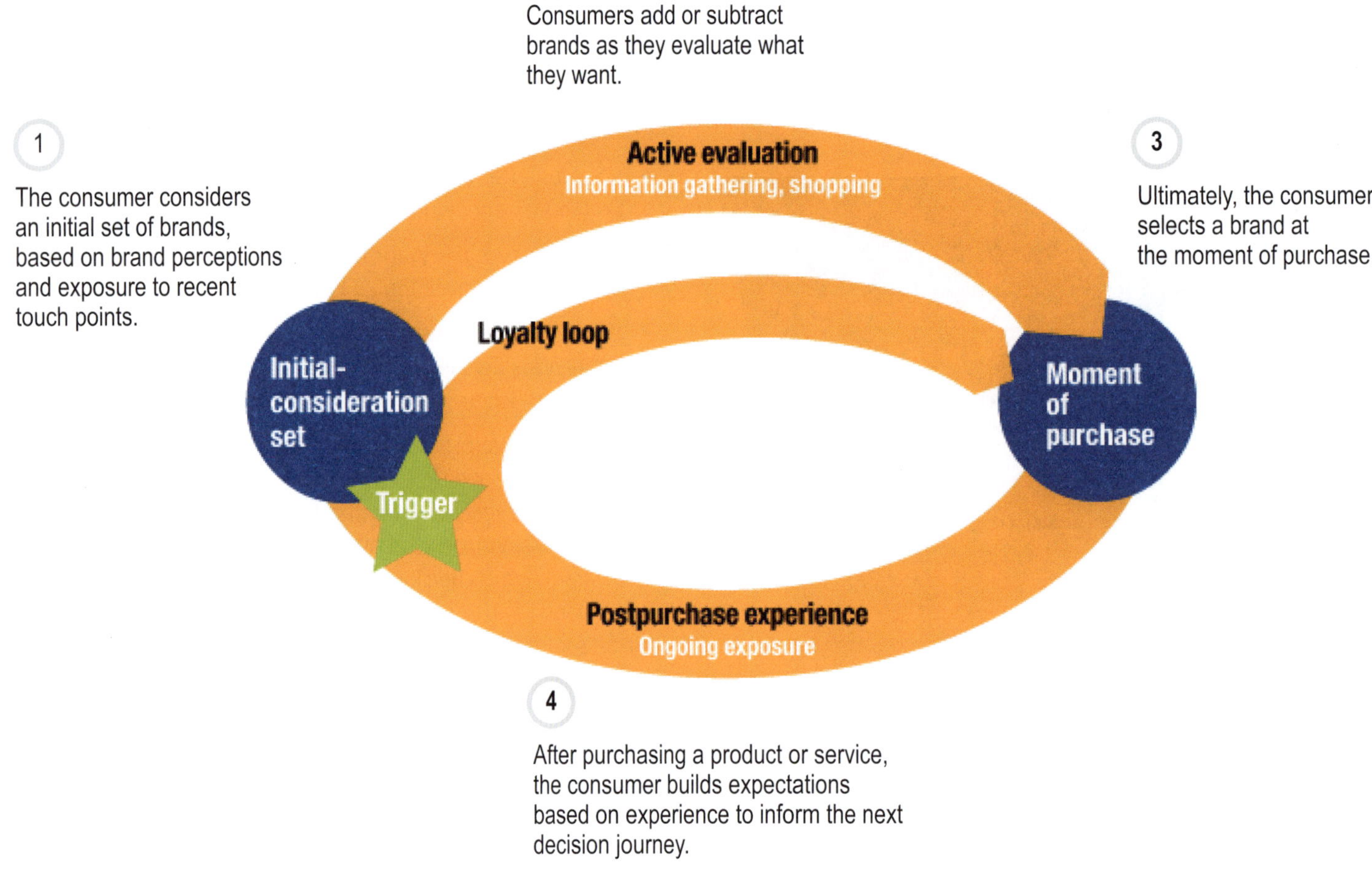

ABBILDUNG 11-10. Die Consumer Decision Journey, wie sie von den Beratern von McKinsey visualisiert wurde, löst sich von der Trichterform.

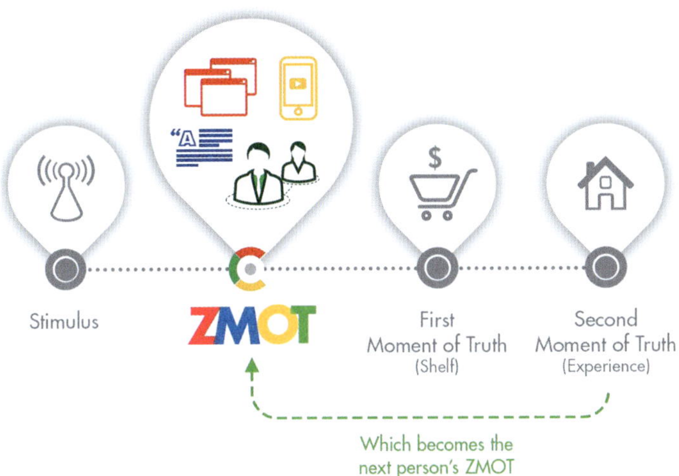

ABBILDUNG 11-11. Der »Zero Moment of Truth«, eine neue Phase im Konsumentenverhalten, wurde von Forschern bei Google eingeführt.

menten und treten in einen Dialog. Sie präsentieren sich nicht in Form von »Kauf mich!«-Bannern, sondern als vertrauenswürdige Berater.

Beachten Sie, dass Produktempfehlungen, die im ZMOT verwendet werden können, erst entstehen, nachdem jemand ein Produkt bereits verwendet hat. Die Nutzungserfahrung Dritter ist jetzt also bereits vor der Kaufentscheidung seitens der Kunden relevant.

Noch wichtiger ist aber, dass die Menschen zunehmend einen Sinn in den Produkten und Dienstleistungen finden wollen, die sie kaufen. Sie wollen etwas über das Unternehmen und die Menschen hinter einem Angebot erfahren. Sie wollen erfahren, wie es in ihr Wertesystem passt und wie es sie persönlich definieren wird.

Man könnte zu Recht darauf verweisen, dass Menschen schon immer mit Marken kommuniziert haben. Tatsächlich sind Märkte selbst Unterhaltungen. Neuartig ist aber die Kombination aus der Breite der verfügbaren Inhalte und der Geschwindigkeit, mit der die Verbraucher darauf zugreifen können. Heutzutage müssen Sie davon ausgehen, dass ein Kunde verschiedene Aspekte Ihres Unternehmens recherchiert, bevor er überhaupt in direkten Kontakt mit Ihnen oder Ihren Angeboten kommt.

In jedem Fall sind die verschiedenen Teile einer Produkt- oder Dienstleistungserfahrung heute viel stärker miteinander verknüpft als noch vor einem Jahrzehnt. Um Momente der Wahrheit zu verbinden und für Menschen sinnvolle Erfahrungen zu gestalten, ist eine ganzheitliche Denkweise erforderlich.

Elemente einer Customer Journey Map

CJMs sind keine bloßen Verzeichnisse von Touchpoints. Sie beinhalten tiefere Einblicke in die Motivationen und Einstellungen der Kunden. Was bewegt sie zum Kauf? Was garantiert ihre Zufriedenheit? Dies sind die Arten von Fragen, die eine CJM beantworten muss.

CJMs sind deutlich weniger formelhaft angelegt als Service Blueprints. Sie können unterschiedliche Elemente und Informationstypen enthalten. Der Ersteller einer CJM sollte Aspekte einbeziehen, die zu den Anforderungen eines Unternehmens passen. Zu den typischen Elementen von CJMs gehören Aktionen, Ziele, Emotionen, Pain Points, Momente der Wahrheit, Touchpoints, Markenwahrnehmung, Zufriedenheit und Chancen.

Abbildung 11-12 zeigt eine CJM-Vorlage, die von Heart of the Customer (*heartofthecustomer.com*) stammt, einer bekannten Beratungsfirma für Customer Experience und Journey Mapping. Sie enthält zusätzliche Elemente, die mit einer Journey Map zusammenhängen, einschließlich einer Persona, eines Kundenprofils sowie Metriken zum Stellenwert eines Angebots und der Zufriedenheit damit.

Tabelle 11-1 fasst unter Verwendung des in Kapitel 2 skizzierten Rahmens die Hauptaspekte zusammen, durch die Customer Journey Maps definiert sind.

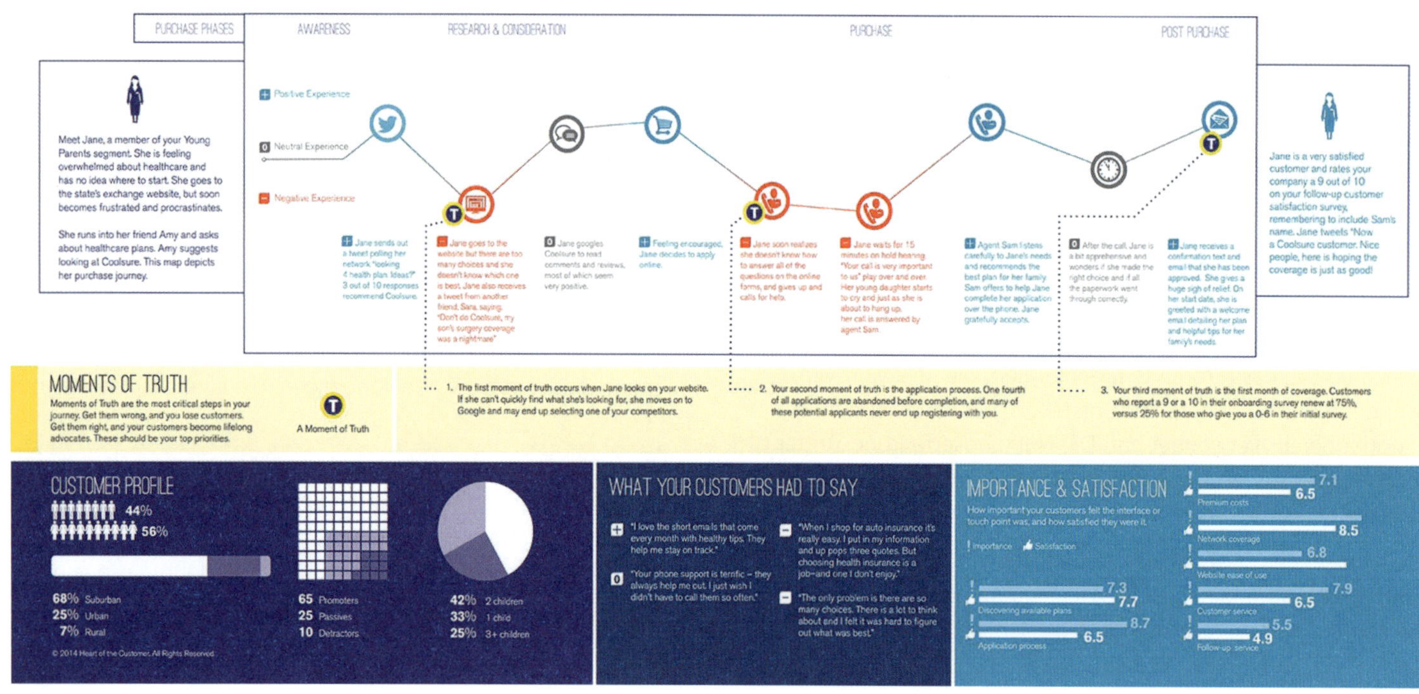

ABBILDUNG 11-12. Customer Journey Maps können eine Reihe von zusätzlichen Informationen und Daten einbeziehen, um eine umfassendere Beschreibung der Erfahrung zu bieten.

TABELLE 11-1. Entscheidende Merkmale von Customer Journey Maps.

Perspektive	Person als Verbraucher.
Struktur	Chronologisch.
Umfang	Vollständige Erfahrung vom Erkennen eines Bedarfs bis zum Ende der Beziehung zum Unternehmen. Oft fokussiert auf die Reise einer einzelnen Person, kann aber auch eine ganzheitliche, aggregierte Map sein, bei der Informationen zu Personas und Touchpoints zusammengefasst werden.
Fokus	Der Fokus liegt in erster Linie auf der Kundenerfahrung und nur wenig auf den Prozessen hinter den Kulissen.
Verwendung	Wird für die Analyse und Optimierung von Touchpoints verwendet. Hilfreich bei der strategischen Planung im Customer Experience Management, beim Marketing und bei Branding-Initiativen.
Stärken	Einfach zu verstehen. Sehr verbreitet. Geeignet für gemeinschaftliche Schöpfungsprozesse in Teams und mit Stakeholdern.
Schwächen	Betrachtet Individuen in der Regel als Verbraucher. Interne Prozesse und Akteure werden meist außen vor gelassen.

Weiterführende Literatur

Jim Tincher und Nicole Newton, *How Hard Is It to Be Your Customer?* (Paramount, 2019)

Dieses Buch beschreibt, wie sich mit Journey Mapping kundenorientierte Veränderungen in einem Unternehmen vorantreiben lassen. Die Autoren machen sich dafür stark, Mapping nicht nur als isolierte Aktivität zu betrachten, sondern als Möglichkeit, Maßnahmen zu ergreifen und die Unternehmenskultur zu verändern. Sie bringen ihre jahrelange Erfahrung ein und präsentieren eine Fülle von Ratschlägen und Beispielen aus der Praxis.

David Court, Dave Elzinga, Susan Mulder und Ole Jørgen Vetvik, »The Consumer Decision Journey«, *McKinsey Quarterly* (Juni 2009)

Diese McKinsey-Berater führten umfangreiche Untersuchungen auf der ganzen Welt durch, um ein neues Modell für Kaufentscheidungen der Verbraucher zu entwickeln. Damit wird das traditionelle Trichtermodell durch ein zirkuläres Modell der Entscheidungsfindung abgelöst. Vgl. dazu auch den ausführlichen Artikel von McKinsey-Chef David Edelman, »Branding in the Digital Age: You're Spending Your Money in All the Wrong Places«, Harvard Business Review (Dezember 2010).

Joel Flom, »The Value of Customer Journey Maps: A UX Designer's Personal Journey«, *UXmatters* (September 2011)

Eine Fallstudie über den Einsatz von Customer Journey Maps bei Boeing, einschließlich einer guten Illustration einer Map mit interessanter Form und Gestaltung. Lesen Sie diesen Artikel, wenn Sie nach Argumenten suchen, um andere von CJMs zu überzeugen. Flom war zunächst selbst skeptisch, kommt aber zu dem Schluss: »Durch die Erstellung von Journey Maps, die eine optimale Kundenerfahrung veranschaulichen, ermöglichen wir Stakeholdern und Führungskräften, wichtige Veränderungen zu identifizieren, zu priorisieren und im Fokus zu behalten.«

Tim Ogilvie und Jeanne Liedtka, »Journey Mapping«, in *Designing for Growth* (Columbia University Press, 2011)

In diesem Buch geht es im Wesentlichen um Design Thinking und seine Relevanz für Unternehmen. Die Autoren skizzieren einen End-to-End-Prozess für kundenzentriertes Design mit vielen Methoden, von denen Customer Journey Mapping die wichtigste ist. Das vierte Kapitel befasst sich ausschließlich mit Mapping und enthält eine schrittweise Methode zur Erstellung von Maps.

Everett Rogers, *Diffusion of Innovations*, 5th ed. (Free House, 2003)

Dieses umfangreiche Buch, das als die Bibel der Diffusions- und Adoptionstheorie gilt, basiert auf jahrzehntelanger Forschung in einer Vielzahl von Bereichen. Das erstmals 1962 erschienene Buch enthält in der fünften Auflage von 2003 einen Abschnitt zum Internet. Trotz seines Alters sind die Inhalte dieses bahnbrechenden Buchs auch heute noch absolut relevant für Diskussionen über Entscheidungsprozesse und die Einführung von Innovationen. Rogers ist vielleicht besser bekannt für seine Typisierung verschiedener Zielgruppen im Bereich der Innovationsübernahme, einschließlich der Prägung von Begriffen wie »Early Adopters« (den »frühen Übernehmern«).

Bruce Temkin, »Mapping the Customer Journey«, *Forrester Reports* (Februar 2010)

Bruce Temkin war ein früher Befürworter von Customer Journey Maps und hat viel dazu beigetragen, ihre Verwendung und Bekanntheit zu steigern. Er schrieb für Forrester und erstellte mehrere wichtige, einflussreiche Reports zu diesem Thema. Dies ist einer der ersten, es gibt aber noch andere Schriften von Temkin zu diesem Thema.

Value Story Mapping – eine Alternative zu CJMs

von Michael Dennis Moore

Traditionelle Customer Journey Maps sind naturgemäß transaktionsorientiert. Sie zeigen eine Reihe von Ereignissen, die innerhalb eines bestimmten Zeitraums stattfinden, und auch die Gedanken und Gefühle der Kunden sind in der Regel mit diesen diskreten Ereignissen verbunden.

Aber wie in jeder guten Geschichte gibt es in einer Customer Journey eigentlich zwei Handlungsstränge. Der erste ist derjenige, den ich als »transaktionale Storyline« bezeichne und der entlang der Ereignisse verläuft.

Der zweite ist ein Erzählbogen über die Charakterentwicklung einer Heldin oder eines Helden (die Kundin oder der Kunde – nicht Sie), die oder der sich einigen Herausforderungen stellt, einige wesentliche Entscheidungen trifft und sich letztlich in seinem Wesen und in seiner Beziehung zu anderen verändert (wenn auch nur in sehr beschränktem Ausmaß). Die handelnde Person wird zu einem Markenliebhaber, einem Markenhasser oder irgendetwas dazwischen. Sie empfiehlt Ihre Produkte oder Dienstleistungen aktiv weiter, verdammt sie oder macht sich nicht einmal die Mühe, sie anderen gegenüber zu erwähnen.

Für die meisten Unternehmen ist eine positive Kundentransformation das ultimative strategische Ziel im Bereich der Customer Experience. Glücklicherweise stimmt dieses Geschäftsziel auch mit dem tiefsten inneren Ziel der meisten Kunden überein: der Held in einer Geschichte voller weiser Entscheidungen zu sein, die ein glückliches Ende findet.

Wenn Sie eine neu erstellte Customer Journey Map zum ersten Mal überprüfen, werden Sie wahrscheinlich sehr schnell einige offensichtliche Reibungspunkte finden. Es kann verlockend sein, sofort mit Überlegungen zu taktischen Verbesserungen zu beginnen, um die Kundenerfahrung zu glätten.

Aber der direkte Sprung ins Taktische hat oft den unbeabsichtigten Effekt, dass sich die Teammitglieder gedanklich vorzeitig in die vertraute Komfortzone der Insider-Perspektive zurückziehen. Die anfängliche Empathie für den Kunden schwindet, und die ganzheitliche, wertorientierte Geschichte degeneriert zu einer bloßen Reihe einzelner Transaktionen.

Schnelle taktische Korrekturen funktionieren nur kurzfristig. Aber um das Beste aus Ihren Customer Journey Maps herauszuholen, benötigen Sie einen strategischen Rahmen, der Ihr Denken fokussiert. Value Story Mapping ist eine Möglichkeit, über die transaktionale Storyline eine transformative Ebene zu legen, indem man eine Journey Map um wichtige Schlüsselentscheidungen ergänzt (falls diese nicht bereits enthalten sind).

Der Prozess besteht aus drei Schritten.

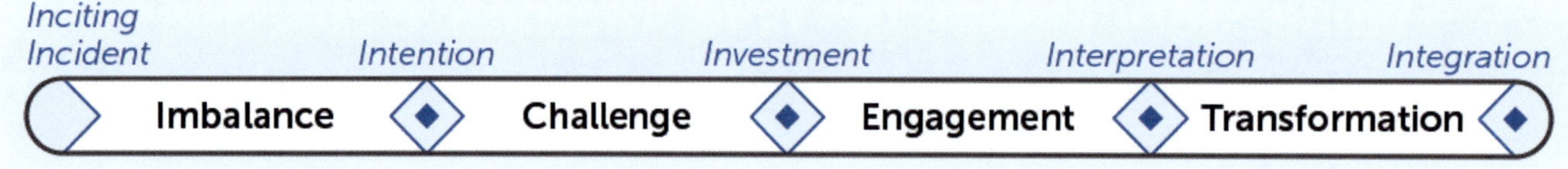

ABBILDUNG 11-13. Die Phasen einer Value Story Map stellen die Transformation dar, die ein Individuum durchläuft, wenn es eine bestimmte Lösung nutzt, nicht die rein transaktionalen Schritte des Erwerbs dieser Lösung.

1. Formulieren Sie die Journey als Value Story, als wertorientierte Geschichte

Abbildung 11-13 zeigt die grundlegende Value Story Journey, unterteilt in vier Phasen mit dazwischen befindlichen Angelpunkten. Beachten Sie, dass sich die Bezeichnungen von den geschäftsorientierten Stufen unterscheiden, die Sie vielleicht gewohnt sind, wie Awareness (Aufmerksamwerden), Consideration (Abwägung), Purchase (Kauf), Retention (Erhalt) und Advocacy (Empfehlung).

2. Bilden Sie eine sinngebende Hypothese

Wählen Sie als Nächstes eine der vier Phasen aus und nutzen Sie Ihre qualitative Kundenforschung, um die folgenden Fragen zur zentralen Entscheidung am Ende der betreffenden Phase zu beantworten:

1. Was sind die treibenden Kräfte, die bei dieser Entscheidung mitspielen? Hier sind die vier Kategorien der treibenden Kräfte, die es zu berücksichtigen gilt:
   - Funktionale Ziele
   - Rationaler Ansatz
   - Soziale Einflüsse
   - Emotionale Antriebe
2. Wie filtert und priorisiert Ihr archetypischer Kunde diese Kräfte und formt daraus eine sinngebende Story, die seine Entscheidung motiviert und rechtfertigt?

Wenn Sie Kunden direkt fragen, warum sie eine bestimmte Entscheidung getroffen haben, werden sie Ihnen in der Regel eine explizite sinngebende Geschichte erzählen, die diese Entscheidung auf der Grundlage ihrer funktionalen Ziele und ihres rationalen Ansatzes rechtfertigt.

Allerdings gibt es fast immer eine tiefere, implizit sinngebende Geschichte, die ihre Entscheidung motiviert. Oft spielen dabei soziale Einflüsse und emotionale Antriebskräfte eine Rolle, über die der Kunde vielleicht keine Auskunft geben möchte (oder kann, weil er sich dessen selbst nicht bewusst ist). Wenn Ihre Kunden nicht ungewöhnlich offen sind, müssen Sie selbst eine fundierte Vermutung über die implizite Geschichte formulieren, basierend auf Themen, die Sie in Ihrer qualitativen Forschung entdeckt haben.

3. Untersuchen Sie Ihre eigenen Rollen innerhalb der Story

Schließlich gilt es zu bewerten, wie die einzelnen Touchpoints der von Ihnen untersuchten Phase zu einer positiven Entscheidung beitragen (oder davon ablenken).

Seien Sie dabei vorsichtig. Sobald man sich mit dem Design und der Gestaltung von Touchpoints beschäftigt, fällt man leicht auf die Insider-Perspektive zurück. Gehen Sie stattdessen mit einer Fragestellung an Ihre Bewertung heran, die sich am Kundennutzen orientiert: Welche Rollen spielen wir in den sinnstiftenden Geschichten des Kunden?

Einige dieser Rollen sind universeller Natur: Experte, Versorger und Wegbereiter. Um sich jedoch von der Konkurrenz abzuheben und mehr Interessenten in loyale Markenbefürworter zu verwandeln, können Sie einige phasenspezifische Rollen hinzufügen, die aufeinander aufbauen, wie in Abbildung 11-14 gezeigt.

- Zuhörer (beginnen Sie mit dem Aufbau einer vertrauensvollen Beziehung)
- Geschichtenerzähler (malen Sie die Belohnung des Helden aus)
- Lotse (stellen Sie den vollen Wert des Ergebnisses und der Erfahrung sicher)
- Partner (beweisen Sie, dass Sie dauerhaft vertrauenswürdig sind)

Die Gestaltung einer Customer Journey als Value Story Map bietet viele Vorteile, von denen zwei besonders wichtig sind.

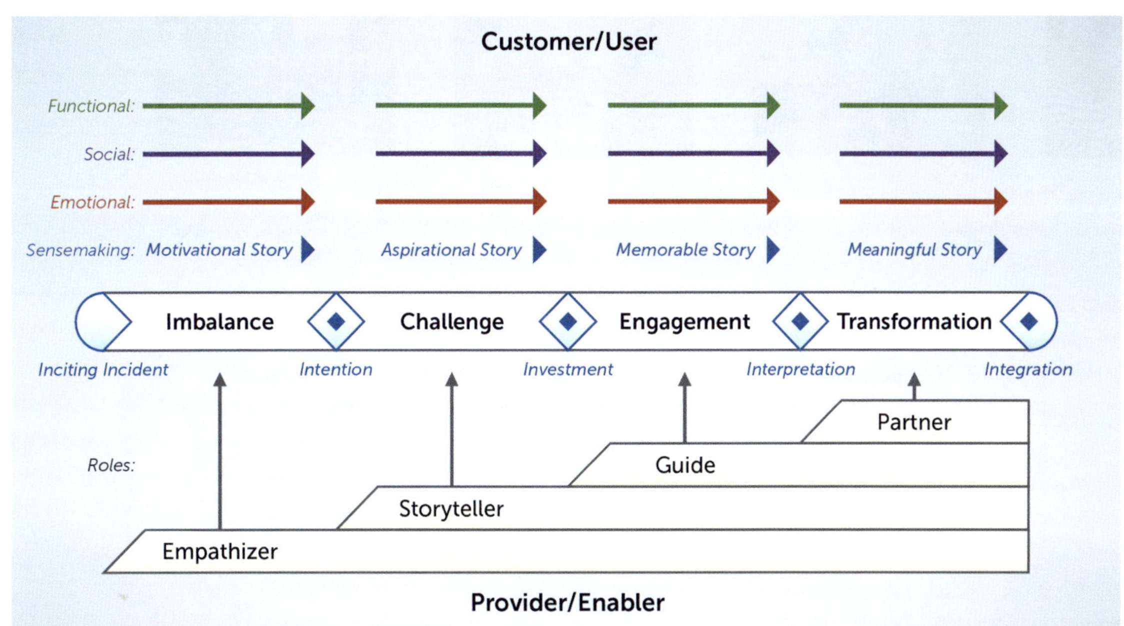

ABBILDUNG 11-14. Beim Value Story Mapping überlagern sich verschiedene Stufen der Transformation.

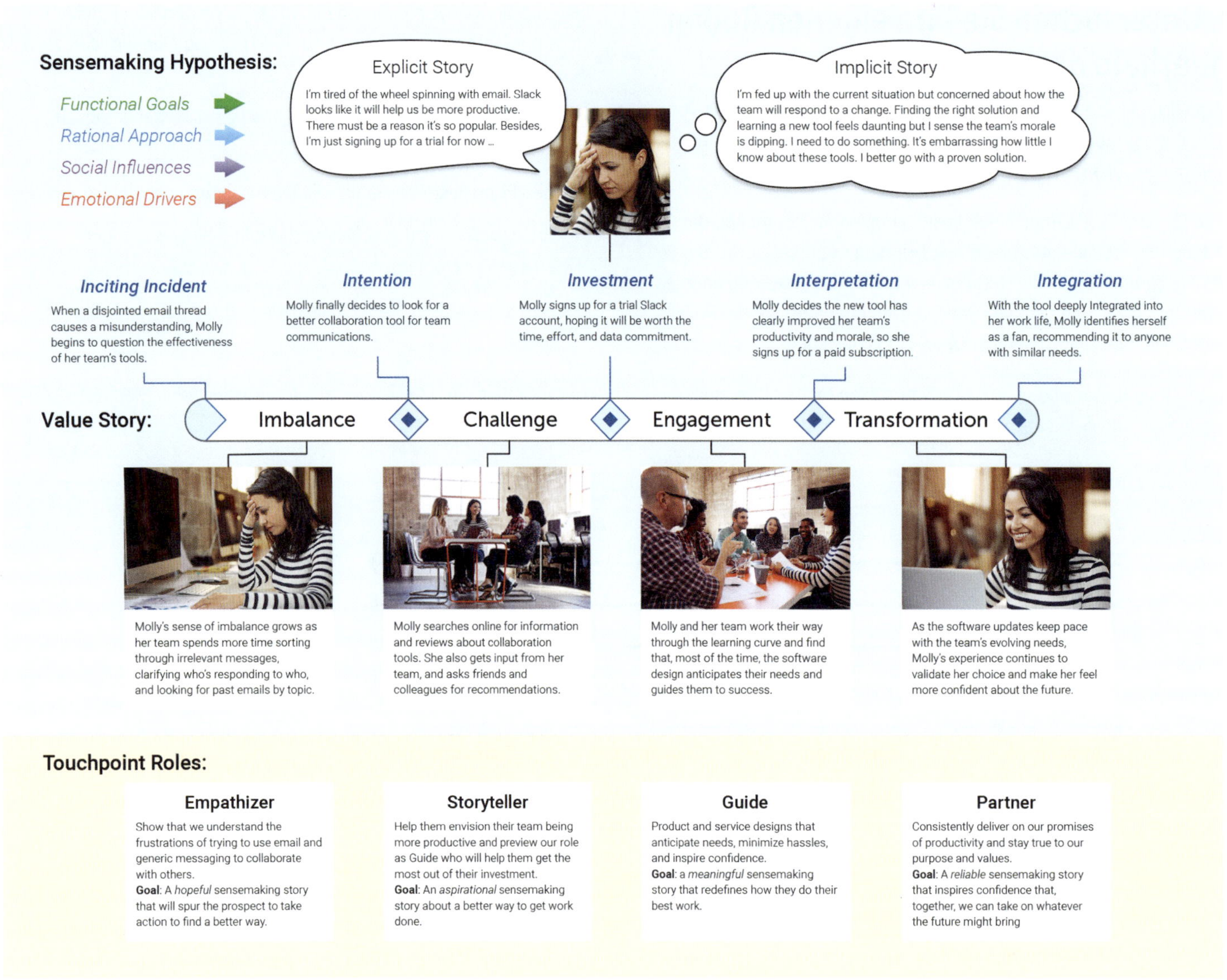

Sensemaking Hypothesis:

Functional Goals
Rational Approach
Social Influences
Emotional Drivers

Explicit Story

I'm tired of the wheel spinning with email. Slack looks like it will help us be more productive. There must be a reason it's so popular. Besides, I'm just signing up for a trial for now …

Implicit Story

I'm fed up with the current situation but concerned about how the team will respond to a change. Finding the right solution and learning a new tool feels daunting but I sense the team's morale is dipping. I need to do something. It's embarrassing how little I know about these tools. I better go with a proven solution.

Inciting Incident

When a disjointed email thread causes a misunderstanding, Molly begins to question the effectiveness of her team's tools.

Intention

Molly finally decides to look for a better collaboration tool for team communications.

Investment

Molly signs up for a trial Slack account, hoping it will be worth the time, effort, and data commitment.

Interpretation

Molly decides the new tool has clearly improved her team's productivity and morale, so she signs up for a paid subscription.

Integration

With the tool deeply Integrated into her work life, Molly identifies herself as a fan, recommending it to anyone with similar needs.

Value Story: Imbalance – Challenge – Engagement – Transformation

Imbalance

Molly's sense of imbalance grows as her team spends more time sorting through irrelevant messages, clarifying who's responding to who, and looking for past emails by topic.

Challenge

Molly searches online for information and reviews about collaboration tools. She also gets input from her team, and asks friends and colleagues for recommendations.

Engagement

Molly and her team work their way through the learning curve and find that, most of the time, the software design anticipates their needs and guides them to success.

Transformation

As the software updates keep pace with the team's evolving needs, Molly's experience continues to validate her choice and make her feel more confident about the future.

Touchpoint Roles:

Empathizer

Show that we understand the frustrations of trying to use email and generic messaging to collaborate with others.
Goal: A *hopeful* sensemaking story that will spur the prospect to take action to find a better way.

Storyteller

Help them envision their team being more productive and preview our role as Guide who will help them get the most out of their investment.
Goal: An *aspirational* sensemaking story about a better way to get work done.

Guide

Product and service designs that anticipate needs, minimize hassles, and inspire confidence.
Goal: a *meaningful* sensemaking story that redefines how they do their best work.

Partner

Consistently deliver on our promises of productivity and stay true to our purpose and values.
Goal: A *reliable* sensemaking story that inspires confidence that, together, we can take on whatever the future might bring

ABBILDUNG 11-15. Eine vollständige Value Story Map beschreibt die Transformationsschritte vom auslösenden Ereignis bis zur Integration.

Erstens hilft es den Teammitgliedern, sich auf das strategische Ziel einer Kundentransformation zu konzentrieren, auch wenn gleichzeitig schnelle taktische Erfolge angestrebt werden. Natürlich werden sich die Marketingspezialisten immer noch hauptsächlich auf die frühen Phasen konzentrieren, während Designer und Servicemanager sich auf spätere Phasen fokussieren werden. Und doch kann jeder leicht erkennen, wie er zum langfristigen Erfolg der Marke beiträgt.

Zweitens: Anstatt einfach nur das Auf und Ab der Kundenstimmung von einer Transaktion zur nächsten zu verfolgen, werden die entsprechenden Gedanken und Gefühle im Rahmen einer zentralen Entscheidung betrachtet. Mit anderen Worten: Es geht über das Wer, Was, Wo, Wann und Wie einer transaktionalen Journey hinaus und wendet sich der wichtigsten Frage von allen zu: Warum? Letztlich sind die Momente, die sich im Kopf des Kunden abspielen, die entscheidenden.

Abbildung 11-15 zeigt eine vollständige Value Story Map, in diesem Fall am Beispiel von Slack, einer Gruppenkommunikationslösung für Unternehmen.

Über den Autor des Beitrags

Michael Dennis Moore ist Chefberater bei Likewhys und Erfinder des Value Story Mapping. Er kann auf (wertorientierte) Erfahrungen als Inhaber eines kleinen Unternehmens, als Produktmanager bei verschiedenen Firmen, darunter Apple, und als Manager der Experience Design Group bei Xerox zurückgreifen. Sie erreichen ihn unter *michael@likewhys.com*.

Diagramm- und Bildnachweis

Abbildungen 11-1 und 11-2: Zwei Moment Maps in Form eines Diagramms und einer Tabelle, aus dem Buch *Building Great Customer Experiences* von Colin Shaw und John Ivens, mit freundlicher Genehmigung

Abbildung 11-3: Eine Customer Journey Map für einen Breitbandanbieter, erstellt von Effective UI, mit freundlicher Genehmigung

Abbildung 11-4: Ein Customer Journey Canvas, erstellt von Marc Stickdorn und Jakob Schneider, aus *This is Service Design Thinking*, CC BY-SA 3.0

Abbildung 11-5: Modell des Kundenlebenszyklus von John Jenkins aus seinem Buch *Marketing and Customer Behaviour*

Abbildung 11-6: Customer-Journey-Modell von Kerry Bodine, mit freundlicher Genehmigung

Abbildung 11-10: Aus dem Artikel von David Court et al., »The Consumer Decision Journey«, mit freundlicher Genehmigung

Abbildung 11-12: Vorlage für eine Customer Journey Map von Heart of the Customer, mit freundlicher Genehmigung

Abbildung 11-15: Value Story Map von Michael Dennis Moore, mit freundlicher Genehmigung

IN DIESEM KAPITEL

- Übersicht zu Experience Maps
- Verwandte Modelle: Day-in-the-life-Diagramme, Workflow-Diagramme und Job-Maps
- Elemente einer Experience Map
- Fallstudie: Mapping häuslicher Gewalt

KAPITEL 12

Experience Maps

Wir neigen dazu, Maps von Erfahrungen vor allem in Betracht zu ziehen, wenn es um die Nutzung eines Produkts oder einer Dienstleistung geht, wie etwa bei Service Blueprints und Customer Journey Maps. Tatsächlich dreht es sich in diesem Buch zu einem großen Teil um das Mapping von kommerziell relevanten Erfahrungen. Das muss aber nicht so sein. Man kann Erfahrungen auch *unabhängig* von einem bestimmten Produkt oder einer bestimmten Dienstleistung abbilden.

Im Besonderen betrachten Experience Maps (so, wie sie in diesem Buch definiert werden) den breiteren Kontext menschlicher Aktivitäten, und zwar über die Angebote eines einzelnen Unternehmens hinaus. Sie zeigen Zusammenhänge zwischen Menschen, Orten und Dingen und helfen bei der Gestaltung von Ökosystemen.

Mit anderen Worten: Solcherart definierte Experience Maps haben einen ganz anderen Blickwinkel als z. B. Customer Journey Maps. Anstatt ein Individuum als Konsument einer Marke oder eines Angebots zu betrachten, können Sie sich stattdessen auf dessen Ziele und Wünsche konzentrieren, unabhängig von einer bestimmten Lösung.

Betrachten Sie zum Beispiel das Diagramm in Abbildung 12-1, das von Sarah Brooks, Chief Design Officer beim US Department of Veteran Affairs, erstellt wurde.[1] Es ist eine Map der gesamten Lebenserfahrung von Militärveteranen, die ein breites Spektrum an unterschiedlichen Zielen und Aufgaben widerspiegelt. Es gibt hier keine »Awareness«- oder »Purchase«-Phase, da sich die Perspektive von der einer klassischen Customer Journey Map unterscheidet. Dieses Diagramm erzählt eine Geschichte von Erfahrungen, keine Geschichte von Transaktionen. Es ist buchstäblich die Lebensgeschichte eines Mitglieds der militärischen Streitkräfte.

Betrachten Sie auch die in Abbildung 12-2 wiedergegebene Map, die vom Designstrategen Diego S. Bernardo erstellt wurde. Ihm ging es darum, die positiven und negativen Seiten des urbanen Lebensmittelanbaus zu veranschaulichen. Negative Erfahrungen (in Rot) geben Gründe an, aus denen jemand diese Tätigkeit beenden könnte. Solche Ausstiegsmomente werden durch rote nach unten weisende Linien markiert.

1 Mehr Informationen über Sarahs Arbeit finden Sie in Kyla Fullenwinders Artikel »How Citizen-Centered Design Is Changing the Ways the Government Serves the People«, *Fast Company* (Juli 2016).

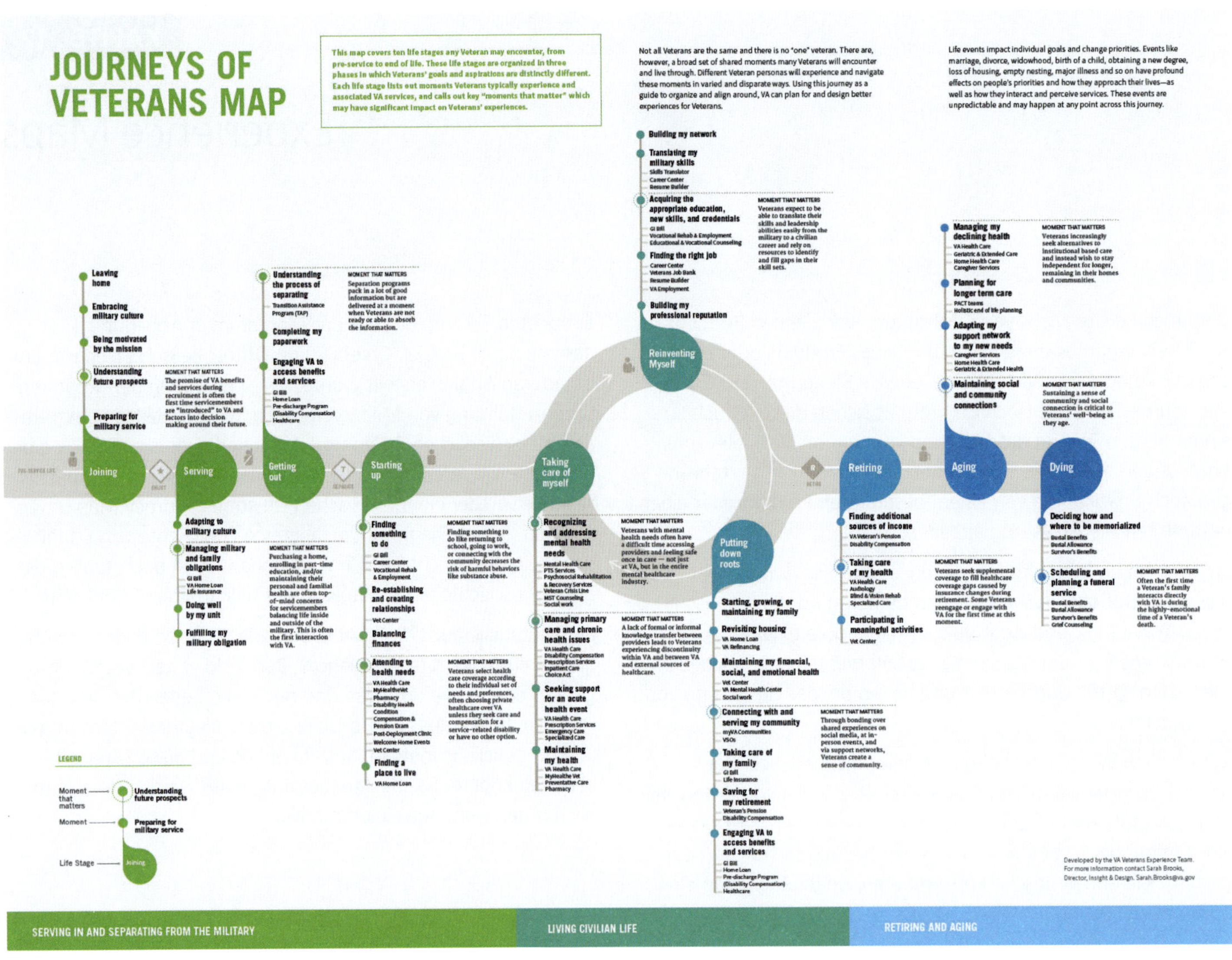

ABBILDUNG 12-1. Eine Experience Map visualisiert Erfahrungen unabhängig von bestimmten Lösungen, wie hier die Lebenserfahrungen von US-Veteranen.

GROWING FOOD IN THE CITY

User experience map

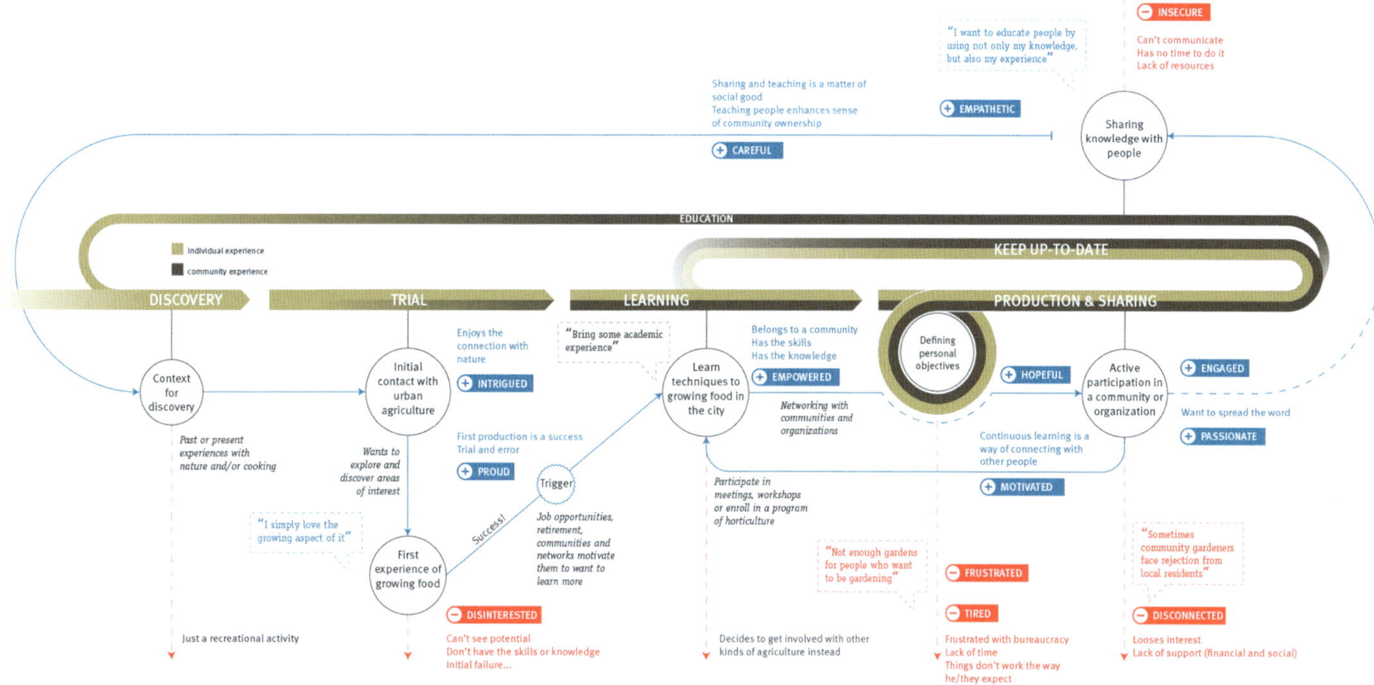

ABBILDUNG 12-2. Diese Experience Map zum urbanen Lebensmittelanbau in Chicago konzentriert sich auf positive und negative Faktoren.

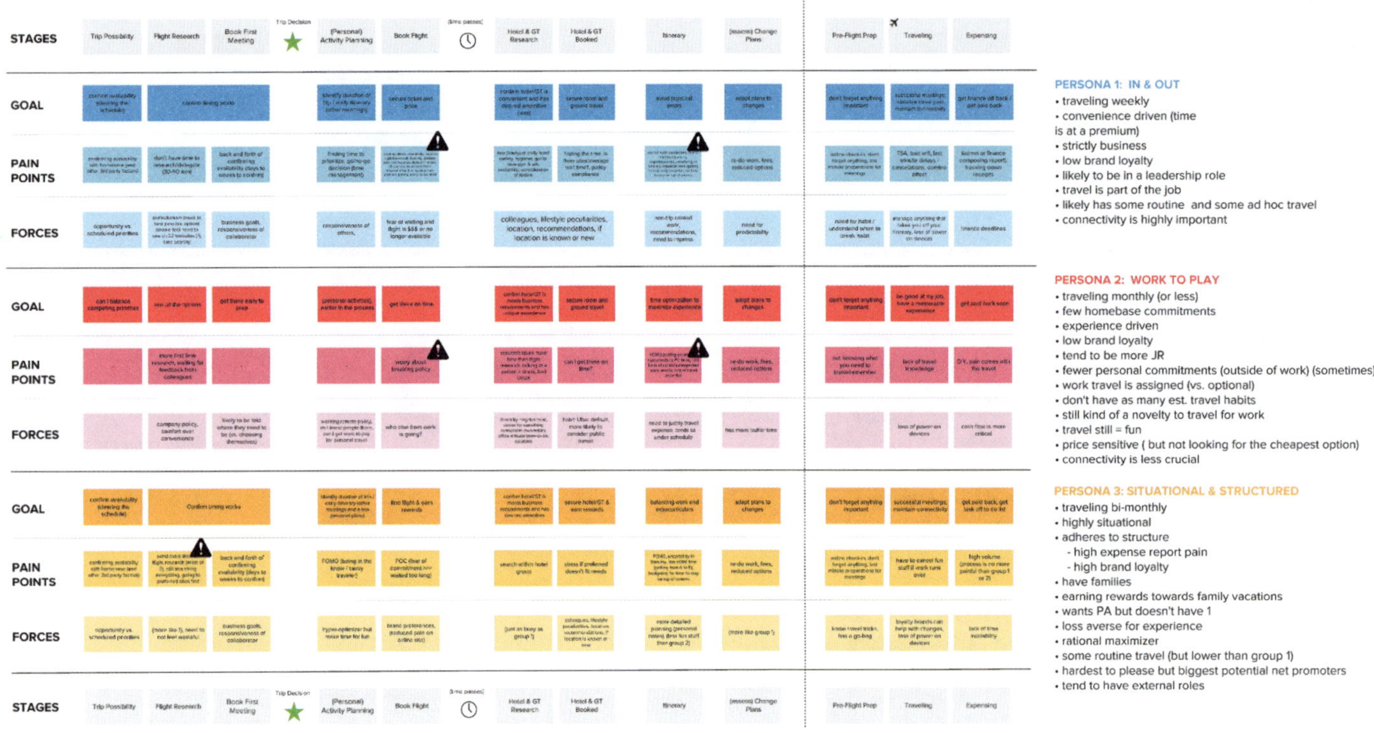

ABBILDUNG 12-3. Eine Experience Map kann mehrere Personas innerhalb einer gemeinsamen Übersicht an derselben Zeitachse ausrichten.

Die positiven Erfahrungen (in Blau) zeigen die guten Aspekte, die der urbane Anbau von Lebensmitteln mit sich bringt. Dieses Diagramm erinnert uns daran, innerhalb einer Erfahrung nicht nur nach Pain Points, Kämpfen und Ängsten zu suchen, sondern auch nach motivierenden und ermutigenden Aspekten. Im Diagramm sind außerdem positive Rückkopplungsschleifen verzeichnet, die auf ein verstärktes Engagement während der Erfahrung hinweisen.

Insgesamt erzählt das Diagramm in Abbildung 12-2 die Geschichte der Beziehung einer Person zu einer bestimmten Aktivität – Urban Gardening – und nicht die Beziehung zu einem Produkt, einer Dienstleistung oder einer Marke. Wichtig ist, dass eine solche Betrachtungsweise der Erfahrung auf Chancen und Möglichkeiten hinweist. Anstatt sich nur dafür zu interessieren, wie Individuen ein Produkt konsumieren, können Unternehmen und Organisationen mit Experience Maps die Frage stellen: »Wie passen wir in das Leben der Menschen?« Die Antworten führen oft zu neuen Wachstumschancen.

Eine einzelne Experience Map kann auch die Erfahrungen mehrerer Akteure zeigen. Das Beispiel in Abbildung 12-3 stammt von Tarun Upaday, Mitgründer und CEO von Gallop.ai (*gallop.ai*), einem KI-gestützten Reiseassistenzdienst. Es richtet drei separate Personas an einer gemeinsamen Zeitlinie aus, die sich in diesem Fall auf die verschiedenen Phasen einer Reise bezieht. Um einen Vergleich zwischen den verschiedenen Typen von Reisenden zu ermöglichen, enthält jede Zeile die gleichen beschreibenden Informationen: Ziele (*Goals*), *Pain Points* und wirkende Kräfte (*Forces*) bzw. motivierende Faktoren, die das Verhalten beeinflussen.

Hybride Experience Maps

Obwohl ich, wie oben skizziert, eine ziemlich strenge Definition von Experience Maps befolge, überschneiden sich die Begriffe *Experience Map* und *Customer Journey Map* deutlich. In der Praxis werden die beiden Begriffe oft synonym verwendet. Vielleicht begegnen Ihnen sogar Mischbegriffe wie »Customer Experience Map« oder »Experience Journey«.

Kommerziell orientierte Experience Maps verknüpfen den Blick auf eine individuelle Grunderfahrung mit einer spezifischen Lösung. So stammt eines der frühesten Beispiele für eine Experience Map von Gene Smith und Trevor von Gorp von nForm, einer führenden kanadischen Agentur für Experience Design. Abbildung 12-4 zeigt ihre Map der Erfahrungswelt eines Gamers.

Diese Map enthält eine klare »Purchase«-Phase, die signalisiert, dass es sich hier um eine Consumer Journey handelt, obwohl der Kauf nicht im Mittelpunkt der Visualisierung steht. Smith beschreibt in seinem Blogbeitrag mit dem Titel »Experience Maps: Understanding Cross-Channel Experiences for Gamers«, welche Motivation ihrem Vorhaben, den Kontext des Gamings genauer zu verstehen, zugrunde lag. Er schreibt:

> *Die Lösung, die wir fanden, war eine Experience Map – ein Diagramm, das eine Persona mit einer abstrahierten Geschichte über die Journey des Spielers kombiniert, die von der Recherche nach Spielen über den Kauf und das eigentliche Spielen bis hin zum Erfahrungsaustausch über dieses Spiel reicht. Die Story enthält Details zu den verschiedenen Kanälen, über die Gamer ihre Informationen erhalten, zusammen mit unterstützenden Zitaten, die wir während unserer Forschung gesammelt haben.*

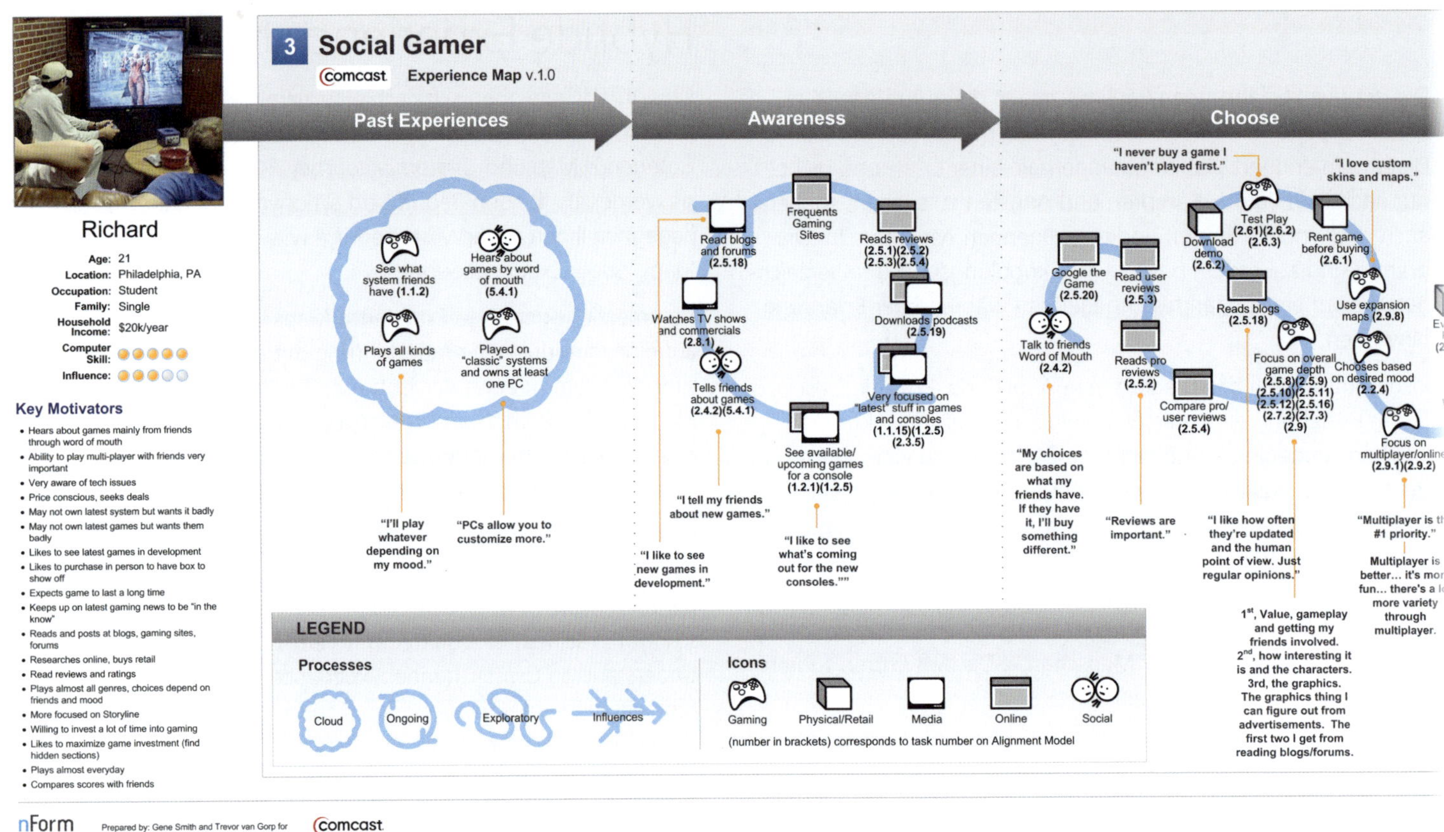

ABBILDUNG 12-4. Diese Experience Map eines »Social Gamers« folgt von links nach rechts einer klaren Chronologie.

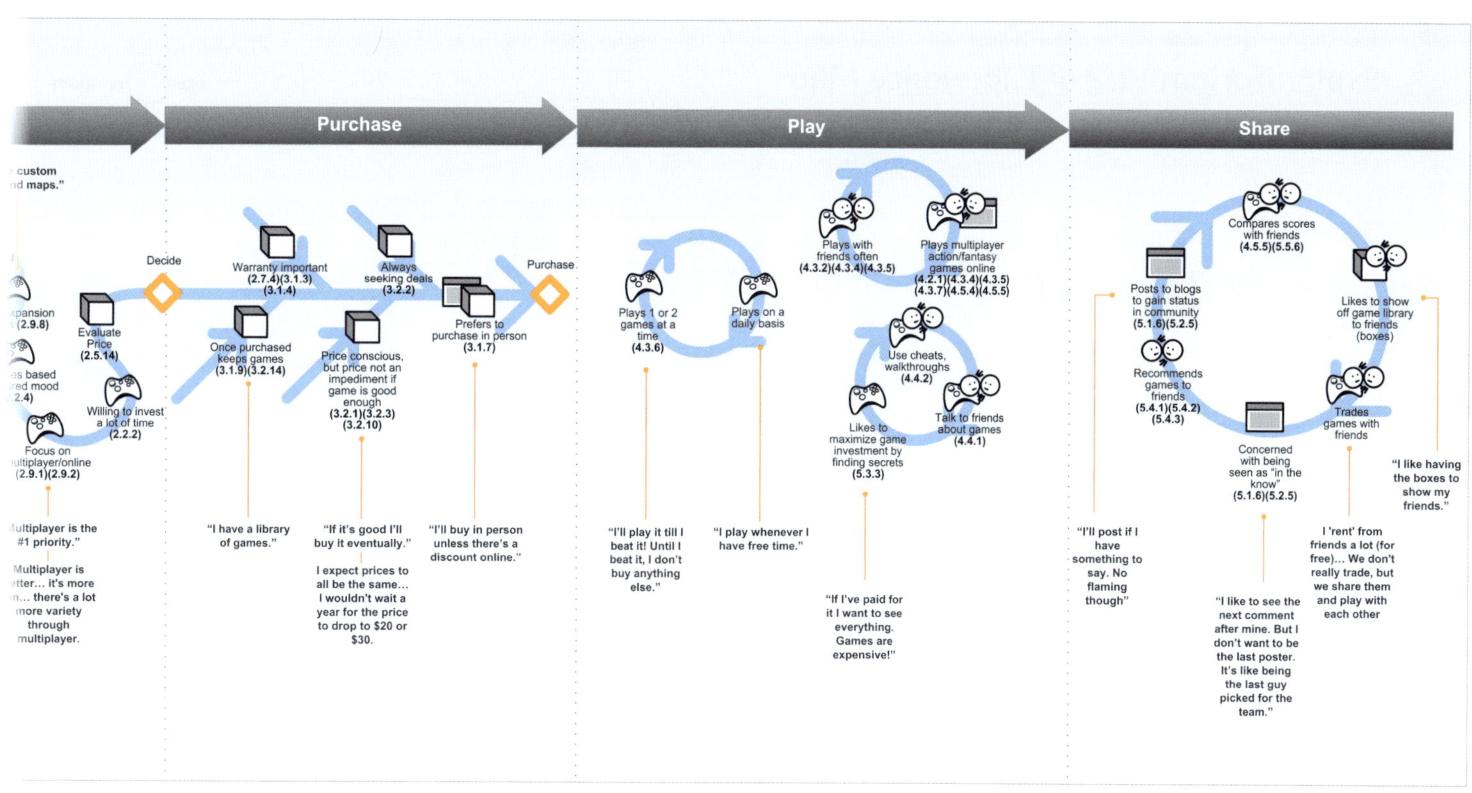

Purchase
Play
Share
custom
nd maps."
Decide
Warranty important
(2.7.4)(3.1.3)
(3.1.4)
Always
seeking deals
(3.2.2)
Purchase
xpansion
(2.9.8)
Evaluate
Price
(2.5.14)
Once purchased
keeps games
(3.1.9)(3.2.14)
Price conscious,
but price not an
impediment if
game is good
enough
(3.2.1)(3.2.3)
(3.2.10)
Prefers to
purchase in person
(3.1.7)
es based
red mood
2.4)
Willing to invest
a lot of time
(2.2.2)
Focus on
ultiplayer/online
(2.9.1)(2.9.2)
Plays 1 or 2
games at a
time
(4.3.6)
Plays on a
daily basis
Plays with
friends often
(4.3.2)(4.3.4)(4.3.5)
Plays multiplayer
action/fantasy
games online
(4.2.1)(4.3.4)(4.3.5)
(4.3.7)(4.5.4)(4.5.5)
Use cheats,
walkthroughs
(4.4.2)
Likes to
maximize game
investment by
finding secrets
(5.3.3)
Talk to friends
about games
(4.4.1)
Compares scores
with friends
(4.5.5)(5.5.6)
Posts to blogs
to gain status
in community
(5.1.6)(5.2.5)
Likes to show
off game library
to friends
(boxes)
Recommends
games to
friends
(5.4.1)(5.4.2)
(5.4.3)
Concerned
with being
seen as "in the
know"
(5.1.6)(5.2.5)
Trades
games with
friends
ultiplayer is the
#1 priority."
Multiplayer is
etter... it's more
n... there's a lot
more variety
through
multiplayer.
"I have a library
of games."
"If it's good I'll
buy it eventually."
I expect prices to
all be the same...
I wouldn't wait a
year for the price
to drop to $20 or
$30.
"I'll buy in person
unless there's a
discount online."
"I'll play it till I
beat it! Until I
beat it, I don't
buy anything
else."
"I play whenever I
have free time."
"If I've paid for
it I want to see
everything.
Games are
expensive!"
"I'll post if I
have
something to
say. No
flaming
though"
"I like to see the
next comment
after mine. But I
don't want to be
the last poster.
It's like being
the last guy
picked for the
team."
I 'rent' from
friends a lot (for
free)... We don't
really trade, but
we share them
and play with
each other
"I like having
the boxes to
show my
friends."
Last Changed: April 23, 2007
Confidential ---- Page 3 of 4

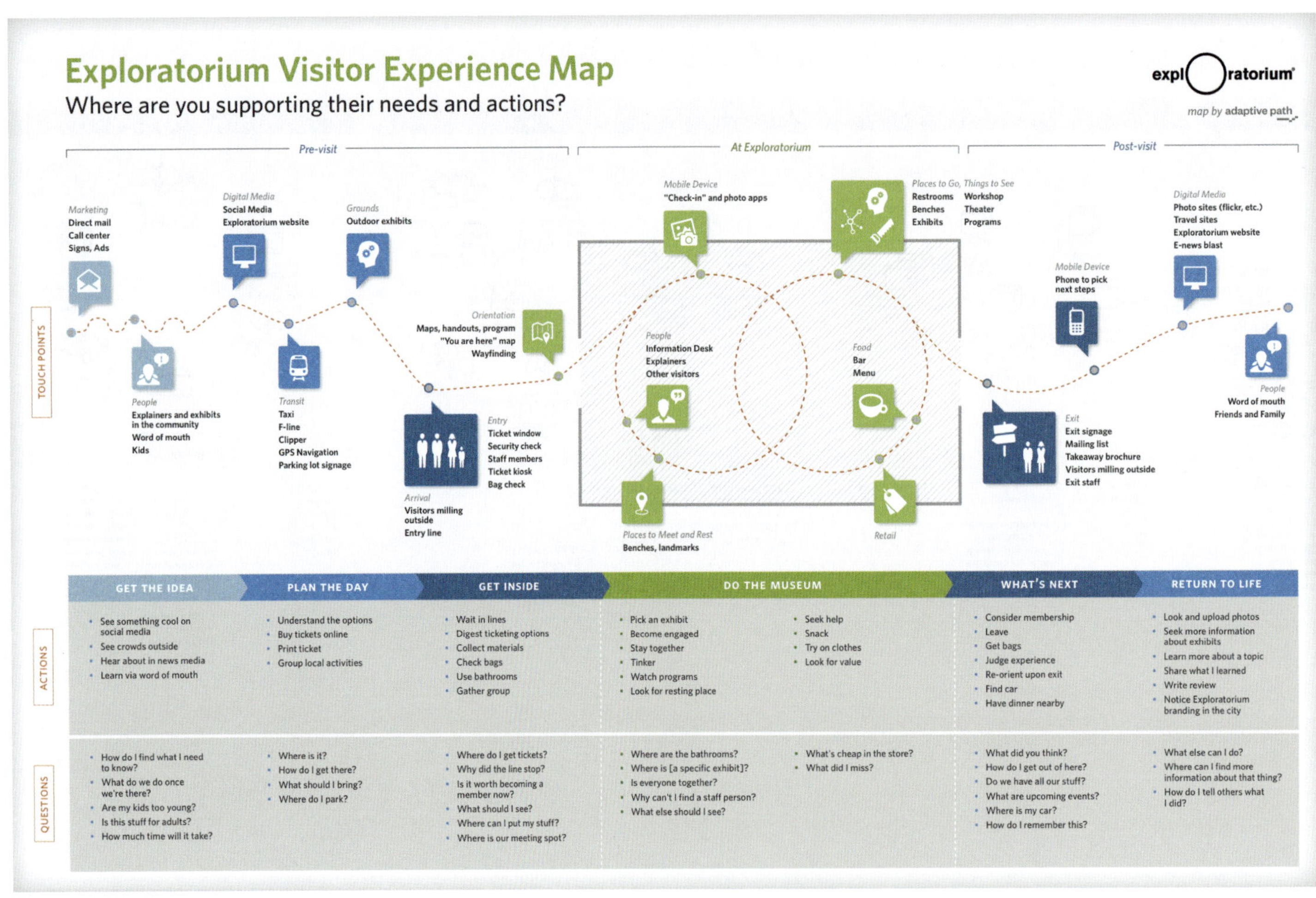

ABBILDUNG 12-5. Diese Map fasst die Erfahrungen der Museumsbesucher des Exploratoriums in einem Gesamtüberblick zusammen.

Experience Maps erkennen grundsätzlich an, dass Menschen in vielen Situationen mit unterschiedlichen Produkten und Dienstleistungen einer Vielzahl von Anbietern interagieren. Diese Erfahrungen prägen ihr Verhalten und ihre Beziehung zu einem bestimmten Unternehmen. Die Untersuchung dieses breiteren Kontexts wird aufgrund der zunehmenden Vernetzung von Produkten und Dienstleistungen immer wichtiger.

Abbildung 12-5 zeigt als weiteres Beispiel eine Experience Map, bei er es um den Besuch eines Museums namens Exploratorium geht, die von Brandon Schauer und den Designern von Adaptive Path erstellt wurde. In diesem Diagramm gibt es keine Phase der Kaufentscheidung, wie man sie in einer Customer Journey Map erwarten würde. Vielmehr geht es darum, die Handlungen und Gedanken der Museumsbesucher innerhalb und außerhalb des Museums darzustellen. Obwohl vieles in dieser Map auf jeden beliebigen Museumsbesuch zutreffen könnte, konzentriert sie sich doch auf die Erfahrung mit einem bestimmten Museum: dem Exploratorium. Deshalb bezeichne ich sie als hybride Map.

Experience Maps – ob hybrid oder nicht – helfen dabei, einen Outside-in-Blick auf Ihr Unternehmen zu werfen. Hier hatte die gemeinsame Arbeit während der Erstellung des Diagramms positiven Einfluss auf das Exploratorium-Team, wie Schauer anführt.

> *Beeindruckend fanden wir, wie schnell sich diese heterogene Gruppe durch die Verwendung der Maps auf eine kleine Anzahl von Möglichkeiten ausrichtete, die den größten Einfluss auf das Besuchererlebnis haben könnten.*[2]

Indem Maps den Mittelpunkt des Gesprächs bildeten, konnte das Team zu Konsens und Übereinstimmung gelangen.

2 Brandon Schauer, »Exploratorium: Mapping the Experience of Experiments«, Adaptive Path Blog (April 2013).

Verwandte Modelle

Bei Experience Maps geht es darum, wie sich die Lösung eines Anbieters in die Erfahrung einer Person einfügt, nicht umgekehrt. Sie zeigen die Perspektive des Benutzers auf einen bestimmten Bereich. Verwandte Diagrammtypen nehmen ebenfalls diesen Blickwinkel ein, beispielsweise Day-in-the-life-Diagramme, Workflow-Diagramme und Job Maps.

Day-in-the-life-Diagramme

Eine gängige Methode, die Erfahrungen einer Person abzubilden, ist die Erstellung eines sogenannten *Day-in-the-life-Diagramms*. Wie die englische Bezeichnung schon andeutet, stellen diese Maps einen typischen Tagesablauf bzw. einen »Durchschnittstag« dar.

Abbildung 12-6 zeigt ein Beispiel für ein Day-in-the-life-Diagramm, das von Stuart Karten von Karten Design erstellt wurde. Es beleuchtet – durch unterschiedliche Farben gekennzeichnet – die verschiedenen Denk- und Operationsmodi, die eine Person an einem Tag durchläuft. Deshalb nennt Stuart Karten diesen Ansatz *Mode Mapping* (Modus-Mapping). In Abbildung 12-6 ist die Informationssuche beispielsweise hellblau markiert, während Kommunikation dunkelviolett dargestellt ist. Die Verlaufskurve der einzelnen Modi bewegt sich nach oben oder unten, um positive bzw. negative emotionale Zustände anzuzeigen.

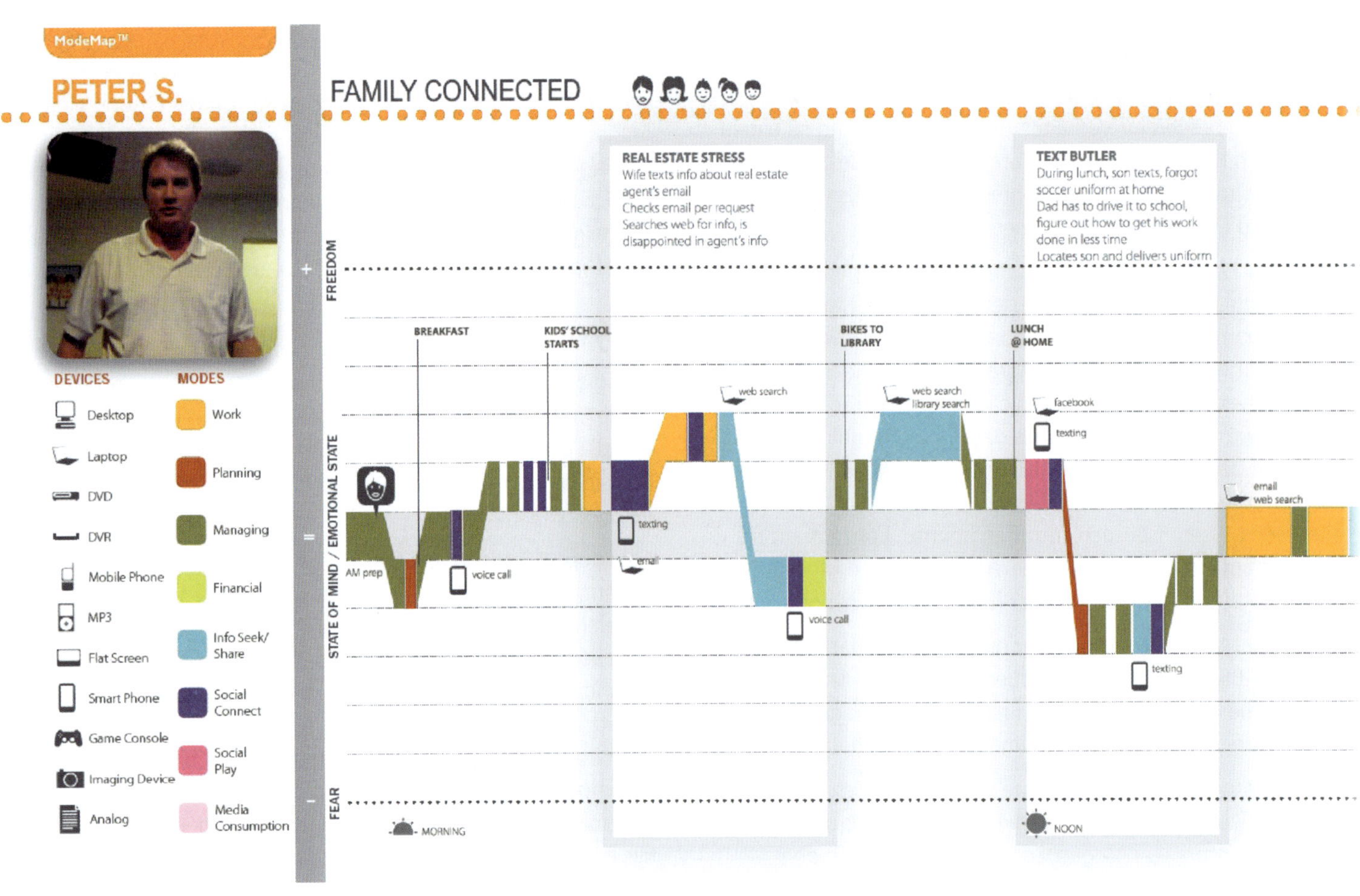

ABBILDUNG 12-6. Ein Day-in-the-life-Diagramm kann die unterschiedlichen physischen, kognitiven und emotionalen Modi wiedergeben, die eine Person an einem Tag durchläuft.

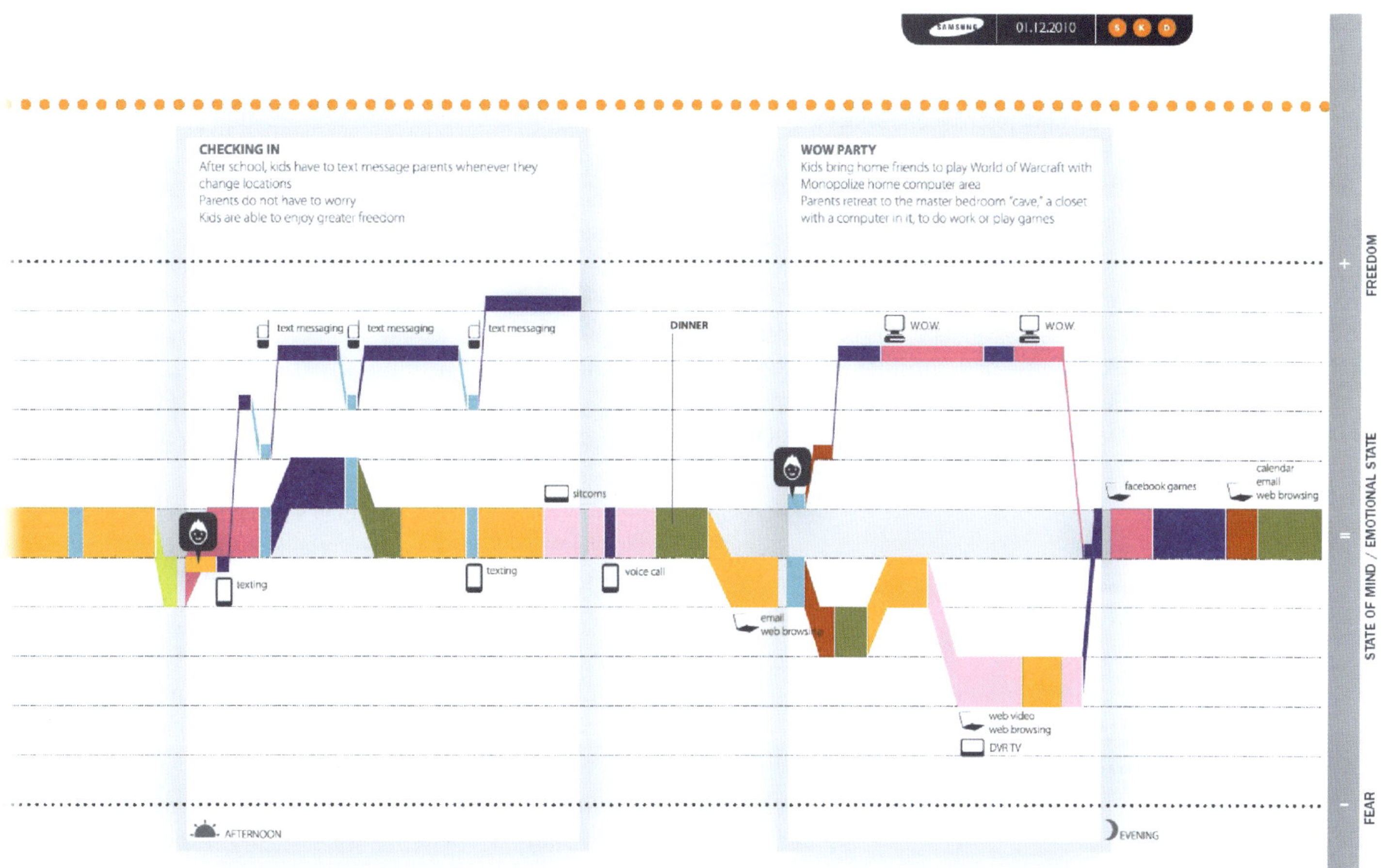

SAMSUNG
01.12.2010
CHECKING IN
After school, kids have to text message parents whenever they change locations
Parents do not have to worry
Kids are able to enjoy greater freedom
WOW PARTY
Kids bring home friends to play World of Warcraft with
Monopolize home computer area
Parents retreat to the master bedroom "cave," a closet with a computer in it, to do work or play games
text messaging
text messaging
text messaging
DINNER
W.O.W.
W.O.W.
sitcoms
facebook games
calendar
email
web browsing
texting
texting
voice call
email
web browsing
web video
web browsing
DVR TV
AFTERNOON
EVENING
FREEDOM
STATE OF MIND / EMOTIONAL STATE
FEAR

In der zweiten Auflage ihres Buchs »Contextual Design« empfehlen Karen Holtzblatt und Hugh Beyer die Verwendung von Day-in-the-life-Modellen, um darzustellen, wie Menschen Aktivitäten in der realen Welt durchführen und abschließen. Sie schlagen vor, das Diagramm sukzessive im Verlauf der Recherche zu erstellen. So betrachtet, ist ein Day-in-the-life-Diagramm auch eine Art Werkzeug zur Datensammlung.

Um beispielsweise zu untersuchen, wie Menschen zur Arbeit pendeln, schlagen Holtzblatt und Beyer vor, eine einfache Struktur wie in Abbildung 12-7 zu verwenden. Sie können dem Diagramm laufend neue Erkenntnisse und Einsichten hinzufügen, bis sich eine vollständige Geschichte ergibt und Sie die Informationen in einem einzigen Modell konsolidieren können. »Fangen

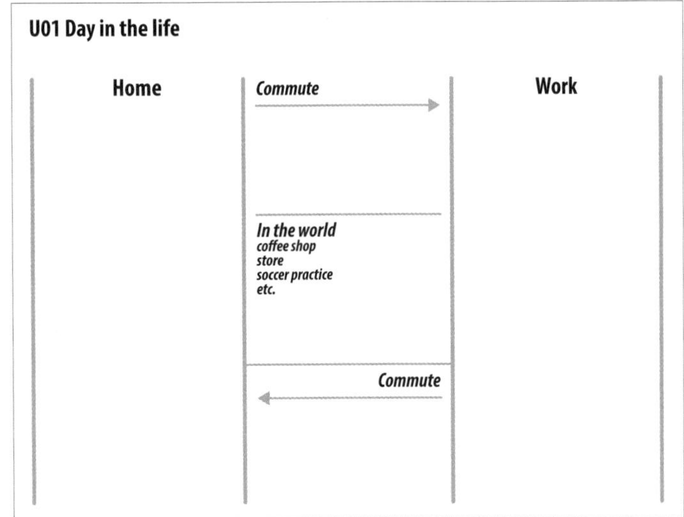

ABBILDUNG 12-7. Holtzblatt und Beyer empfehlen, bei der Recherche reale Einblicke in die Alltagsgeschichte einer Person mithilfe einer einfachen Struktur zu erfassen.

Sie kleine Lebensgeschichten ein – reale Situationen, keine Abstraktionen«, empfehlen sie.

Day-in-the-life-Diagramme können leicht mit Personas kombiniert werden, um die Entwicklung von Empathie zu fördern. Sie enthalten typischerweise Kämpfe und Herausforderungen, die die Person bewältigen muss, aber nicht kann. Das Ziel besteht darin, unterschiedliche Arten von Arbeit und Aufgaben, deren Häufigkeit und ihr Ineinandergreifen während eines typischen Tages darzustellen. So können Erkenntnisse über Kontextwechsel und andere Workflow-Muster gewonnen werden, bei denen Optimierungspotenzial besteht.

Ich habe die Erfahrung gemacht, dass man, wenn man Menschen nach einem typischen Tag befragt, sehr oft die Antwort bekommt: »Bei mir gibt es keinen ›typischen‹ Tag.« Fragen Sie in diesem Fall genau nach, was die Person gestern gemacht hat, und wiederholen Sie das für die vorherigen Tage, bis sich ein Muster herauskristallisiert.

Um die Schwierigkeit zu umgehen, einen einzelnen typischen Tag zu besprechen, können Sie alternativ eine ganze typische Woche abbilden. Dadurch erhält man einen umfassenderen Überblick darüber, wie Aktivitäten ineinandergreifen und einen Gesamtworkflow bilden.

Abbildung 12-8 zeigt ein Diagramm einer typischen Arbeitswoche für Prozessanwälte in Frankreich, das ich bei LexisNexis während der Arbeit an einem Projekt erstellte, das später in diesem Kapitel ausführlicher beschrieben wird. Obwohl wir auch da häufig zu hören bekamen, dass es keinen »typischen Tag« gäbe, kristallisierten sich einige übergreifende Muster heraus. Die Personen in unserer Studie waren vormittags meist bei Gericht, trafen sich nachmittags mit Klienten und arbeiteten nach Feierabend weiter daran, bei den Angelegenheiten ihrer Mandanten am Ball zu bleiben.

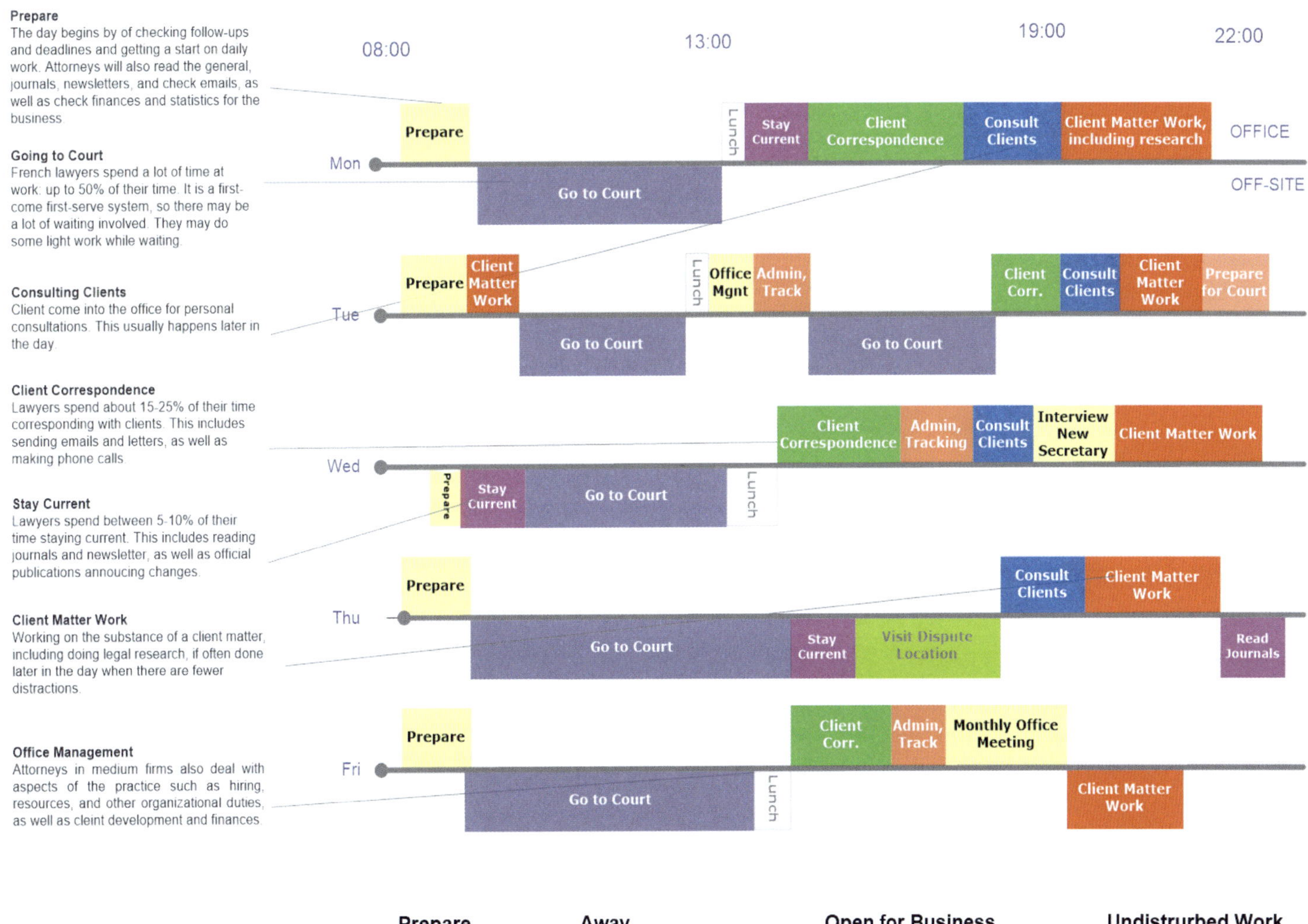

ABBILDUNG 12-8. Um nicht einen typischen Tag abbilden zu müssen, den Befragte oft nicht beschreiben können, kann man alternativ eine komplette Arbeitswoche betrachten.

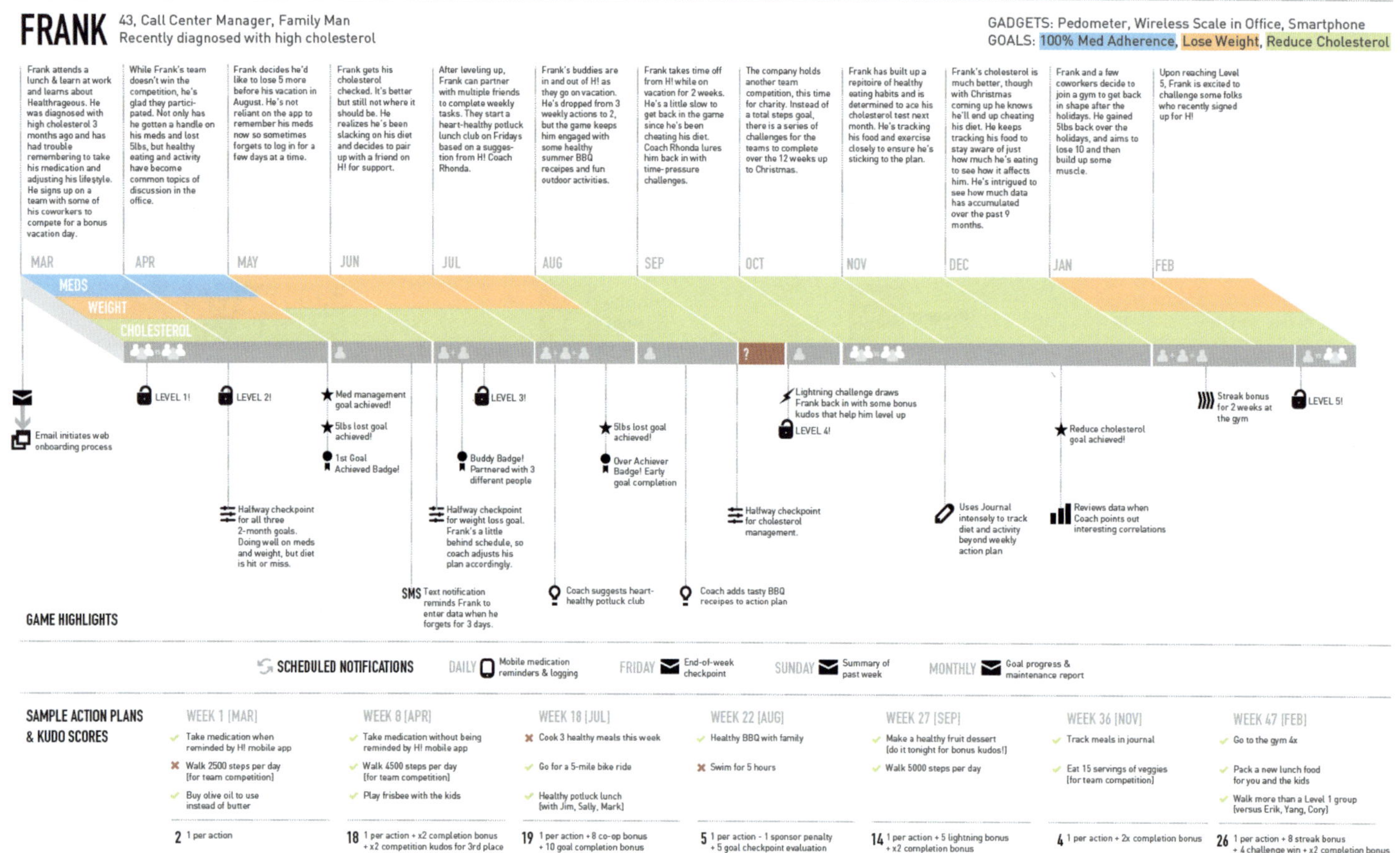

ABBILDUNG 12-9. Diese Experience Map zeigt die einjährige Journey einer Person, die sich an einem Spiel zur Änderung des Gesundheitsverhaltens beteiligt.

Im Gegensatz zu Customer Journey Maps, die eine Erfahrung in Phasen unterteilen, die unterschiedlich lang sein und sogar sich wiederholende oder fortlaufende Interaktionen beinhalten können, orientieren sich Day-in-the-life- oder Week-in-the-life-Diagramme an festgelegten Zeiteinheiten. In den Abbildungen 12-6 und 12-8 werden Stunden als Einheit benutzt. Betrachten Sie diese Diagramme als Darstellung eines bestimmten Szenarios in Form eines Mini-Storyboards.

Sie können eine Geschichte auch über einen längeren Zeitraum hinweg erzählen. Das Diagramm in Abbildung 12-9, das von Jamie Thomson von Mad*Pow erstellt wurde, illustriert die Erfahrung einer Person, bei der die Cholesterinwerte gesenkt werden sollen, im Verlauf eines Jahres. Es gibt eine klare, lineare Abfolge gleich langer Zeiteinheiten, in diesem Fall von Monaten. Obwohl es sich per definitionem nicht um ein Day-in-the-life-Diagramm handelt (einfach weil es mehr als einen Tag betrachtet), wird hier in ganz ähnlicher Form eine auf ein Jahr ausgedehnte Geschichte erzählt.

Workflow-Diagramme

Den Experience Maps vergleichbar schlüsseln Workflow-Diagramme die Schritte auf, die zum Erreichen eines Ziels notwendig sind. Diese Diagramme beschäftigen sich damit, wie eine Abfolge von Aufgaben zusammenpasst, oft unter Beteiligung mehrerer Akteure. Sie ähneln eher einem Service Blueprint als einer Customer Journey Map.

Ein Swim-Lane-Diagramm ist eine spezielle Form der Visualisierung, die häufig zur Darstellung von Arbeitsabläufen verwendet wird. Typischerweise beschreiben diese Diagramme auf recht mechanische Weise die einzelnen Schritte einer Interaktion zwischen einem Benutzer und verschiedenen Teilen eines Systems. Die Spalten oder Zeilen des Diagramms – je nach Ausrichtung – bilden die »Schwimmspuren«. Diese Ausrichtung hilft dabei, alle an einer Interaktion beteiligten Akteure und Komponenten darzustellen.

Abbildung 12-10 zeigt ein typisches Swim-Lane-Diagramm mit parallelen Aktionen – in diesem Fall den Arbeitsablauf bei der Platzierung einer Bestellung bei einem Vertriebsmitarbeiter.

Es ist klar, dass dieses Diagramm keine kontextbezogenen Informationen oder Details über die Gefühle von Kunden enthält. Stattdessen konzentrieren sich Swim-Lane-Diagramme auf den chronologischen Fluss von Aufgaben, Materialien und Informationen. Oft wird eine Experience Map durch ein Workflow-Diagramm ergänzt, um die detaillierten Interaktionen einer bestimmten Phase in einem breiteren Kontext darzustellen.

Mithilfe von Experience Maps können Unternehmen die Frage stellen: »Wie passen wir in das Leben von Menschen?«

Swim-Lane-Diagramme können um zusätzliche Informationen über die Erfahrung einer Person erweitert werden. Abbildung 12-11 zeigt als Beispiel ein von Yvonne Shek von nForm erstelltes Diagramm, das um ein grafisches Storyboard und Details über die an der Interaktion beteiligten Personen ergänzt wurde. Dieser Ansatz erweitert die Swim-Lane-Technik um einen Erfahrungskontext.

Während meiner Tätigkeit bei LexisNexis, einem Anbieter von juristischen Nachrichten und Wirtschaftsinformationen, leitete ich ein Projekt zur Erfassung der Arbeitsabläufe von Anwälten in fünf internationalen Märkten – Frankreich, Australien, Neuseeland, Deutschland und Österreich.

Unser Ansatz bestand darin, den Lebenszyklus einer Mandantensache aus der Perspektive des Anwalts zu verfolgen. Wir wollten die komplexe Abfolge von anwaltlichen Handlungen verstehen, die nötig sind, um einen Fall vollständig bearbeiten und abschließen zu können. Dies war zu diesem Zeitpunkt eine für das Unternehmen strategisch relevante Frage.

Nach der Sichtung bestehender Forschungsarbeiten und Gesprächen mit Interessenvertretern aus Unternehmen der zu untersuchenden Länder führte ich viele Interviews mit Kunden in unserem Markt durch. Auf Basis dieser Untersuchung konnte ich detaillierte Workflow-Diagramme für die einzelnen Regionen erstellen.

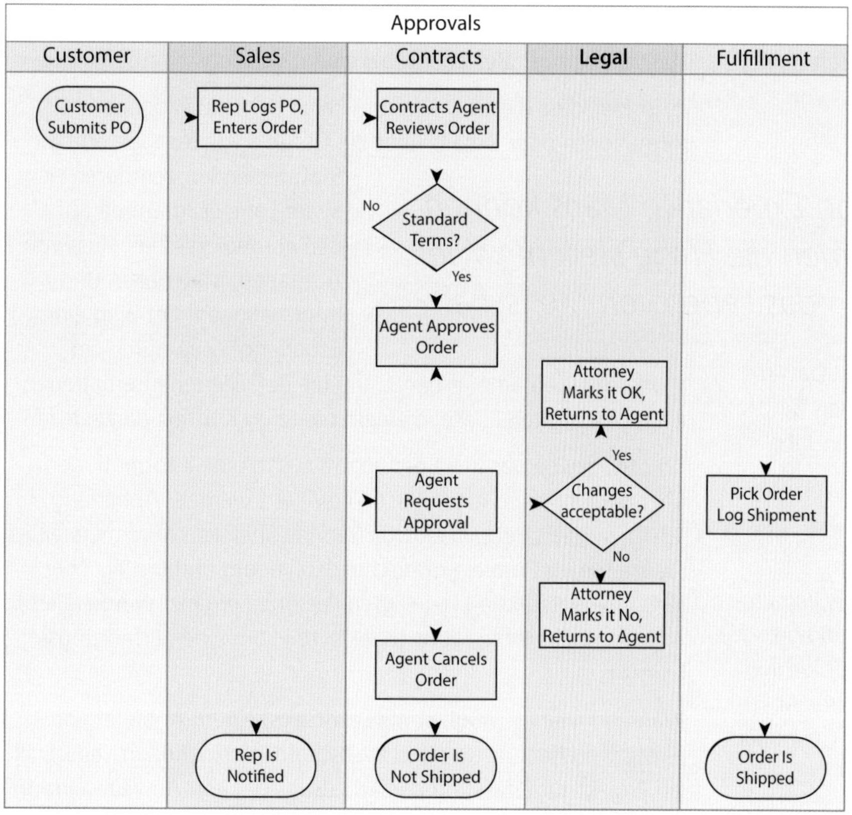

ABBILDUNG 12-10. Bei diesem typischen Swim-Lane-Diagramm werden die Aktivitäten auf separate Spalten aufgeteilt.

Die Diagramme berücksichtigten gleichzeitig drei verschiedene Arten von Akteuren: Anwältinnen, Sekretäre sowie alle anderen am Workflow beteiligten Akteure. Daher bestanden sie aus vielen Informationszeilen, deren Beschriftungen in der ersten Spalte von Abbildung 12-12 zu sehen sind. Dieses Diagramm stellt nur einen kleinen Teil des kompletten Arbeitsablaufs dar, der etwa 20 Mal so lang war wie der hier gezeigte Ausschnitt.

Pain Points und Ziele sind ebenso enthalten wie Notizen zu Gemütszustand und Gefühlen. Personas, typische Arbeitswochendiagramme (wie das in Abbildung 12-8) und Organigramme ergänzten die Diagramme, um eine vollständige Beschreibung der anwaltlichen Erfahrung zu liefern.

In der Folge führte ich mehrere Workshops durch, um die Diagramme im Detail mit den Leitungen der Geschäftseinheiten in den einzelnen Ländern zu besprechen. Gemeinsam entdeckten wir neue Chancen für Verbesserungen und Wachstum. Insgesamt gewannen wir durch die Abbildung der länderspezifischen Arbeitsabläufe einen tiefen Einblick in die täglichen Erfahrungen der Anwältinnen und Anwälte.

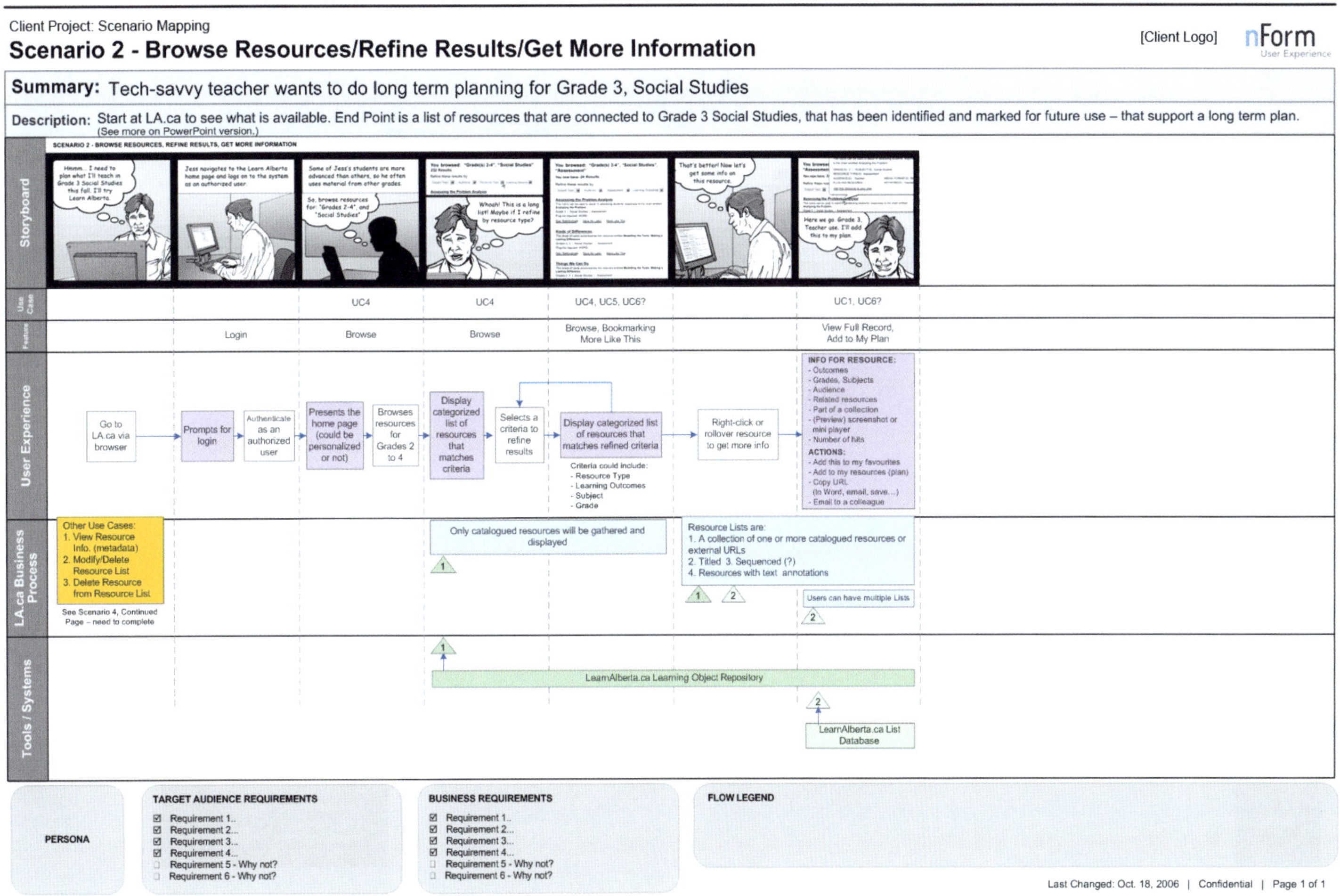

Client Project: Scenario Mapping

Scenario 2 - Browse Resources/Refine Results/Get More Information

[Client Logo] nForm User Experience

Summary: Tech-savvy teacher wants to do long term planning for Grade 3, Social Studies

Description: Start at LA.ca to see what is available. End Point is a list of resources that are connected to Grade 3 Social Studies, that has been identified and marked for future use – that support a long term plan. (See more on PowerPoint version.)

Storyboard

Use Case: UC4 | UC4 | UC4, UC5, UC6? | UC1, UC6?

Feature: Login | Browse | Browse | Browse, Bookmarking More Like This | View Full Record, Add to My Plan

User Experience

Go to LA.ca via browser → Prompts for login → Authenticate as an authorized user → Presents the home page (could be personalized or not) → Browses resources for Grades 2 to 4 → Display categorized list of resources that matches criteria → Selects a criteria to refine results → Display categorized list of resources that matches refined criteria → Right-click or rollover resource to get more info → INFO FOR RESOURCE

Criteria could include:
- Resource Type
- Learning Outcomes
- Subject
- Grade

INFO FOR RESOURCE:
- Outcomes
- Grades, Subjects
- Audience
- Related resources
- Part of a collection
- (Preview) screenshot or mini player
- Number of hits

ACTIONS:
- Add this to my favourites
- Add to my resources (plan)
- Copy URL (to Word, email, save...)
- Email to a colleague

LA.ca Business Process

Other Use Cases:
1. View Resource Info. (metadata)
2. Modify/Delete Resource List
3. Delete Resource from Resource List

See Scenario 4, Continued Page – need to complete

Only catalogued resources will be gathered and displayed (1)

Resource Lists are:
1. A collection of one or more catalogued resources or external URLs
2. Titled 3. Sequenced (?)
4. Resources with text annotations
(1) (2)

Users can have multiple Lists (2)

Tools / Systems

(1) LearnAlberta.ca Learning Object Repository

(2) LearnAlberta.ca List Database

PERSONA

TARGET AUDIENCE REQUIREMENTS
- ☑ Requirement 1...
- ☑ Requirement 2...
- ☑ Requirement 3...
- ☑ Requirement 4...
- ☐ Requirement 5 - Why not?
- ☐ Requirement 6 - Why not?

BUSINESS REQUIREMENTS
- ☑ Requirement 1...
- ☑ Requirement 2...
- ☑ Requirement 3...
- ☑ Requirement 4...
- ☐ Requirement 5 - Why not?
- ☐ Requirement 6 - Why not?

FLOW LEGEND

Last Changed: Oct. 18, 2006 | Confidential | Page 1 of 1

ABBILDUNG 12-11. Swim-Lane-Diagramme können durch reichhaltigen Kontext der Benutzererfahrung ergänzt werden.

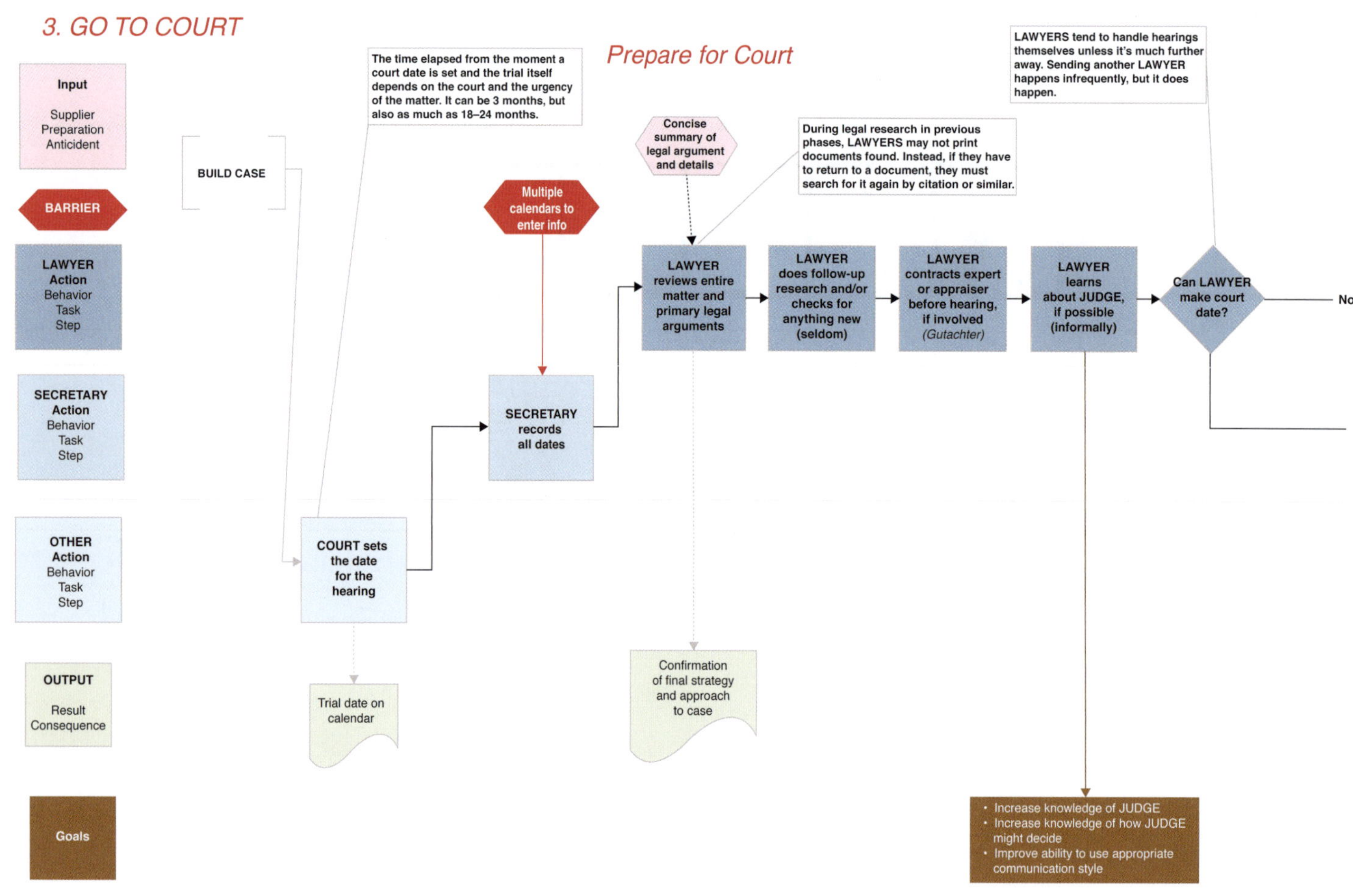

ABBILDUNG 12-12. Diese Seite aus einem insgesamt 20-seitigen Workflow-Diagramm gibt eine Teilerfahrung detailliert wieder.

Job Maps

Das Konzept der *zu erledigenden Aufgaben* – der *Jobs-to-be-done* – bietet eine Möglichkeit, Wertschöpfung zu verstehen. Es befasst sich mit den Motivationen von Kunden. Der Begriff wurde von Clayton Christensen, einem Wirtschaftswissenschaftler und Unternehmensberater, in seinem Buch »The Innovator's Solution«, dem Nachfolger seines bahnbrechenden Werks »The Innovator's Dilemma«, populär gemacht. Es ist ein einfaches Prinzip: Menschen »mieten« bzw. »engagieren« (hire) Produkte und Dienstleistungen, um eine Aufgabe zu erledigen.

Zum Beispiel könnten Sie einen neuen Anzug »engagieren«, um bei einem Vorstellungsgespräch *gut auszusehen*. Oder Sie »engagieren« Facebook, um regelmäßig *mit Freunden in Kontakt zu bleiben*. Sie könnten auch eine Tafel Schokolade »engagieren«, um *Stress abzubauen*. Das sind alles Aufgaben, die erledigt werden sollen, also Jobs-to-be-done (JTBD).

Aus dieser Perspektive werden Menschen als zielgerichtete Individuen betrachtet, die versuchen, ein gewünschtes Ergebnis zu erzielen. Der Wert, den Unternehmen bereitstellen, besteht letztlich darin, das Erreichen dieser Ziele zu unterstützen.

Auf Tony Ulwicks Konto gehen einige der fortschrittlichsten praktischen Anwendungen der Theorie der Jobs-to-be-done, auf der auch das Beratungsangebot seines Unternehmens Strategyn basiert. Zusammen mit seinem Kollegen Lance Bettencourt schlägt Ulwick ein Modell vor, um JTBD als eine Abfolge von Schritten zu verstehen. Sie nennen es *Job Maps*.[3]

Die zu erledigende Aufgabe einer Person kann als Prozess gesehen werden, der nach Ulwick und Bettencourt aus universell gültigen Stufen besteht (dargestellt in Abbildung 12-13):

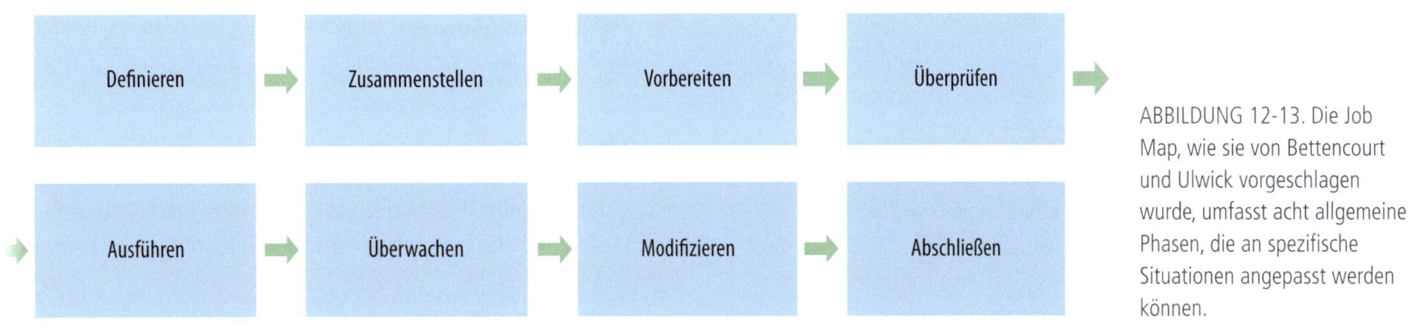

ABBILDUNG 12-13. Die Job Map, wie sie von Bettencourt und Ulwick vorgeschlagen wurde, umfasst acht allgemeine Phasen, die an spezifische Situationen angepasst werden können.

3 Lance Bettencourt und Anthony Ulwick, »The Customer-Centered Innovation Map«, *Harvard Business Review* (Mai 2008).

1. *Definieren:* In diesem Schritt werden die Ziele festgelegt, und die Vorgehensweise zur Erledigung der Aufgabe wird geplant.
2. *Zusammenstellen:* Bevor man mit einer Aufgabe beginnt, muss man oft Input, Informationen oder andere Dinge zusammentragen, die für deren Bearbeitung erforderlich sind.
3. *Vorbereiten:* In diesem Schritt wird die Arbeitsumgebung eingerichtet und das benötigte Material vorbereitet.
4. *Überprüfen:* Danach stellt man sicher, dass die Materialien und die Arbeitsumgebung richtig vorbereitet sind.
5. *Ausführen:* In diesem Schritt wird die geplante Arbeit ausgeführt. Aus Sicht der ausführenden Personen ist dies der kritischste Schritt.
6. *Überwachen:* Menschen beurteilen kontinuierlich den Erfolg der Arbeit, während sie ausgeführt wird.
7. *Modifizieren:* Es können Modifikationen, Änderungen und Iterationen nötig werden, um eine Aufgabe zu bearbeiten.
8. *Abschließen:* Dieser Schritt umfasst alle Maßnahmen, die zum Abschluss der Aufgabe ergriffen werden.

Diese Stadien müssen nicht unbedingt eins zu eins als Beschriftungen in einer Job Map auftauchen, sondern sind eher als Kategorien möglicher Schritte zu verstehen. Betrachten Sie diese allgemeinen Kategorien als eine Art Gedächtnisstütze, um in einer Job Map den gesamten Prozess abzudecken.

Eine Job Map hilft Unternehmen, Produkte und Dienstleistungen zu entwickeln, die wirklich benötigt werden.

Eine Job Map hilft Unternehmen, Produkte und Dienstleistungen zu entwickeln, die wirklich benötigt werden. Bettencourt und Ulwick empfehlen Teams, mit Job Maps in kollaborativen Prozessen Chancen zu identifizieren:

> *Mit einer Job Map können Sie beginnen, systematisch nach Möglichkeiten zur Wertschöpfung zu suchen. … Ein guter Ansatz ist die Identifikation der jeweils größten Nachteile aktueller Lösungen bei jedem einzelnen Schritt der Map – insbesondere von Nachteilen im Hinblick auf die Ausführungsgeschwindigkeit, die Variabilität und die Qualität des Ergebnisses. Um die Effektivität dieses Ansatzes zu erhöhen, laden Sie zur Teilnahme an dieser Diskussion ein bunt gemischtes Team von Experten ein aus Marketing, Design und Technik – und dazu vielleicht noch einige Hauptkunden.*

Innovationen können bei jedem Schritt einer Job Map entstehen. Betrachten Sie diese Beispiele:

- WW (Weight Watchers) optimiert die »Definieren«-Phase durch ein System, das keine Kalorienzählung mehr erfordert.
- Zum Zusammenstellen von Gegenständen während des gleichnamigen Schritts bei einem Umzug stellt U-Haul – ein großes US-amerikanisches Unternehmen, das u.a. Umzugswagen verleiht – seinen Kunden Kits mit verschiedenen Arten von möglicherweise benötigten Kisten zur Verfügung.
- Nike hilft Joggern beim Schritt »Überwachen« mit einem Sensor im Laufschuh, der über eine Verbindung zu einem iPhone oder einer Apple Watch Rückmeldung über Zeit, zurückgelegte Distanz, Tempo und Kalorienverbrauch gibt.
- Browserbasierte SaaS-Software (Software as a Service) wird automatisch aktualisiert, sodass Benutzer im Schritt »Modifizieren« von der Installation neuer Versionen entlastet werden.

Abbildung 12-14 zeigt als Beispiel eine Job Map für den Abruf wissenschaftlicher Informationen. Beachten Sie, dass es keine Elemente gibt, die sich auf Emotionen oder angestrebte Ziele beziehen. Job Maps konzentrieren sich ausschließlich auf die Schritte zur Erledigung einer Aufgabe. Gewünschte Ergebnisse, emotionale oder soziale Aufgaben – obwohl sie für das Verständnis von entscheidender Bedeutung sind – werden an anderer Stelle gesammelt und separat behandelt. Eine Job Map ist der in den vorangegangenen Schritten beschriebene nackte Erledigungsprozess.

Da sowohl Job Maps als auch Experience Maps auf einer technologie- und lösungsunabhängigen Chronologie beruhen, können Sie Erstere als Grundlage für Letztere verwenden. Erstellen Sie dazu zuerst eine einfache Job Map mit den grundlegenden Schritten, wie in Abbildung 12-14 zu sehen. Ordnen Sie das Ergebnis dann in Schwimmspuren an und fügen Sie unterhalb oder oberhalb dieser Chronologie weitere Zeilen hinzu, um zusätzliche erfahrungsbezogene und emotionale Aspekte einer Reise aufzunehmen.

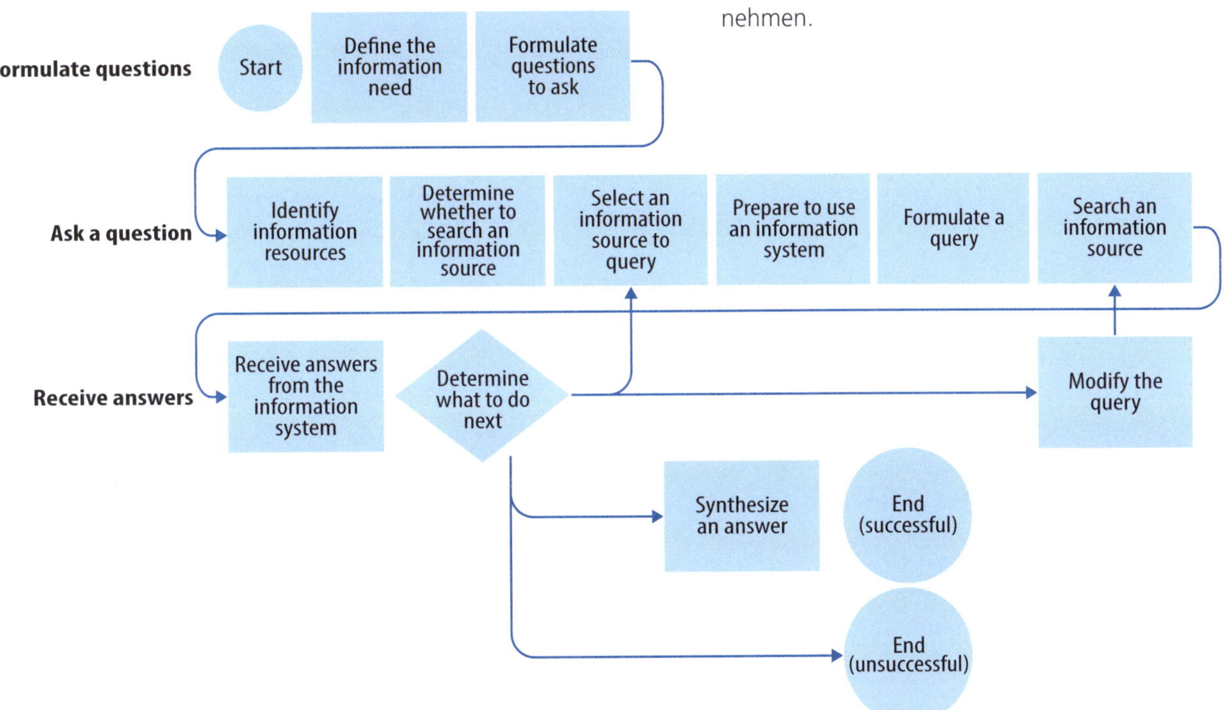

ABBILDUNG 12-14. Diese Job Map für die Onlinesuche nach wissenschaftlichen Informationen illustriert den gesamten Prozess zur Erledigung dieser Aufgabe von der Vorbereitung über die Ausführung bis hin zum Abschluss der Suche.

Elemente einer Experience Map

Die Elemente einer Experience Maps ähneln stark denen einer Customer Journey Map, obwohl Erstere tendenziell noch freier gestaltet sind – mit unterschiedlichen Facetten von Informationen, die von der jeweils erzählten Geschichte abhängen. Es bilden sich aber bereits Konventionen aus. Zu den typischen Elementen von Experience Maps gehören alle oder einige der folgenden Punkte:

- Phasen des Verhaltens
- Ergriffene Maßnahmen und Schritte
- Zu erledigende Aufgaben, Ziele oder Bedürfnisse
- Gedanken und Fragen
- Emotionen und Gemütsverfassung
- Pain Points
- Physische Artefakte und Geräte
- Chancen

Experience Maps lösen sich tendenziell von einer Fokussierung auf die Kaufentscheidung – ein wesentliches Unterscheidungsmerkmal gegenüber Customer Journey Maps. Obwohl auch ein Kauf zur Erfahrung gehören kann, liegt der Schwerpunkt von Experience Maps nicht unbedingt auf dieser Entscheidung.

Tabelle 12-1 fasst unter Verwendung des in Kapitel 2 skizzierten Rahmens die Hauptaspekte zusammen, durch die Experience Maps definiert sind.

TABELLE 12-1. Entscheidende Merkmale von Experience Maps.

Perspektive	Zielorientierte Einzelperson, die innerhalb eines größeren Systems oder eines Bereichs operiert und mit potenziell vielen Diensten interagiert.
Struktur	Chronologisch.
Umfang	Ganzheitlicher Ablauf einer vollständigen, definierten Erfahrung, einschließlich Handlungen, Gedanken und Gefühlen. Kann auf ein einzelnes Individuum beschränkt sein oder das Verhalten mehrerer Akteure zusammenfassen.
Fokus	Der Fokus liegt vor allem auf der menschlichen Erfahrung, wobei oft nur wenige oder gar keine expliziten Backstage-Prozesse berücksichtigt werden.
Verwendung	Wird für die Analyse von Ökosystembeziehungen und die Gestaltung von Lösungen verwendet. Findet Eingang in die strategische Planung und kann Innovationsimpulse geben.
Stärken	Bietet eine frische Außenperspektive, die hilft, Empathie aufzubauen. Ermöglicht Einblicke, die über die Beziehung zu einem einzelnen Unternehmen oder einer einzelnen Marke hinausgehen.
Schwächen	Kann von einigen Stakeholdern als zu abstrakt empfunden werden. Detaillierte Diagramme können zu Überanalyse und »Mapping Overload« führen.

Weiterführende Literatur

Peter Szabo, *User Experience Mapping* (Packt, 2017)

Der Schwerpunkt dieses umfangreichen Bands liegt auf dem Mapping beim agilen Softwaredesign und bei agiler Entwicklung. Das Buch richtet sich an UX-Designer und Produktmanager und enthält Tipps zur Erstellung von Maps in Programmen wie Adobe Illustrator. Szabo behandelt Themen wie Stakeholder Maps, Maps zur Verhaltensänderung und »Kaizen-Mapping«, also Techniken zur kontinuierlichen Verbesserung der Benutzererfahrung.

Sarah Gibbons, »Journey Mapping 101«, NN/g-Blog (Dezember 2019)

Dieser kurze Artikel bricht das Mapping besonders nachvollziehbar auf seine Kernkomponenten herunter. Er enthält auch eine kurze Diskussion der Unterschiede zwischen den verschiedenen Mapping-Ansätzen, einschließlich klarer, relevanter Beispiele. Weitere Artikel der Nielsen Norman Group zum Thema Mapping finden Sie unter https://www.nngroup.com/articles.

Chris Risdon, »The Anatomy of an Experience Map«, Adaptive Path Blog (November 2011)

Dieser ausgezeichnete Artikel beschreibt detailliert die wesentlichen Komponenten des Experience Mapping. Risdon ist auf diesem Gebiet führend und hat in einigen umfangreichen Arbeiten die Methoden für diese Technik umrissen.

Gene Smith, »Experience Maps: Understanding Cross-Channel Experiences for Gamers«, nForm-Blog (Februar 2010)

In diesem kurzen Blogbeitrag teilt Smith freundlicherweise mehrere Experience Maps, die zu den ersten Beispielen dieser Kategorie gehörten und als Vorbild für nachfolgende Experience Maps dienten.

Mapping häuslicher Gewalt

von Karen Wood

Häusliche Gewalt ist ein weitverbreitetes Problem, das nicht nur in Kanada, meiner Heimat, sondern weltweit Leid verursacht. Ungefähr zwei Drittel der kanadischen Bevölkerung haben entweder selbst körperliche oder sexuelle Gewalt erlebt oder kennen mindestens eine Frau, der dies widerfahren ist. Und 70 Prozent der Kinder, die Zeugen von ehelicher oder partnerschaftlicher Gewalt waren, haben Übergriffe gegen ihre Mütter gesehen oder gehört. Im schlimmsten Fall kommen Tötungsdelikte vor: In Kanada wird im Durchschnitt alle sechs Tage eine Frau ermordet.

In der Mehrzahl dieser Fälle ist der Täter männlich und dem Opfer bekannt oder direkt mit ihm verwandt. Es besteht die weitverbreitete Meinung, dass das kanadische Hilfesystem zum Schutz vor häuslicher Gewalt (Domestic Violence Service System, DVSS), das für die Sicherheit von Frauen verantwortlich ist, diese nicht ausreichend schützt.

Untersuchungen zeigen sogar, dass die Mehrheit der Vorfälle von häuslicher Gewalt gar nicht gemeldet wird. Quantitative Daten erzählen also nicht die ganze Geschichte. Die Umstände jedes einzelnen Falls häuslicher Gewalt sind komplex und beinhalten Entscheidungen, Versäumnisse und Fehler, die sich im Zeitverlauf entfalten.

Das DVSS entschied sich deshalb, zusammen mit einem Team von Psychologinnen häusliche Gewalt mithilfe von Mapping-Techniken besser zu verstehen und zu bekämpfen. Wir wollten das System von Interaktionen, Entscheidungen und Emotionen, die typischerweise zu kritischen Ereignissen führen, möglichst umfassend untersuchen, und außerdem verstehen, was nach diesen Vorfällen passiert.

Das DVSS ist vielschichtig und weist mehrere Eintrittspunkte und Faktoren auf, die während der gesamten Journey der Opfer eine Rolle spielen. Es ist beispielsweise häufig so, dass Frauen, die auf dem Land leben, ihr Heim nicht verlassen. Es gibt außerdem eine Vielzahl von Unterstützungsangeboten – von staatlichen Stellen bis zu gemeinnützigen Anbietern. Sich in diesem System allein zurechtzufinden, ist eine Herausforderung für die Opfer.

Wie können die Opfer ihre Erfahrung verarbeiten? Welche erkennbaren Muster können uns helfen, häusliche Gewalt zu verhindern? Wir wollten dieses schwierige Thema mithilfe von Journey Mapping im Kontext erkunden. Es war klar, dass wir es uns nicht mehr leisten konnten, unsere Evaluierungsbemühungen nur auf die einzelnen Teile des Systems zu konzentrieren, sondern dass wir einen Gesamtüberblick gewinnen mussten. Wir wollten herausfinden, wie sich die Erfahrung innerhalb des DVSS anfühlt, wobei wir uns auf die Interaktion mit Unterstützungsdiensten konzentrierten.

Beachten Sie, dass der gesamte Prozess überwacht und von geschulten Expertinnen für häusliche Gewalt und Psychologinnen geleitet wurde. Beim Mapping traumatischer und emotionaler Ereignisse ist es entscheidend, dass die Teilnehmerinnen und Teilnehmer sowie Ihr Team sich sicher fühlen und geschützt sind. Versuchen Sie Vergleichbares nicht auf eigene Faust!

Wir luden sieben Frauen zu unseren Sitzungen ein. Diese fanden in sicheren, bewachten Räumen statt, die über einen separaten Fluchtweg verfügten. Eine klinische Psychologin leitete die Interviews, während ich für das Mapping verantwortlich war.

ABBILDUNG 12-15. Beim Mapping der Erfahrung häuslicher Gewalt wurden ein vorformatiertes Raster, farbige Stifte und Haftnotizen verwendet, um die individuellen Erfahrungen darzustellen.

Zur Vereinfachung hatten wir im Vorfeld ein Raster erstellt, das allen Probandinnen vorgelegt wurde. Die Teilnehmerinnen begannen am Anfang ihrer Journey und gaben die einzelnen Schritte, Bedürfnisse, erwartete Aktionen, Stresslevel und ihre Gedanken und Emotionen für jeden Touchpoint an (Abbildung 12-15). Wir fuhren fort, die Journey Map zu erstellen, während wir ihre Erfahrungen mit häuslicher Gewalt besprachen und deren Verlauf folgten.

Ergebnisse

Eine der größten Überraschungen bei diesem Projekt war die Anzahl der Dienste, mit denen die Frauen interagierten – insgesamt wurden 61 Dienst- und Hilfsleistungen identifiziert. Im Durchschnitt interagierten Frauen, die häusliche Gewalt erlebten, mit 22 verschiedenen Angeboten.

Wir identifizierten drei grundlegende Journey-Typen:

- *Journey-Typ I:* Zusammenleben mit dem Täter. In diesem Fall brauchen die Opfer grundlegende Sicherheitsinformationen sowie Bestätigung durch andere, um ihre Ängste zu bewältigen.
- *Journey-Typ II:* Kein Zusammenleben mit dem Täter. Diese Opfer brauchen Hilfe, um sich im System zurechtzufinden, und Zugang zu Ressourcen, nachdem sie die Wohnung des Täters verlassen haben. Sie werden von dem Wunsch nach persönlicher Veränderung und Empowerment angetrieben.
- *Journey-Typ III:* Täter wurde aus dem Haus entfernt. In den späteren Stadien brauchen die Opfer finanzielle und emotionale Unterstützung. Sie suchen Mitgefühl und Verständnis bei anderen.

Wir ordneten diese Typen verschiedenen Interaktionen und Aspekten von Dienstleistungen innerhalb des gesamten Unterstützungssystems bei häuslicher Gewalt zu, wie in Abbildung 12-16 dargestellt. Jede Dienstleistungskategorie besitzt in diesem Diagramm einen eigenen Code, der es dem Forschungsteam ermöglichte, eine relative Einordnung des empfundenen Werts vornehmen zu können. Insgesamt zeigte die Untersuchung, dass das System recht robust war und aufrichtig funktionierte, sich die Opfer aber mehr Mitgefühl wünschten.

Ein sehr wichtiges, unbeabsichtigtes Ergebnis der Mapping-Sitzungen war, dass die Opfer angaben, dass der Mapping-Prozess sie gestärkt hätte. Wir überließen ihnen die visualisierten Journeys, damit die Teilnehmerinnen ihre eigene Reise besser verstehen konnten. Viele der Frauen dankten uns dafür, dass sie dadurch besser verstanden hätten, wie es zu einem solch katastrophalen Ereignis kommen konnte und wie es danach für sie weitergehen könnte.

DOMESTIC VIOLENCE UX SERVICE JOURNEY

RENFREW COUNTY, ON

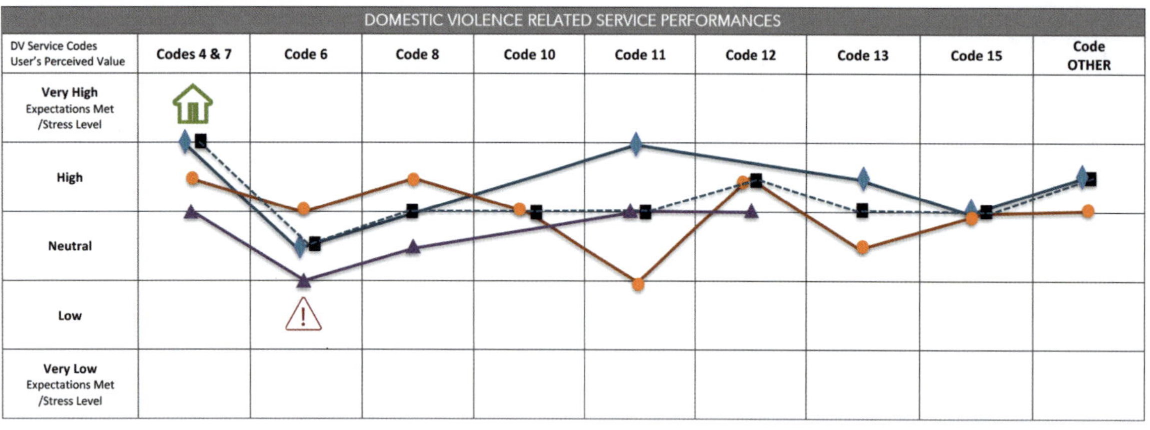

JOURNEY THEMES & PERFORMANCE SCORES

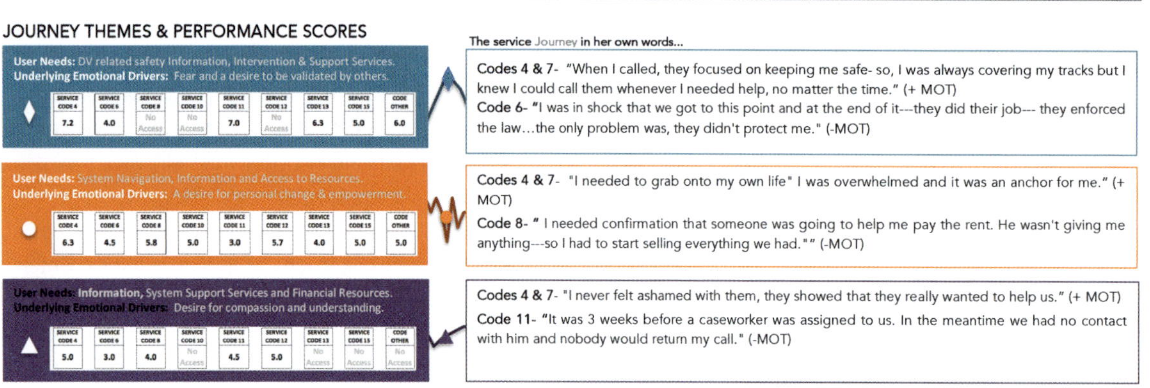

Journey Map Legend

DV Journey Types

Journey I – Living in the Home with Perpetrator

Journey II – Living away from the Perpetrator

Journey III – Perpetrator Removed from Home

All DV Journeys – Journey I, II & III combined

Service Category Codes (Service Touch Points)

- **Code 1** Addiction Services
- **Code 2** Community Health Services
- **Code 3** Community Services & Business
- **Code 4 & 7** Crisis Counselling, Outreach Services and BMH Emergency Shelter (Code 7)
- **Code 5** Education & Support Services
- **Code 6** Emergency Response Services
- **Code 8** Financial Support Services
- **Code 9** Government Support Services
- **Code 10** Housing Services
- **Code 11** Individual & Family Support Services
- **Code 12** Legal Services
- **Code 13** Mental Health Services for Adults and Children
- **Code 14** Military Support Services
- **Code 15** Personal Supports (Family, Friends, Faith)
- **Code Other** Service Codes from all participant DV Journeys types with a total of 2 or less interactions reported.

Service Moments of Truth

Positive impact (+ MOT)

Negative impact (-MOT)

A Project funded by the Ontario Ministry of Community & Social Services and prepared for Bernadette McCann House for Women, Renfrew County, ON 2016 WCS (613) 277-6438

Print: Legal Size and High Quality Print

ABBILDUNG 12-16. Das Mapping des empfundenen Werts von Dienstleistungen bei drei unterschiedlichen Erfahrungen häuslicher Gewalt zeigt Verbesserungsmöglichkeiten auf.

Insgesamt war die Studie ein Erfolg. Die Experience Map erwies sich als ein wirkungsvolles Werkzeug, um die Effektivität von Serviceangeboten über die gesamte Journey hinweg zu bewerten. Dadurch erhielt das Forschungsteam einen ganzheitlicheren Blick auf die Erfahrungen der Opfer. Wie Donella Meadows, Autorin von Thinking in Systems, schrieb: »Das Verhalten eines Systems kann nicht allein durch die Kenntnis der Elemente, aus denen es besteht, verstanden werden.«

Weitere Informationen finden Sie im vollständigen Bericht online unter *https://wcsleadershipnetwork.com/portfolio/domestic-violence-ux-journey-maps*.

Über die Autorin des Beitrags

Dr. Karen Wood arbeitet als Wissenschaftlerin am Centre for the Study of Science and Innovation Policy der University of Saskatchewan, Kanada. Sie verbindet feministische Analysen mit einem interdisziplinären Hintergrund in Sozialarbeit, Bildung und Gesundheit und erforscht die komplexen Zusammenhänge von Gewalt und Missbrauch mit einem besonderen Fokus auf Gewalt in Partnerschaft und Familie sowie sexuellen Kindesmissbrauch.

Diagramm- und Bildnachweis

Abbildung 12-1: Experience Map der Erfahrung von Veteranen, erstellt von Sarah Brown, mit freundlicher Genehmigung

Abbildung 12-2: Experience Map, erstellt von Diego S. Bernardo, seinem Blogbeitrag »Agitation and Elation [in the User Experience]« entnommen, mit freundlicher Genehmigung

Abbildung 12-3: Multi-Persona Experience Map, erstellt von Tarun Upaday, Mitbegründer und CEO von Gallop.AI (*gallop.ai*), mit freundlicher Genehmigung

Abbildung 12-4: Experience Map, erstellt von Gene Smith und Trevor von Gorp von nForm, Smiths Blogbeitrag »Experience Maps: Understanding Cross-Channel Experiences for Gamers« entnommen, mit freundlicher Genehmigung

Abbildung 12-5: Experience Map für das Exploratorium aus einer Fallstudie von Brandon Schauer, entnommen aus »Exploratorium: Mapping the Experience of Experiments«, mit freundlicher Genehmigung

Abbildung 12-6: Day-in-the-life-Diagramm, erstellt von Stuart Karten von Karten Design, mit freundlicher Genehmigung

Abbildung 12-7: Framework für die Erfassung einer Day-in-the-life-Story, adaptiert aus *Contextual Design* von Karen Holtzblatt und Hugh Beyer

Abbildung 12-8: Diagramm einer typischen Arbeitswoche, erstellt von Jim Kalbach in Visio

Abbildung 12-9: Customer Journey Map, erstellt von Jamie Thomson (Mad*Pow), ursprünglich erschienen im Artikel »How to Create a Customer Journey Map« von Megan Grocki, mit freundlicher Genehmigung

Abbildung 12-10: Swim-Lane-Diagramm aus Wikipedia, Public Domain

Abbildung 12-11: Swim-Lane-Diagramm mit Storyboard von Yvonne Shek von nForm, mit freundlicher Genehmigung

Abbildung 12-12: Workflow-Diagramme, erstellt von Jim Kalbach in Visio, mit freundlicher Genehmigung von LexisNexis

Abbildung 12-14: Job Map des Abrufs wissenschaftlicher Informationen, angepasst von Jim Kalbach in MURAL

Abbildung 12-15: Foto der Vorlage für das Mapping häuslicher Gewalt, erstellt von Karen Wood, mit freundlicher Genehmigung

Abbildung 12-16: Map der Hilfsangebote bei häuslicher Gewalt für unterschiedliche Journey-Typen, aus einer Studie von Karen Wood, mit freundlicher Genehmigung

IN DIESEM KAPITEL

- Hintergrund und Überblick zu mentalen Modellen
- Mentale Modelle schnell erstellen
- Struktur ableiten
- Elemente eines Mentalmodelldiagramms
- Fallstudie: Ein mentales Modell für ein zukunftsorientiertes Versicherungsunternehmen

KAPITEL 13

Mentalmodelldiagramme

Der Begriff des *mentalen Modells* hat seinen Ursprung in der Psychologie. Er bezieht sich auf die Vorstellung eines Individuums von der Funktionsweise der Welt – auf die jeweilige gedankliche Repräsentation der Realität.

Mentale Modelle ermöglichen uns, vorherzusagen, wie Dinge funktionieren. Sie sind kognitive Konstrukte, die auf Überzeugungen, Annahmen und bisherigen Erfahrungen aufbauen. Aber das mentale Modell einer Person ist lediglich eine *Vorstellung* davon, wie ein System funktioniert, und entspricht nicht notwendigerweise dessen tatsächlicher Funktionalität.

Nehmen wir zum Beispiel an, Sie betreten an einem kalten Tag ein Wohnhaus in den USA. Damit es schnell warm wird, drehen Sie den Thermostat nach oben. Sie gehen davon aus, dass umso mehr Wärme abgegeben wird, je höher der Thermostat eingestellt ist.

Aber ein amerikanischer Thermostat funktioniert nicht wie ein Wasserhahn, sondern eher wie ein Schalter: Die Wärmeproduktion wird an- oder ausgeschaltet, je nachdem, ob die eingestellte Temperatur erreicht wurde oder nicht (siehe Abbildung 13-1). In diesem Szenario ist Ihr mentales Modell der Funktionsweise des Systems falsch. Der Raum wird nicht schneller wärmer, wenn Sie eine höhere Temperatur einstellen. Stattdessen läuft die Heizung einfach länger, bis das Haus die gewünschte Temperatur erreicht hat.

Daraus ergibt sich für Anbieter von Produkten oder Dienstleistungen eine wichtige Lehre: Ihr Verständnis der von Ihnen entwickelten Systeme unterscheidet sich vom Verständnis der Benutzer. Sie wissen viel besser, wie das System tatsächlich funktioniert, als andere.

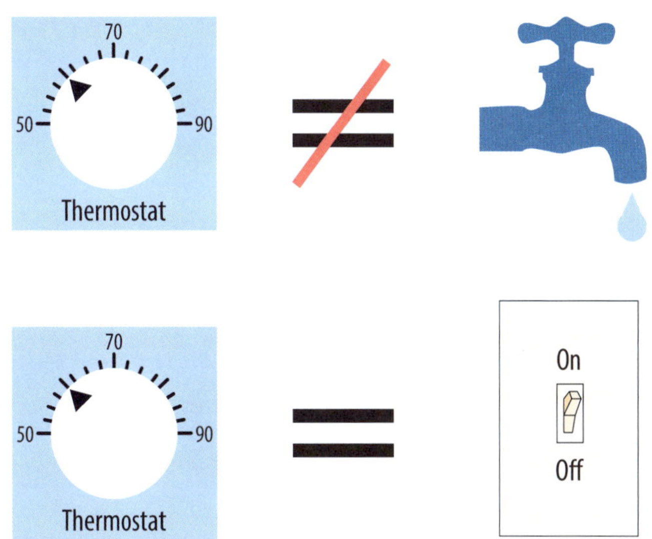

ABBILDUNG 13-1. Thermostate in den USA funktionieren eher als Schalter denn als Wasserhahn.

Unterschiede zwischen mentalen Modellen sind ein entscheidender Punkt, auf den Don Norman in seinem bahnbrechenden Buch »The Design of Everyday Things« hinweist. Abbildung 13-2 zeigt seine mittlerweile ikonische Grafik der drei verschiedenen Modelle, die dabei zusammenspielen: das mentale Modell, das der Designer von einem System hat, das tatsächliche Systemmodell und das mentale Modell eines Benutzers.

Beim Design kommt es darauf an, das mentale Modell der Menschen zu verstehen, für die man etwas gestaltet. Dabei kommt eine Rückkopplungsschleife ins Spiel, die durch die beiden Pfeile auf der rechten Seite von Abbildung 13-2 symbolisiert wird. Als Designer müssen Sie die eigene Perspektive beiseitelassen und das System aus der Sicht eines Anwenders betrachten können. Kurz gesagt: Design erfordert *Einfühlungsvermögen*.

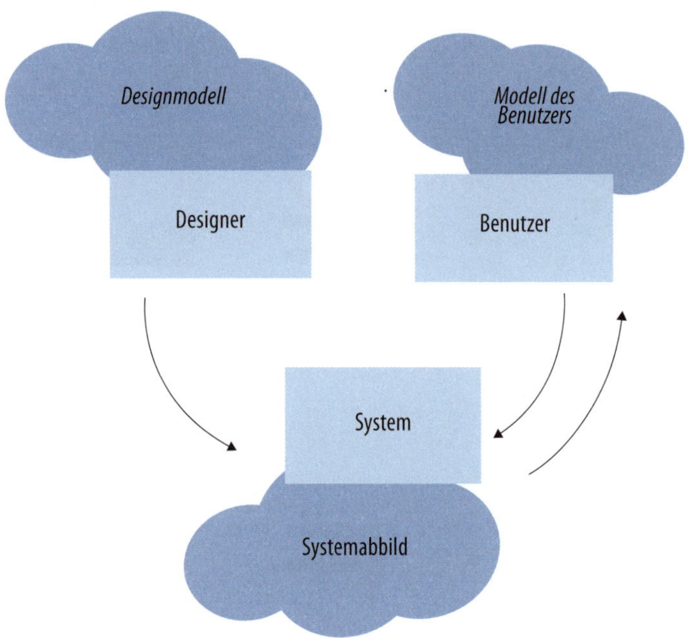

ABBILDUNG 13-2. Don Normans bekanntes Diagramm veranschaulicht, dass sich das mentale Modell des Designers vom mentalen Modell des Anwenders unterscheidet.

Die in diesem Buch untersuchten Diagramme helfen Ihnen, die Rückkopplungsschleife zwischen dem Benutzer und dem System zu verstehen. Das mentale Modell, das der Benutzer von dem System hat, wird durch dieses System geformt. Wenn Sie das mentale Modell einer Person erforschen, die versucht, ein Ziel zu erreichen oder eine Aufgabe zu erledigen, und diese Person nicht in erster Linie als Benutzer Ihres Systems betrachten, können Sie aus dem Systemrahmen ausbrechen. Sie können Aspekte der Denkweise einer Person entdecken, die nichts mit einem vorgegebenen System zu tun haben, sondern nur damit, wie diese Person ihre Ziele erreicht.

Mapping ist eine wichtige Methode, um mentale Modelle zu verstehen und sie für Ihr Unternehmen sichtbar zu machen. In der Praxis ist das Mapping von Erfahrungen ein Mapping des mentalen Modells einer Person. Der in diesem Kapitel besprochene Ansatz konzentriert sich auf eine spezielle Technik, die von Indi Young entwickelt wurde, das sogenannte *Mentalmodelldiagramm* (*Mental Mode Diagram*).

Mentalmodelldiagramme erstellen

Im Jahr 2008 veröffentlichte Indi Young eine formale Methode zur Visualisierung mentaler Modelle in ihrem Buch »Mental Models«. Abbildung 13-3 zeigt als Beispiel ein mentales Modell aus diesem Buch. Darin geht es um das Thema »Einen Film ansehen«.

Mentalmodelldiagramme sind üblicherweise sehr lange Dokumente und können ausgedruckt drei bis fünf Meter Platz an einer Wand einnehmen. Das Diagramm in Abbildung 13-3 erstreckt sich deshalb über zwei Seiten.

Die obere Hälfte des Diagramms beschreibt die Muster des mentalen Modells einer Gruppe von Personen. In diesem Teil des Diagramms gibt es drei grundlegende Informationsebenen (siehe Abbildung 13-4), die Young als *Boxes* (Felder), *Towers* (Türme) und *Mental Spaces* (mentale Räume) bezeichnet:

Felder
: Das sind die grundlegenden Bausteine, die als kleine Rechtecke dargestellt werden. Die Felder enthalten die Gedanken, Reaktionen und Leitprinzipien einer Person. Ursprünglich bezeichnete Young diese Felder als »Tasks« (Aufgaben), ist aber inzwischen von dieser Bezeichnung abgerückt, um Verwechslungen mit realen Handlungen zu vermeiden.

Türme
: Ähnliche Felder werden zu Gruppen zusammengefasst, die als Türme bezeichnet werden. Diese Türme sind im Diagramm farbig hinterlegt.

Mentale Räume
: Türme wiederum bilden Affinitätscluster, die als mentale Räume bezeichnet werden. Diese sind durch vertikale Linien voneinander abgegrenzt und mit Überschriften versehen.

Eine horizontale Linie in der Mitte des Diagramms trennt das mentale Modell von der »Unterstützung« – allen Produkten und Dienstleistungen, die den Denkprozess innerhalb eines Turms ansprechen. Diese Anordnung zeigt, dass hier die Grundprinzipien der Ausrichtung wirken.

Insgesamt konzentriert sich dieser Ansatz der Beschreibung mentaler Modelle auf Menschen, nicht auf Werkzeuge. Anstatt beispielsweise »Bildfarben in Photoshop filtern« zu notieren, sollten Sie sich auf die naheliegende Aufgabe konzentrieren, die z. B. »Bildfarben ändern« oder »Bildfarbe verbessern« lauten könnte.

Die Diagramme spiegeln auch keine persönlichen Vorlieben oder Meinungen wider. Stattdessen sollten Sie versuchen, sich auf das zu konzentrieren, was einer Person durch den Kopf geht – ihre innere Stimme –, und dies in Ihrem Diagramm festhalten.

Von allen Diagrammen, die in diesem Buch behandelt werden, ist die obere Hälfte eines Mentalmodelldiagramms daher am stärksten auf die Person ausgerichtet. Das bietet eine besondere Flexibilität: Diese Diagramme können auf alle Bereiche oder Situationen angewendet werden. Mentalmodelldiagramme sind außerdem sehr langlebig: Einmal fertiggestellt, bleiben sie oft über Jahre relevant, da sich das zugrunde liegende mentale Modell nur langsam verändert.

Allerdings besteht die Gefahr, dass Mentalmodelldiagramme Betrachter mit ihren vielen Details überfordern. Ich habe erlebt, dass Führungskräfte aus der Wirtschaft nach einem einfacheren Modell gefragt haben. Dieser Detailreichtum wird aber von denjenigen als Stärke angesehen, die den Gemütszustand von Menschen tiefgreifend verstehen wollen.

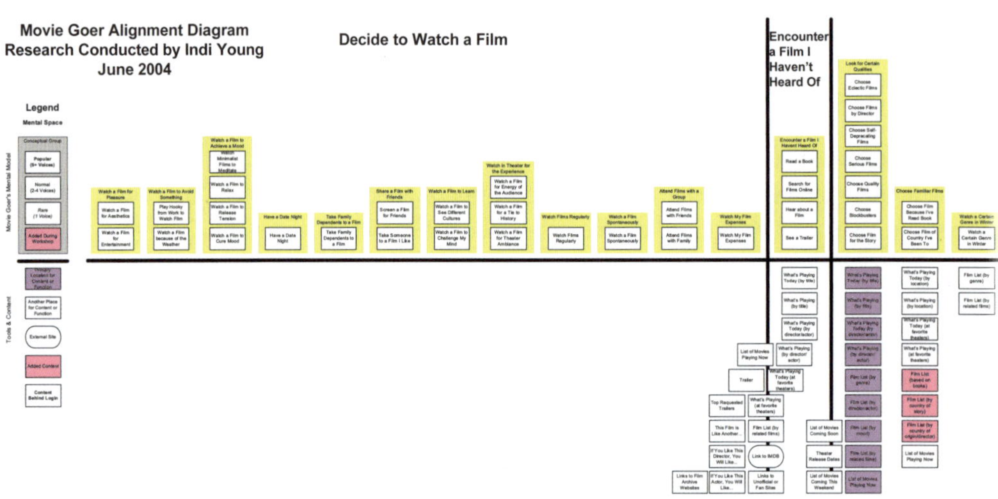

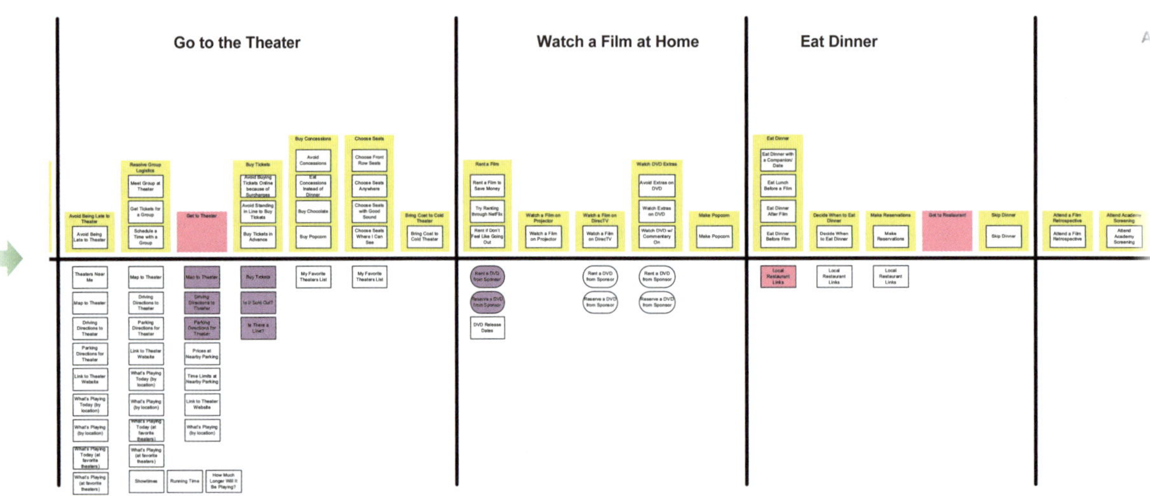

ABBILDUNG 13-3. Dieses Mentalmodelldiagramm aus dem Buch von Indi Young zeigt das Gesamterlebnis eines Kinobesuchs.

Choose Film | Learn More about a Film | Choose a Theater | Choose a Time

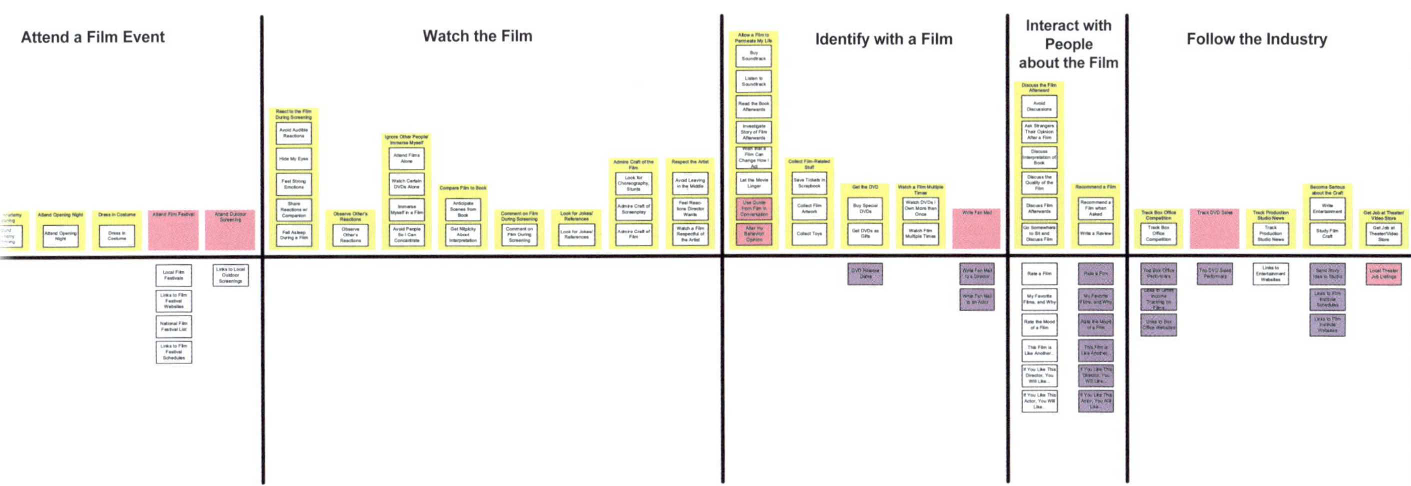

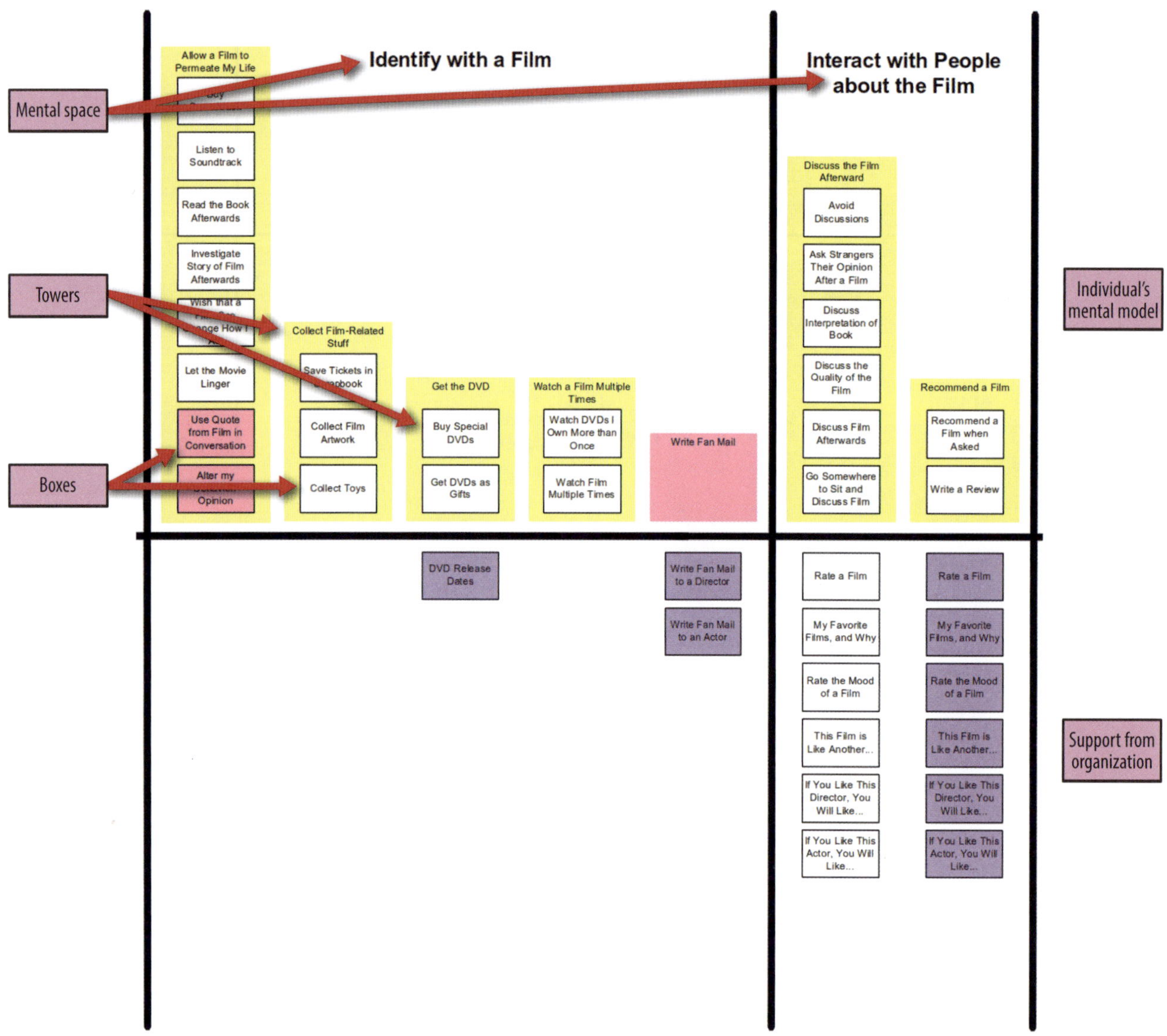

ABBILDUNG 13-4. Die drei grundlegenden Elemente in einem Mentalmodelldiagramm sind Felder, Türme und mentale Räume.

Auswertung der Transkripte

Der Prozess zur Erstellung von Mentalmodelldiagrammen ähnelt den Schritten, die in den Kapiteln 5 bis 8 dieses Buchs beschrieben sind. Ein Hauptunterschied ist die Normalisierung der Forschungsergebnisse in ein Standardformat. Dadurch lassen sich Ähnlichkeiten zwischen Elementen erheblich leichter entdecken.

Beginnen Sie die Analyse, indem Sie die Transkripte der Interviews nach relevanten Informationen durchkämmen. Das wird Ihr Verständnis dafür vertiefen, was die Teilnehmer mit ihren Äußerungen gemeint haben. Dieser Prozess steht im Mittelpunkt der Arbeit mit mentalen Modellen. Folgen Sie bei jedem Element des Diagramms dem gleichen Muster:

1. Beginnen Sie mit einem Verb, um sich auf den Denkprozess und nicht auf das Ziel zu konzentrieren.
2. Verwenden Sie die erste Person Singular, um sich in die Lage des Teilnehmers zu versetzen.
3. Jedes Feld sollte nur eine einzige Idee enthalten, damit es übersichtlich bleibt.

Jedes Element entstammt den von den Teilnehmern geäußerten Gedanken. Wenn Sie das Interview aufzeichnen und ein Transkript anfertigen lassen, können Sie die einzelnen Elemente direkt als Zitat aus dem Transkript übernehmen. Damit sich Affinitäten zwischen den Elementen leichter entdecken lassen, fassen Sie jedes Zitat nach diesem Schema zusammen:

[Ich (optional)] [Verb] [Substantiv] [nähere Bestimmung]

Diese strenge Einheitlichkeit ermöglicht die hierarchische Anordnung der Elemente: Felder werden zu Türmen gruppiert, Türme zu mentalen Räumen. Bei diesem Prozess werden zuerst die Elemente aus den Transkripten destilliert. Das Ziel ist dabei, die Essenz der mentalen Modelle der Probanden in das vorgeschriebene Format zu übertragen.

Die Formulierung der Aufgaben erfordert etwas Übung und geht über das Kopieren von Phrasen aus den Rohtexten, die während der Recherche gesammelt wurden, hinaus. Zur Veranschaulichung finden Sie in Tabelle 13-1 einige hypothetische Zitate zum Thema Kaffeetrinken. Auf der rechten Seite finden Sie beispielhafte Zusammenfassungen im vorgeschriebenen Format, die Sie aus diesen Äußerungen ableiten könnten.

TABELLE 13-1. Beispiele für Zusammenfassungen (rechts) in einem normalisierten Format, abgeleitet aus den rohen Forschungstexten (links).

Direkte Zitate aus den Interviews	**Zusammenfassung**
»Wenn ich aufstehe, sagt mein Körper sofort ›Hol dir einen Kaffee!‹. Als könnte ich ohne nicht funktionieren. Das Erste, was ich so ziemlich jeden Morgen mache, ist Kaffeekochen – das läuft fast automatisch. Ich glaube, ich könnte das im Schlaf. Zum Frühstück oder während ich die Zeitung lese, genieße ich meine Tasse dann.«	Fühle mich nicht funktionstüchtig, bis ich Kaffee bekomme. Fühle mich gezwungen, morgens Kaffee zu kochen. Genieße morgens eine Tasse Kaffee.
»Meine Frau und ich trinken morgens beide sehr gerne Kaffee. Es ist eine gute Methode, um wach zu werden – es bringt dich in Schwung. Eigentlich fühle ich mich erst richtig wohl, wenn ich meine erste Tasse getrunken habe.«	Genieße morgens eine Tasse Kaffee. Verlange nach Kaffee am Morgen. Fühle mich erst nach der ersten Tasse Kaffee so richtig wohl.

Mentale Modelle schnell erstellen

Die Erstellung eines Mentalmodelldiagramms kann sehr aufwendig sein. Formelle Projekte mit 20 bis 30 Teilnehmern nehmen Wochen oder Monate in Anspruch. Obwohl das eine wertvolle Investition ist, wollen sich einige Unternehmen diese Zeit nicht nehmen.

Nach der Veröffentlichung von »Mental Models« entwickelte Young eine Methode, um Diagramme sehr schnell – innerhalb einiger Tage – zu erstellen. Sie beschreibt diesen Ansatz in einem Blogbeitrag mit dem Titel »Try the ›Lightning Quick‹ Method«. Im Mittelpunkt steht ein einziger Workshop mit den Stakeholdern.

Hier eine Zusammenfassung von Youngs schnellem Ansatz zur Datensammlung und zur Suche nach Affinitäten:

1. Bitten Sie im Voraus um Stories.

   Besorgen Sie sich eine Woche im Voraus von Ihrer Zielgruppe kurze Stories zu einem bestimmten Thema. Dies kann per E-Mail oder in kurzen Audiositzungen sowie über soziale Medien und andere Onlinequellen erfolgen. Es geht um Berichte darüber, wie Menschen ihren Weg zu einem Ziel durchdenken – festgehalten auf einer bis zwei Seiten. Formulieren Sie diese Geschichten, falls nötig, in die erste Person um, damit alle Texte eine ähnliche Perspektive aufweisen.

2. Durchgehen und zusammenfassen.

   Lesen Sie diese Beschreibungen während des Workshops laut vor. Verwenden Sie große Haftnotizen oder arbeiten Sie in einem gemeinsamen Dokument und lassen Sie verschiedene Teammitglieder während des Vorlesens Zusammenfassungen notieren. Sie sollten in der Lage sein, innerhalb weniger Stunden 100 Zusammenfassungen zu erstellen.

3. Nach Mustern gruppieren.

   Sobald sich die Zusammenfassungen ansammeln, fangen Sie an, sie nach der jeweiligen Absicht des Erzählers zu gruppieren. Viele dieser ersten Gruppen werden sich noch ändern, wenn Sie weitere Zusammenfassungen hinzufügen. Im weiteren Verlauf können Sie beginnen, die Türme in mentalen Räumen zu organisieren. Innerhalb eines Nachmittags werden Sie eine provisorische Struktur erstellen können.

4. Brainstorming.

   Nutzen Sie die verbleibende Zeit des Workshops für ein Brainstorming von Lösungen. Wo gibt es Lücken zwischen der Denkweise der Menschen und der Art und Weise, in der Ihr Unternehmen dieses Denken unterstützt? Welche Chancen sehen Sie?

Diese beschleunigte Methode ist ideal für Teams, die kurzfristig auf Ergebnisse reagieren müssen. Das Resultat ist ein Diagramm erster Generation, das wiedergibt, was Sie zu diesem Zeitpunkt gesammelt haben. Es muss möglicherweise noch weiter validiert werden. Aber da im Vorfeld die Erzählungen der Teilnehmer gesammelt wurden, ist dieses Diagramm dennoch gut in der Realität verankert.

Vom Konstrukt zur Struktur

Die hierarchische Natur von Mentalmodelldiagrammen macht sie besonders relevant für die Informationsarchitektur. Der Prozess kann als *fundiert* (grounded) bezeichnet werden: Es ist ein Bottom-up-Ansatz, der mit Zusammenfassungen der Überlegungen, Reaktionen und Leitprinzipien beginnt, die Menschen haben und zeigen, während sie ein Ziel verfolgen, das umfassender ist als Ihr Angebot. Danach geht es darum, Informationen sukzessive in übergeordneten Kategorien zu gruppieren (Abbildung 13-5).

Daraus ergibt sich eine Kategorisierung, die dem tatsächlichen mentalen Modell der Personen entspricht, denen Sie Produkte und Dienstleistungen anbieten, und das Vokabular widerspiegelt, das die Personen in Interviews verwendet haben. App- und Webdesigner können dieses Schema dann z. B. als Grundlage für die Navigation innerhalb einer Anwendung nutzen. Das verbessert die Benutzerfreundlichkeit der Navigation erheblich und sichert außerdem deren Langlebigkeit.

Young beschreibt detailliert den Prozess der Ableitung der Struktur und deren Abbildung auf die Navigation. Abbildung 13-6 ist ein Beispiel für die in ihrem Buch beschriebene Vorgehensweise. Es zeigt, wie mentale Räume zu Kategorien zusammengefasst werden können, die dann als Hauptnavigation für eine Website dienen.

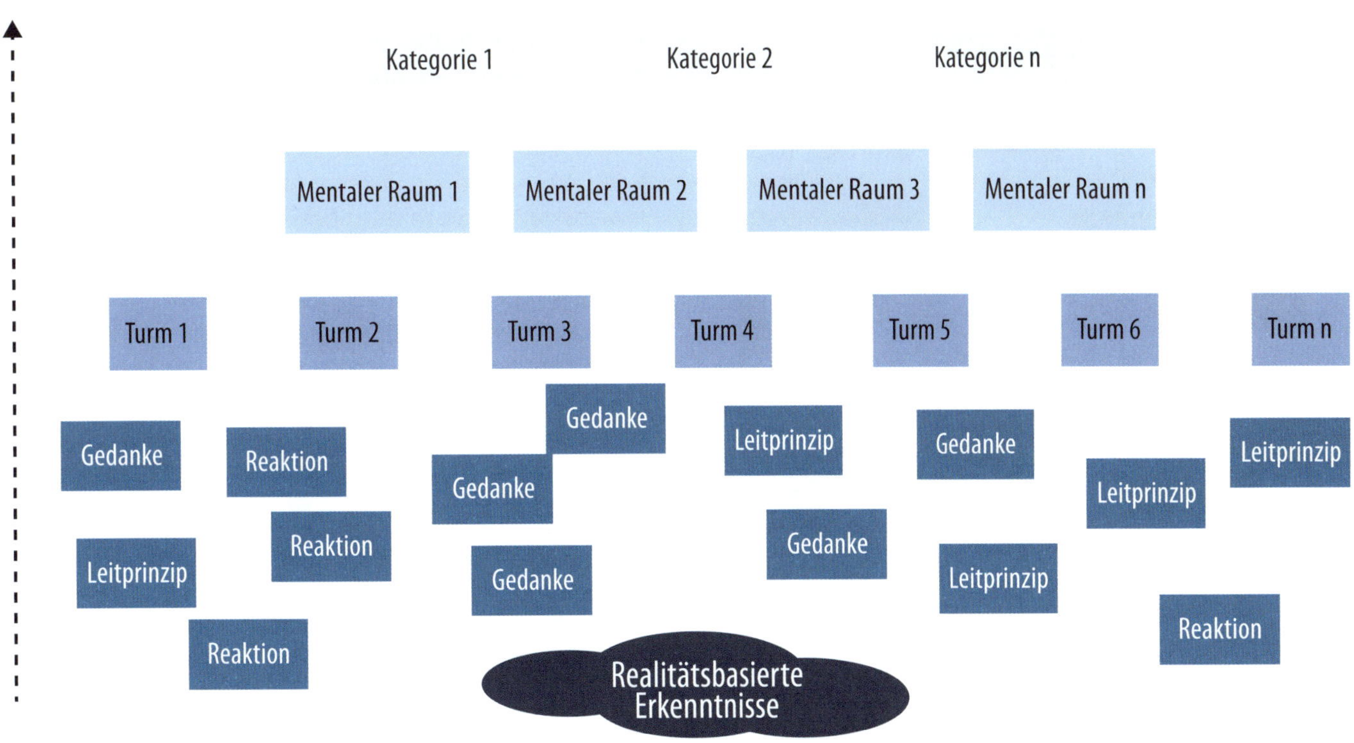

ABBILDUNG 13-5. Die Ableitung von Strukturen aus Mentalmodelldiagrammen ist ein Bottom-up-Prozess, der auf realen Erkenntnissen beruht.

ABBILDUNG 13-6. Clustern Sie mentale Räume, um Kategorien zu bilden, die z. B. für die Website-Navigation verwendet werden können.

Verwandte Ansätze

Die Ursprünge der Untersuchung mentaler Modelle gehen auf die Arbeit von Kenneth Craik in seinem 1943 erschienenen Buch »The Nature of Explanation« zurück. Er bietet eine präzise, leicht verständliche Definition mentaler Modelle:

> *Der Verstand konstruiert kleine Modelle der Realität, um Ereignisse zu antizipieren, zu argumentieren und Erklärungen zu untermauern.*

Später führte Philip Johnson-Laird einige der bedeutendsten Forschungen zu diesem Thema durch, die 1983 in der Veröffentlichung eines mit »Mental Models« betitelten Buchs mündeten. In frühen Versuchen, mentale Modelle visuell darzustellen, werden Informationen hierarchisch angeordnet. Bei Johnson-Lairds Ansatz wurde zum Beispiel untersucht, wie sich eine aussagekräftige Geschichte über Ereignisse und Episoden hinweg aufbaut. Sein Ansatz basierte auf einer Textanalyse, die er anschließend visualisierte (Abbildung 13-7).

Im Großen und Ganzen handelt es sich dabei um die Technik des *Ladderings*, bei der man schrittweise eine Art »kognitive Leiter« erklimmt, auf der man von eher kleinteiligen Feststellungen zu allgemeineren Schlussfolgerungen gelangt. Mentalmodelldiagramme basieren ebenfalls auf einer Form des Ladderings.

Betrachten Sie das Laddering im Goals-Means-Framework, das in Abbildung 13-8 dargestellt wird. Es zeigt eine Hierarchie von Zielen (Goals) und Mitteln (Means) zum Thema Schwangerschaft, die von der Designerin Beth Kyle erstellt wurde. An der Spitze steht das primäre Ziel, dass eine gesunde Mutter ein gesundes Kind entbindet. Die Mittel, um dieses Ziel zu erreichen, sind in der nächsten Ebene aufgeführt. Das Muster wiederholt sich, bis auf der untersten Ebene spezifische Lösungen und Funktionen benannt werden.

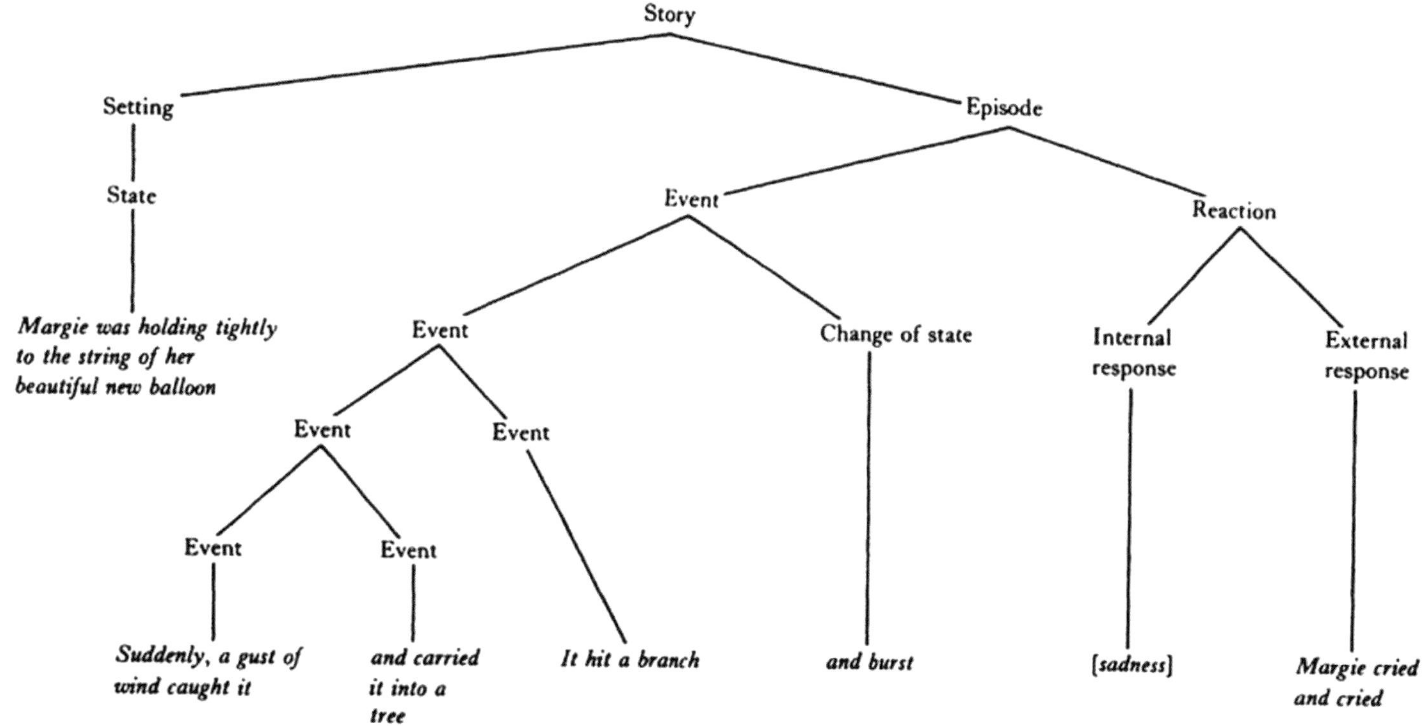

ABBILDUNG 13-7. Dieses Beispiel von Philip Johnson-Laird spiegelt die hierarchische Natur der Mentalmodellanalyse wider.

Abbildung 13-9 zeigt als weiteres Beispiel die neuen Geschäftsaktivitäten eines Architekturbüros. Dieses Diagramm, das ich während eines früheren Projekts erstellt habe, wurde modifiziert, um die Identität der Firma und unseres Kunden zu verbergen.

Da neue Geschäftsaktivitäten in beliebiger Reihenfolge stattfinden können, war in diesem Fall eine hierarchische Darstellung sinnvoll. Dadurch konnte ich Beziehungen zwischen Aktionen darstellen, ohne sie an einer Zeitleiste auszurichten. Durch das Laddering können dann übergeordnete Ziele und Bedürfnisse identifiziert werden.

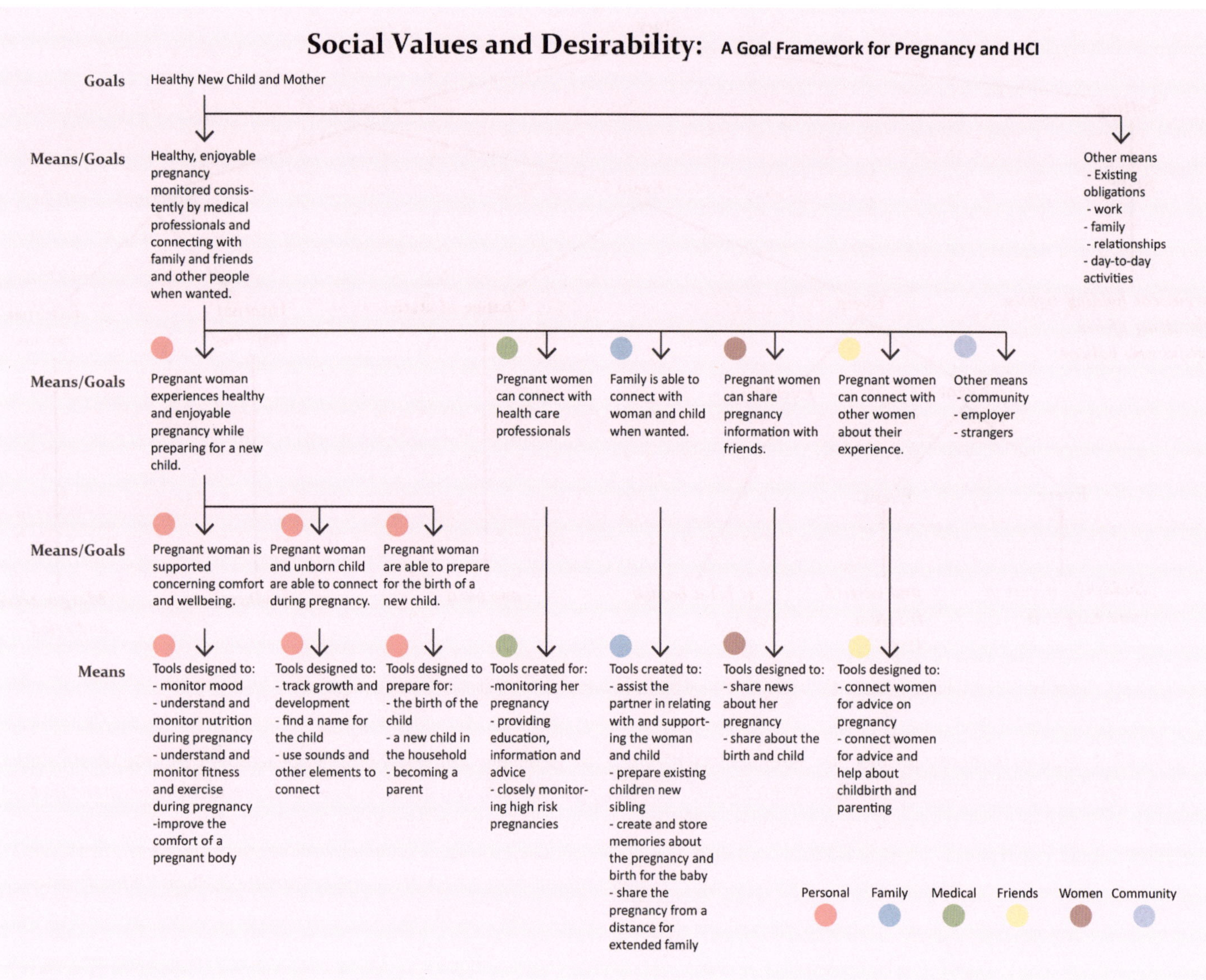

ABBILDUNG 13-8. Das Goals-Means-Framework verbindet Lösungen mit den zugrunde liegenden Zielen.

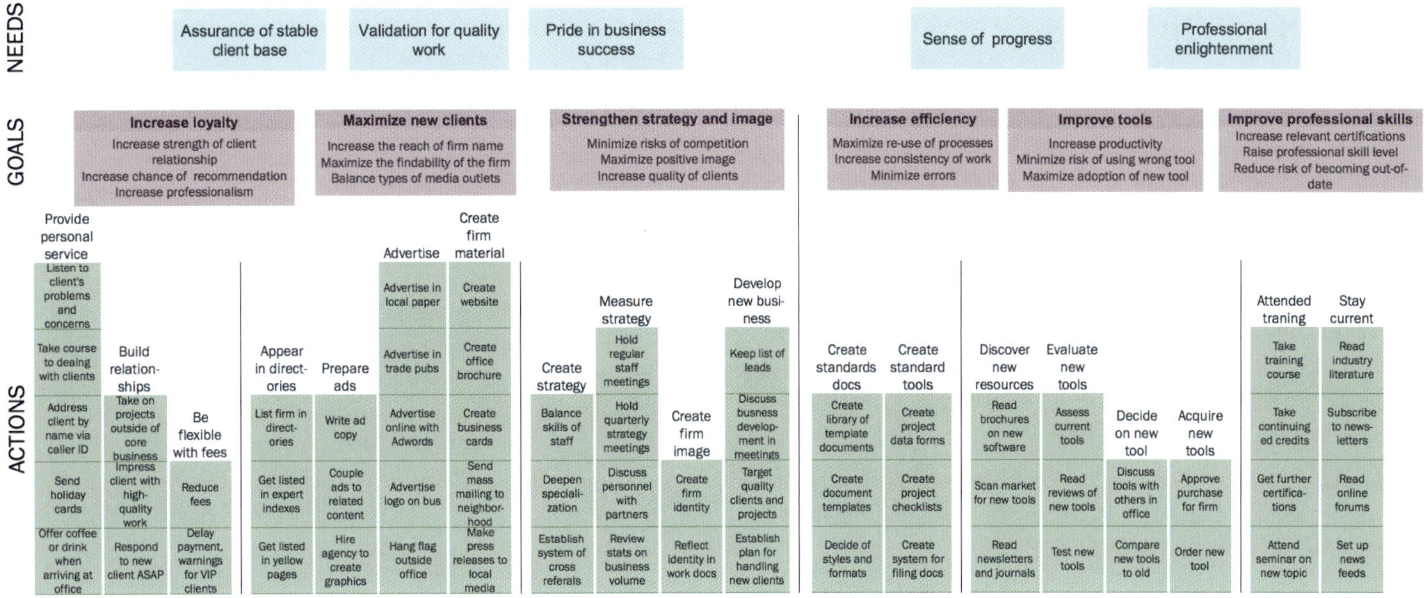

NEEDS

Assurance of stable client base

Validation for quality work

Pride in business success

Sense of progress

Professional enlightenment

GOALS

Increase loyalty
Increase strength of client relationship
Increase chance of recommendation
Increase professionalism

Maximize new clients
Increase the reach of firm name
Maximize the findability of the firm
Balance types of media outlets

Strengthen strategy and image
Minimize risks of competition
Maximize positive image
Increase quality of clients

Increase efficiency
Maximize re-use of processes
Increase consistency of work
Minimize errors

Improve tools
Increase productivity
Minimize risk of using wrong tool
Maximize adoption of new tool

Improve professional skills
Increase relevant certifications
Raise professional skill level
Reduce risk of becoming out-of-date

ACTIONS

Provide personal service: Listen to client's problems and concerns; Take course to dealing with clients; Address client by name via caller ID; Send holiday cards; Offer coffee or drink when arriving at office

Build relation-ships: Take on projects outside of core business; Impress client with high-quality work; Respond to new client ASAP

Be flexible with fees: Reduce fees; Delay payment, warnings for VIP clients

Appear in direct-ories: List firm in direct-ories; Get listed in expert indexes; Get listed in yellow pages

Prepare ads: Write ad copy; Couple ads to related content; Hire agency to create graphics

Advertise: Advertise in local paper; Advertise in trade pubs; Advertise online with Adwords; Advertise logo on bus; Hang flag outside office

Create firm material: Create website; Create office brochure; Create business cards; Send mass mailing to neighbor-hood; Make press releases to local media

Create strategy: Balance skills of staff; Deepen speciali-zation; Establish system of cross referals

Measure strategy: Hold regular staff meetings; Hold quarterly strategy meetings; Discuss personnel with partners; Review stats on business volume

Create firm image: Create firm identity; Reflect identity in work docs

Develop new busi-ness: Keep list of leads; Discuss busness develop-ment in meetings; Target quality clients and projects; Establish plan for handling new clients

Create standards docs: Create library of template documents; Create document templates; Decide of styles and formats

Create standard tools: Create project data forms; Create project checklists; Create system for filing docs

Discover new resources: Read brochures on new software; Scan market for new tools; Read newsletters and journals

Evaluate new tools: Assess current tools; Read reviews of new tools; Test new tools

Decide on new tool: Discuss tools with others in office; Compare new tools to old

Acquire new tools: Approve purchase for firm; Order new tool

Attended traning: Take training course; Take continuing ed credits; Get further certifica-tions; Attend seminar on new topic

Stay current: Read industry literature; Subscribe to news-letters; Read online forums; Set up news feeds

ABBILDUNG 13-9. Eine hierarchische Map stellt die Aktivitäten zur weiteren Geschäftsentwicklung eines Architekturbüros dar.

Elemente eines Mentalmodelldiagramms

Unter den in Teil 3 dieses Buchs vorgestellten Diagrammtypen stellen Mentalmodelldiagramme einen Archetyp mit hierarchischer Visualisierung dar. Indi Youngs Buch bietet eine Schritt-für-Schritt-Anleitung zur Erstellung dieser Diagramme sowie Tipps dazu, wie man sie in der Praxis einsetzen kann.

Im Großen und Ganzen spiegeln Mentalmodelldiagramme das Konzept des Ladderings wider – einen realitätsnahen Bottom-up-Ansatz, um Modelle menschlicher Erfahrungen auf der Grundlage von Beobachtungen zu erstellen.

Tabelle 13-2 fasst unter Verwendung des in Kapitel 2 skizzierten Rahmens die Hauptaspekte zusammen, durch die Mentalmodelldiagramme definiert sind.

TABELLE 13-2. Entscheidende Merkmale von Mentalmodelldiagrammen.

Perspektive	Gedanken, Emotionen und Leitprinzipien, die einer Person in einem bestimmten Kontext durch den Kopf gehen, während sie eine Aufgabe erledigt.
Struktur	Hierarchisch.
Umfang	Sehr breit gefächert und unter Einbeziehung verschiedener Perspektiven von Einzelpersonen.
Fokus	Verhalten, Argumentation, Überzeugungen und Philosophien von Individuen. Die Unterstützung, die von Unternehmen zur Erledigung einer Aufgabe bereitgestellt wird.
Verwendung	Entwicklung von Empathie, indem man versteht, was in den Köpfen der Menschen vorgeht. Um Chancen für Innovationen zu entdecken, die auf einem tieferen Verständnis menschlichen Verhaltens beruhen. Zur Ableitung von Anwendungsnavigationen und Informationsarchitekturen. Um den Flow Ihres Angebots so zu lenken, dass es die im Diagramm aufgezeichneten Denkprozesse unterstützt.
Stärken	Normalisierte Formate liefern konsistente Ergebnisse. Tiefer Einblick in das menschliche Denken im Hinblick auf das Ziel, das eine Person zu erreichen versucht.
Schwächen	Fertige Diagramme können durch ihre Detailfülle überwältigen. Fehlende Zeitleiste/Chronologie.

Weiterführende Literatur

Thomas Reynolds und Jonathan Gutman, »Laddering Theory, Method, Analysis, and Interpretation«, *Journal of Advertising Research* (Februar/März 1988)

Dies ist ein älterer Artikel von zwei Hauptbegründern des Laddering-Ansatzes, der auf Gutmans Means-End-Ansatz basiert, der ein paar Jahre zuvor publiziert wurde. Er bietet eine detaillierte Beschreibung der Technik mit vielen Beispielen. Im Allgemeinen zieht man beim Laddering Schlussfolgerungen evidenzbasiert.

Indi Young, *Mental Models* (Rosenfeld Media, 2008)

Young leistete Anfang der 2000er-Jahre Pionierarbeit mit ihrer speziellen Technik zur Veranschaulichung mentaler Modelle. Dies ist ein akribisches, detailliertes Buch mit Schritt-für-Schritt-Anleitungen und damit eine unverzichtbare Lektüre für jeden, der mit Mentalmodelldiagrammen arbeiten möchte.

Indi Young, »Try the ›Lightning Quick‹ Method« (März 2010)

In diesem Blogbeitrag beschreibt Young einen modifizierten Prozess zur Erstellung und Verwendung von Mentalmodelldiagrammen, der innerhalb weniger Tage abgeschlossen werden kann. Er bietet eine zügigere Alternative zu der in ihrem Buch skizzierten klassischen Methode.

Ein mentales Modell für ein zukunftsorientiertes Versicherungsunternehmen

von Indi Young

In dieser Fallstudie wird ein relativ häufig vorkommendes Szenario untersucht, bei dem ein Unternehmen nach einer Möglichkeit sucht, inkrementelle Verbesserungen an einem vorhandenen Produkt oder einer Dienstleistung vorzunehmen.

Als Beispielunternehmen dient eine Versicherungsgesellschaft.[1] Das Unternehmen bietet Kfz-Versicherungen sowie Home Insurance (u. a. Hausrat- und Gebäudeversicherungen) an. Innerhalb des Unternehmens gibt es eine Gruppe, die sich unabhängig von diesen Geschäftsbereichen mit der strategischen Ausrichtung und der Entwicklung neuer Produkte beschäftigt. Sie wurde vor zwei Jahren von einigen Führungskräften als Reaktion auf vorstandsinterne Diskussionen über Wettbewerb und Innovation gegründet, um mit Ansätzen jenseits der traditionellen Branchenmethoden zu experimentieren. Diese Gruppe führte einige personenorientierte Studien durch, von denen sich eine damit beschäftigte, was Menschen während und unmittelbar nach einem Autounfall durch den Kopf geht. Aufgrund der dabei gewonnenen Erkenntnisse vermutete die Arbeitsgruppe, dass man etwas aus den Denkmustern bei Beinaheunfällen lernen könnte.

Sie will zusätzlich zur bereits durchgeführten Studie eine weitere Untersuchung durchführen, um eine breitere Grundlage für die Entwicklung neuer Ideen zu erhalten. Die Gruppe hofft, die zusätzlichen Erkenntnisse nutzen zu können, um die Art und Weise, in der das Unternehmen den versicherten Personen seine Dienstleistungen erbringt, zu verbessern.

Die Fragestellung der neuen Studie lautet: *Was ging Ihnen während und nach einem denkwürdigen Beinaheunfall durch den Kopf?* Die Fragestellung ist auf keine besondere Unfallform oder bestimmte Orte eingeschränkt. Das Team wird Geschichten zu hören bekommen, bei denen Menschen im Haushalt oder auf der Straße, allein oder in einer Menschenmenge, beinahe einen Unfall hatten, unabhängig davon, ob es dabei einen Schuldigen gab oder nicht. Da es sich um eine personenbezogene Untersuchung handelt, muss sich der Beinaheunfall nicht auf die Produkte des Unternehmens – Kfz-Versicherungen und Home Insurance – beziehen. Es sollen Informationen über die Denkweise und die Art und Weise der Entscheidungsfindung während eines Beinaheunfalls gesammelt werden, unabhängig davon, ob dabei Autos im Spiel sind oder nicht. Die gefundenen Denkmuster können dann als Ausgangspunkt zur Entwicklung neuer Ideen im Versicherungsgeschäft genutzt werden.

Beinaheunfälle

Zuerst wurden mit 24 Personen Interviews durchgeführt. Jede Sitzung begann mit der Frage: »Was ging Ihnen während und nach einem denkwürdigen Beinaheunfall durch den Kopf?« Danach überließen

1 Da Genehmigungen zur Verwendung realer Studien und Transkripte nur schwer zu bekommen sind, wurde diese Fallstudie modifiziert. Die 24 gesammelten Teilnehmergeschichten sind echt, aber die Ideen, die aus den Ergebnissen entstanden, wurden auf der Grundlage von zwei Jahrzehnten Berufserfahrung hinzuerfunden.

es die Interviewer den Teilnehmern, wohin das Gespräch innerhalb dieser Fragestellung führen würde.

Hier ist der erste Teil einer dieser Geschichten. Der zuhörende Interviewer fragt bei verschiedenen Dingen nach, um die Überlegungen und Reaktionen, die dem Teilnehmer zum berichteten Zeitpunkt durch den Kopf gingen, besser zu verstehen.

17: Halterung fiel vom Arbeitswagen – Transkript

Zuhörer: Ich bin auf der Suche nach Geschichten, die mir zu verstehen helfen, was Menschen bei Beinaheunfällen oder -verletzungen durch den Kopf geht. Gibt es irgendwelche Beinaheunfälle oder Beinaheverletzungen, an die Sie sich erinnern?

Sprecherin: Ich schätze, das zählt als Beinaheunfall, obwohl es ein echter Unfall war, der aber auch viel schlimmer hätte ausgehen können. Ich denke also, es passt auf beides. Es liegt schon länger zurück – meine Tochter muss damals vier oder fünf gewesen sein. Das muss ja nicht unbedingt ein Autounfall sein, oder?

Zuhörer: Stimmt.

Sprecherin: Es geht um eine Sache, die auf der Autobahn bei rund 100 Stundenkilometern passiert ist. Ich fuhr direkt hinter einem Lkw einer Firma, die Zäune errichtet. Plötzlich ist von einem kleinen Ablagefach eine Aluminiumhalterung heruntergefallen. Ich war nicht einmal besonders dicht dahinter – es war ein ganz normaler Abstand. Ich fuhr mit meinem Honda Odyssey, und die Halterung schlug direkt vor meinem Gesicht gegen die Windschutzscheibe. Sofort zog sich ein Spinnennetz über die Scheibe! Es war eines dieser Dinge, die blitzschnell passieren. Ich stand voll unter Adrenalin. Ich fange an, schneller zu werden, um den anderen Wagen einzuholen und dem Fahrer Zeichen zu geben, dass er anhalten soll. Dazu wechsle ich auf die linke Spur und fahre neben dem Wagen her. Ich schaue rüber und sehe vier Männer – und drei von ihnen schlafen! Ich muss sie irgendwie zum Halten bringen, um ihre Versicherungsdaten zu bekommen. Ich habe zu ihnen herübergestikuliert. Da war noch ein anderer Wagen unterwegs, eine Art Servicewagen oder ein Wagen der Gemeinde. Ich habe versucht, diesen anzuhalten, aber die Leute schauten nur verwirrt. Schließlich fuhr ich nach Hause und sah mir die Scheibe an. Mensch, bin ich froh über gehärtetes Glas. Wenn das vor 50 Jahren passiert wäre, wäre ich jetzt tot. Und meine Tochter saß auf der Rückbank und fragte: »Was ist los, Mama?«

Zuhörer: Wow! Ja, Gott sei Dank gibt es gehärtetes Glas. Das ist wirklich beängstigend! Sie haben »Adrenalin« erwähnt. Wie meinten Sie das?

Sprecherin: Das bezieht sich auf den Moment, an dem man ein bisschen in Panik gerät. Alles passiert ganz schnell, aber irgendwie zur gleichen Zeit langsam. Das Herz pocht, und man ist sich nicht ganz sicher, was genau zu tun ist, aber man weiß, man muss *irgendetwas* tun. Man ist gerade noch clever genug, um nicht von der Straße abzukommen. Aber so etwas ist vorher noch nie passiert, also kommt ein Teil des Adrenalins daher, dass man sich in einer völlig unbekannten Situation befindet. Ich war mir nicht sicher, was ich als Nächstes tun sollte. Vielleicht sollte ich mir den Namen der Firma merken. Ich habe versucht, mir das Nummernschild zu merken. Ich erinnere mich, dass ich die Firma im Internet gesucht habe, als ich nach Hause gekommen bin. Ich habe mich gefragt: »Soll ich sie einfach anrufen und sagen: ›Das habt ihr mit meinem Auto gemacht.‹?« Ich war sauer.

Zuhörer: Sie waren sauer?

Sprecherin: Da geht es bestimmt um 500 Dollar, wenn so etwas mit deinem Auto passiert! Aber das Adrenalin kam auch daher, dass ich wusste, dass es schlimmer hätte kommen können. Man bekommt einfach Angst. Alles auf dem Lkw hätte gesichert und festgeschnallt sein müssen. So etwas passiert aber ständig, und das ist das Beängstigende daran. In einer perfekten Welt würde so etwas nie passieren. Das Adrenalin war also da, um etwas zu tun: kämpfen oder fliehen. Oder von beidem ein bisschen. [lacht]

Zuhörer: Sie sagen, Sie hätten die Firma im Internet gesucht, als Sie nach Hause kamen?

Sprecherin: Ich habe sie rausgesucht, um sicherzugehen, dass es eine Firma ist. Ich habe überlegt, sie anzurufen, aber was hätte ich sagen sollen? Wie kann ich beweisen, dass tatsächlich etwas passiert ist? Es passierte auf der Autobahn bei 100 Kilometern pro Stunde. Es gab keine Zeugen. Alles, was ich hatte, war ein Auto mit kaputter Windschutzscheibe, das ich aktuell nicht mehr fahren konnte. Ich kam zu dem Schluss, dass ich letztlich nichts machen konnte, abgesehen davon, es als eine der Erfahrungen des Lebens zu verbuchen. Aus der man lernen kann. Fahre nie hinter einem solchen Montagefahrzeug. Ich sage meinen Kindern, dass sie nie hinter einem Lkw herfahren sollen. Es gibt alle möglichen Horrorszenarien; man kann sich damit verrückt machen. Als mein Mann nach Hause kam, sagte er, ich hätte Glück gehabt. Er sagte: »Das war an einer wirklich blöden Stelle. Dir hätte wirklich etwas passieren können.«

Zuhörer: Was ging Ihnen durch den Kopf, als er Ihnen das sagte?

Sprecherin: Dass er absolut recht hatte. Dass es keine Einbildung war. Es war eine Bestätigung. Ich *hatte* wirklich so viel Glück gehabt, wie ich glaubte zu haben.

Zusammenfassungen erstellen

Nach dem Sammeln der Geschichten machte sich das Team daran, die Transkripte zu studieren. Durch die Verschriftlichung des Gesagten konnten sie ihr Verständnis im Vergleich zum reinen Zuhören deutlich vertiefen. Es ging nun darum, unübersichtliche, mäandernde Dialoge zu ordnen, bestimmte Zitate herauszupicken, um sie mit anderen Teilen des Dialogs zu verbinden, und so eine bessere Vorstellung davon zu bekommen, was diese Person ausdrücken wollte. Dieser Arbeitsschritt ermöglichte dem Team, die Gedanken, Reaktionen und Philosophien der Teilnehmer intensiver aufzunehmen und eine tiefe kognitive Empathie mit den Teilnehmern zu entwickeln.

Es folgen einige Beispielzitate als Ergebnis dieses Schritts. Das Team reihte verschiedene Äußerungen aneinander, die dasselbe Konzept repräsentierten, und gab an, ob es sich um einen Denkprozess, eine Reaktion oder ein Leitprinzip handelte. Anschließend probierte es einige Verben aus, die sich möglicherweise besonders gut als erstes Wort der Zusammenfassung eignen würden, und formulierte dann eine Zusammenfassung dieses Konzepts.

Vielleicht sollte ich mir den Namen der Firma merken. ... das Nummernschild merken. ... wenn das jemand anderem passieren würde und mir die Person davon erzählen würde, würde ich fragen: »Wer war das?« ... um Informationen über sie zu erhalten ... Ich erinnere mich, dass ich die Firma im Internet gesucht habe, als ich nach Hause gekommen bin. ... Ich habe sie rausgesucht, um sicherzugehen, dass es eine Firma ist.

(Denken)

Verben: Merken, Finden, Suchen, Identifizieren ...

Zusammenfassung: Ich will feststellen, wer diesen Unfall verursacht hat, über den Namen der Firma oder das Nummernschild, denn ich möchte wissen, wer dafür verantwortlich ist.

Schließlich fuhr ich nach Hause. … Ich kam zu dem Schluss, dass ich letztlich nichts machen konnte, abgesehen davon, es als eine der Erfahrungen des Lebens zu verbuchen.

(Denken)

Verben: Fahren, Entscheiden, Denken, Vorwerfen, Realisieren, Abschließen ...

Zusammenfassung: Ich entschied mich, nach Hause zu fahren, weil ich nichts weiter tun konnte.

Muster erkennen

Nachdem alle Konzepte aller 24 Transkripte zusammengefasst worden waren, suchte das Team in den Zusammenfassungen nach Mustern. Dabei fand sich sowohl Überraschendes wie Erwartetes. Beides erwies sich später als äußerst nützlich, um die eigenen Vorstellungen neu auszurichten.

Nach einem ersten Durchgang nahm sich das Team alle Stapel ein zweites Mal vor, um zu sehen, ob noch allgemeinere Gruppen gebildet werden konnten. Hier ist eine Liste aller Stapel und deren Beschriftungen (die eingerückte, mit Kleinbuchstaben gekennzeichnete Ebene) sowie der Gruppen, die das Team auf der Grundlage dieser Stapel bildete (die mit Ziffern gekennzeichnete übergeordnete Ebene).

Entdeckte Muster in den Zusammenfassungen der Transkripte der Gespräche über Beinaheunfälle

1. Erkenne, dass ich mich in einer gefährlichen Situation befinde.
    a. Fühle mich geschockt, weil ich mich plötzlich in einer Situation befinde, die gefährlich sein könnte.
    b. Habe Angst, in einen Unfall verwickelt (oder verletzt) zu werden.
    c. Will herausfinden, ob es sich um eine gefährliche Situation handelt.
2. Will wieder in eine sichere Situation kommen.
    a. Verhalte mich umsichtig, um trotz des Adrenalins sicher aus dieser gefährlichen Situation herauszukommen.
    b. Versuche, mich an andere zu wenden, um mit deren Hilfe aus der Situation herauszukommen.
3. Will herausfinden, ob jemand verletzt wurde.
    a. Sorge mich, ich könnte jemanden verletzt haben.
    b. Bin erleichtert, dass ich/andere nicht verletzt wurde/n.
    c. Versichere anderen, dass ich nicht verletzt bin.
4. Bin erleichtert, dass es vorbei ist.
    a. Fühle mich dankbar gegenüber der Person, die mir aus der gefährlichen Situation herausgeholfen hat.
    b. Bin erleichtert, dass die Gefahr vorüber ist.
    c. Brauche etwas Zeit, bis sich mein Adrenalin abbaut.
    d. Bin überrascht, dass ich so reagiert habe.

5. Bin wütend auf die andere beteiligte Person.
   a. Bin wütend auf die Person, die dies hätte verhindern können.
   b. Konfrontiere die andere Person (oder nicht), damit sie weiß, dass sie mich verärgert hat.
   c. Konfrontiere die Person, damit sie es nicht noch einmal bei anderen Menschen macht.
   d. Versuche, die Spannung zwischen mir und der anderen beteiligten Person zu entschärfen.
   e. Frage mich, was sich die andere beteiligte Person dabei gedacht hat.
6. Rege mich darüber auf, dass die Person, die das getan hat, wahrscheinlich nicht aufgepasst hat.
   a. Ärgere mich über mich selbst.
   b. Ärgere mich über meine Rolle bei dem Vorfall (ich trage eine Teilschuld).
   c. Schäme mich für meine Reaktion, meine Unfähigkeit.
7. Kehre nach Hause zurück bzw. zu dem, was ich gerade gemacht habe.
   a. Mache weiter mit dem, was ich gerade gemacht habe (oder auch nicht).
   b. Gehe nach Hause.
8. Folge der Bearbeitung der Versicherungsmeldung.
   a. Tausche Versicherungsinformationen mit der anderen Person aus, weil es einen kleinen Schaden gab.
   b. Fühle mich gezwungen, Dinge zu tun, von denen ich glaube, dass sie wegen des Versicherungsschadens gar nicht gemacht werden müssen.
9. Verbringe Zeit damit, darüber nachzudenken, was passiert ist.
   a. Versuche, herauszufinden, was gerade passiert ist und wie.
   b. Überlege, was hätte passieren können.
   c. Wundere mich, dass eine so kleine Sache so große Auswirkungen hat.
   d. Fühle mich nach dem Vorfall dankbar für die emotionale Unterstützung durch andere.
   e. Erkenne, dass der Vorfall schlimmer hätte enden können, was ihn als Beinaheunfall qualifiziert.
10. Versuche zu verhindern, dass dies noch einmal/bei anderen passiert.
   a. Melde den Vorfall (oder auch nicht) den Behörden, damit sie wissen, was passiert ist.
   b. Überzeuge die Verantwortlichen, etwas zu tun, damit so etwas nicht mehr passiert.
   c. Ändere meine Handlungsweise, damit so etwas nicht mehr passiert.
   d. Verhindere einen Unfall, indem ich sichere Abläufe einhalte.

Das Mentalmodelldiagramm

Die Bezeichnungen der zusammengestellten Stapel dienen als Titel der Türme im Diagramm des mentalen Modells. Die Felder innerhalb der Türme enthalten die Zusammenfassungen. Die gebildeten Affinitätsgruppen sind die mentalen Räume des Diagramms (Abbildung 13-10).

Fokussierung auf die aktuellen Geschäftsziele

Das Team erkannte in den Zusammenfassungen eine Reihe von Mustern. Der nächste Schritt bestand darin, sich stärker auf einige Verhaltensweisen zu fokussieren, die mit den diesjährigen Unternehmenszielen und den darin gesetzten Prioritäten zusammenhingen. Die aktuellen Geschäftsziele lauteten:

- Erhöhung der Versichertenzahl – mehr Kunden gewinnen (ein ständiges Ziel)
- Schäden reduzieren (ein ständiges Ziel)
- Nutzung des sozialen Kapitals des Unternehmens (seit vier Jahren ein Ziel)
- Mehr Dienste über mobile Apps, Telefon oder Tablet anbieten, um Menschen »vor Ort« zu helfen (seit zwei Jahren ein Ziel)
- Erhöhung der Mitarbeiteridentifikation mit der Tätigkeit des Unternehmens (neues Ziel in diesem Jahr)

Mit diesen unternehmensweiten Zielen im Hinterkopf ging das Team die entdeckten Muster durch und wählte die interessantesten aus. Das waren diejenigen Muster, von denen das Team glaubte, dass sie hinsichtlich einiger Ziele nützlich sein könnten.

Muster, die mit den aktuellen Geschäftszielen assoziiert zu sein schienen

- Versichere anderen, dass ich nicht verletzt bin.
- Konfrontiere die Person, damit sie es nicht noch einmal bei anderen Menschen macht.
- Versuche, die Spannung zwischen mir und der anderen beteiligten Person zu entschärfen.
- Ärgere mich über meine Rolle bei dem Vorfall (ich trage eine Teilschuld).
- Schäme mich für meine Reaktion, meine Unfähigkeit.
- Brauche etwas Zeit, bis sich mein Adrenalin abbaut.
- Melde den Vorfall (oder auch nicht) den Behörden, damit sie wissen, was passiert ist.
- Überzeuge die Verantwortlichen, etwas zu tun, damit so etwas nicht mehr passiert.
- Ändere meine Handlungsweise, damit so etwas nicht mehr passiert.
- Fühle mich gezwungen, Dinge zu tun, von denen ich glaube, dass sie nur wegen des Versicherungsschadens gemacht werden müssen.
- Verhindere einen Unfall, indem ich sichere Abläufe einhalte.
- Erkenne, dass der Vorfall schlimmer hätte enden können, was ihn als Beinaheunfall qualifiziert.

Ideenfindung betreiben

In ein paar Arbeitssitzungen mit wichtigen Stakeholdern nutzte das Team diese Muster schließlich, um einige Ideen zu entwickeln. Anhand der tatsächlichen Geschichten aus den Interviews half das Studienteam der Arbeitsgruppe, erweiterte Angebote zu durchdenken, die für das Unternehmen interessant sein könnten. Dabei wurde während der Arbeitssitzung Wert darauf gelegt, dass die Ideen nicht auf ein bestimmtes bestehendes Produkt oder eine Dienstleistung beschränkt waren.

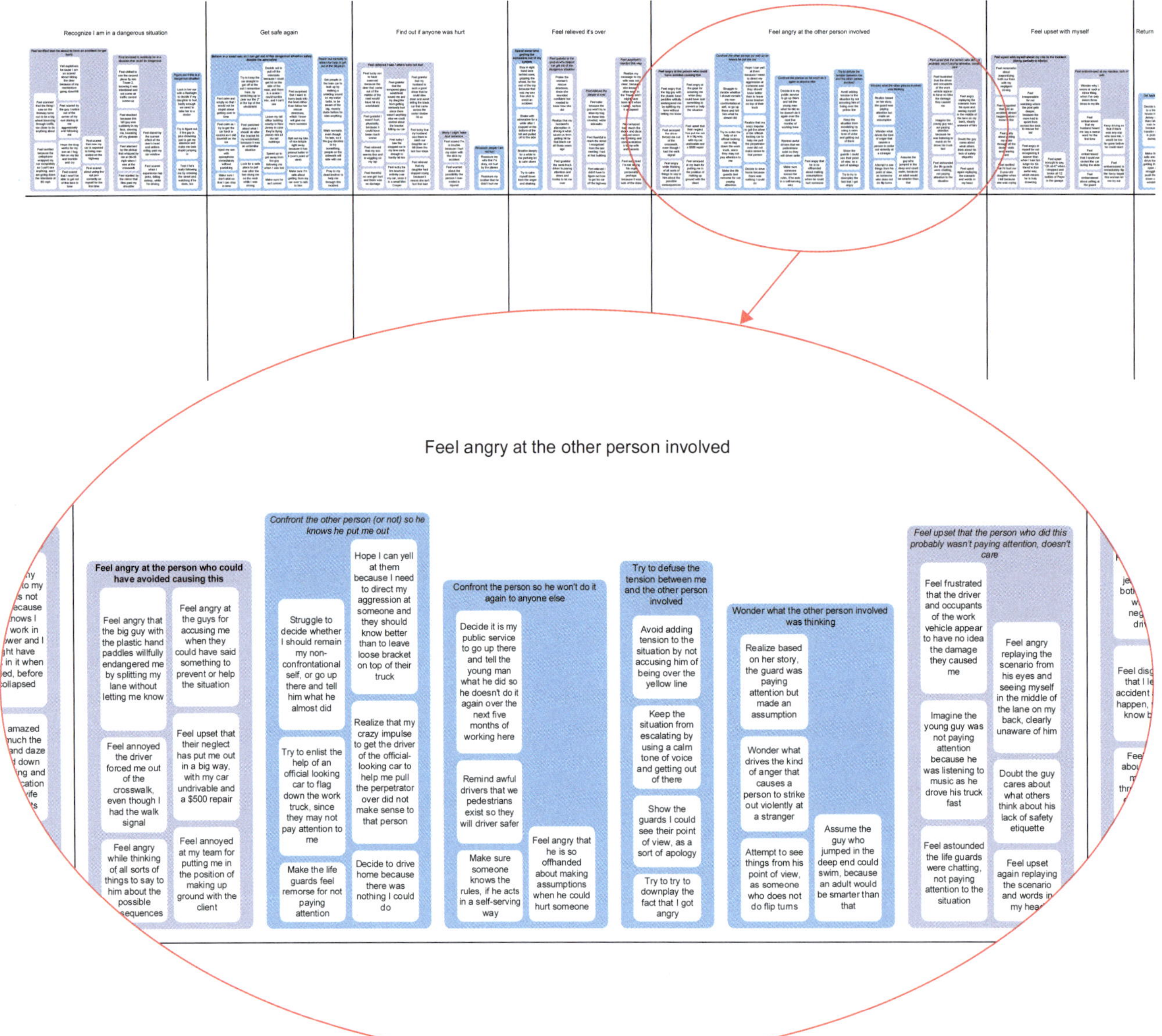

ABBILDUNG 13-10. Der obere Teil eines anhand von Daten aus der Primärforschung generierten Mentalmodelldiagramms.

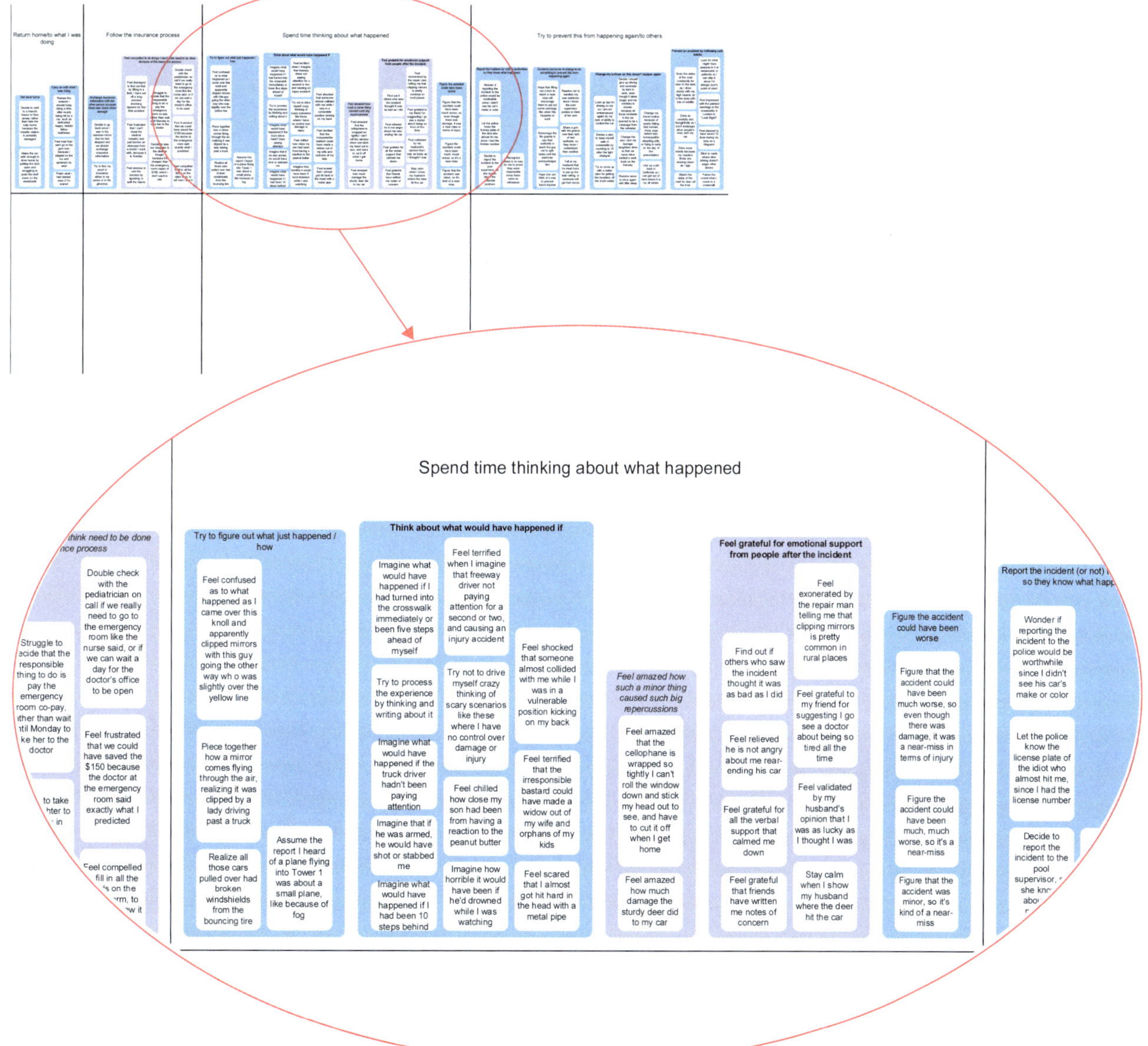

Return home/to what I was doing
Follow the insurance process
Spend time thinking about what happened
Try to prevent this from happening again/to others
Spend time thinking about what happened
Double check with the pediatrician on call if we really need to go to the emergency room like the nurse said, or if we can wait a day for the doctor's office to be open
Feel frustrated that we could have saved the $150 because the doctor at the emergency room said exactly what I predicted
Try to figure out what just happened / how
Feel confused as to what happened as I came over this knoll and apparently clipped mirrors with this guy going the other way wh o was slightly over the yellow line
Piece together how a mirror comes flying through the air, realizing it was clipped by a lady driving past a truck
Realize all those cars pulled over had broken windshields from the bouncing tire
Assume the report I heard of a plane flying into Tower 1 was about a small plane, like because of fog
Think about what would have happened if
Imagine what would have happened if I had turned into the crosswalk immediately or been five steps ahead of myself
Feel terrified when I imagine that freeway driver not paying attention for a second or two, and causing an injury accident
Try to process the experience by thinking and writing about it
Try not to drive myself crazy thinking of scary scenarios like these where I have no control over damage or injury
Feel shocked that someone almost collided with me while I was in a vulnerable position kicking on my back
Imagine what would have happened if the truck driver hadn't been paying attention
Feel chilled how close my son had been from having a reaction to the peanut butter
Feel terrified that the irresponsible bastard could have made a widow out of my wife and orphans of my kids
Imagine that if he was armed, he would have shot or stabbed me
Imagine what would have happened if I had been 10 steps behind
Imagine how horrible it would have been if he'd drowned while I was watching
Feel scared that I almost got hit hard in the head with a metal pipe
Feel amazed how such a minor thing caused such big repercussions
Feel amazed that the cellophane is wrapped so tightly I can't roll the window down and stick my head out to see, and have to cut it off when I get home
Feel amazed how much damage the sturdy deer did to my car
Feel grateful for emotional support from people after the incident
Find out if others who saw the incident thought it was as bad as I did
Feel exonerated by the repair man telling me that clipping mirrors is pretty common in rural places
Feel relieved he is not angry about me rear-ending his car
Feel grateful to my friend for suggesting I go see a doctor about being so tired all the time
Feel grateful for all the verbal support that calmed me down
Feel validated by my husband's opinion that I was as lucky as I thought I was
Feel grateful that friends have written me notes of concern
Stay calm when I show my husband where the deer hit the car
Figure the accident could have been worse
Figure that the accident could have been much worse, so even though there was damage, it was a near-miss in terms of injury
Figure the accident could have been much, much worse, so it's a near-miss
Figure that the accident was minor, so it's kind of a near-miss
Wonder if reporting the incident to the police would be worthwhile since I didn't see his car's make or color
Let the police know the license plate of the idiot who almost hit me, since I had the license number

FALLSTUDIE

Hier sind einige der entstandenen Ideen zusammen mit Notizen zur Umsetzbarkeit und zu Fragen, die noch weiter untersucht werden sollten, bevor endgültig entschieden wird, ob eine Idee weiterverfolgt wird oder nicht.

Idee: Andere vor dieser Gefahr oder diesem Fehler warnen.

Muster: Einige Kunden möchten den Vorfall melden, damit die Behörden wissen, was passiert ist, und auf eine Gefahr aufmerksam werden bzw. wissen, dass ein Ablauf nicht richtig funktioniert.

Idee: Wählen Sie ein paar Angaben aus, um die Gefahr oder den Fehler zu beschreiben. Wenn diese Angaben nicht ausreichen, geben Sie eine eigene Beschreibung ein. Wir leiten die Informationen an Personen weiter, die andere warnen können.

Erreichte Ziele:

Reduktion künftiger Versicherungsansprüche: Indem man den Hinweis über solche Kanäle verbreitet, die die Kunden bereits nutzen, wie z. B. Verkehrsmeldungen oder Google Maps, können sie auf eine Gefahr im Straßenverkehr aufmerksam gemacht werden. Sie können eine sicherere Route wählen.

Soziales Kapital aufbauen: Wenn wir die Information verbreiten können, dass unsere Kunden diese wertvollen Gefahrenberichte liefern und wir diese an die richtigen Menschen weiterleiten, würde das unsere Reputation stärken.

Versichertenzahl erhöhen: Die Kunden werden Befriedigung empfinden, wenn sie anderen helfen können, das selbst Erlebte zu vermeiden. Das kann zu positiver Mundpropaganda führen.

Idee: Schadensmeldung »Lite«.

Muster: Einige Beinaheunfälle sind in Wirklichkeit eher kleine Missgeschicke. Die Betroffenen denken: »Es hätte so viel schlimmer ausgehen können.« Die anschließende Schadensmeldung wird zu belastend, wenn Menschen ihren Vorfall als Beinahezusammenstoß betrachten.

Idee: Schaffen wir eine neue Art von Schadensmeldung für den Fall, dass die Beteiligten ihn als geringfügig betrachten und nicht wollen, dass der Ablauf zu aufwendig wird.

Erreichte Ziele:

Versichertenzahl erhöhen: Wenn es eine positive Erfahrung ist, werden die Kunden über diese einfache Variante der Schadensmeldung sprechen. Sobald der neue Prozess zu funktionieren scheint und stabil ist, können wir ihn in unserem Marketing erwähnen.

Reduktion künftiger Versicherungsansprüche: Hier sollte »Schadensmeldungen reduzieren« stehen, da wir einen bestimmten Prozentsatz der herkömmlichen Meldungen bzw. Ansprüche durch die »Lite«-Version ersetzen werden.

Dieses Beispiel eines Versicherungsunternehmens zeigt, wie personenorientierte Forschung die Herangehensweise einer internen Arbeitsgruppe neu gestalten kann, die die Angebote und internen Prozesse eines Unternehmens verbessern will.

Nicht jede Idee sollte weiterverfolgt werden. Das Team wird sie erst testen wollen. Einige der Ideen werden auf später verschoben, andere werden keine weitere Beachtung finden. Vielleicht ist sogar keine einzige der Ideen für das Unternehmen interessant. Versuchen Sie, sich nicht zu sehr auf einzelne Ideen zu versteifen. Entscheidend ist, dass Sie Ihr empathisches Verständnis für die Menschen nutzen, die von einer neuen

Idee profitieren könnten, um zu beurteilen, ob Sie sie weiterverfolgen oder fallen lassen sollten. Erfolgreiche Unternehmen erkennen den Unterschied.

Über die Autorin des Beitrags

Indi Young ist eine Researcherin, die über integrative Produktstrategien schreibt, lehrt und coacht. Bei ihrer Arbeit steht der Mensch – und nicht der Benutzer – im Mittelpunkt. Indi war Pionierin im Bereich der Opportunity Maps, Mentalmodelldiagramme und Denkstile. Ihre Art, Probleme anzugehen, ermöglicht Teams, die ganze Aufmerksamkeit den Menschen zu schenken, ohne dass sich kognitive Verzerrungen und Annahmen einschleichen. Indi hat zwei Bücher geschrieben: »Practical Empathy« und »Mental Models«.

Diagramm- und Bildnachweis

Abbildung 13-2: Diagramm von Don Norman, adaptiert nach seinem Buch *The Design of Everyday Things*

Abbildung 13-3: Diagramm von Indi Young aus ihrem Buch *Mental Models*, mit freundlicher Genehmigung

Abbildung 13-6: Bild aus dem Buch *Mental Models* von Indi Young, mit freundlicher Genehmigung

Abbildung 13-7: Diagramm von Philip Johnson-Laird aus seinem Buch *Mental Models*

Abbildung 13-8: Goals-Means-Framework von Beth Kyle aus »With Child: Personal Informative and Pregnancy«, mit freundlicher Genehmigung

Abbildung 13-9: Diagramm von Jim Kalbach

Abbildung 13-10: Diagramm von Indi Young, mit freundlicher Genehmigung

IN DIESEM KAPITEL

- Ökosystemmodelle und -Diagramme
- Service-, Multi-Device- und Content-Ökosystem-Mapping
- Fallstudie: Eine Service Ecosystem Map von Grund auf erstellen

KAPITEL 14

Ökosystemmodelle

Da das Internet weiterhin wächst und sich entwickelt, werden die Serviceökosysteme immer komplexer. Produkte sind vernetzt. Nicht vernetzte Stand-alone-Angebote gehören bereits der Vergangenheit an. Um erfolgreich zu sein, reicht es nicht mehr, die viel zitierte bessere Mausefalle zu bauen.

Heute muss man in Ökosystemen denken, um einen Wettbewerbsvorteil zu erzielen. Steve Denning, ein bekannter Wirtschaftsautor des Magazins *Forbes*, drückt es so aus:

> *Selbst bessere Produkte können mit erschreckendem Tempo verschwinden. Zwar sind Ökosysteme, die die Kunden begeistern können, schwer aufzubauen. Existieren sie aber erst einmal, ist es schwierig, mit ihnen zu konkurrieren.*[1]

Ob Unternehmen erfolgreich sind, hängt davon ab, wie gut ihre Dienstleistungen zueinander passen und – was noch wichtiger ist – wie gut sie sich in das Leben der Menschen einfügen.

Über Ökosysteme nachzudenken, ist nicht nur für große Unternehmen wichtig. GOQii ist beispielsweise ein kleines Unternehmen, das ein tragbares Fitnessband herstellt. Im Unterschied zu anderen Marken ist dieses Fitnessband allerdings mit einem Trainer verbunden, der personalisiertes Gesundheitsfeedback gibt. Durch das Erreichen von Tageszielen, die vom Trainer vorgegeben werden, kann man Karma-Punkte verdienen, die sich dann für gute Zwecke spenden lassen.

Durch die Integration unterschiedlicher Aktivitäten rund um das Thema Fitness hat GOQii ein Ökosystem von Erfahrungen geschaffen. Dies ist ein wesentlicher Bestandteil des GOQii-Wertversprechens, das sich in den an Kunden adressierten PR-Materialien der Marke widerspiegelt (siehe Abbildung 14-1).

Über Ökosysteme nachzudenken, bedeutet nicht gleich, dass Sie selbst tatsächlich ein Ökosystem schaffen müssen. Es geht darum, zu verstehen, wie Ihre Lösung aus menschlicher Sicht in einen breiteren Kontext von Serviceinteraktionen passt. Es gilt, die Erfahrung zu berücksichtigen, die eine Person macht, die sich entlang der Touchpoints eines Ökosystems bewegt, auch wenn Sie nicht jeden Touchpoint kontrollieren.

Dieses Kapitel konzentriert sich auf verschiedene Arten von Ökosystemmodellen und Multichannel-Maps und weist auf einige wichtige Techniken und Anwendungen hin.

1 Steve Denning, »Why Building a Better Mousetrap Doesn't Work Anymore«, *Forbes* (Februar 2014).

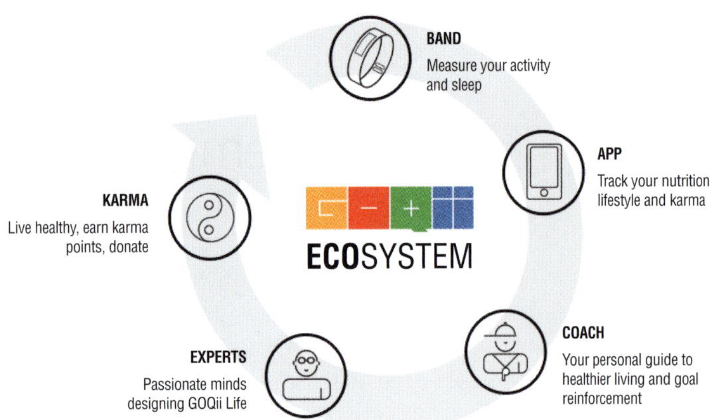

ABBILDUNG 14-1. GOQii bietet ein integriertes Ökosystem mit vielen Touchpoints aus dem Bereich Gesundheit und Training.

Ecosystem Maps

In Ecosystem Maps wird eher eine netzwerkartige Anordnung von Informationen als eine chronologische Zeitleiste verwendet. Darin unterscheiden sie sich z. B. von Customer Journeys und Experience Maps. Es sollen vor allem die *Beziehungen* zwischen mehreren Einheiten dargestellt werden, aus denen eine Erfahrung besteht. Dadurch wird die Komplexität moderner Geschäftsangebote und deren Kompatibilität mit den sie umgebenden Angeboten, auch mit denen der Konkurrenz, berücksichtigt.

Ecosystem Mapping bietet außerdem eine umfassendere Sicht aus »höherer« Position als etwa bei Customer Journey Maps, bei denen eine breite Palette von Faktoren einbezogen wird, die sich möglicherweise nur indirekt auf die Erfahrung des Einzelnen auswirken. Daher geht das Ecosystem Mapping anderen Mapping-Varianten oft voraus, die sich möglicherweise detaillierter auf nur einen bestimmten Aspekt konzentrieren. Ökosystemmodelle bieten einen Rahmen, um weitere Diagrammtypen zu organisieren und miteinander zu verzahnen.

Chris Risdon und Patrick Quatelbaum plädieren in ihrem Buch »Orchestrating Experiences« dafür, mit einer Betrachtung des gesamten Ökosystems zu beginnen. Die Autoren schreiben:

> *Der grundlegende Prozess umfasst die Identifizierung dessen, was das Ökosystem ausmacht, und seiner Beziehungen. … Ein Erfahrungsökosystem ergänzt andere Modelle, wie Personas und Customer Journeys, die Erkenntnisse über Ihre Kunden und deren Erlebnisse liefern.*

Abbildung 14-2 zeigt als Beispiel eine Ecosystem Map aus diesem Buch. Dieses Diagramm befasst sich mit der Gesundheitsversorgung in den USA und zeigt verschiedene Einheiten und ihre primären Beziehungen untereinander. Die konzentrischen Kreise und deren Abstand vom Individuum, das in der Mitte steht, geben die Unmittelbarkeit des Einflusses der in ihnen gezeigten Aspekte wieder.

Bei Ecosystem Maps geht es darum, die Touchpoints und die Interaktionen einer Person zu betrachten, die sich entlang der Pfade im System bewegt. Integrationspunkte zwischen verschiedenen Teilen des Modells können erkannt werden und Diskussionen über Möglichkeiten und Lösungen anstoßen.

Visualisierungen erlauben ein unmittelbares Verständnis und helfen uns, zu strategischen Schlussfolgerungen zu gelangen. Maps stellen Zusammenhänge in einem Ökosystem dar.

In der Biologie ist ein Ökosystem eine Gemeinschaft von lebenden Organismen, die miteinander und mit nicht lebenden Elementen in ihrer Umgebung interagieren. Denken Sie an Pflanzen, Tiere und Insekten und wie sie sich in der Luft, im Wasser und an Land bewegen. Das Ganze ist mehr als die Summe seiner Teile: Ökosysteme sind vielfältige Beziehungsgeflechte. Wir können

Unternehmen und ihre Kunden in ähnlicher Weise als ein Ganzes und nicht als reine Ansammlung disparater Teile betrachten.

Beim Mapping von Ökosystemen kommt das sogenannte *Systemdenken* zur Anwendung, d. h. eine ganzheitliche Betrachtung mehrerer Einheiten innerhalb einer komplexen Umgebung. Grundsätzlich geht es beim Systemdenken darum, die Beziehungen zwischen mehreren Komponenten als Ganzes zu betrachten. Auf diese Weise können Teams beeinflussbare Ansatzpunkte identifizieren, die Möglichkeiten für Veränderungen und Verbesserungen bieten.

Anhand des Modells in Abbildung 14-2 könnte ein Team zum Beispiel die Auswirkung von Gesundheitsstandards auf die individuelle Gesundheit diskutieren und darüber, wie Erstere einen direkteren Einfluss ausüben könnten. Im Diagramm wurden die einzelnen Aspekte bewusst sehr vereinfacht dargestellt, um sich auf die Verbindungen zwischen ihnen zu konzentrieren anstatt auf die Komplexität innerhalb der einzelnen Aspekte.

ABBILDUNG 14-2. Eine Ecosystem Map bietet eine Übersicht über die Beziehungen zwischen den Elementen in einem größeren System.

Cornelius Rachieru, geschäftsführender Gesellschafter des in Kanada ansässigen Beratungsunternehmens Ampli2de, hat ebenfalls intensiv mit Ecosystem Maps und Systemdenken im kommerziellen Umfeld und darüber hinaus gearbeitet. Sein Ansatz kombiniert Systemdenken mit Design Thinking bzw. kreativer Problemlösung.

Ökosystemdiagramme können einen bestimmten Blickwinkel einnehmen oder einen spezifischen Aspekt des Systems gegenüber anderen betonen. Rachieru weist auf verschiedene mögliche Perspektiven von Ecosystem Maps hin, darunter Service-, Geräte- und Content-Ökosysteme, die in den folgenden Abschnitten besprochen werden. Weitere Details über Rachierus Prozess des Ecosystem Mapping finden Sie in der Fallstudie am Ende dieses Kapitels.

Serviceökosysteme

Diagramme von Serviceökosystemen konzentrieren sich auf Interaktionen und Touchpoints innerhalb einer umfassenderen Serviceumgebung. Dabei geht es darum, die Ziele und Bedürfnisse von Personen im System zu verstehen und zu erkennen, wie man ihnen einen besseren Service bieten kann.

Abbildung 14-3 zeigt ein Beispiel für eine Ecosystem Map aus dem Buch »Service Design« von Andy Polaine, Lavrans Løvlie und Ben Reason. Es ist die Visualisierung eines Carsharing-Dienstes, die für Fiat erstellt wurde.

Jedes »Kuchenstück« im Diagramm repräsentiert einen anderen Aspekt des Systems – in diesem Fall orientiert an den bekannten W-Fragen: Wer?, Wann?, Wo?, Was?, Warum? und Wie? Die konzentrischen Kreise spiegeln unterschiedliche Ebenen oder Größenordnungen der beteiligten Faktoren wider.

Im Zentrum des Diagramms wird die Beziehung des Fahrers zum Fahrzeug gezeigt. Je weiter man sich im Diagramm nach außen

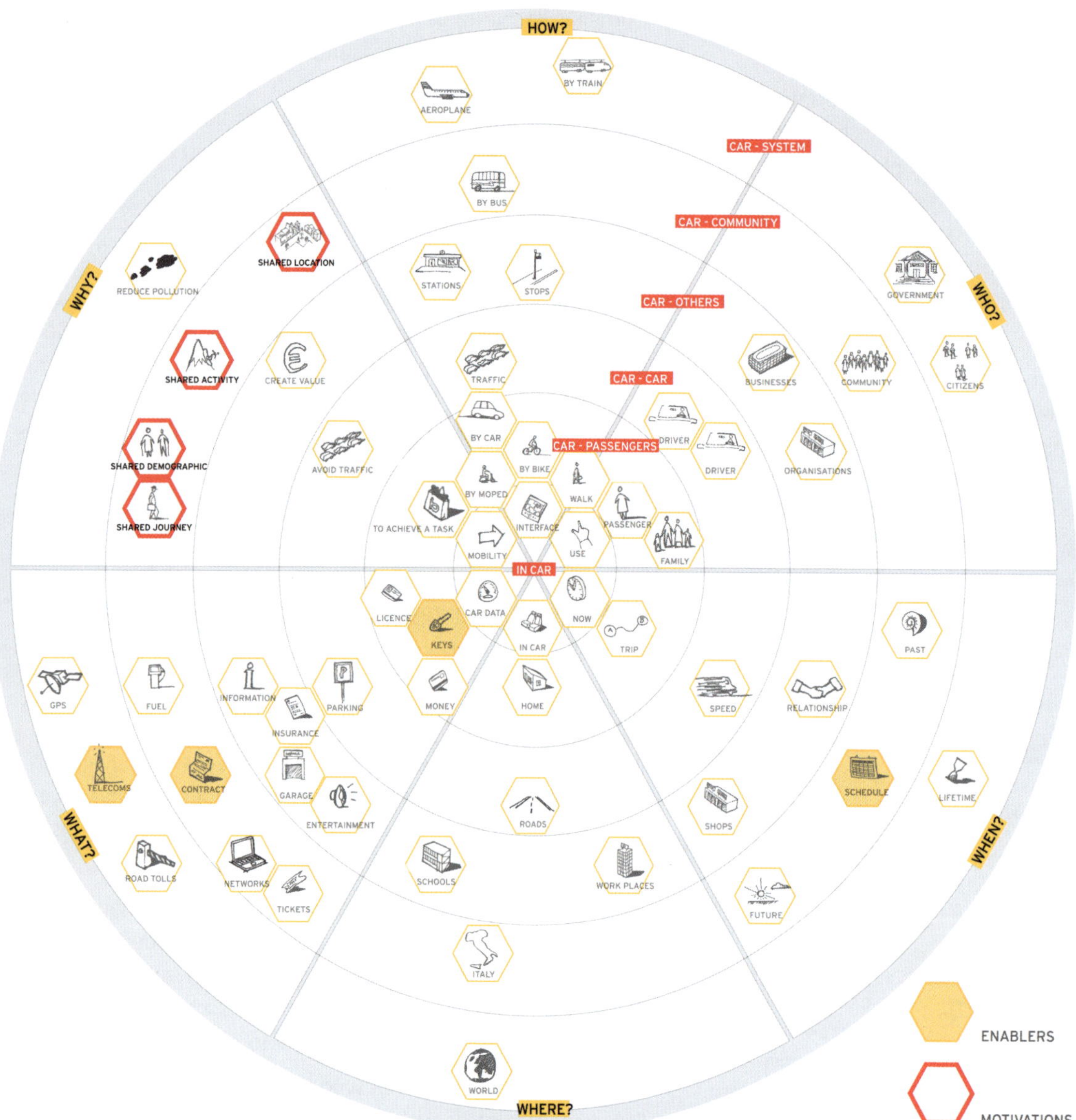

ABBILDUNG 14-3. Eine Ecosystem Map zum Carsharing gibt die Interaktionen auf unterschiedlichen Granularitätsebenen wieder, von der Erfahrung im Auto bis zu den Erfahrungen in der Community und darüber hinaus.

bewegt, desto mehr werden Beziehungen zu anderen Fahrgästen, Fahrzeugen, Diensten, Gemeinden, zur Gesellschaft und unserem Planeten als Ganzes einbezogen und berücksichtigt. Solche Diagramme ermöglichen es, die verschiedenen Beziehungen auf eine greifbare Art und Weise wahrzunehmen und zu diskutieren.

Kim Erwin, außerordentliche Professorin am Institute of Design des Illinois Institute of Technology, bietet einen alternativen Ansatz. Sie entwickelte ein informationsdichtes Format, das sie als *Consumer Insight Map* bezeichnet und wie folgt beschreibt:

> *Consumer Insight Maps fördern den emotionalen Kontakt mit der Forschung, zeigen Komplexität im Leben der Konsumenten auf und helfen dabei, die Stimme des Verbrauchers während des gesamten Designprozesses (und oft darüber hinaus) zu berücksichtigen. ... Consumer Insight Maps wurden entwickelt, um die Komplexität des Verbraucherlebens – die dichten, chaotischen, miteinander verbundenen Ambitionen, Aktivitäten und Ängste, die ihren Alltag bestimmen – vereinfacht wiederzugeben, damit wir sie systematischer untersuchen können.*[2]

Abbildung 14-4 zeigt ein Beispiel einer Consumer Insight Map.

Laut Erwin liegt der Schlüssel ihrer Effektivität in der Anordnung der Informationen. Die Technik stützt sich auf Prinzipien aus der Kartografie, um Beziehungen zwischen den Informationstypen aufzuzeigen.

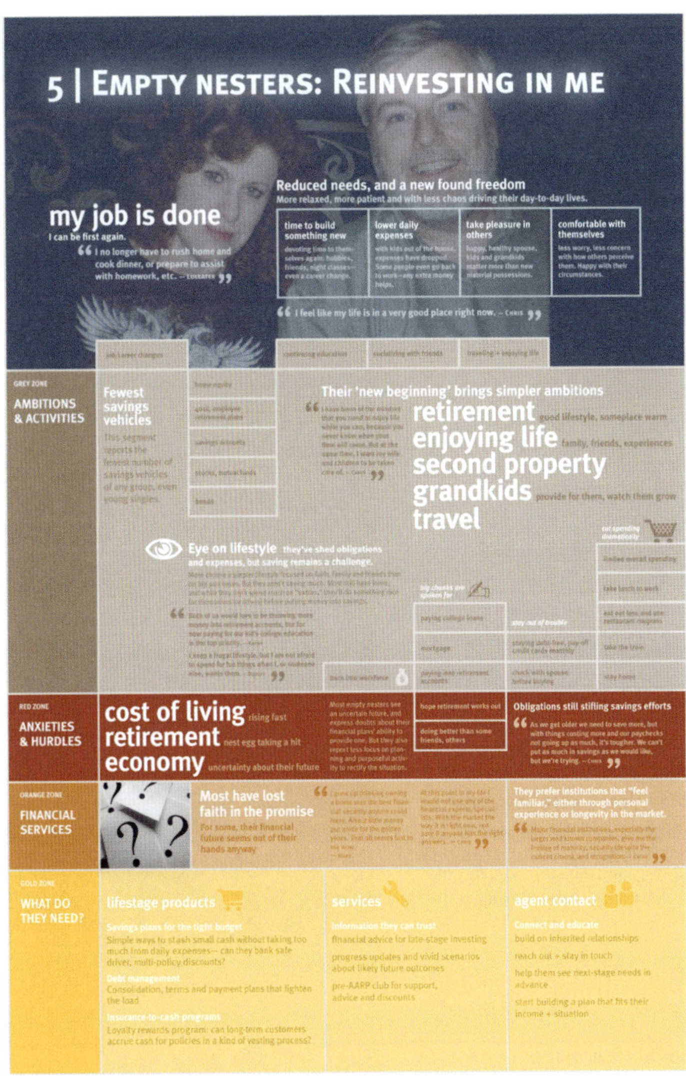

ABBILDUNG 14-4. Consumer Insight Maps vereinen eine Reihe von Inhaltstypen in einer einzigen Übersicht.

2 Kim Erwin, »Consumer Insight Maps: The Map as Story Platform in the Design Process«, *Parsons Journal for Information Mapping* (Winter 2011).

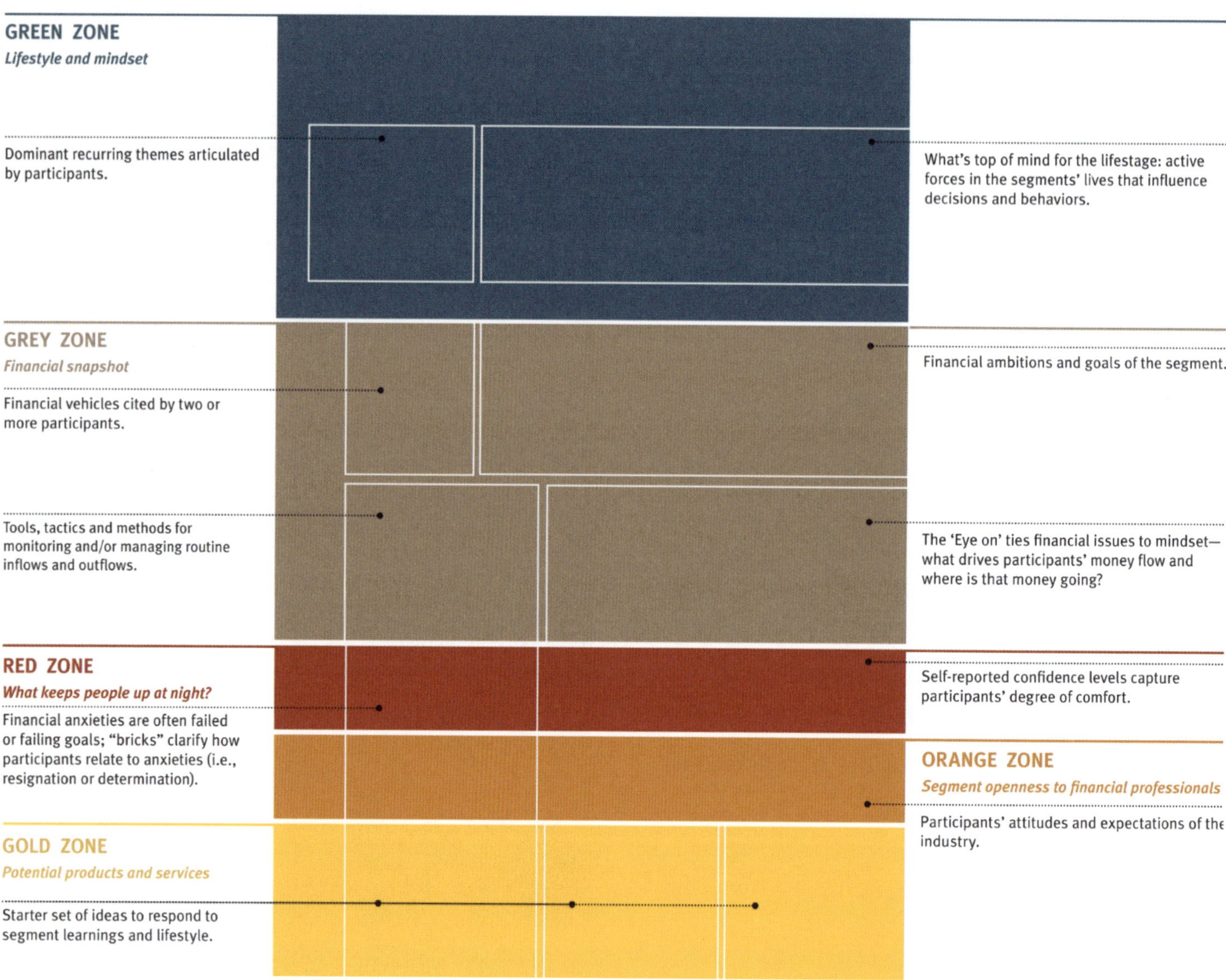

ABBILDUNG 14-5. Die Consumer Insight Map basiert auf verschiedenen Kategorien von Inhalten, die in dem Diagramm als Zonen dargestellt sind.

Erwin definiert beispielsweise verschiedene *Informationszonen*, die in Abbildung 14-5 zu sehen sind: Denkweisen, Aktivitäten, Ängste, Einstellungen und mögliche neue Produkte. Innerhalb jeder Zone sorgen Untergruppen für eine verfeinerte und vertiefte Darstellung der Gesamtgeschichte, die die Map erzählt.

Das Ergebnis ist ein leicht verständlicher Überblick, der die Vielfalt der Aspekte einer Erfahrung aufzeigt, ohne allzu sehr zu vereinfachen. In Anlehnung an die Prinzipien der Kartografie stellen Consumer Insight Maps Informationen im Kontext dar, sodass sich der Leser gut orientieren und die Informationen je nach Wunsch auf Mikro- und Makroebene erfassen kann.

Abbildung 14-6 zeigt in einem weiteren Beispiel eine Kombination aus einer räumlichen Darstellung des Modells eines Serviceökosystems im oberen und einer typischen Customer Journey Map im unteren Teil des Diagramms. Auf diese Weise kann man sowohl die Beziehungen zwischen verschiedenen Elementen im System diskutieren als auch nachvollziehen, wie sich die Erfahrung im Zeitverlauf entfaltet.

Insgesamt ist das Mapping von Serviceökosystemen ein breit gefasster Ansatz mit nur wenigen zu befolgenden Standards oder Regeln. Das Ziel besteht darin, einen Einblick in ein Netzwerk verschiedener Faktoren zu erlangen, um die Komplexität zu reduzieren und strategische Entscheidungen zu treffen.

Ökosystemmodelle bieten einen Rahmen, um weitere Diagrammtypen zu organisieren und miteinander zu verzahnen.

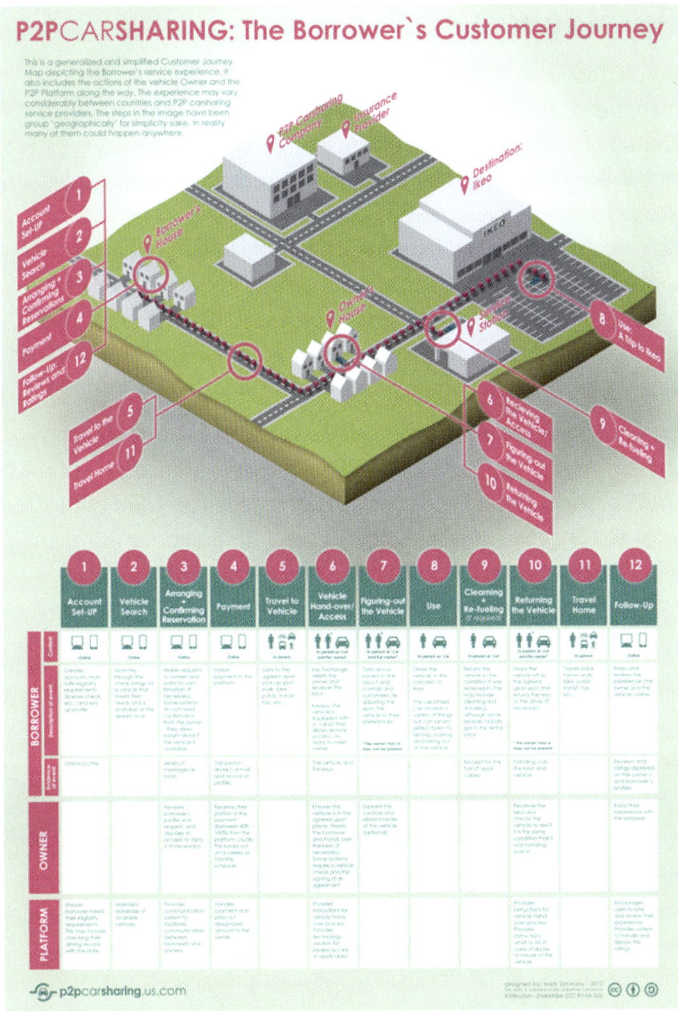

ABBILDUNG 14-6. Eine Ecosystem Map für einen Carsharing-Dienst.

Geräteökosysteme

Heutzutage interagieren wir in unserem Alltag üblicherweise mit mehreren Geräten (siehe Abbildung 14-7). Zwei Drittel von uns kaufen online geräteübergreifend ein, beginnen Transaktionen auf einem Gerät und beenden sie auf einem anderen. In ähnlicher Weise kann eine Banktransaktion auf einem Mobiltelefon beginnen, sich an einem Geldautomaten fortsetzen und auf einem Computer enden. Und die Nutzung eines Carsharing-Diensts beginnt mit der Buchung eines Autos (vielleicht auf einem Laptop), setzt sich an einem Kartenlesegerät im Fahrzeug fort und wird mit einer Interaktion auf einem Mobiltelefon abgeschlossen.

Obwohl diese Prozesse im Idealfall nahtlos ineinandergreifen sollten, erleben wir in der Realität oft Brüche. Menschen entwickeln deshalb Hacks, etwa für das Versenden von URLs per E-Mail oder das Erstellen von Screenshots von Informationen auf dem Bildschirm eines Geräts zur Verwendung auf einem anderen. Aufgrund dieser Lücken in geräteübergreifenden Erfahrungen verlieren Kunden letztlich die Geduld und Unternehmen möglicherweise Geld.

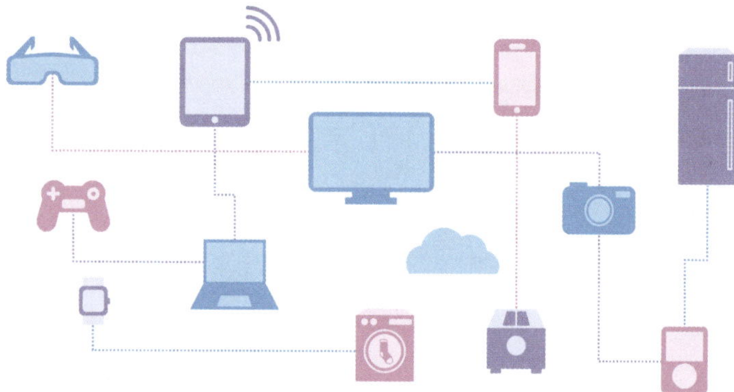

ABBILDUNG 14-7. Die Anzahl miteinander vernetzter Geräte wird immer größer, sodass der Bedarf nach einer klaren Darstellung der Interaktionen zwischen ihnen steigt.

Die neue Aufgabe liegt weniger in der Gestaltung einzelner Touchpoints als vielmehr in der Gestaltung von Interaktionen zwischen ihnen, seien diese physisch, digital, sprachgesteuert oder auf andere Weise vermittelt. Unter diesem Gesichtspunkt wird die Produktarchitektur bei einer nahtlosen Interaktion mit verschiedenen Geräte-Touchpoints zur neuen Benutzererfahrung.

Je größer die Anzahl der Geräte, desto schwieriger wird es, kohärente Erfahrungen zu gestalten und zu erfassen. Das Aufbrechen von Gerätesilos ist eine sich häufig stellende Herausforderung für Ökosystemdesigner.

Dabei gilt es, viele Faktoren auszubalancieren, und es ist unabdingbar, sie alle gleichzeitig zu verstehen. Wolfram Nagel, Autor des Buchs »Multiscreen UX Design«, schlägt vor, dass sich Designer auf vier Elemente konzentrieren sollten:

Geräte
: Von Beginn an ist ein tiefes Verständnis der Hardware und ihrer Fähigkeiten notwendig.

Benutzer
: Sie müssen sich auch der Benutzer und ihrer Ziele und Bedürfnisse bewusst sein.

Kontext
: Die Umgebung, in der ein Gerät eingesetzt wird, ist entscheidend für die Gestaltung des Systems.

Content
: Informationen müssen so modelliert und architektonisch gestaltet werden, dass sie problemlos über die Grenzen verschiedener Geräte und Bildschirmgrößen transportiert und dargestellt werden können.

Touchpoint Matrix

(daily routine | activities | environment | needs | media/service touchpoints)

Robert Sullivan

Digital pros

WHEN?	**Waking up** 5:30	**Early in the morning** 6:00	**Mid-morning** 7:30	**Mid-day** 12:30	**Afternoon** 15:00	**Early evening** 19:30	**Late evening** 20:30	**Going to sleep** 23:30
ACTIVITY WHAT?	Getting up, showering	Having breakfast, reading newspaper, sometimes on the laptop	Working, meetings, organisation	Eating, having a break, privately surfing the Internet	Working, organisation, customer meetings	Working	Sport, meeting friends, watching a film, work-related events	Going to bed, reading
LOCATION WHERE?	Bedroom (bed), bath	Dining rooom (dining table)	Office (own and employee's desk, conference room)	Office (kitchen), bar (dining table), nature (park bench)	Office (desk, employee's workplace), at the customer	Office (desk)	Restaurant (dining table), event (podium, foyer), living room (sofa)	Bedroom (bed)
ENVIRONMENT WHERE?								
NEEDS WHY? (POSITIVE / NEGATIVE)	Discipline, diligence, conscientiousness, efficiency, ambition	Order, diligence, efficiency, excellence, curiosity	Reliability, loyalty, assurance, diligence, responsibility, conscientiousness, excellence, power, influency, quality, status, trailblazer	Bon vivant, recreation, well-being, phantasy, dreaminess, friendship, curiosity	Reliability, order, diligence, conscientiousness, power, influency, excellence, quality, trailblazer	Conscientiousness, diligence, excellence, quality, order, willpower, acceptance, recognition, popularity, honour, ambition	Recreation, safety, variety, enjoyment, bon vivant, well-being, stimulation, relaxation, coziness, friendship, relatedness	Curiosity, trailblazer, phantasy, enjoyment, carefreeness, relaxation, stimulation
CHANNEL WITH WHAT?								
DEVICE TOUCHPOINT WITH WHAT?								

MULTISCREEN EXPERIENCE DESIGN

ABBILDUNG 14-8. Mit einer Touchpoint-Matrix kann man den Fluss von Interaktionen und Informationen über verschiedene Geräte hinweg untersuchen.

Um alle diese Faktoren gleichzeitig betrachten zu können, empfiehlt Nagel, die Interaktion in einer Touchpoint-Matrix zu visualisieren, wie sie in Abbildung 14-8 dargestellt ist. Dieses Beispiel zeigt den Tagesablauf einer Persona mit allen verwendeten Geräten und Interaktionen. Es ist ein einfacher, aber effektiver Ansatz, um die Bewegung von Bildschirm zu Bildschirm und die bei jedem Übergang erforderlichen Benutzeranforderungen zu sehen.

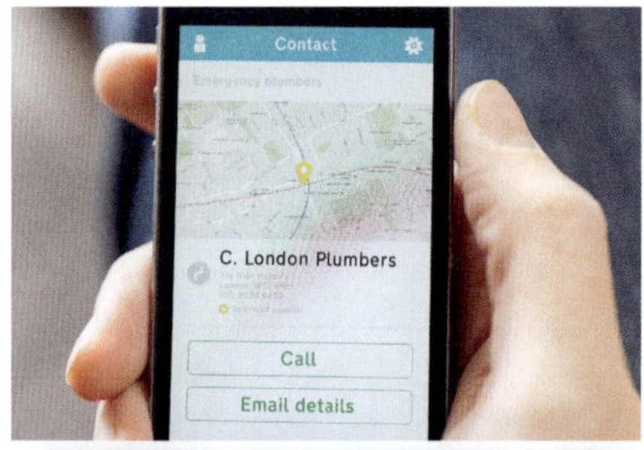

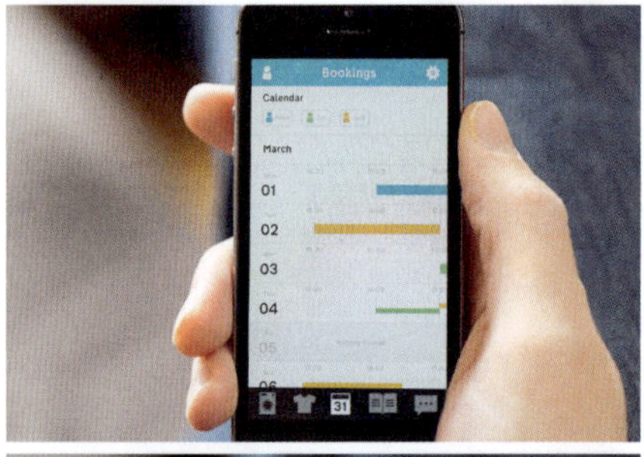

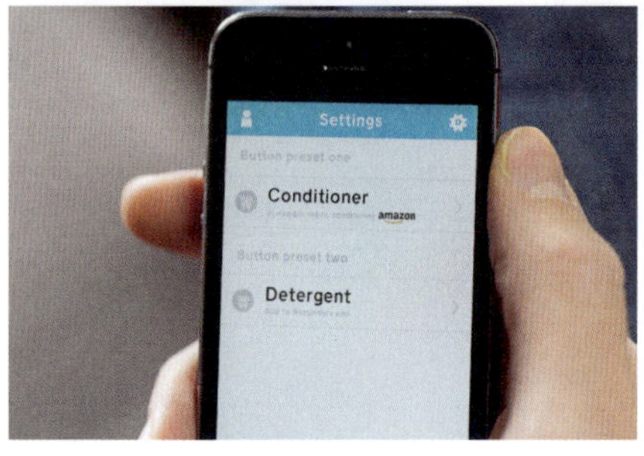

ABBILDUNG 14-9. Cloudwash integriert eine Reihe von Diensten mehrerer Anbieter. (Fotos von Timo Arnall, Copyright Berg.)

Schauen Sie sich an, wie diese Elemente bei Cloudwash zusammenspielen, einem experimentellen Prototyp einer neu konzipierten Waschmaschine, die vom Londoner Designstudio Berg entworfen wurde.[3] Das System integriert eine Vielzahl von Diensten, die mit dem Waschen von Kleidung zu tun haben, z. B. die Kontaktaufnahme mit einem Installateur, die Nutzungsplanung der Waschmaschinen und die Bestellung von Waschmittel (Abbildung 14-9). Berg hat keinen direkten Anteil an diesen ergänzenden Dienstleistungen, doch das geplante System kombiniert sie nahtlos.

Die Herangehensweise an das Multi-Device-Design kann sich von Situation zu Situation unterscheiden. In einigen Fällen mag es darum gehen, eine einheitliche Erfahrung auf unterschiedlichen Geräten anzubieten. In anderen Fällen kann es komplementäre Erfahrungen geben, die sich zwischen Geräten unterscheiden. Da sich Anwendungen, Funktionen, Bildschirmgrößen, Kontext und Benutzeranforderungen von Gerät zu Gerät ändern können, sollte sich auch Ihr Design geräteübergreifend ändern.

Von Michal Levin stammen einige der umfangreichsten Arbeiten im Multi-Device-Design. In ihrem Buch »Designing Multi-Device Experiences« weist sie auf drei verschiedene Ansätze zur Gestaltung von Erfahrungen hin:

Konsistent
: In diesem Fall wird auf allen Geräten die gleiche grundlegende Erfahrung repliziert, wobei Inhalt, Fluss, Struktur und Kernfunktionen so gut wie möglich erhalten bleiben. Twitter ist ein gutes Beispiel: Das Layout mag sich bei verschiedenen Bildschirmgrößen unterscheiden, aber die Gesamterfahrung ist über alle Geräte hinweg nahtlos. Benutzer können die gesamte Palette von Aufgaben von jedem Gerät aus ausführen.

3 Vgl. Bruce Sterling, »Cloudwash, the BERG Cloud-Connected Washing Machine«, *Wired* (Februar 2014).

Kontinuierlich

Im Mittelpunkt dieses Ansatzes steht eine Erfahrung, die sich über mehrere Gerät hinweg erstreckt, wobei beispielsweise eine bestimmte Aktivität fortgesetzt oder eine Sequenz durchlaufen wird. Mit Amazons Kindle Cloud Reader können Kunden beispielsweise das Lesen auf einem Gerät unterbrechen und auf einem anderen an derselben Stelle fortsetzen, an der sie aufgehört haben.

Ergänzend

Bei diesem Ansatz ergänzen sich die Geräte gegenseitig – mit unterschiedlichen Erfahrungen auf jedem Gerät. Die Zipcar-App ist ein gutes Beispiel: Während die Anmeldung bei zipcar.com auf einem Laptop dem Benutzer Zugriff auf die gesamte Bandbreite an Konto- und Buchungsoptionen gibt, bietet die mobile App nur eine kleine Teilmenge, die sich auf das Fahrerlebnis konzentriert. Die Optionen sind auf das jeweilige Gerät zugeschnitten: Mit der mobilen App kann man sogar die Hupe betätigen, um ein geparktes Zipcar zu finden, was im Browser nicht möglich ist.

In den Lücken zwischen den Geräten verbergen sich ungenutzte Chancen. Multi-Device-Design kann eine Menge Potenzial zur Kundenbindung und für das Unternehmenswachstum freisetzen. Da sich dieser Trend ungebrochen fortsetzt, wird der Bedarf an der Visualisierung von Erfahrungen in Form von Diagrammen weiter zunehmen, um auf diese Weise einen ansonsten unsichtbaren Aspekt des Designs zu beleuchten.

Visualisierungen erlauben ein unmittelbares Verständnis und helfen uns, zu strategischen Schlussfolgerungen zu gelangen. Maps stellen Zusammenhänge in einem Ökosystem dar.

Content-Ökosysteme

Modelle eines Ökosystems können die organisatorische Grundlage für die Entwicklung von Informationsarchitekturen und Taxonomien bilden. Dazu konzentrieren sich speziell Content Ecosystem Maps darauf, wie Informationen erstellt werden und wie sie zwischen den Endpunkten eines Systems fließen. Das heißt, sie veranschaulichen, wie Informationen sowohl von den Erzeugern von Inhalten als auch von den Konsumenten erlebt werden.

Die Abbildungen 14-10a bis 14-10d zeigen eine Reihe von Diagrammen, die von Paul Kahn, Julia Moisand Egea und Laurent Kling erstellt wurden. Sie veranschaulichen das Ökosystem der Inhaltsproduktion am Institut National de Recherche et de Sécurité (INRS), einer großen französischen Regierungsorganisation.

In Abbildung 14-10a steht jede farbige Fläche für eine andere Abteilung innerhalb der Organisation und bildet ein Basisdiagramm. Inhaltsformate und Systeme werden farbigen Bereichen überlagert, um Einblicke aus mehreren Perspektiven zu ermöglichen.

Die Abbildungen 14-10b bis 14-10d zeigen Variationen des Basisdiagramms mit zusätzlichen Ebenen und Informationstypen. Abbildung 14-10b veranschaulicht den Fluss von Inhalten zwischen Abteilungen, insbesondere die Duplizierung von Inhalten von einer Abteilung zur anderen. In Abbildung 14-10c wird dasselbe Modell verwendet, um die Forschungsaktivitäten der gesamten Organisation zu betrachten, während in Abbildung 14-10d der Zugriff auf die Websites dargestellt wird – dabei kommen im Diagramm jeweils abweichende Farbschemata zum Einsatz.

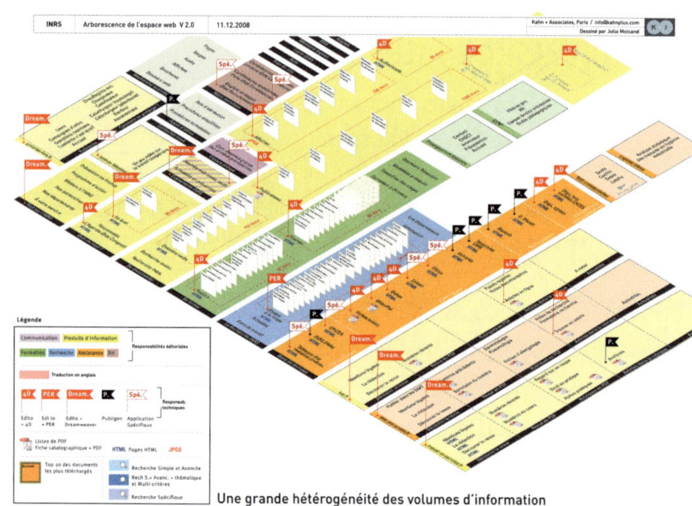

ABBILDUNG 14-10a. Das Basisdiagramm der Inhaltsproduktion innerhalb der Organisation.

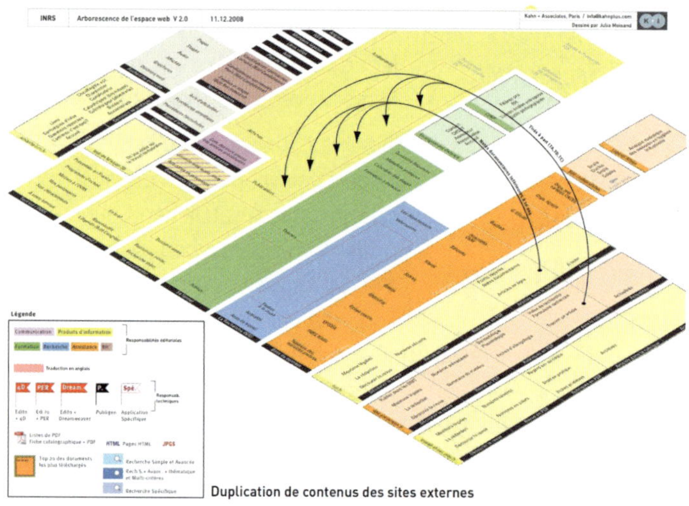

ABBILDUNG 14-10b. Überlagerungen, die die Duplizierung von Inhalten auf externen Seiten anzeigen.

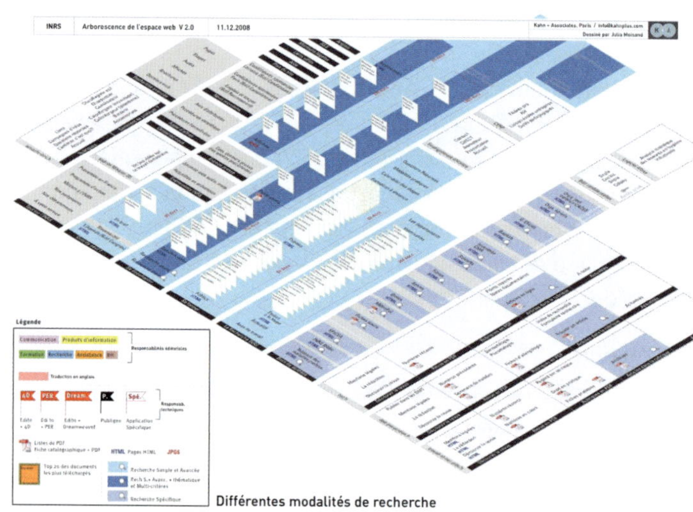

ABBILDUNG 14-10c. Erweitern der Basiskarte um verschiedene Suchmaschinen und Indizes.

ABBILDUNG 14-10d. Diese Version zeigt, dass ein Teil der Website dupliziert wurde, um sie Google für die Indizierung der Inhalte zur Verfügung zu stellen.

Beachten Sie auch, dass die Abbildungen 14-10a bis 14-10d eine Art von Diagramm darstellen, das als *isometrische Projektion* bezeichnet wird. Das ist eine Methode zur Darstellung von dreidimensionalen Objekten in zwei Dimensionen. Die Isometrie wird durch Drehen der Winkel erreicht, mit denen Objekte im Diagramm angezeigt werden. Wenn alle Winkel gleich groß gewählt werden, entsteht der Eindruck einer Ebene.

Modelle von Content-Ökosystemen dienen dazu, Informationen so zu gestalten, dass sie medienübergreifend genutzt werden können. Das Inhaltsmodell definiert ein Muster dafür, wie Informationen in einem Ökosystem beschrieben und gekennzeichnet werden sollen.

Abbildung 14-11 zeigt ein Content-Modell für die Teilnahme an einer Fachkonferenz, das einem Diagramm von Jonathan Kahn nachempfunden ist. Jedes Element im Content-Modell kann von einem Element der Content Ecosystem Map abgeleitet werden.

Anhand eines Diagramms des Gesamtsystems können Anbieter besser verstehen, wie Konzepte und Themen innerhalb dieses Systems miteinander in Beziehung stehen, und ihre Inhalte entsprechend organisieren. Diese Erkenntnisse können zur Entwicklung von Datenbankmodellen, Sitemaps von Websites, Navigationen, Content-Management-Systemen und vielem mehr genutzt werden.

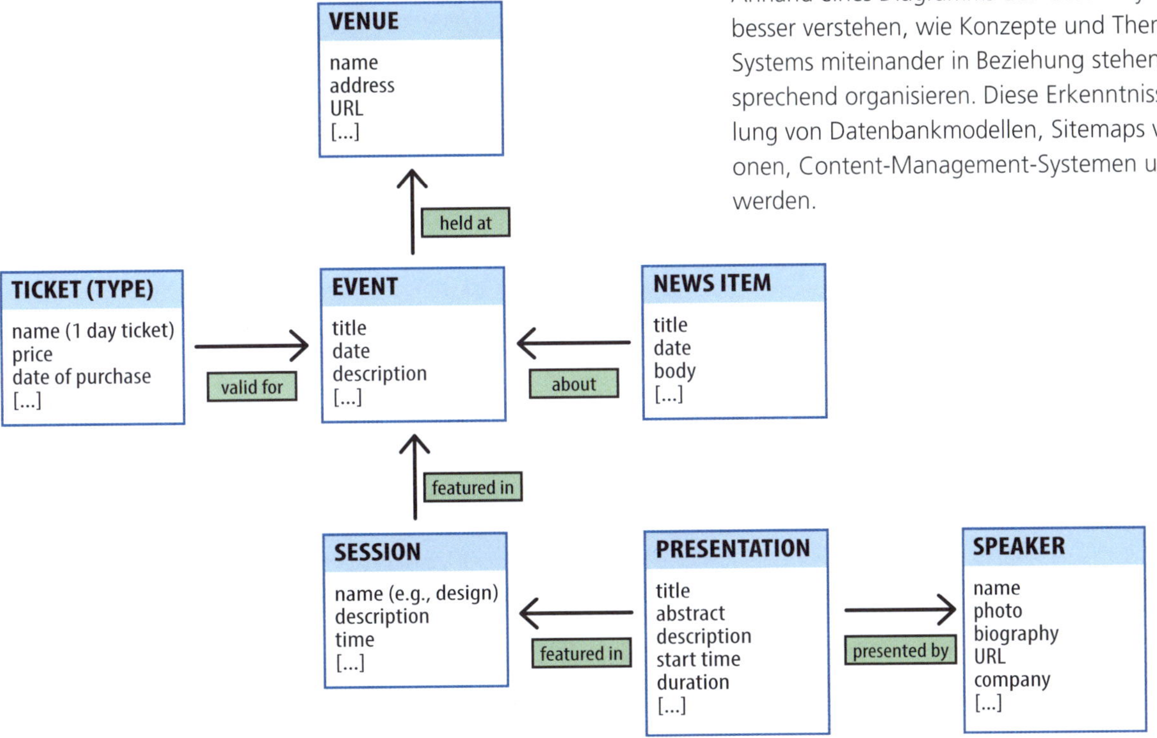

ABBILDUNG 14-11. Ein Content-Ökosystem ist ein konzeptionelles Modell, das die Beziehungen zwischen Menschen und Dingen innerhalb eines Informationssystems beschreibt.

Elemente von Ökosystemmodellen

Ecosystem Maps unterscheiden sich von chronologischen und hierarchischen Diagrammen. Anstatt eine Zeitleiste oder ein Laddering von Elementen zu nutzen, verdeutlichen sie Beziehungen in einer netzwerkartigen Anordnung. Einsichten ergeben sich anhand der räumlichen Anordnung von Informationen, zum Beispiel durch die Verwendung von konzentrischen Ringen, um eine nach innen zunehmende Priorität wiederzugeben.

Ein Ökosystemmodell zielt darauf ab, einen Überblick über ein System als Ganzes zu bieten. Ein Betrachter kann einerseits das Gesamtbild erfassen, aber andererseits auch einen beschränkten Ausschnitt genauer ins Auge fassen, um sich den Details zu widmen. Häufig liefern Überlagerungen oder Variationen des Diagramms zusätzliche Informationsebenen, mit denen gleichzeitig mehrere Geschichten von Wertschöpfung erzählt werden können.

Kernelemente sind Entitäten, etwa Akteure, physische Objekte, Inhalte sowie die Beziehungen zwischen ihnen. Es geht vor allem darum, den Wertfluss von einem Punkt zum anderen zu zeigen.

Tabelle 14-1 fasst unter Verwendung des in Kapitel 2 skizzierten Rahmens die Hauptaspekte zusammen, durch die Ökosystemmodelle definiert sind.

Das Aufbrechen von Gerätesilos ist eine sich häufig stellende Herausforderung für Ökosystemdesigner.

TABELLE 14-1. Eine Zusammenfassung der wichtigsten Dimensionen von Ökosystemmodellen.

Perspektive	Bezieht Perspektiven verschiedener Akteure und Interaktionsarten mit dem Unternehmen ein.
Struktur	Netzwerkartige oder räumliche Darstellungen von Informationen.
Umfang	Ganzheitlich, erfasst Elemente von Erfahrungen über viele Interaktionsebenen hinweg.
Fokus	Konzentriert sich auf eine Reihe von Beziehungen zwischen Akteuren, Zielen, Inhalten und Interaktionsmodi.
Verwendung	Um ein umfassendes Verständnis von Erfahrungen über Akteure und Touchpoints hinweg zu gewinnen. Um Lücken und Ineffizienzen in einem System durch Überlagerung von Informationen aufzeigen. Zur Strategieentwicklung. Um neue, bedeutsame Erlebnisse zu schaffen. Um Aufgaben eines Content-Systems zu organisieren.
Stärken	Nutzt eine Metapher, mit der sich Menschen identifizieren können. Gibt einen ganzheitlichen Überblick. Spannend und für Workshops geeignet.
Schwächen	Fehlende Reihenfolge bzw. Chronologie der Informationen. Die Erstellung kann sehr lange dauern. Lässt sich schwer in einer Gruppe gemeinsam erstellen. Es fehlt an Details; Emotionen und Gefühlen werden ausgelassen.

Weiterführende Literatur

Michal Levin, *Designing Multi-Device Experiences* (O'Reilly, 2014)

> *Dieses Buch widmet sich der Rolle des Geräteökosystems bei der Gestaltung von Cross-Channel-Erfahrungen. Es konzentriert sich etwas stärker auf die Erfahrung auf Mobilgeräten, vernachlässigt aber auch die anderen Modi nicht, wie PCs, TVs usw.*

Kim Erwin, »Consumer Insight Maps: The Map as Story Platform in the Design Process«, *Parsons Journal for Information Mapping* (Winter 2011)

> *Erwin stellt eine Technik vor, die direkt auf die gut erfassbare Struktur geografischer Karten zurückgreift, die sogenannte Consumer Insight Map. Dieser Rahmen hilft Teams, Erfahrungen direkt und unmittelbar zu verstehen. Die Autorin konzentriert sich auf vier Aspekte kartografischer Karten, die sie in Visualisierungen einbezieht: Zonen, Höhen, Topografien und Grundrisse. Die räumliche Kombination von Informationen stellt eine Plattform für die Bereitstellung von aussagekräftigen, visuellen Geschichten bereit, die verschiedene Interessengruppen anspricht.*

Sofia Hussain, »Designing Digital Strategies, Part 1: Cartography«, *UX Booth* (Februar 2014)

Sofia Hussain, »Designing Digital Strategies, Part 2: Connected User Experiences«, *UX Booth* (Januar 2015)

> *In diesen beiden Artikeln diskutiert die Designexpertin Hussain Ansätze zur Abbildung von Ökosystemen. Sie bevorzugt kreisförmige Diagramme, die sich von einer linearen, von links nach rechts verlaufenden chronologischen Darstellung lösen. Die Konzentration auf Verhaltensweisen und Motivationen erinnert an Youngs Mentalmodelldiagramme. Hussains Karten sind sehr kompakt und bieten einen klaren, schnell erfassbaren Überblick.*

Grundlegende Erstellung einer Service Ecosystem Map

von Cornelius Rachieru

Service Ecosystem Maps visualisieren komplexe geschäftliche Herausforderungen und ermöglichen Strategen, gemeinsam mit Stakeholdern neue Lösungen zu finden. Der Ansatz kann in allen Bereichen eingesetzt werden und lädt zur Verwendung aller relevanten Datenquellen und -sichten ein, die Licht auf das zu lösende Problem werfen können.

Dieser Prozess wird seit einigen Jahren erfolgreich von meiner Firma Ampli2de Inc. (*ampli2de.com*) eingesetzt, einer strategischen Designberatung in Kanada. Die Methode kombiniert Techniken aus Design Thinking sowie Systemdenken und integriert Aspekte früherer Ansätze von Rosalind Armson, Peter Checkland, Russell Ackoff, Sofia Hussain und Jim Kalbach.

Unser Prozess ist ein Bottom-up-Ansatz, der sich in zwei Phasen mit jeweils drei Schritten gliedert.

Phase 1: Forschung und Definition

Wir beginnen mit einer mindestens zweiwöchigen Recherche im Problemraum. Dazu gehören nicht nur Nutzerforschung, sondern auch Wettbewerbsforschung im vertikalen Branchenmarkt sowie gelegentliche Marktforschung.

Als Nächstes beginnen wir, ein umfassendes Bild eines Ökosystems zu skizzieren. Es ist wichtig, während der Datensammlung nur Low-Fidelity-Entwürfe anzufertigen, um für folgende Iterationen und Anpassungen offenzubleiben.

Drittens identifizieren wir die primären und sekundären Akteure. Beim Mapping von Serviceökosystemen werden sowohl menschliche als auch nicht menschliche Akteure berücksichtigt. Abbildung 14-12 zeigt eine Skizze dieser ersten drei Schritte für eine Ecosystem Map rund um das Thema »Ruhestand«.

Phase 2: Synthese und visuelle Erkundung

In der nächsten Phase wenden wir Techniken aus dem Systemdenken an, um eine Visualisierung des Ökosystems zu erstellen. Wir beginnen mit einer Basisschicht von Diensten aus der Perspektive des primären Akteurs. In Anlehnung an Jobs-to-be-done-Praktiken ordnen wir dessen Ziele im Modell den einzelnen Diensteclustern zu, wie in Abbildung 14-13 gezeigt. Die Jobs-to-be-done dienen als hauptsächliche Analyseeinheiten im Serviceökosystem, die wiedergeben, welche Bedürfnisse aus der Sicht des Individuums durch den Anbieter unterstützt werden sollen.

Der Fokusbereich kann dann durch die Identifizierung zusätzlicher Cluster erweitert werden. Diese werden als sekundäre Dienstleistungen betrachtet, sind aber für das Gesamtmodell wichtig, um das Ökosystem ganzheitlich zu verstehen. Abbildung 14-14 zeigt, wie wir über das Kernmodell der primären Ziele hinaus weitere Cluster von Anliegen untersucht haben.

ABBILDUNG 14-12. Die Modellierung von Ökosystemen beginnt mit der Recherche und einer groben Skizze der beteiligten Entitäten und Akteure.

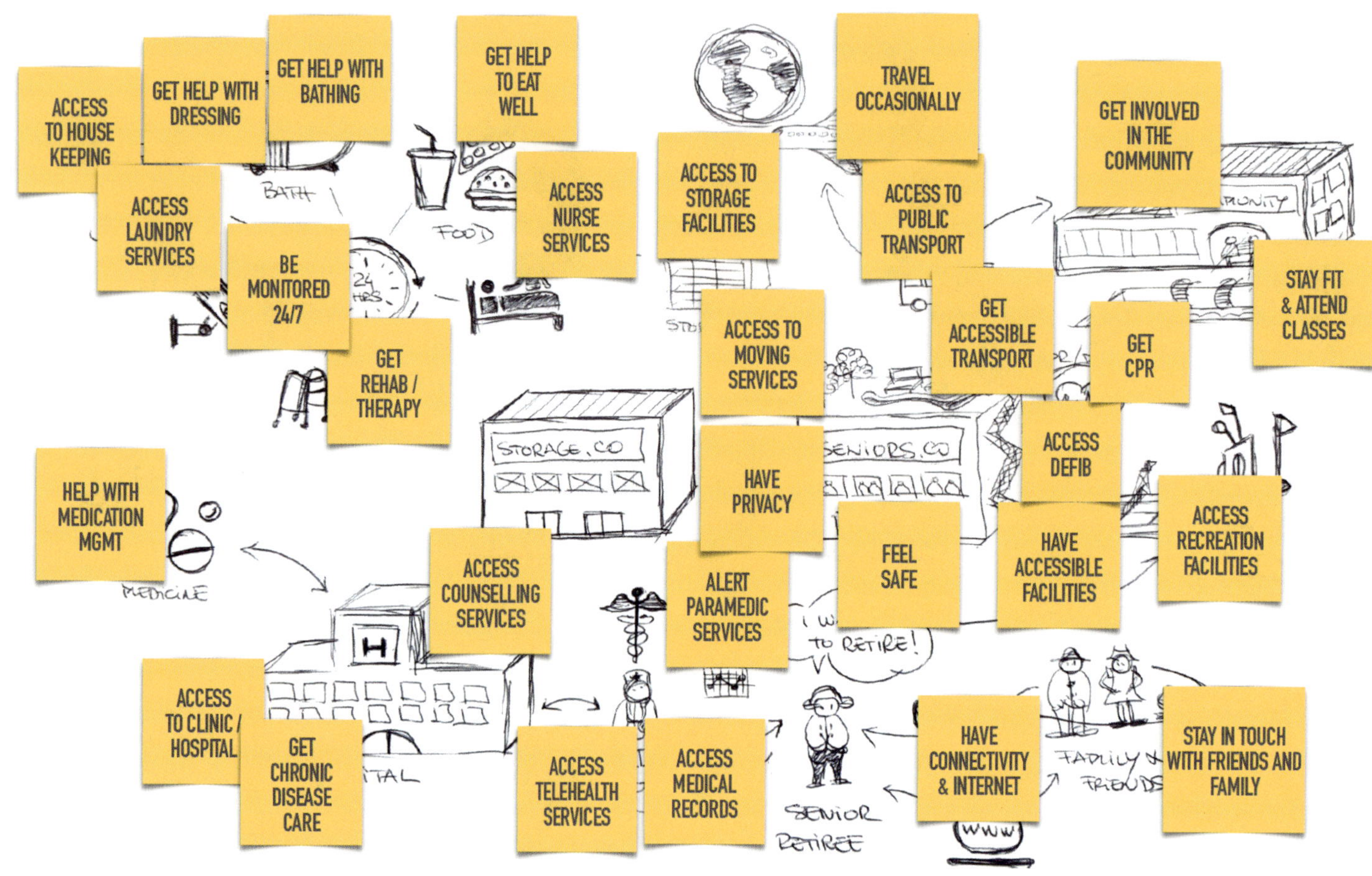

ABBILDUNG 14-13. Jobs-to-be-done werden dem Modell überlagernd hinzugefügt und logisch geclustert.

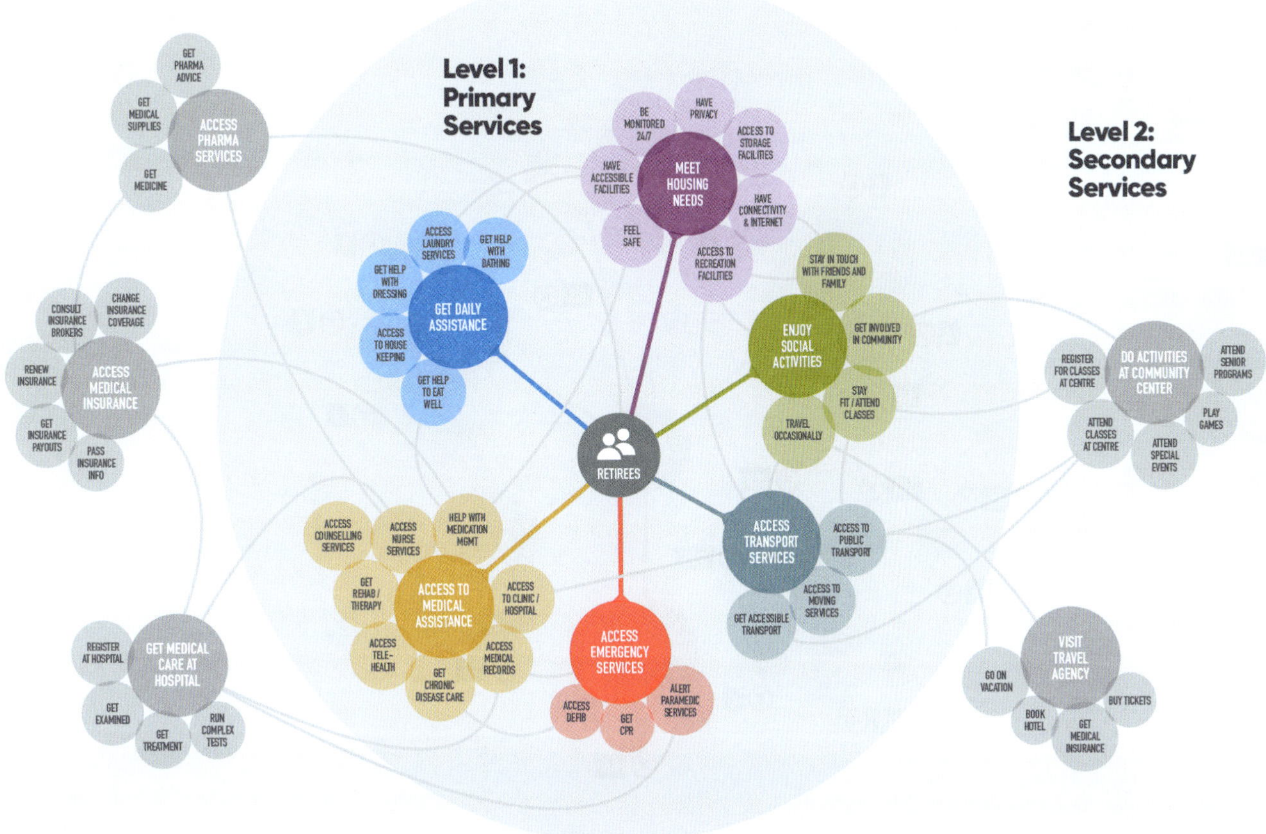

ABBILDUNG 14-14. Das Ökosystemmodell wird um sekundäre Servicecluster erweitert.

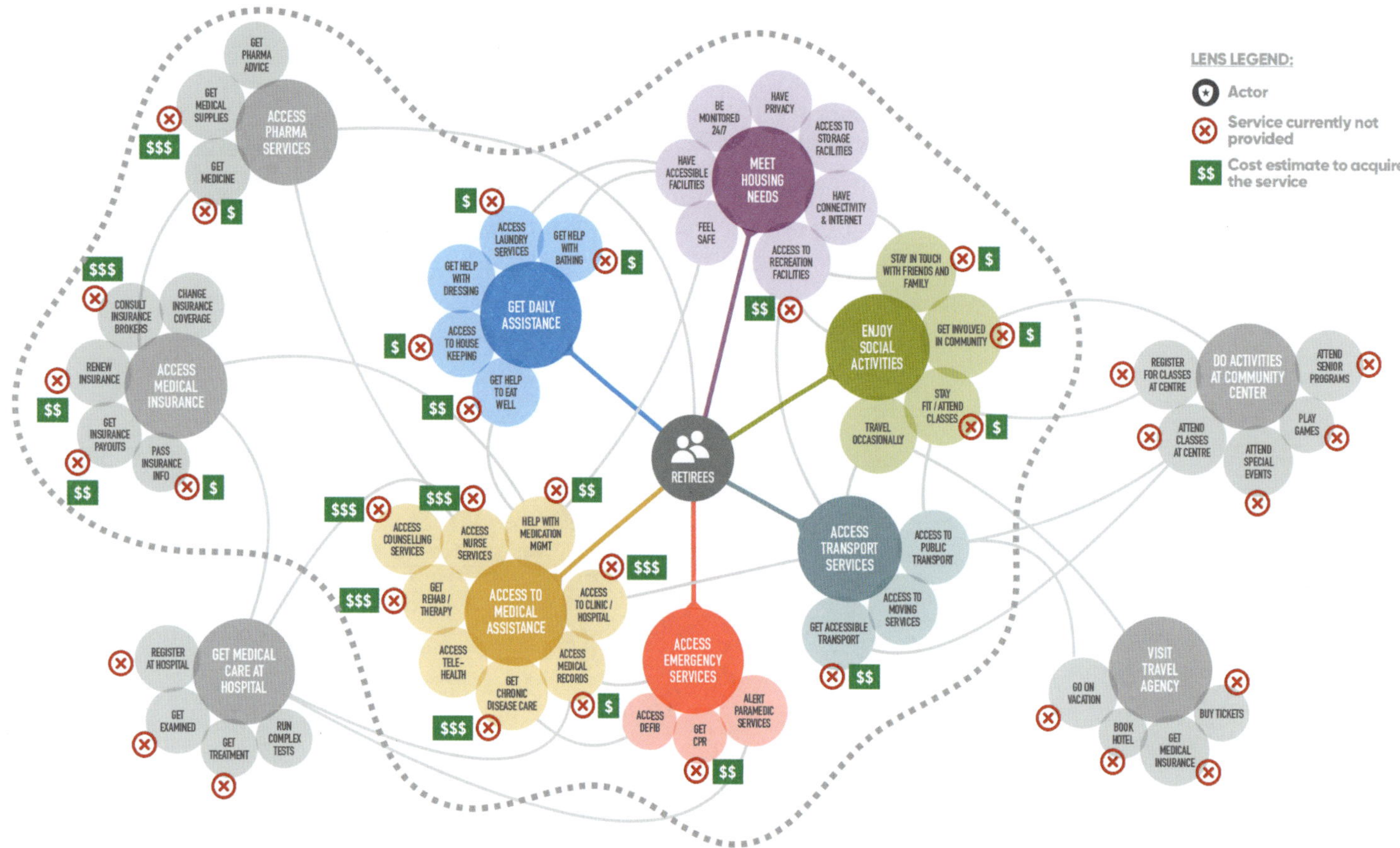

ABBILDUNG 14-15. Überlagerungen von zu berücksichtigenden strategischen Faktoren – oder Datenschichten – bieten Erkenntnisse und Ansatzpunkte, um Maßnahmen zu ergreifen.

Serviceökosysteme können sehr weitläufig sein. Der Serviceprovider muss dann Grenzen vorgeben, was zukünftige Initiativen betrifft. Indem man entsprechende Servicebereiche im Diagramm durch Linien eingrenzt, lässt sich der Fokus der nachfolgenden Bemühungen strategisch einschränken.

Der letzte – und wichtigste – Schritt besteht in der Auswahl und Kalibrierung verschiedener Datensets oder Faktoren, die für das Unternehmen und die Situation besonders relevant sind. In der Ecosystem Map für Ruheständler haben wir uns beispielsweise auf Lücken in der Leistungserbringung (in Abbildung 14-15 in Rot dargestellt) und auf die Kosten für den Erwerb der Leistung (in Grün) konzentriert. In diesem Fall können Serviceprovider dann strategisch entscheiden, welche Lücken sie angesichts der Bereitstellungskosten füllen wollen.

Entscheidend ist dabei, eine Reihe von Bereichen im Unternehmen mit einem gewissen Abstand zu betrachten: Geschäftsstrategie, Risikomanagement, Personalwesen, Diversität, Produkte und vieles mehr. Wenn Sie sich nur auf vertraute Datensichten verlassen, können Sie strategische Chancen verpassen. Außerdem können unterschiedliche Datenüberlagerungen vorgenommen werden, die jeweils einen einzigartigen Blick auf Chancen innerhalb des Serviceökosystems bieten.

Schließlich beenden wir unseren Prozess des Ecosystem Mapping mit einem Workshop. Mit einer robusten, auf Forschungsergebnissen basierenden Ecosystem Map kann das Team eine Vielzahl von Gesprächen anstoßen, um die Strategie der Stakeholder zu klären. Das geschieht in der Regel in eintägigen Sitzungen mit strukturierten Aktivitäten, durch die Diskussionen und Interaktionen innerhalb einer bunt gemischten Stakeholder-Gruppe gefördert werden.

Über den Autor des Beitrags

Cornelius Rachieru ist Managing Partner bei Ampli2de Inc. und Gründer und Co-Vorsitzender von CanUX, Kanadas führender UX-Konferenz. Er ist ein führender Experte im Bereich Service und Experience Design mit fast 20 Jahren Berufserfahrung, der die menschlichen Bedürfnisse in den Mittelpunkt stellt. Cornelius lehrt und schreibt seit Jahren über Ecosystem Mapping und ist ein anerkannter Vordenker in diesem Bereich.

Diagramm- und Bildnachweis

Abbildung 14-2: Ökosystemdiagramm von Chris Risdon und Patrick Quatelbaum aus ihrem Buch *Orchestrating Experiences*, mit freundlicher Genehmigung

Abbildung 14-3: Ökosystemdiagramm von Andy Polaine, Lavrans Løvlie und Ben Reason aus ihrem Buch *Service Design*, mit freundlicher Genehmigung

Abbildungen 14-4 und 14-5: Consumer Insight Maps und Vorlage von Kim Erwin, die ursprünglich in ihrem Artikel »Consumer Insight Maps: The Map as Story Platform in the Design Process« erschienen sind, mit freundlicher Genehmigung

Abbildung 14-6: Diagramm, erstellt von Mark Simmons und Aaron Lewis, CC BY-SA 3.0, mit freundlicher Genehmigung

Abbildung 14-8: Beispiel für eine Geräte-Touchpoint-Matrix, erstellt von Wolfram Nagel, aus seinem Buch *Multiscreen UX Design*, mit freundlicher Genehmigung

Abbildung 14-9: Fotos des Cloudwash-Prototyps von Timo Arnall, Copyright Berg, mit freundlicher Genehmigung (Dank an Sofia Hussain für den Hinweis auf das Beispiel in ihrem Vortrag 2014 auf der Konferenz UX STRAT)

Abbildungen 14-10a bis 14-10d: Isometrische Maps von Paul Kahn, Julia Moisand Egea und Laurent Kling, die ursprünglich in dem Artikel »Patterns That Connect: The Value of Mapping Complex Data Networks« von Kahn und Moisand erschienen sind, mit freundlicher Genehmigung

Abbildung 14-11: Inhaltsmodell, basierend auf einem ursprünglich von Jonathan Kahn erstellten Beispiel

Abbildungen 14-12 bis 14-15: Beispiele für ein Ökosystemmodell in verschiedenen Stadien, erstellt von Cornelius Rachieru, mit freundlicher Genehmigung

Literatur

12totu: »SteveJobs CustomerExperience« (Oktober 2015)
https://www.youtube.com/watch?v=r2O5qKZlI50

Abilla, Pete: »Lean Service: Customer Value and Don't Waste the Customer's Time«, Schmula.com (Juni 2010)
http://www.shmula.com/lean-consumption-dont-waste-the-customers-time/2760

Anthony, Scott, Mark Johnson, Joseph Sinfield und Elizabeth Altman: *The Innovator's Guide to Growth* (Harvard Business Press, 2008)

Banfield, Richard, C. Todd Lombardo und Trace Wax: *Design Sprint: A Practical Guidebook for Building Great Digital Products* (O'Reilly, 2015)

Berkun, Scott: *The Myths of Innovation* (O'Reilly, 2007)

Bernardo, Diego: »Agitation and Elation [in the User Experience]« (Januar 2013)
https://diegobernardo.com/2013/01/05/agitation-elation-in-the-user-experience

Berners-Lee, Tim, James Hendler und Ora Lassila: »The Semantic Web«, *Scientific American* (Mai 2001)
https://www.scientificamerican.com/article/the-semantic-web

Bettencourt, Lance und Anthony W. Ulwick: »The Customer-Centered Innovation Map«, Harvard Business Review (Mai 2008)
https://hbr.org/2008/05/the-customer-centered-innovation-map

Beyer, Hugh und Karen Holtzblatt: *Contextual Design* (Morgan Kaufmann, 1997)

Bitner, Mary Jo, Amy L. Ostrom und Kevin A. Burkhard: »Service Blueprinting: Transforming the Student Experience«, *Educause Review* (November/Dezember 2012)
https://er.educause.edu/-/media/files/article-downloads/erm1266.pdf

Bodine, Kerry: »How to Map Your Customer Experience Ecosystem«, *Forrester Reports* (Mai 2013)
https://www.slideshare.net/Alexllorens/how-to-map-your-customer-experience-ecosystem

Bodine, Kerry: »The State of Journey Managers« (2018)
https://kerrybodine.com/product/journey-manager-report

Booz and Company: »Executives Say They're Pulled in Too Many Directions and That Their Company's Capabilities Don't Support Their Strategy« (Februar 2011)
https://www.globenewswire.com/news-release/2011/01/18/1209299/0/en/Executives-Say-They-re-Pulled-in-Too-Many-Directions-and-That-Their-Company-s-Capabilities-Don-t-Support-Their-Strategy-According-to-Booz-amp-Company-Survey.html

Bringhurst, Robert: *The Elements of Typographic Style*, 3rd ed. (Hartley & Marks, 2008)

British Standards Institution: »BS 7000-3:1994 Design Management Systems. Guide to Managing Service Design« (1994)

Brown, David: »Supermodeler: Hugh Dubberly«, *GAIN: AIGA Journal of Design for the Network Economy* (Mai 2000)
http://www.aiga.org/supermodeler-hugh-dubberly

Brown, Tim: *Change by Design: How Design Thinking Transforms Organizations and Inspires Innovation* (HarperBusiness, 2009)
Deutschsprachige Ausgabe:
Change by Design: Wie Design Thinking Organisationen verändert und zu mehr Innovationen führt (Vahlen, 2016)

Browne, Jonathan, mit John Dalton und Carla O'Connor: »Case Study: Emirates Uses Customer Journey Maps to Keep the Brand on Course«, *Forrester Reports* (2013)
https://docplayer.net/35789295-Case-study-emirates-uses-customer-journey-maps-to-keep-the-brand-on-course.html

Brugnoli, Gianluca: »Connecting the Dots of User Experience«, *Journal of Information Architecture* (April 2009)
http://journalofia.org/volume1/issue1/02-brugnoli/jofia-0101- 02-brugnoli.pdf

Business Roundtable: »Business Roundtable Redefines the Purpose of a Corporation to Promote 'An Economy That Serves All Americans'« (August 2019)
https://www.businessroundtable.org/business-roundtable-redefines-the-purpose-of-a-corporation-to-promote-an-economy-that-serves-all-americans

Carbone, Lewis P. und Stephan H. Haeckel: »Engineering Customer Experiences«, *Marketing Management* (Januar 1994)
https://www.researchgate.net/publication/265031917_Engineering_Customer_Experiences

Card, Stuart, Jock Mackinlay und Ben Shneiderman (Hrsg.): *Readings in Information Visualization: Using Vision to Think* (Morgan Kaufmann, 1999)

Carlzon, Jan: *Moments of Truth* (Reed Business, 1987)

Charan, Ram: *What the Customer Wants You to Know* (Portfolio, 2007)

Christensen, Clayton: *The Innovator's Dilemma* (Harvard Business Press, 1997)
Deutschsprachige Ausgabe:
The Innovator's Dilemma: Warum etablierte Unternehmen den Wettbewerb um bahnbrechende Innovationen verlieren (Vahlen, 2011)

Christensen, Clayton: *The Innovator's Solution* (Harvard Business School Press, 2003)
Deutschsprachige Ausgabe:
The Innovator's Solution: Warum manche Unternehmen erfolgreicher wachsen als andere (Vahlen, 2018)

Christensen, Clayton, Scott Cook und Taddy Hall: »Marketing Malpractice: The Cause and the Cure«, *Harvard Business Review* (Dezember 2005)
https://hbr.org/2005/12/marketing-malpractice-the-cause-and-the-cure

Christensen, Clayton und Derek van Beyer: »The Capitalist's Dilemma«, *Harvard Business Review* (Juni 2014)
https://hbr.org/2014/06/the-capitalists-dilemma

Claro Partners: »A Guide to Succeeding in the Internet of Things« (2014)
https://www.slideshare.net/claropartners/a-guide-to-succeeding-in-the-internet-of-things

Clatworthy, Simon David: *The Experience-Centric Organization: How to Win Through Customer Experience* (O'Reilly, 2019)

Colley, Russell: *Defining Advertising Goals for Measured Advertising Results* (Association of National Advertisers, 1961)

Constable, Giff: *Talking to Humans: Success Starts with Understanding Your Customers* (Selbstveröffentlichung, 2014)

Constantine, Larry: »Essential Modeling: Use Cases for User Interfaces«, *ACM Interactions* (April 1995)

Cooper, Alan: *About Face 2.0: The Essentials of Interaction Design* (Wiley, 2003)
Deutschsprachige Ausgabe (von *About Face 3*):
About Face: Interface und Interaction Design (mitp, 2010)

Court, David, Dave Elzinga, Susan Mulder und Ole Jørgen Vetvik: »The Consumer Decision Journey«, *McKinsey Quarterly* (Juni 2009)
https://www.mckinsey.com/business-functions/marketing-and-sales/our-insights/the-consumer-decision-journey

Craik, Kenneth: *The Nature of Explanation* (Cambridge University Press, 1943)

Danielson, David: »Transitional Volatility in Web Navigation«, *IT & Society* (Januar 2003)
https://pdfs.semanticscholar.org/87af/8d464f206fe86b2c9b29a2937849474c1112.pdf

Denning, Steve: »The Copernican Revolution in Management«, *Forbes* (2013)
http://www.forbes.com/sites/stevedenning/2013/07/11/the-copernician-revolution-in-management

Denning, Steve: »Why Building a Better Mousetrap Doesn't Work Anymore«, *Forbes* (Februar 2014)
http://onforb.es/1SzZdPZ

Diller, Steve, Nathan Shedroff und Darrel Rhea: *Making Meaning: How Successful Businesses Deliver Meaningful Customer Experiences* (New Riders, 2005)

Drucker, Peter: *The Practice of Management* (Harper and Brothers, 1954)
Deutschsprachige Ausgabe:
Die Praxis des Managements (Econ, 1956, 1970 und 1998)

Dubberly, Hugh: »A System Perspective on Design Practice« [Video-Talk an der Carnegie Mellon University] (2012)
http://vimeo.com/51132200

Edelman, David C.: »Branding in the Digital Age: You're Spending Your Money in All the Wrong Places«, *Harvard Business Review* (Dezember 2010)
https://hbr.org/2010/12/branding-in-the-digital-age-youre-spending-your-money-in-all-the-wrong-places

Ellen MacArthur Foundation und IDEO: *The Circular Design Guide* (2017)
https://www.circulardesignguide.com

Ensley, Michael: »Going Green«, *PureStone Partners Blog* (Juni 2009)
http://purestonepartners.com/2009/06/17/going-green

Ertel, Chris und Lisa Kay Solomon: *Moments of Impact: How to Design Strategic Conversations That Accelerate Change* (Simon & Schuster, 2014)

Erwin, Kim: »Consumer Insight Maps: The Map as Story Platform in the Design Process«, *Parsons Journal for Information Mapping* (Winter, 2011)
https://www.academia.edu/1264057/Consumer_insight_maps_the_map_as_story_platform_in_the_design_process

Flom, Joel: »The Value of Customer Journey Maps: A UX Designer's Personal Journey«, *UXmatters* (September 2011)
http://www.uxmatters.com/mt/archives/2011/09/the-value-of-customer-journey-maps-a-ux-designers-personal-journey.php

Flowers, Erik und Megan Miller: »Practical Service Design« [Website]
http://www.practicalservicedesign.com

Frishberg, Leo und Charles Lambdin: *Presumptive Design: Design Provocations for Innovation* (Morgan Kaufmann, 2015)

Frishberg, Leo und Charles Lambdin: »Presumptive Design: Design Research Through the Looking Glass«, *UXmatters* (August 2015)
https://www.uxmatters.com/mt/archives/2015/08/presumptive-design-design-research-through-the-looking-glass.php

Fullenwinder, Kyla: »How Citizen-Centered Design Is Changing the Ways the Government Serves the People«, *Fast Company* (Juli 2016)
https://www.fastcompany.com/3062003/how-citizen-centered-design-is-changing-the-ways-the-government-serves-the-people

Furr, Nathan und Jeff Dyer: *The Innovator's Method* (Harvard Business Review Press, 2014)

Gary, Loren: »Dow Corning's Big Pricing Gamble«, *Strategy & Innovation* (März 2005)
https://hbswk.hbs.edu/archive/dow-corning-s-big-pricing-gamble

Geertz, Clifford: »Thick Description: Toward an Interpretive Theory of Culture«, in *The Interpretation of Cultures: Selected Essays* (Basic Books, 1973)
Deutschsprachige Ausgabe:
Dichte Beschreibung: Beiträge zum Verstehen kultureller Systeme (Suhrkamp, 1987)

Gibbons, Sarah: »Journey Mapping 101«, *NN/g Blog* (Dezember 2019)
https://www.nngroup.com/articles/journey-mapping-101

Golub, Harvey, Jane Henry, John L. Forbis, Nitin T. Mehta, Michael J. Lanning, Edward G. Michaels und Kenichi Ohmae: »Delivering Value to Customers«, *McKinsey Quarterly* (Juni 2000)
https://www.mckinsey.com/business-functions/strategy-and-corporate-finance/our-insights/delivering-value-to-customers

Gothelf, Jeff, mit Josh Seiden: *Lean UX: Designing Great Products with Agile Teams* (O'Reilly, 2013)
Deutschsprachige Ausgabe:
Lean User Experience (Lean UX): Produktentwicklung und -design mit agilen Teams, 2. überarbeitete Auflage (mitp, 2020)

Gray, Dave, Sunni Brown und James Macanufo: *Gamestorming: A Playbook for Innovators, Rulebreakers, and Changemakers* (O'Reilly, 2010)
Deutschsprachige Ausgabe:
Gamestorming: Ein Praxisbuch für Querdenker, Moderatoren und Innovatoren (O'Reilly, 2011)

Grocki, Megan: »How to Create a Customer Journey Map«, *UX Mastery* (September 2014)
http://uxmastery.com/how-to-create-a-customer-journey-map

Harrington, Richard und Anthony Tjan: »Transforming Strategy One Customer at a Time«, *Harvard Business Review* (März 2008)
https://hbr.org/2008/03/transforming-strategy-one-customer-at-a-time

Hobson, Kersty und Nicholas Lynch: »Diversifying and De-Growing the Circular Economy: Radical Social Transformation in a Resource-Scarce World«, *Futures* (September 2016)
https://doi.org/10.1016/j.futures.2016.05.012

Hohmann, Luke: *Innovation Games: Creating Breakthrough Products Through Collaborative Play* (Addison-Wesley, 2006)

Holtzblatt, Karen, Jessamyn Burns Wendell und Shelley Wood: *Rapid Contextual Design: A How-to Guide to Key Techniques for User-Centered Design* (Morgan Kaufmann, 2004)

Hoober, Steven und Eric Berkman: *Designing Mobile Interfaces: Patterns for Interaction Design* (O'Reilly, 2011)

Hubert, Lis und Donna Lichaw: »Storymapping: A MacGyver Approach to Content Strategy, Part 2«, *UXmatters* (März 2014)
http://www.uxmatters.com/mt/archives/2014/03/storymapping-a-macgyver-approach-to-content-strategy-part-2.php

Hussain, Sofia: »Designing Digital Strategies, Part 1: Cartography«, *UX Booth* (Februar 2014)
http://www.uxbooth.com/articles/designing-digital-strategies-part-1-cartography

Hussain, Sofia: »Designing Digital Strategies, Part 2: Connected User Experiences«, *UX Booth* (Januar 2015)
http://www.uxbooth.com/articles/designing-digital-strategies-part-2-connected-user-experiences

Jenkins, John R. G.: *Marketing and Customer Behaviour* (Pergamon Press, 1971)

Johnson-Laird, Philip N.: *Mental Models: Towards a Cognitive Science of Language, Inference, and Consciousness* (Harvard University Press, 1983)

Jones, Phil: *Strategy Mapping for Learning Organizations: Building Agility into Your Balanced Scorecard* (Rutledge, 2016)

Kahn, Paul und Julia Moisand: »Patterns That Connect: The Value of Mapping Complex Data Networks«, *Information Design Journal* (Dezember 2009)
https://www.researchgate.net/publication/233704486_Patterns_that_connect_The_value_of_mapping_complex_data_networks

Kalbach, James: »Alignment Diagrams«, *Boxes and Arrows* (September 2011)
https://boxesandarrows.com/alignment-diagrams

Kalbach, James: »Business Model Design: Disruption Case Study«, *Experiencing Information* (September 2011)
https://experiencinginformation.com/2011/09/02/business-model-design-disruption-case-study/

Kalbach, James: *Designing Web Navigation* (O'Reilly, 2007)
Deutschsprachige Ausgabe:
Handbuch der Webnavigation (O'Reilly, 2008)

Kalbach, James: »Strategy Blueprint«, *Experiencing Information* (Oktober 2015)
https://experiencinginformation.com/2015/10/12/strategy-blueprint

Kalbach, James und Paul Kahn: »Locating Value with Alignment Diagrams«, *Parsons Journal of Information Mapping* (April 2011)
https://experiencinginformation.com/2011/04/19/locating-value-with-alignment-diagrams

Kaplan, Robert S. und David P. Norton: »Having Trouble with Your Strategy? Then Map It«, *Harvard Business Review* (September 2000)
https://hbr.org/2000/09/having-trouble-with-your-strategy-then-map-it

Kaplan, Robert S. und David P. Norton: »Linking the Balanced Scorecard to Strategy«, (1996)
https://www.strimgroup.com/wp-content/uploads/pdf/KaplanNorton_Linking-the-BSC-to-Strategy.pdf

Kaplan, Robert S. und David P. Norton: *Strategy Maps: Converting Intangible Assets into Tangible Outcomes* (Harvard Business Review Press, 2004)
Deutschsprachige Ausgabe:
Strategy Maps: Der Weg von immateriellen Werten zum materiellen Erfolg (Schäffer-Poeschel, 2004)

Katz, Joel: *Designing Information: Human Factors and Common Sense in Information Design* (Wiley, 2012)

Ke, Chenghan: »Business Origami: A Method for Service Design«, *Medium* (August 2018)
https://medium.com/@hankkechenghan/business-origami-valuable-method-for-service-design-43a882880627

Kempton, Willett: »Two Theories of Home Heat Control«, *Cognitive Science* (Januar bis März 1986)
https://doi.org/10.1207/s15516709cog1001_3

Kim, W. Chan und Renée Mauborgne: *Blue Ocean Strategy* (Harvard Business Review Press, 2005)
Deutschsprachige Ausgabe der 2. Auflage:
Der Blaue Ozean als Strategie: Wie man neue Märkte schafft, wo es keine Konkurrenz gibt (Hanser, 2016)

Knapp, Jake: *Sprint: How to Solve Big Problems and Test New Ideas in Just Five Days* (Simon & Schuster, 2016)
Deutschsprachige Ausgabe:
Sprint: Wie man in nur fünf Tagen neue Ideen testet und Probleme löst (Redline, 2016)

Kolko, Jon: »Dysfunctional Products Come from Dysfunctional Organizations«, *Harvard Business Review* (Januar 2015)
https://hbr.org/2015/01/dysfunctional-products-come-from-dysfunctional-organizations

Kuniavsky, Mike: *Observing the User Experience: A Practitioner's Guide to User Research*, 2nd ed. (Morgan Kaufman, 2012)

Kyle, Beth: »With Child: Personal Informatics and Pregnancy«
http://www.bethkyle.com/EKyle_Workbook3_Final.pdf

Lafley, A. G. und Roger Martin: *Playing to Win: How Strategy Really Works* (Harvard Business Review Press, 2013)

Lavidge, Robert und Gary Steiner: »A Model for Predictive Measurements of Advertising Effectiveness«, *Journal of Marketing* (Oktober 1961)
https://www.jstor.org/stable/1248516?seq=1

Lazonick, William: »Profits Without Prosperity«, *Harvard Business Review* (September 2014)
https://hbr.org/2014/09/profits-without-prosperity

Lecinski, Jim: *ZMOT: Winning the Zero Moment of Truth*, Google (2011)
http://ssl.gstatic.com/think/docs/2011-winning-zmot-ebook_research-studies.pdf

Lee Yohn, Denise: *Fusion: How Integrating Brand and Culture Powers the World's Greatest Companies* (Brealey, 2018)

Leinwand, Paul und Cesare Mainardi: *The Essential Advantage: How to Win with a Capabilities-Driven Strategy* (Harvard Business Review Press, 2010)

Levin, Michal: *Designing Multi-Device Experiences: An Ecosystem Approach to User Experiences Across Devices* (O'Reilly, 2014)

Levitt, Theodore: »Marketing Myopia«, *Harvard Business Review* (Juli/August 1960)
https://hbr.org/2004/07/marketing-myopia

Lichaw, Donna: *The User's Journey: Storymapping Products That People Love* (Rosenfeld Media, 2016)

Løvlie, Lavrans: »Customer Journeys and Customer Lifecycles«, *Livework Blog* (Dezember 2013)
http://liveworkstudio.com/the-customer-blah/customer-journeys-and-customer-lifecycles

Manning, Andre: »The Booking Truth: Delighting Guests Takes More Than a Well-Priced Bed«, (Juni 2013)
http://news.booking.com/the-booking-truth-delighting-guests-takes-more-than-a-well-priced-bed-us

Manning, Harley und Kerry Bodine: *Outside In: The Power of Putting Customers at the Center of Your Business* (New Harvest, 2012)

Martin, Karin und Mike Osterling: *Value Stream Mapping: How to Visualize Work and Align Leadership for Organizational Transformation* (McGraw Hill, 2014)

Maurya, Ash: Running Lean: Iterate from Plan A to a Plan That Works (O'Reilly, 2012)
Deutschsprachige Ausgabe:
Running Lean - Das How-to für erfolgreiche Innovationen (O'Reilly, 2013)

McGrath, Rita Gunther: *The End of Competitive Advantage* (Harvard Business Review Press, 2013)

McMullin, Jess: »Business Origami«, *Citizen Experience Blog* (April 2011) *http://www.citizenexperience.org/2010/04/30/business-origami*

McMullin, Jess: »Searching for the Center of Design«, *Boxes and Arrows* (September 2003) *https://boxesandarrows.com/searching-for-the-center-of-design*

Meadows, Donella H.: *Thinking in Systems: A Primer* (Chelsea Green Publishing, 2008)

Meirelles, Isabel: *Design for Information: An Introduction to the Histories, Theories, and Best Practices Behind Effective Information Visualizations* (Rockport, 2013)

Melone, Jay: »Problem Framing v2: Parts 1-4«, *New Haircut Blog* (August 2018) *https://designsprint.newhaircut.com/problem-framing-v2-part-1-of-4-5bbb236000f7*

Merchant, Nilofer: *The New How: Creating Business Solutions Through Collaborative Strategy* (O'Reilly, 2009)

Mintzberg, Henry: »The Strategy Concept I: Five Ps for Strategy«, *California Management Review* (Herbst 1987)

Mintzberg, Henry, Joseph Lampel und Bruce Ahlstrand: *Strategy Safari: A Guided Tour Through the Wilds of Strategic Management* (Free Press, 1998)
Deutschsprachige Ausgabe:
Strategy Safari: Der Wegweiser durch den Dschungel des strategischen Managements (FinanzBuch, 2012)

Morgan, Jacob: *The Employee Experience Advantage* (Wiley, 2017)

Nagel, Wolfram: *Multiscreen UX Design: Developing for a Multitude of Devices* (Morgan Kaufmann, 2015)

Norman, Don: *The Design of Everyday Things* (Basic Books, 1988)
Deutschsprachige Ausgabe:
The Design of Everyday Things: Psychologie und Design der alltäglichen Dinge (Vahlen, 2016)

Ogilvie, Tim und Jeanne Liedtka: »Journey Mapping«, in *Designing for Growth* (Columbia University Press, 2011)

O'Reilly III, Charles A. und Michael L. Tushman: »The Ambidextrous Organization«, *Harvard Business Review* (April 2004) *https://hbr.org/2004/04/the-ambidextrous-organization*

Osterwalder, Alexander und Yves Pigneur: *Business Model Generation: A Handbook for Visionaries, Game Changers, and Challengers* (Wiley, 2010)
Deutschsprachige Ausgabe:
Business Model Generation: Ein Handbuch für Visionäre, Spielveränderer und Herausforderer (Campus, 2011)

Patton, Jeff: *User Story Mapping: Discover the Whole Story, Build the Right Product* (O'Reilly, 2014)
Deutschsprachige Ausgabe:
User Story Mapping (O'Reilly, 2015)

Pine II, B. Joseph und James H. Gilmore: *Authenticity: What Consumers Really Want* (Harvard Business School Press, 2007)

Pine II, B. Joseph und James H. Gilmore: *The Experience Economy* (Harvard Business School Press, 1999)

Polaine, Andy: »Blueprint+: Developing a Tool for Service Design«, Service Design Network Conference (2009) *http://www.slideshare.net/apolaine/blueprint-developing-a-tool-for-service-design*

Polaine, Andy, Lavrans Løvlie und Ben Reason: *Service Design: From Insight to Implementation* (Rosenfeld Media, 2013)

Porter, Michael: »Creating Shared Value, an HBR Interview with Michael Porter«, *Harvard Business IdeaCasts* (April 2011)
Part 1: *https://www.youtube.com/watch?v=F44G4B2uVh4*
Part 2: *https://www.youtube.com/watch?v=3xwpF1Ph22U*

Porter, Michael und Mark R. Kramer: »Creating Shared Value«, *Harvard Business Review* (Januar/Februar 2011)
https://hbr.org/2011/01/the-big-idea-creating-shared-value

Portigal, Steve: *Interviewing Users: How to Uncover Compelling Insights* (Rosenfeld Media, 2013)

Pruitt, John und Tamara Adlin: *The Persona Lifecycle: Keeping People in Mind Throughout Product Design* (Morgan Kaufmann, 2006)

Rawson, Alex, Ewan Duncan und Conor Jones: »The Truth About Customer Experience«, *Harvard Business Review* (September 2013)
https://hbr.org/2013/09/the-truth-about-customer-experience/ar/1

Reichheld, Fred: *The Ultimate Question: Driving Good Profits and True Growth* (Harvard Business School Press, 2006)
Deutschsprachige Ausgabe:
Die ultimative Frage. Mit dem Net Promoter Score zu loyalen Kunden und profitablem Wachstum (Hanser, 2006)

Ries, Eric: *The Lean Startup: How Today's Entrepreneurs Use Continuous Innovation to Create Radically Successful Business* (Crown Business, 2011)
Deutschsprachige Ausgabe:
Lean Startup: Schnell, risikolos und erfolgreich Unternehmen gründen (Redline, 2014)

Reynolds, Thomas und Jonathan Gutman: »Laddering Theory, Method, Analysis, and Interpretation«, *Journal of Advertising Research* (Februar/März 1988)

Richardson, Adam: »Touchpoints Bring the Customer Experience to Life«, *Harvard Business Review* (Dezember 2010)
https://hbr.org/2010/12/touchpoints-bring-the-customer

Richardson, Adam: »Using Customer Journey Maps to Improve Customer Experience«, *Harvard Business Review* (November 2010)
https://hbr.org/2010/11/using-customer-journey-maps-to

Risdon, Chris: »The Anatomy of an Experience Map«, *Adaptive Path Blog* (November 2011)
https://articles.uie.com/experience_map

Risdon, Chris: »Un-Sucking the Touchpoint«, *Adaptive Path Blog* (November 2014)
https://articles.uie.com/un-sucking-the-touchpoint

Risdon, Chris und Patrick Quattlebaum: *Orchestrating Experiences: Collaborative Design for Complexity* (Rosenfeld Media, 2018)

Rogers, Everett: *Diffusion of Innovations*, 5th ed. (Free House, 2003)

Royal Society of Arts: »The Great Recovery Report« (Juni 2013)
https://www.thersa.org/discover/publications-and-articles/reports/the-great-recovery

Sauro, Jeff: »Measuring Usability with the System Usability Scale (SUS)«, *Measuring U* (Februar 2011)
http://www.measuringu.com/sus.php

Schauer, Brandon: »Exploratorium: Mapping the Experience of Experiments«, *Adaptive Path Blog* (April 2013)

Schrage, Michael: *The Innovator's Hypothesis: How Cheap Experiments Are Worth More Than Good Ideas* (MIT Press, 2014)

Schrage, Michael: *Who Do You Want Your Customers to Become?* (Harvard Business Review Press, 2012)

»Service Design Tools« [Website]
https://servicedesigntools.org

Shaw, Colin: *The DNA of Customer Experience: How Emotions Drive Value* (Palgrave Macmillan, 2007)

Shaw, Colin und John Ivens: *Building Great Customer Experiences* (Palgrave Macmillan, 2002)

Shedroff, Nathan: »Bridging Strategy with Design: How Designers Create Value for Businesses«, *Interaction South America* [Präsentation] (November 2014)
https://www.youtube.com/watch?v=64-HpMC1tCw

Sheth, Jagdish, Bruce Newman und Barbara Gross: *Consumption Values and Market Choices* (South-Western Publishing, 1991)

Shostack, G. Lynn: »Designing Services That Deliver«, *Harvard Business Review* (Januar 1984)
https://hbr.org/1984/01/designing-services-that-deliver

Shostack, G. Lynn: »How to Design a Service«, *European Journal of Marketing* (Januar 1982)
https://www.servicedesignmaster.com/wordpress/wp-content/uploads/2018/10/EUM0000000004799.pdf

Sinclair, Matt, Leila Sheldrick, Mariale Moreno und Emma Dewberry: »Consumer Intervention Mapping—A Tool for Designing Future Product Strategies Within Circular Product Service Systems«, *Sustainability* (Juni 2018)
https://www.mdpi.com/2071-1050/10/6/2088

Skjelten, Elisabeth Bjørndal: *Complexity and Other Beasts* (Oslo School of Architecture and Design, 2014)

Smith, Gene: »Experience Maps: Understanding Cross-Channel Experiences for Gamers«, *nForm Blog* (Februar 2010)
https://www.nform.com/ideas/experience-maps-understanding-cross-channel-experiences-for-gamers

Spengler, Christoph, Werner Wirth und Renzo Sigrist: »360° Touchpoint Management – How Important Is Twitter for Our Brand?«, *Marketing Review St. Gallen* (Februar 2010)
https://documents.pub/document/2010-marketing-review-360-de-gree-touch-point-management.html

Spraragen, Susan: »Enabling Excellence in Service with Expressive Service Blueprinting«, Case Study 9 in *Design for Services* von Anna Meroni und Daniela Sangiorgi (Gower, 2011)

Spraragen, Susan und Carrie Chan: »Service Blueprinting: When Customer Satisfaction Numbers Are Not Enough«, International DMI Education Conference [Präsentation] (April 2008)
https://public.webdav.hm.edu/pub/__oxP_a1e6c9eb1d936c5f/Service%20Blueprinting/DMIServiceBlueprintingFullPaperSSpraragen.pdf

Sterling, Bruce: »'Cloudwash,' the BERG Cloud-Connected Washing Machine«, *Wired* (Februar 2014)
https://www.wired.com/2014/02/cloudwash-berg-cloud-connected-washing-machine

Stickdorn, Marc, Markus Edgar Hormess, Adam Lawrence und Jakob Schneider: *This is Service Design Doing* (O'Reilly, 2018)

Stickdorn, Marc und Jakob Schneider: *This is Service Design Thinking: Basics, Tools, Cases* (Wiley, 2012)

Stillman, Daniel: *Good Talk: How to Design Conversations That Matter* (Management Impact Publishing, 2020)

»SUMI« [Website]
http://sumi.uxp.ie

Szabo, Peter: *User Experience Mapping* (Packt, 2017)

Tate, Tyler: »Cross-Channel Blueprints: A Tool for Modern IA« (Februar 2012)
http://tylertate.com/blog/ux/2012/02/21/cross-channel-ia-blueprint.html

Temkin, Bruce: »It's All About Your Customer's Journey«, *Experience Matters Blog* (März 2010)
https://www.xminstitute.com/blog/all-about-customer-journeys

Temkin, Bruce: »Mapping the Customer Journey«, *Forrester Reports* (Februar 2010)
http://www.iimagineservicedesign.com/wp-content/uploads/2015/09/Mapping-Customer-Journeys.pdf

Thompson, Ed und Esteban Kolsky: »How to Approach Customer Experience Management«, *Gartner Research Report* (Dezember 2004)
https://www.gartner.com/en/documents/466017

Tincher, Jim und Nicole Newton: *How Hard Is It to Be Your Customer? Using Journey Mapping to Drive Customer Focused Change* (Paramount, 2019)

Tippin, Mark und Jim Kalbach: *The Definitive Guide to Facilitating Remote Workshops* (MURAL, 2019)

Tufte, Edward: *Envisioning Information* (Graphics Press, 1990)

Tufte, Edward: *Visual Explanations: Images and Quantities, Evidence and Narrative* (Graphics Press, 1997)

Ulwick, Anthony: »Turn Customer Input into Innovation«, *Harvard Business Review* (Januar 2002)
https://hbr.org/2002/01/turn-customer-input-into-innovation/ar/1

Ulwick, Anthony: *What Customers Want: Using Outcome-Driven Innovation to Create Breakthrough Products and Services* (McGraw Hill, 2005)

Unger, Russ, Brad Nunnally und Dan Willis: *Designing the Conversation: Techniques for Successful Facilitation* (New Riders, 2013)

Vetan, John, Dana Vetan, Codruta Lucuta und Jim Kalbach: *Design Sprint Facilitator's Guide V3.0* (Design Sprint Academy, 2020)
https://designsprint.academy/facilitation-guide

Walters, Jeannie: »What IS a Customer Touchpoint?«, *Customer Think Blog* (Oktober 2014)
https://customerthink.com/what-is-a-customer-touchpoint

Wang, Tricia: »The Human Insights Missing from Big Data«, *TEDxCambridge* [Talk] (September 2016)
https://www.ted.com/talks/tricia_wang_the_human_insights_missing_from_big_data

Wang, Tricia: »Why Big Data Needs Thick Data«, *Ethnography Matters* (Mai 2013)
http://ethnographymatters.net/blog/2013/05/13/big-data-needs-thick-data

Whelan, Jonathan und Stephen Whitla: *Visualising Business Transformation: Pictures, Diagrams and the Pursuit of Shared Meaning* (Rutledge, 2020)

Williams, Luke: *Disrupt: Think the Unthinkable to Spark Transformation in Your Business*, 2nd ed. (FT Press, 2015)

Womack, James und Daniel Jones: »Lean Consumption«, *Harvard Business Review* (März 2005)
https://hbr.org/2005/03/lean-consumption/ar/1

Womack, James und Daniel Jones: *Lean Thinking: Banish Waste and Create Wealth in Your Corporation*, 2nd ed. (Simon & Schuster, 2010)
Deutschsprachige Ausgabe der 3. Auflage:
Lean Thinking: Ballast abwerfen, Unternehmensgewinn steigern (Campus, 2013)

Wreiner, Thomas, Ingrid Mårtensson, Olof Arnell, Natalia Gonzalez, Stefan Holmlid und Fabian Segelström: »Exploring Service Blueprints for Multiple Actors: A Case Study of Car Parking Services«, *First Nordic Conference on Service Design and Service Innovation* (November 2009)
http://www.ep.liu.se/ecp/059/017/ecp09059017.pdf

Young, Indi: *Mental Models: Aligning Design Strategy with Human Behavior* (Rosenfeld Media, 2008)

Young, Indi: *Practical Empathy: For Collaboration and Creativity in Your Work* (Rosenfeld Media, 2015)

Young, Indi: »Try the ›Lightning Quick‹ Method« (März 2010)
https://rosenfeldmedia.com/mental-models/the-lightening-quick-method

Zeithaml, Valarie, Mary Jo Bitner und Dwayne Gremler: *Services Marketing: Integrating Customer Focus Across the Firm*, 6th ed. (McGraw Hill, 2012)

Index

B

C

D

E

F

G

H

I

J

K

L

M

N

O

P

Q

R

S

T

U

V

W

Z

Leserstimmen

Zweite Auflage

Jim Kalbach entmystifiziert mit der intellektuellen Begeisterung eines Edward Tufte die visuelle Logik, die jedem nur denkbaren Werkzeug aus den Bereichen »Design Thinking« oder »UX-Workshopping« zugrunde liegt. Der Autor widmet sich mit ungeteilter Aufmerksamkeit sowohl dem gigantischen Service Blueprint, der eine ganze Wand in Ihrem Büro bedeckt, wie dem unscheinbaren Post-it, das auf den Boden geflattert ist.

John Maeda
Technologe und Autor von »How To Speak Machine«

Das ist das Buch, das ich schon vor Jahren gerne gehabt hätte. Ich habe bei meiner Arbeit mit Kunden und Start-ups Hunderte von Ausrichtungsdiagrammen und -Maps erstellt, und oft fischt man dabei im Trüben. Jim stellt die Vorteile dar, verdeutlicht die Prozesse und liefert inspirierende visuelle Beispiele, die Designer und andere Führungskräfte motivieren werden, ihre Kunden besser zu bedienen.

Kate Rutter
Consultant, Designerin und Professorin für Interaktionsdesign, California College of the Arts

Woher wissen Sie, dass etwas (Musik, Film, Buch) wirklich toll ist? Jedes Mal, wenn Sie es hören, sehen oder lesen, finden Sie etwas Neues: einen neuen Gedanken, eine neue Einsicht, eine neue Perspektive. Es klingelt einfach immer wieder und wieder und wieder. Genau so ist es mit diesem Buch. Es ist der umfassendste Leitfaden zur Wertschöpfung durch Maps und Diagramme, den ich kenne und den ich meinen Kollegen, unseren Studenten und Partnern empfehle.

Yuri Vedenin
Gründer, UXPressia

»Customer Experience visualisieren und verstehen« ist das unverzichtbare Handbuch für die Anwendung von Mapping-Methoden, bei denen die menschliche Erfahrung im Mittelpunkt steht und die die Stakeholder über alle organisatorischen Silos hinweg zusammenbringen. Kalbach liefert fachkundig nicht nur den passenden Bezugsrahmen, sondern auch eine praktische Anleitung mit hart erarbeiteten Ratschlägen in einem sofort zugänglichen und umsetzbaren Paket. Es ist ein unverzichtbares Nachschlagewerk für alle Personen und Teams, die im 21. Jahrhundert Produkte und Dienstleistungen entwickeln.

Andrew Hinton
Autor von »Understanding Context«

In dieser zweiten Auflage erweitert Jim das Thema Mapping, das er bereits in der ersten Auflage hervorragend bewältigt hatte. Jims Einsichten bringen Klarheit in etwas, das bis zu diesem Buch bloß ein verwirrendes Durcheinander von Kästchen und Pfeilen war.

Leo Frishberg
Gründer, Phase II Design

Es ist einfach, Projekte von innen nach außen zu betreiben. Indem Sie eine Erfahrung abbilden, entdecken Sie über die Menschen, die Ihre Produkte und Dienstleistungen nutzen, Details, die Ihren Blickwinkel so verändern, dass Sie nun von außen nach innen schauen und letztendlich durchdachtere und wirkungsvollere Lösungen entwickeln können.

Frances Close
Design Lead, Open Systems Technology

Wir können keine UX gestalten, solange wir nicht die Story kennen, die den Nutzer und seine Erfahrung verbindet. »Customer Experience visualisieren und verstehen« hilft bei der Auswahl der richtigen Maps, Prozesse und Strukturen, um diese wichtige Aufgabe des Storytellings zu bewältigen.

Torrey Podmajersky
Autor von »Strategic Writing for UX«

Dieses Buch ist eine Fundgrube an Diagrammen. Wenn Sie auf der Suche nach einem für Sie geeigneten Diagrammtyp sind, ist die Lektüre dieses Buchs der richtige erste Schritt. Es lehrt Sie, sich auf die grundlegenden Konzepte des Alignment – der Ausrichtung – zu konzentrieren, damit Sie sich nicht im Labyrinth der Fachbegriffe verirren.

Saadia Ali
CX-Consultant und Journey Mapperin bei EPIC Consulting

Erste Auflage

»Customer Experience visualisieren und verstehen« wird sowohl Designern als auch Kunden von Designdienstleistungen dabei helfen, besser zu verstehen, wie man Erfahrungen und die Systemökologie visualisieren kann, in der Produkte und Dienstleistungen gemeinsam mit dem alles entscheidenden Kunden existieren. Sein Zugang zum Thema ist ebenso breit wie tief. Die analytischen und praktischen Kapitel sprechen direkt das aktuelle Interesse an visuellen Werkzeugen im Zusammenhang mit Strategie und Service Design an.

Paul Kahn
Experience Design Director, Mad*Pow
Autor von »Websites visualisieren: Entwerfen, analysieren und steuern mit Plänen, Karten und Diagrammen«

Da Designer mit immer komplexeren Diensten und Systemen zu kämpfen haben, ist deren visuelle Abbildung von größter Bedeutung. Es gibt Hunderte von verschiedenen Möglichkeiten, Erfahrungen abzubilden und darzustellen, und ihre Beschreibungen sind über Hunderte von Büchern und akademischen Abhandlungen verstreut. Jim Kalbach hat sie alle in einem exzellenten Buch versammelt, das auf den Schreibtisch eines jeden gehört, der sich mit UX, Service Design und Geschäftsprozessen beschäftigt.

Andy Polaine
Design Director, Fjord

Eine Outside-in-Perspektive einzunehmen, Empathie mit den Menschen zu entwickeln, die von Ihnen betreut und unterstützt werden, und diese Perspektiven zu visualisieren – das ist das Power-Trio für die Zukunft Ihrer Firma. Es wird Ihnen helfen, Menschen innerhalb und außerhalb des Unternehmens differenzierter und koordinierter zu unterstützen. Es wird Ihnen neue Wege aufzeigen, sodass Sie sich von der Konkurrenz absetzen können. Jims Buch ist eine ausgezeichnete Beschreibung dieses Trios und enthält eine Sammlung von Werkzeugen, die Sie sofort einsetzen können.

Indi Young
Research Consultant und Empathy Coach
indiyoung.com

Mit »Customer Experience visualisieren und verstehen« hat Jim Kalbach allen, die sich im Design mit komplexen, systemischen Herausforderungen beschäftigen, einen hervorragenden Dienst erwiesen. Er dokumentiert nicht nur die besten Ansätze für das Abbilden von Erfahrungen, sondern treibt das Thema auch voran, indem er seine hart erarbeiteten Erkenntnisse über dieses reichhaltige, sich noch entwickelnde Gebiet der Designpraxis mit uns teilt. Dieses Buch wird auf Jahre hinaus ein unverzichtbarer Ratgeber sein.

Andrew Hinton
Autor von »Understanding Context«

Wir leben in einer Zeit, in der Bilder mächtiger sind als Worte. Jeder, der in den Bereichen Kundenerfahrung und Strategie arbeitet, wird davon profitieren, zu lernen, wie man Ideen visuell ausdrückt, und »Customer Experience visualisieren und verstehen« ist eine ausgezeichnete Gelegenheit, damit zu beginnen.

Victor Lombardi
Autor von »Why We Fail: Learning from Experience Design Failures«

Dieses Buch bietet den richtigen Ansatz für die Verwendung von Maps als Werkzeug in der Gestaltung und Umsetzung von Erfahrungen – und er besteht in der Erkenntnis, dass es dafür kein Allzweckwerkzeug gibt. Anstatt nur eine einzelne Idee dazu anzubieten, wie Sie Ihre Teams am besten auf das Design besserer Erfahrungen ausrichten, bietet Kalbach in seinem Buch vielfältige Tipps, Tricks und Prozesse an, um die Dinge auch tatsächlich umzusetzen. Es ist das wirklichkeitsnahe Handbuch, das gefehlt hat. Die Leser können selbst den richtigen Weg für ihre ganz speziellen Herausforderungen entdecken und müssen nicht einem einzigen Prozess folgen, der irgendwie für ihre jeweilige Situation passend gemacht werden muss. Von der Lektüre dieses Buchs kann jeder profitieren!

Jeannie Walters
CEO und Chief Customer Experience Investigator bei 360Connext, Autorin und Rednerin

Unsere Erfahrungen im Umgang mit gesichtslosen Unternehmen machen uns oft krank. »Customer Experience visualisieren und verstehen«, richtig eingesetzt, könnte tatsächlich etwas dazu beitragen, das allzu verbreitete Schulterzucken und Fingerzeigen einzudämmen – und Designern und Entscheidern gleichermaßen helfen, zu Helden der Kundenerfahrung zu werden.

Lou Rosenfeld
Verleger, Rosenfeld Media
Co-Autor von »Information Architecture for the Web and Beyond«

Kalbach schafft Klarheit über die wachsende Zahl kundenzentrierter Visualisierungen – und gibt den Lesern eine praktische Anleitung zur Erstellung ihrer eigenen Diagramme.

Kerry Bodine
Co-Autorin von »Outside In: The Power of Putting Customers at the Center of Your Business«

Durchdacht. Gründlich. Klar. Jim Kalbachs »Customer Experience visualisieren und verstehen« entwirft eine neue Kartografie für Unternehmen und Innovatoren, um Designprozesse erfolgreich zu steuern. Seine grundlegenden Themen »Designing to Align« und »Aligning to Design« sprechen genau die Hauptprobleme an, denen ich in Unternehmen begegne, die sich besser auf UX-Prozesse ausrichten wollen.

Michael Schrage
Research Fellow der MIT Sloan School's Initiative on The Digital Economy
Autor von »Who Do You Want Your Customers to Become?«